Carl Claus

Zur Kenntniss des Baues

und der Entwicklung von Branchipus Stagnalis und Apus Cancriformis

Carl Claus

Zur Kenntniss des Baues
und der Entwicklung von Branchipus Stagnalis und Apus Cancriformis

ISBN/EAN: 9783743673748

Hergestellt in Europa, USA, Kanada, Australien, Japan

Cover: Foto ©berggeist007 / pixelio.de

Weitere Bücher finden Sie auf **www.hansebooks.com**

Zur
Entwicklung des Lokalverkehrs
der
Stadt Wien.

Ueber die
Anlage von Central-Entrepots
in der
neuen Donaustadt.

Zwei Referate

an die III. Section der niederösterreichischen Handels- und Gewerbekammer

von

Gustav v. Pacher.

Wien.
Druck und Verlag von Carl Gerold's Sohn.
1873.

Zwei Hauptgesichtspunkte sind es, von welchen aus die beiden, für die Zukunft Wiens so wichtigen, hier zu behandelnden Gegenstände beleuchtet werden müssen: der technische und derjenige der allgemeinen Verkehrsinteressen. Von diesem Letzteren aus müssen die Anforderungen an die zu schaffenden Unternehmungen gestellt, ihr Gewicht geprüft, ihre Widersprüche beseitigt, ihre Rangordnung bestimmt werden; denn das Verkehrsleben einer großen Stadt bietet das Schauspiel eines beständigen Kampfes widerstreitender Interessen. Von dem Standpunkte des Technikers aus sollen dann diese Anforderungen auf die möglichst ökonomisch-zweckmäßige Art erfüllt werden. Obwohl nun eine absolute Trennung derselben bei dem Einzelnen, der sich in förderlicher Weise mit den beiden Fragen beschäftigen soll, gar nicht denkbar ist, — so liegt es doch in der Natur der Sache, daß sich über die erste Anregung des Verkehrsbedürfnisses hinaus, zumeist Techniker und Finanzmänner des Gegenstandes bemächtigen, und somit auch der technisch-finanzielle Theil desselben meist weit gründlicher erwogen und durchgearbeitet erscheint, als derjenige, welcher die Erfüllung der Ansprüche und die Befriedigung der Bedürfnisse der Allgemeinheit zum Zwecke hat.

Sache des Nichttechnikers, welcher sich mit diesen Fragen von letzterem Standpunkte aus beschäftigt, bleibt es dann immerhin, den Boden der technischen Möglichkeit nicht zu verlassen, und die Uebereinstimmung der zu erstrebenden Zwecke mit den zu ihrer Ausführung voraussichtlich nöthigen finanziellen Mittel nie aus den Augen zu verlieren.

Der n. ö. Handels- und Gewerbekammer gegenüber erfülle ich blos eine Pflicht, indem ich den mir gewordenen Auftrag, so gut es meine Kräfte gestatten, in dieser Schrift erledige; das allgemeine Interesse aber, das sich an jene Frage knüpft, dem durch die größtmögliche Publicität, durch die Steigerung der Antheilnahme und des Verständnisses derselben in allen Kreisen unserer Bevölkerung nur gedient werden kann, möge es rechtfertigen, daß ich als Nichttechniker, und somit von dem einen Gesichtspunkte aus nur als Laie, mit dieser Arbeit vor die Oeffentlichkeit trete.

II

Die erste der beiden hier zur Besprechung kommenden Fragen, diejenige der Hebung unseres städtischen Localverkehrs nämlich, beschäftigt in den allerletzten Monaten alle Kreise, welche sich für städtische Fragen interessiren; sie soll in nächster Zeit zur endgültigen Austragung kommen; ihr inniger Zusammenhang mit der Wohnungsfrage für welche sie, und zwar sozusagen sie allein die Möglichkeit einer wirklichen Lösung bietet, hat sie sogar plötzlich zur Modefrage hinaufgeschraubt, und heute findet es jedes Kind selbstverständlich, daß Wien sein Localbahnnetz haben müsse. Die Wiener Handelskammer kann das Verdienst für sich in Anspruch nehmen, daß sie vom ersten Augenblick an, da sich der Unternehmungsgeist auf diesen Gegenstand geworfen hatte, mit warmem Antheil und rückhaltsloser Entschiedenheit für die unverkürzte Befriedigung der Verkehrsbedürfnisse kleinlichen Sonderstandpunkten und Bedenklichkeiten localer Natur gegenüber eingetreten ist.

Die zweite Frage, die der Schaffung allgemeiner genügender Waaren-Vorrathshäuser für Wien, mit speciellem Hinweis auf die in der Entstehung begriffene Stadtanlage am neuen Donaudurchstich nämlich, ist in die Oeffentlichkeit bis heute noch kaum gedrungen. Die diesbezüglich bestehenden Uebelstände waren seit langen Jahren fühlbar; sie sind bis heute noch in beständigem Wachsen; die Möglichkeit ihrer Abhülfe ist gerade in der Gegenwart auf eine für alle Betheiligten vortheilhafte Weise gegeben und kann in den nächsten Monaten verscherzt sein; und doch hatten sich bisher nur vereinzelte, ungenügende Versuche gezeigt, dieser Frage auf den Leib zu rücken. Es ist das Verdienst meines Collegen in der Kammer, L. Altmann, durch Einbringung des diesbezüglichen Antrags, der mir zum Referate zugewiesen wurde, jene Frage in Fluß gebracht zu haben.

Wien, 14. März 1873.

Gustav Pacher.

Zur

Entwicklung des Localverkehrs

der

Stadt Wien.

Das alte Wien, die Residenz der ersten Herzoge von Oesterreich, in seinen Umrissen noch heute erkenntlich als ein Viereck, das von der Rothenthurmstraße, dem Graben, dem tiefen Graben und dem Salzgries begrenzt wird, umfaßte einen Flächenraum von 60.000 Quadratklaftern. Fügen wir dagegen dem heutigen Wien und seinen anstoßenden Vororten noch die für die Stadtanlage der nächsten Zukunft bereits parzellirten Gründe am neuen Donaustrom und in Favoriten hinzu, so erhalten wir einen Stadtraum von etwa 12 Millionen Quadratklaftern. Es ist somit dieser Körper in den letzten 700 Jahren ungefähr auf das Zweihundertfache seiner früheren Größe angewachsen, und wird voraussichtlich das Wiener Becken im Laufe der nächstkommenden Decennien ausfüllen.

Die Million Menschen, welche auf diesem Raume leben, sind zur Gewinnung ihres Unterhaltes, zur Erfüllung ihrer Berufsobliegenheiten und bürgerlichen Pflichten auf den engsten Verkehr unter einander angewiesen, und ebenso durch tausend Fäden des Verkehrslebens mit der Außenwelt verknüpft. Auf einem kleinen Stadtterritorium hat jeder Einzelne, um seine Ziele zu erreichen, auch nur sehr kleine Wege zurückzulegen und die engen gewundenen Straßen des Städtchens, die kaum genug Licht und Luft zum Athmen und Arbeiten bieten, genügen ohne jegliche künstliche Transportmittel reichlich den Bedürfnissen des Verkehrs. Wenn aber die Stadt nach und nach aus dem engen Rahmen heraustritt, und die Dimensionen einer Großstadt annimmt, so findet eine doppelte Veränderung in Bezug auf die Communication statt. Nachdem jeder Einzelne, um dieselben Verkehrsbedürfnisse wie früher zu befriedigen, die außerdem noch durch die Ansprüche einer höheren Civilisation gesteigert werden, sehr weite Wege zurückzulegen hat, so fällt erstlich für denselben das Opfer an Zeit so sehr in's Gewicht, daß seine Tendenz, sowie die der Gesammtheit dahin gehen muß, an diesen Wegzeiten so viel zu sparen als möglich; und zweitens wird auf dem alten Straßenraum durch die Menge der Circulirenden der Verkehr derartig gesteigert, daß derselbe der Breite nach nicht mehr genügt, und er einen immer größeren Bruchtheil des Stadtterritoriums in Anspruch nimmt. Eine große Stadt ist daher nichts weniger als ein bloßes Agglomerat von Kleinstädten; denn trachtet auch jeder Einzelne seine Versorgung des täglichen Haushaltes aus der nächsten Straßennachbarschaft zu beziehen, findet auch eine annähernd gleichmäßige Vertheilung der diese Bedürfnisse befriedigenden Gewerbsleute, entsprechend den Lebensansprüchen der Bevölkerung in den verschiedenen Stadttheilen, über den ganzen bewohnten Raum hin statt; so geht doch neben dieser localen Circulation eine andere, weit mächtigere einher, welche das Centrum mit der Peripherie, das Herz mit den Gliedern zum beständigen Austausche der Stoffe und Arbeitsleistungen in Verbindung setzt und in kräftigen Pulsationen das einheitliche Leben des großen Gesammtkörpers herstellt.

Das Anwachsen der Stadt an und für sich bedingt aber auch schon die Bildung viel größerer localer Verschiedenheiten, als dies in kleinen Städten der Fall ist; mit dem Organismus wachsen die Organe, formen den alten Körper um, und drücken ihrer Umgebung ein locales Gepräge auf. Je mehr die Entfernungen wachsen, desto mehr wächst auch das Bedürfniß der Concentrirung der Plätze, welche zum allgemeinen Austausche der Stoffe und Dienstleistungen bestimmt sind, desto mehr wächst der Preis dieser Plätze und derjenigen, die denselben nahe liegen, überhaupt der Mehrwerth des Bodens im Centrum gegen jenen an der Peripherie, der Mehrwerth des an den großen Communicationsadern gelegenen Bodens, gegen jenen der abgelegenen stillen Stadttheile.

Nicht leicht wird sich zur Umrechnung des Zeitwerthes in Geldwerth, die bei den Individuen so äußerst schwankend und häufig zweifelhaft erscheinen muß, eine schlagendere Illustration finden lassen, als die Vergleichung der Bodenpreise in verschiedenen Theilen großer Städte, beispielsweise der unsrigen, wo die allerjüngste Gegenwart so abnorme Anbote zu Tage gefördert hat. Die innere Stadt ist Verkehrscentrum; in der inneren Stadt wiederum die Gegend zwischen Stefansplatz, Graben und Tuchlauben, von denen als Hauptadern nach der Ringstraße zu, die Kärnthnerstraße, der Kohlmarkt, die Rothenthurmstraße und Wollzeile ausgehen. Hier ist der höchste Bodenpreis, der in Wien noch vorgekommen ist, der Preis von 4000—6000 fl. per Quadratklafter nämlich, gehandelt worden. An der Ringstraße schon, die doch weit mehr Luft, Licht und Häuserpracht bietet, wird der durchschnittliche Bodenpreis sich etwa auf ein Drittel dieser Höhe stellen; in den abgelegensten Straßen der inneren Stadt kaum auf ein Sechstel; in den günstig situirten Hauptstraßen der Vorstädte vielleicht auf ein Zehntel; in den entfernten, dem Verkehr entzogenen Theilen wird er bis auf ein Hundertstel und noch darunter, in der Nähe der Vororte vielleicht an manchen Stellen bis zu einem Fünfhundertstel jenes Maximalpreises sinken. Diese unglaublichen Werthunterschiede so nahe benachbarter Gründe sind in letzter Linie fast ausnahmslos auf die Wegzeitersparniß der Bewohner der günstig gelegenen gegen die der entfernteren Orte zurückzuführen; und nur der allergeringste Theil ist auf Rechnung der eleganteren Umgebung, die auch mitbezahlt werden muß, zu setzen. Denn, wohlverstanden, wir sprechen hier nur vom Bodenwerthe, nicht vom Häuserwerthe und den Wohnungszinsen, bei welchen außer jener Werthverschiedenheit noch die des Bauwerkes selbst und der Annehmlichkeiten und Nützlichkeiten, welche es bietet, dazukommen.

Während auf diese Weise Jeder trachtet, dem Centrum so nahe als möglich zu wohnen, und somit eine Menschenhäufung und Raumvertheuerung gegen das Centrum entsteht, fallen andererseits gewichtige Gründe in die Waagschale für die Ausbreitung der vorhandenen Menschenmasse auf den größtmöglichen Raum. Gesundheit, Lebensgenuß und Berufserfordernisse sprechen in gleicher Weise dafür. Die übervollen Straßen, in denen Alles drängt, stößt, sich durchwindet, in denen das Gewirre hin und her sausender Wagen dem Passanten den Uebergang abzuschneiden sucht, oder eine lange Wagenreihe selbst durch Hindernisse aller Art zu fortgesetzten Stockungen verurtheilt ist, geben wohl der Stadt ein recht großartiges Gepräge, ebenso wie die thurmhohen Häuser, in denen Fenster an Fenster, Stockwerk über Stockwerk gereiht ist, in denen sparsame Höfe und schlauchartige Lichthöfe, Zwischenetagen für die Kaufläden, kurz Alles und Jedes auf die übermäßige Kostbarkeit des Raumes hinweisen, der bis zum letzten Zoll ausgenützt werden muß. Aber würdiger des fortschreitenden Wohlstandes und der fortschreitenden Civilisation wäre es, den Bewohnern einer Großstadt die Möglichkeit zu bieten, sich in ihren Wohnungen und Berufsstätten räumlich auszudehnen, ferner die Höhe der Häuser in ein richtiges Verhältniß mit der Breite der unverbauten Räume, der Straßen, Plätze, Haupt- und Lichthöfe zu setzen, so daß Luft und Licht allen Bewohnern in ausreichendem Maße zukämen, und selbst die jetzigen stinkenden Thorwegspelunken der Hausmeister zur Unmöglichkeit würden. Raum sollte geschaffen werden zur Anlage möglichst vieler, ausreichend großer Gärten, die den Bewohnern aller Stadttheile zu Gute kommen. Je höher die Cultur steigt, desto mehr sollten die Vortheile des Landlebens in die Städte übertragen, ebenso wie die Annehmlichkeiten und Anregungen des Stadtlebens den Landbewohnern nahe gerückt werden.

Welche Veränderungen sehen wir dagegen im Laufe dieses Jahrhunderts und speciell der letzten Decennien in Wien vor sich gehen?

In der alten inneren Stadt wird die Verbreiterung der Straßen bei Neubauten aufgewogen und überboten durch die Verengung der Höfe einerseits und durch den Umbau der zwei- und dreistöckigen Häuser in vierstöckige andererseits. Der frühere Zwischenraum zwischen Stadt und Vorstädten, das alte Glacis, ist mit einem Halbtausend großer Privathäuser und einer stattlichen Anzahl von kolossalen öffentlichen Palästen bedeckt worden. In den Vorstadtbezirken sind die früheren großen Gartencomplexe von neuen Straßenzügen immer mehr durchschnitten worden, so daß die meisten derselben einen compacten Stadtkörper bilden, während die alten einstöckigen und ebenerdigen Häuser und Hütten gleichfalls massiven drei- und vierstöckigen Gebäuden Platz machen. Die Vororte außerhalb der Linien endlich, welche vor wenigen Jahrzehnten mehr oder minder nur aus je einer doppelten Häuserreihe zu beiden Seiten der von den Linienthoren ausgehenden Land- und Vicinalstraßen bestanden, bilden heute ebenfalls geschlossene Stadtanlagen, deren einzelne bis zu 50.000 und 80.000 Einwohner beherbergen, und die einen immer dichteren Ring um den Linienwall bilden.

Es enthüllt sich da vor unseren Augen ein Bild so großartiger, überraschender Entwicklung, daß wir mit Stolz und Freude unsern Blick daran weiden, — aber wir dürfen nicht übersehen, daß sich mit all' diesen Veränderungen in Beziehung auf die Lebens- und Arbeitsweise der Bewohner und der Behaglichkeit ihrer Existenz das Gepräge unserer Stadt von dem früher aufgestellten Ideale städtischer Entwicklung mehr und mehr entfernt hat.

Wessen Beruf es bedingt, daß er mit dem Centrum im Verkehr sei, oder wer in nahem gesellschaftlichem Contact mit der großen Menge aus den wohlhabenden und gebildeten Ständen bleiben will, der hat nur die Wahl, entweder im Verhältniß zu seinen Mitteln enge und unbequem zu wohnen, oder auf zeitraubende oder kostspielige Weise große Wege zurückzulegen. Aller Reichthum, aller Luxus, ja die große Masse der Wohlhabenheit zieht sich mit dem Gewoge des Centralverkehrs zusammen und übereinander auf dem kleinen Geblete der inneren Stadt und der Ringstraße, und läßt die räumlich ausgedehnten Vorstadtbezirke, in welchen für große und bequeme Wohnungen Raum wäre, in verhältnißmäßig ärmlichem Zustande zurück.

Alldies kommt mit innerer Nothwendigkeit, so lange die natürliche Schwierigkeit, größere Wege zurückzulegen, nicht durch ein der Höhe der Stadtentwicklung entsprechendes Communicationssystem auf den kleinstmöglichen Theil beschränkt ist. Durch ein solches muß aber der Bodenwerth der entfernteren Stadttheile und damit Wohlstand und Steuer-

Zur Illustration meiner Behauptung brauche ich wohl blos auf die Grundparcellirung zu beiden Seiten der neuen Nordbahnlinie vom Wiener Bahnhofe zur Donauübersetzung hinzuweisen, wo auch nicht einmal der Versuch einer Lösung der Frage einer entsprechenden Raumdisposition gemacht worden sein konnte; sowie ferner auf die Parcellirung im Erdberger Mais, dem einzig möglichen Ausgangspunkte im Innern der Stadt für die verschiedenen Bahnprojecte von größeren Eisenbahnlinien in östlicher und südöstlicher Richtung. — Jetzt, nachdem sich das große Publicum für die Frage der Local-Locomotivbahnen zu erwärmen beginnt und nach einer Lösung derselben hindrängt, fängt man allerdings auch an, dieselben in der officiellen Communalsprache als eine „hochwichtige" zu bezeichnen; aber bis vor wenigen Monaten schien es noch bei allerlei Verhandlungen für locale und Reichsverkehrsprojecte, als ob für die Stadt Wien all' dergleichen zunächst als öffentliche Störung angesehen werden müsse.

Im Laufe des letztverflossenen Jahres sind derartige Projecte von Localbahnen, und Concessionswerbungen für dieselben in großer Menge aufgetaucht, die sämmtlich dem Privatunternehmungsgeiste entsprungen sind, und sich in Anlage und Einrichtung großentheils widersprechen. Wollte man auch eines oder mehrere derselben zur Concessionirung herausgreifen, so wäre damit doch nur Stückwerk geschaffen, und der Anlage eines, allen berechtigten Erfordernissen der Zukunft genügenden Netzes ein Riegel vorgeschoben. Durch die Menge der vorhandenen Offerte und Concessionswerbungen sind aber die maßgebenden Factoren, Regierung und Commune, in die angenehme Lage versetzt, ohne selbst die Ausführung des Werkes in die Hand nehmen zu müssen, auf eine rationelle Organisation der Localbahnen, auf die Ausführung aller im öffentlichen Interesse wünschenswerthen Linien, die Uebereinstimmung derselben unter einander, und ihre Communication mit den übrigen Transportanstalten, Reichsbahnen, Pferdebahnen, Omnibuslinien ꝛc. in hohem Maß einwirken zu können, und jeder Beitrag zum Studium dieser Frage, welche so plötzlich aufgetaucht ist, und so ungestüm nach der Entscheidung drängt, ist ein verdienstliches Werk. Dieses Studium muß sich beziehen auf die Situation des Terrains, auf die Natur und den Umfang des städtischen Verkehrs, und auf die Verkehrsmittel.

Werfen wir zunächst einen Blick auf die Lage der Stadt, sowie auf deren räumliche Disposition.

Das sogenannte Wiener Becken ist die muldenartige Verbreiterung des unteren Wienthales unmittelbar vor Eintritt der Wien in den

Donaucanal, und es wird dazu in weiterem Sinne noch die große Insel zwischen dem Donaucanale und dem Hauptstrombette gerechnet. Dem Obigen gemäß ist auch die Form des Beckens die eines Dreieckes; die Basis desselben bildet der Donaustrom, der es im Nordosten begränzt; auf der Westseite thun dies die Ausläufer der Kette des Wiener Waldes zwischen Hütteldorf und dem Leopoldsberge, welche in einer Reihe paralleler Hügelabdachungen bis an den Saum der Stadt reichen, und durch die Thaleinschnitte von Ottakring, Dornbach, Gersthof, Sievering und Grinzing von einander getrennt sind; die südliche Begränzung endlich bildet jener breite und schwach gewölbte Rücken, welcher am rechten Wienufer vom Wiener Walde auslaufend den Schönbrunner Park trägt, und dann unter dem Namen des Wiener und Laaer Berges sich gegen das offene Land hinaus wendet, bis er gegen die Donau zu sich absenkt. Während jene westliche Begränzung noch ganz den Charakter eines waldigen Mittelgebirges trägt, erscheint diese letztere nur mehr als eine breite Bodenwelle in der Ebene.

Nehmen wir als die Endpunkte dieses Dreieckes die Ausmündung und Einmündung des Donaucanals und den Ort Hietzing, so ergiebt sich die Länge der Strombasis mit $1^7/_8$, diejenige der Südseite ebenfalls mit $1^7/_8$, die der Westseite des Dreieckes mit $1^3/_8$ Meilen; der Flächeninhalt desselben beträgt etwa $1^1/_8$ Quadratmeile. Von diesem Terrain sind etwa $^2/_5$ wirklich verbaut, $^1/_5$ ist parcellirt und in der Verbauung begriffen, $^1/_7$ ist Prater- und sonstiger Parkgrund, $^1/_6$ Haide und $^1/_8$ diverse Culturen; und zwar hat die Stadtbildung eine der Beckenbildung analoge Gestalt angenommen.

Zwei natürliche Wasserlinien theilen dieses Becken von den drei Endpunkten aus in drei nahezu gleich große Theile. Die eine derselben ist der Donaucanal, die andere der Wienfluß. Während die Erstere aus der fast geradlinigen Strombegrenzung am nördlichen Endpunkte derselben in spitzigem Winkel heraustritt und in mannigfachen sanften Windungen einen großen Bogen gegen das Herz der Stadt zu beschreibt, um dann am östlichen Endpunkte wieder in den Hauptstrom einzumünden; durchläuft die Wien vom dritten nämlich dem südwestlichen Endpunkte des Beckens aus die Stadt, um nahezu in der Mitte des Donaucanalbogens sich mit diesem zu vereinigen. Der Knotenpunkt dieser Wasserlinien liegt sehr nahe dem Centrum des gesammten Stadtkörpers, welcher zugleich derjenige des ganzen Beckens ist. Ziehen wir nämlich die Halbirungslinien von den Punkten des Dreiecks, von denen wir früher ausgegangen sind, so schneiden sich dieselben sehr genau auf dem Stefansplatze, und dieser ist von der Wienmündung nur 500 Klafter entfernt, eine sehr kleine Distanz gegen die Länge der ganzen Linien, um welche es sich hier handelt. Beide Wasserzüge haben das Gemeinsame, daß sie breite ununterbrochene Trennungslinien durch das Wiener Häusermeer ziehen, und somit, falls dies nicht durch andere Umstände verhindert wird, den natürlichen Ausgangspunkt für ein centrales Communicationssystem bilden.

Der Donaucanal, welcher schon jetzt durch die Dampfschifffahrt, wenngleich in untergeordneter Weise dem Verkehr nutzbar ist, hat bei einer Länge von 9000 Klaftern eine Flußbettbreite von 25 bis 35, gewöhnlich 30 Klaftern; zu beiden Seiten hat die Uferböschung eine Breite zwischen 4 und 8 Klaftern, an welche sich eine nahezu ununterbrochene Straßenlände von je 8 bis 12 Klaftern schließt. Auf der Stadtseite folgen darauf zum größeren Theil noch nicht die Häusergruppen, sondern breite Holzlegestätten, ein Parkstreifen, Gemüsegärten und dergleichen, und nur auf der mittleren Strecke vom Karlssteg bis zur Franzensbrücke, wo die Uferstraße am breitesten ist, treten die Häuser unmittelbar an dieselben heran. Die Höhe der Straße über dem Normalwasserspiegel ist allerdings gering, und die Wasserhöhe selbst dazu bis jetzt derart veränderlich, daß ein sehr großer Theil der an den Donaucanal grenzenden Stadttheile periodisch wiederkehrenden Ueberschwemmungen ausgesetzt ist. Hoffentlich wird der Donaudurchstich einerseits und das am oberen Ende oder vielmehr am Anfang des Donaucanals in Ausführung begriffene Schwimmthor andererseits diesem Uebel gründlich abhelfen. Sollte sich dieses Letztere als unzulänglich erweisen, so muß eben eine andere Vorkehrung an dessen Stelle gesetzt werden; denn unübersteigliche technische Hindernisse kann ja doch die Regulirung des Wasserzuflusses aus einem normalen Hauptstrombett in einen verhältnißmäßig schmalen Seitenarm nicht bieten.

Die andere Wasserlinie im Weichbilde der Stadt, der Wienfluß, war seit Jahrhunderten eine öffentliche Calamität, und er ist es noch bis auf den heutigen Tag. Aber in Hinblick auf den Localverkehr der Zukunft müssen wir doch sein Dasein preisen; denn ohne ihn wäre das Netz von Gassen und Gäßchen so dicht geschlossen, daß im Tageslichte wohl keine Locomotive den Weg vom Herzen der Stadt landeinwärts in's Freie gefunden hätte. Der Wienfluß hat ein verhältnißmäßig unergiebiges Sammelbecken von wenigen Quadratmeilen an der Ostseite des Wienerwaldgebirges, so daß sich im weitaus größten Theil des Jahres nur ein dünnes Wasserfädchen in seinem fünfzehn bis zwanzig Klafter breiten Bette dahinschlängelt, den Schmutz, die Färbereiabfälle und allerlei übelriechende Substanzen aus den oberen Vorstädten und Vororten mit sich bis in die Donau führend.

Bei stärkeren Regengüssen bedeckt er dann durch ein paar Tage fußhoch die ganze Flußsohle, und fällt nachher durch einige Wochen allmälig ab; aber ein- bis zweimal in einem Decennium schwillt er nach plötzlichem starken Gusse derart an, daß sein, im Innern der Stadt durchgehends mehrere Klafter hohes abgeböschtes Bett zum größten Theile von den stürmisch dahineilenden Fluthen angefüllt ist, und diese sich in bedenklicher Weise den Wölbungen der Brücken nähern, nach ihrem Verschwinden große Mengen Sandes und kleinen Gerölles im Bette zurücklassend.

Seit einer langen Reihe von Jahren ist daher eine förmliche Wienflußfrage auf dem Tapet, und Techniker und Laien ersannen allerlei Projecte, um die Stadt von den Uebeln dieser offenen Cloake zu befreien. Ueberwölbung der Wien innerhalb des Stadtgebietes; Ableitung derselben in das Liesingthal mittelst Durchstiches jenes Rückens, welcher bei Hetzendorf den Wiener Wald mit dem Wiener Berg verbindet; Anlage von gewaltigen Hochwasserreservoirs im mittleren Flußthale; Anlage von Schleusen im unteren Laufe, um das spärliche Wasserquantum zum Behufe der Schifffahrt aufzustauen ꝛc. Bei den meisten dieser Projecte dürften die zur Durchführung nöthigen Mittel mit dem zu erreichenden Zweck in argem Widerspruche stehen, und nachdem jede vernünftige Capitalsanlage sich direct oder indirect bezahlt machen muß, so möchte in den meisten Fällen eine ungeschminkte Kostenaufstellung, zusammengehalten mit den in Geldeswerth umgerechneten öffentlichen und Privaterträgnissen und Vortheilen genügen, um diese Projecte fallen zu machen. Als das Kühnste derselben erscheint jedenfalls die Tunnellisirung des Wienerwaldgebirges seiner ganzen Breite nach, lediglich zu dem Zwecke, durch Zuführung von Donauwasser von Tulln aus den unteren Theil des Wienflusses schiffbar zu machen.

Bedenkt man, wie wenig der heute schon nicht nur schiffbare, sondern mit dem Hauptstrome in directer Verbindung stehende Donaucanal benützt wird, wie andererseits eine Wasserstraße nur durch ihre natürliche Billigkeit vortheilhaft sein kann, so ist man geneigt, ein solches Project für einen Scherz zu halten; außerdem ist aber, da das Gefälle in großen Stromläufen gegen dasjenige kurzer Gebirgswässer ein verschwindend kleines ist, die Donau bei Tulln nach den Höhencoten der gewöhnlichen Karten um 130 bis 140 Fuß tiefer im Niveau, als die Wien bei Hüttldorf; und da man das Wasser, welches man zu einem schiffbaren Fluß benöthigt, doch nicht wohl mittelst Dampfmaschinen in einen hundertfünfzig-Fuß hohen Aquäduct pumpen und darin über den Tullner Boden zum Wiener Walde leiten kann, so müßte man mittelst eines

Canals bis über Ybbs hinausgehen, um das Niveau von Hütteldorf zu erreichen, und bis gegen Linz, um ein mäßiges Gefälle für diesen Canal zu bekommen.

Trotz alledem ist in der Wien-Regulirungs-Angelegenheit nicht richtig vorgegangen worden. Es sind in den zwei letzten Decennien von der Gemeinde und dem Stadterweiterungsfond sehr hohe Summen für pompöse Brückenanlagen ausgegeben worden; die Wien hat in der Nähe des Schwarzenbergplatzes ein neues Bett erhalten und die Ufererhöhungen, Regulirungen und Versicherungen haben wohl auch Millionen verschlungen; jetzt ist wieder eine Uferregulirung oberhalb des Stadtgebietes projectirt — und bei alledem ist die Wienflußfrage noch nicht officiell aus der Welt geschafft; es ist noch nicht amtlich die Unmöglichkeit constatirt worden, das Uebel radical zu beseitigen. Jetzt, wo die Angelegenheit der Localbahnen zur definitiven Austragung kommen muß; wo die meisten der diesbezüglichen Projecte sich die Böschung des Wienbettes zur Führung der Hauptlinie ausersehen haben, ist die endliche Erledigung dieser Grundfrage auch dringend geworden. Leider fehlt hiefür, wie für eine Reihe anderer wichtiger Angelegenheiten, das entsprechende Central-Organ. Bei allen Commissionirungen über städtische Verkehrsprojecte empfindet man diesen Mangel. Die verschiedenen entscheidenden Behörden und betheiligten Körperschaften sind ohne alle und jede nöthige Fühlung untereinander. Handelsministerium und Generalinspection der Eisenbahnen einerseits, dann Commune und Magistrat andererseits; ferner das Hofärar, die General-Artillerieinspection, die General-Genieinspection, die n. ö. Statthalterei, der Landesausschuß, die Stadterweiterungscommission, die Donauregulirungscommission, die Handelskammer, die Polizeidirection, die Vorortegemeinden, die Eisenbahngesellschaften u. s. w. schicken da von Fall zu Fall eines vorkommenden Projectes ihre commissionellen Vertreter ab und sofort stößt man in der Verhandlung auf principielle Hindernisse, auf unausgetragene Localfragen, welche im Interesse des großen Ganzen längst hätten gelöst sein sollen, welche aber keine einzelne der Behörden für sich allein zu lösen im Stande gewesen wäre.

Außer der Angelegenheit der Wienflußregulirung wäre da noch die Feststellung leitender Grundsätze für Localcommunicationen, Bahnhofanlagen, neue Straßenzüge und Grundparcellirungen, Anlage von Centralentrepôts, Pratercommunication, Canalisirung, Lösung der Wohnungsfrage 2c. 2c. zu nennen. Alle diese Angelegenheiten stehen in innigem Zusammenhange unter einander, und können jede für sich allein nur mangelhaft und einseitig gelöst werden. An das Hofärar müssen bezüglich des bald ganz von der Stadt umschlossenen Praters, an die Commune wegen hundert anderer Verkehrsinteressen bestimmte große Ansprüche gestellt werden, ebenso an die anderen Körperschaften. Gehen nun diese Ansprüche, mögen sie auch noch sehr im allgemeinen Interesse liegen, von Privaten, von einzelnen Projectanten aus, so ist es erklärlich, daß dieselben meist eine sehr schroffe Aufnahme finden; daß es von allen Seiten Proteste regnet; daß hier einer Behörde oder Hofcharge der Locomotivenrauch in die Nase steigt, da ein empfindsames Publicum durch den Lärm eines Bahnzuges gestört wird, rechts ein Hausherr für seine Kellergewölbe in Besorgniß geräth, links das Kriegsministerium irgend einen alten Pulverthurm auf einen Umkreis von 400 Klaftern für unnahbar erklärt, und keiner einen Schuhbreit Boden über, auf oder unter der Erde abtreten möchte, um das Zustandekommen eines neuen Transportinstitutes zu ermöglichen oder zu erleichtern. Was aber geschaffen wird bleibt Stückwerk; die Unternehmer verstehen sich zu allen möglichen, dem Interesse der Gesammtheit schädlichen Abänderungen, um nur die Concessionirung nicht zu verhindern; um das Bessere zu ermöglichen, muß das Gute, das vor wenig Jahren um theueres Geld geschaffen wurde, vernichtet oder mit neuen Kosten umgeändert werden, weil es an einem planmäßigen Vorgehen, an der Möglichkeit einer durchaus objectiven Abwägung der Interessen, der öffentlichen und privaten Vor- und Nachtheile gebricht. Durch die Schaffung einer permanenten Centralcommission, auf rationelle Weise zusammengesetzt aus den Vertretern sämmtlicher in Frage kommenden Behörden und öffentlichen Körperschaften, eventuell der wichtigsten Fachvereine, könnte alldem abgeholfen, könnte in richtiger leidenschaftsloser Erkenntniß Vieles geschaffen werden, was heute unmöglich, und abgestellt, was unabänderlich scheint — und unsere Stadt auf eine viel höhere Stufe der Cultur und Entwicklung gehoben werden, als dieselbe bis heute einnimmt.

Kehren wir nach dieser Abschweifung wieder zu unserem topographischen Bilde zurück.

Nachdem die Wien die südwestlichen Vorstädte in mäßigen Curven durchschnitten hat, wobei die 3 bis 6 Klafter breiten Böschungen zu beiden Seiten meist von Straßengrund, stellenweise auch von Hintergärtchen, Hofräumen und Hinterhäusern eingerahmt sind, tritt dieselbe nächst dem Starhemberg'schen Freihause auf den alten Glacisgrund, und mündet, die innere Stadt in einem großen Bogen an deren Südostseite umziehend, in den Donaucanal ein. Die Länge ihres Laufes beträgt von der Hitzinger Brücke bis zum Eintritt in das Stadtgebiet 1900 Klafter, der Lauf durch die Vorstädte, d. i. von dem Linienwalle bis zum Freihause 1500, der auf dem Stadterweiterungsgrund 1200 Klafter. Die

Luftlinie dieser ganzen Strecke, welche, abgesehen von den kleinen Krümmungen, einen großen nach Südosten zu gekehrten Bogen beschreibt, beträgt 3500 Klafter.

In dem Winkel, den das linke Ufer der Wien nächst ihrer Ausmündung in den Donaucanal mit diesem bildet, liegt das Herz von Wien, die innere Stadt, das Verkehrscentrum, dem sämmtliche Hauptstraßenadern der Gesammtstadt concentrisch zulaufen. Ihre naturgemäße Begrenzung hat dieselbe durch die dreißig Klafter breite Ringstraße, welche dieselbe ununterbrochen von dem einen Ende des Donaucanal-Quais bis zum andern umgibt, und durch diesen Quai selbst, welcher den Ring schließt; die Grenze des administrativen Stadtbezirkes ist allerdings etwas weiter gezogen. Ihre räumliche Ausdehnung innerhalb des Ringes beträgt etwa 560.000 Quadratklafter und ihre Bevölkerung 68.000 Seelen. Fast sämmtliche Erdgeschoßräume ihrer Häuser, und in den Hauptverkehrsplätzen auch die ersten Stockwerke sind durch Kaufläden, Comptoirs und Bureaux in Anspruch genommen; sämmtliche Ministerien, alle Centralinstitute, welche kein zu großes Terrain in Anspruch nehmen, alle Banken, die ungeheure Mehrzahl der großen Handelsfirmen, der eleganten Läden, der großen und vornehmen Gasthöfe haben hier ihren Sitz; die oberen Stockwerke der Privathäuser, d. h. der zweite, dritte und vierte, hie und da auch der fünfte und selbst der sechste Stock, sind von den wohlhabenden und den reichen Classen bewohnt. Doch hat auch von diesen nur ein mäßiger Bruchtheil in jenen engen Räumen Platz; der größere Theil der oberen und noch mehr von der Mittelclasse, die Beamten, Professoren, Kaufleute, Ladenbesitzer und deren Commis, wandert von den Vorstädten des Morgens herein, des Abends hinaus, die Mehrzahl derselben sogar überdies noch des Mittags hinaus und nach Tisch wieder herein; ebenso das Heer der Ladendiener, Hausknechte, Commissionäre, Marktleute u. s. w., diese letzteren oft über eine Stunde weit von entfernten Vororten. In diesen innersten Kern kann kein modernes Großverkehrsmittel eindringen; die engen gekrümmten Straßen der alten Stadt werden von den Fußgängern, Equipagen und Fiakern derart angefüllt, daß schon der Omnibusdienst in denselben mit großen Schwierigkeiten zu kämpfen hat. Auf der Ringstraße und dem Franz-Josefs-Quai ist die innere Stadt dagegen schon wenigstens von einer Pferdebahnlinie umschlossen, und die Entfernung von derselben bis zum Mittelpunkte beträgt nicht mehr als 350 bis 400 Klafter oder tausend Schritte. Die Bedeutung der Ringstraße für den Verkehr liegt auch viel weniger in der Communicationsvermittlung für die anstoßenden Häusergruppen, nachdem, wie geschildert, die concentrische Bewegung des Verlehrs gegen die radiale höchst geringfügig ist, sondern darin, daß sie die Möglichkeit bietet, die von den Vorstädten zur Stadt und umgekehrt transportirten Menschenmassen nach allen Straßen und Quartieren der Stadt so gut als möglich zu vertheilen, rücksichtlich sie von dort aus zum Rücktransport zu sammeln. Den Transportdienst besorgen bis jetzt die Pferdebahn, welche ihr Netz ganz nach diesem Gesichtspunkt eingerichtet hat, die Omnibuslinien und die Miethwägen, während der größte Theil der Passanten auch die weiten Strecken zu Fuß zurücklegt.

Während nun die Ringstraße, hauptsächlich für den Personentransport bestimmt, sich näher der inneren Grenze des alten Glacisgürtels zwischen Stadt und Vorstädten hält, bezeichnet die concentrisch mit jener an den ersten Vorstadthäusergruppen vorbeiführende Lastenstraße den äußeren Saum dieses Gürtels, und soll ebenso die Vertheilung des Gütertransportes, der von der Peripherie gegen das Centrum geht, vermitteln, wie es bei der Ersteren für den Personentransport der Fall ist. Dadurch aber, daß der Gürtel hier schon merklich größer ist, erfüllt sie diesen Zweck nur mangelhaft, und ist der Hauptsache nach nur eine Parallelstraße zur Ringstraße. Um diese letztere ist denn auch das ganze Straßengerippe des Stadterweiterungsgürtels gegliedert, indem dieselbe und ihre Parallelstraßen von den Radialstraßen im rechten Winkel gekreuzt werden. Diese Letzteren stellen die directe Verbindung zwischen Stadt und Vorstädten her, hie und da mit großen Unterbrechungen durch monumentale Platz- und Gebäudeanlagen, und durch kleinere öffentliche Gärten nach Maßgabe des vorhandenen Raumes.

Die einzige Stelle, an welcher der alte Glacisgürtel unterbrochen war, ist dort, wo die Stadtmauern unmittelbar am Donaucanal standen; denn die Leopoldstadt, die Inselvorstadt, lehnte sich schon damals in ihrer ganzen Breite an den gegen die Stadt zu ausgebauchten Donaucanal an. Die beiden Hauptadern dieses Vorstadtbezirkes, die Praterstraße und die Taborstraße, laufen convergirend gegen den hauptsächlichsten Verbindungspunkt mit der Stadt, d. i. gegen die Ferdinandsbrücke zu. Dieser Bezirk, der ungefähr dieselbe Ausdehnung hat wie die innere Stadt und eine Bevölkerung von 90.000 Einwohnern, wird außer vom Donaucanal noch begränzt vom Prater, von den riesigen Bahnhofscomplexen der Nord- und Nordwestbahn, vom Augarten und von dem neuen Stadttheil der Brigittenau. Die Leopoldstadt ist heute größtentheils verbaut, und zwar entsprechend den Bedürfnissen der Zeit, aus der sie herrührt. Heute, wo die westlichen Vorstädte sehr an Wichtigkeit gewonnen haben, ist der Mangel einer großen directen Communicationsstraße vom Schottenring oder der Augartenbrücke aus nach dem Praterstern sehr fühlbar. Der ganze, mit Ausnahme der früher genannten großen Verkehrsadern sehr stille Bezirk, gewinnt durch die Lage zwischen der inneren Stadt und der Donaustadt außerordentlich an Bedeutung; doch ist er in seinem Innern nur für den Pferdebahnverkehr geeignet, während eine künftige Locomotivbahn ihn umgehen müßte. Um die Leopoldstadt, die beiden obengenannten Bahnhöfe und den Augarten herum ziehen sich auf der linken Hälfte der Donauinsel die weiten Baufelder der Brigittenau einerseits und der Donaustadt andererseits, die erstere schon stellenweise mit Häusern besäet, die letztere dagegen heute zum Theil noch aus Seitenarmen und Tümpeln des alten Strombettes bestehend, welche mit dem ausgebaggerten Material des neuen Durchstichs in überraschender Schnelligkeit in Häuser und Straßengrund umgewandelt werden. Von dieser Zukunftsstadt aus werden schon jetzt außer den drei bestehenden Eisenbahnbrücken zwei steinerne Fahrbrücken über den Hauptstrom gebaut, die den ganzen Wagen- und Fußgängerverkehr Wiens mit dem jenseitigen Donauufer, dem Marchfeld, zu vermitteln haben. Dieser Stadttheil wird sehr weit vom Centrum entfernt sein und doch durch seine große, einheitliche Anlage den Anspruch einer raschen und ausgiebigen Communication mit der übrigen Stadt stellen. Möge dieser künftige Anspruch schon jetzt bei Feststellung des Planes vorausgesehen und berücksichtiget werden, damit nicht später einmal Häusereinlösungen im Betrage von Millionen nothwendig seien, um das früher versäumte nachzuholen.

Der rechte Flügel der Donaustadt soll sich dann noch in einer weiteren Ausdehnung von 200 Klaftern in geringer Breite längs des Donauquais hinabziehen, und wird daher mit der Leopoldstadt und dem Bezirk Landstraße den Prater von drei Seiten einschließen, der damit in das Territorium von Wien fällt. An denselben werden dann auch Verkehrsansprüche herantreten, denn die Bewohner der rechten Donaustadt werden dann auf kürzeren, praktischeren Wegen, als auf den jetzigen ziellosen, dünnen Schlangenpfaden mit dem Stadtganzen verbunden sein wollen. Die Existenz dieses ausgedehnten Parkcomplexes im Bereich der Stadt ist heute, wo jeder Quadratfuß freien Grundes bis zu den Wolken verbaut wird, gar nicht hoch genug zu schätzen; schade daß derselbe, was die der Landstraße zugekehrten Gartenanlagen betrifft, in den letzten drei Jahren von ganz unfähigen Händen mißhandelt und verstümmelt wurde. Der unvermittelt auf die ebene Wiese hingestellte steife Erdbuckel, und die gleich einem Eisenbahndamm über das wellige Terrain nächst dem Donaucanal aufgeschüttete Rundstraße, die ohne Verständniß angelegten Spazierwege und die faulende Bachpfütze mit gemauerten Gesimsen welche den Abfluß des Waschbecken teiches mit den Cartonnage-Cascaden, bildet, geben hiefür laut redendes Zeugniß.

Wir wenden uns nun über den Donaucanal zu dem Vorstadtbezirk Landstraße. Er hat auf das große Areale von 1,200.000 Klafter die verhältnißmäßig geringe Bevölkerung von 86.000 Seelen, was daher rührt, daß die großen Zwischenräume zwischen den langen Hauptverkehrsstraßen oft auf weite Strecken nicht von Zwischenstraßen durchbrochen sind, und nur der Saum derselben mit Häusern besetzt ist, während sich in deren Innern noch eine Menge langgezogener zusammenhängender Gärten befindet. Die Landstraßer Hauptstraße, welche ein Drittel deutsche Meile lang und in ihrer weitern Entwicklung gegen fünfzehn Klafter breit ist, theilt das Gebrechen fast aller großen vorstädtischen Communicationswege: die der Stadt zugewendete Ausmündung derselben, welche offenbar aus viel älterer Zeit herstammt als der entferntere Theil, ist im Vergleich zu diesem in störendster Weise verengt, und hindert daher den Verkehr, da derselbe ein durchgehender ist, auf der ganzen Linie. Auf ungefähr sechs Klafter schrumpft die Straße in einer Länge von ein paar hundert Schritten zusammen und bedarf natürlich großer Kosten zu ihrer ausgiebigen Verbreiterung, welche in den letzten Monaten in Angriff genommen wurde. Ob dieselbe wieder der Tramwaygesellschaft auf den Hals geladen, oder von der Stadt durchgeführt wird, ist mir nicht bekannt; doch dürfte die Stadt das größte Interesse an der Beseitigung dieser Verkehrshemmnisse und daran haben, den Pferdebahn- wie den Omnibusgesellschaften die Wege zu ebnen und zu verbreitern.

Je weiter wir im Kreise der Vorstadtbezirke von Osten nach Westen rücken, um so compacter wird ihr Häusergefüge, um so spärlicher die Gärten, um so regelmäßiger die Kreuzung der concentrischen Querstraßen mit den fächerartig ausgebreiteten Längsstraßen; die ersteren leerer und stiller, die letzteren, namentlich die aus den Vororten kommenden Hauptstraßen, von einem steten Auf- und Abwogen von Menschen und Fuhrwerken aller Art erfüllt. Andererseits nimmt natürlich sowohl die Verkehrsstärke als die Dichtigkeit des Straßennetzes gegen die innere Stadt hin zu. Der Vorstadtgürtel wird an der Stelle, wo die Wien ihn durchzieht, am breitesten, und verengt sich dann mehr und mehr, so daß er zwischen der Josefstadt und dem Alsergrund kaum über ein Drittel der Breite einnimmt, wie zwischen den Bezirken Wieden und Margarethen einerseits und Mariahilf andererseits. Den früher bei der Landstraßer Hauptstraße geschilderten Uebelstand der Verengerung nächst der Ausmündung theilen mit ihr noch in empfindlicher Weise die ebenso lange Wiedener Hauptstraße, welche überdies kurz vorher zwei andere große Adern, die Favoritenstraße und die Margarethenstraße aufnimmt und die Mariahilferstraße, welche den Westbahnverkehr zu bewältigen hat und

mit ihrer Verengung noch eine sehr störende Steigung verbindet, obgleich
diese letztere so weit vertheilt und daher abgeschwächt wurde, als es die
Umstände gestatteten.

Während im Bezirk Landstraße und im anstoßenden Theil der
Wieden außer den vielen herrschaftlichen Palästen, großen Militär-, Com-
mercial- und anderen öffentlichen Anstalten, die sie enthalten, hauptsächlich
Beamte, Studenten, kleine Rentner und dergleichen wohnen, entfaltet
sich in den anstoßenden Bezirken Wieden, Margarethen, Mariahilf und
namentlich Neubau das regste gewerbliche und Fabriksleben. Die Josefstadt zeigt dagegen schon mehr den Uebergangscharakter zum letzten Bezirk
Alsergrund, der in der Weitläufigkeit seiner Anlage, in Bauweise und
dem Typus seiner Bevölkerung ein ganz ähnliches Gepräge hat, wie die
Landstraße. Diese beiden Bezirke sind auch innerhalb der Linien Wiens
die einzigen, welche noch einer wesentlichen Veränderung fähig sind. Wir
wünschen ihnen aber zum Besten der Gesundheit der Stadt, daß ihnen
ihre Gartencomplexe und ihr lockeres Gefüge erhalten bleiben mögen.

Wir haben noch von den letztgenannten sechs Vorstadtbezirken das
Areal in Quadratklaftern und die Einwohnerzahl nachzutragen.

Wieden   570.000 Quadratklafter mit 55.000 Einwohnern
Margarethen 490.000   „   „   53.000   „
Mariahilf   390.000   „   „   65.000   „
Neubau   390.000   „   „   76.000   „
Josefstadt   210.000   „   „   51.000   „
Alsergrund   630.000   „   „   59.000   „

Auf dem Terrain, auf welchem der Linienwall das Wiener Stadtgebiet begrenzt, soll bekanntlich die Gürtelstraße um die Vorstädte vom
Eintritt des Donaukanals in die Stadt bis zum Austritt desselben geführt werden, und zwar soll sie eine Breite von 40 Klaftern, d. i. 10
Klafter mehr als die Ringstraße, erhalten. Der Plan dazu ist bereits
behördlich festgestellt. Ebensowenig als die Bewohnerschaft Wiens heute
das Bedürfniß verspürt auf den Linienwällen zu spazieren, oder denselben
entlang zu gehen, zu reiten oder zu fahren, ebenso wenig wird später
auf dieser Gürtelstraße in ihrer ganzen Breite ein anderer Verkehr
herrschen, als der nachbarliche von Haus zu Haus. Alle die Leute, welche
einst auf die Gürtelstraße ziehen, werden mit der inneren Stadt einerseits, mit dem Lande andererseits zu verkehren haben; die Bewohner des
Mariahilfgürtels dagegen nur spärlich mit denen des Josephstadtgür-
tels, und ebensowenig die Bewohner der anderen Gürtelsectionen unter
einander. Denn Einer hat dem Andern wenig zu bieten, was dieser nicht
auch in nächster Nachbarschaft fände; die Existenzbedingungen und In-

teressen auf dieser ausgedehnten Linie sind eben bei der Mehrzahl ihrer Bevölkerung nahezu dieselben. Insoferne erscheint daher die Anlage einer, alle anderen an Breite übertreffenden Hauptcommunicationsstraße an dieser Stelle verfehlt, oder wenigstens als ein bei den herrschenden Grundpreisen durchaus unmotivirter Luxus.

Eine ganz andere Bedeutung aber gewinnt dieselbe, wenn sie vom Standpunkte des internen Eisenbahnverkehres angesehen wird. Der oberirdischen Wege, welche eine Locomotivbahn aus dem Centrum der Stadt nach der Peripherie hinausnehmen kann, sind nur wenige. Der Punkte an der Umfassungslinie dagegen, wo der Verkehr aus dem Innern hingeleitet werden soll, sind sehr viele; ebenso wie die Richtungen, nach welchen von der Umfassung aus die Communication weiter geleitet zu werden hat, theilweise ganz andere und namentlich vielfältigere sind, als diejenigen, in welchen die Verbindungen vom Centrum nach der Peripherie hergestellt werden können.

Was könnte da an eben dieser Umfassungslinie gelegener kommen, als ein unverbauter Strich Landes, welcher ununterbrochen diese Umfassung bildet, und breit genug ist, um für zwei, ja stellenweise nach Bedarf für drei und vier Geleise Raum zu bieten; so daß ungehindert die aus der Stadt kommenden Linien ihre Züge auf den ganzen Gürtel vertheilen, und von da aus nach sechs, acht, zehn Richtungen (wenn man die Anschlüsse an die großen Bahnen einbegreift) aussenden können. Um aber das möglich zu machen, muß die Gürtelstraße ganz eigens für den Hauptzweck des Eisenbahnverkehrs (der den Nebenzweck des Straßenverkehrs durchaus nicht ausschließt) neu bestimmt und wo es nöthig ist, umgelegt werden. Die Herren von der Reißfeder werden sich schon entschließen müssen, ihr Lineal und Winkelmaß hie und da bei Seite zu legen, und, so schwer es ihnen werden mag, Curven einzuzeichnen, wo die Eisenbahn nicht um die Ecke kann. Vielleicht wird es nicht einmal so sehr die Augen beleidigen, wenn in unsern Straßenbildern sanft gebogene Linien mit der scharfkantig gebrochenen oder monoton geraden abwechseln.

Wenn wir jetzt noch mit wenigen Strichen das außerhalb der Linienwälle gelegene Terrain des Wiener Beckens vom Standpunkte der Verkehrsbedürfnisse schildern wollen, so thuen wir wohl am besten, in gleicher Richtung wie bei den Vorstädten vorzugehen, d. h. vom untern Theil des Donaucanals zu beginnen.

Wir finden da zunächst, eingeschlossen von dem obgenannten Donaukanal, dem Vorstadtbezirk Landstraße, dem Brünner Flügel der Staatsbahn und dem an der Schwechater Chaussee lang hingestreckten Vororte Simmering ein ziemlich regelmäßiges Viereck in der Länge von circa

2*

1100 und der Breite von über 600 Klaftern, das sogenannte Erdberger Mais, heute noch größtentheils aus Gemüsegärten bestehend, aber für die Zukunft bereits vollkommen in Häuser und Straßengründe parcellirt; und es dürfte dieser Raum, welcher denen unserer größeren Vorstadtbezirke gleichkömmt, eine Bevölkerung von 100—150.000 Einwohner aufnehmen können. Bisher litt sein Werth bedeutend darunter, daß er ganz im Inundationsterrain der Donau gelegen war, ein Uebelstand, welcher durch die Strom-Regulirung in diesen Jahren hoffentlich behoben wird. Der Parcellirungsplan dieser Gründe muß wohl in der nächsten Zeit einer gründlichen Umarbeitung unterzogen werden, nachdem eine Bahnhofsanlage für eine oder zwei Reichslinien (Wien-Rodi und Wien-Hainburg-Preßburger Bahn) dort erstehen soll. Das Ende von Simmering (16.000 Einwoher) ist schon heute ⅘ Meilen vom Centrum entfernt. Hinter dem Orte dehnt sich die Simmeringerhaide, und darüber hinaus ein weiter Feldercomplex bis gegen die Orte Schwechat und Kaiserebersdorf aus, welche an den Absenkungen jenes breiten, niedrigen Höhenrückens gelegen sind, die wir als das östliche Ende des Wiener Beckens bezeichnet haben; und es geben die genannten Ortschaften nach dieser Richtung auch die Grenze für den Wiener Localverkehr. In die Nähe des letztgenannten Ortes, welcher 1¼ Meile vom Stadtmittelpunkte entfernt ist, wird bekanntlich der Wiener Communalfriedhof errichtet, und es ist hiefür eine besonders organisirte Communication nöthig.

Unmittelbar neben dem Orte Simmering, nahezu parallel mit der Schwechater Chaussee herlaufend, tritt der Wiener-Neustädter Canal in die Stadt Wien ein; seine Besitzer haben die Concession für eine schmalspurige Locomotivbahn von Wien an den Ufern des Canals fort bis über Wiener Neustadt hinaus, erworben. Nachdem der jetzige Canalhafen, an welchem die Kopfstation errichtet werden soll, ziemlich weit in den Vorstadtcomplex hineinreicht, so kann nach dieser einen Richtung hin das neue Unternehmen, das namentlich Arbeiterzüge zu sehr niedrigen Preisen einzuführen verspricht, recht förderlich für den Localverkehr werden. Bis heute allerdings existiren jene Arbeitercolonien, zu welchen die Verbindung hergestellt werden soll, noch nicht.

Von der St. Marxer-Linie, durch welche der Canal und die genannte Chaussee in Wien eintreten, gelangen wir in mäßigen Zwischenräumen nach der Belvederelinie und von da nach der Favoritenlinie, zwischen welch' letzteren eine Reihe wichtiger Communicationslinien strahlenförmig zusammenlaufen. Es sind dies der Raaber Flügel der Staatsbahn, die Himberger Chaussee, die Laxenburger Allee und die Südbahn. Der etwa 500 Klafter breite Streifen zwischen dem Canal und der Staatsbahn, wo sich der Stadt zugekehrt das große Artillerie-arsenal befindet, wird jetzt nach und nach von anderen industriellen Etablissements occupirt, und dürfte bald der Stadt zuwachsen. Die Personenbahnhöfe der beiden genannten großen Reichsbahnen sind dicht nebeneinander gelegen. Auf dem Südbahnhofe allein verkehren, je nach der Jahreszeit, täglich zwischen 28 und 54 lange und ausgiebige Personenzüge, welch' letztere Zahl sich an Sommersonn- und Festtagen noch bedeutend steigert. Die Verbindung dieser Bahnhöfe mit der Stadt wurde bisher blos mit Fiakern, Einspännern und Omnibuswagen hergestellt, und zwar an Tagen stärkerer Frequenz auf derart ungenügende Weise, daß derjenige Theil des Publicums, welcher es nicht vorzog zu Fuß zu wandern, nur die Wahl zwischen Wettrennen mit Boxerkampf oder dem geduldigen Ausharren auf unbestimmte Zeit hatte, bis einzelne Wagen aus der Stadt nachrückten. Jetzt werden wohl Pferdebahnlinien von der Stadt nach dem Südbahnhofe errichtet, aber noch ist abzuwarten, ob sie dem stoßweisen Andrange werden genügen können, und immerhin dürfte mit all' den Aufenthalten bei Ein- und Aussteigen in die Pferdebahn, Weg zu und von derselben, Warten auf den Bahnzug, zusammengerechnet mit der Fahrzeit, für den Durchschnitt des Publikums 45—50 Minuten zur Beförderung von der Wohnung zum Eisenbahnzuge in Anspruch genommen werden, und zwar für die vom Centrum der Stadt fortfahrenden noch etwas mehr Zeit als jetzt mit dem Omnibus, weil der Weg vom Centrum zur Ringstraße zu Fuße zurückgelegt werden muß. Die Verbindungsbahn, welche vor fünfzehn Jahren vom Südbahnhofe durch die Landstraße zum Hauptzollamte, und von da um die Leopoldstadt herum nach dem Nordbahnhofe geführt wurde, somit der Ringstraße ziemlich nahe kommt, wird leider ganz durch den Transitgüterverkehr in Anspruch genommen, nachdem keine Frachtenbahnen in weiterem Umkreise um Wien herumführen; und sie kann bekanntlich selbst diesen Frachtdienst nur mühsam, mangelhaft und zu sehr hohen Frachtsätzen bewältigen.

Die Himberger Straße und die Laxenburger Allee, welche gemeinsam von der Favoritenlinie ausgehend und den Südbahnviaduct unterhalb kreuzend, von da ab in mäßig divergirender Richtung den Laaer rücksichtlich Wiener Berg übersetzen, bilden jetzt die Hauptadern und zugleich den Krystallisationspunkt für den rasch aufblühenden jüngsten Wiener Bezirk, den ersten außerhalb der Linienwälle, welcher kürzlich den officiellen Namen Favoriten erhalten hat. Diese Ansiedlung, welche vor einem Decennium noch aus wenigen, meist ärmlichen Häusern bestand, zählt heute bereits 26.000 Einwohner, und bietet Platz für deren 100.000;

ja bei dem sehr allmäligen Ansteigen der genannten Höhen, bilden dieselben nicht einmal eine definitive Grenze für eine Stadtanlage. Die heutige Bewohnerschaft jener Gegend gehört fast ganz dem Arbeiterstande an. Diese Gründe sollen im Laufe des nächsten Jahres von einer neuen Eisenbahn durchschnitten werden, nämlich von jener bei Matzleinsdorf abzweigenden Linie der Südbahn, welche über Laxenburg und Pottendorf auf dem kürzesten Weg nach Oedenburg führen wird.

Aus der Matzleinsdorfer Linie heraus, ebenfalls unter dem Südbahnviaduct hindurch, führt die Triester Reichsstraße über den Wiener Berg, in der Nähe Wiens trotz der Südbahn noch einen stattlichen Frachtenverkehr aufweisend; derart, daß sie noch in den letzten Jahren bis an die Spinnerin am Kreuz, das ist den ganzen Höhenrücken hinauf, gepflastert werden mußte. Den größten Theil jenes Verkehrs nimmt das Ziegelfuhrwerk von Inzersdorf ein.

Der Linienwall macht dann eine starke Wendung nach Norden quer über die Wien hinweg, und an dieser Ausbauchung, welche die Vorstädte hier bilden, hat sich außerhalb der Wälle der stärkste Anwuchs von Vororten Wien-aufwärts bis Schönbrunn gebildet. Die Ortschaften Gaudenzdorf mit 13.000, Fünfhaus mit 36.000, Rudolfsheim mit 26.000, Sechshaus mit 11.000 und Meidling mit 26.000 Einwohnern bilden ein geschlossenes Ganze, und stoßen auf der einen Seite an Wien, auf der andern an den Schönbrunnerpark, der dann wieder von den Orten Penzing, Hietzing, Sct. Veit ꝛc. mit zusammen 25.000 Einwohnern umrahmt wird; weiter Wien aufwärts reiht sich dann noch in größeren Intervallen Ort an Ort bis zur Wasserscheide, und es hat diese Gegend durch Erbauung einer großen Zahl von Villen in den letzten Jahren einen starken Aufschwung genommen. Von Wien nach Schönbrunn ist der Sommerverkehr namentlich an Sonntagen durch Pferdebahn und Stellwagen nur mangelhaft zu bewältigen, und es ist vorauszusetzen, daß sich mit Erbauung einer Locomotivbahn vom Herzen der Stadt aus, die Zahl der Passagiere noch vervielfachen würde. Der Westbahnhof, außerhalb der Linie nächst Fünfhaus gelegen, ist nahezu ¼ Meile vom Centrum der Stadt entfernt.

An die Westbahn schließt sich längs des Linienwalles ein großes hochgelegenes Terrain, nur an den Rändern mit Häusern umsäumt, der Exercirplatz auf der Schmelz zu Manövern und sonstigen größeren Truppenübungen verwendet. Dieser noch unverbaute nahezu quadratische Raum von fast einer Million Quadratklaftern kann einst für die Entwicklung der Stadt insofern von großer Bedeutung werden, als er auf dieser Seite der Einzige ist, auf welchem noch ein großer Park angelegt werden kann. Die dahinterliegende Ortschaft Breitensee, hinter welcher dann die bergige Bodenformation beginnt, ist übrigens unbedeutend. Haben wir aber den Raum längs des Linienwalles durchschritten, so kommen wir sogleich wieder an einen starken Complex von Vororten: Neulerchenfeld mit 11.000, Hernals mit 52.000 und dahinter gegen das Gebirge Ottakring mit 24.000 Einwohnern. Nach Hernals am Linienwall fort nach kurzer Unterbrechung Währing mit 30.000 und weiter den Donaucanal aufwärts Döbling, Heiligenstadt und Nußdorf über ein weites Areal zerstreut mit zusammen 19.000 Einwohnern. Nachdem speciell die letztgenannten Ortschaften, sowie viele der früher erwähnten größtentheils aus Sommerwohnungen und Villen bestehen, so gibt die Anzahl ihrer ständigen Bewohner nur ein sehr schwaches Bild ihrer Bedeutung.

Alle jene schmalen Seitenthäler des Wienerwaldes, welche gegen die nordwestlichen Vororte ausmünden, bezeichnen mehr oder minder wichtige Communicationslinien für den Sommerfrischenverkehr. Eine halbe Stunde hinter Hernals: Dornbach und Neuwaldegg; hinter Währing: Weinhaus, Gersthof und Pötzleinsdorf; hinter Döbling: der Sieveringer und hinter Heiligenstadt: der Grinzinger Graben. Von Nußdorf führt dann längs der Donau die Chaussee und die Eisenbahn um den Leopoldsberg herum in andere Thäler des Wienerwaldes, die gleichfalls im Sommer von Wienern bevölkert sind.

Was jenseits des Stromes liegt, wollen wir hier außer Betracht lassen.

Rechnet man, daß ein gewöhnlicher Fußgänger in einer Minute 40 Klafter zurücklegt, so braucht derselbe in den verschiedenen Richtungen der Windrose durchschnittlich eine Stunde, um außerhalb der Stadt zu sein. Um die größte Längenrichtung derselben, vom Ende Simmering bis zum Sporn des Donaucanals zu durchschreiten, hat er zwei Stunden und vierzig Minuten nöthig. Die Fahrt im gewöhnlichen Omnibus (Stellwagen), oder auf der Pferdebahn reducirt diese Zeiten, da man die Haltepunkte mit einrechnen muß, etwa um ein starkes Drittel. Bringt man noch die Zeit in Anschlag, welche die Mehrzahl der Passanten braucht, um zu einem derartigen Verkehrsmittel hin und vom Aussteigeplatze an ihr Ziel zu kommen, und ferner die Zeit, welche man meistens bis zum Herankommen oder bis zur Abfahrt des Wagens wartend verbringt — so wird man für kürzere Strecken nur ausnahmsweise, für Fahrten vom Centrum bis zur Peripherie der Stadt auch nur theilweise eine Zeitersparniß gegen den Fußmarsch erhalten, so daß nur mehr die Bequemlichkeit, eventuell Schutz gegen schlechtes Wetter ꝛc. in Betracht kommt, und erst bei

Fahrten über die Linie hinaus fällt die wirkliche Zeitersparniß stark in's Gewicht.

Soll ein Locomotivbahnnetz in der Stadt, das doch selbst im günstigsten Falle nur mit sehr hohen Kosten herzustellen ist, trotz der nothwendig höheren Fahrpreise mit den andern Communicationsmitteln erfolgreich zu concurriren im Stande sein; soll es wirklich die großen Erwartungen erfüllen, welche wir eingangs an dasselbe geknüpft haben — so muß es natürlich an Zeitersparniß weit mehr zu bieten im Stande sein, als jene anderen Fahrgelegenheiten, welche bis heute im Gebrauch sind, und zwar muß es diesen Vortheil der großen Mehrzahl der Bewohner bieten.

Das erste Erforderniß, welches wir zu stellen haben, ist das der Unmittelbarkeit der Benützung. Wird es für die Mehrzahl der Bewohner nothwendig, sich eines zweiten Fahrmittels zu bedienen, um zur Locomotivbahn hin, oder um von ihr weg an's Ziel zu gelangen, so ist für dieselbe der Vortheil der schnellen Beförderung innerhalb kürzerer Strecken schon illusorisch. Mit dem Fiaker wird die Locomotivbahn im großen Ganzen ohnedies nie durch Zeitersparniß concurriren können, sondern immer nur durch Billigkeit. Omnibus und namentlich Pferdebahn sind an bestimmte Fahrlinien gebunden, und außerdem muß der einzelne Fahrgast bezüglich der Fahrzeit sich dem Turnus der einzelnen Wagen anbequemen; er hat also den größten Zeitverlust der ganzen Fahrt, die Wartzeit am Einsteigeplatz doppelt zu erleiden, und muß in jedem Falle, wo die Omnibus- oder Pferdebahnlinie nicht in seinen directen Weg zur Locomotivhaltestelle hineinfällt, einen größeren oder kleineren Umweg machen. Der Locomotiveisenbahnzug ferner kann die Minute einhalten, und der Fahrgast kann daher bei unmittelbarem Einsteigen genau die Zeit berechnen, wann er sich auf den Weg machen muß, um einen bestimmten Zug noch zu erreichen. Bei einer Combination von Fahrgelegenheiten muß er dagegen schon reichlich an der Zeit zulegen, weil da auf ein genaues Klappen derselben nicht zu rechnen ist. Man halte es nicht für kleinlich, daß wir einen derartigen Werth auf die Minuten legen. Bei Fahrten von ein- bis drei Viertelstunden, welche aber von hunderttausenden von Menschen oft im Jahre, oder von zehntausenden täglich zurückgelegt werden sollen, fallen die zehn bis fünfzehn Minuten, um welche es sich hier handelt, so gewaltig in's Gewicht, daß von ihrer Ersparniß das Gelingen des Unternehmens abhängen kann.

Wir müssen uns daher auf das Bestimmteste gegen die Ausführung aller Projecte aussprechen, bei welchen die Linien anstatt den ganzen Stadtkörper in den Hauptrichtungen zu durchziehen, von irgend einem

Punkt aus, und läge derselbe noch so sehr im Centrum, nur nach einer Hauptrichtung der Peripherie zustreben würden, um dann entweder blos dieselbe Richtung weiter zu verfolgen oder von der Peripherie aus sich erst nach den verschiedenen Seiten hin auszubreiten. Blos die Anwohner der einen Hauptrichtung hätten davon den Vortheil, für die Andern wäre die Bahn werthlos. Ein einzelner Punkt in der Mitte der Stadt hat ebensowenig eine ausschließliche Verkehrsbedeutung, als dem Schwerpunkt eines Körpers eine ausschließliche Anziehungskraft innewohnt. Sowie dieser nur das Resultat der Gravitation der einzelnen Theile darstellt, so kann man auch für die Summe der einzelnen Verkehrsströme in einer Stadt einen idealen Mittelpunkt annehmen, der dann aber für alle Ströme, die ihn nicht kreuzen, keine größere Bedeutung hat, als tausend andere Punkte, welche den Letzteren näher liegen. Zu dem großen Nachtheil des weiten Weges zur Bahn für alle Stadtbezirke, welche nicht an der einen Radiallinie liegen, gesellt sich noch der andere, vielleicht ebenso bedeutende, daß die Bahnstrecken und somit die Fahrzeit und der Fahrpreis für den einzelnen Passagier ganz außerordentlich wachsen müssen, wenn er nicht die Stadt durchschneiden kann, sondern erst zur Peripherie gelangen muß, um auf dieser fort den seinem Ziele nächst gelegenen Aussteigeplatz zu erreichen. Dieser letztere Umstand allein kann im Maximum die Fahrt auf die vierfache Entfernung der beiden Eisenbahnstationen steigern.

Wir müssen daher mehrere Radiallinien anstreben, welche sämmtliche Hauptrichtungen vom Stadtmittelpunkte aus in sich fassen, weiters die Verbindung dieser Radiallinien durch eine Gürtelbahn um den ganzen Stadtkörper herum, und endlich die nöthige Anzahl Ausläufer von der Gürtelbahn aus, nach den Hauptverkehrsrichtungen in die Umgebung Wiens. Nehmen wir drei solcher Radiallinien an, so würde die Fahrt im äußersten Fall etwas über die doppelte Entfernung des Ein- und Aussteigepunktes betragen, im Durchschnitt weniger als das anderthalbfache.

Abgesehen von allen Ausführungsschwierigkeiten wäre natürlich der schönste Knotenpunkt eines solchen strahlenförmigen Netzes das Centrum der inneren Stadt, der Stefansplatz, oder Graben; und die Hauptstrahlenrichtungen, zwischen denen wir zu wählen hätten, gingen nach Döbling, Hernals, gegen Schönbrunn, zur Matzleinsdorferlinie, zum Südbahnhofe, zur St. Marxer Linie und über den Praterstern.

Im concreten Falle wäre es nun die Aufgabe bei Ausarbeitung des Localbahnnetzes, aus diesen Linien die wichtigsten, für den Gesammtzweck dienlichsten auszuwählen, und dann die Hauptrichtung derselben beibehaltend, für jede derselben die günstigste Trace, und ebenso für alle zusammen den geeignetsten Centralpunkt, und die entsprechendste Umfassungslinie zu suchen, von wo aus dann weiter die Ausläufer in die Umgebung der Stadt sich anschließen können.

Nachdem Locomotivbahnen im Straßenniveau, welche allen Wagen- und Fußgängerverkehr auf die unleidlichste Weise hemmen würden, von vorneherein ausgeschlossen bleiben müssen, haben wir nur mehr die Wahl zwischen Tunnelbahnen und Bahnen im Einschnitt. Jene gewähren zwar den Vortheil, die Tracen viel freier bestimmen zu können; — wenn aber Letztere in der Tracenführung nicht viel ungünstiger sind, als Erstere, so muß doch, sowohl wegen der Bequemlichkeit des Verkehres für Personen und Güter als namentlich der Kostendifferenz halber, die Entscheidung zu Gunsten der Bahnen im Einschnitte fallen. Denn darüber darf man sich keiner Täuschung hingeben: auch im günstigsten Falle werden die Anlags- und Betriebskosten für ein städtisches Locomotivbahnnetz so bedeutend sein, daß die finanzielle Frage für die Art der Durchführung maßgebend sein wird. Sobald die Fahrpreise nicht so billig angesetzt werden können, daß für die betreffenden Verkehrsrichtungen Fiaker und Einspänner ganz außer Concurrenz treten, ist über das Eisenbahnunternehmen der Stab gebrochen.

Alle diese Erwägungen führen uns wieder auf die natürliche Dreitheilung der Stadt durch Donaucanal und Wienfluß zurück. Hier haben wir bereits von der Natur gezogene Einschnitte in das Terrain, die allerdings theilweise bedeutenden Angriffen durch die Gewässer, welche sie hervorgebracht haben, ausgesetzt sind, aber durch Gewässer, deren Regulirung theils im Werk ist, theils früher oder später unabweislich durchgeführt werden muß. Ja noch mehr: Abgesehen von diesen Linien führen keine aus dem Centrum zur Peripherie, in denen ein Einschnitt für eine Bahn gedacht werden könnte. Wohl liegt auch der Knotenpunkt dieser Linien etwas außerhalb des Centrums der Stadt; aber wie wir gezeigt haben, besitzt dieses Letztere nicht jene ausschließliche Wichtigkeit für den Verkehr, daß jede geringe Abweichung von demselben als Fehler erscheinen müßte. Das Wesentliche ist, daß einerseits die Gesammtheit der Linien möglichst dem ganzen Stadtkörper zu Gute komme, daß also die Zwischenräume zwischen denselben möglichst gleichmäßig seien, daß andererseits übergroße Umwege, welche die Fahrgeschwindigkeit durch die Länge der Strecke paralisiren würden, vermieden werden, und endlich daß die zu erbauenden Linien den Hauptrichtungen des gegenwärtigen und zukünftigen Verkehrs möglichst entsprechen.

Diese Bedingungen sehen wir nun bei der Wienthalbahn sowohl als bei beiden Flügeln der Donaucanalbahn in hinreichendem Maße erfüllt. Bis heute allerdings ist die eine der drei großen Stadtsectionen, diejenige nämlich, welche sich nördlich vom Donaucanal befindet, bedeutend hinter den beiden andern zurückgeblieben. Aber gerade diese Section verspricht für die Zukunft die großartigste Entwicklung, und nach Ausbau der Donaustadt werden die drei Theile an Ausdehnung einander ziemlich gleichkommen, um so mehr, als die Section zur Rechten des Wienflusses (Landstraße, Wieden, Margarethen), welche der zur Linken (innere Stadt, Mariahilf, Neubau, Josephstadt, Rossau sammt Vororten) an Einwohnerzahl noch bedeutend nachsteht, eine viel größere Expansionsfähigkeit besitzt, als diese letztere, welche am dichtesten verbaut ist, und bereits mit ihren Endpunkten an den Fuß des Gebirges stößt. Es muß ja bei Anlage des Netzes viel mehr auf die Bedürfnisse der Zukunft Rücksicht genommen werden, als auf jene der Gegenwart. Die größte Sicherheit der Rentabilität des Unternehmens liegt in der Entwicklung der Zukunft; zum größeren Theil wird sich dasselbe seinen Verkehr erst schaffen müssen; die Anlage des Netzes und der Fortbau der Stadt werden Hand in Hand gehen, wie wir dies bei den Trammaylinien in so überraschender Weise mit eigenen Augen gesehen haben. Es handelt sich nur darum, daß für die parallele Entwicklung die natürlichen Grundlagen festgehalten, und durch unverzügliche Lösung der Frage die entsprechende Ausführung des Werkes gesichert werde, dem im planlosen Weiterbau verhängnißvolle Hindernisse erwachsen könnten.

Wenn wir auf die Vergleichung der räumlichen Ausdehnung der drei Sectionen eingehen wollen, so müssen wir natürlicherweise die äußere Begrenzungslinie auch mit in Betracht ziehen. Diese kann eine doppelte sein: die engste, die überhaupt denkbar ist, muß der Hauptsache nach in dem Territorium der heutigen Linienwälle, also der zukünftigen Gürtelstraße, liegen. Hier hat nicht die Natur, sondern es haben die fortificatorischen Bedürfnisse früherer Zeiten einen ununterbrochenen Landstreifen zwischen den Häusermassen freigehalten, welcher eine Schienenverbindung zuläßt; innerhalb der Wälle findet man eine concentrische Linie nicht mehr bis zur Ringstraße, die außer Betracht fällt. Eine zweite Umfassungslinie ist außerhalb des compacten Körpers der Vororte längs des Saumes der Berge denkbar, und wir werden dieselbe auch später in den Kreis unserer Besprechung ziehen, während wir zunächst nur die engere Gürtelbahn berücksichtigen.

Denken wir uns nun dieselbe im Erdberger Mais bis zur Staatsbahn verlängert und, neben dieser den Donaucanal überschreitend, bis zum neuen Strombett geführt, dem entlang sie als Uferbahn stromaufwärts bis gegen Nußdorf läuft, so haben wir dann Section I, Donauinsel (auch in Zukunft des Praters wegen am schwächsten bevölkert d. h. etwa zur Hälfte Häuser- und Straßengrund), mit einer Länge von 4000, einer Maximalbreite von 1400 Klaftern, und einem Areal von etwa 4 Millionen Quadratklaftern; ferner: Section II, linkes Wienufer, mit einer Maximalbreite von 1700 Klaftern, und einem Areal von etwa $2^1/_2$ Millionen Quadratklaftern; und endlich Section III, rechtes Wienufer, mit einer Länge von 3300, einer Maximalbreite von 1500 Klaftern und einem Areale von $2^1/_2$ bis 3 Millionen Quadratklaftern. Die größte directe Entfernung von irgend einem Puncte des Territoriums bis zur Bahn ist in der ersten Section 650, in der zweiten 700, in der dritten 500 Klafter. Denken wir uns nun beispielsweise die Stationen ungefähr je 800 Klafter von einander entfernt (d. i. so weit, als durchschnittlich die verschiedenen Linien von einander abliegen), so dürfte man (die Minute Weges zu 40 Klafter gerechnet) inclusive der Umwege auf der Donauinsel längstens 21, durchschnittlich 9 Minuten, auf dem linken Wienufer längstens 23, durchschnittlich 10 Minuten, auf dem rechten längstens 18, durchschnittlich gleichfalls 10 Minuten brauchen, um von irgend einem Puncte innerhalb des Territoriums zum nächst gelegenen Localbahnhofe zu kommen.

Wir haben nun weiter zu prüfen, welche Bahnstrecken der Passagier im Vergleich mit den directen Entfernungen oder vielmehr Straßenlängen, vom Einsteigeplatz zum Aussteigeplatz zurückzulegen hat.

Je kürzer die Begrenzungslinie im Verhältniß zur eingeschlossenen Fläche, je besser arrondirt also diese Letztere ist, um so gleichartiger werden die Unterschiede zwischen den Bahnstrecken und den directen Entfernungen sein. Jemehr dagegen die Länge einer solchen Fläche die Breite überragt, und je ausgedehnter verhältnißmäßig die Begrenzungslinie ist, um so verschiedener wird sich in den einzelnen Fällen das Verhältniß zwischen Entfernung und Fahrstrecke gestalten, so daß man über ein gewisses Maß hinaus die Breite einer langgestreckten Fläche rascher mit einem gewöhnlichen Fuhrwerk überschreiten kann, als der Eisenbahnzug sie umfährt.

Wir haben früher wiederholt betont, wie sehr in Wien die radialen Verkehrsrichtungen die peripherischen und concentrischen überwiegen. Es wird daher voraussichtlich auf jenen Strecken der Gürtelbahn, welche an die Radiallinien anstoßen, der Verkehr viel stärker sein als auf den mittleren Strecken derselben, denn die Gürtelbahn wird, wie gesagt, eine Zufahrtsgelegenheit zu den Radiallinien bleiben. An jener mittleren, d. h.

nicht an die Radiallinien stoßenden Theilstrecke der Gürtelbahn wird der Vortheil der raschen Beförderung zum Centrum sich schon derartig abschwächen, daß nur ein kleiner Theil der Bevölkerung, etwa die nächst den Stationen wohnenden, von der Eisenbahn Gebrauch machen dürften. Am günstigsten ist in dieser Beziehung die Configuration des Territoriums links der Wien, welche sich am meisten einem gleichseitigen Dreiecke nähert. Die Breite der Donauinsel und des Gebietes rechts der Wien ist dagegen an den mittleren Stellen so gering, daß Pferdebahn und Omnibus dem Verkehrsbedürfnisse dieser Richtung ziemlich wohl genügen können. Auch sind diese Gebiete bereits der Breite nach von einer Localbahn durchschnitten, von der Wiener Verbindungsbahn nämlich, und gewiß wird es einer späteren Zeit gelingen, dieselbe oder wenigstens den Grundstreifen, auf welchem sie gebaut ist, dem Personenverkehr dienstbar zu machen. Wird aber nachher der nördliche Theil der Verbindungsbahn bis an die Uferlinie am Stromdurchstich fortgesetzt, so hat man dann sechs sehr wohl arrondirte Gebiete, bei denen fast ausnahmslos die größten Umwege der Bahnstrecke gegen die directen Entfernungen nicht mehr als das $1^{2}/_{3}$- bis 2fache betragen, während sich das durchschnittliche Verhältniß der Ersteren zu den Letzteren, wie $1^{1}/_{3}$ zu 1 verhalten mag. Solche Umwege verträgt aber selbst der Localeisenbahnverkehr sehr leicht, nachdem die Fortbewegungsgeschwindigkeit derselben zu der eines gewöhnlichen Fußgängers sich wie 5 : 1 verhalten mag, ferner wie 5 : $1^{1}/_{2}$ bis 2 gegen Omnibus und Pferdebahn, und wie 5 : 2 bis 3 gegen Einspänner und Fiaker. Wir nehmen hier die Fahrgeschwindigkeit der Locomotive im Localverkehr inclusive der Aufenthalte mit drei Meilen per Stunde an.

Der dritte und letzte Hauptgesichtspunkt, von welchem aus wir die Zweckmäßigkeit der von uns vorgeschlagenen Bahnlinien zu betrachten haben, ist, wie früher erwähnt, das Zusammenfallen derselben mit den bestehenden und zu erwartenden Hauptverkehrsrichtungen.

Wir haben in unserer topographischen Schilderung der Stadt gezeigt, daß einerseits die Breite des Vorstadtgürtels ziemlich ungleich ist, was noch durch jene Vorortecomplexe, die sich stellenweise an denselben angesetzt haben, gesteigert wird, daß andererseits die Dichtigkeit der Verbauung und somit die Bevölkerungsziffer, welche auf eine Raumeinheit kommt, sehr stark variirt, und daß endlich die Beschäftigungsweise und somit das Communicationsbedürfniß der Bevölkerung nach Stadttheilen ein verschiedenes ist. Zu diesem allen kommen noch die Einmündungsstellen der Communicationslinien nach außen, der Eisenbahnen und Hauptlandstraßen, welche auf gewissen Strecken den großen Verkehr mit der weiteren Umgebung und fremden Gegenden dem rein städtischen hinzufügen. Sollen nun die Localbahnen der Allgemeinheit den größtmöglichen Nutzen gewähren, so müssen an denjenigen Stellen, an welchen durch besondere örtliche Verhältnisse der Verkehr sich am meisten über den mittleren Durchschnitt erhebt, die Umwege, welche namentlich durch Einbeziehung größerer Strecken der Gürtelbahn entstehen, möglichst vermieden werden.

Unstreitig die wichtigste Linie in dieser Hinsicht ist die Verbindung des Südwestendes der Stadt mit dem Centrum. Der Kranz der Vorstädte erreicht hier seine größte Breite; an ihn schließt sich an dieser Stelle der größte Bororteomplex, welcher erst hinter Schönbrunn sein Ende erreicht; der ganze Verkehr mit dem dicht bevölkerten mittleren Wienthal und seiner Masse von Villegiaturen muß diesen Punkt passiren; die Westbahn, welche die einzige directe Bahnverbindung mit Oberösterreich, Süddeutschland und sofort ausmacht, hat hier ihre Ausmündung; der enorme Südbahnverkehr kann ebenfalls an dieser Stelle über Meidling auf dem geradesten Wege aufgenommen werden, und eventuell durch eine passende Abzweigung auch derjenige der Triester Reichsstraße. Die möglichst directe Verbindungslinie dieses wichtigen Punktes mit dem Herzen der Stadt bildet die Wienthalbahn.

Ist aber eine Radiallinie von unbestreitbar überwiegender Wichtigkeit gegeben, so ist die Richtung der andern damit schon angedeutet. Sie müssen nämlich die erstere über den Mittelpunkt hinaus fortsetzen und ergänzen. Wählt man drei Linien, so müssen die beiden letzten vom inneren Ende der gegebenen Linie derartig auslaufen, daß sie möglichst gleichartige Gebiete einschließen, und Winkel von annähernd derselben Größe bilden. Dies ist nun bei beiden Donaucanalflügeln der Fall; der eine derselben, der nordwestliche, entspricht heute schon einer Verkehrsrichtung von hervorragender Wichtigkeit, und wird die Währinger und Nußdorfer Straße in gleicher Weise entlasten, wie es die Wienthallinie mit der Mariahilfer und Fünfhauser Straße zu thun bestimmt ist. Der Verkehr der Stadt mit der Nordwestbahn, der Franz Josefsbahn und der Klosterneuburger Straße fällt dieser Linie direct zu; die ganze Gegend von Nußdorf, Heiligenstadt, Döbling mit den dahintergelegenen Ortschaften gegen den Kahlenberg und den Himmel zu wird damit an die Stadt gerückt, und die weit hinausgezogenen Vorstadtgebiete der Brigittenau, sowie des rückwärtigen Theiles vom Alsergrund (Althan) erhalten hier ihre unmittelbare Verbindung mit dem Centrum. Kurz, nach der Wienthalrichtung, wenn man den Südbahnverkehr zu dieser schlägt, ist die Richtung des oberen Donaucanals an und für sich die wichtigste. Diesen beiden gegenüber erscheint die untere Donaucanallinie allerdings von weitaus geringerer Bedeutung. Aber immerhin führt sie nach der dritten Richtung, in welcher der Stadtkörper über seine regelmäßigen Dimensionen hinausgewachsen ist. Sie geht direct auf die Verbindung der drei Staatsbahnlinien los und ist demnach auch bestimmt, die Passagiere derselben aufzunehmen; ihr zunächst soll gleichfalls der Bahnhof der neuen Wien-Preßburgerbahn, eventuell auch der Bahn Wien-Novi kommen, und es ist wohl keine Frage, daß der Erdberger Mais, sobald die Ueberschwemmungsgefahr durch die Donauregulirung beseitigt ist, sehr rasch verbaut werden wird; der Verkehr von Schwechat, Kaiserebersdorf, dem künftigen allgemeinen Friedhof rc. wird von dieser Linie auf geradem Wege aufgenommen.

Nächst diesen drei Linien erscheint diejenige als die wichtigste, welche nach der Nordbahn und der neuen Strombrücke am Ende der Schwimmschulallee führen würde; aber die verhältnißmäßige Kürze derselben macht die Erbauung einer Locomotivbahn dahin weniger dringend. Wir brauchen da übrigens die Hoffnung nicht aufzugeben, daß der nördliche Flügel der Verbindungsbahn den Zwecken dieser Verkehrsrichtung früher oder später dienstbar gemacht werden wird. Schließlich müssen wir der Vollständigkeit halber noch eine Linie vom Centrum gegen Hernals zu nennen, welche aber nur als Tunnelbahn möglich wäre.

Die Ausführbarkeit der längs der Wasserläufe hinziehenden Linien ist, was den Wienfluß betrifft, durch behördliche Prüfung der vorhandenen Projecte zweifellos, und bezüglich des Donaucanals durch eingehende Arbeiten von verschiedenen technischen Kräften nahezu sicher gestellt. Ebenso ist die Gürtelbahn bereits von mehreren Seiten reiflich durchgearbeitet. Die ersteren Linien sollen bekanntlich an dem einen Ufer des Flußbettes derartig geführt werden, daß die Böschung in eine durch die Fahrbahn staffelförmig abgebrochene Quaimauer umgewandelt, und die Eisenbahn demnach in solcher Höhe zwischen der Flußsohle und dem Straßenniveau geführt wird, daß die Züge einerseits gegen den höchstmöglichen Wasserstand geschützt sind, andererseits aber die Brückenübergänge durch mäßige Ausbauchung der Trace noch im Tunnel unterfahren können. Bezüglich der Gürtelbahn ist der Gedanke, dieselbe im Straßenniveau zu führen, glücklicherweise fallen gelassen worden; dieselbe hätte trotz aller sinnreichen Vorkehrungen zum plötzlichen Anhalten der Locomotiven auf diese Weise eine chinesische Mauer um die Stadt gebildet, d. h. allen Wagen- und Fußgängerverkehr von Außen nach der Stadt zu auf eine ertödtende Weise gefährdet und gehemmt. Wenn neuerdings die Frage aufgeworfen werden sollte, ob die Bahn im Tunnel oder im Einschnitt zu führen sei, so plaidiren wir entschieden für das Letztere. Für die Kosten einer Tunnelbahn ist diese Linie viel zu wenig einträglich, so daß ihre Erbauung dadurch gefährdet erschiene; dagegen können und sollten über den Einschnitt so viele Brückenübergänge ausgeführt werden, als der Verkehr nur immer verlangt. Ja wir gehen noch weiter: wir halten es nicht für nöthig, daß der Einschnitt so tief geführt werden müsse, daß die Uebergänge völlig in der Horizontale bleiben. Die Gürtelstraße erhält eine Breite von 80 Meter; erhebt sich also die dieselbe kreuzende Fahrstraße bis zur Uebergangsstelle über die Einschnittbahn um 1—1$\frac{1}{2}$ Meter, so ist dies für den Wagenverkehr (Steigung $\frac{1}{35}$—$\frac{1}{53}$) wohl kaum fühlbar; die Kosten der Bahn werden aber vielleicht auf diese Weise bedeutend reducirt. Man werfe uns nicht ein, daß die Schönheit der Gürtelstraße oder die Ruhe ihrer Bewohner zu empfindlich unter einer derartigen Bahnanlage leiden würde. Die Seitenmauern des Einschnittes bilden eine Schallwand, welche das Geräusch der Züge bei der großen Breite der Straße bis über die Dächer der anstoßenden Häuser ablenkt, und zu beiden Seiten der Bahn ist Raum genug, um sogar noch einen dünnen Streifen durch Bepflanzung mit Bäumen und Gebüsch in eine Gartenanlage zu verwandeln, so daß Auge und Ohr in keiner Weise beleidigt und bei einer Breite von 15 Klafter für diese gesammte Bahn- und Gartenanlage dem Wagen- und Fußgängerverkehr noch reichlich Platz zur ungehinderten Entfaltung gelassen würde. Wir legen eben auf diese Linie der Vollständigkeit des Netzes wegen einen so hohen Werth, daß wir die Ausführung derselben auf jede Weise erleichtern und unterstützen möchten. Als die Ergänzung der Gürtelbahn im Norden hätte die Uferbahn längs des Stromdurchstiches zu gelten, die wir in späterer Zeit gleichfalls dem Personenverkehr erschlossen wünschen.

Von der Gürtelbahn aus nehmen wir verschiedene Abzweigungen in Aussicht, wie sie das Bedürfniß verlangt und wie es die Terrainverhältnisse gestatten. Denn die Gürtelbahn soll nicht nur eine Sammellinie bilden, um alle in der Nähe der Peripherie Wohnenden über die nächste Radiallinie nach dem Centrum zu bringen und umgekehrt; sie soll auch zur Vermittlung dienen, auf welcher die von der Stadt Kommenden den Weg nach dem Lande hinaus finden. Zunächst wären also die drei Radiallinien über den Gürtel hinaus fortzusetzen; dann kämen die Abzweigungen auf die großen Bahnlinien an die Reihe: von der Wienthalbahn in die Südbahn bei Meidling und in die Westbahn bei St. Veit; von der oberen Donaucanalbahn in die Franz Josefsbahn und Nordwestbahn; von der unteren Donaucanalbahn in die Staatsbahn für alle drei Linien derselben, und seiner Zeit von der Verbindungsbahn

in die Nordbahn. Weitere Abzweigungen wären dann von der Gürtel=
straße nach den Seitenthälern des Wienerwaldes zwischen Penzing und
Nußdorf zu führen.

Die vielen Projecte, welche heute für die Localbahnen vorliegen,
sind unseres Erachtens meist einseitig in Bezug auf ihre Zwecke. Wäh=
rend nämlich das Eine derselben, das gleichfalls die ganze Stadt occupirt,
sich sozusagen ausschließlich damit beschäftigt, theilweise auf starken Um=
wegen die großen Bahnlinien aufzusuchen, um den Transport der von
Wien abreisenden, in Wien ankommenden, und durch Wien durchfahren=
den Eisenbahnpassagiere ins Herz der Stadt oder von einem Bahnhof
auf den andern zu bringen, sehen die meisten anderen Projecte von
diesem Verkehr nahezu ganz ab, und begnügen sich mit den Passanten
aus den Vororten und Vorstädten nach der Stadt und umgekehrt. Es
wird aber unbedingt nöthig sein, Beides zusammenzufassen, um einerseits
die zur Rentabilität des Unternehmens nöthige Frequenz zu erzielen,
andererseits den berechtigten Ansprüchen der Oeffentlichkeit zu genügen.
Daß übrigens die Beförderung von jedem Bahnhofe aus auf die ganze
Stadt sich vertheilen müsse, nicht aber nächst dem Centrum enden dürfe,
haben wir schon früher gezeigt. Der Personenverkehr zwischen den Bahn=
höfen und der Stadt beziffert sich schon heute auf über 6 Millionen
Menschen im Jahre, und wird sich durch die Erleichterung der Beför=
derung mittelst der Localbahnen wohl innerhalb der nächsten Decennien
verdoppeln oder verdreifachen. Denn es ist unleugbar, daß die Ersparniß,
welche die Locomotivbahn entweder in der Zeit oder im Fahrbetrag gegen
die jetzigen localen Beförderungsmittel zu gewähren im Stande ist, für die
Frequenz der nächsten Bahnstrecken außerhalb der Stadt von großer Be=
deutung werden muß. Es ist eine bekannte Thatsache, daß auf den großen
Bahnen der Localpersonenverkehr nur auf den ersten paar Meilen nächst
der Stadt ins Gewicht fällt. Ja, der Menschenstrom, der sich da täglich
ins Freie ergießt, schwindet sogar von Viertelmeile zu Viertelmeile
beträchtlich zusammen. Der Fahrpreis auf diesen Strecken variirt bei=
spielsweise für die zweite Wagenclasse zwischen 20 kr. und 1 Gul=
den, die Fahrzeit zwischen 10 und 50 Minuten. Da macht es denn
einen großen Unterschied, ob der regelmäßige Passagier durch doppelte
Wartezeit, Umsteigen, langsames Fahren, Billetnehmen, größeren Zeit=
spielraum für das Zurechtkommen u. s. w., 25 bis 40 Minuten bei
Hin= und Rückfahrt einbüßt, oder andererseits anstatt 20 Kreuzer für
die Localbahn 1 fl. 50 kr. für einen Fiaker bezahlt. Die großen Bahnen
haben somit ein wesentliches Interesse, durch Entgegenkommen gegen die
Localbahnen deren Zwecke zu fördern, weil damit ihrer eigenen Benützung

von Seite des Passagierpublicums der größte Vorschub geleistet wird. Anderseits müssen die Localbahnen trachten, sich diesen Verkehr nicht entgehen zu lassen. Die Personenbeförderung von Bahnhof zu Bahnhof aber ist, nebenbei gesagt, für Wien eine so verschwindend kleine, daß dieselbe eine eigene Berücksichtigung nicht verdient.

Die Stärke des Bahnhofverkehrs mit der des localen Passantenverkehrs zwischen der Stadt und den Vororten ziffermäßig in Proportion zu setzen, ist wohl sehr schwierig. Zwar existiren für die Stärke des Wagenverkehrs in einigen Hauptstraßen statistische Aufzeichnungen, allein dieselben sind bei weitem nicht vollständig genug, um für unseren Zweck das nothwendige Material zu bieten; außerdem ist ja zu erwarten, daß ein großer Bruchtheil der Fußgänger von heute Fahrgäste der Localeisenbahnen werden dürfte; man müßte also auch für die Masse der Straßenpassanten zu Fuß Zählungen in ausgedehntem Maßstabe vornehmen, und dann nach allgemeinen Raisonuements die Procentsätze abschätzen, die von Fußgängern und Fahrenden dem Eisenbahnverkehr zufallen dürften. Nach Allem diesen hätte man erst die Daten für den Beginn der Periode der Localbahnen; diese selbst aber würden nach und nach den Verkehr derartig ummodeln, daß das Verhältniß nach einiger Zeit wieder ganz verschieden von dem ursprüglichen sein müßte. Immerhin dürfte es bei näherer Betrachtung des Gegenstandes jedermann klar werden, daß keine der beiden Hauptpersonenverkehrs-Kategorien gegen die andere an Wichtigkeit derart zurücksteht, um bei Abfassung des definitiven Projectes vernachlässigt zu werden. Die Linien von den Eisenbahnen zur Stadt sind denen des bloßen Straßenverkehrs an Wichtigkeit überlegen; diese sind es jenen der Zahl nach, und wie andererseits die Stärke des Verkehrs mit der Annäherung zum Centrum zunimmt, so nimmt mit der Entfernung von demselben das Interesse des einzelnen Passanten an einem rasch von der Stelle bringenden Transportmittel zu.

Wir haben uns bis jetzt mit den Bahnlinien beschäftigt, welche im Einschnitt gehen, theils natürlicher Bodenvertiefung folgend, theils die noch unverbauten Landstreifen benützend. Nun haben wir aber noch die principielle Frage zu besprechen, ob Einschnitt oder Tunnel an und für sich vortheilhafter sei. Das Resultat dieser Erörterung wird uns zu Ersterem führen.

Zunächst: Würden uns Tunnelbahnen irgend welche nennenswerthen Vortheile bieten?

Daß die drei Richtungen, Wien aufwärts, Donaucanalaufwärts und Donaucanalabwärts, als Ganzes betrachtet, die absolut wichtigsten sind, haben wir früher zu zeigen versucht. Es handelt sich nun darum, ob die Tunnelbahn ihre Ziele auf viel kürzerem Wege erreicht. Oberflächlich abgeschätzt, beträgt, vom Einmündungspunkt der Wien bis zur Linie (Gürtelbahn) gemessen, die   Bahnlinie   Luftlinie

bei der Wienthalbahn   2800 Klafter — 2400 Klafter

„ „ oberen Donaucanalbahn   2000 „   — 1800 „

„ „ unteren   „   2600 „   — 2400 „

Es macht demnach der Unterschied durchschnittlich nicht mehr als etwa 12 Procent aus, was bei derartigen Strecken, wo die Nebenverluste an Zeit verhältnißmäßig so schwer in die Wagschale fallen, füglich außer Betracht bleiben kann.

Der einzige, für das Publicum wichtige Vortheil wäre die Verlegung des Bahncentrums in das Centrum der inneren Stadt. Wenn wir diesem Vortheil, entsprechend unserer früheren Darstellung, auch lange nicht jene essentielle Bedeutung beilegen, wie man dies im ersten Moment zu thun geneigt wäre, so ist es immerhin richtig, daß heute noch der Platz zwischen der Franz Josefs-Kaserne und dem Hauptzollamte an und für sich ohne locale Wichtigkeit, und immerhin nur an der Umfassungslinie jenes engsten Kreises (innere Stadt) gelegen ist, innerhalb dessen sich der Verkehr nahezu gleichmäßig auf seinem Höhepunkte erhält. Die Entfernung von der Mitte dieses Kreises nach der Peripherie beträgt 500 Klafter oder 12 Minuten Wegzeit. Der Nachtheil dieser Entfernung wird übrigens dadurch bedeutend gemildert, daß die Wienthallinie einen Bogen fast um ein Drittel der inneren Stadt beschreibt, so daß eine zweite Station, die man sich bei der Elisabethbrücke zu denken hätte, sich mit der Centralstation in die Aufnahme der Passagiere theilen würde, und daß ferner die obere Donaucanallinie sich gleichfalls an die Stadt anlehnt, und nächst der Augartenbrücke eine Station erhalten kann. Drei günstig gelegene Stationen an der Peripherie verkürzen zusammengenommen dem Publicum den Weg zur Bahn mehr als es eine Centralstation zu thun im Stande wäre.

Nun wollen wir aber einmal die Nachtheile der Tunnelbahnen gegen Einschnittbahnen mit jenen Vortheilen derselben vergleichen:

Der erste Punkt betrifft die Baukosten an und für sich. Wenn schon die Uferbahnen innerhalb der Stadt durch Herstellung der Quai- und Futtermauern, durch Unterfahrung der Brückenübergänge, durch Schutzmauern gegen Hochwässer u. s. w. sich gegen Bahnen auf dem flachen Lande außerordentlich kostspielig erweisen*), so kann es doch keinem Zweifel

---

*) Die Kosten der Wienthalbahn von der Franz Josefs-Kaserne bis Weiblingau sind nach dem Projecte der Wiener Baugesellschaft in einer Ausdehnung von ziemlich genau zwei Meilen auf circa 14 Millionen veranschlagt.

unterliegen, daß die Kosten der Tunnellirung sich höher stellen müssen, ob um dreißig oder siebzig Procent, das mögen die Ingenieure der Concurrenzunternehmungen und die der Generalinspection entscheiden. Das wäre nun zunächst Sache der Unternehmer. Insoferne aber das Zustandekommen eines für das Gemeinwohl höchst wichtigen Werkes von den Kosten desselben abhängen kann, wird es auch Sache des Publicums. Ueber diese ziffermäßig nachzuweisenden Baukosten hinaus haben wir es aber auf der einen Seite mit leicht übersehbaren Schwierigkeiten zu thun, auf der anderen mit ganz unberechenbaren. Bei der Uferbahn ist es nur die Wassergefahr, vor der man sich fürchten könnte. Die Wasserstände des Wienflusses sind aber seit einer langen Reihe von Jahren genau gemessen. Die Hochwasserlinie vom Jahre 1851, die höchste in diesem Jahrhundert, ist bekannt, ebenso die Wassermassen, welche damals durch das Bett geströmt sind, und ebenso die Zeitpunkte des Steigens und Fallens derselben. Außerdem muß ja die Wienflußfrage aus der Welt geschafft werden, sei es durch Anlage von Hochwasserreservoirs, sei es durch Ableitung oder irgend ein anderes Mittel. Ja es ist sogar wahrscheinlich, daß die Wienregulirung einen sehr großen Theil der Baukosten der Eisenbahn hinwegnehmen wird. Ebenso ist es mit der Donaucanalbahn der Fall, während die Gürtelbahn im Einschnitt wohl überhaupt nicht übermäßig theuer zu werden braucht.

Wie steht es aber mit den Tunnelbahnen in der Stadt? Ist man da bereits so ganz sicher, daß die Fundamente der Häuser, welche darauf zu stehen kommen, in keiner Weise davon alterirt zu werden brauchen? Können sich da nicht schon während des Baues ganz unberechenbare Schwierigkeiten ergeben, und können nachträglich nicht Senkungen vorkommen, welche die Sicherheit der Häuser auf das Ernstlichste gefährden? Können, auch für den Fall, daß die betreffenden Ingenieure mit Recht vom Gegentheil persönlich überzeugt wären, die Proteste ängstlicher Hausbesitzer nicht das ganze Unternehmen in Frage stellen? Die Grundlage des Wiener Beckens bildet der Inzersdorfer Tegel, welcher in der Höhe der Wienflußsohle dasselbe durchzieht und dann am westlichen Ende der Stadt an den Ausläufern des Wienerwaldes zu Tage tritt, während der mittlere Theil des Beckens darüber hinaus mit einer Schotterschichte von verschiedener Mächtigkeit ausgefüllt ist. Inwieferne diese Verhältnisse günstig sind, müssen wir gleichfalls den Fachleuten zu entscheiden überlassen. Man komme uns nur für unterirdische Bahnen nicht mit dem Beispiele Londons; die dortigen Bauverhältnisse sind von den unsrigen zu verschieden. Dort hat man meist schmale leichtgebaute Familienhäuser, die selten über zwei Treppen hoch sind. Dieselben üben also einerseits einen viel geringeren Druck aus, und sind anderseits, sowohl wenn es die Bequemlichkeit des Eisenbahnbaues als die Sicherheit der Häuser selbst verlangt, verhältnißmäßig leicht einzulösen und wiederherzustellen. Wie sieht es dagegen mit unseren Zinskasernen aus? Auch in den Vorstädten sind dreistöckige Häuser der Durchschnitt, vierstöckige bekanntlich keine Seltenheit. Zu der vermehrten Höhe kommt noch die ungleich größere Mauerstärke, und was die Einlösungskosten betrifft, außerdem die große horizontale Ausdehnung. Die Nothwendigkeit irgend welcher Häusereinlösungen müßte eine Tunnelbahn in Wien ganz einfach finanziell unmöglich machen.

Zu den Mehrkosten und Gefahren des Baues kommen dann, wenn auch in geringerem Maße, die Mehrkosten und Schwierigkeiten des Betriebes und die Unbequemlichkeiten für das fahrende Publicum. Inwiefern die Kosten der permanenten Beleuchtung so langer Strecken, die Raumbeengung bei Bahnreparaturen ꝛc. in's Gewicht fallen, wollen wir nicht weiter erörtern. Daß das Auf- und Absteigen des Publicums in den Tunnel, der doch der Canäle, Kellerräume und Hausfundamente wegen eine bedeutende Tiefe haben muß, das Publicum arg belästigen, und somit die Frequenz der Bahn beeinträchtigen müßte, liegt wohl auf der Hand. Denn man vergesse nie, daß das Publicum immer zwischen den Locomotivbahnen einerseits und den heute bestehenden Fahrmitteln andererseits die Wahl haben wird. Nun haben wir aber noch einen wichtigen Umstand zu erwähnen: bis jetzt war immer nur vom Personenverkehr die Rede; es ist aber die Möglichkeit durchaus nicht ausgeschlossen, daß wenigstens zur Nachtzeit gewisse Kategorien von städtischen Frachtgütern durch die Localeisenbahnen befördert werden könnten. Welche Schwierigkeiten wären da zu überwältigen; welche kostspieligen Hebevorrichtungen müßten da angebracht werden?

Alle diese Erwägungen bestimmen uns, für den Versuch mit Tunnelbahnen nur da einzutreten, wo Bahnen im Einschnitte nicht möglich sind*).

Ein äußerstes Glied der Localbahnen zu ganz anderen Zwecken als die bisher besprochenen, soll eine Vorortebahn oder äußere Gürtelbahn bilden. Sie soll an den Grenzen des Wiener Beckens an der Süd- und Westseite der Stadt dieselbe umgeben und im Nordosten jen-

---

*) Die Tunnelbahnen, denen wir vorläufig entgegentreten, sind nur solche, welche unter verbauten Räumen zu liegen kämen. Ob dagegen nicht selbst die Einschnittbahnen, wenn nöthig, stellenweise zu überdecken oder selbst einzuwölben sind, ist eine Frage, welche immer noch an Ort und Stelle gelöst werden kann.

seits des Stromes parallel mit demselben den Ring schließen, und sämmtliche in Wien einmündende Landesbahnen außerhalb der Bahnhöfe mit einander in Verbindung setzen. Der Zweck dieser Bahn besteht darin, die Stadt Wien von der Belästigung des bloßen Durchfuhrverkehrs zu befreien und diesem letzteren selbst einen bequemeren, billigeren und rascheren Weg anzuweisen. Sowie nebenbei die übrigen Localbahnen auch dem internen Frachtenverkehr dienen können, so weit es die Bedürfnisse des Personentransportes gestatten; — so wird nach Maßgabe der Verhältnisse diese äußere Gürtelbahn vielleicht auch der Personenbeförderung dienstbar gemacht werden können. Die neue Berliner Gürtelbahn, welche die einzelnen Bahnen im Viaduct übersetzt und mit jeder derselben durch Zweiggeleise in Verbindung gebracht ist, so daß die Züge nur in jene Bahnhöfe einzulaufen brauchen, für welche sie bestimmt sind, soll den Bedürfnissen des Frachtenverkehrs in ausgezeichneter Weise entsprechen. Für die Süd- und Westseite Wiens sind in dieser Hinsicht bereits durch die Franz Josefsbahn und die Nordwestbahn Projecte ausgearbeitet und eingereicht; für die Nordostseite ist dies durch die Rudolfsbahn geschehen, welche die Absicht hat, von ihrem Amstettner Flügel nach Wien eine neue Linie zu bauen, mit derselben bei Klosterneuburg die Donau zu übersetzen, und sie längs des Stromes über die Nordwestbahn und Nordbahn zur Staatsbahn zu führen. Obgleich der Zweck der Ableitung des Transitverkehrs vollständig nur durch beide genannten Unternehmungen zusammen erreicht werden kann, so erscheint die letztere Linie, diejenige am linken Donauufer nämlich, doch als die wirksamere, weil sie die Hauptbahnen viel directer und auf viel kürzerem, ebenerem Wege in Verbindung setzt, während die Linie am Fuße des Wienerwaldes große Krümmungen macht, bedeutende Steigungen zu überwinden hat und durch ein stark bevölkertes Terrain führt.

Andere Verbindungen der Reichsbahnen untereinander in größeren Entfernungen von Wien werden diese früher genannten Zwecke unterstützen.

In welchem Maße die Wiener Localbahnen dem internen Frachtenverkehr des Stadtgebietes nutzbar gemacht werden können, wird erst die Erfahrung lehren. Würden dieselben durch den Personendienst in ihrer ganzen Leistungsfähigkeit in Anspruch genommen, und zahlte andererseits dieser so gut, daß die Frachtbeförderung nicht mit ihm in Concurrenz treten könnte, dann müßte wohl das schwere Fuhrwerk die sämmtliche Waarenspedition, Material- und Victualienzufuhr nach wie vor besorgen. Wir wollen hier nur zeigen, daß es einerseits ein großer Fortschritt wäre, gewisse Gattungen von Frachten mit der Eisenbahn befördern zu können, und daß andererseits den Bahnen, falls der Personendienst sie nicht voll beschäftigt, aus der Uebernahme dieser Frachten noch ein umfangreiches Geschäft erwachsen könnte.

Es ist nicht zu leugnen, daß die Personenzüge sehr rasch und in kurzen Intervallen nacheinander fahren müssen, um für die ganze Stadt und nicht nur für die nächste Nachbarschaft der einzelnen Linien mit dem übrigen Personenfuhrwerk die Concurrenz aufnehmen zu können. Die Eintheilung von Lastzügen zwischen die Personenzüge wäre daher unstatthaft; sowohl weil die Frachtbeförderung mit so großer Geschwindigkeit sehr hohe Kosten verursachen würde, als weil die Aufenthaltszeit der Frachtzüge wesentlich länger bemessen werden muß als die der Personenzüge, als endlich, weil die Züge der Sicherheit wegen nicht zu schnell auf einander folgen können, und somit schon der nöthige Zeitunterschied zwischen je zwei Personenzügen es schwer machen wird, dem Bedürfnisse des fahrenden Publicums nach prompter Expedition zu genügen.

Dagegen wird man ebensowenig in Abrede stellen können, daß in den spätern Nacht- und frühen Morgenstunden eine hinreichende Frequenz für den Personendienst nicht zu erzielen wäre, somit auch ein berechtigtes Bedürfniß nach Beförderung in diesen Stunden nicht existirt. Wir nehmen da etwa die Zeit von 11 Uhr Nachts bis 6 Uhr Morgens in Aussicht. In dieser Zeit könnten also die Localbahnen ganz wohl Frachten befördern, wenn nicht sonstige Betriebseinrichtungen dies verhindern.

Als das größte Hinderniß in dieser Beziehung erscheinen die Umladespesen. Die große Menge der Fußgänger werden die wenigen hundert Schritte von dem Punkte ihres jeweiligen Aufenthaltes zur Abfahrtsstation, und ebenso von der Ankunftsstation zu ihrem Ziel nicht hindern, von der Eisenbahn Gebrauch zu machen; die Frachten aber müssen im Fuhrwerk vom Hause weg und wieder in's Haus oder Magazin gebracht werden. Je kürzer nun die Strecke ist, auf welcher das Gut mit der Eisenbahn verfrachtet wird, um so größer werden natürlich verhältnißmäßig die Umladespesen, so daß es in regelmäßigen Verhältnissen bei fünf Meilen Entfernung, zuweilen bei zehn Meilen, noch ganz gut rentiren kann, neben der Eisenbahn mit dem Wagen zu verfrachten, wenn die Verladung in und die Ausladung aus dem Waggon nicht direct geschehen kann. Wie wir uns die Localbahnen denken, sind sie allerdings im Hinblick auf die Reichsbahnen nur als eine Verlängerung derselben in's Herz der Stadt anzusehen, und eine vervielfältigte Umladung bei Gütern, welche von großen Bahnen kommen, ist daher nicht nothwendig; aber dafür wäre auch der Vortheil, welchen sie dem Verfrächter bieten, ein sehr geringer, weil es bei dem Frachtwagen, wenn er nun schon einmal beladen und wieder abgeladen werden muß, wenig Unterschied macht, ob er eine halbe Meile länger oder kürzer fährt, und die Localbahnfracht immerhin sich theurer stellen wird als die gewöhnliche Eisenbahnfracht. Außerdem haben wir manche Kategorien von Frachten im Auge, welche nicht von den Reichsbahnen auf die Localbahnen übergehen.

Die einzige Abhilfe in dieser Beziehung können nur eigens für den städtischen Dienst berechnete vorzügliche Ladevorrichtungen, und namentlich eine genau harmonirende Construction der zur Zu- und Abfuhr bestimmten Fuhrwerke mit den Eisenbahnwaggons bieten; etwa in der Art, daß von einem in richtiger Höhe erbauten Perron die geladenen Wagenkästen von ihren Gestellen auf den Waggon geschoben oder gehoben werden können, und umgekehrt. Inwiefern sich eine solche Einführung in der Praxis bewährt, muß freilich dahingestellt bleiben, aber daß im Falle des Gelingens derselben der Geschäftsumfang der Localbahnen bedeutend gewinnen müßte, dürfte kaum zu bezweifeln sein.

Ein weiteres Hinderniß wird in der Stadt die Kostspieligkeit des Raumes, der zu Frachtenstationen nöthig ist, bereiten. Auch im günstigsten Falle wird daher das Frachtgeschäft beschränkt bleiben und hinter dem Personentransport einhergehen müssen. Aber innerhalb dieser bescheidenen Grenzen ist dasselbe bei Anlage der Bahnen immerhin eines eingehenden Studiums werth.

Zu den Zweigen des Frachtgeschäftes, welche wir hauptsächlich für die Localbahnen im Auge haben, gehört in erster Linie die Holzzufuhr. Die großen Grundcomplexe, welche namentlich am oberen und unteren Donaucanal, dann längs der Südbahn von Holzlegestätten eingenommen sind, müssen in den nächsten Jahren für ihre gegenwärtige Bestimmung viel zu theuer werden. Speciell am Donaucanal ist ein Kranz von villenartig gebauten Häusern mit Vorgärten projectirt, und es können in kürzester Zeit diese Bauplätze bei ihrer herrlichen freien Lage am Wasser zu den gesuchtesten der Stadt gehören. Welchen bösen Einfluß müßte dies bei den heutigen Communicationsverhältnissen auf die Holzpreise in der Stadt haben, wo speciell bei großer Entfernung zwischen Holzlegestätte und Abladeort dem Diebstahl der Fuhrleute Thür und Thor geöffnet würde? Gerade bei diesem Artikel könnte die Einführung geschlossener Kasten, welche unmittelbar in's Haus gestellt werden, von großem Vortheil, namentlich für den minder bemittelten Theil der Bevölkerung sein.

Andere Zweige des Frachtgeschäftes für den Localbahnverkehr wären die Kohlen- und Eiszufuhr und die der Baumaterialien, die Verforgung der Markthallen, die Materialzufuhr zu den Wiener Fabriken, der Transport der Landesfabricate in die Wiener Niederlagen, der Leichentransport nach dem Kaiser-Ebersdorfer Friedhofe, die Schnee- und Excrementenabfuhr u. s. w.

Es könnten sich da Locomotiveisenbahn, Pferdeeisenbahn und schweres Straßenfuhrwerk für den Frachtendienst in ausgezeichneter Weise in die Hände arbeiten, sowie Eisenbahn- und Omnibusdienst für den Personenverkehr; nur daß in ersterem Falle die directe Uebernahme von einem Fahrmittel auf das andere mit dem geringsten Zeit- und Arbeitsaufwand die Hauptsache ausmachen würde, während in letzterem Falle die Omnibus- und Pferdebahnlinien jene Lücken in den Verkehrswegen auszufüllen hätten, welche die Locomotivbahnlinien offen lassen.

Die Bedingungen des localen Verkehrs einer Großstadt sind eben so mannigfaltige, daß die Vorzüge aller erdenklichen Fahrmittel in Anspruch genommen werden müssen, um die Mängel, welche jedem einzelnen derselben anhaften, auszugleichen. Je ausgezeichneter eine Beförderungsart an Kraftentfaltung, an Fähigkeit große Massen zu bewältigen und zugleich an Schnelligkeit, Pünktlichkeit und Billigkeit ist, um so geringer ist ihre Dispositionsfähigkeit. Von der Equipage zum Fiaker und weiter zum Omnibus, zur Pferdebahn und schließlich zur Locomotivbahn haben wir eine fortgesetzte, in kolossale Proportionen gehende Kraftersparniß. Ein Fuhrwerk befördert durchschnittlich per Tag im ersten Fall vielleicht zwei, im anderen 10, im dritten 100, im vierten 500, im letzten mehrere tausend Passagiere, ohne daß der Kraftverbrauch und demgemäß die Fahrkosten nur annähernd in gleichem Maße steigen. Aber dafür steht die Privatequipage ihrem Besitzer zu jeder Zeit und an jedem Orte zur Disposition; der Fiaker ist bereits auf bestimmte Standplätze angewiesen; der Omnibus muß schon festgesetzte Linien einhalten; die Pferdebahn bewegt sich nur auf eigens gelegten Geleisen und muß sich an die wenigen Straßenzüge von entsprechender Breite halten; die Locomotive endlich hat einen bestimmten Fahrplan einzuhalten, es muß ihr eine Bahn zu ihrem ausschließlichen Gebrauche mit möglichst sanften Krümmungen und minimalen Steigungen, mit Räumlichkeiten für Weichen, Haltestellen und Bahnhöfe eigens erbaut werden; die Wahl dieser Bahn ist in Städten eine äußerst eng begrenzte, die Herstellung eine so kostspielige, daß Tracenverlegungen nur ganz ausnahmsweise statthaft sind. Die Locomotivbahnen müssen daher das feste Knochengerüste des Communicationskörpers darstellen, dem sich alle andern Fahrmittel anzupassen haben.

Eine Einrichtung, welche zwar schon vor Erbauung der Localbahnen Platz haben kann, aber durch diese jedenfalls noch sehr erleichtert wird, ist die Bildung eines Institutes, welches die Beförderung des Passagiergutes von und nach den Bahnhöfen übernimmt. Es ist geradezu unbegreiflich, daß ein derartiges Institut nicht schon jahrelang existirt. Es ist wohl den wenigsten Reisenden darum zu thun, ihr Gepäck eine Stunde früher zu erhalten oder eine Stunde später aufzugeben, und doch ist jeder Reisende, welcher einen größeren Koffer mit sich führt, gezwungen seinetwegen anstatt im Omnibus in einem Fiaker oder Einspänner nach dem Bahnhofe und von demselben wegzufahren, während eine Unternehmung, die auf jedem Bahnhofe fünf bis sechs Frachtfuhrwerke aufstellen würde, diese Expedition nach allen Bezirken um einen sehr geringen Preis herstellen könnte.

Auf diese Weise könnte gerade das eine Haupthinderniß beseitigt werden, welches der Benützung der Localbahnen durch die Passagiere der großen Bahnen entgegensteht, die Nothwendigkeit nämlich, auch für wenige Schritte des Gepäckes halber dennoch einen Miethwagen nehmen zu müssen. Nach statistischen Zusammenstellungen ist übrigens der Procentsatz der mit großem Gepäck ankommenden Eisenbahnpassagiere in großen Städten ein ziemlich geringer.

Die ersten Projecte von Localbahnen, welche voriges Jahr in Wien aufgetaucht sind, waren auf die schmale Spur begründet. Wer den früher hier geäußerten Anschauungen beipflichtet, der muß auch mit uns die Folgerung ziehen, daß das Wiener Localnetz ein Ganzes bilden, und daher gleichspurig sein müsse, und daß diese Spurweite, des nothwendigen Zusammenhanges mit den großen Bahnen halber, keine andere als die normale sein könne. Jede schmalspurig gebaute Linie würde uns in Zukunft wie ein Pfahl im Fleische stecken; die ungehinderte Communication von einer Linie auf die andere wäre für alle Zukunft präjudicirt, außer man nimmt schon jetzt in Aussicht, daß man, wie es so bei uns üblich ist, die schmalspurigen Bahnen in einem Decennium wieder demolirt, um sie breitspurig von Neuem aufzubauen. Von einer bloßen Verbreiterung der Fahrbahn ist ja da keine Rede; die ganze Trace muß geändert werden, denn die Benützung der kleineren Krümmungshalbmesser ist speciell bei städtischen Linien einer der hauptsächlichsten Vortheile der schmalen Spur. Nun fragen die Concessionswerber allerdings: Wer bezahlt uns die Mehrkosten der breitspurigen Anlage, und ebenso die Mehrkosten der Erhaltung und des Betriebs? — Diese Frage ist für eine einzelne Linie berechtigt; für den Zusammenhang des ganzen Netzes sammt Verbindungen mit den Hauptbahnen entfällt sie zum größten Theil von selbst, denn der Vortheil des Publicums und derjenige der Gesellschaft der Localbahnen geht dann in hohem Grade Hand in Hand. Daß aber überhaupt nicht blos eine oder die andere Linie, welche den größten momentanen Erfolg verspricht, aus dem Netze herausgerissen und für sich concessionirt werde, dafür müssen eben Garantien geschaffen werden.

Auch bei gleicher Spurweite wird der einheitliche Betrieb des ganzen Netzes mit seinen verschiedenen Kreuzungen ein außerordentlich schwer zu lösendes Problem bilden. Daß man von allen Punkten der Stadt direct zu allen Personenzügen der verschiedenen Hauptbahnen fahren kann; daß auch sonst der Anschluß über die Kreuzungspunkte hinaus nach allen drei Seiten ein möglichst aufenthaltsloser sei; daß sich auf allen Linien die Züge so rasch folgen, als es das Bedürfniß des Publicums in Concurrenz mit den andern Fahrgelegenheiten verlangt; daß die Fahrpläne so genau eingehalten werden, als es bei solchem complicirten Betriebe nothwendig ist, daran wird noch viel studirt und experimentirt werden müssen, bis man zu einem entsprechenden Resultate kommen wird. In dieser Beziehung aber kann uns das Londoner Netz gewiß ein sehr lehrreiches Vorbild abgeben.

Die hier als einzelne Glieder eines rationellen, wohl zusammenhängenden Bahnnetzes bezeichneten Linien sind sämmtlich von concessionswerbenden Consortien, welche meistens über sehr tüchtige technische Kräfte zu verfügen hatten, mehr oder minder gründlich studirt worden; viele von ihnen sind bereits der behördlichen Ueberprüfung seit Monaten übergeben, so daß wir es wohl bei keinem derselben mit windigen Hirngespinnsten von Phantasten und Projectenreitern zu thun haben, sondern daß an der technischen Durchführbarkeit aller dieser Linien kaum zu zweifeln ist. Jedenfalls kann uns die allernächste Zukunft Gewißheit darüber geben. Ob nun gerade alle von den acht bis zehn Consortien ernst zu nehmen sind, welche theils um die Baubewilligung von einzelnen Linien, theils um die eines vollständigen Netzes eingekommen sind, oder ob es einem oder dem anderen derselben mehr um den Gründergewinn oder doch die Betheiligung an demselben zu thun ist, macht keinen Unterschied. Jedenfalls ist die zahlreiche Concurrenz von Unternehmern, wenn sie im Interesse der Sache ausgenützt wird, nur sehr erfreulich. Keines der Projecte scheint uns ganz den Anforderungen zu entsprechen, welche die Oeffentlichkeit an dieses Unternehmen zu stellen berechtigt ist; aber die meisten derselben enthalten sehr beachtenswerthe Elemente. Es handelt sich nun darum, in diese Zerfahrenheit Ordnung hineinzubringen; das Ueberflüssige und Unzweckmäßige auszuscheiden, das Brauchbare und Zusammengehörige zu sammeln, und für die Durchführung desselben die nöthigen Garantien zu schaffen. Wem soll nun diese Aufgabe zufallen?

Außer der ausführenden Gesellschaft, welcher die directen Einnahmen eines wohlberechtigten und namentlich für die spätere Zukunft großen Gewinnst versprechenden Unternehmens zufließen, sind an dem Zustandekommen desselben hauptsächlich interessirt; das fahrende Publicum, d. h. die ganze Bewohnerschaft der Stadt und ihrer Umgebung, und in vielleicht noch höherem Grade sämmtliche Haus- und Grundbesitzer des städtischen und angrenzenden Territoriums, deren Eigenthum dadurch, wie wir Eingangs gezeigt haben, in ganz außerordentlichem Maße im Werthe gesteigert wird. Es ist dies nicht blos eine andere Vertheilung des vorhandenen Werthes, sondern eine ganz reelle Werthzunahme des Gesammtvermögens, wenn auch die Steigerung nicht allen Parzellen gleichmäßig zu Gute kommt, sondern verhältnißmäßig die vom Centrum entfernteren Theile den größten Gewinn davon haben. Zugleich ist es das einzige, wirklich wirksame Mittel gegen die Wohnungsnoth, welche seit Jahren unseren mittleren und ärmeren Classen so schwere Lasten auferlegt, und wogegen das bloße planlose Drauflosbauen bisher noch gar keine Abhilfe gewährt hat.

Der Repräsentant dieser drei großen öffentlichen Interessen ist in erster Linie die Commune Wien; in nächster, namentlich was die gesteigerte Steuerkraft der Bevölkerung anbelangt, der Staat.

Diese Beiden müssen im Verein diese Angelegenheit in die Hand nehmen, um sie entsprechend zu organisiren und die Durchführung derselben zu sichern; sie werden beide in ihrem eigensten Vortheil handeln, wenn sie die Unternehmer nicht blos gewähren lassen, sondern durch ausreichende finanzielle Unterstützung dem Werke unter die Arme greifen und sich damit auch in die Lage setzen, gestaltend auf das Gesammtunternehmen einzuwirken. Wer einen Blick auf den Lauf des jetzigen Wienflusses von den oberen Vorstädten bis Schönbrunn werfen will, muß sich überzeugen, daß ein so unwürdiger und verderblicher Zustand der Dinge nicht bleiben kann; daß, wenn ihr durch Privatgesellschaften nicht der größte Theil der Kosten abgenommen wird, die Commune da in den nächsten Jahren viele Millionen ausgeben muß, um eine Regulirung durchzuführen. Gesetzt den Fall nun, eine Gesellschaft für die Wienthallinie allein, etwa in Verbindung mit der projectirten Wien-Liesing-Canalgesellschaft, nähme ihr diese Ausgabe aus der Hand, so wäre dieser Vortheil mit der Preisgebung der momentan weniger rentablen Linien viel zu theuer erkauft. Bei eingehender Betrachtung wird man finden, daß die Frequenz jeder einzelnen

Linie und somit deren Rentabilität, durch die Zuflüsse aus den Sammel-
linien und namentlich durch die Communication mit den großen Bahnen
in hohem Grade gesteigert werden muß, — doch ist es andererseits eine
Thatsache, daß speciell die Wienthallinie die umworbenste von allen ist.
Sollte die fieberhafte Unternehmungs- und Betheiligungslust des Publicums in den nächsten Jahren sich in ihr Gegentheil verwandeln, so könnte
die Beschaffung eines Capitals von ungefähr 40 Millionen für den Bau
des Gesammtnetzes immerhin eine Aufgabe sein, welche der werkthätigen
Unterstützung der Gemeinde und des Staates bedarf. Für die Wienthallinie kann das Geld morgen beschafft sein; das Gesammtnetz braucht,
kurz genommen, ein Jahr, bis es im Project ausgearbeitet ist, denn
mehrere andere communale Fragen von hoher Wichtigkeit müssen gleichzeitig damit im Principe entschieden sein.

Vergleichen wir die Geldbewilligungen der Gemeinde zur Durchführung und Unterstützung großer baulicher Unternehmungen, so finden
wir keine darunter, welche indirect so ganz außerordentlich hohe Zinsen
abzuwerfen versprechen würde, wie eine Unterstützung der städtischen Bahnen. Die Hochquellenleitung mag eine Nothwendigkeit für das körperliche
Gedeihen der Bewohner Wiens gewesen sein; der Rathhausbau soll der
Stolz der Bürgerschaft, und die Heranziehung des Donaustromes an die
Stadt eine neue Quelle des Wohlstandes für dieselbe werden; aber wichtiger als die Annäherung der einen Wasserstraße an den Stadtkörper
ist diejenige der zwölf großen Eisenstraßen, welche in der Nähe Wiens
theils heute münden, theils in den nächsten Jahren münden werden, und
die Annäherung der Bewohner der Stadt unter einander.

Als Ergebniß aller dieser Erwägungen erlaubt sich der Referent,
folgende Anträge der hochlöblichen Kammer zur Annahme zu empfehlen.

Die Kammer wolle ihren Einfluß bei der hohen Regierung und
dem Wiener Gemeinderathe dahin verwenden, daß zur einheitlichen Lösung
sämmtlicher mit dem Communicationswesen der Residenz zusammenhängenden Fragen, speciell der Localbahnen, der Wienregulirung und der
durch Erstere nothwendigen Umlegung von Straßentracen eine gemischte
Commission aus den Vertretern sämmtlicher dabei betheiligten Behörden
und Körperschaften ernannt, rücksichtlich gewählt werde.

Bezüglich der Localbahnen wolle die Kammer sich für Festhaltung
der folgenden Grundsätze aussprechen:

1. Das Wiener Localbahnnetz habe als ein einheitliches Ganze
festgehalten, die dazu gehörigen Linien demnach nach einem gemeinschaft-

lichen Plane ausgearbeitet, und nur zusammen concessionirt zu werden, ohne daß deshalb auch alle Linien zugleich gebaut zu werden brauchen.

2. Die Anlage der Linien darf nicht derartig vorgenommen werden, daß dieselben nur von einer Seite sich dem Centrum nähern und dort enden, sondern es müssen mehrere Radiallinien den ganzen Stadtkörper von der Mitte aus nach den Hauptrichtungen des Verkehrs durchziehen.

3. Eine Gürtelbahn in der ungefähren Richtung der projectirten Gürtelstraße habe einerseits den Verkehr mit dem Centrum an der Peripherie zu vertheilen, andererseits denselben durch Abzweigungen nach der Umgebung der Stadt zu vermitteln.

4. Die Frage, ob Tunnelbahnen oder Bahnen an den Flußlinien, rücksichtlich die Gürtelbahn im Einschnitt zu erbauen sind, habe zunächst gelöst zu werden; doch scheinen die gewichtigsten Gründe für das Zustandekommen, die Rentabilität und die Verkehrstüchtigkeit des Unternehmens für Letztere zu sprechen.

5. Die Spurweite habe auf allen städtischen Linien die gleiche, und zwar die normale zu sein.

6. Nach den gegen die Stadt zu mündenden Reichsbahnen sind Abzweigungen in der Art einzurichten, daß ein directer Verkehr aus der ganzen Stadt mit den Zweigen der großen Bahnen ermöglicht wird, und es seien daher mit den Gesellschaften der Letzteren bindende Uebereinkommen über Aufnahme der Localzüge, Fahrkartenausgabe in der Stadt u. s. w. anzustreben.

7. Die Trace der Gürtelbahn und sämmtliche Parcellirungspläne von Wien und Umgebung sollen vom Standpunkt des Localnetzes einer Revision unterzogen und nach Bedarf umgearbeitet werden.

8. Das Project einer Pferdebahn auf der Gürtelstraße und alle sonstigen die Localbahnfrage möglicherweise präjudicirenden Projecte haben bis zur Entscheidung über die Tracen der Letzteren suspendirt zu werden.

9. Die Möglichkeit, die Linien der Stadtbahnen, wenigstens in einem Theil der Nacht- und Morgenstunden, dem für die Stadt selbst bestimmten Frachtverkehr nutzbar zu machen, ist eifrig zu studiren, und es soll bei den Betriebseinrichtungen, den Stationsanlagen u. s. w. darauf thunlichst Rücksicht genommen werden.

10. Zwischen den städtischen Locomotivbahnen und dem übrigen öffentlichen Fuhrwerk ist die thunlichste Uebereinstimmung und Ergänzung, sowohl in Anlage der Fahrlinien, als in Construction der Frachtwagen zur leichtesten Umladung der Güter anzustreben.

11. Die vorliegenden Projecte der Reichsbahnen, zur Verbindung ihrer Linien untereinander durch eine im weitern Umkreise außerhalb der Stadt zu führende Frachtengürtelbahn, wodurch der für die Stadt Wien äußerst hinderliche bloße Durchzugsverkehr nach Außen abgelenkt würde, seien kräftig zu unterstützen.

12. Der Wiener Gemeinde möge wärmstens empfohlen werden, dem für die Entwicklung der Stadt, ihres Wohlstandes und der Bequemlichkeit ihrer Bewohner so bedeutungsvollen Werke soweit unter die Arme zu greifen, als dies zur entsprechenden Durchführung desselben sich nothwendig erweisen sollte, und ebenso möge bei der hohen Staatsregierung die Gewährung aller, dem Charakter des Unternehmens entsprechenden finanziellen Begünstigungen befürwortet werden.

Ueber die
Anlage von Centralentrepots
in der
neuen Donaustadt.

Der Durchstich der regulirten Donau bildet vom Auslaufe bis zum Wiedereintritte des Wiener Donaucanals eine sanfte Krümmung, deren äußere Seite der Stadt Wien zugekehrt ist. Die Länge dieser Strecke beträgt ungefähr 1$\frac{3}{4}$ Meilen, und es ist der oberhalb gelegene Theil des rechten, also der Stadt zugekehrten Ufers, zwischen der Nordwestbahnbrücke einerseits, und der Stabelauer Brücke der Staatsbahn andererseits, in der Länge einer österreichischen Meile und in einer Breite von 200 bis 500 Klaftern zur Anlage der neuen Donaustadt bestimmt, welche somit ein Areal von ungefähr zwölfmalhunderttausend Quadratklaftern umfassen und einer Bewohnerschaft von 200.000 Seelen Raum bieten wird.

Die gerade Fortsetzung der Praterstraße, welche durch die im Bau begriffene steinerne Fahrbrücke über die Donau abgeschlossen wird, theilt diesen langgestreckten Raum in zwei gleich lange Hälften, wovon der breitere, westliche Theil auf der Landseite von der Brigittenau und den großen Bahnhofscomplexen der Nordwestbahn und der Nordbahn begrenzt wird, während der schmälere östliche Theil ganz in das Terrain des Praters fällt, und von dem übrigen Körper der Stadt durch ihn getrennt ist.

Die Disposition des Raumes für diese Stadtanlage ist folgende: Längs der Uferböschung soll ein Grundstreifen von 28 Klafter Breite hinlaufen, welcher an den Stellen, an welchen die Böschung durch eine Quaimauer ersetzt wird, bis auf 32 Klafter sich verbreitert, und es ist dieser Raum für öffentliche Landungsplätze, für Verpachtung an die Eisenbahnen, an Banken und Private zur Herstellung von Magazinen und sonstigen Lagerräumen und für Bade-Etablissements bestimmt; ein Theil davon ist noch reservirt. Dieser breite Streifen ist südlich von der zweigeleisigen, fünf Klafter breiten Uferbahn begrenzt; dieselbe ist bestimmt, die drei Bahnen zu verbinden, welche die Donau bei Wien übersetzen, und den Verkehr von den Ausladeplätzen und Lagerräumen mit diesen Bahnen zu vermitteln. An sie schließt sich eine siebzehn Klafter breite, ununterbrochene Hauptcommunicationsstraße, an welcher die erste der brei bis vier Reihen von regelmäßigen Häusergruppen gelegen ist, welche den Körper der Donaustadt ausmachen. Diese Häusergruppen sind hie und da von öffentlichen Plätzen und Squares unterbrochen, und haben eine Breite von 40—60 und eine Länge zwischen 80 und 120 Klafter. Die erste Parallelstraße mit der Quaistraße ist als Nebenstraße mit etwa 8 Klafter Breite beantragt, und es könnte dieselbe wohl ausnahmsweise an einer oder der andern Stelle durch Zusammenziehung einer Baugruppe der ersten mit einer der zweiten Reihe unterbrochen werden. Die zweite Parallelstraße dagegen bildet eine Hauptstraße von vielleicht 20 Klafter Breite, welche in der ganzen Länge des Quais ohne Unterbrechung fortzulaufen hat. Die dritte ist wieder eine in mehreren Bruchstücken erscheinende Nebenstraße, auf welche in der östlichen Hälfte die letzte Reihe von Häusergruppen folgt, so daß dieselben auf ihrer Gegenseite eine lange Zeile bilden, die unmittelbar an den Prater stößt, während in der westlichen Hälfte die Häusergruppen sich weiter gegen die Stadt zu fortsetzen, und dann mit den Bahnhofcomplexen und den weiten Gründen der Brigittenau sich zu einem compacten Ganzen verschmelzen.

Der Charakter dieser Stadtanlage erscheint naturgemäß dazu bestimmt, den Interessen des Handelsverkehrs zu dienen; denn während beim Plan zur Verbauung der Glacisgründe außer dem Zuwachs an Palästen und luxuriösen Zinshäusern vornehmlich auf jene öffentlichen Gebäude Rücksicht genommen wurde, welche der Kunst, der Wissenschaft, den Bedürfnissen der Stadt- und Reichsvertretung, der großen Regierungskörper und Centralbehörden, und endlich der Repräsentation gewidmet sind, muß für die naturgemäße Entfaltung des Waarenhandels erst noch vorgesorgt werden; und es erhalten andererseits der mit so außerordentlich großen Kosten bewerkstelligte Durchstich für den Donaustrom und die Stadtanlage längs desselben erst durch die Concentrirung des Waarenhandels daselbst und durch die Hebung desselben ihre wahre Bedeutung und außerdem eine unzweifelhafte Rentabilität.

Dieses Ziel ist auch im Programm der Donauregulirungscommission vom Jahre 1868 ausgesprochen worden; denn während Artikel II als Hauptzweck der Regulirung die Zusammenfassung des ganzen Stromes in ein Normalbett darstellt, und Artikel III die Regulirung des Donaucanals bespricht, heißt es im Artikel IV: „Die Donauregulirung soll die Anlage eines bedeutenden Stapelplatzes der Schifffahrt bei Wien und den Umschlag der Güter von der Schifffahrt auf den Land- und Eisenbahntransport und umgekehrt ermöglichen. Es ist daher für die Anlage von Landungsplätzen und eines Winterhafens, für den Raum zur Anlage von Eisenbahnen, Docks, Magazinen und Schiffswerften und anderen damit im Zusammenhange stehenden Etablissements zu sorgen." Es handelt dann weiter Artikel VI von der Verbindung der Communicationsanstalten unter einander, VII von Ladungsvorrichtungen, VIII von stabilen Donaubrücken, IX vom Bedarf des Militärärars, und die letzten Artikel von der Art der Durchführung der Arbeit.

Während nun die übrigen in Artikel IV aufgezählten Punkte im Schoße der Commission eine eingehende Würdigung fanden, und der Realisirung entgegengeführt wurden, ist die Frage der Anlage von Magazinen und sonstigen Handelsetablissements einem eigenen Studium nicht unterzogen und einer entsprechenden Lösung nicht näher gebracht worden; — es ist im Gegentheile große Gefahr vorhanden, daß einzelne der getroffenen Raumdispositionen eine spätere Lösung dieser wichtigen Frage präjudiciren könnten, und es erscheint daher dringend geboten, das Versäumte mit aller Energie und in kürzester Frist nachzuholen.

Durch die Annahme der Sexauer-Abernethy'schen Stromlinie, im Gegensatze zu dem Michalup'schen Projecte, ist wohl der Raum zur Ausbreitung einer ausgedehnten Stadtanlage auf dem diesseitigen Ufer geschaffen; doch kann man sich nicht verhehlen, daß die Entfernung dieser Zukunftsstadt vom Herzen Wiens immerhin eine so bedeutende ist, daß unter gewöhnlichen Umständen nur eine sehr langsame Verbauung der Gründe, und die Erzielung sehr ungleichartiger Verkaufspreise für dieselben in Aussicht genommen werden darf. Der, von Wien aus gesehen, linke Theil der Anlage befindet sich eben hinter der noch zum größten Theile unverbauten Brigittenau und hinter den Frachtenbahnhofscomplexen der Nordwestbahn und der Nordbahn; der rechte Theil zieht sich am äußeren Saume des Praters hin, und ist durch dessen ganze Breite vom Bezirk Landstraße getrennt. Für einen gewöhnlichen Annex von Wien ist diese Entfernung schon sehr abträglich. Wohlhabende Private werden trotz der besseren Luft sich nur schwer entschließen, dorthin ins Exil zu ziehen; für Geschäftsleute, welche in Wien zu thun haben, ist die Entfernung noch störender, und zur Anlage von Arbeiterquartieren ist der Vierundzwanzig-Millionengrund zu kostbar. Welchen Unterschied es aber macht, ob diese circa 600.000 Quadratklafter Häusergrund im Lauf von dreißig bis vierzig Jahren etwa zum Preis von dreißig bis hundertfünfzig Gulden per Quadratklafter, oder ob dieselben in den nächsten zehn Jahren beispielsweise zu hundertfünfzig bis dreihundert Gulden per Quadratklafter verkauft werden, braucht nicht dargethan zu werden*). Im ersteren Falle macht sich die Donauregulirung eben schlecht, im letzteren überreich bezahlt, abgesehen von den sonstigen Vortheilen, welche sie in jedem Falle mit sich bringen wird.

Um aber der künftigen Donaustadt rasch ein selbstständig pulsirendes Leben einzuhauchen, ist wohl kein anderes Mittel so gut angethan, als sie zum Centrum des Waarenhandels zu machen, und diesen selbst dadurch auf die Stufe zu heben, die er bei der unvergleichlich günstigen Lage Wiens, als Kreuzungspunkt der beiden wichtigsten natürlichen Handelsstraßen Centraleuropa's, einzunehmen berufen ist. Hat dort einmal der Waarenhandel als solcher seinen Sitz aufgeschlagen, dann ziehen auch die Kaufleute selbst mit ihren Comptoiren und Niederlagen nach; sie werden auch in der Nähe des Ortes ihrer Geschäftsthätigkeit wohnen wollen, eben so wie ihre Bediensteten; und in beider Gefolge kommt eine mächtige Reihe von Gewerbsleuten aller Art, welche für deren tägliche Lebensbedürfnisse zu sorgen haben, und ihren Unterhalt an jenen finden.

Zur Herstellung eines Stapelplatzes gehören aber zweierlei materielle Vorkehrungen: erstlich die Communicationen, und zweitens die Lagerräume. Und zwar, je höher die Wichtigkeit des Stapelplatzes steigen soll, je schwerer er sich zu wirksamer Concurrenz mit den großen Nachbarplätzen im Osten und Westen hinaufarbeiten muß, um so vollkommener müssen jene Vorkehrungen sein. Für Communicationen ist gesorgt, und zwar in so ausreichendem Maße, als es die Verhältnisse nur immer erlauben: Drei große Bahnlinien, welche sich dann weiter verzweigen und welche mit den übrigen in Wien einmündenden Bahnen im Schienenzusammenhange stehen, übersetzen an dieser Stelle die Donau, und eine Uferbahn setzt jene drei unter einander und mit den Ausladeplätzen des Stromes in directe Verbindung; der Strom selbst hat hier an Stelle eines wechselnden, immer wieder versandenden Bettes mit zahlreichen Armen und Verschlingungen einen breiten, geraden Durchstich in der Länge von zwei Meilen erhalten, welcher den Dampfern des größten Tiefganges den bequemsten Verkehr ermöglicht; in seinem oberen Laufe wie gegen die Mündung hin ist Vieles geschehen, oder im Plan, um vom schwarzen Meere bis ins Herz von Deutschland die Dampfschifffahrt von den Beengungen des Strombettes zu befreien. — Die zweite Art von nothwendigen Vorkehrungen, diejenige für die Einlagerung der

---

*) Der Verkauf der Gründe, welche der Praterstraße zunächst liegen, kann für die Preise der übrigen Baustellen natürlich keinen Maßstab abgeben.

Waaren nämlich, ist aber für das Gedeihen eines Handelsplatzes gleichfalls von maßgebender Bedeutung. Die Lagerräume müssen in einem, für einen großen Verkehr ausreichenden Maße vorhanden sein; sie müssen die Waaren schützen, einen leichten Verkehr mit den Communicationsanstalten, eine leichte, rasche und sichere Ein- und Auslagerung und bequeme Besichtigung ermöglichen, und die Kosten auf ein Minimum reduciren.

Jeder Zweig menschlicher Thätigkeit hat eben seine eigenen Existenzbedingungen, und wo dieselben nicht in ausreichendem Maße vorhanden sind, ist ein Gedeihen unmöglich. Findet der mitteleuropäische Waarenhandel anderswo bessere örtliche Begünstigungen als hier, so fällt Wien nur derjenige Theil desselben zu, welcher zur Versorgung der Stadt und der benachbarten Landstriche nöthig ist; nimmer kann aber in diesem Falle der Platz zu einem Versorgungscentrum der entfernten Landestheile und ausländischen Gebiete werden. Das Netz von Eisenbahncommunicationen ist auch in allen angrenzenden Ländern so dicht, daß die Kreuzung vieler großer Verkehrslinien, wie dies in Wien der Fall ist, allein nicht den Handel herbeizuziehen vermag. Ueber den Localbedarf hinaus bleibt dann höchstens die Durchfahrt der Waaren von fremden Plätzen und für fremde Plätze durch Wien, — ein Verkehr, der für die Stadt Wien als solche viel Drückendes und Lästiges hat, und fast keine Vortheile bietet.

Gute und billige Lagerhäuser sind aber für den großen Güterverkehr ein Bedürfniß, wie etwa entsprechende Gasthöfe für einen ausgedehnten Personenverkehr. Die Massengüter häufen sich naturgemäß an den Plätzen an, wo sie durch längeres Lagern am wenigsten vertheuert werden, wo sie gut aufgehoben sind, und von wo aus sie am leichtesten und billigsten nach den Verbrauchsplätzen dirigirt werden können. An die Plätze aber, auf welchen dies der Fall ist, da wendet sich auch das zum Waarenhandel nöthige Capital hin; an diesen Plätzen wird dann die Waare vom Händler gekauft, von dem Händler des Platzes wird sie wieder verkauft, und der naturgemäße Gewinn, welchen der Waarenhandel als solcher einbringt, kommt dem betreffenden Platze zu Gute. Zugleich steigert sich aber auch bezüglich des Handels in Landesproducten der Gewinn des einheimischen Producenten; er hat dann, was ihm bisher fehlte, einen großen und somit sicheren Markt für seine Erzeugnisse; einen Markt mit jeweilig fixirten Platzpreisen, zu denen er seine Waare zu verkaufen im Stande ist; er ist nicht mehr gezwungen, in vielen Fällen dieselbe entweder aus Mangel einer kaufenden Hand nutzlos liegen und vielleicht verderben zu lassen, oder sie für einen Spottpreis an den nächstbesten Winkelspeculanten zu verschleudern. Große

Stapelplätze haben ferner den Vortheil einer bestimmten Classirung der Waaren; je mehr Waaren einer Gattung an einem Platze gehandelt werden, um so fester bildet sich die Bestimmung der Qualitäten derselben heraus, um so solider und reeller wird der Waarenhandel daselbst.

Es sind bereits seit einer Reihe von Jahren in Wien Versuche zur Schaffung einer Waarenbörse gemacht worden, und in diesen Monaten wurde darin, nachdem die früheren Vereinigungen zu gleichem Zwecke aus Mangel an Theilnahme nach mehrjährigem Hinsiechen ganz eingeschlafen waren, eine erneute energische Anstrengung gemacht. So sehr wir hoffen wollen, daß dieser Aufschwung, dem von vielen Seiten eine lebhafte Betheiligung entgegengebracht wird, von gutem Erfolge gekrönt werde, so fürchten wir doch, daß manche Ursachen des bisherigen Mißlingens noch nicht beseitigt sind. Die einzelnen Elemente, welche den Grundstock der Besucher einer solchen Waarenbörse bilden könnten, sind zu zerstreut, die Verknüpfung ihrer Interessen ist eine zu lose, um den Anlaß zu bieten, daß der einzelne Geschäftsmann regelmäßig eine bestimmte Stunde aus der Mitte seiner Arbeitszeit darauf verwende, um diejenigen unter seinen Lieferanten, Abnehmern oder sonstigen Geschäftsfreunden, welche demselben Wiener Platze angehören, zu sehen und zu sprechen. Das einzige ausreichende Bindemittel war die Geldbeschaffungs- und Geldplacirungsangelegenheit; und so wurde denn der Waarenhändler und der Industrielle von der Geld- und Effectenbörse mit all' ihrer drängenden und johlenden Turbulenz ins Schlepptau genommen, und die persönliche Vermittlung der Platzgeschäfte in Waaren einem Heere von Zwischenpersonen überlassen, welche von Morgens bis Mittags ihre Sohlen abzulaufen haben, und ihren Committenten bei ihren täglichen Besuchen mehr Zeit wegnehmen, als die Einleitung und der Abschluß der Geschäfte billigerweise in Anspruch nehmen sollte. Wien ist eben bis heute kein bedeutender Waarenplatz, und nur dadurch, daß es zu einem solchen gemacht wird, daß ihm der materielle Raum und die materiellen Vorkehrungen dazu angewiesen werden, kann die Grundbedingung für eine anständige und selbstständige Waarenbörse mit all' den großen Vortheilen, welche dieselbe bietet, geschaffen werden.

Wie öde und verlassen sieht unsere herrliche Wasserlinie, der Donaustrom aus, im Vergleich mit anderen großen Strömen, speciell dem Rhein. Ein paar Personenboote auf- und abwärts von Wien, hie und da ein vereinsamter Remorqueur, ein paar Holzschiffe, — das ist Alles. Und man glaube ja nicht, daß mit dem kostspieligen neuen Durchstich allein dieser Leblosigkeit abgeholfen sein wird. Es muß Gelegenheit da sein, die Güter in Empfang zu nehmen, ein Centralpunkt, von wo sie weiter dirigirt werden können, Capitalien und Hände, welche dabei ihren dauernden Vortheil finden.

Das einzige Etablissement, welches bisher, und zwar nur als Nothbehelf, einen solchen Centralpunkt ersetzte, war das Hauptzollamt im Bezirk Landstraße. Ob dieses Gebäude überhaupt je seinem Zwecke als Magazin entsprochen haben könne, ist sehr zu bezweifeln; seit einer Reihe von Jahren entspricht es jedenfalls nicht mehr. Diese haushohen, etagenlosen Hallen dürften wohl von einem Erbauer herrühren, der niemals einen Speicher in einer Handelsstadt mit Aufmerksamkeit betrachtet hat, in dem sechs bis acht Böden sich über einander befinden, jeder derselben gerade hoch genug, daß die Packer darin, ohne sich bücken zu müssen, das Ein- und Auslagern der Waarencolli bewerkstelligen können. Dann aber ist auch Ordnung, gehöriger Verschluß, eingehendes Besichtigen und reelles Musterziehen der eingelagerten Waaren möglich, während in unseren Wiener Lagerräumen, speciell in denen des Hauptzollamtes, die Ballenparthien zu Bergen aufgehäuft daliegen, das Aufschichten derselben und das seinerzeitige Wiederwegräumen die drei- oder sechsfache Arbeit macht, als es machen sollte, die Auffindung einer Parthie immer eine kleine Entdeckungsreise bedeutet, dem Diebstahl und der fremden Indiscretion Thür und Thor geöffnet und man beim Musterziehen auf jene Ballen oder Stücke angewiesen ist, welche zufällig nach oben oder außen zu liegen gekommen sind. Zugleich fehlt es schon nach den heutigen Bedürfnissen in empfindlichster Weise an Platz. Die Güter sollen nur zum Zwecke der zollamtlichen Behandlung eingelagert werden, während die Noth an anderen Lagerräumen in Wien dazu zwingt, die dortigen Magazine auch sonst in Anspruch zu nehmen, oder wenigstens die dorthin dirigirten Güter so lange als möglich liegen zu lassen.

Der Raum, den das Hauptzollamt heute einnimmt, dürfte bald anderen Zwecken viel besser dienen, so daß dasselbe ohne Schaden demolirt und an anderer Stelle in besserer Form wieder aufgebaut werden kann. Dort erscheint mir der geeignetste Platz für einen Centralbahnhof, wo die beiden Stränge der heutigen Verbindungsbahn zunächst der Stadt mit den anderen voraussichtlich zur Ausführung kommenden Radiallinien eines künftigen Localbahnnetzes gemeinsam ihren Ausgangspunkt nehmen; und genügt auch vielleicht für diese letzteren im Anfange der freie Raum zwischen dem Hauptzollamte, der Wien und dem Donaucanal, so wird wohl dann, wenn, durch Vollendung einer Peripheriebahn für den heutigen Transitgüterverkehr, die Verbindungsbahn dem Personenverkehr dienstbar gemacht werden kann, der Augenblick gekommen sein, die Bodenfläche, welche jetzt das Hauptzollamt einnimmt, zu Bahnhofbauten zu verwenden. Mit der Werthdifferenz zwischen dem Grunde, auf welchem heute das Hauptzollamt steht, und dem der künftigen Centralentrepots kann vielleicht ein großer Theil der Kosten der letzteren gedeckt werden.

Immerhin können wir aus der Größe dieses Raumes, der heute die Hauptwaarenmassen der Stadt beherbergt, auf das Raumbedürfniß für die von uns angestrebten allgemeinen Waarenhäuser in der Donaustadt schließen. Das Hauptzollamt hat eine Länge von 140, und, mit Ausschluß des vorspringenden Administrationsgebäudes, eine Breite von 35 Klaftern; es nimmt also einen Flächenraum von 4900 Quadrat-Klaftern ein. Der vierfache Raum, also circa 20.000 Quadratklafter, wird bei zweckmäßiger Benützung der Höhe wohl hinreichen, um auf lange Zeit hinaus den Ansprüchen der Handelswelt zu genügen, und für Wien die Grundlage jener commerciellen Entwicklung zu schaffen, von der wir oben gesprochen haben.

Jener Eingangs erwähnte 28 Klafter breite Landstreifen zwischen der Böschung des Stromdurchstichs und der Uferbahn ist heute in folgender Weise disponirt, und zwar, soweit er an Private und Gesellschaften vergeben ist, auf 30—40 Jahre verpachtet:

Die Strecke zwischen dem Sporn des Donaucanals und der Nordwestbahnbrücke in einer Länge von 360 Klaftern an die Nordwestbahn;

von der Nordwestbahn abwärts in einer Länge von 240 Klaftern an die Franz-Josefsbahn;

daran schließt sich ein Raum von 300 Klaftern bis etwas unterhalb der Brigittenauer Fahrbrücke, welcher zu öffentlichen Landungsplätzen bestimmt ist; weiters:

130 Klafter für Badeanstalten;
 65 „ bis zur Nordbahnbrücke noch reservirt;
400 „ von der letztern Brücke an abwärts für die Nordbahn;
160 „ für Silos und Magazine;
415 „ öffentliche Landungsplätze;
130 „ für Badeanstalten;
200 „ öffentliche Landungsplätze zu beiden Seiten der Reichsstraßenbrücke in der Verlängerung der Praterstraße; darauf
530 Klafter für die I. Donau-Dampfschifffahrtsgesellschaft;
 20 „ reservirt;
130 „ für die Handelsbank;
200 „ für die Vereinigte Ungar. Dampfschifffahrtsgesellschaft;
200 „ reservirt;
120 „ Badeanstalten;
300 „ reservirt;

170 Klafter für Silos und Magazine; endlich
320 „ bis zur Staatsbahnbrücke für die Staatsbahn.

Ueber die weiteren Strecken unterhalb des Lusthauses bis zum projectirten Winterhafen an der Ausmündung des Donaucanals ist noch nicht disponirt, und es dürfte sich auch schwerlich in nächster Zeit ein Liebhaber für dieselben finden.

Die Plätze, welche für öffentliche Lagerhäuser in Betracht kommen können, sind, außer den als für Silos und Magazine bestimmt bezeichneten, noch zunächst diejenigen, welche hier als reservirt aufgeführt wurden. Wir wollen dieselben nun in der oben eingehaltenen Reihenfolge einer näheren Betrachtung unterziehen:

Der erste solche Platz, 65 Klafter lang oberhalb der Nordbahnbrücke, ist natürlich viel zu klein, und außerdem zwischen die oberste Badeanstalt und den Nordbahnviaduct eingeklemmt. Der zweite Platz (Silos und Magazine), 160 Klafter lang, liegt der Stelle gegenüber, an welcher das Rangirgeleise der Nordbahn in die Uferbahn einmündet; es fehlt da der, wie wir später sehen werden, so nöthige Raum auf der Stadtseite der Uferbahn. Die weitere Strecke von 20 Klaftern bleibt außer Betracht. Der nächste reservirte Raum ist gegenüber einem großen freien Platz mit einer Kirche gelegen; es fehlen also wieder jene jenseits der Uferbahn gelegenen disponibeln Baugründe. Endlich der hinter der letzten Badeanstalt gelegene Platz (erst reservirt, weiter Silos und Magazine), zusammen 470 Klafter, wäre wohl ausreichend lang, hätte auch die ergänzenden Baugründe zur Seite, ist aber (unterhalb des Praterrondeau's also) so weit von der Stadt entfernt und sogar mit der übrigen Donaustadt nur lose zusammenhängend, daß er den Anforderungen, welche wir nach allem oben Gesagten an die zukünftigen Centralentrepots stellen müssen, nicht entspricht.

Die directeste Verbindung der Donaustadt mit dem bisherigen Wien bildet ohne Zweifel die Verlängerung der Praterstraße; und nachdem die Entfernung der Einen von dem Andern ohnedies schon sehr beträchtlich ist, erscheint es dringend geboten, jene Handelsetablissements, welche den Kern der neuen Stadtanlage bilden sollen, so nahe an diese Verlängerung der Praterstraße zu verlegen, als nur irgend möglich. Es wird immerhin eine Reihe von Jahren brauchen, bis die Kaufmannschaft die Uebersiedlung aus der innern Stadt und der Leopoldstadt nach den Stromufern vollzogen hat; und bis dahin braucht die neue Anstalt sowie die ersten Ansiedler um sie herum doppelt nothwendig den innigsten Contact mit den älteren Stadttheilen. Auch ist es für die rasche Besiedlung des ganzen Terrains erforderlich, daß der Krystallisationspunkt in die Mitte verlegt werde; und die verlängerte Praterstraße theilt eben die Donaustadt in zwei genau gleich lange Hälften.

Da, wo diese Verlängerung an den Strom hin gelangt, bevor sie in der großen steinernen Fahrbrücke ihre Fortsetzung findet, durchschneidet sie nach dem Plane einen großen freien Platz; rechts davon hat dann vor den Baugruppen die I. Donau-Dampfschifffahrtsgesellschaft ihren Ausladeplatz; links am Ufer, an jenen Platz anstoßend, kommt zuerst ein Bade-Etablissement, und dann, wie oben angeführt, 415 Klafter lang öffentliche Landungsplätze, die wieder zur Linken an einen für Magazine bestimmten Uferplatz stoßen.

Nachdem dieser letztere aus Mangel an entsprechenden Baugründen jenseits der Uferbahn für unsern Zweck untauglich erscheint, und links an denselben der bereits von der Nordbahn gepachtete Uferplatz anstößt, so geht unser Vorschlag dahin, jenen für Magazine bestimmten Platz mit der rechten Hälfte der eben erwähnten öffentlichen Landungsplätze zu vertauschen, so daß ersterer unmittelbar neben der Badeanstalt zu liegen käme, während letzterer sich von den Magazinen ab bis zum Uferraume der Nordbahn erstrecken würde. Die von uns beanspruchte Länge wäre dann 180 Klafter, also nur um 20 Klafter mehr als die in Tausch gegebene Uferstrecke, und es könnten dagegen alle die andern zerrissenen, oder sonst ungünstig gelegenen, für gleiche Zwecke reservirten Plätze der Donauregulirungscommission zu anderer Verfügung zurückerstattet werden.

Dieser Raum von 180 Klaftern Länge hätte, auch wenn man durch Umwandlung der Uferböschung in eine Quaimauer die Breite von 28 auf 32 Klafter erhöhen würde, immerhin nur eine Bodenfläche von 5760 Quadratklaftern anstatt der von uns für hinreichend erklärten 20.000 Klafter; aber im Uferstreifen allein werden wir eben den nöthigen Raum überhaupt nicht finden, besonders wenn man die durchaus nöthigen Zu- und Abfahrtsstraßen in Berücksichtigung zieht. Es wird da immer ein unumgängliches Erforderniß bleiben, jenseits der Uferbahn und der Hauptcommunicationsstraße die Hauptlagerräume zu haben, die dann entweder im Straßenniveau oder durch Laufkrahne mit den nöthigen Spannweiten ausreichende Schienenverbindungen mit den Auslademagazinen am Strome erhalten. Verwandelt man die vier, hinter jenem von uns beanspruchten Uferraum befindlichen Häusergruppen durch Unterbrechung der secundären Längsstraße und Abkürzung einer Querstraße in einen einzigen Block von 70 Klafter Breite, so hat dieser ein Quadratausmaß von 12.600 Klaftern, was mit den obigen 5760 die Summe von 18.360 Klaftern ergibt, und somit dem von uns früher gestellten Postulate hinreichend nahe kommt. Auf der Stadtseite jener Gruppen ist nach dem Plane ohnedies ein großer freier Platz projectirt, welcher dieser Anlage dann trefflich zu statten käme.

Wenn uns schon der hier besprochene Platz als der günstigste erscheint, so wollen wir mit der Hinweisung darauf doch nur einen Anhaltspunkt zur gründlichen Discussion der Platzfrage geben, keineswegs aber die Möglichkeit bestreiten, daß noch passendere Plätze vorhanden sein können.

Die Centralisirung dieses Etablissements der öffentlichen Magazine ist wohl unbedingt nothwendig, sobald man alle die Vortheile einheimsen will, von denen wir früher gesprochen haben. Magazine, welche auf eine Länge von einer österreichischen Meile zerstreut sind, wo sie gerade noch zufällig ein freies Plätzchen zwischen den Räumen der großen Communicationsgesellschaften finden können, werden ihrem eigentlichen Zwecke schlecht entsprechen, noch viel weniger aber im Stande sein, den Kern einer neuen Stadt zu bilden. Wir werden auf die Gründe noch später zurückkommen; hier haben wir noch darauf hinzuweisen, daß die im Straßenniveau projectirte Uferbahn gegen die Zu- und Abfuhr der Straßenfrachtwagen eine so lästige Barriere bilden würde, daß diese wichtige Rücksicht allein schon die Nothwendigkeit von den Magazinsanlagen auf der Stadtseite der Uferbahn erweist, während durch entsprechende Hebevorrichtungen und Schienenverbindungen zwischen den diesseits und jenseits der Hauptcommunicationsstraße befindlichen Magazinsräumen die Unbequemlichkeiten jener Zweitheilung auf ein Minimum reducirt werden können.

Ob überhaupt jene Disposition des Uferprofils, der über die ganze Ausdehnung von 4000 Klaftern Länge hingezogene Ausladeplatz mit Magazinen, Schoppen, aufgehäuften Stein-, Ziegel- und Holzmassen u. dgl., dann die Uferbahn, welche zwischen dem Strom und der Stadtanlage eine Schranke zieht, die glücklichste Lösung der Raumfrage bot; ob man nicht gegen die einzelnen Transportgesellschaften zu freigebig war; ob es durch rationelle Benützung gutconstruirter Ausladevorrichtungen, durch weise Oekonomie und eine wohlorganisirte Uferpolizei nicht möglich gewesen wäre, die Absperrung des Ufers auf den obersten und den untersten Theil desselben zu beschränken, und den mittleren Theil der Hauptsache nach dem unmittelbaren Volksverkehr freizuhalten — alles das wollen wir dahin gestellt sein lassen. Verzichtet man aber schon auf eine imposante, einheitliche Quaianlage, an welcher sich eine stolze Reihe von Palästen ungehindert in den Fluthen des herangezogenen Stromes spiegelt; stellt man den Nützlichkeitsstandpunkt in erste Reihe, — dann darf man es umsomehr verlangen, daß dem Handelsverkehr auch alle jene Vortheile erwachsen, die der Raum ihm zu bieten vermag.

Wir können aber bei der Anforderung der Zuweisung des Raumes nicht stehen bleiben: der Donauregulirungsfond hat, wie wir uns eingangs darzuthun bemüht haben, als Hauptgrundeigenthümer in der neuen Stadtanlage ein so hervorragendes, klar zu Tage tretendes Interesse an der raschen und entsprechenden Einrichtung der Centralentrepots, daß der Handelsstand, welcher in seiner Corporationsvertretung durch die Handelskammer keine materiellen Mittel zur Erreichung dieses Zieles besitzt, wohl an jenen, respective an die drei Curien desselben mit der weiteren Anforderung herantreten kann, die Ausführung des Werkes selbst in die Hand zu nehmen, auch wenn dazu die Mittel noch geschaffen werden müßten, nicht aber das Unternehmen den Schwankungen, den Gefahren und der rücksichtslosen Ausbeutung des Publicums durch Ueberantwortung an die Privatindustrie preiszugeben.

Der Vortheil des Waarenhandels, der auch dem Grundbesitzer des Handelsplatzes zufließt, erheischt die Centralisirung des Unternehmens. Zu den anderen Hauptersparnissen gut angelegter Lagerräume muß auch die Zeitersparniß für den Kaufmann kommen, dem die Waare gehört oder der sie erwerben will, für den Frächter und für die Magazinsverwaltung; durch eine Vertheilung der Anlagen auf die Ausdehnung einer deutschen Meile müßte dagegen eine große Zeitvergeudung entstehen. Ein weiteres Erforderniß ist eine leichte Uebersicht der Waarenbewegung, der Gesammtvorräthe des Platzes und der einzelnen vorhandenen Waarenparthien für die gesammte Kaufmannschaft und die einzelnen Handeltreibenden; die Zeit, wo jeder Einzelne zum Schaden der Allgemeinheit möglichst im Trüben fischen wollte, ist hoffentlich vorüber. Diese Uebersicht wird gleichfalls um so schwerer, je zerstückelter die Lagerhäuser sind. Die Sortirung nach Qualitäten, wie dies speciell das Getreidegeschäft und wohl noch viele andere Waarengattungen bedürfen, erfordert gleichfalls Centralisation. Die Ueberwachung gegen Diebstähle, gegen Feuersgefahr, die sachgemäße Behandlung der Güter, die Auswahl der passenden Räumlichkeiten für jede Gattung derselben, all' dies wird erleichtert durch möglichste Vereinigung in Einen Raum und unter Eine Magazinsverwaltung. Und noch Eines: Die Hebung des Waarencredits durch das Vorschußgeschäft gegen Waarendeckung, ohne welches in unserer Zeit kein Platz gegen die Andern die Concurrenz aufnehmen kann, erfordert die allergrößte Uebersichtlichkeit, die allergenaueste Controle, welche wiederum nur die Centralisation zu gewähren im Stande ist.

Nur darf man sich, wenn man die Vortheile derselben genießen will, nicht verhehlen, daß diejenigen, welche die Concurrenz gewährt, damit ausgeschlossen sind; und darin liegt die Hauptgefahr, die Errichtung dieses Centralinstituts irgend einer Privatgesellschaft in die Hände zu geben. Für den Donauregulirungsfond kann die Errichtung der allgemeinen Lagerhäuser indirect noch ein ausgezeichnet rentables Geschäft sein, selbst wenn er dieselben à fonds perdu bauen und sich nur die Erhaltungs- und Verwaltungskosten in der Lagermiethe bezahlen lassen würde, was übrigens Niemand von demselben beansprucht. Eine Privatgesellschaft hat gar keine Vortheile über den von ihr erhobenen Lagerzins hinaus, mag nun die Stadtanlage rings um ihre Etablissements rasch erblühen oder nicht; wohl aber läuft sie jede Gefahr mit, welche durch Störungen der Handelsthätigkeit und andere ungünstige Einflüsse entstehen können. Sie muß sich daher alle diese Gefahren nebst Verzinsung und Amortisation der Anlage und nebst den Tagesspesen in ihrem Tarife bezahlen lassen; es würde äußerst schwierig sein, rationelle Maximaltarifsätze zu bestimmen und der Gesellschaft von vorneherein aufzuerlegen; und würden es die Zeitumstände gestatten, den Lagerzins unter das bisherige Maß herabzusetzen, so wird dies eine monopolisirende Privatgesellschaft gegen das Interesse ihrer Actionäre gewiß nicht thun.

Wir haben übrigens nichts weniger als monumentale Steinbauten bei unseren Lagerhäusern im Sinne. Im Gegentheil erfordert das Bedürfniß dieser letzteren die größtmögliche Leichtigkeit, sich veränderten Verkehrsbedingungen anzuschmiegen. Ein öffentliches Magazin muß billig gebaut sein, sowohl um sich billig zu verzinsen, als auch um sich rasch zu amortisiren, falls veränderte Zeiterfordernisse veränderte Raumdispositionen verlangen. Auch braucht durchaus nicht die ganze Bodenfläche gleich verbaut zu werden, sondern für den Anfang mag ein Viertel oder höchstens die Hälfte genügen; das Weitere wird dann nach Maßgabe des Aufschwungs des Waarenhandels sowie der Stadtanlage seinem Ausbau entgegengeführt. Das Capital, welches zur Ausführung des Werkes beschafft werden muß, wird somit kein sehr großes sein, und es dürfte speciell für den Anfang ein verhältnißmäßig kleines Kapital genügen, um die erforderlichen Bauten herzustellen. Für die Geldbeschaffung des Restes werden dann die Cassen sorgen, in welche der Kaufschilling für die im Werth gestiegenen Baugründe fließt.

In detaillirtere Vorschläge über die Einrichtung der Magazine einzugehen, wäre wohl noch verfrüht, und wäre ihr Referent dazu auch keineswegs in der Lage. Ist die Frage einmal im Princip ent-

Einige

Ursachen der Wiener Krisis

vom Jahre 1873.

Einige

Ursachen der Wiener Krisis

vom Jahre 1873.

Von

Benno Weber.

Leipzig
Verlag von Veit & Comp.
1874.

Alle Rechte vorbehalten.

Vorwort.

Wieder einmal hat das Schicksal uns arme Oesterreicher tüchtig am Kragen gehabt.

Wohin wir blicken in unserm schönen, vielgeprüften Vaterlande — überall bluten noch die Wunden, welche das harte Jahr 1873 uns geschlagen; tausende von Existenzen sind gebrochen, unzählige schwer geschädigt worden; der Schmerz, die Sorge, die Noth und die Verzweiflung pochen an den Thüren und sind in Hütte und Palast tägliche Gäste geworden.

Und während der eine Theil der Betroffenen noch in dumpfer Betäubung der Fähigkeit ermangelt, sich über die Ursache des Schlages Rechenschaft zu geben, der ihn unerwartet und niederschmetternd wie ein Blitzstrahl getroffen, — trachtet die Masse der Bevölkerung sich so rasch und bequem, als es eben gehen will, über die unbehagliche Aschermittwochsstimmung hinwegzudusseln, die Schläge abzuschütteln, wie ein geprügelter Hund, und gedankenlos wieder in's alte gemächliche Fahrwasser hineinzukommen.

So glücklich sind aber nicht Alle. Werfen wir einen Blick hinein in die Stube eines der Tausende von Angestellten moderner

Gesellschaftsunternehmungen, welche ihre frühere kleine Lebensstellung in einem Handlungshause, im Civilstaatsdienste, oder in der Armee aufgegeben und vertauscht haben mit den lockenden Gehalten der neuen Banken, Baugesellschaften und dergleichen; welche auf diese neue Stellung hin eine Familie begründet und jeden Kreuzer eigenen Ersparnisses, sowie den Besitz ihrer Eltern, Geschwister und sonstigen Angehörigen in den Actien ihrer Gesellschaft festgerannt haben, einer Gesellschaft, welche nun fallirt, oder deren letzte Besitzreste durch Liquidation oder Fusion der gänzlichen Vernichtung entrissen werden sollen.

Treten wir ein in das ärmliche Dachstübchen des alten Pensionisten, der mit seinen verblühten, erwerbsunfähigen Töchtern von seinem Ruhegehalte und den Zinsen eines kleinen Capitälchens nothdürftig und anständig den schmalen Haushalt bestritten hat, und den Vorspiegelungen zudringlicher Vermittler sich nicht entziehen konnte, durch einen kleinen, kurzen Versuch des Börsenglücks sein und der Seinigen Loos minder hart zu machen. Nun ist das Capital verloren, seine Pension verpfändet — er preßt den glühenden Kopf in die kalten Hände, und sein Geist zerquält sich mit der Frage, worin er denn so arg gesündigt habe, um so furchtbar bestraft zu werden. Laß Dir's zum Troste sagen, alter Mann, Du bist nicht der Einzige, dem es so ergangen; mit Dir leiden und jammern und verzweifeln Hunderte und Tausende Deiner Brüder, — während die Urheber Eures Unheils, wenn sie auch ein wenig zugesetzt haben, heute noch immer reicher sind, als vor Beginn des großen Schwindels.

Wir Andern, und das Land im Ganzen, wir haben alle mehr oder minder mitgelitten, ob wir gespielt und den Gründern ihre schlechte, theure Waare abgenommen haben oder nicht. Unsere Lebensbedürfnisse sind früher vertheuert worden, unser Geschäft liegt jetzt darnieder, und unsere Steuern werden uns durch die Schädigung des Nationalvermögens noch mehr drücken, als sie es sonst gethan hätten.

Soll aber all' das Unheil nicht auch ein Körnchen Gutes bergen? Sollten einige schaale „Krach"-Witze wirklich das ganze geistige Ergebniß sein, welches wir aus den Ereignissen des letzten Jahres zu ziehen im Stande sind? Ist der Segen des Unglücks, die Menschen klüger und besser zu machen, für uns Oesterreicher wirklich verloren; oder sollte sich überhaupt keine neue Erkenntniß, keine praktische Lehre aus allen Thatsachen und Erscheinungen der jüngsten Vergangenheit ziehen lassen?

Wir glauben dieß nicht. Möglich, daß die Ursachen der Krisis, die wir aufzufinden glaubten und hier zur Besprechung bringen, auf Täuschung oder unreifer und mangelhafter Anschauung beruhen, oder daß deren Darstellung nichts Neues enthält. Wahrscheinlich ist es jedenfalls, daß die hier niedergelegten Wahrnehmungen nur Stückwerk enthalten, und gewiß, daß sie in Vielem der Berichtigung und Bestätigung dringend bedürfen. Zu einer Geschichte der Krisis, wie sie wohl später geschrieben werden sollte, ist es auch heute noch viel zu früh. Die Statistik hat ihre Arbeit noch nicht verrichtet; das Material der Thatsachen ist wenig gesammelt und noch weniger gesichtet; und die Person der Helden jener Zeit ist theilweise noch in Dunkel gehüllt.

Aber erlöschen soll das Interesse an dem Geschehenen nicht, bevor jede Lehre, welche aus demselben zu ziehen ist, auch wirklich gezogen wurde; ein Schärflein soll gegeben werden zur Auffindung jener Ursachen, und zum Versuch einer Hinaushaltung der baldigen Wiederholung des Unheils; die Anregung möchten wir geben, daß das Material zur Abfassung einer künftigen Geschichte der Krisis des Jahres 1873 von tausend fleißigen Händen gesammelt werden, und eine fähige Hand sich finden möge, diese Geschichte wirklich zu schreiben.

6. Mai 1874.

Der Verfasser.

I.

Den Uebergang eines Staates aus den ruhigen und behaglichen aber unvollkommenen und schwerfälligen ökonomischen Lebensformen der Vergangenheit in diejenigen des modernen Massenverkehrs geht nirgends ohne gewaltige Stöße und Gegenstöße, ohne zeitweiliges Ueberwuchern des Schwindels über das reelle Geschäftsleben, ohne Aufwühlen des wüstesten Schlammes und Emportreiben desselben an die Oberfläche des socialen Lebens vor sich. Ja, in den wenigsten modernen Culturstaaten ist es mit Einer derartigen Uebergangskrise abgethan gewesen. Der Südseeschwindel in England fand vor einem halben Menschenalter dort einen nicht allzuschwachen Nachklang, als die Umbildung des Transportsystems und die fortschreitende Mobilisirung des Capitals neue ökonomische Existenzbedingungen geschaffen, und der Speculation bis dahin unbekannte Felder erschlossen hatte. Man braucht in Frankreich nicht bis zu Law's Finanzkünsten zurückzugehen, sondern nur auf die Gründerwirthschaft der 50er Jahre zu blicken, um auch dort die Erscheinungen der Corruption der Verführer, des Leichtsinnes, der Urtheilslosigkeit und des nachfolgenden Elends der verführten Massen wahrzunehmen. Die ökonomischen Bocksprünge des amerikanischen Volkes sind gleichfalls bekannt, und wenn Deutschland von solchen Paroxismen bis in die neueste Zeit verhältnißmäßig verschont geblieben ist, so verdankt es dieß der glücklichen Allmähligkeit seiner Verkehrsentwicklung, der lange dauernden politischen und socialen Gebundenheit und materiellen Unmacht bei schon weit vorgeschrittener geistiger Entwicklung aller Schichten des Volkes. Ein kleines Lehrgeld mußte die Masse der besitzenden Classen in den letzten Decennien gleichwohl zahlen, und der plötzliche Geldzustrom aus Frankreich birgt für die Zukunft noch manche Gefahren in sich.

War Deutschland bisher das Land der stetigen Entwicklung, — so war Oesterreich das Land der unvermitteltsten Sprünge, der tollsten Contraste, der luftigsten Bauten auf schwankendster Grundlage.

Bis 1848 Unfreiheit von Grund und Boden, Patrimonialgerichtsbarkeit, — dann völlige Emancipation des Bauernstandes, dabei erst kurze Zügellosigkeit, dann stramme und chicanöse Gensdarmenwirthschaft und ein Jahrzehnt später communale Autonomie auf breiter Grundlage bei theilweise sehr niedrigem Bildungsgrade des Landvolkes.

In den Städten bis 1856 strenger Zunftzwang, — dann völlige Gewerbefreiheit; bis 1851 nahezu Prohibitivsystem, — dann unvermittelte und rasch gesteigerte Herabsetzung der Zollschranken. In der Volks- und Mittelschule bis Anfang der 50er Jahre eine tiefe Versumpfung, dann eine Reihe von Experimenten erst nach preußischen Mustern, dann vom katholisch-reactionären Standpuncte bis zur endlichen Emancipation seit wenigen Jahren, bei stetem Mangel an genügenden Lehrkräften, genügenden Geldmitteln und genügendem Interesse der Betheiligten. In der Hochschule: hohe Pflege einzelner Zweige bei starker Vernachlässigung anderer. In der Justiz: die gewaltigsten Sprünge in die Schwurgerichte hinein, nach zwei Jahren wieder aus denselben heraus, jetzt wieder hinein, bei haushohem Anwachsen von Gesetzen und Verordnungen, endlosen Provisorien und kurzlebigen Definitiven. In der Finanzwirthschaft: erst niedrige Steuer und kleine Staatsschuld, dann immer gewaltsamere Anspannung der Steuerschraube und lavinenartige Vergrößerung der Schuld; erst kleinbürgerlicher Staatshaushalt, dann sinnlose Vergeudung aller Hilfsquellen des Landes dem kurzen Taumel einer geträumten Heldenära zu Liebe; dann wiederholte, andauernde militärische Mißerfolge, moralischer Katzenjammer und finanzielle Zerrüttung. Endlich in der Politik: Metternich, Kossuth, Windischgrätz, Bach, Schmerling, Beleredi, Gistra, Hohenwarth, Lasser — — — das waren die staatlichen Grundlagen, auf denen sich unsere Privatwirthschaft entwickelte.

Ob diese Sprünge, dieses energische Translosgehen heute nach rechts und morgen nach links ganz in den thatsächlichen Verhältnissen begründet waren, oder ob auch andere Momente dabei in Rechnung gezogen werden müssen — wollen wir hier nicht weitläufig untersuchen.

Sei dem wie ihm wolle: niemals können derartige Sprünge im staatlichen Leben eines Volkes vor sich gehen, ohne heftige Erschütterungen aller materiellen Existenzbedingungen nach sich zu ziehen. Wohl wird durch das Aufeinanderprallen der Gegensätze die Lebensthätigkeit des Volkes erhöht, aber seine Kraft wird auch oft nutzlos vergeudet. Die Störungen auf staatlichem Gebiete müssen nachhaltig auf die materielle Entwicklung zurückwirken. Es wird nie abgewartet, bis eine Sache ihren Dienst gethan hat, um sie durch eine neue zu ersetzen; das Haus wird abgetragen, bevor es unter Dach ist; die Verhältnisse des Neuen sind so fremdartig, daß nichts von dem Bisherigen mehr verwendet werden kann; und will's mit dem Neuen nicht gleich flott gehen, so wird ein dem Alten Gleiches wieder das Allerneueste, und so fort. Der Gedanke der Werkfortsetzung, der ökonomischen Ausnutzung, der harmonischen Fortentwicklung, der im staatlichen Leben in Oesterreich verpönt ist, darf auch in der Privatwirthschaft nicht Wurzel fassen. Heute Schlendrian, morgen Schwindel, und übermorgen wieder Schlendrian. Heute lockt man durch hohen Schutz das Capital zur Anlage industrieller Werke, — morgen beweist ein Professor, daß eine Treibhausindustrie dem Lande Schaden bringe, man entzieht dieser Industrie sofort die Existenzbedingung, und die angelegten Capitalien sind zerstört. 1864 soll ein Hauptmann pensionirt worden sein, weil er die Vermessenheit hatte, beim Kriegsministerium mit Umgehung seines unmittelbaren Vorgesetzten auf die Wichtigkeit der Hinterladergewehre hinzuweisen, und nach 1866 wird der finanziell erschöpfte Staat gezwungen, im Sturmschritt nachzuholen, was vorher versäumt worden war. Auf irgend ein neues administratives, technisches oder ökonomisches „System" hin werden vom Staate Lieferungscontracte abgeschlossen, Bauten begonnen u. s. w., dann kommt ein neues System, die Contracte werden mit Opfern rückgängig gemacht, die Bauten werden eingestellt, und flott geht's weiter nach neuem System, bis auch dieses wieder Schiffbruch leidet.

Die Staatsmänner jammern über das unausrottbare Mißtrauen, den unbesiegbaren Pessimismus des Volkes. Nun, wir glauben, man hat im Laufe der letzten Decennien alles gethan, um das Vertrauen zu untergraben, um den Glauben an die Dauer irgend welcher Institutionen nicht aufkommen zu lassen, um an den Wurzeln auch der zartesten Pflanzen zu rütteln, daß sie den Halt im Boden und die Fähigkeit, Nahrung und Wachsthum daraus zu holen, verlieren; man hat Alles gethan, um das Volk auf die Stufe zu bringen, daß es selbst das Interesse an einer Institution verliert, wenn dieselbe über sechs Monate alt ist. Gestern gab's Decemberverfassung, heute directe Wahlen, morgen will man Aufhebung der Wahlkörper, übermorgen Suffrage Universel, dann Womans right, dann Kleinkinderemancipation, — das Alles mit Slovaken, Polaken, Morlaken, Mühlviertler Bauern und Rossauer Holzschiebern — und so fort zu Windischgraz und Hainau zurück — sonst ist ja kein Spaß dabei.

So wie die conträren Strömungen und die jähen Windstöße aus den hohen Regionen der Staatslenkung den Sinn für Stätigkeit und für Productivität im Volke nicht aufkommen lassen, und die beständige Verschiebung der materiellen Existenzbedingungen der verschiedenen Classen bei dem Leichtsinn unserer Bevölkerung diese gegen die ernsthafte Betrachtnahme seiner wirthschaftlichen Verhältnisse abstumpft, anstatt sie zu diesem Studium anzuregen, — so waren unserm denkfaulen und erregungssüchtigen Publicum auch sonst im öffentlichen Leben zwei Gegenstände geboten, an denen es seine Neigungen befriedigen konnte, und die ihm die ernste Beschäftigung mit trockenen ökonomischen Dingen entbehrlich machten. Diese beiden Gegenstände waren die Nationalitätenhetze und die Pfaffenhetze.

Das war ein frischer, fröhlicher Krieg: Teutsche gegen Magyaren, Teutsche gegen Slaven, und Slaven gegen Magyaren. Die Zeitungen hatten immer reichlichen Schreibstoff, das Publicum Lesestoff. Das gab Erregung, das fand Theilnahme; und hie und da mag die Rivalität sogar ein Körnchen Gutes im Gefolge gehabt haben, weil in der Sucht einer Nationalität, der andern den Rang abzulaufen, doch manches Nützliche geschaffen, und zu manchem edleren Streben die Veranlassung geboten wurde. Aber in ganz übermäßiger Weise mußten sich auch die besten und tüchtigsten Köpfe unseres Volkes von diesem Hader in Anspruch nehmen lassen, und die wichtigsten

Gesichtspuncte materiellen und geistigen Gedeihens bei Seite setzen, um nationale Unterbrückung hintanzuhalten, oder von Leidenschaft fortgerissen auch nationalen Herrschaftsgelüsten nachzugeben. In den Zeiten des Absolutismus hat die Niederhaltung solcher Ansprüche den Staat dem finanziellen und politischen Ruin nahe gebracht, und heute erleichtert der neidische Zank zwischen Slaven und Deutschen der Soldatenpartei die Erreichung übermäßiger Ansprüche für das Heer, weil jede Nationalität sich dadurch, den Finanzinteressen des Staates entgegen, die Gunst der in letzter Linie Herrschenden zu erringen trachtet. Ein eclatanter Fall in dieser Rubrik war im Herbste 1872 die Bewilligung der Mehrforderung des Kriegsministeriums durch die Delegationen in Pest, um das zur Wahlreform nöthige Ministerium Auersperg, welches aus dieser Bewilligung eine Cabinetsfrage gemacht hatte, zu halten.

So beklagenswerth es nun erscheinen mag, daß so viel geistige Arbeit durch den fruchtlosen Nationalitätenhader in Anspruch genommen und die tüchtigsten Kräfte der Nation dem viel wichtigeren Studium practischer Reformen und materiellen Fortschritts entzogen werden, so nothwendig ist es, daß dieser Kampf durchgekämpft, daß die Nichtigkeit der nationalen Parteigegensätze dadurch schließlich der ganzen Bevölkerung klar gelegt werde, und der Ueberdruß an dem leergedroschenen Stroh dieselbe der ernsthaften Inangriffnahme wirklicher Kulturarbeit entgegenführe.

Viel wichtiger noch, auch zur Erreichung eines höheren Standpunctes in materiellen Dingen, ist die Durchführung des Kampfes mit der katholischen Hierarchie. Auch dieser ist für unser großes Publicum zunächst ein Spectakel, ein leichtverdauliches, prickelndes Lesefutter, welches dasselbe des Studiums trockener, materieller Angelegenheiten überhebt. Wenn ein Caplan vor Gericht citirt wird, weil er vor einem dummen Bauernauditorium sinnlose Angriffe gegen die Staatsgrundgesetze zum Besten gegeben hat, — wenn irgendwo eine Kirchhofsdemonstration veranstaltet wird, weil ein zelotischer Dechant einem „Freimaurer" die übliche Weihwasserbespritzung des Sarges verweigert hat, — so bringen die Zeitungen darüber spaltenlange Artikel, — während die wichtigsten ökonomischen Fragen, über den engsten Raum hinaus, nur soweit Beachtung finden, als das Interesse der Einzelnen — nicht das der Gesammtheit — dadurch berührt wird. Man muß gestehen, die katholische Geistlichkeit hat es in Oesterreich verstanden, sich die gründliche Abneigung der gebildeten Bevölkerung zu erarbeiten; und wahrlich, sie hat es auch um die geistige und sittliche Erziehung, welche sie der Gesammtheit des Volkes hat angedeihen lassen, verdient.

Kein deutscher Stamm kann sich an natürlicher Begabung mit dem Deutschösterreicher messen; — die Fehler seiner überwiegenden Mehrheit aber, welche hauptsächlich seine politischen und finanziellen Mißerfolge, und speciell das Unheil des letzten Jahres hervorgerufen haben, sind zum großen Theil der geistlichen Erziehung und Verwahrlosung der letzten Jahrhunderte zu danken. Während die protestantische Reformation überall sittlichen Ernst, energischen Lebenskampf, Pflichttreue, Ordnungsstrenge, Wahrhaftigkeit und Gewissenhaftigkeit im Gefolge hatte, lauter Eigenschaften, welche zur dauernden materiellen Blüthe eines Volkes unerläßlich sind, — hat die katholische Restauration, bei uns mehr als anderwärts, Denkfaulheit, Unwissenheit, Genußsucht, Unverläßlichkeit, Augendienerei und Verlogenheit dem Volke eingepflanzt, und diese Saat ist reichlich aufgegangen. Seit Jahrhunderten ist ja die Seelsorge, die Sorge der ernsten sittlichen und geistigen Heranbildung des Menschen, die letzte Sorge der katholischen Priester, wenigstens ihrer obersten Leiter gewesen. Ihrer Hauptsorge, der Gewinnung größtmöglicher Herrschaft über Individuen und Völker wird durch das Gegentheil meist weit besser gedient.

Die wirthschaftliche Begabung des Oesterreichers — sowohl was das Verständniß als was die Uebung in Wirthschaftssachen betrifft — ist eine sehr geringe. „Leben und leben lassen" ist seine Devise, bei der sich sein Leichtsinn und seine Gutmüthigkeit so brüderlich die Hand reichen. „Stehlen und Stehlenlassen" paraphrasirte einst ein geistreicher Mann diesen Grundsatz, und in seinem Excesse mag derselbe auch oft dieser Auslegung Recht geben. Der richtige Blick für die Productivität einer Thätigkeit, einer Leistung oder Unternehmung, der Blick für richtige Uebereinstimmung von Mittel und Zweck, der

Blick für Ersparniß alles unnöthigen Kraftaufwandes, für Beseitigung aller störenden Reibung, alles unnöthigen Beiwerkes, der Blick zur Auffindung vorhandener Interessengemeinschaftlichkeit, zur Ausnutzung aller kleinen von den factischen Verhältnissen gebotenen Vortheile — dieser Blick fehlt dem Oesterreicher in hohem Grade. Er ist auch in geschäftlichen Dingen kein Freund wissenschaftlicher Vorbereitung, und gründlicher geistiger Durchforschung seines Gegenstandes. Er kann sehr fleißig — ausdauernd geschäftlich fleißig sein, aber er arbeitet gern aus dem Vollen, kümmert sich wenig um rationelle Ausbeutung einer gegebenen Situation, und wird rasch hülflos, wenn die Umstände sich zu Ungunsten seiner langgeübten Arbeitsweise verkehren. Seinen geschäftlichen Scharfsinn strengt er lieber an, den Gulden aus der Tasche des Nachbars in die eigene wandern zu lassen, als vereint mit ihm Werthe von Gulden, die nicht schon vorher vorhanden waren, zu schaffen. Mit einem Wort: er ist in ökonomischer Hinsicht das gerade Gegentheil des Schweizers oder des Belgiers. Das Land ist reich und fruchtbar, der Gelderwerb ist verhältnißmäßig leicht, die Zukunft ist unsicher, die Verlockung ist groß — so fliegt der Gulden leicht hinaus, wie er leicht gewonnen wurde; er wird nicht zum Capital, d. i. zum Product, das zu fernerer Production verwendet wird.

Die öffentliche Erziehung, der Schulunterricht, thut nichts, um jenem Mangel natürlicher Anlage abzuhelfen. Wir müssen ja Alles nach fremden Mustern copiren, und wenn einer speciell fehlerhaften Tendenz unseres Volkes in dem Lande, woher wir unsere Muster beziehen, nicht entgegengearbeitet zu werden braucht, so kann das bei uns auch nicht geschehen. Die Schimmelreiterei war von jeher eine Lieblingsbeschäftigung unserer Volks- und Regierungsleiter. Schon die Volksschule müßte das ökonomische Moment pflegen, und den Sinn für Productivität, für Capitalsbildung, für Hebung der individuellen Existenz durch Arbeit und Sparsamkeit pflegen; schon sie müßte vor den Gefahren warnen, welche die Sorglosigkeit und Gedankenlosigkeit, das nahezu ausnahmslose von der Hand in den Mund leben, die gänzliche Aufzehrung aller jeweilig fließenden Eingänge bei der ersten Ungunst der Verhältnisse bietet; der heranwachsende Bauern- und Handwerkerstand soll vor den Schlingen gewarnt werden, welche ihm von Seite der Schwindler, der Verführer, der Gelddarleiher, der Leuteschinder und Proceßverwickler drohen, sobald er sich von der Bahn geordneter wirthschaftlicher Zustände hat ableiten lassen. Er soll endlich lernen, daß nicht nur im Einmaleins, sondern auch im Leben 2 mal 2 4 ist, und niemals 5; daß der Gulden, der nicht erarbeitet und nicht erspart, nicht geschenkt und nicht gestohlen ist, daß dieser als Einnahme überhaupt nicht existirt; daß der fünfte Gulden ihm vorgelogen und vorgeschwindelt wird, um ihm seine 2 mal 2 vorhandenen Gulden aus der Tasche zu locken. Die Form zur Einführung der Wirthschaftslehre in unserer Volksschule muß gefunden werden, sei dieß als Nutzanwendung anderer Lerngegenstände, des Lesens oder des Rechnens, sei es als selbstständiger Lernstoff. Die Heranbildung des gesammten Volkes zu ökonomischer Mündigkeit ist für uns Oesterreicher wichtiger als Lesen, Schreiben und Catechismus. Leugnen wir es uns nicht, unsere wirthschaftliche Gesetzgebung ist in dieser Hinsicht der Bildungsstufe der Gesammtbevölkerung weit vorausgeeilt. Wer den bornirten geistigen Gesichtskreis, die Anschauungen und anerzogenen Vorurtheile, die Verachtung von Bildung und tüchtigerem Streben bei unserer Bauernbevölkerung aus eigener Anschauung kennt, wer die Urtheilslosigkeit unseres Kleingewerbestandes, sein Unverständniß den neuen ungünstigen Verhältnissen gegenüber, wer die frivole, jeder ernsten Regung baare Haltung der Mehrzahl unserer Arbeiterbevölkerung beobachtet hat, — für den muß wohl das Schlagwort von der Mündigkeit unseres Volkes eine leere Katheterphrase geworden sein. Ein Rückschritt in der wirthschaftlichen Gesetzgebung wäre schwer durchführbar und in den wenigsten Fällen erwünscht; — also muß man trachten, mit allen vorhandenen Mitteln die Urtheilsfähigkeit und Selbstständigkeit des Volkes auf das Niveau der Gesetzgebung hinaufzuheben.

Aber auch in den Kreisen der Gebildeten, und ganz speciell der Kaufleute, Industriellen, der Landwirthe und auch der Beamten ist keine nothwendige Kenntniß so vernachlässigt, als die der Nationalökonomie. Selbst wenn man die Reihen unserer Vertretungskörper durchgeht,

Reichsrath, Landtage, Handelskammern und Gemeindevertretungen, so begegnet man in diesem Fache einer Sterilität, einer Unklarheit der einfachsten Begriffe, einem Dilettantismus, einem Mangel an natürlichem Verständniß einschlägiger Fragen, und einer Unlust, sich damit zu beschäftigen, welche den Schlüssel zu vielen traurigen Erscheinungen geben, die wir in der letzten Zeit an unsern Augen vorübergehen gesehen haben.

Auf dem Katheder herrscht ziemlich unbeschränkt die Manchestertheorie. Zu einer selbstständigen Prüfung der importirten Waare, zu einem Versuch des Eingehens auf die speciellen Grundlagen des österreichischen Volkswohlstands, und der zweckmäßigen Anpassung jener Lehren auf unsere Verhältnisse fehlt unsern herrschenden Nationalökonomen jede Lust und jedes Bedürfniß. Die alleinseligmachende Theorie des laisser faire et laisser aller wird in Pausch und Bogen der dürftigen Schaar der Jünger angepriesen, die möglichst große Hin- und Herschleppung von Gütern vom Inlande ins Ausland, und vom Auslande ins Inland, gleichgültig zu welchem Zweck, als das Ideal volkswirthschaftlichen Aufschwunges hingestellt, — und die Behandlung concreter Aufgaben aus unseren heimischen Verhältnissen, die Schulung des wirthschaftlichen Verständnisses so viel als möglich bei Seite geschoben. Daß eine derartig abstracte Kathederweisheit, welche gewiß in keinem Falle den Hund vom Ofen zu locken im Stande ist, bei der Schwierigkeit und Absonderlichkeit der österreichischen Verhältnisse auch bei dem Gros der Geschäftswelt und bei der Mehrzahl der Gebildeten überhaupt keine Wurzel fassen konnte, ist natürlich. Wenn man sich schon mit unpractischen Dingen beschäftigen soll, so wählt man lieber solche, welche dem Vergnügungssinn oder dem Gemüth, dem Kunstsinn oder Scharfsinn Nahrung geben. Aber eine Nationalökonomie ohne innige Verbindung mit dem Leben, ohne directe Nutzanwendung für den Einzelnen hat eben nur für den Sonderling Interesse, muß aber auf die große Mehrzahl des Publicums abstoßend wirken.

So ist denn unser Volk in der wichtigen Lehre vom ursächlichen Zusammenhange der Erscheinungen des Güterlebens ununterrichtet geblieben.

Unwissend, leichtsinnig, geldgierig! Damit ist die

Signatur jener Masse unserer Bevölkerung gegeben, in welcher die Krisis des abgelaufenen Jahres so furchtbare Vermögensverheerungen angerichtet hat. — Wie wenig haben jene drei Eigenschaften in der früheren Situation denselben Klassen geschadet? **Unwissenheit!** Was hätten in den früheren Decennien alle nationalökonomischen Kenntnisse der Welt genützt, gab es ja doch in Oesterreich keine Anwendung dafür; Unternehmungslust war nicht vorhanden, der Ueberschuß des Nationalvermögens fand seine beste Anlage in den Staatsanleihen, welche die alljährliche Bedeckung des regelrechten Deficits erforderte. Was nützte da das beste Urtheil, ob ein öffentliches Unternehmen lebensfähig, zweckentsprechend, rentabel und zeitgemäß ist; es wurde ja nichts geschaffen. Die Verlockung für einen volkswirthschaftlich Gebildeten, sich über die Schandwirthschaft des Staates den Schnabel zu wetzen, hätte höchstens auf die Festung führen können, keinenfalls aber irgend welchen Nutzen gebracht. **Leichtsinn!** Der war damals nicht so kostspielig. Wollte ein junger Mensch durchaus sein Vermögen durchbringen, so hatte er wenigstens den gebührenden Spaß davon; auch dauerte es länger, und so war die Hoffnung später eintretender besserer Erkenntniß nicht ausgeschlossen. Schließlich gar die Familienväter. Die kamen entweder mit dem Ertrage ihrer Gehalte, Coupons, ihres Geschäftes ꝛc. aus, oder sie machten dazu ein wenig Schulden, und es stand ihnen zu jeder Minute frei, sich nach der Decke zu strecken. Ueber die Grundlagen ihrer pecuniären Existenz brauchten sie sich so wenig den Kopf zu zerbrechen, als wir über die Festigkeit des Erdbodens zu grübeln haben, auf welchem wir stehen — es nützt ja doch zu nichts. Entweder es war Geld zum Leben und Genießen da, oder es war keins da; daran war kein Jota zu ändern. **Geldgier!** die schadete am allerwenigsten. Man konnte nur platonische Wünsche nach wenigstens Einer von Rothschild's Millionen, nach schönen Equipagen, Viertellogen und dergleichen aussprechen, und dadurch gebildeten Menschen beschwerlich fallen; weiter hatte es keine übeln Folgen. Das Gurgelabschneiden mit dem Messer war außer Mode gekommen, eine trockene Methode gab es damals nicht; und wenn Jemand in vermessener Hoffnung auf den großen Treffer sein ganzes Vermögen in 1854er

Loosen angelegt hätte, so wäre blos eine mäßigere Verzinsung seines Capitals die Folge davon gewesen.

So die patriarchalischen Zustände vor der Speculationszeit. Aber wie gesagt, die gefährlichen Elemente für den Ausbruch jener scheußlichen Spielepidemie, und die Voraussetzungen für den verderblichen Ausgang derselben waren vorhanden. Die Neigungen unseres Adels in dieser Beziehung sind bekannt: Die Väter der heutigen Gimpel, und theilweise sie selber, sind schon im Anfang der 50er Jahre den Pariser faiseurs, agents de change etc. ins Garn gegangen, und jämmerlich gerupft worden. Die heutige Generation hatte das längst vergessen. Das Heldenthum hatte nach 1859 und 1866 seinen Reiz verloren; gelernt hatten die meisten jungen Herrchen nichts; so absorbirten denn, in Vorahnung größerer Thaten, die Spieltische des Jokeiclub alles geistige Interesse, das die Hippologie noch übrig gelassen hatte. Die Glücklichen von damals! Das Geld, das der eine Blaublütige verlor, gewann der Andere, und „es blieb in der Familie". Mit wachsendem Neide hatte der Adel es mit ansehen müssen, daß nicht nur ein Theil des Bürgerthums durch einzelne geschickte industrielle Unternehmungen, durch Fleiß und geschäftliche Tüchtigkeit sich in seine Nähe emporgearbeitet hatte, während seinen Standesgenossen eine solche Thätigkeit widersprach, und er sich auf dem alten Wege zu höchst langsamem Vorschreiten seines Stammbesitzes, und zu theilweiser Verarmung durch Familienvergrößerung verurtheilt sah. Er sah auch, daß dicht neben ihm, mit allem Schmutze des Parvenuthums behaftet, mit pilzartiger Schnelligkeit und mäuseartiger Vermehrung eine andere Classe aus dem Boden zu wachsen begann, noch dazu zum großen Theil aus jenem Menschenstamme, den zu verfolgen, zu schinden und zu treten bei ihm jahrtausendalte Standestradition gewesen war. Die Beschäftigung dieser neuen Concurrenten, ein Spiel wie das ihrige, widersprach, vorausgesetzt, daß sich eine gentile Form dafür finden ließ, seinen Standesbegriffen viel weniger, als irgend etwas, was als Arbeit, gar als productive Arbeit, gedeutet werden konnte. Das Taschenleeren, sobald es auf ritterliche Weise geschehen konnte, stand ihm wohl zu Gesicht. Es war also nur eine Frage der Zeit; es

bedurfte nur ein wenig Contagium, daß das blaue Blut massen=
haft sein Vermögen als Einsatz an jenen neuen Roulettetisch tragen
werde, wo nach den Versicherungen der Eingeweihten der Kluge und
Findige schließlich immer gewinnen müsse, auch wenn er von der
Sache nichts versteht. Und klug und findig, oh, das waren sie ja
Alle, Alle!

Die jetzt herrschenden Persönlichkeiten aus unserer haute finance, oder deren Väter, haben, wie man sagt, ehemals zum großen
Theil auf Pfänder zu hohen Zinsen geliehen, der Landbevölkerung die
Ernte auf dem Halme abgekauft, oder günstige Contracte mit schwach=
sinnigen und geldbedürftigen Cavalieren abgeschlossen. Durch kluge
Anwendung ihrer ursprünglichen Maximen auf die Verhältnisse des
modernen Verkehrslebens sind sie dann in unserm Vaterlande zu den
Repräsentanten jener formidabeln Macht geworden, die, von Lissabon
bis Petersburg, von London bis Constantinopel ein unzerreißbares
Netz spannend, unserm Erdtheile und seinen Potentaten die nöthigen
materiellen Mittel zur Erbauung von Eisenbahnen, zur Gründung
von Creditinstituten, und zu gegenseitiger Vernichtung bietet. Die
geistig hervorragenden unter jenen Repräsentanten der Geldmacht,
diejenigen, welche ihr Vermögen selbst geschaffen, oder es doch zu
seiner jetzigen Bedeutung gehoben hatten, waren natürlich auch im
Stande, die neue Situation zu begreifen, und der ganzen übrigen
besitzenden Gesellschaft überlegen an raschem Erfassen, an kühnem
Dreingreifen, an rücksichtslosem Ausnützen und an glatter, eleganter
Vorurtheilslosigkeit über ängstliche Abgrenzung von Mein und Dein,
von Coulance und Niederträchtigkeit. Sie hatten aus frühern be=
scheideneren Verhältnissen den Fundamentalsatz, gut zu schmieren
um gut zu fahren, mit in die Pracht ihrer neuen Paläste hinüber=
genommen, und er hatte sich ausgezeichnet bewährt. Die Leute haben
jedenfalls ihre Art von national=ökonomischen Kenntnissen, wenn die=
selben auch nicht weiter gehen, als nothwendig ist, die Mittel zu
kennen, die Ersparnisse eines Volkes aus den Taschen der Besitzer
herauszuziehen. Die minder begabten Standesgenossen, die Söhne
reich gewordener Väter, oder diejenigen, deren Hausirerschlauheit doch
die neue Lage nur halb begreifen konnte, die äfften eben die Hand=

lungsweise der Matadore, Bewegung für Bewegung, so gut es gehen wollte, nach, oder begnügten sich mit den Betheiligungen und Sinekuren, die vom Tische der Letzteren abfielen. Für Handlanger, für Strohmänner, für Prügelknaben, für Verrichten der unreinen Arbeit bot diese Zeit ja auch colossale Prämien; mußte doch für die Baronie, die Commandeurkreuze, für Ebnung des Weges ins Herrenhaus von den Hauptmachern ein gewisses Decorum eingehalten werden.

Anders waren die Verhältnisse der Börsenleute gewöhnlichen und kleinen Schlages. Hier herrschte über die Handwerksgriffe des Coulissiers hinaus die crasse Ignoranz. Von irgend einer selbstständigen Beurtheilung der allgemeinen Lage, des Werthes einer einzelnen Unternehmung durch das Individuum ist da keine Rede. Von Viertelstunde zu Viertelstunde auf den Wind achten, der gerade weht, mit der Heerde laufen, beim einzelnen Geschäftsabschluß den Gegentheil womöglich über's Ohr hauen; — das ist das Um und Auf der Weisheit jenes Hausens, der im Laufe von zwei Jahrzehnten durch Zuzüge aus allen Nestern der Monarchie so riesig angewachsen ist. Waghalsig und heißhungrig sind sie fast ohne Ausnahme. So geht das hin und her vom Nichts zum Glück, vom Glück zum Unglück, — dann werden sie eine Zeit lang Gassenleut', wie der Kunstausdruck für diese immer mehr an Schwergewicht gewinnende Sorte lautet, gleichen aus, kommen wieder obenauf u. s. f. Die Klugen unter ihnen kamen mit Blitzesschnelle zu großem Vermögen, so daß den Geldrittern älteren Schlages die Sache schon etwas unbequem wurde. Das Jahr 1873 hat diese Letzteren, die in den vergangenen Decennien die alte, solide, unbehülfliche und eingerostete Kaufmannsgesellschaft ganz aufgefressen hatten, von der unangenehmen Concurrenz der Anfänger der 60er Jahre befreit. Wenn trotzdem auch die kleinsten, beschränktesten und verkommensten dieser unzähligen Schreihälse und Kostgänger der Börse jahraus jahrein für sich und ihre Familien in diesem reinen Glücksspiel Nahrung finden, manchmal kümmerlich, dann aber wieder vollauf, — so ist das nur ein Beweis, daß diesem Hause vom großen Publicum von Außen fortwährend reichlicher Tribut dargebracht wird.

Geradeso aber, wie sie von Außen Nahrung ziehen, wie die

Coulissiers und Eintagsfliegen der Börse an Routine, Verschlagenheit und Kenntniß der Verhältnisse dem großen spielenden und geldanlegenden Publicum überlegen sind, so geben sie das Fett, welches sie ansetzen, den Honig, welchen sie sammeln, von Zeit zu Zeit, namentlich in den Augenblicken jähen Umschwungs und bei tiefergehenden Krisen, wieder an ihre Herren und Meister aus den hohen Finanzkreisen ab. Dann zeigen sich die Leithämmel, denen die Heerde blind gefolgt war, als die Wölfe im Schafspelze; und die kleinen Leute müssen von vorne anfangen, was ihnen mit Scheffeln genommen wurde, mit Löffeln wieder dem Dilettantenvolk außer der Börse abzukratzen.

Wir haben hier der Zeit vor der Krise, von der wir eigentlich sprechen, etwas vorgegriffen. Im Laufe der verflossenen sieben Jahre war die Coulisse trotz einzelner schwerer Schläge in rapider und sich immer beschleunigender Weise an Zahl und Reichthum gewachsen. Die Ueberwucherung des Kostgeschäftes hatte das Spiel im Großen so leicht gemacht; im Resultat des Spieles war, bei jahrelangem Steigen der Course, der Gewinnst gegen den Verlust so überwiegend gewesen, daß alle die frühern kleinen Hausirer, abgewirthschafteten Handler, davongejagten Handlungsdiener und verlumpten Familiensöhne, die nach kürzeren oder längeren Irrfahrten im Hafen der Börse vor Anker gegangen waren, nun im Gelde schwammen, in Saus und Braus lebten, sich für die einzig Klugen hielten, und mit Hohn und Verachtung auf die übrige Welt herabsahen, der sie durch Vertheuerung aller Lebensbedürfnisse und Genußmittel die Existenz erschwerten und verbitterten. Ganz besonders verderblich mußte dieses Beispiel auf den reellen Handels- und Gewerbestand wirken, dem einerseits die Versuchung am nächsten lag, aus einer „Branche" in die andere, d. h. vom Arbeiten zum Spielen überzugehen; und der andererseits dadurch, daß Credit und Nachfrage sich von ihm ab und der Börse zuwandte, damals am empfindlichsten geschädigt wurde. An Charactertüchtigkeit und Bildung hatte dieser Stand dem großen Durchschnitt nach in Oesterreich ohnedies keine sehr hohe Stufe erklommen; ja in ersterer Beziehung dürfte er sogar in den letzten Decennien bedeutende Rückschritte gemacht haben, dank dem Beispiele der Geschäftspraxis jener Alles überwuchernden Concurrenz, welche das „Nur billig" auf ihre Fahne geschrieben hat, und wie die Heuschreckenschwärme des Morgenlandes, Feld auf Feld und Geschäftszweig auf Geschäftszweig unaufhaltsam in Besitz nimmt, die Verlotterung, die Unredlichkeit, den Schwindel und den Schmutz mit sich bringend, und Elend, Hunger, Kummer und Verwilderung zurücklassend.

Was Wunder, wenn die ehrliche Arbeit, die spärlichen Früchte des sauern Fleißes, mehr und mehr im Werthe sanken. Die Mahner und Warner, daß alle Börsenspeculation doch nur ein Spiel sei, in welchem im Laufe der Jahre die Summe der Gewinnste aller Mitspielenden durch die Summe aller Verluste mathematisch genau aufgewogen werde, daß als gemeinschaftlicher Schlußsaldo doch nur das Passivum der gezahlten Sensarien, Provisionen und Spesen, und der Verlust anvergeudeter Zeit und Arbeitskraft übrig bleibe, daß, je höher der gemeinschaftliche Anstieg, desto tiefer schließlich der Fall sei — diese Mahner und Warner hatten ja Monat für Monat und Jahr für Jahr Unrecht behalten; und schließlich war ja auch der Satz von der absoluten Sterilität des Spiels selbst für jene kleine Minorität, deren Verständniß so weit hinanreichte, ein müßiges Theorem; denn der Kluge gewann ja auf Kosten der Dummen, und jeder Einzelne, berauscht durch die persönlichen Erfolge in der langen Haussezeit, hielt sich für einen geistig Bevorzugten.

Die Börse erschien in jener verderblichen Zeit anhaltender Zunahme der fictiven und aufgeblähten Werthe, dem bornirten Verständnisse unseres Handelsstandes nicht nur als reelle Einnahmsquelle überhaupt, sondern natürlich auch als eine sehr reichlich fließende. „Was ich mir in meinem Geschäfte mit Sorge und Plage in einer ganzen Woche kaum herausarbeite, das verdiene ich mir an der Börse spielend an einem einzigen Tage", war der ebenso platte als falsche Gewohnheitsausdruck im Munde jener zur Börse bekehrten Geschäftsleute, welche die Kehrseite der Medaille noch nicht zu Gesichte bekommen hatten; in der Hyperbel wurde das auf „ein ganzes Jahr" und „eine einzige Stunde" übertragen. Die Fortschritte der Spielseuche im Kaufmanns- und Gewerbstande waren furchtbar rapide.

Im Anfange der 60er Jahre war das Börsenspiel unter den Wiener Geschäftsleuten noch ein heimliches Laster, das auf eine geringe Zahl von Individuen beschränkt blieb; es galt für den Inhaber eines bürgerlichen Geschäftes noch für eine Schande, als Spieler bezeichnet zu werden; und der Umfang des Spieles hielt sich in Dimensionen, die selten ruinös für den Spielenden waren; auch mochten die Lehren des Creditactienschwindels aus den 50er Jahren noch etwas vorgehalten haben. In den Jahren 1867 bis 1871 wuchs die Zahl derer, die neben ihrem eigentlichen Geschäfte spielten, immer mehr und mehr zu erschreckender Höhe, und eine nicht unbeträchtliche Zahl von Gewerb- und Handeltreibenden vernachlässigte ihre bisherige Beschäftigung oder legte sie auch förmlich zurück, um ganz ihrem neuen Berufe zu leben. Die Letzteren waren die ehrlichsten, sie konnten nur ihr eigenes Geld verlieren, nicht das ihrem Unternehmen geborgte fremde Geld. Die sogenannten Geschäftscomptoirs trugen das Spiel auch in die kleinsten Provinzialstädte, und corrumpirten den Gewerbstand in Kreisen, die bisher ziemlich verschont geblieben waren. In den letzten zwei Jahren endlich wurde fast jede Maske beiseite geworfen. Der Kaufmann prahlte mit seinen Spiel- und Gründungsgewinnsten, als mit etwas, was seinem Credit nur zuträglich sein konnte. Daß er spielte wußte man, so sollte man auch hören, was er gewonnen zu haben vorgab.

Viel ferner als dem Ideenkreise des Geschäftsmannes mußte der Begriff der Börsenspeculation natürlich demjenigen des Staats- und Privatbeamten, des Militärs, des Pensionisten, des kleinen Rentners liegen, dem Ideenkreise aller derjenigen, die sich nach der Decke eines bestimmten Jahreseinkommens strecken müssen, aller solcher Personen, die von den Zinsen der mühselig abgekargten Ersparnisse von Jahrzehnten der Arbeit und Entbehrung, von Ruhe- und Gnadengehalten, Wittwenpensionen und dergleichen leben, welchen die Fähigkeit der Ersetzung irgend welcher Einbußen an ihren erworbenen oder ererbten Bezügen verloren gegangen ist, oder welche diese Fähigkeit nie erlangt haben. In gesunden, natürlichen Zeitläuften hält ein richtiger Instinct die Individuen der verschiedenen Lebenskreise ab, mit der Hand an etwas zu rühren, das ihrem geistigen Auge völlig fremd, dem

Horizonte ihrer Fassungs- und Beurtheilungskraft gänzlich entrückt ist. Dieser dunkle aber richtige Instinct läßt sie ahnen, daß ein Heraustreten aus ihrem Kreise, eine planlose und unbedachte Glücksjagd auf fremdem Grund und Boden die Bedingungen ihrer bisherigen Existenz zerstören könnte, ohne die Hoffnungen auf Erlangung einer neuen und besseren Lebensgrundlage zu erfüllen. Dieser Instinct, wenn nicht ein klarer, bewußter Verstand, sagt ihnen, daß jeder Erwerb, von dem eines Stallbuben, bis zu dem eines Eisenbahndirectors und eines Präsidenten des obersten Gerichtshofes erlernt werden müsse; daß Einsatz und Gewinn im Großen immer im Verhältnisse zu einander stehen; daß es neue, bisher unerschlossene fette Weideplätze zur mühelosen und sichern Anmästung für ganze, große Classen unserer bürgerlichen Gesellschaft ganz einfach in Wirklichkeit nicht gäbe. Die Erkenntniß der Grenzen eigener Befähigung und der Muth zum Heraustreten aus sicheren, bekannten Bahnen in weniger bekannte und unsicherere sind allerdings zu allen Zeiten bei den Individuen einer Classe sehr verschieden gewesen, und Leute, welchen jene Erkenntniß gänzlich mangelt, und bei welchen dieser Muth alle Schranken durchbricht, hat es immer gegeben, — in gewöhnlichen Zeiten nennt man sie Abenteurer. Verlieren ganze Classen, oder eine große Zahl ihrer Individuen den Halt natürlicher Selbstbeschränkung, so ist das ein Symptom einer geistigen Epidemie, bei welcher die natürliche Anlage der Einzelnen durch übermächtige äußere Einflüsse in den Hintergrund gedrängt wird.

Fehlt schon dem geschäftlichen Publicum in Oesterreich ein tieferer Blick für wirthschaftliche Fragen, so herrscht in den Classen, von denen wir jetzt sprechen, die crasseste Unwissenheit in Hinsicht der alltäglichsten Erscheinungen der einfachsten Begriffe von Geschäftsverhältnissen und Geldeswerth. Alle diese Leute, welche von einem Ziehungstermin zum andern mit dem Schicksal auf gespanntestem Fuße lebten, weil gerade ihr Viertelcreditloos nicht den großen Treffer gemacht hatte, während immer den reichen Börsianern und großen Banken, welche das Geld gar nicht brauchen, alle Gewinnste zufallen; alle die Leute, welche mit dem borniertesten Standesdünkel und zugleich mit erklärlichem Neide auf Alles herabgesehen hatten,

was mit dem verächtlichen Begriffe „Geschäft" in irgend welcher
Verbindung stand, welchen die Arbeit als solche als etwas Be=
schmutzendes erscheint und erst in ihrer Verklärung als Staats= oder
besser Herrendienst gesellschaftsfähig gemacht wird; alle die Leute,
die mit der Lehre von der Eleganz, vom guten Ton, vom feinen
Geschmack, von der äußerlichen Respectabilität, mit der Kenntniß von
Dienstreglements, Beförderungsvorschriften und Pensionsnormalien,
mit Heraldik und Diplomatik auf eben so vertrautem Fuße leben,
als mit Logik und Arithmetik auf einem schlechten — alle diese
wurden dann das rechte Futter für „höchste Fructificirung" bei
Placht, für Börsencomptoirs, Wechselstuben und Winkelsensale.

Um sich ein Beispiel von der Begriffshöhe jenes speculirenden
Dilettantenpublicums zu machen, lese man den im „lieblich-mysteriösen
Styl" geschriebenen Gallimathias über die Ursachen und Wechsel=
beziehungen des Steigens und Fallens der Course, über Tendenzen,
Pläne, Manoeuvers der Hausseconsortien und der Contremine, welche
als „Börsenwache", „Börsencurier", „Börsenrevue" die Spalten un=
serer Zeitungen anfüllen, und von diesem Publicum als die Orakel
verehrt werden, welche bei seinen financiellen Operationsplänen eifrig
befragt werden. Einem Leser von gewöhnlichem Urtheil „wird bei
der Geschichte so dumm, als ging' ihm ein Mühlrad im Kopfe
herum"; das leerste Stroh wird hier stets von Neuem breitgedroschen;
aber der große Raum, welchen diese Commentare des Coursbaro=
meters und financieller Wetterprophezeiungen in den Zeitungen ein=
nehmen, deutet auf die Größe des Leserkreises hin, der daran Ge=
fallen findet.

Der großen Mehrzahl aus jenen obenerwähnten Classen kann
wirkliche, hohe Respectabilität nicht abgesprochen werden. Ihre all=
gemeine und gesellschaftliche Bildung, so einseitig und veraltet sie
theilweise sein mag, reicht weit über das Niveau der übrigen Stände
hinaus. Sie haben beispielsweise im Staatsdienste für kargen Lohn
an Geld und Gut ihre Berufspflichten treu und ehrlich erfüllt, und
sich darin auch dann nicht irre machen lassen, als der Nimbus des
absoluten Staates, der sich auch auf alle seine Diener erstreckte, in
der Morgenröthe einer neuen Zeit zu erbleichen begann. Eben jene

kärgliche Entlohnung mag die Ursache sein, daß die neuen Ritter vom Profit, welche sonst jeden Kreis menschlicher Thätigkeit überfluthen und demoralisiren, dieses eine Gebiet noch verschont haben. Leider genügte diese Respectabilität nicht, um der Unkenntniß die Stange zu halten. Die Versuchungen durch die Kärglichkeit der eigenen materiellen Lage, durch die zahlreichen Beispiele der rasch Reichgewordenen, durch den Neid über das Wohlleben jener vulgären Emporkömmlingsgesellschaft und endlich durch die damalige Verstecktheit der Gefahr, — diese Versuchungen waren zu groß, als daß jene Classen, einzelne Ausnahmen abgerechnet, ihnen hätten widerstehen können. Sie wurden allerdings zuletzt von der Krankheit ergriffen, erst als schon viele Leute dadurch reich, sehr reich geworden waren. Sie hielten das Papier für das sicherste, an welchem ein recht stark hinaufgetriebener Cours das allgemeine Vertrauen am klarsten documentirte — sie nahmen daher auch in der bekannten Reihenfolge der Finder, Gründer, Schinder, Kinder und Rinder meist die letzte Stelle ein.

So waren wir Alle, Alle zur Sünde vorbereitet, so haben wir Alle gesündigt. Der Oesterreicher ist ein Kind mit allen Vorzügen und Fehlern eines Kindes. Tändelnd, gläubig, unerfahren, leichtsinnig und hoffnungsselig haben wir in den Tiegel des Adepten unser bischen Goldeswerth hineingetragen, um es verzehnfacht wieder zu erhalten, und was davon nicht in die Tasche des Betrügers gewandert ist, das ist in Rauch aufgegangen, und unsere blutigen Thränen werden es nicht zurückholen.

II.

Die österreichischen Staatsfinanzen waren im Laufe der 50er Jahre in furchtbare Zerrüttung gerathen.

Durch die Revolution in Italien und den Bürgerkrieg in Ungarn in den Jahren 1848 und 1849 war die Monarchie der Auflösung nahe gebracht worden; zur Bewältigung jener entfesselten Mächte des Aufruhrs und der Zerstörung hatte es des Aufgebotes aller Kräfte bedurft; im ungarischen wie im österreichischen Heerlager war man mit Beschaffung der Mittel zur Führung des Kampfes nicht wählerisch gewesen, und während die ungarischen Geldzeichen, die im Bereiche der Insurgentenarmee Zwangscours hatten, nach Niederwerfung des Aufstandes für ungiltig erklärt wurden, gelang es auch dem Credit des siegenden Staates nicht, im eigenen Hause Ordnung zu machen, oder vielmehr, es war der Wille dazu gar nicht vorhanden. Die brutale Gewalt, das Rasseln des Soldatensäbels war einmal an Stelle des öffentlichen Rechts und der bürgerlichen Ordnung gesetzt worden; die militärischen Erfordernisse, die militärischen Interessen, Wünsche, Steckenpferde und Spielereien, die Wahrung und Kräftigung des Ansehens und Schwergewichtes der Armee waren nicht nur die maßgebenden, sie waren so zu sagen die alleinherrschenden Momente im Staate; ihnen zu Liebe wurden die andern Interessen mit burschikoser Wegwerfung, mit Spott und Hohn, oder doch mit knabenhaftem Leichtsinn behandelt. Nun gar die philiströse Forderung von Ordnung im Staatshaushalte! Ja, hatte man nicht schließlich doch immer Geld bekommen, wenn der Finanzminister nur ordentlich bei allen Bankfürsten gesucht hatte? Schulmeisterische Bedenklichkeiten wegen lumpigen zehn oder zwanzig Procent weniger am Emissionscours! Was war der Emissionscours überhaupt für ein unfruchtbarer, theoretischer Begriff? Kann man mit Emissionscoursen Schlachten gewinnen, Festungen einnehmen oder Insurgenten hängen? Und brauchte man nicht die Errichtung von Kasernen, Arsenalen, den Bau von Festungen und Kriegsschiffen; wurden nicht immer von begabten hohen Herrschaften neue Distinctionszeichen und Knöpfe und Passepoils erfunden, denen zu Liebe die Uniformirung geändert werden mußte, und mußte das nicht alles viel Geld kosten? Rücksicht auf die Steuerkraft des Volkes! Was? Auch noch philantropische Sentimentalitäten mit der Canaille? Zum Teufel mit dem Finanzminister, der seine Pflicht, Geld zu schaffen, nicht versteht, und die Ohren unseres allerhöchsten Kriegsherrn mit seinen erbärmlichen Lamentationen beleidigt; man wird schon noch einen Moses in Oesterreich aufzutreiben im Stande sein, der mit seinem Stabe Silberbäche aus Felsgestein hervorzuzaubern vermag. — Der Moses fand sich. — Die Eingänge für Ablösung der Robotlasten vom bäuerlichen Boden in ganz Oesterreich waren schon früher in die Cassen des Staates geflossen, während die Herrschaftsbesitzer den Gegenwerth in sogenannten Grundentlastungsobligationen erhielten, also Staatsgläubiger wurden. Nachdem dieser außerordentliche Eingang zur Herstellung und Stärkung der Ordnung verbraucht oder verjubilirt worden war, wurde mit sanftem Zwange das freiwillige Nationalanlehen im angeblichen Betrage von 500 Millionen Gulden aufgenommen, während der Ueberschuß von 111 Millionen den Staatsgläubigern verschwiegen blieb und erst ein Lustrum später ans Tageslicht kam. So ging das fort im Decennium des Friedens. So vergeudete eine ebenso unfähige als gewaltthätige Kamaraderie, der wahre Vaterlandsliebe fremd war, in der Heldenaera den zukünftigen Wohlstand Oesterreichs, so fraß es sein Korn ab, bevor es in Aehren geschossen war, zur Aufrechterhaltung des Einflusses Oesterreichs in Deutschland, in Italien, im Orient, zur Niederhaltung seiner Provinzen im Osten und Südwesten. Und all das ging flott, frisch, froh — und brutal. — Dabei fehlte es nicht an gelehrtthuenden Speichelleckern, welche die Theorie verfochten, daß die Aufnahme recht vieler Staatsanleihen dem Volkswohlstande nicht schädlich, im Gegentheile förderlich sei, daß das aufgenommene Geld ja durch die Zinsen wieder ins Volk zurückfließe, daß durch die Fabrikation von Gewehren, Czakos, Patronen und anderen nützlichen Sachen, durch die Erbauung von Festungsmauern und dergleichen unzählige Leute Brod fänden, die davon wieder andere leben ließen u. s. w. Bei der damaligen Höhe ökonomischer Anschauungen in der Bevölkerung, die womöglich noch geringer war als sie es heute ist, konnte man, ohne große Gefahr erkannt zu werden, den Unterschied zwischen productiven und unproductiven Capitalsanlagen flott verwischen.

Es ist schwer, sich nicht in Klagen darüber zu ergehen, was mit jenen Capitalsmassen geschehen ist, und wie Oesterreich heute dastehen könnte, wären dieselben zur Hebung der geistigen und materiellen Productionskraft des Landes verwerthet worden.

Welcher Unterschied zwischen Amerika, das nach seinem furchtbaren Bürgerkriege mit bewunderungswürdiger Energie und Geschicklichkeit nicht nur an die Herstellung seiner Valuta, nein an die Abtragung seiner Staatsschuld ging, und Oesterreich, das nach ähnlichen und wohl nicht schwierigern Ereignissen durch die Impotenz und den bösen Willen seiner Leiter finanziell von Jahr zu Jahr auf eine tiefere Stufe sank.

So war das Beispiel der Regierung für ein leichtsinniges und genußsüchtiges Volk, dem der Begriff des Sparens seit jeher ferne gelegen hatte. Dieser Schuldenmacher von Profession, der Staat, zahlte Zinsen, welche die Concurrenz solider Privatunternehmungen auf dem Geldmarkte zum größten Theile ausschloß. Der Rentner von Staatspapieren dachte nicht daran, daß er mit dem Werthe der Coupons nicht nur die Zinsen, sondern auch jedesmal eine Quote des Capitals mit verzehre — er ließ sich's beim Einkommen von fünf Gulden für eine Obligation, die er um sechzig Gulden gekauft hatte, recht wohl sein, und das allgemeine dunkle Gefühl, daß seine Kinder, wenn's so fort ginge im Staate, doch am Ende werthlose Papierlappen anstatt einer sichern Capitalsanlage erben könnten, ermuthigte ihn um so weniger, sich die Bissen vom Leibe abzudarben, um ein Staatspapier nach dem andern in die Casse zu legen.

Eine öffentliche Stimme des Warnens gab es in jenen Zeiten

nicht. Die Zeitungen haben im Allgemeinen zu so etwas wenig Beruf, und den Einsichtigen und Wohlmeinenden war ebenso der Mund geknebelt, wie den Schreiern und Hetzern. Was hätte auch die Stimme eines sauertöpfischen Unglücksprofeten helfen können, war ja doch das leichte in den Tag leben so angenehm, sah doch jeder Einzelne, daß alle Andern auch so lebten, und es hätte ihn das Volk so wenig verstanden, als wenn im Jahre 1872 jemand den „überraschenden volkswirthschaftlichen Aufschwung", wie noch heute die Zeitungen sagen, als theilweise Täuschung erklärt hätte.

Wenn der hohe Zinsfuß, der sich durch den überlasteten Staatscredit in Oesterreich einbürgerte, einerseits das Volk über die Höhe seines reellen Einkommens täuschte, und zu ungerechtfertigtem Aufwande verleitete, so hielt er im Zeitalter des Absolutismus auch allen Unternehmungsgeist darnieder, weil keine productiven Anlagen mit der Vergeudung des Staates in Concurrenz treten konnten. Die Wahrscheinlichkeit des Erträgnisses unabhängiger und ununterstützter ehrlicher Unternehmungen in Handel und Industrie schwankt zwischen 5 und 7, höchstens 8 Procent, wenn man gute und schlechte Jahre in einander rechnet, und das außerordentliche Glück einer solchen Unternehmung gegen das ebensolche Unglück einer andern als ausgeglichen annimmt. Die Verzinsung von Staatspapieren stellte sich aber meistens, wie gesagt, gegen 9 Procent, wohl mit erheblicher Unsicherheit; aber kann ein unreifes Volk diese gehörig in Rechnung setzen? Auch konnte der absolute Staat, wenn er einmal Bancrott machte, leicht Privatunternehmungen aller Art mitreißen, und es war deren größere Sicherheit somit auch nicht zweifellos.

Schon die bestehenden Unternehmungen hatten durch die Höhe des Zinsfußes außerordentlich zu leiden, besonders wo ausländische Concurrenz, welche mit billigem Gelde arbeitete, in Frage kam. Neue Etablissements wurden fast gar nicht errichtet. Es fehlte daher auch an einer practischen Heranbildung brauchbarer Kräfte für spätere Gründungen, und an der Möglichkeit allmähliger Aussonderung der Spreu vom Weizen, ein Uebelstand, welcher sich später auf die empfindlichste Weise geltend machte.

Für die Geldgeber aller Nationen aber war Oesterreich das gelobte Land. Dieses Land war ja reich, fruchtbar, bevölkert, — und von dem, was Bauer und Bürger producirten, konnte der Staat lange die Wucherzinsen seiner liederlichen Schulden bezahlen. Es vereinigte für die Shylock's aller Nationen die Vorzüge des Orients im Versprechen hoher Zinsen, mit denen des Occidents in soliderer Einhaltung seiner Verpflichtungen, und besserer Fähigkeit denselben nachzukommen.

Wenn 1859 bei Ausbruch des Krieges die Kostenfrage in privaten Kreisen berührt ward, da meinten die Heißsporne, nur die ersten Schritte kosten Geld, dann mache ein glücklicher Krieg sich sofort selbst bezahlt. Diese furchtbar zweischneidige Theorie war damals noch nicht in so umfassender Weise gegen uns zur Geltung gebracht worden, wie später vom deutschen Reiche gegen Frankreich, — wir verloren nur unsern eigenen Einsatz. Aber nach der vorhergegangenen Ebbe war dies genügend, den Staat an den Rand des Unterganges zu bringen. Man brauchte Vertreter des Volkes als Bürgen und Curatoren des abgewirthschafteten Militärdespotismus, und auf diesem Grunde ist unter vielen Stürmen der Baum der österreichischen Verfassung gepflanzt worden und herangewachsen. Dies hinderte die Hauptgenossen jener Orgien der fünfziger Jahre, die clerical=feudale Partei, natürlich nicht, die schweren Lasten, welche dem Volke zur Herstellung nothdürftiger Ordnung aufgebürdet werden mußten, dem Parlament und dem Constitutionalismus überhaupt in die Schuhe zu schieben.

Nachdem einige Jahre mühsamer Versuche, das Gleichgewicht im Staatshaushalte herzustellen, verflossen waren, gelang es der Reaction, ein ihr dienstbares Cavaliersministerium ans Ruder zu bringen, um die Verfassung zu stürzen, und zugleich wurde durch einen abermaligen unglücklichen Krieg das Volksvermögen von Neuem schwer geschädigt. Zur Aufnahme eines Anlehens fehlte es an Zeit oder Credit, und so brachten die Pressen der Staatsdruckerei einige hundert Millionen Gulden Staatsnoten ins Land, womit die Hoffnung auf Wiederherstellung unserer Silberwährung, welche mühsam angebahnt worden war, aufs Neue zu Wasser wurde.

So hatte also der Militarismus wieder Schiffbruch gelitten. Das Waffenglück ist eben wandelbar; und wahrlich in beiden Fällen war Oesterreich zum Kampfe gezwungen, und auf wohlberechnete, heimlich und geschickt eingerichtete Art angegriffen worden; auch hatten seine Heere sich so tapfer geschlagen, daß sie wahrlich einen bessern Erfolg verdient hätten. — Aber das System und seine Träger hatten jenen militärischen „Krach" nur zu sehr verdient; und namentlich Letztere sind im Verhältniß zu ihrem Verschulden so ungenügend gezüchtigt worden, als die moralischen Urheber der jetzigen Börsenkrisis, welche auch zum größten Theil ihr Schäfchen im Trocknen haben dürften. Dazu also waren die ungezählten Hunderte von Millionen aufgebracht, deßhalb war Volksunterricht, Communicationswesen, alle Anstalten zur Hebung der Production vernachlässigt worden, deßhalb waren Landwirthschaft und Industrie mit Steuern zu Boden gedrückt, jedes freie Wort geknebelt, die Willkühr an Stelle des Rechtes gesetzt worden — dazu also, um schließlich nichts als Schläge und Beulen nach Hause zu tragen. Man verarge es der Bevölkerung nicht zu sehr, wenn sie da den Schuldigen vom Unschuldigen nicht zu trennen vermochte, und theilweise ein cynischer Hohn gegen das Unglück der Armee, die doch unser Fleisch und Blut war, zum Durchbruch kam. Hatten ja die geistlichen und weltlichen Führer des Volkes seit Jahrhunderten daran gearbeitet, es frivol, denkfaul und urtheilslos zu machen; auch konnte jene ununterbrochene Reihe von Verlusten gegen Franzosen und Preußen nicht blos Unglück, es mußte auch viel Unfähigkeit und positives Verschulden dabei sein; und schließlich war eben jeder, der doppeltes Tuch trug, ein Glied jenes Körpers, auf welchen hier wieder einmal so überwahr Schiller's Worte paßten: „Alles Andere thaten sie hudeln und schänden, den Soldatenstand trugen sie stets auf den Händen."

Wie groß der Antheil war, welchen speciell der letzte große Act finanzieller Mißwirthschaft, die Staatsnotenausgabe, die nach allem Vorausgegangenen vielleicht damals unabwendbar war, an der wirthschaftlichen Krankheit der letzten Jahre gehabt hat, wollen wir nicht zu erörtern wagen. Wir halten die Frage über die wünschenswerthe Höhe der Circulationsmittel in Oesterreich für controvers, und begnügen uns am liebsten damit, diejenigen Ursachen der Krise, welche, sobald sie einmal genannt sind, klar vor Jedermanns Augen daliegen, zu sammeln, zu sichten, aufzureihen und in ihrer Bedeutung abzuschätzen; die Arbeit, welche sich uns dabei bietet, ist schon groß, und vielleicht auch lohnend genug. Immerhin können wir constatiren, daß diesmal gleichfalls die in Oesterreich üblichen unvermittelten Sprünge sich in verderblicher Weise geltend machten. Wir stehen hier, wie in jedem Lande, welches eine fictive Valuta hat, auf einem Isolirschemel, eine Ausgleichung der Circulationsmittel nach jeweiligem Bedürfniß zwischen In- und Ausland findet nicht statt. Nun kann es kaum einem Zweifel unterliegen, daß die Circulationsmittelvermehrung durch die Staatsnotenausgabe das bisherige Verhältniß zwischen Bedürfniß und vorhandener Menge gänzlich alterirte. Entweder es waren bis 1866 so wenig Geldzeichen vorhanden, daß der Verkehr gehemmt war, oder es war nachher im Ueberfluß vorhanden, der um jeden Preis Verwendung suchte. Nachdem aber die Unternehmungslust zunächst durch die vorhandenen Mittel begrenzt wird, ist es sehr wahrscheinlich, daß eine plötzliche Vermehrung der Mittel, das vorhandene Vertrauen vorausgesetzt, auch die directe Ursache einer Entfesselung der Unternehmungslust bildet, und daß, bei derartiger Ueberstürzung, der Emissionserfolg der ersten unreifen Unternehmungen eine Steigerung dieser Lust ins sinn- und schrankenlose zur Folge hat.

Unzweifelhaft ist aber auch, daß die Staatsnotenausgabe einen furchtbaren Rückschlag gegen die Bemühungen zur Wiederherstellung der Metallwährung übte. Der Zwangskurs der Banknoten und das tägliche Schwanken sämmtlicher fremder Währungen und des Metallgeldes überhaupt gegen die factisch bestehende Landeswährung, — das Messen relativ constanter Werthgrößen mit einem täglich einschrumpfenden oder sich ausdehnenden Maßstabe war eine um so schwerere wirthschaftliche Calamität, je niedriger das Verständniß für finanzielle Begriffe war. Diese Schwankungen bewegten sich innerhalb der Grenzen nahezu eines Drittheils des Silberwerthes, und sämmtliche Schuldposten, rücksichtlich Guthaben, machten diese Werthschwankungen des Papiergeldes mit.

In der ganzen übrigen Welt, d. h. der mit einer festen Geldwahrung, setzen sich die Werthe nach Angebot und Nachfrage ins Gleichgewicht, und der Preis drückt das jeweilige Werthverhältniß mit Bestimmtheit aus. In Oesterreich ist es seit Jahrzehnten anders. Da hängt der Preis auch noch von dem Grade ab, in welchem der bewerthete Gegenstand mit der Landeswährung oder mit der ausländischen Metallwährung verknüpft ist. Dieß bringt in dem Preisverhältnisse der Verkehrsartikel unter einander Schwankungen hervor, welche von deren wahrem jeweiligen Werthe ganz unabhängig sind.

Am engsten mit der Landeswährung verknüpft sind, wie früher bemerkt, alle Schulden, rücksichtlich Guthabensposten, welche nicht ausdrücklich in Metallgeld zahlbar sind, und zwar tritt dieß am meisten bei langsichtigen Hypotheken ꝛc. hervor. Nahezu gleich damit stehen Pensionen, Leibrenten, Sustentationen. Dann kommen die Gehalte von Staatsbeamten, die festen Anstellungen, welche nach bestimmten Normen auf lange Zeit hinaus geregelt werden. Dann kommen die Arbeitslöhne; die Grund- und Häuserpreise; dann die Preise derjenigen Landesproducte, welche dem nächsten Localbedarf dienen; dann derjenigen, welche doch größtentheils vom Inlande consumirt werden; weiter derjenigen, bei welchen ein lebhafterer Austausch zwischen In- und Ausland stattfindet, sowie derjenigen inländischen Fabricate, welche aus theilweise oder ganz ausländischem Material gefertigt sind; endlich ganz von den Werthschwankungen frei, und dagegen den Coursschwankungen des Metallgeldes Schritt für Schritt folgend, sind diejenigen Artikel, welche ausschließlich aus dem Auslande bezogen werden.

Tritt beispielsweise eine starke Verschlechterung des Staatscredits und in Folge dessen eine Erhöhung des Silberagios ein, so steigen sofort Colonialwaaren, fremde Textilstoffe und Manufacte; in Folge dessen können in Bälde inländische Industrieerzeugnisse, welche mit jenen Artikeln in Zusammenhang stehen, nachfolgen; in Landesproducten entsteht ein stärkerer Zug nach dem Auslande, weil der Gegenwerth in Papiergulden zurückgewechselt mehr austrägt als der directe inländische Verkauf; ist die Valutaverschlechterung länger dauernd, so steigert der Mangel an Angebot im Inlande auch hier den Preis der Producte. Erreicht die Verschlechterung einen noch höheren Grad oder dauert sie eine Reihe von Monaten, so zwingt die andauernde Theuerung der Lebensmittel zu einer Erhöhung der Arbeitslöhne, und in Schwankungen, welche Jahre umfassen, müssen selbst die Gehalte der Staatsbeamten, der Sold der Armee, kurz Alles im Preise erhöht werden. Bei Verbesserung des Staatscredits und Erniedrigung des Metallaufgeldes erfolgen die Preisrückgänge in gleicher Ordnung und ähnlichen Zwischenräumen im umgekehrten Sinne; die Preisverhältnisse unter einander sind gleichfalls in stätiger Verschiebung, ohne daß eine selbstständige Werthveränderung dazu nothwendig wäre.

Das erste Erforderniß jeder Wirthschaft ist klare Rechnung; die Möglichkeit sicherer Erkenntniß des ursächlichen Zusammenhanges der Erscheinungen im Güterleben: die Gewinnung von festen Voraussetzungen zu einem lohnenden Resultate für wirthschaftliche Unternehmungen, seien dieselben nun commercieller, industrieller oder landwirthschaftlicher Natur; die Möglichkeit der Erwerbung von Grundsätzen, welche in richtiger Anwendung einen guten Erfolg versprechen. Ein Volk, welches in dieser Beziehung in günstigeren Verhältnissen gegen ein anderes ist, schlägt es in der Concurrenz gerade wie durch Vortheile rein materieller Natur. Diese Klarheit der Rechnung ist uns Oesterreichern durch die ewigen Schwankungen unseres Werthmessers an und für sich, und sämmtlicher Werthe unter einander, theils furchtbar erschwert, theils unmöglich gemacht. Nicht einmal aus den Erfolgen und Mißerfolgen, welche vor uns liegen, können wir eine verständliche Lehre ziehen. Sind schon an und für sich die Werthverhältnisse der Güter unter sich und die Wandlungen, welche aus innerlichen Ursachen entstehen, schwer genug zu verfolgen, so wird dieß geradezu unmöglich, wenn ein äußerliches Moment von solcher Bedeutung dazu kömmt, welches eine Doppelbewegung in ganz verschiedenem Sinn und jeweilig verschiedener Intensität hervorruft, einmal steigernd, einmal paralisirend, dann wieder indifferent. Da wird denn die Unternehmungsthätigkeit und theilweise die ganze Geschäftsthätigkeit zu einem Glücksspiele. Das unverdiente Emporschnellen des Einen bietet in Hinsicht auf die Gesammtheit noch lange keinen Ersatz für das Zerschellen des Andern, und wenn man in diesem ewig bewegten Meere die Klippen nie von der guten Strömung unterscheiden lernen kann, wird auch das Verhältniß der Scheiternden zur Gesammtzahl ein besonders ungünstiges sein.

Nach einem beliebten Stichworte wird das Silberagio als eine Art Schutzzoll für die österreichische Industrie bezeichnet. Diese Anschauung ist eine grundfalsche. Steigt das Agio innerhalb kurzer Zeit sehr bedeutend, so ist der österreichische Erzeuger gegen den Ausländer so lange im Vortheile, bis sich die Materialpreise und dann die Löhne in Folge der Entwerthung des einheimischen Geldes um eben den aliquoten Theil, den diese Entwerthung anträgt, gesteigert haben. Dieß mag Monate, vielleicht ein Paar Jahre dauern, aber endlich muß eine vollkommene Ausgleichung eintreten, weil die Höhe sämmtlicher Preise und Löhne in letzter Linie doch nur durch Angebot und Nachfrage bestimmt wird, wenn auch Veränderungen des Geldwerthes diese Bestimmung verzögern. Welchen Coursgang das Agio nun immer einschlagen mag: nach einer bestimmten Zeit wird die Summe der Steigerungen gleich sein der Summe der Rückgänge, mehr oder weniger der Differenz zwischen dem Anfangscours und dem Schlußcours. Bei jedem großen und andauernden Rückgange des Agios nun tritt genau der umgekehrte Fall wie beim Steigen desselben ein. Die Materialpreise und die Löhne werden noch lange die große Höhe behalten, welche dem entwertheten Gelde entsprach, während dieser Geldwerth schon bedeutend gestiegen ist, und es muß der inländische Erzeuger mit diesen hohen Kosten die Concurrenz des Auslandes, welches zu normalen Preisen erzeugt, aushalten. Die Summe der Prämien für die inländische Erzeugung ist also bis zum Zeitpunkte des schließlichen Verschwindens des Agios mathematisch genau gleich der Summe der Prämien für die ausländische gegen die inländische Erzeugung. Abgesehen davon, ist aber das auf- und abschwankende Agio für den österreichischen Fabrikanten ein großes Unglück, weil er immer zwischen glänzenden Conjuncturen und schweren Calamitäten hin- und herschwankt. In den guten Jahren wird die Steuerschraube so fest angezogen als möglich; in den Jahren positiven schweren Verlustes wird ihm von diesen zu

viel gezahlten Steuern kein Kreuzer vergütet. In den guten Jahren läßt er sich zu kostspieligen Investitionen verleiten; nach den Verlust=
jahren fehlt ihm das nothwendige Betriebscapital. In den guten Jahren gewöhnt er sich an, den großen Herrn zu spielen und in Luxus zu leben; in den schlechten ist er nicht im Stande, alles dieses wieder von sich zu geben. Dann kommen die Stockungen, die Fallimente, die zwangsweisen Versteigerungen und all die Capi=
talsverwüstungen, welche damit Hand in Hand gehen; während bei durchschnittlich nicht besserem, aber gleichmäßigerem Geschäftsgange ein bescheidenes Prosperiren möglich gewesen wäre.

Aus diesen Anforderungen erhellt wohl zur Genüge, welch großen Antheil das Schwanken unserer Valuta an der Jämmerlichkeit un=
serer wirthschaftlichen Zustände gehabt hat, und wie sehr die durch diese Schwankungen erschwerte Einsicht in die Natur unserer finanziellen Erscheinungen den langen Taumel begünstigen mußte, aus welchem wir Alle durch den Zusammenbruch der papierenen Herrlichkeit endlich gerissen wurden.

Und allen diesen auf ganz künstliche Weise hervorgerufenen vertracten Verhältnissen gegenüber predigen unsere aus andern Län=
dern importirten lieben Herren Professoren und die an den Brüsten ihrer Weisheit großgezogenen Schüler die Doctrin des absoluten Gehenlassens und Machenlassens. Durch die väterliche Weisheit unserer, womöglich zu jedem Zinstermine wechselnden Regierungen sind wir in den Sumpf gestoßen worden; nun sollen wir trachten zu schwimmen, zu krabbeln, zu kriechen oder darin zu ersticken, ganz wie es uns behagt.

Zu der Einsicht, daß nur eine entwickelte heimische Production, und zwar eine vielseitig und gleichmäßig entwickelte, die Grundlage zu einem gesunden, lebhaften Verkehr, zur Rentabilität eines aus=
gebreiteten Transportsystems, zur Lebensfähigkeit eines groß ange=
legten Bankwesens, eines schwunghaften Effectenhandels bilden könne, — zu dieser Einsicht ist unsere stets im Transcendentalen schwebende, die Beschränktheit gegebener Lebensverhältnisse kühn überspringende Professorenweisheit noch nicht gelangt. Und unsere, auf dem Piede=

stal dieser Weisheit stehenden, practischen Finanzgenies haben diese banale Einsicht gleichfalls von sich gewiesen.

Man mißverstehe uns hier nicht. Ein Staat kann ganz anständig und solid auch ohne Industrie existiren. Ein bloßer Agriculturstaat verzehrt aber den überwiegend größten Theil seiner Producte an Ort und Stelle. Nur der Ueberschuß an Früchten, den er nicht verzehren darf, um die fremden Mannfacte bezahlen zu können, und von denen der größte Theil des Werthes durch die überlange Fracht aufgezehrt wird, wandert hinaus; und herein wandern die federleichten, fertigen Zeuge. Die Grenze passirt sohin sehr viel, und das entspricht ja dem Ideal unserer Kathederwirthschafter. Der interne Verkehr ist da, wo es keine Bewegung der Rohproducte und Halbfabricate zum Zwecke der weitern Fabrication gibt, nahezu gleich Null; er beschränkt sich eben auf die Versorgung der städtischen Märkte mit den nächstgelegenen Landwirthschaftsproducten und die Versorgung des flachen Landes mit Krämerwaaren aus der nächsten Stadt. Dies ist an und für sich ganz schön und einfach, nur soll man nicht glauben, daß man mit einem in solchen Grenzen sich bewegenden internen und Exportverkehr ein großes Eisenbahnnetz auf gewinnbringende Weise beschäftigen kann. Die Eisenbahnen sind ein nothwendiges Mittel für einen entwickelten Verkehr, aber wenn dieser letztere aus ganz anderen Ursachen an der Entwickelung gehindert ist, so wird eine forcirte Gründung von Transportunternehmungen eine verfehlte Capitalsanlage sein.

Eben so sehr wie das Gedeihen des Transportwesens ist das des Bankwesens an eine entwickelte Industrie geknüpft. Die Hauptzweige der productiven Thätigkeit des Bankwesens sind die Gewährung und Vermittelung des Hypothekar-, des Lombard-, des Waaren-, des Escompte- und des Acceptationscredits. Dazu kommt noch der Umtausch in Papieren, und in neuester Zeit namentlich die Emission neuer Werthe. Die Aufzählung dieser Zweige genügt fast, um den außerordentlichen Unterschied von Nahrung für ein solides Bankwesen in Agricultur- und in Manufacturstaaten zu ermessen. Der Hypothekarcredit, welcher in den ersteren Staaten die Hauptrolle spielt, soll an und für sich ein Ausnahmscredit sein. Die Regel in einer guten Wirthschaft soll das schuldenfreie Grundstück, das unbelastete Gebäude sein. Der Lombardcredit dient entweder als Nebenaushülfe dem Handelsverkehr, oder er dient als Hauptmotor der Börsenspeculation. Waaren-, Escompte- und Acceptationscredit sind die regelmäßigen, legalen und ausschlaggebenden Creditformen für Handel und Industrie. Aber die auswärtigen Kaufleute, welche hierher Manufacte verkaufen, gewähren Credit, sie suchen hier keinen. Selbst der Getreidehandel ist in einem Agriculturstaat viel unbedeutender als in einem solchen mit entwickelter Industrie, weil das Gros der Erzeugung von der Hand zum Munde verzehrt wird, und nur der Ueberschuß über den Landesbedarf Handelsgegenstand wird. Das Bedürfniß nach commerciellem Credit ist daher in Agriculturstaaten ein sehr kleines, die Inanspruchnahme für die Production entfällt selbstverständlich gänzlich. Bleibt also der Papierhandel und das Emissionsgeschäft. Was soll aber in einem Agriculturstaat an neuen Unternehmungen emittirt, mit was für Papieren soll gehandelt werden, wenn die Eisenbahnen schadenbringend und die Banken von dem Moment an beschäftigungslos sind, als sie sich nicht gegenseitig ihre Papiere in Kost nehmen, gegenseitig in ihren Papieren speculiren, und die hundertste Bank die hunderteinte gründet.

Wir wiederholen es nochmals: Ein Staat kann ganz solid und bescheiden als Agriculturstaat seine Existenz fristen; nur muß sich dann der Unternehmungsgeist und die Gründungslust andere Felder aussuchen, als eben diesen Staat, sonst kommen beide zu Schaden.

Ein voller Kulturstaat allerdings wird ein Staat, der sich nicht selbst kleidet und sich nicht selbst seine Werkzeuge schafft, nicht; auch wird ein solcher Staat, selbst bei großem Bodenreichthum, nur eine mäßige Bevölkerung ziemlich mager und jedenfalls sehr ungleichmäßig zu nähren im Stande sein; aber in Handelskrisen braucht er nicht zu gerathen, wenn er nur hübsch bescheiden in den Grenzen bleiben will, die seiner materiellen Halbcultur geziemen. Ein Staat wie Oesterreich aber, dessen industrieller Stolz noch immer in der Erzeugung von Zündhölzchen, Meerschaumpfeifchen und Cigarrentäschchen besteht, während seine Textilindustrie von Jahr zu Jahr mehr verkümmert und zurückgeht, und seine Maschinenindustrie noch nicht über die Kinderschuhe hinaus ist, muß sich heute denn doch noch als Agriculturstaat betrachten.

Wenn wir mit unserm Urtheil hier zu weit gegangen sein sollten, und man uns aus der schönen Repräsentation der österreichischen Industrie auf der Wiener Weltausstellung das Gegentheil unserer hier geäußerten Anschauungen nachweisen könnte, so würden wir mit freudigem Herzen unser Unrecht eingestehen. Aber wir müssen doch zwischen Industrie als schöner, lobenswerther und erfolgreicher Bestrebung Einzelner, und Industrie als volkswirthschaftlichem Factor unterscheiden. Der natürliche Sinn für Formen- und Farbenschönheit, der feine und zugleich edle und gediegene Geschmack, welcher unserer Kunstindustrie so wohlverdiente Triumphe verschafft hat, ist dem Oesterreicher im Gegensatze zu allen andern deutschen Stämmen in so hohem Grade gegeben, daß die kurze Förderung und Bildung dieser Anlage, welche man ihm in den letzten zehn bis zwanzig Jahren angedeihen ließ, sogleich überreiche Früchte trug. Aber was sind alle diese schönen Spielsachen in Hinsicht auf die Gesammtproductivität eines Volkes, im Vergleiche mit der für das Auge so unscheinbaren Massenindustrie? So unscheinbar, so unausstellungsmäßig, daß England zum Beispiel, das sich die halbe Welt in seinen Manufacten tributär zu machen wußte, darin auf der Ausstellung nahezu unvertreten war. Was wollen die schönen Leistungen in der Kunstindustrie sagen, wenn wir selbst darin nur in den wenigsten Artikeln auf dem Weltmarkte concurrenzfähig sind? Seien wir also bescheiden; trachten wir, daß es anders wird; nennen wir uns vorläufig noch keine Industrienation; und hüten wir uns vor Allem, uns in finanzieller Beziehung zu gebärden, als ob wir eine solche wären.

Von den Ursachen, welche das Emporkommen der großen Industrie in Oesterreich aufgehalten und ihm entgegengewirkt haben, sind zwei, als in dem Rahmen unserer Schrift liegend, bereits besprochen worden, die Concurrenz des Staates im Geldmarkte und die durch das Agio schwankenden Werthverhältnisse. Andere liegen außerhalb dieses Rahmens und können daher nur flüchtige Erwähnung finden: es sind dieß der Mangel an technischen Kräften, die

Nothwendigkeit der Maschinenbeschaffung aus dem Auslande, die gegen das Ausland hohe Besteuerung, die theuren Kohlenfrachten. Alle diese Nachtheile, die sich hier summiren, und von welchen sich namentlich die früher besprochenen überhaupt nicht in Gulden und Kreuzern ausrechnen lassen, müssen entweder beseitigt werden, oder durch directen Schutz eine Ausgleichung finden, oder man muß auf die Wohlthaten und den Wohlstand der Industrie verzichten. Dann muß eben als Gegenwerth für die fremden Gewebe das ungarische und österreichische Getreide in Zürich, Verviers und Manchester mit dem dortigen Getreide concurriren, wobei fünfzig, sechzig, achtzig Procent für Fracht aufgehen, so daß dem österreichischen Producenten wenig genug bleibt, während die Fracht auf die Gewebe den Ausländern eine Einbuße von vielleicht vier, drei oder zwei Procent auferlegt.

Ein noch nicht besprochenes Hinderniß der Industrie aber, welches uns sofort wieder zum Gegenstande unserer Schrift zurückführen wird, sind die österreichischen Creditverhältnisse. Bei Creditgewährungen sind hauptsächlich zwei Momente maßgebend. Das Vertrauen auf die persönlichen Eigenschaften dessen, dem creditirt werden soll, auf seine Geschäftstüchtigkeit und Redlichkeit; andererseits dasjenige auf die günstigen Vermögensverhältnisse des Betreffenden. Auch unter den allergünstigsten Verhältnissen eines Landes in Bezug auf Creditwesen bleibt dem individuellen Urtheile des Borgenden ein sehr weites Feld offen, weit genug, daß auch der Allervorsichtigte, wenn er Unglück in der Wahl der Häuser seines Vertrauens hat, mit seinem Vermögen, oder den Interessen, welche ihm anvertraut sind, dadurch Schiffbruch erleiden kann, und auch bei dem allerglücklichsten Hause wird nach einer längern Reihe von Jahren die Summe der inzwischen erlittenen Fallimentsverluste gegen das schließlich verbleibende Geschäftsvermögen schwer in die Waagschale fallen. Eine gewisse Durchschnittshöhe von solchen Verlusten gehört zu den regelmäßigen Spesen eines Handelsgeschäftes, und je nach individueller Gebahrung und allgemeinen Verhältnissen kann ein größeres Wagen in Beziehung auf Verborgung der Waare durch einen größeren Gewinn mehr als ausgeglichen werden.

Je günstiger aber die Creditverhältnisse eines Landes gegen diejenigen anderer Länder sind, um so kleiner wird die Quote der Gesammtverluste im Handelsverkehr gegen die Gesammtverborgung einerseits, gegen den gesammten Handelsgewinn andererseits sich stellen; um so mehr wird die Höhe der Verlustquote eines einzelnen Handelsunternehmens dem Gebiete des Zufalls entrückt, und dagegen durch die Gebahrung der Geschäftsleiter bestimmt werden; desto leichter wird es endlich dem tüchtigen und vertrauenswürdigen Geschäftsmanne, selbst dasjenige Maaß von Credit zu erhalten, welches er zur vortheilhaften Führung seines Unternehmens braucht und welches zu beanspruchen er berechtigt ist.

Die Verhältnisse unseres Vaterlandes sind in beiderlei Hinsicht keine günstigen.

Das Ziel, d. h. die Anzahl Monate von der Verborgung einer Waare bis zum Fälligkeitstermin des Gegenwerthes, — dieses Ziel, wie es für einen bestimmten Geschäftszweig in einem Lande üblich ist, ist durchaus kein Ergebniß des Zufalls oder der Willkühr, sondern es bestimmt sich im Laufe der Zeiten von selbst durch das Verhältniß des in dem betreffenden Geschäftszweige vorhandenen Gesammtbetriebscapitals zu der Gesammthöhe des Umsatzbetrages innerhalb einer gewissen Zeit, und andererseits zur Geschwindigkeit, mit welcher die Borgenden den Gegenwerth für den Weiterverkauf der Waare in die Hände bekommen.

Je länger nun die Verkaufsziele sind, desto ungünstiger wird das Verhältniß der laufenden Außenstände zum Gesammtumsatz desto größer die Gefahr, am Borgen zu verlieren. In Oesterreich sind diese Ziele in den meisten Geschäftszweigen sehr lange, und die willkührliche Hinausschiebung der Begleichung verfallener Posten ist leider sehr allgemein. Abgesehen aber von der Vergrößerung der Gesammtverborgung durch häufige Prolongationen ist die Unsicherheit des Zeitpunktes des Verfügbarwerdens ausstehender Beträge für den Kaufmann und Industriellen eine schwere Calamität.

Diese Uebel werden in Oesterreich verstärkt durch die Vernachlässigung des Waarenvorschußgeschäftes. Diese Vernachlässigung steigert sich bis zur förmlichen Scheu vor Gebrauch dieses legitimsten

Mittels zur Beschaffung des eigenen Geldbedarfes; — der österreichische Geschäftsmann, der doch sonst im Großen und Ganzen genommen in seiner Creditgebahrung nicht prüde ist, bettelt lieber einen Geschäftsgläubiger um Gewährung von Zahlungshinausschiebungen an, oder octroyirt ihm dieselbe, als daß er auf einen Theil seines Lagers einen Vorschuß aufnehmen würde. Auch kann sich, so lange dieses Urtheil im Allgemeinen besteht, und das Vorschußgeschäft im Großen nicht rationell organisirt ist, der Einzelne in den Augen der Uebrigen durch Waarenbelastung wirklich in seinem Credite schädigen.

Die Folge dieser übermäßig lang ausgedehnten Credite auf offene Rechnung oder gegen das Accept des Käufers, die sich auf sechs und acht Monate, manchmal bis über ein Jahr hinausziehen, ist es, daß es dem geschickten Schwindler sehr leicht gemacht wird, außerordentlich große Summen schuldig zu werden, und dann mit dem Gelde seiner Gläubiger verwegene Speculationen auszuführen, mit sehr großem Passivstande zu geeigneter Zeit Zahlung einzustellen, und dabei eine große Quote auf die Seite zu bringen. Das wohlfundirte Geschäftsunternehmen, welches momentan ein großes Lager nicht realisiren kann, hat manchmal mehr Mühe, sich über Wasser zu erhalten, als der Schwindler, welcher die ihm creditirten Waaren rasch wieder zu Schleuderpreisen verkauft, bis er schließlich den Zeitpunkt für gekommen erachtet, das Netz einzuziehen und auf Grund einer möglichst niedrigen Quote mit seinen Gläubigern auszugleichen.

So ungemessen im Waarengeschäfte dem Käufer vom Verkäufer creditirt werden muß, so schlecht ist es für den Kaufmann und Industriellen mit der Beschaffung von Bankcrediten mit und ohne hypothekarische Sicherheit bestellt. Bis vor wenigen Jahren bestanden keine Institute zu diesem Zwecke, und seitdem sie bestehen, hatten sie im Gründungs-, Speculations- und Kostgeschäft lucrativere, d. h. wenigstens verlockendere Ziele ihrer Thätigkeit, als in Creditgewährung an einzelne Handelsfirmen. Außerdem sind Verhältnisse und Personen wenig ermunternd für diese Creditgewährung: die Verhältnisse wegen ihrer übermäßigen Wandelbarkeit, weil das creditirende Institut im guten Falle doch nur Zinsen und Provision erhält, während im schlechten Beides sammt dem Capital verloren sein kann; die Personen, weil die unsaubern Elemente im österreichischen Handels- und Gewerbstande mehr und mehr das Uebergewicht bekommen, und die Vertrauenswürdigkeit des Standes seit Jahrzehnten mehr im Sinken als im Steigen begriffen ist.

Die Verlotterung der Geschäftsusancen nimmt in vielen Zweigen von Jahr zu Jahr zu; am ärgsten dürfte sie wohl im Manufacturgeschäfte, d. h. im Handel mit fertigen Webwaaren sein. Hier ist es soweit gekommen, daß die Achtung vor der Einhaltung irgend welches gemachten Geschäftsabschlusses, irgend welcher eingegangenen Uebernahms- und Zahlungsverbindlichkeiten, welche nicht durch erfolgte Acceptation des Wechsels verbrieft sind, ganz einfach aus den kaufmännischen Begriffen eliminirt ist. Nachträgliche Abzüge am Preise, Abzüge am Betrage, Zurückstoßung von Waare, wenn ein Preisrückgang erfolgt ist, Prolongation der Zahlungstermine, das Alles ist nicht die Ausnahme, das ist die Regel; und die Grenzen dieser gemeinen Willkührlichkeiten dehnen sich naturgemäß weiter und weiter aus, weil einerseits der Verkäufer gezwungen ist, die erfahrungsgemäß vorkommenden Benachtheiligungen im Preise hereinzubringen, der Käufer also jedesmal sich in Willkührlichkeit überbieten muß, um Vortheil davon zu haben; andererseits der anständigere Kunde in die Pfade des Geschäftsverderbers gedrängt wird, will er nicht in der Concurrenz mit ihm über kurz oder lang unterliegen. Denn der österreichische Geschäftsmann individualisirt nicht, er drängt sich dem Chicaneur und dem ordentlichen Zahler in gleicher Weise auf, und macht beiden die gleichen Bedingnisse.

Aber auch von Seite des Gewerbsmannes, des Industriellen, des Verkäufers überhaupt ist in den letzten Jahrzehnten die altmodische und beschränkte, aber solide, ehrliche Gebahrung jener Invasion des „Nur billig!" zum Opfer gefallen, welche Geschäftszweig für Geschäftszweig unaufhaltsam in Besitz nimmt, und den Stempel der Fälschung und allmäligen Verlotterung allem aufdrückt, was aus ihren Händen hervorgeht. Kurzes Maaß, leichtes Gewicht, gefälschte Qualitäten reißen in Industrie und Handel mehr und mehr ein; der Käufer jagt der Billigkeit des Artikels nach), er ist im einzelnen Falle gar nicht in der Lage, Werth und Menge der Waare derart genau zu controliren, daß er bezüglich des Preises im Vorhinein genaue Vergleichungen anstellen kann; er muß bis zu einem gewissen Grade vertrauen, weil ihm einmal die Zeit, das andere Mal die Fähigkeit zur Prüfung fehlt; er durfte auch vor zehn Jahren mehr vertrauen als heute, vor zwanzig Jahren mehr als vor zehn und so fort, denn vor zehn Jahren war ein Gewerbe noch theilweise in bürgerlichen Händen, vor zwanzig Jahren ganz, das heute dem Schacher, der Vortheilsmacherei und der Corruption verfallen ist. Auch hier wird der redliche und solide Concurrent gezwungen, entweder sich zurückzuziehen, oder zu Grunde zu gehen, oder den Betrug zu erlernen. Diejenigen, welche dem österreichischen Geschäftsleben seit längerer Zeit angehören, oder es doch mit Aufmerksamkeit verfolgen, werden den Umfang und die Bedeutung jener Verderbniß zu bezeugen im Stande sein.

Der Grundcharacter des Deutsch-Oesterreichers ist trotz alledem gutmüthig und ehrlich, wenn auch nicht streng wahrheitsliebend, und ebenso der des österreichischen Gewerbe- und Handelsstandes. Er mußte erst langsam corrumpirt und ihm von fremden Elementen das Messer einer unlautern Concurrenz an die Kehle gesetzt werden; auch war seine Ehrlichkeit mehr Sache des Gemüths als der Ueberzeugung, und so geht sie, im harten Kampfe ums Dasein, ihm mehr und mehr verloren. Die Waffe eines strengen, unnachsichtlichen Rechtsgefühls mangelt ihm. Es ist ihm nicht gegeben, Betrug und Wortbruch, auch wo er selbst das Opfer ist, zu verfolgen, zu bekämpfen, zu brandmarken und zur Verantwortung zu ziehen. Weit bequemer ist ihm, Anderen zu thun, wie ihm gethan wurde. Ein Gang zu Gericht ist ihm etwas Entsetzliches. Auch hier ist, beim Mangel an Solidarität im Kampfe gegen das Uebel, die Anstrengung des Einzelnen ein Opfer, welches ihm in keiner Weise hereingebracht wird.

Am ärgsten treten diese Uebelstände in Falllimentsfällen ans Tageslicht. So lange ein Geschäftsmann der früher geschilderten Qualität noch auf die ungestörte Fortdauer seines Credites bedacht sein muß, ist er auch gezwungen, in der Nichterfüllung seiner Verpflichtungen gewisse Grenzen nicht zu überschreiten. Hört aber durch die Zahlungseinstellung diese Rücksicht auf, dann ist die Aussicht auf die Criminaluntersuchung das Einzige was ihn noch schrecken kann. Und diese Aussicht tritt ihm in den seltensten Fällen vor Augen. Beim österreichischen Fallimentsgläubiger ist es Grundsatz, nach einigem Hin- und Herhandeln im Blinden, diejenige Quote zu nehmen, welche der Cridatar anzubieten für gut findet, weil „durch die Concursverhandlung die Masse ja doch nur verschlechtert wird", und ebenso bei Gericht anzugeben, daß gegen den Falliten kein Grund zu strafgerichtlicher Untersuchung vorliege, „sonst hat man auch noch Laufereien". Die Bücher des Falliten sind meist so liederlich und unregelmäßig geführt, daß die Controle der Bilanz sowie die Herleitung der Verluste eine wahre Danaidenarbeit wäre, also begnügt sich der Verlustträger damit, seinem Herzen durch waidliches Ausschimpfen je nach Größe des erlittenen Verlustes Luft zu machen, und dann sich mit einigen heimlichen Procenten über den in der Currende officiell angebotenen Ausgleichssatz zufrieden zu geben. Die Frage speciell, wie lange der Cridatar noch bei vorhandener Insolvenz fortgearbeitet hat, wird kaum gestellt, viel weniger genügend beantwortet.

Darf man sich da wundern, daß Verheimlichungen und Verschleppungen bei und vor Fallimenten an der Tagesordnung sind, daß kein unredlicher Cridatar sich zu scheuen braucht, auf Kosten seiner Gläubiger seine Zahlungseinstellung durch Jahre hinauszuschieben, bis das letzte Mittel der Crediterschwindlung seinen Dienst versagt, daß Ausgleichungsquoten unter 40 Procent die Regel, solche darüber die Ausnahme sind?

Gesetze allein können da nicht helfen, und manche von unsern neuern Gesetzen haben, so schön sie in der Theorie sind, unserer geschäftlichen Liederlichkeit neue Nahrung zugeführt. Man rede nur nicht von der Mündigkeit unseres Volkes. Für einen schlecht erzogenen Menschen ist es eine Wohlthat, wenn er kurz gehalten wird, und für ein schlecht erzogenes Volk ebenso; die Schuld aber, wo die Anlagen gute sind, liegt am Erzieher.

So mag beispielsweise die Aufhebung der Schuldhaft juridisch ein großer Fortschritt sein, geschäftlich ist sie wohl weit eher unter unsern Verhältnissen ein fühlbarer Rückschritt. Da, wo die leichtsinnigen Schuldenmacher Legion sind, bei Concursdurchführung nichts heraussieht, und der Verschleppung nicht vorgebeugt werden kann, war die Furcht vor der Schuldhaft in manchen Gegenden unseres Vaterlandes das einzige Mittel, aus schlechten Zahlern etwas herauszubekommen, und die Zahlungsunfähigen vom Borgen zurückzuhalten.

Es ist zu hoffen, daß die Einführung der Geschwornengerichte den mangelhaften Rechtssinn und die sittliche Energie unseres Volkes heben, und dazu beitragen wird, manche der hier genannten Uebel abzuschwächen. Auch da hat die Schule eine Riesenaufgabe zu erfüllen — aber wie wenig wird sie bis heute noch erkannt. In den nächsten Jahrzehnten wird unser Geschäftsleben noch schwer durch die Indolenz der heutigen Generation an jenen vielen Uebeln zu leiden haben, die hier geschildert wurden; und es ist wahrlich nicht zu verwundern, wenn so viele Angehörige des Handelsstandes und der Industrie von dieser übermächtigen Ungunst der Verhältnisse abgestoßen und dem frischen und fröhlichen Börsenspiele in die Arme getrieben wurden — so lange dieses letztere noch frisch und fröhlich war.

Wir können dieses Capitel nicht schließen, ohne noch einen Blick auf das wichtigste Consumtionsgebiet der Monarchie Ungarn zu werfen. Ungarn ist mit seinen Cerealien auf Oesterreich angewiesen, will es nicht den größten Theil des Werthes derselben dem Eisenbahntransporte nach entfernten Ländern opfern, und anderertseits bestimmt die Ausgiebigkeit einer ungarischen Ernte die Güte des Geschäftsganges in Oesterreich für das betreffende Jahr. Der österreichische Geschäftsmann muß nach Ungarn creditiren, er mag wollen oder nicht. Alle die Uebelstände nun, die wir an den österreichischen ökonomischen und Credit-Verhältnissen hervorgehoben haben, treten in Ungarn in verstärktem Maße auf. Ist die österreichische Provinzkundschaft unzuverlässig in Einhaltung der Zahlungstermine und Wechselverbindlichkeiten, — so ist das Wechselaccept in ungarischen Landstädten in der Regel eine leere Förmlichkeit, auf daß der Trassiant in die Lage versetzt werde, sich auf das Papier, das er selbst ein= lösen muß, bis zu seinem Ablauf Geld zu verschaffen. Kann man in Böhmen und Mähren darauf rechnen, daß bei einem Fallimente Waare verschleppt, und Außenstände verheimlicht werden, — so zeigt der biedere Magyare seinem Wiener Geschäftsfreunde in aller Ruhe an, daß er sein ganzes Geschäft, d. h. die Activen, einem Vetter „abgetreten" habe, und sich zurückziehe, — und Roß und Reiter sieht man niemals wieder. Ist der Masseverwalter in der westlichen Reichshälfte meist ein behäbiger Mann, der durch umständliches in die Länge ziehen der Liquidation so viel Sporteln aus der Masse herausschlägt, als sich ohne Unredlichkeit thun läßt, — so wird drüben ganz einfach der Raub getheilt, und der Gesetzesschutz ist fast illu= sorisch; andererseits ist auch die Gutmüthigkeit noch größer, das Gut= stehen und sich Ruiniren für einen verlumpten Freund viel häufiger drüben als hüben. Auch ist die Gefahr einer Ueberflügelung Wiens durch Pest, Oesterreichs durch Ungarn noch durchaus keine über= mäßig drohende; denn wenn hier einem Unternehmen 80 Procent des dafür bestimmten Geldes zugeführt werden, und 20 unterwegs „abtropfen", — so kommen in Ungarn vielleicht 60 Procent ans Ziel, und werden in Oesterreich diese 80 Procent leidlich gut ver= wendet, — so verdirbt die Unkenntniß und Unfähigkeit ungarischer Manager an den 60 Standhaften noch sehr viel.

Trachten wir nichtsdestoweniger darnach, daß bei künftigen Unternehmungen in Oesterreich das ganze Capital gut ver= wendet werde.

III.

Eisenbahnen, Banken, Zinshäuser, — und wiederum Eisenbahnen, noch Banken und abermals Zinshäuser! das waren die Haupt= und Lieblingsobjecte für die Phantasie und den Unternehmungsgeist des Oesterreichers in den letzten Jahren.

Maß und Ziel, Uebereinstimmung von Mittel und Zweck, das kennen wir hier zu Lande nicht. Der Stein geräth schwerer ins Rollen als anderwärts, — rollt er aber einmal, dann beschleunigt er auch seinen Lauf bis zum Rasen, und bis zum Zerschellen. So war es mit der achtundvierziger Bewegung gegangen, so mit der Militärdespotie, so ging es mit dem ökonomischen Aufschwung dieser Tage, so droht es in socialpolitischer Beziehung zu gehen.

Tief war der Schlaf, in welchem der Unternehmungsgeist in Oesterreich bis gegen das Ende der fünfziger Jahre befangen war. Der geistige Druck der militärischen Gewalt, welche den natürlichen Gegensatz aller wirthschaftlichen Ordnung und alles wirthschaftlichen Gedeihens bildet, lastete zu schwer auf den unternehmungsfähigen Kreisen, als daß die Hoffnung auf das Gelingen neuer productiver Anlagen nicht hätte von vorneherein erstickt werden sollen.

Mit der Ausbreitung des österreichischen Eisenbahnnetzes war es sehr langsam vorwärts gegangen. Außer dem Mangel an Geld und Lust für's Bauen hatten sich dieser Ausbreitung zwei Haupthindernisse in den Weg gestellt: das erste ist die bergige Bodenbeschaffenheit des größeren Theiles unseres Vaterlandes, das zweite ist die Geringfügigkeit des heimischen Verkehrs im Verhältniß zur Dichtigkeit der Bevölkerung und zur Ausdehnung des Landes, wie wir früher gezeigt haben, die Folge des Fehlens der Massenindustrie,

welches durch eine bedeutende Bodenproduction in dieser Hinsicht
keineswegs ausgeglichen wird. Eben so ungünstig für die Eisenbahn=
frequenz muß die eigenthümliche Vertheilung unserer größeren Städte,
rücksichtlich der Mangel derselben in den westlichen Gebieten unserer
Monarchie einwirken. Zieht man nämlich den Bogen, welcher die
Verbindung der Puncte Prag, Brünn, Wien, Graz, Triest ergiebt,
so findet man westlich davon nicht eine einzige größere Stadt, welche
dem inländischen Bahnverkehr als Ausgangspunct oder Ziel dienen
könnte. Man vergleiche damit Belgien oder Oberitalien oder die
Schweiz. Diese Verhältnisse, welche heute so sind wie vor 20 Jahren,
haben damals den Unternehmungsgeist über Gebühr niedergehalten,
— heute hat deren Mißachtung ihn zu schmählichem Falle geführt. —
Maß und Ziel kennen wir ja nicht. — Bis zu einem gewissen Grade
schafft allerdings das vorhandene Verkehrsmittel da, wo die sonstigen
Bedingungen günstig sind, im Verlaufe der Jahre nach und nach
den Verkehr. Es macht allmälig die transportfähigen Massen
mobiler, es leitet an zur Versendung von Gütern, welche sonst an
Ort und Stelle verzehrt worden wären, es zieht aus weiteren und
weiteren Kreisen die Transporte in seinen Bereich, es bilden sich
Speditionsunternehmen von und nach dem Verkehrswege, es entstehen
endlich Industrien, zu deren Lebensfähigkeit das Transportmittel die
Vorbedingungen geschaffen hatte. Dieß Alles geht aber langsam und
in bescheidenen Grenzen von Statten, und immer, wie gesagt, nur
da, wo die günstigen Vorbedingungen schon vorhanden waren; also
für die Industrie z. B. das Capital, die bewegende Kraft, die Arbeits=
kraft, die geistige Kraft der Leitung, sowie die bei aller Vollkommen=
heit der Transportmittel noch nöthige Kürze der Entfernungen für
den Bezug an Rohmaterial, Brennstoff und dergleichen, und für Ver=
sendung des Productes nach den Consumtionsplätzen.

Es ist daher das anfänglich geringe Erträgniß von Eisenbahn=
anlagen, auch wenn solche ganz rationell durchgeführt sind, etwas
naturgemäßes da, wo nicht schon ein hochentwickelter Verkehr auf
die Eisenbahn zu seiner Beschleunigung und Erleichterung gewartet
hatte. Dieß war bei uns in Oesterreich fast nirgends der Fall; ein
langjähriges Zuzahlen der Regierung bei subventionirten Bahnen,

und dividendenlose Zeiten bei unsubventionirten, standen für jede neue Anlage zu erwarten. Wenn aber der Landmann sein ganzes Getreide zur Aussaat verwendet, so muß er hungern, und wenn ein Volk seine ganze Capitalskraft auf Unternehmen wirft, welche erst Jahre lang brauchen, um sich nothdürftig über Wasser zu halten, bevor an ein Erträgniß zu denken ist, so wird es dadurch in seinem Gesammteinkommen einen empfindlichen Ausfall bekommen, der um so bösere Folgen haben kann, je weniger dieses Volk zu rechnen, und sein Einkommen richtig zu beurtheilen im Stande ist.

Bis zum Jahre 1866 hatte der Staat geringes Interesse an der Entwicklung des Bahnnetzes genommen. Sein Baueifer beschränkte sich auf Kasernen und Festungen, überhaupt Militärbauten; daß aber Eisenbahnen unter Umständen noch wichtigere Militärbauten sein könnten als jene ersteren, das lag für unsere Staats- und Schlachtenlenker damals noch im Schooße der Zukunft verborgen; Prometheus, der Vorbedachte, scheint eben kein Oesterreicher gewesen zu sein. Nachdem die tiefschmerzlichen Ereignisse jenes Jahres etwas verwunden waren, ging man sofort mit Eifer daran, das Versäumte nachzuholen, und die ausgezeichneten Ernten der Jahre 1867 und 68, deren Ueberschuß die damaligen Communicationsmittel nur mangelhaft dem Auslande zuführen konnten, waren einestheils ein weiterer Sporn zur raschen Ausfüllung der Lücken, und der günstige Geschäftsgang, den sie brachten, hob andererseits auch die Unternehmungslust für große Bauten und sonstige Gründungen.

Das vornehmlichste Terrain für neue Bahnen war Böhmen, der letzte Kriegsschauplatz. Während bisher eine einzige Linie die Verbindung Wiens mit diesem wichtigsten und reichsten Kronlande der Monarchie und seiner Hauptstadt Prag auf großem Umwege hergestellt hatte, wurden jetzt drei neue Schienenwege dahin in Angriff genommen, und innerhalb dreier Jahre vollendet. Der nördliche Theil von Böhmen, Mähren und Schlesien erhielt ein dichtes Bahnnetz; im Südwesten der Monarchie wurde die Verbindung der Südbahnlinien durch die Pusterthalbahn hergestellt, und diese durchkreuzend, suchte von der obern Donau die Rudolphsbahn durch Felsklüfte und über Berghöhen ihren vielgezackten Weg zum adriatischen

Meere, riesige Summen verschlingend, ohne ans Ziel zu gelangen. Während im Nordosten die Kaschau-Oderberger Bahn die Getreide=schätze Ungarns auf kürzestem Wege der Ostsee und dem nördlichen Deutschland zuführen sollte, und im äußersten Osten des Reiches die Lemberg-Czernowitzer Eisenbahn sich für Rumänien dieselben Ziele steckte, wurde das dazwischenliegende Hochgebirgsterrain des Karpathen=stockes der Tummelplatz unserer Strategen, welche ein strahlenförmiges Netz von Oberungarn aus nach Galizien nicht nur entwarfen, son=dern größtentheils auch zur Ausführung brachten. Die früher ver=borgene militärische Wichtigkeit der Eisenbahnen hatte sich Durchbruch verschafft, der Stein war ins Rollen gekommen, — und Maß kennen wir bekanntlich in Oesterreich nicht.

Aehnlich ging's auch weiter bezüglich des Civileisenbahnbaues, nur daß dieser mehr sich selbst helfen mußte, so daß die Heraus=klügelung eines militärischen Interesses von Seite der Concessions=werber manchmal als wirksames Mittel zur Erlangung ausgiebiger Regierungspatronanz angesehen werden konnte. Jede ertheilte Con=cession schuf zwanzig neue Projecte; die Ingenieure der zahllosen Consortien „studirten" die unmöglichsten Gebirgsthäler; die glän=zendsten Prospecte, von gewandten Federn ausgearbeitet, über=schwemmten das Publicum, die Emissionsbanken arbeiteten mit voller Dampfkraft, und das Publicum eilte, durch schnellste Aufsaugung der auf den Markt geworfenen Actienmassen seinen Antheil an der goldenen Ernte so ausgiebig als möglich zu machen. An die Kron=prinz-Rudolph-Bahn schloß sich die Erzherzogin-Gisela-Bahn und so fort in allen Richtungen der Windrose, gleichwie in Ungarn, wo für jede zu Grunde gerichtete Landstraße zwei Eisenbahnen pro=jectirt wurden.

Eine baldige Rentabilität versprachen die wenigsten dieser Bahnen bei manchen derselben, wie den ungarisch=galizischen, muß man wohl durch eine ungezählte Reihe von Jahren froh sein, wenn die Ein=nahmen die Betriebskosten zu decken im Stande sind. Wenn nun solch' langsichtige Capitalsanlagen plötzlich massenweise gemacht werden, so muß das Volkseinkommen auf Jahre hinaus bedeutenden Stö=rungen ausgesetzt sein. Die Zinsengarantie des Staates täuscht den einzelnen Actionär über die Natur seines Einkommens, — aber aus welchen Zuflüssen soll der Staat die Zinsen bezahlen, wenn die Masse der Capitalsanlagen zu jung sind, um Früchte zu tragen? Also Vertheilung, Plan und Maß, damit die Kette von den frucht= tragenden Unternehmungen zu denen, bei welchen Wachsen und Ge= deihen das Haupterforderniß ist, nicht zerrissen werde.

Einige Ziffern mögen die Plötzlichkeit des Ueberganges aus Unthätigkeit in unmäßig gesteigerte Bauwuth illustriren. Es wurden nämlich in dem heutigen Umfange von Oesterreich=Ungarn folgende Eisenbahnlängen eröffnet:

1836—1860, in 24 Jahren 770 Meilen oder 32 Meilen per Jahr;
1860—1868, „ 8 „ 189 „ „ 24 „ „ „
1868—1871, „ 3 „ 596 „ „ 199 „ „ „
1871—1873, „ 2 „ 608 „ „ 304 „ „ „

Im Jahre 1872 ging der eigentliche Paroxismus erst an, wenn= gleich die Mehrzahl der damaligen Projecte auf dem Papiere ge= blieben ist.

Daß, ganz abgesehen von dem früher erwähnten Uebelstande eines mehrjährigen empfindlichen Ausfalls im Nationaleinkommen, die Objecte einer derartig forcirten Unternehmungsthätigkeit übermäßig theuer zu stehen kommen, liegt auf der Hand.

Zunächst wird der Auswahl der Objecte im Drange der Ge= schäfte und im Wunsche, rasch von einer Gründung zur andern zu eilen, nicht die gebührende Obsorge gewidmet, auch wird diese Aus= wahl viel weniger nach den Rentabilitätsaussichten, als nach der Wahrscheinlichkeit der Popularität des Unternehmens bei den capitals= anlegenden Massen getroffen. Dann wird die Wahl der Trace, die Bestimmung der Richtungs= und Neigungsverhältnisse, überhaupt die Ausarbeitung des Projectes durch das Mißverhältniß zwischen den disponibeln technischen Kräften und der Masse des zu bewältigenden Arbeitsstoffes überstürzt. Die Grundeinlösung vertheuert sich durch die Nothwendigkeit raschen Abschlusses. Die technische Leitung bei den Bauausführungen wird, durch hinaufgeschraubte Concurrenz unter den letzteren, ebenfalls theuer und ungenügend. Die plötzliche Heranziehung der nothwendigen Arbeitskräfte erfordert hohe Prämien

gegen die gewöhnlichen Löhne, welche außerdem noch durch die locale
Vertheuerung der Lebensmittel- und Wohnungspreise gesteigert werden.
Endlich kann die normale Höhe der Erzeugung und Beschaffung von
Baumaterialien im Lande dem an allen Ecken auftauchenden Bedarfe
nicht genügen; das verlangte Plus erfordert unvergleichlich höhere
Erzeugungskosten, und die Producenten und Lieferanten schlagen
überdieß abnorme Gewinnste auf den Preis. Ist dann endlich im
Laufe einiger Jahre dieser ganze Apparat einer gesteigerten Production an Ziegeln, Schienen, Schwellen, sonstigen Eisen- und Holz-
bestandtheilen, Arbeitsmaschinen und dergleichen in regelmäßigen
Gang gebracht, — dann geht den Bauunternehmungen der Athem
aus; die Baugewerbe arbeiten erst auf Lager, dann werden die Oefen
ausgeblasen, die Werkstätten geschlossen, die Arbeiter entlassen; die
vorhandenen Vorräthe müssen veräußert werden, wobei ein Etablissement das andere im Preise drückt; der frühere Gewinn der Unternehmer ist meist in neue, nun nutzlose Geschäftserweiterungen fest-
gebaut; finanzielle Verbindlichkeiten aller Art sind noch abzuwickeln,
und so bleibt denn ein weitverbreitetes gewerbliches Elend als Boden-
satz des geträumten allgemeinen Aufschwunges zurück, ebenso wie der
Arbeiter in den hohen Löhnen, die ein paar kurze Jahre lang durch
seine Finger gelaufen sind, keine Entschädigung findet für den
Mangel und die Noth, welchen er nun auf unbestimmte Zeit ausgesetzt bleibt.

Außer jener Revolution in den Baugewerben und in sonstigen,
direct mit Schaffung neuer Eisenbahnen zusammenhängenden Zweigen
der Volksthätigkeit bringt aber ein derartig gewaltsamer Uebergang
auch noch Risse und Lücken und Lasten aller Art in andern Er-
werbszweigen mit sich, welche nicht einmal einen augenblicklichen
Vortheil davon gehabt haben. Der Landwirthschaft, der Industrie,
dem häuslichen Dienste werden stellenweise ganz plötzlich die nothwendigen Arbeitskräfte entzogen. Die Materialien, wie Eisen, Ziegel,
Werksteine, Bauholz, welche die Eisenbahnunternehmungen sich selbst
durch Ueberstürzung und gegenseitige Concurrenz vertheuern, vertheuern sie auch allen Gewerben im Lande, welche dieser Stoffe zu
ihrem Fortbetriebe bedürfen, und welche sie nun häufig zur rechten

Zeit sich um keinen Preis schaffen können. Alles dieses sind Opfer, welche nicht nach Gulden und Kreuzern abzuschätzen sind, aber auch ja nicht gering angeschlagen werden dürfen, denn der ununterbrochene, ruhige Fortbetrieb ist im gewerblichen Leben eine unerläßliche Voraussetzung dauernden Gedeihens. Die ganze gewerbliche Thätigkeit, namentlich aber die Großindustrie, hat bedeutende constante Spesen, welche fortdauern, ob stark, schwach oder gar nicht producirt wird. Ein großer Theil des auf einen Tag fallenden Erlöses wird von diesen auf denselben Tag fallenden Spesen aufgezehrt; das liegt in der Natur des Geschäftslebens. Bleibt daher mit der Production der Erlös zurück, so reißen die Spesen ein Loch ins Capital.

Und der Capitalsbedarf im Lande selbst. Woher soll dem Gewerbe und der Landwirthschaft die zu ihrem Betriebe nothwendige Ergänzung von Außen kommen, wenn die neu hinzugetretene Bauthätigkeit wie ein trockener Schwamm alles aufsaugt, was in ihren Bereich kommt?

Man erwiedere uns nicht, daß nach diesen Anschauungen überhaupt keine Bahnen gebaut werden dürften. Zwischen einer Erbauung von 30 Meilen und von 300 Meilen jährlich liegt eben sehr viel dazwischen. Entweder das Eine oder das Andere muß ein großer Fehler gewesen sein; — wir glauben aber Beides.

Welches eigentlich die leitenden Grundsätze der Regierung in Eisenbahnsachen gewesen sind, ist schwer zu sagen. Von einem Vorausdeuten, welches die erste Bedingung zu einem gestaltenden Eingreifen in die Gesammtheit des Transportsystems bilden muß, war wenig zu bemerken. Ob die Regierung je dazu kam, sich auch nur in allgemeinen Zügen ein Bild zu machen: welche Linien im wirthschaftlichen Gesammtinteresse wünschenswerth seien, welche den Bedürfnissen des Großverkehrs, welche denen eines besonders entwickelten Localverkehrs am Besten entsprächen; welche Gebirgsübergänge und Terrainformationen für Eisenbahnanlagen im Allgemeinen nach bestimmten Verkehrsrichtungen hin technisch und finanziell möglich, rücksichtlich am günstigsten sind; welche Verkehrsgebiete nach dem jeweiligen Stande des Volksvermögens einer eigenen Verkehrslinie bedürfen, welche dagegen noch vorläufig in dieser Hinsicht zusammengelegt werden müssen; welche der Wichtigkeit und Rentabilität nach die zuerst an die Reihe des Bauens kommenden Linien seien, und welche sich rücksichtlich des disponibeln Gesammtcapitals noch gedulden müssen.

Wenn überhaupt solche Studien in umfassenderem Maßstabe existirt haben, so müssen sie sehr geheim gehalten worden sein. Die Praxis bei Gründungen spricht auch gegen diese Annahme, denn so lange Petitionen von Bauerndörfern, „welche nothwendig eine Eisenbahn brauchen", der Regierung gegenüber als wirksames Agitationsmittel angesehen werden können, muß die Gründerwelt annehmen, die Regierung handle vollkommen planlos. Noch ein anderer Grund spricht dafür: Hätten nämlich zusammenhängende Raisonnements und der erste Entwurf eines Erbauungsplanes existirt, so hätte sich die Frage der auf eine bestimmte Zeitperiode als disponibel anzusehenden Capitalsmengen von selbst gestellt; wäre dieß letztere aber der Fall gewesen, dann hätte sich irgend jemandem aus den maßgebenden Persönlichkeiten die Wahrnehmung aufdrängen müssen: Halt, das stimmt nicht, dreihundert Meilen im Jahr können und dürfen wir nicht bauen, sonst geht Alles drunter und drüber. Und wie die Dinge sich entwickelten, wurde eine solche Wahrnehmung in den Jahren 1870 bis 1872 in den maßgebenden Kreisen nicht gemacht.

Hier, wie in allen Zweigen der Speculation der letzten Jahre hat die Statistik noch ein außerordentliches Material, das theilweise schon gesammelt ist, zu sichten, theilweise dasselbe auch erst zu sammeln. All' das, was wir hier in allgemeinen Raisonnements erwähnt haben, diese ganze unnatürliche Inanspruchnahme und Beeinflussung der Gesammtproduction des Volkes durch die Eisenbahnbauthätigkeit der letzten Jahre, die Störungen auf der einen, die Ueberzahlungen auf der andern Seite, müssen erst mit Ziffern belegt werden, bevor man die Bedeutung des Schadens abschätzen kann, und bevor man hoffen darf, annähernd die Grenzen kennen zu lernen, innerhalb welcher man sich mit Aussicht auf Gedeihen in Zukunft bewegen darf. Ein besonderer Zwang von Oben, die Unternehmungslust zu bändigen, wird um so weniger nöthig sein, je mehr die capitalsanlegende Bevölkerung selber in der Lage ist, sich ein Urtheil über das Schicksal der mit seinem Gelde zu errichtenden Unternehmungen zu bilden. Zum Urtheil in Geldsachen aber ist es mit allgemeinen Anschauungen nicht gethan; da geben Zahlen den einzigen sicheren Halt.

Eisenbahnen waren das eine Lieblingsobjekt der festen Capitals=anlagen, d. h. fest in Hinsicht auf das Object, nicht auf das Subject. Das andere waren Zinshäuser. Die forcirte Bauthätigkeit beider stand in innigem Zusammenhange, und steigerte die Uebel, welche jedes einzelne hervorrief, zu um so unerträglicherer Höhe. Alles, was wir früher bezüglich theuern und schlechten Baues, Hinauf=schraubung aller damit zusammenhängenden Werthe, Bedrückungen und Belästigungen der übrigen producirenden Stände und dergleichen gesagt haben, gilt hier wie dort. Wir haben hier nur noch die speciellen Ursachen des Hausbauschwindels, seine besonderen Erschei=nungen und seine Ausdehnung hinzuzufügen.

Das Terrain, auf welchem derselbe gedieh, war fast ausschließ=lich die Stadt Wien und ihre nächsten Umgebungen, sowie einige Provinzialhauptstädte, und jenseits der Leitha natürlich Pest.

Der Festungsgürtel, welcher bis zum Jahre 1858 die innere Stadt Wien umschnürte, und der unberührbare Glacisraum, welcher dieselbe von den Vorstädten trennte, hatten die Möglichkeit des Bauens in der Nähe vom Centrum durch eine sehr lange Reihe von Jahren auf Adaptirungen und Umbauten älterer Gebäude beschränkt. Aber eben jene Freihaltung hatte nach und nach in dem ganzen kostbaren Raume, von welchem wir sprechen, einen todtliegenden Capitalswerth von außerordentlicher Höhe geschaffen. Dieser Schatz, von dessen Bedeutung man damals noch viel zu geringe Vorstellungen hatte, wurde durch die kaiserliche Entschließung, die innere Stadt bis an die Vorstädte auszudehnen, und die Fortificationen aufzulassen, ge=hoben. Langsam und schüchtern erhob sich die Baulust, nachdem der definitive Verbauungsplan ausgearbeitet worden war, aber von Jahr zu Jahr wuchsen ihr die Flügel. Die ersten unschön und äußerlich dürftig hingestellten Zinskasernen, welche mehr für die Bewohner=classen der Vorstädte bestimmt schienen, sahen sich bald von pallast=artigen Nachbarn umgeben, als Reichthum und Luxus aus den engen Gassen der alten Stadt jene lichten und luftigen Räume zu ihrem

neuen Sitze erkoren. Der Verkaufspreis der Gründe an der Ring=
straße wuchs von 4—500 Gulden auf 800—1000 Gulden in jenen
Jahren 1860—1866, als noch nicht die gewerbsmäßige Grundspecu=
lation sich ausgebildet hatte. Aber das Bauen, das vorher in Wien
ein fremdartiger Begriff gewesen war, entwickelte sich in jenen Jahren
zum Hauptzweige und Tonangeber der ganzen Volksthätigkeit. Eine
Reihe begabter Architekten, deren Talent bis dahin brachgelegen hatte,
entwickelten in kurzer Zeit den Baugeschmack, freilich auch zugleich
die Prachtliebe in unglaublicher Weise. Sämmtliche Baugewerbe
und Materiallieferanten hatten alle Hände voll zu thun, Arbeits=
kräfte strömten von allen Seiten zu, und die Zahl der neuen Häuser
vermehrte sich so rasch, daß es ein Jahr oder zwei wirklich den An=
schein hatte, als wäre die Gefahr der Wohnungsnoth für die nähere
Zukunft überwunden.

Die öffentliche Bauthätigkeit von Stadt und Staat folgte der
privaten erst einige Jahre nach, wurde aber dann viel vehementer
als diese. Als Wien überhaupt dahin kam, zwischen sich selbst und
anderen europäischen Hauptstädten in baulicher Hinsicht Vergleiche
anzustellen, mußte es bald gewahr werden, wie viel ihm noch zu
einer modernen Großstadt fehlte. Bisher war es eben eine selbst=
verständliche Sache gewesen, daß Paris, Berlin, Petersburg, selbst
Dresden und München sich verschönern und erweitern, während in
Wien alles beim Alten zu bleiben hatte. Der Stein war noch nicht
ins Rollen gekommen. Seit Karl dem Sechsten und seiner Tochter
Maria Theresia hatten die österreichischen Monarchen nicht nur für
bauliche Pracht und Würde kein Interesse und keinen Geschmack ge=
zeigt, sondern theilweise eher das Gegentheil fast geflissentlich zur
Schau getragen. So war denn die Residenz der Habsburger, mit
Ausnahme ihres herrlichen Domes, architektonisch kahl und ärmlich
geblieben. Nun sah man plötzlich wie viel man nachzuholen hatte
Obgleich sich in den ersten Jahren die Cassen des, aus den Ein=
gängen für die verkauften Glacisgründe gebildeten Stadterweiterungs=
fonds verhältnißmäßig langsam füllten, so wurde doch gleich das
erste aus ihm bestrittene öffentliche Gebäude, das Hofopernhaus, in
blendender Pracht gebaut. Damit war einerseits der bisherige Bann

gebrochen, andererseits aber zur Maßlosigkeit das Signal gegeber.
Der Contrast zwischen der schmutzigen, winkeligen und nüchternen
Vergangenheit und dem gold- und marmorstrotzenden Prospect in
die Zukunft schmeichelte der Eitelkeit der Gesammtbevölkerung wie
derjenigen der leitenden Kreise. Je prunkvoller alle neuen Anlagen
hergestellt wurden, desto mehr Lücken und Gerümpel des bisherigen
Stadtganzen machten sich in lästiger Weise fühlbar. Zwischen Privat=
unternehmern, Actiengesellschaften, der Gemeinde und dem Stadt=
erweiterungsfonds begann ein allgemeiner Wettlauf zur Umformung
des Stadtkörpers. Ganz besonders die Gemeinde, welche bis dahin
geknickert und zurückgelegt hatte, griff mit weitgeöffneten Fingern in
ihren Säckel, und holte nicht nur nach, was sie bis dahin versäumt
hatte, sondern eilte der Zukunft womöglich noch ein Stückchen voraus.
Der Schule kam dieß zunächst durch eine große Anzahl Bauten, Neu=
schöpfungen und Erweiterungen zu Gute, und wahrlich hier war so
viel nachzuholen, daß ein Uebermaß kaum möglich war. Das Wasser
der Hochalpen wurde in einer elf Meilen langen Leitung der Stadt
zugeführt; im Vereine mit Staat und Kronland wurde dem Donau=
strome in der Länge einer Meile ein neues Bett gegraben, um den=
selben an die Stadt zu ziehen. Die Eisenbahngesellschaften rissen ihre
alten Bahnhöfe ein und erbauten sich neue Paläste. Straßenerwei=
terungen, Pferdebahnlinien, Parkanlagen, Canalisirungen, Brücken=
bauten, Markthallen, Kirchen, Museen, Theater, Kasernen und andere
monumental gehaltene Neuschöpfungen drängten und kreuzten und
überboten einander in der Wirklichkeit, auf dem Papiere und in den
Köpfen der Unternehmer, — und der Wiener Spießbürger, für
welchen fünfzehn Jahre früher jeder neue Dachstuhl ein Gegenstand
des Erstaunens gewesen war, gefiel sich nun in der Phrase: „Bei
uns zu Land geschieht gar nichts".

In Wirklichkeit war aber schon die Thätigkeit eine derartig fieber=
hafte, daß von der Einhaltung einer verständigen Oekonomie keine
Rede mehr sein konnte.

Am eigenthümlichsten stellten sich die Resultate dieser Thätigkeit
für die Wohnungsfrage. Je gewaltsamer und maßloser gebaut wurde,
desto ärger wurde der Jammer über den Mangel an Wohnungen

und über das Steigen der Miethzinse. Wie direct aber das Eine mit dem Andern zusammenhing, davon machen sich auch heute wohl nur Wenige einen richtigen Begriff. Die Ursache wird vielmehr darin gesucht, daß vorzüglich Luxusquartiere, und wenig kleine, billige Wohnungen gebaut wurden. Dieser Unterschied ist verhältnißmäßig unbedeutend. Die neuen Quartiere wurden bezogen, ob sie klein oder groß, billig oder theuer waren. Durch den Bezug von Tausenden schöner, neuer Quartiere, mußte doch eine eben so große Zahl älterer Wohnstätten frei werden, die sich theilweise in kleinere abtheilen ließen; durch Bezug derselben wieder eine neue, größere Serie noch Minderer, und so fort bis zu den Wohnungen der Classen, welche der Vermehrung derselben am meisten bedürfen. Die Privatspeculation aber zwingen zu wollen, nicht diejenigen Häuser zu bauen, bei welchen sie am meisten verdient, oder sie auch nur künstlich in andere Bahnen leiten zu wollen, dürfte ein vergebliches oder unwirthschaftliches Beginnen sein, und am erstaunlichsten sind solche Verirrungen in dem Lande, wo sonst die Lehre des Machenlassens und Gehenlassens als die allein seligmachende gilt.

Der Hund scheint anderswo begraben zu liegen. Der Zuzug von Bauarbeitern in Folge des hohen Verdienstes dürfte eben durch eine Reihe von Jahren größer gewesen sein, als der in den Neubauten untergebrachte Bruchtheil der Bevölkerung. Die Statistik allein kann diese Hypothese bestätigen oder umwerfen, doch muß man hier den Begriff der Bauarbeiter weit genug fassen.

Es sind hierzu nicht allein Maurer, Zimmerleute, Bauschlosser und Tischler, Fuhrleute und Tagelöhner zu zählen, obgleich diese Armee nicht unbedeutend sein mag. — Vor allem kommt dazu noch die Arbeiterschaft der in der Umgebung Wiens zu außerordentlicher Höhe gesteigerten Ziegelproduction. Der Kreis von Ringöfen schließt sich mehr oder weniger nahe an die äußeren Vororte Wiens an, und da die Erbauung eigener Arbeiterhäuser den Ziegelwerksbesitzern in den wenigsten Fällen conveniren kann, so drängt der Wohnungsbedarf ihrer Arbeitsleute einen Theil der Bewohnerschaft der Vororte dem Centrum zu. — Die Gesammtmenge der bei den Bauten, bei der Materialerzeugung und dem Transport in und um Wien

Beschäftigten steigert aber den Gesammtverbrauch der Bevölkerung an Nahrungsmitteln und allen sonstigen Artikel der Hauswirthschaft selbstverständlich um ein Bedeutendes. Zur Beschaffung dieses erhöhten Consums reicht aber die gleiche Zahl der Hände nicht aus, welche in normalen Zeiten genügt. Fast alle dem directen Volksbedarf dienenden Gewerbe, Fleischerei, Bäckerei, Gastwirthschaften, Schneiderei und Schusterei, sind nicht nur im Verhältniß des Bevölkerungszuwachses, sondern weit über diesen hinaus in Anspruch genommen; denn die rege Thätigkeit der Neuzugewanderten bedingt einen regen Stoffwechsel in Nahrung und Kleidung, und die hohen Löhne, welche die Bauarbeiter beziehen, setzen sie in die Lage, einen großen Massenconsum zu bestreiten.

Alles, was die Baulust über ein gewisses Maaß steigert, steigert zunächst auch die Wohnungsnoth, und eine nachhaltige Beseitigung derselben kann erst stattfinden, wenn die Bauleute mehr Wohnungen hergestellt haben, als sie für ihren directen und indirecten Bedarf benöthigen, oder wenn eine lang andauernde Ermattung im Bauwesen einen Theil der zugereisten Arbeiterbevölkerung zwingt, wieder anderwärts ihr Brod zu suchen. Es ist daher weder mit der unendlichen Ausdehnung der Steuerfreiheit für Neubauten, noch mit andern heftig wirkenden Zugpflastern in der Wohnungsfrage ein untrügliches Wundermittel geboten, und man lasse nicht außer Acht, daß bei jeder über das natürliche Maß gesteigerten Thätigkeit das Plus an Resultaten mit dem Plus an aufgewendeter Kraft in ein immer ungünstigeres Verhältniß tritt.

Also hier wiederum ist gleichmäßige Vertheilung der Volksarbeit der Zeit nach das Einzige, was zugleich dem Interesse des wohnungssuchenden und des arbeitsuchenden Publicums frommt. Die Grenzen unserer Kraft haben wir in der Krisis kennen gelernt; nun müssen wir auch lernen, in diesen Grenzen zu bleiben.

Einen Nachtheil der oben geschilderten gewaltsamen Bau- und Wohnungsbewegung haben wir noch anzuführen vergessen. Es ist dieß die Nothwendigkeit des häufigen Wohnungswechsels bei dieser Völkerwanderung. Sind die Wohnungsmiethen schon an und für sich zu einer schwer erschwinglichen Höhe hinaufgeschraubt, so wird dieß durch die directen Kosten, die Unsicherheit, den Zeitverlust einer Wohnungsveränderung und die Einbuße am Werthe der Wohnungs= einrichtung noch wesentlich vermehrt, und bei der herrschenden Ueber= füllung der vorhandenen Wohnungen wirkt der Anprall jedes neu= zuziehenden Wohnungssuchers auf eine längere oder kürzere Kette älterer Ansassen zurück.

Eine erhebliche Steigerung hat die Baubewegung durch die erst vereinzelt, dann massenhaft betriebene Gründung von Baugesell= schaften erfahren. Die Ersteren derselben mögen es mit der Erfül= lung des durch ihren Namen ausgedrückten Zweckes, des Bauens nämlich, ernstlich gemeint haben; auch lag die innerliche Berechtigung der Capitalsassociation zur ökonomischen und streng fachmännischen Ausführung baulicher Unternehmungen unzweifelhaft vor. Die ersten Jahre hatten jene Gesellschaften mit der Unfertigkeit der Organisation und widrigen äußeren Verhältnissen zu kämpfen, aber bald ergaben sich, mit dem Erwachen der Speculation, bedeutende Gewinnste der= selben, weniger am Bau, als an der Steigerung des Werthes der zu Bauzwecken angekauften Gründe. Haben wir früher erwähnt, daß sich der Werth einer Quadratklafter Grundes an der Ringstraße vor Gründung der Baugesellschaften innerhalb weniger Jahre von 4—500 Gulden auf 800—1000 hob, so stieg er nun nochmals auf das Doppelte. Solchen Honig kann ein bereits vom allgemeinen Speculationsrausche erfülltes Publicum nicht wittern, ohne alle An= strengungen zu machen, das letzte Stückchen davon zu erhaschen, und die gewerbsmäßigen Gründer hatten nun wieder eine Lockspeise, welche sich trefflich verwerthen ließ. Baugesellschaft auf Baugesell= schaft wuchs aus dem Boden, und wenn dabei auch das Bauen selbst nur als Aushängeschild zu dienen hatte, so mußten um dieses Schildes willen doch Bureaux eingerichtet, Ingenieure und Archi= tecten angestellt, Bauarbeiten aufgenommen, kurz gebaut, und somit die Gesammtbauthätigkeit gesteigert werden.

Um die Mitte des Jahres 1869 erscheinen die beiden ersten Baubanken im Coursblatte, und bleiben darin bis zum Spätherbst 1871. Einen Monat später jedoch, am Jahresschlusse 1871, war die Zahl bereits auf fünf angewachsen, wovon vier Wiener Gesellschaften und eine aus der Provinz. Ende 1872 zählen wir deren vierzehn, im Mai 1873 vierundzwanzig, ungerechnet die Eisenbahn- und die Tramwaybaugesellschaft, und ungerechnet die große Zahl derjenigen, die bereits gezeugt waren, ohne noch im Courszettel das Licht der Welt erblickt zu haben. Im Ganzen sollen es einige vierzig gewesen sein.

Einige vierzig Baugesellschaften, um fast ausschließlich in und um Wien Häuser herzustellen! Liegt da nicht schon in der Gründung der dreißigsten, ja der zehnten, und selbst der fünften dieser Banken für den Fall der Zahlungsunfähigkeit das Vergehen der leichtsinnigen Crida enthalten? War es denkbar, daß über die Ersteren hinaus eine weitere solche Gesellschaft noch einen legitimen Wirkungskreis finden konnte? — Aber wir Alle, mit wenigen Ausnahmen, wenn wir auch nicht zu den leichtsinnigen und betrügerischen Machern gehören, wenn wir auch bei Gründung der dritten und vierten solchen Gesellschaft bedenklich den Kopf geschüttelt haben, sind mehr oder minder durch den Scheinerfolg der Unternehmungen, durch den trotz aller Voraussagen hoch bleibenden Cours der Actien eingelullt worden, und waren bei Gründung der vierzigsten Bank weder so entrüstet, noch so erstaunt als bei Gründung der dritten derselben. Wenn für eine unbedeutende Provinzialstadt eine solche Gesellschaft mit ein paar Millionen Gulden Actiencapital gegründet wurde, so lachte man wohl oder zuckte die Achseln über die Narren, welche da ihr Geld hineintragen konnten, und über die kindischen Phantasten, welche die Sache ins Leben gerufen hatten. Wenn aber dann eine solche Gesellschaft mit ihrem Actiencapital anstatt Häuser Verkehrsanstalten errichtete, wie sie nur für Großstädte passen, da staunten wir nur mehr; und wenn zuletzt eine solche Gesellschaft um ein Mehrfaches ihres Actiencapitals fern von ihrem Sitze den andern Speculationsgesellschaften Gründe abnahm, da ging bei Vielen das Erstaunen in Bewunderung über; — und doch mögen zum großen Theil diese kleinen Provinzheroen nur die schwachsinnigen und eben so unwissenden als selbstgefälligen und vertrauensseligen Nachäffer der geriebenen Spitzbuben in der Großstadt gewesen sein.

Grundspeculation also war der Hauptzweck, oft der einzige

Zweck der Baugesellschaften; — und wahrlich, in dieser Hinsicht haben sie sich auch wacker gerührt. Aber wenn auch mit Grund und Boden zwischen Privaten und Gesellschaften, und von diesen unter sich auf noch so tolle Weise Fangball gespielt wurde, wenn auch der Werth einzelner Gründe noch so sehr ins Unsinnige hinein stieg, wenn der Staat noch so unnöthige Besitzumschreibungstaxen eincassirt, wenn der Einzelne bei diesem Spiel zuletzt auch noch so schlecht wegkam, — schließlich wurde dadurch das Nationalvermögen nur umgerüttelt und wenig angegriffen; die theuere und übertriebene Production von Bauwerthen, die bei Gelegenheit der Grundspeculation so nebenher ging, war und blieb der größere Schaden, welchen der ganze Baubankenschwindel anstiftete.

Es kann da wohl mit der Oeconomie ganzer Völker nicht viel anders sein als mit der von einzelnen Personen. Nur der Ueberschuß des Gesammteinkommens über den eigenen Verbrauch, und selbst dieser nur zum Theil, kann dem Anlagscapital zugeschlagen, zur Amelioration dem Boden übergeben, in Häuser, Eisenbahnen und Fabriken verbaut, zur Anschaffung von Maschinen, Fuhrwerken, Geräthen, deren Wiederherstellung oder Verbesserung verwendet werden. Nur zum Theil sagen wir, denn in der Regel bedingt ein größeres Anlagscapital auch ein größeres Betriebscapital. Wird aber gar über den obengenannten Ueberschuß hinaus die Masse der festen Anlagen vergrößert, dann kann dieß eben nur auf Kosten des bisherigen Betriebscapitals geschehen; und so wie in der Privatwirthschaft die Entblößung an diesem letzteren die empfindlichsten Störungen und Einbußen, und häufig den Ruin nach sich zieht, so muß es wohl in der Volkswirthschaft auch der Fall sein. Bis zu einem gewissen Grade mag der Credit das Betriebscapital ersetzen, und die außerordentliche Hebung des Creditwesens des Landes mag jene Einbuße an Betriebscapital durch forcirte Vermehrung der Anlagswerthe auch durch mehrere Jahre ausgeglichen oder unsichtbar gemacht haben. Denn das Volkseinkommen wird sich doch wohl in den Jahren 1867—1873 nicht derartig gesteigert haben, daß die 300 Meilen Eisenbahnen und die proportionale Summe an andern Bauwerthen eben so leicht bestritten werden konnten, wie früher die

32 oder 24 Meilen per Jahr; und die Ersparniß am Volks=
einkommen noch viel weniger, denn nie hat der Luxus in allen
Ständen so überhand genommen, wie gerade in diesen letzten Jahren.
Freilich waren die Staatsanlehen, welche sonst den größten Theil
des Einkommensüberschusses absorbirt hatten, weggefallen, aber da=
mit konnte doch nur ein kleinerer Theil jener Bauanlagen bestritten
werden; und wenn auch ein anderer Theil aus dem Auslande kam,
so befand sich eben auch dieses in einem Zustande der Ueberspan=
nung seiner Kräfte, und den schwersten Stoß hatte doch Oesterreich
als das Centrum der Gründerspeculationen auszuhalten.

Das Creditwesen hatte also den Ausfall am Gesammtbetriebs=
capital des Volkes zu ersetzen. Nur hat es mit dem Creditwesen
die eigene Bewandtniß, daß es mit dem allgemeinen Vertrauen steht
und fällt. Erhält dieses letztere einen Stoß, so wird der Mangel
an beweglichem Capital sofort auf die empfindlichste und schädigendste
Weise fühlbar. Endlich kommt freilich wieder Alles in ein gewisses
Geleise, aber häufig ist dieß erst der Fall, nachdem an den Anlags=
werthen so viel außer Betrieb gesetzt oder zu Grunde gegangen ist,
bis das Gleichgewicht mit dem flüssigen Volksvermögen sich wieder herstellt. Der Hauptunterschied zwischen Anlagswerthen und Betriebs=
capital ist wohl der, daß die Ersteren die Werkzeuge der Production,
der Orts= und Formveränderung darstellen, während das Zweite die
Waare sammt den verschiedenen Arten ihres Gegenwerthes umfaßt.
Mit Ausnahme des Baargeldes decken sich diese letzteren, die aus
Guthaben und Schulden bestehen, gegenseitig in einem wirthschaft-
schaftlichen Gebiete, soweit sie nicht nach auswärts reichen. Als
Capitalsaldo bleiben also im großen Ganzen immer nur Werkzeug, Waare und Geld zurück. Jede Vermehrung des Volks=
vermögens, insofern sie zur Production verwendet wird, muß sich
auf diese drei Summanten nahezu proportional vertheilen; denn zur
Hervorbringung, Veredelung und Beförderung einer bestimmten Menge
Waare ist eine bestimmte Menge Werkzeug, nicht mehr und nicht
weniger nothwendig, und ebenso wird ein vermehrter Waaren=
austausch eine vergrößerte Menge der Circulationsmittel erfordern.
Eisenbahnen, Wohnhäuser und industrielle Etablissements gehören

nun selbstverständlich in die erste der drei genannten Categorien, und eine einseitige Vermehrung derselben auf Kosten der Gesammt= waarenmasse muß als ein grober wirthschaftlicher Exceß bezeichnet werden.

Was nun die Gründung industrieller Etablissements in den letzten Jahren betrifft, so hinkte sie nur kümmerlich hinter den Lieb= lingsobjecten für feste Capitalsanlage drein. Und zwar mit Recht. Das Publicum, welches von den goldenen Früchten der Spe= culation so viel wie möglich zu erhaschen trachtete, hatte doch ein dunkles Gefühl, daß es eigentlich von der Sache gar nichts verstand, und daß möglicherweise ein colossaler Humbug mit ihm getrieben werden könnte. Ein Haus, eine Eisenbahn, das war doch immerhin ein greifbares Object; wurde der Bodenwerth des erstern auch dreifach überzahlt, und der Bau um dreißig bis fünfzig Pro= cent zu theuer geführt, so war man doch sicher, daß die Miethe unter allen Umständen eine, wenn auch mäßige Verzinsung gewähren würde. Den Eisenbahnen half die Staatssubvention zum größten Theile, und auch sie war ein dem gewöhnlichen Verstande geläufiges, mit dem Publicum im Contact bleibendes Object.

Aber eine Fabrik! Da mußte man ja die Versprechungen der Lebensfähigkeit, der Rentabilität ganz auf Treue und Glauben hin= nehmen. Die Industrie in Oesterreich war durch die furchtbaren Schwankungen der sich drängenden, complicirten Conjuncturen, welche wir im frühern Capitel geschildert haben, mit Recht in Verruf ge= kommen. So ein industrielles Etablissement konnte zu Grunde gegangen sein, bevor die Actionäre noch den ersten Kreuzer von Dividende zu sehen bekommen hatten. Findet sich schon bei einer Bau= oder Eisenbahngesellschaft schwer ein Actionär, welcher das Gebahren des Verwaltungsrathes oder der Direction einer sach= gemäßen Kritik zu unterziehen im Stande ist, so kann bei einer in= dustriellen Gesellschaft vergeudet, vernichtet und verspeculirt, gestoh= len und betrogen werden, ohne daß die actienbesitzende Menge der Sache im Geringsten auf die Spur kommen zu können braucht.

Diese und ähnliche Gründe mögen, mehr instinctiv als bewußt, das große Publicum von der Capitalsanlage in eigentlich indu=

striellen Unternehmungen abgehalten haben. Denn wäre eine
solche Geneigtheit dagewesen, die Gründungen hätten sich von selbst
gefunden.

Nun hat aber die Industrie auf Actien im Allgemeinen noch
einen besondern Uebelstand. Die persönliche Oeconomie, die persön=
liche größtmögliche Ausnutzung aller auch der kleinsten Vortheile,
das spürhundmäßige Aufstöbern derselben, die beständige geistige und
materielle Ueberwachung sämmtlicher Agenden eines industriellen Ge=
schäftes ist mit wenigen Ausnahmen eine so unerläßliche Bedingung
der Prosperität desselben, daß in der Regel das ganze persönliche
Interesse des selbstständigen Besitzers dazu gehört, um zur Erfüllung
dieser Bedingung die Triebfeder abzugeben. Immerhin muß dazu
noch natürliche Begabung und tüchtige Kenntniß hinzutreten, um
das gewünschte Resultat zu geben; bei einem angestellten Director
oder gar bei einem vielköpfigen Verwaltungsrathe, mit der gewöhn=
lichen Interessenverschiedenheit und Indolenz seiner Mitglieder, ist
aber jene erste Voraussetzung in den meisten Fällen nicht vorhanden.

Die geringe sociale Stellung des Industriellen in Oesterreich,
begründet in der mangelhaften Bildung eines großen Theils des
Standes, ferner die Mühseligkeit und angestrengte Sorge der Be=
schäftigung, endlich übermäßig große Gefahren finanziellen Schei=
terns halten die Besitzenden ab, sich der Industrie zuzuwenden, wenn
nicht schon die frühere Generation derselben angehört hat. Und doch
muß in Zukunft dieses geschehen, doch muß die Convenienz hiefür
geschaffen werden, wenn von einer harmonischen wirthschaftlichen
und Civilisationsentwicklung in Oesterreich die Rede sein soll.

Genug, das Resultat aller dieser Bedenken und Uebelstände be=
stand darin, daß die Industrie als solche der Hauptsache nach nur
in sofern in den Gründungswirbel mit hinein gezogen wurde, als
bestehende Fabriken und Gewerke, und zwar zumeist solche, welche
sich durch Vorlage einer Reihe von günstigen Bilanzen legitimiren
konnten, aus den Händen von Privaten oder des Aerars in die=
jenigen von Actiengesellschaften übergingen. Ein gutklingender Name
des alten Besitzers reichte dann allerdings hin, um den Verkaufs=
preis solcher Werke auf das anderthalbfache, doppelte und mehr

ihres wahren Werthes zu steigern, und außerdem noch fette Vermittlungs-, Findungs- und Emissionsgebühren herauszuschlagen. Neues Kapital kam dann allerdings durch Vergrößerung und Neuausstattung solcher Etablissements hinzu.

Haben alle die bisher aufgezählten Objecte des Gründungswesens, insofern sie nicht bloße Umwandlungen schon bestehender Unternehmungen waren, das unter sich gemein, daß jedes von ihnen dem Capitalsmarkte eine gewisse Menge seiner Waare dauernd entzog, und sie so in ihrer Gesammtheit eine weitgreifende Capitalsnoth hervorrufen mußten, so kann man dies von dem Lieblingskinde des Börsenunternehmungsgeistes, dem Bankwesen, nur in sehr geringem Maße behaupten.

Das Bankwesen hat mehr oder minder nur den Canal gebildet, welcher den Zufluß der Capitalsmengen aus den Händen des besitzenden Publicums in die festen Anlagen vermittelte. Doch mag immerhin durch den fortlaufenden Proceß neuer Bankbildungen aus dem Schooße der alten eine nicht unbedeutende Quote des jeweiligen Capitalsvorrathes in Anspruch genommen und somit zeitweilig dem reellen Bedarfe entzogen gewesen sein.

War eine Bank einmal gegründet, und die Einzahlung, sei es durch Geld oder durch andere Werthe, durchgeführt, so war ja das Capital dem Markte wieder zurückgegeben; es konnte nun entweder zu festen Anlagen verwendet, oder als flüssiges Capital dem laufenden Bedürfnisse erhalten, oder endlich durch eine neue Bankgründung derselben Procedur unterzogen werden, welche es eben durchgemacht hatte. Selbst das, was als Gründergewinn auf die Seite gefallen war, floß rasch wieder dem Markte zu. Nach Art der primitivsten Organismen der Thierwelt ging da die Fortpflanzung durch Auswachsen und allmählige Theilung des Mutterkörpers vor sich; die alte Bank war nach Gründung der neuen der abgestoßene Balg, der nur durch den Zusammenhang mit der Neubildung und durch die äußere Zuthat des Credits eine Art wirthschaftlichen Scheinlebens führte.

Immerhin nahm die Masse der durch ein verhältnißmäßig geringes Capitalsquantum der Reihe nach ins Leben gesetzten „Bälge" keine unbedeutende Menge von „Säften" zu ihrer eigenen Existenz in Anspruch. Wird eine einzelne Bank gegründet, so mag die, wenn auch noch so luxuriöse Ausstattung durch prunkvolle Bureaux und durch Anstellung eines in seinen Spitzen glänzend bezahlten Beamtenkörpers vielleicht doch nur eine mäßige Quote des Gesellschaftscapitals absorbiren; wiederholt sich mit demselben Capital diese Operation zum zweiten, dritten und zehnten Male; dann muß sich dieser ganze Apparat bei jedem einzelnen dieser Organismen erst in seiner Gebahrung bezahlt machen, und dazu muß dann diese Gebahrung eine wirklich productive sein, und nicht im fehlerhaften Zirkel sich bewegen. War letzteres der Fall, so trat hier nicht nur wie bei den Gründungen von Anlagswerthen eine Verschiebung des Gleichgewichts in der Capitalsverwendung, sondern eine directe Capitalsverwüstung ein, welche bei der colossalen Menge von neuen Banken und dem Umfang der einzelnen derselben tiefgreifend und verderbenbringend sein mußte.

Die Zahl der Bankinstitute, welche in dem Wiener Coursblatte notirt werden, und welche zu Anfang 1867 noch 7 betrug, wuchs im Laufe des Jahres 1869 von 16 auf 33, im Laufe des Jahres 1872 von 42 auf 63 und erreichte im Mai 1873 die Höhe von 72. Die Aufgabe der rationellen, statistischen Zusammenstellung der Summen des zu den einzelnen Zeitabschnitten wirklich eingezahlten Capitals, wie des jeweiligen Gesammtbetrags der Courswerthe, der alljährlich ausgewiesenen fictiven oder reellen Geschäftsgewinnste, und endlich der Gründungs- und Jahresspesen des österreichischen Bankwesens harrt noch ihrer Lösung. In den Rahmen der hier ganz oberflächlich aufgeführten Anzahl der Institute zu verschiedenen Abschnitten des letzten Decenniums wird es schwer sein, ein Phantasiebild des heimischen Bankwesens hinein zu construiren, welches mit den wirklichen Bedürfnissen des Geldmarktes nicht in schreiendem Widerspruch stände; umsomehr als locale, auf Wechselseitigkeit begründete Vorschußcassen und dergleichen in jenen Zahlen, als auf dem Coursblatte nicht figurirend, hier auch nicht einbegriffen sind.

Für den legitimen Wirkungskreis der Banken, die Ergänzung des nothwendigen Betriebscapitals für Handel, Industrie und Landwirthschaft, durch Gewährung von bedeckten und unbedeckten Crediten hätte die Zahl der im Jahre 1866 bestehenden Institute nur um wenige vermehrt zu werden gebraucht; eine so unglaubliche Erweiterung der Thätigkeit im eigentlichen Nährstande hatte ja in dem seither verflossenen Zeitabschnitt nicht stattgefunden.

Auch die Geldbeschaffung für Anlagswerthe muß noch der Regel nach zu diesem legitimen Wirkungskreise gezählt werden, wenn auch diese Thätigkeit weit über das Maß des Bedürfnisses hinaus ging. Ist aber die Subscription für ein neues Unternehmen geschlossen, hat die Ueberwälzung der Verbindlichkeiten und Rechte auf das Publicum stattgefunden, dann soll diese Thätigkeit in jedem einzelnen Falle beendigt sein, — und wie viele solcher Gründungen kann ein leistungsfähiges Institut neben seiner regelmäßigen Creditgebung noch in einem Jahre in Scene setzen!

Was hatten also jene mehr als sechzig über den wirklichen Bedarf vorhandener Banken noch für Agenden?

Gar keine andern, als einerseits das Spiel für eigene Rechnung, andererseits die Beschaffung der Mittel zum Spiele für Private und Schwesterbanken. Da gehörte zum nothwendigen Hausrath einer Bank eine Wechselstube, so zu sagen der Krämerladen einer Bank, worin die Waare lothweise ins große Publicum der kleinen Leute gebracht wurde, ein Geschäft, dessen Wachsthum proportional ging mit dem der Speculation an der Börse. Dazu kam das Contocorrentgeschäft, der commissionsweise Ein- und Verkauf von Staats- und Industriepapieren; dann das Maklergeschäft, die Association des Capitals zur Garantieleistung von Speculationsvermittelungen; endlich als pièce de résistance das Kost-, Lombard-, Reportgeschäft, der Spielcredit gegen Deckung in Papieren. Der Nachfrage nach diesem letztern konnte die vereinte Thätigkeit sämmtlicher Banken noch nicht genügen, und jeder Gulden aus der Tasche eines Privatmannes, der zu diesem Zwecke die Börse aufsuchte, fand Verwendung zu doppelten Zinsen.

Die Entwicklung des Kostgeschäftes und die der Bankengründung zeigt eine merkwürdige Analogie: Nach dem Vorgange jener Taschenkünstler, welche aus einem scheinbar kurzen Papierknäuel in ihrer Hand eine Säule drehen, die höher und höher wird, und endlich an die Decke ihrer Schaubude reicht, wird mit einem Capital von etlichen Millionen Gulden eine Bank gegründet, deren Actien in Kurzem ein Agio von fünfzig oder siebzig Procent erreichen; mit diesem vermehrten Capitale werden zwei neue Institute gegründet, welche ein gewöhnliches Aufgeld erzielen, und so geht es fort, wenn kein störender Luftzug dazwischen tritt, bis man meint, die Papiersäule wachse in den Himmel hinein. Ebenso beim Lostgeschäfte: da werden um einen mäßigen Betrag Spielpapiere gekauft, dieselben versetzt, für den dafür erhaltenen Betrag neue gekauft, und so fort; und so lange die Menge der Spieler an das vor ihren Augen sich entwickelnde Wunder glaubt, steigt der Courswerth der Papiere, und diese werfen unglaubliche Dividenden ab, und geben immer neue Mittel zur Vergrößerung der Spielsumme und wieder wächst die papierne Säule dem Himmel zu. Der glückliche Beschauer wird von dem Schauspiele berauscht, er glaubt, eine Säule von Erz vor sich zu sehen, oder den Stamm eines gesunden Baumes, der wie andere Bäume in fruchtbarem Boden wurzelt und aus diesem seine Nahrung zieht. Endlich beginnt die Spitze in den Lüften doch bedenklich zu schwanken, die Hand des Säulendrehers wird unsicher, das Kinderpublicum sieht ihm schärfer auf die Finger, — ein Windstoß, eine Erschütterung und das Wunderwerk knickt zusammen und fällt zu Boden.

In der ganz unglaublichen Expansionsfähigkeit des Bankwesens und des Lostgeschäftes ist deren außerordentliche Gefährlichkeit und Verderblichkeit gelegen, und die wirklichen Millionen, die ursprünglich in sie eingezahlt worden waren, sind zum großen Theile mit dem Agio des Agios in die Brüche gegangen.

IV.

Es ist über die Spielkrankheit, Spielwuth, Spielepidemie des Publicums viel debattirt, geklagt und gepredigt worden, — die Tagesblätter namentlich konnten nicht müde werden in Leitartikeln und Feuilletons das Laster des Spieles unbarmherzig zu geißeln, und seine verderblichen Folgen in glühenden Farben dem Leser vor Augen zu führen. Umsonst! während das Volk den kunstreichen Ausführungen der Sittenprediger die gebührende Anerkennung zollte, während man den Geißelhieben der Satiriker Beifall zujauchzte, dachte jeder Einzelne an Steigen und Fallen der Papiere, die er kaufen oder verkaufen wollte, und anstatt abzunehmen, griff das Uebel in immer weitere Kreise.

Ist die Krankheit wirklich auf eine ganz räthselhafte Weise ausgebrochen, ist das Miasma durch vollkommen unbekannte Strömungen auf unergründlichen Wegen verbreitet worden, und hat menschlicher Wille, menschliches Zuthun und menschliches Interesse keinen erkennbaren Theil an den Ursachen dieser Seuche gehabt?

Wenn ein in geschäftlichen Anschauungen wie in den wirthschaftlichen Gesetzen gleich unwissendes Publicum sich plötzlich massenweise und immer massenweiser mit der Sicherheit und Unerschrockenheit des Fachmannes auf die hohe See der Speculation begibt, die Segel stellt und das Steuerruder führt, so muß es entweder toll geworden sein, oder es muß glauben, mit einem Male eine Fülle geschäftlicher Weisheit in sich aufgenommen, oder einen gewiegten Führer und Warner an die Seite bekommen zu haben, der ihm Alles durch momentane Weisungen ersetzt, was ihm an Kenntnissen, Erfahrung, Urtheil und Handgriffen abgeht.

Je unzurechnungsfähiger und unselbstständiger dieses Publicum ist, um so leichter wird es in die Täuschung versetzt werden können, einen solchen uneigennützigen und unfehlbaren Freund und täglichen Begleiter zu besitzen. Hat dasselbe zwar Lesen und Schreiben, aber nicht denken gelernt, und ist es zugleich vertrauensvoll und erregbar, — dann flößt ihm vor Allem das gedruckte Wort die höchste Ehrerbietung, die höchste Dankbarkeit ein; es denkt ja für den Leser, es urtheilt für den Leser, es warnt ihn, es sagt ihm, er solle hübsch moralisch sein; es geißelt das Laster, es krönt die Tugend, es zeigt ihm seinen wahren Vortheil, es ist so bestimmt, so überzeugend, es hat immer schon vorher recht gehabt, stets bekräftigen die Thatsachen seine Offenbarungen, es fegt seine Gegner hinweg wie der Sturm durch dürre Blätter fährt, und es ist wahr, es kann ja nicht anders als wahr sein — es ist ja gedruckt, gedruckt schwarz auf weiß mit solcher Deutlichkeit, daß man kein X für ein U ansehen kann, und läppischen, unfertigen, unrichtigen oder gefälschten Meinungen würde man doch nicht die Ehre der Drucklegung erweisen.

Dieß wäre, in bestimmte Worte übersetzt, so etwa die unbewußte Meinung der großen Heerde, die man zwar glücklich dahin gebracht hat, gegen jede officielle Autorität grundsätzlich mißtrauisch und oppositionell zu sein, die aber um so blinder der papiernen Führung der Publicistik folgt, denn geführt muß doch jeder Gedanke in ihr werden, sonst wäre es eben nicht die große Heerde, von welcher wir sprechen. Nur manchmal wird sie kopfscheu, dann nämlich, wenn ihr bisheriger Führer, die jeweilige Opposition, an die Herrschaft kommt. Das Mißtrauen nach der einen Richtung ist eben noch stärker, als das Zutrauen nach der andern, und um ihr Publicum nicht zu verlieren, müssen die Organe einer aus Ruder gekommenen Partei sofort eine Scheinopposition gegen ihre eigenen Männer ins Werk setzen. Doch wir kommen hier ab — die Regel des Lesepublicums ist, bei dem eigenen Blatt von der Aufschrift an, durch den politischen und volkswirthschaftlichen Theil bis zum letzten Inserat den Inhalt so in sich aufzunehmen, wie in frühern Zeiten die Worte des Pfarrers von der Kanzel aufgenommen worden sind, d. h. gar nicht auf den Gedanken zu kommen, daß Irrthum oder

Interesse bei Abfassung der Nachrichten oder Urtheile mitgesprochen haben könnten.

Die wohlmeinenden, harmlosen unter den Gebildeteren und Verständigen kommen auf anderen Wegen zu einem ähnlichen Resultate. Die einen unter ihnen sind stramme Parteileute: die haben das Gefühl der Nothwendigkeit der Parteidisciplin, sie sind aus Ueberzeugung der Farbe ihres Blattes zugethan, und weil sie von der Richtigkeit der politischen Raisonnements desselben überzeugt sind, nehmen sie nicht nur sämmtliche damit zusammenhängende thatsächliche Mittheilungen, sondern auch den ganzen volkswirthschaftlichen Theil ungeprüft als streng objectiv und streng überzeugungsgemäß mit in den Kauf. Die politisch Indifferenteren dagegen, die doch an der Zeitungslectüre Freude haben, sind dann meist weiche, naive, vertrauensvolle Naturen, die selbst das Beste wollen, und die zwar mit Schaudern aus ihrer Zeitung die Niederträchtigkeit der Welt im Allgemeinen und die Tücke der gegnerischen Journale insbesondere ersehen, aber weit entfernt sind, die so überzeugungsinnig klingenden Worte des Blattes, das sie gerade in Händen haben, einer skeptischen Bekrittelung zu unterziehen.

Und wir Andern, die wir weder so ganz ungebildet, noch so parteifanatisch, noch endlich so glaubensfreudig sind, wie die Geschilderten, sind denn wir bei irgend einem Blatte im Stande, annähernd die Grenzlinie zu ziehen, wo wahr und falsch sich sondert? Thun wir etwa besser daran, wenn wir in den entgegengesetzten Fehler der Obengeschilderten verfallen, indem wir alles für erfunden und erlogen erklären, was aus den Druckwalzen einer Zeitungspresse schwarz auf weiß sich herauswindet? Handelt es sich etwa bei uns um etwas Anderes, als um ein Mehr oder Weniger des Irrthums? Auch wir sind gezwungen, eine Menge Nachrichten der Tagesblätter auf Treu' und Glauben hinzunehmen, und haben nicht einmal immer die Muße, die Raisonnements und Tiraden der Leitartikel einer strengen Prüfung zu unterwerfen, weil wir eben nicht wissen, ob die thatsächlichen Voraussetzungen derselben richtig und namentlich vollständig sind. Das beste Criterium einer solchen Voraussetzung oder Mittheilung bleibt immer noch einerseits, ob der Einzelne sich leicht von der

Richtigkeit derselben überzeugen kann, denn je eher dieß der Fall ist, desto mehr Gefahr ist für die Zeitschrift, sich durch die Unrichtigkeit bloszustellen; andererseits ob eine Fälschung den Leitern der Zeitschrift direct oder indirect Vortheil zu bringen geeignet erscheint. Aber Ueberschätzung unseres eigenen Urtheils, Nachlässigkeit, Voreingenommenheit, Lust am Scandale trüben mehr oder weniger unser aller Blick in Bezug auf die Mittheilungen der Tagesblätter, und lassen uns in dem, was wir davon aufnehmen oder verwerfen, größere Mißgriffe begehen, als der Mangel der zur Prüfung nöthigen Zeit allein rechtfertigen könnte.

Dieß Alles hatte früher wenig üble Consequenzen für uns. In der Politik war den Zeitungen bis zum Ende des vorletzten Decenniums ein Schloß vor den Mund gelegt, — in der Volkswirthschaft kam wenig vor, das zur Aufstachlung der Geldgier des Publicums hätte verleiten können, und wurden Einigen unserer lieben Nächsten durch eine hämische Bemerkung, ein würziges Scandalgeschichtchen oder eine wohlgefärbte Erzählung ein wenig die Ehre abgeschnitten, so hatten wir Andern inzwischen so viel Spaß dabei gehabt, daß wir uns nicht beklagen sollten, wenn hier und da auch einer von uns an die Reihe kam. Auch blieb dieß in verhältnißmäßig bescheidenen Grenzen. Aber die Zeiten ändern sich, und der Journalistik wuchsen die Flügel in ungeheurem Maßstabe. Erst kam blos die Politik zur Herrschaft, und dieselbe fand zu ihrer publicistischen Vertretung eine Reihe tüchtiger Kräfte vor, welche in den fünfziger Jahren zu schweigen und unterzuducken verdammt waren, aber inzwischen diese Zeit theilweise gut benutzt hatten, sich umzusehen und einen Vorrath an Kenntnissen und Erfahrung zu sammeln, der ihnen nun wohl zu Statten kam. Speciell waren es einige publicistische Talente, und unter diesen Einigen wieder Eines, welche in den schwierigsten Phasen des Kampfes der nationalen, clericalen und absolutistischen Reaction gegen die Verfassungspartei die Führung dieser letzteren in meisterhafter Weise durchgeführt haben.

Je größer nun der Abstand des durchschnittlichen geistigen Horizontes des Leserkreises gegen den ihrer journalistischen Leitung, und je glänzender die Resultate waren, welche diese Leitung in politischer

Hinsicht erzielte, desto bedeutender mußte ihr Einfluß werden, mit welchem sie die öffentliche Meinung beherrschte. So war von den fünfziger Jahren bis zum vergangenen Jahre in beständiger Progression die Presse eine Macht geworden, welche nahezu unumschränkt herrschte, und welcher auf den Knien gehuldigt wurde.

Die ökonomischen Bedingungen der Publicistik als solcher gelten dabei mit Recht oder mit Unrecht als sehr ungünstige, und wir glauben, es sind theilweise die Zeitungsbesitzer selbst, welche dieselben in solchem Lichte darstellen. Es wird behauptet, daß bei manchem großen Journale der Abonnementspreis kaum die Papierkosten decke; dazu kommt der Zeitungsstempel, dazu die sonstigen Regieauslagen, dazu die enormen Honorare für Romane, Feuilletons, Correspondenzen, Leitartikel und Börsenartikel und endlich für Redaction. Dem allen entgegen stehen die Inserate. Inwieweit dieselben alle jene Kosten zu decken und darüber hinaus einen Gewinn abzuwerfen im Stande sind, dieß kann nur bei jedem einzelnen Journale annähernd abgeschätzt werden. Immerhin dürfte dieß auch bei den vom Glück bevorzugteren und besonders tüchtig administrirten Blättern selten über einen mäßigen bürgerlichen Gewinn hinausgehen.

Solche Machtfülle bei schwankenden und schwierigen materiellen Existenzbedingungen ist an und für sich gefährlich. Es gehört da ein moralisches Gegengewicht von ganz besonderer Schwere dazu, um den Stand in Rand und Band zu halten, um erst grobe Ausschreitungen und Mißbräuche Einzelner zu verhindern, in weiterem Verlaufe der Dinge aber auch nur die Lebensfähigkeit des ehrlichen und haltungsvollen Theiles der Standesgenossen gegenüber der Concurrenz des unlauteren und abenteuernden Theils aufrecht zu erhalten. Ein solches Gegengewicht kann theilweise ein stark entwickelter Korpsgeist, anderentheils eine strenge sachliche Heranbildung des Nachwuchses, und die Auswahl desselben aus sittlich tüchtigem Materiale bilden, wie dieß z. B. bei unserm Richterstande in so ausgezeichneter Weise der Fall ist. Talent allein gibt da keine Gewähr, und noch weniger ist die Voraussetzung der Tüchtigkeit da am Platze, wo die geringe Kritik des Publicums das Talent so leicht durch oberflächliche Routine und eine gewisse natürliche Keckheit und Sorglosigkeit ersetzen läßt.

Wir haben zum großen Theile nach den dilettantischen Versuchen der Revolutionspresse des Jahres 1848 unsern Bedarf an publicistischen Kräften aus dem Norden Deutschlands bezogen. Die Wächter des heiligen Feuers der öffentlichen Meinung in Oesterreich und die Herolde der Stimme des österreichischen Volkes waren somit Fremde, zum Theil Fremde, denen die ursprüngliche Heimath ein unmöglicher Boden geworden war; und die geringe Zahl sachlich tüchtiger und bedeutend begabter Oesterreicher, unter deren Flügel sie sich sammelten, war von sehr verschiedenem sittlichen Werthe. Diese ältere Generation ist im Aussterben begriffen. Unter der jüngeren bilden wohl Inländer die überwiegende Mehrheit, und ihre Zahl ist Legion geworden, aber weder die Kreise, aus welchen sich die Mehrzahl derselben recrutirt, noch die Schule, welche sie durchzumachen haben, noch die Bedingungen, welche für ihre Aufnahme in die neue Carrière maßgebend sind, berechtigen zur Annahme, daß sie im weiteren Verfolge ihrer Laufbahn in ihrer Gesammtstimme als der Ausdruck des edleren und tüchtigeren Theiles der österreichischen Nation anzusehen sind.

Etwas Federfertigkeit, etwas Leichtigkeit in der Auffassung der täglichen Vorkommnisse, etwas geschäftlicher Blick, sehr viel Zähigkeit, Zudringlichkeit und Rücksichtslosigkeit — das sind so etwa die Voraussetzungen des journalistischen Handlanger- und Laufburschenthums in Oesterreich, und aus dem intelligenteren und geschickteren Theile dieses Letzteren mag sich die Grundmasse des eigentlichen geschäftlichen Kernes der Journalistik zum größten Theile zusammensetzen. Die eigentliche Schriftstellerwelt in allen ihren Schattirungen bildet dann die weitere Umhüllung, die theilweise mit jenem Kerne vollständig verwachsen ist, theilweise in mehr oder minder losem Zusammenhange mit demselben steht, oder auch nur die glänzende Schale abgibt, welche dem Publicum die gebotene Frucht schmackhaft und reizend erscheinen läßt.

Eine erhöhte Gefährlichkeit für das Volksvermögen mußten jene Verhältnisse der Journalistik erhalten, als nach dem Erwachen des finanziellen Unternehmungsgeistes das große Capital in Oesterreich ein mächtiges Interesse erhielt, auf die Meinung des gesammten besitzenden Publicums im Hinblick auf Vermögensanlagen, und auf die Erregung seiner Gewinnsucht zu wirken. War für das Erstere hinreichend gesorgt, dann machte sich das Letztere wohl mehr oder minder von selbst. War dem Publicum nur hinreichend deutlich vor Augen geführt, was überhaupt durch Betheiligung an neuen Unternehmungen und an der Effectenspeculation gewonnen und verloren werden konnte, war es dann andererseits zu dem Glauben gebracht, mit Hülfe der journalistischen Brillen die gewinnbringenden Unternehmungen und Speculationen von den verlustbringenden unterscheiden zu können, wurde dabei nun die ernsthafte Maske des Warners und Helfers mit einiger Geschicklichkeit gewahrt, und für den schlimmen Fall diesem Letzteren ein Hinterpförtlein offen gelassen — so machte sich alles Andere von selbst.

Wie leicht konnten bei dem, in die Hunderte von Millionen gehenden Betrage der Neuschöpfungen der vergangenen Jahre Hunderttausende von Gulden von den Einzelgründern und Gründerconsortien als Provisionen für journalistische Wegbahnung gezahlt werden, sei dieß durch einzelne Artikel, Notizen und Verschweigungen, sei es durch Pachtung des finanziellen Theiles einzelner Blätter oder durch gänzliche Uebernahme derselben in den Besitz eines Consortiums, um so mehr als die Anzahl der politisch maßgebenden und somit auch finanziell einflußreichen Blätter, trotz des üppigen Wucherns der Journalistik überhaupt, keine große war.

Man hat so viel über den Unfug und die Demoralisation der Revolverpresse geklagt, und große Blätter haben die Brandmarkung derselben immer mit ernsthafter Miene betrieben.

Arme, kleine Revolverpresse!

Die fünfzig Gulden, die hier und da so ein kühner, winziger Strauchritter einem ängstlichen Geschäftsmanne, oder dem bejammernswürdigen Gatten eines lustigen Weibleins zur Verschweigung eines picanten Artikelchens nach Art von Fiesco's Mohren abnahm, welcher auch seinen Gegner in seinen vier Wänden aufsuchte, — die haben mit den ungezählten Millionen wenig zu thun, welche mit Hülfe der journalistischen Magnete aus den Taschen des kleinbürgerlichen Besitzers in die der Finanzbarone hinübergewandert sind. Die ungewaschenen Ritterlein mit und ohne das plumpe Holzschnittporträt als Wappenthier auf ihrem papiernen Schilde haben hauptsächlich dadurch geschadet, daß sie den großen und gefeierten journalistischen Alliirten des Geldsacks als Folie der Tugend und Blitzableiter gegen ein mögliches Ungewitter der lange genarrten öffentlichen Meinung dienen mußten. Auch ist der Weg vom bescheidenen Erpressungshausirer zum mächtigen Journalgebieter durchaus nicht versperrt.

Die „anständige Presse" hatte solche Zimmerattaquen glücklicherweise nicht nöthig; flossen ihr ja doch mit wenigen Ausnahmen die Nebeneingänge über Pränumerations= und Inseratengelder recht reichlich in die Casse, ohne daß sich der betreffende Jupiter tonans von dem behaglichen Redactionsfauteuil weg zu bemühen gebraucht hätte.

Zunächst waren da die Gründungen. „Die Unterstützung der Presse" war dabei ein so selbstverständlicher, geschäftsmännisch feststehender Begriff, die „Gewinnung" derselben, wie man sich glatt und elegant ausdrückte, ein in den internen Verrechnungen der Gründungsspesen so regelmäßiger Posten, wie Erwerbung der Concession und Bezahlung der Stempel dafür. Die Höhe der Taxen und Betheiligungen, welche da an die finanziell maßgebenden Journale gezahlt wurden, richteten sich natürlich sowohl nach dem Capitalsumfang der Gründung, als nach dem Umfange, in welchem sie die Unterstützung des betreffenden Journales in Anspruch nahm, als endlich nach der Gefahr, welcher sich der Credit desselben durch Patronisirung einer bedenklichen Unternehmung aussetzte. Unter Umständen konnte die „gewonnene Unterstützung" natürlich auch eine blos negative sein, wenn die Gewissenhaftigkeit eines Journals demselben sonst nicht gestattet hätte, über irgend einen Mißbrauch oder eine Irreführung zu schweigen. Sollte in frevelhafter Mißachtung der Vertreter der „öffentlichen Meinung" ein Unternehmen, welches auch nicht schlechter, vielleicht selbst besser ist als die Schwesterunternehmungen, sich unterfangen, ohne den entsprechenden Tribut an diejenigen, welchen er gebührt, das Licht der Welt erblicken zu wollen, so kann es durch einen sanften Wink mit der Kratzbürste an seine Schuldigkeit gemahnt werden, und bleibt es auch dagegen fühllos, so wird einmal ein kleines Exempelchen zu statuiren sein, etwa mit den Worten: „Wir haben es immer für unsere Pflicht gehalten, bei der Menge von neuen Gründungen, welche an den Markt kommen, das Publicum vor gewissen Schwindelunternehmungen zu warnen, die nur auf seine Leichtgläubigkeit berechnet sind. Ein solches — — ꝛc." Damit erreicht man einen doppelten Zweck. Erstens wird der Ruchlose gezüchtigt, und zweitens macht das Herausstreichen anderer Unternehmungen um so bessere Wirkung. Wir brauchen übrigens nicht einmal so weit zu gehen. Ist es einmal Usus geworden, neue Unternehmungen dem Publicum in kleinen Notizchen und größeren Artikeln immer wieder vor Augen zu führen, scheinbar so unabsichtlich und objectiv als möglich, dann bleibt eine nicht erwähnte Unternehmung unter neunundneunzig oft erwähnten ganz einfach todtgeschwiegen.

Eine zweite, weniger oft, aber dann um so reichlicher fließende Quelle sind die Kämpfe schwerwiegender materieller Interessen vor dem Forum der öffentlichen Meinung. Jede, ein solches Interesse darstellende Korporation, Gesellschaft oder Persönlichkeit hat dann ein einflußreiches Journal zum Advokaten, doch mit dem Unterschiede, daß der Advokat in diesem Falle nur von den Eingeweihten als solcher erkannt wird, vor dem Publicum sich aber als Richter gebärdet. Weiter gehört dahin die Vertretung von Particularinteressen gegen öffentliche, obgleich die Ersteren dann immer als zu den Letzteren gehörig hingestellt werden. Erfahrene Leute wollen in solchen Fällen das finanzielle Gewicht der betreffenden Zeitungsartikel sehr genau taxiren können, obgleich wir der Meinung sind, daß dieselben sich darin doch oft täuschen mögen. Sehr drollig ist es, in den Blättern zu verfolgen, wenn diese, vielleicht manchmal in der Hoffnung, daß da 'was zu machen ist, einen Feldzug gegen einen, durch eine öffentliche Gesellschaft hervorgerufenen Uebelstand eröffnen. Nach einiger Zeit bringen manche derselben dann, „um auch der Gegenpartei das Recht der Redefreiheit zu wahren", einen direct oder indirect von der Gesellschaft ausgehenden Artikel, während die Angriffe verstummen. Ist dann vorauszusetzen, daß das Publicum, gerührt über solche Unparteilichkeit und Versöhnlichkeit der Gesinnung auf den Leim geht, dann wird die Sache entweder einschlafen gelassen, oder der Spieß langsam aber entschieden umgedreht.

Eine dritte, vielleicht weniger reichlich sprudelnde Quelle, welche aber dafür an regelmäßigem Flusse um so weniger zu wünschen übrig läßt, sind die Generalversammlungen. Schon dem Laienauge fallen die, eine volle Blattseite einnehmenden, in Lapidarlettern gehaltenen Einladungs-Annoncen zu den Generalversammlungen der größeren Actiengesellschaften auf. Einen directen, practischen Zweck haben sie wohl kaum, denn eine kleine, geschäftsmäßig gehaltene Notiz an richtiger Stelle wird vom Interessenten wohl weniger übersehen, als eine ganze Seite mitten in dem Makulaturplunder des Inseratentheils einer Zeitung zwischen der „deliciösen Revalescière" und den antiquarischen Bücherverzeichnissen. Nachdem diese großen Anzeigen der Gesellschaften verhältnißmäßig theuer sind, kann man sie leicht als einen vorläufigen, kleinen Tribut zur ununterbrochenen Fortdauer huldvoll geneigter Gesinnung ansehen. Geht die Sache nicht weiter, so wäre sie kaum erwähnenswerth, und in vielen Fällen mag es auch damit sein Bewenden haben. Anders wird es schon, wenn eine Gesellschaft, d. h. Verwaltungsrath oder Directorium derselben, ein Interesse daran hat, auf die Stimmung und Abstimmung ihrer Actionäre in bestimmter Richtung Einfluß zu nehmen. Das geht dann schwer noch durch den Inseratentheil eines Blattes, und kann daher auch unmöglich so billig kommen. Noch anders wird es, wenn es darauf ankommt, den Bericht über eine Generalversammlung, wie ihn die Redactionen nach den, eben so sinngetreuen als fachmännisch gediegenen Notizen ihres hoffnungsvollen, jugendlichen Nachwuchses zu bringen pflegen, abzuschwächen, zu modificiren, zu entstellen und schön zu färben. Wie groß da der Einfluß des gedruckten Wortes, wie leicht es da ist, durch einen kleinen „Drucker", durch eine kleine Auslassung oder stylistische Nachhilfe, ohne grobe, handgreifliche Lüge einem Berichte die gewünschte Schattirung zu geben, liegt wohl auf der Hand. In Generalversammlungen, wo es heiß hergeht, brauchen dann blos die Attaquen des einen stereotypen, hartnäckig n Actionärs

etwas confus wiedergegeben zu werden, wie dieß den Reporter=
jünglingen auch ohne bösen Willen meist so gut gelingt, oder ein
paar Nebenbemerkungen statt der Hauptsache angeführt zu werden,
so kann damit alles erreicht sein, was unter Umständen zur gänz=
lichen Verwischung des Gesammtbildes nothwendig ist.

Je mehr Butter die Verwaltung einer Actiengesellschaft auf
dem Kopfe und je mehr Geld sie in den Taschen hat, um so kost=
spieliger dürften sich dann auch die kleinen Correcturen der Wahrheit
gestalten.

Dieß braucht aber alles nicht so stricte und contocorrentmäßig
abgerechnet zu werden. Viel besser und eleganter führt da eine ge=
wisse entente cordiale ein gewisses generöses Leben und Leben=
lassen, Betheiligen und Betheiligenlassen zum Zweck. Versäumt aber
der Kutscher, die Räder hinlänglich oft und ausgiebig zu schmieren,
so wird er durch das Knarren des Wagens bei Zeiten auf seine
Versäumniß aufmerksam gemacht.

Alle hier genannten Kategorien von journalistischer Beeinflussung
der öffentlichen Meinung im Sinne eines speciellen finanziellen Inter=
esses sind im einzelnen Falle immer nur den Abschließenden und
ihren Eingeweihten klar bekannt, den mit dem äußern Hergang der
Sache Vertrauten mehr oder minder deutlich durchschimmernd, und
dem denkenden oder routinirten Theile des Publicums im Allge=
meinen verdächtig; die Form wird aber derartig gewahrt, daß dem
Unkundigen in fast jedem Falle die Möglichkeit bleibt, an die Red=
lichkeit und Objectivität der Mittheilung oder Kritik zu glauben.
Aber die Dinge sind bei uns im Culminationspuncte des Journal=
absolutismus und der Gründeraera weiter gegangen.

Als vierte Quelle kam die directe Gründerschaft der Jour=
nalisten dazu. Ein geringes Maß des Ehrgefühles und des Taktes,
welches jedem Stande eigen sein muß, will er sich nicht selbst zu
Grunde richten, sollte doch die völlige Unverträglichkeit dieser beiden
Thätigkeitsrichtungen für selbstverständlich halten. Ist es denkbar,
daß derjenige, welcher sich den Beruf beilegt, die öffentliche Meinung
über den Werth und Unwerth der an den Markt kommenden Unter=
nehmungen aufzuklären, welcher sich den Anschein gibt, Licht und

Schatten ganz gleichmäßig auf alle diese Waare zu vertheilen, daß dieser selbe dann mitten unter den anderen Marktleuten seine Krambude aufschlägt, und daß, während er mit der linken Hand die große Trommel schlägt, um das Publicum anzulocken, die rechte indessen demselben unbeirrt den Weg weist, wo es für sein Geld am besten bedient wird? Ist es anständig und verdient der Ausspruch Glauben, wenn der Preisrichter die Toga wegwirft, um sich unter die Mitläufer der Rennbahn einzureihen, und er sich dann schließlich den Preis zuerkennt? Lobt nicht jeder Kaufmann seine Waare, und jeder Gründer seine Gründung so stark und so ungescheut und so unbillig, als er es gerade in seinem Interesse findet, — und wird ihm jemand dieß verargen? Der Marktschreier bleibe daher Marktschreier, der Concurrent bleibe Concurrent, und der Richter bleibe Richter. Hätte nicht schon längst früher der Volksaufklärer und Weissager durch heimlichen Schacher nach und nach sein Ehrgefühl abgestumpft, und hätte er sich diesem Schacher nicht allmählig immer schrankenloser hingegeben, so wäre ihm der Blick dafür gewahrt geblieben, daß er durch so grobe Verletzung des äußeren Scheines sich und den ganzen Stand der modernen Auguren um das Ansehen beim Volke bringen müsse.

Durch die unverhüllte Anpreisung und journalistische Durchkämpfung von Gründungsobjecten eigener Fabrik unter Schmähung und Hintansetzung der Concurrenzunternehmer, dürfte sich also die Objectivität der journalistischen Beurtheilung von wirthschaftlichen Angelegenheiten im Allgemeinen, die enge und vielfältige Verbindung der Emissionsbarone mit den Zeitungsfürsten, und die Mitschuld dieser letzteren an der planmäßigen Großziehung der Speculationskrankheit im Volke auch dem harmloser Denkenden documentirt haben. Freilich zum Augenverdrehen über die Gewinnsucht des Publicums, über die Schwindelhaftigkeit der Zeit, dazu fand sich in den Leitartikeln immer Platz. Auch da läßt sich noch ein kleines Beispiel von der Ernsthaftigkeit der sittlichen Aufgabe manches unserer großen Blätter anführen. Gespielt hat in Oesterreich bis zum Jahre 1873 wohl jeder Stand, und schwerlich werden diejenigen Unrecht haben, welche behaupten, daß auch unter den hervorragenden Journalisten die Börsenengagements ganz außerordentliche Dimensionen angenommen hatten. Diese alle konnten ja um politischen Stoff für ihre Leitartikeldeclamationen nicht verlegen sein. Warum also als notorische Spieler gerade das Laster des Spieles dem Publicum gegenüber geißeln? Geschah dieß blos, um den finanziellen Artikeln rückwärts im Blatte den Stempel der Solidität aufzudrücken? Welche eiserne Stirne gehört dazu, um in den Maitagen, als die rasch erspielten Reichthümer auch der Journalbesitzer in Nichts zerschmolzen, Leitartikel in ähnlichem Tone zu beginnen: „Wir haben es stets vorausgesagt! Wir haben es wahrlich nicht an Ermahnungen, Warnungen, Beschwörungen fehlen lassen 2c."

Unerfahrene und wohlmeinende Menschen werden es vielleicht schwer begreifen, wie in einem Lande mit gesetzlich wenig beschränkter Meinungsäußerung, einer theilweise gebildeten und intelligenten Bevölkerung, tüchtiger Volksvertretung und thatkräftigen Regierung derartig unerquickliche, ja tief verderbliche Zustände bei angesehenen und einflußreichen Organen der sogenannten öffentlichen Meinung möglich waren? Konnte denn nicht „die Wahrheit" ihre Stimme erheben, um das Volk zu belehren und aufzuklären über den Mißbrauch, welcher mit seinem kindlichen Vertrauen getrieben wurde?

Die Wahrheit! ja, wenn die so eine Art untrüglichen Stempels, eine behördliche garantirte Schutzmarke hätte, daß man sie ohne Gefahr von Falsificaten in wohlverschlossenen Bouteillen beziehen könnte! wenn die nicht in jedem einzelnen Falle so hart und mühsam erkämpft werden müßte, und der Gewinner derselben auch bei schärfster und umständlichster Prüfung nicht stets in Angst zu sein brauchte, statt Demanten doch nur werthlose Glassplitter in Händen zu haben, — wie bequem wäre dieß!

Gesetzt den Fall aber auch, diese Wahrheit wäre mehr oder minder unverfälscht bereits von vielen Personen erkannt, — durch welches Organ soll sie der Oeffentlichkeit vermittelt werden, nachdem sich dieselbe hier gerade gegen diejenigen richtet, welche die gewöhnlichen Vermittler vom Denken, Reden und Thun des Einzelnen an die Allgemeinheit des Volkes abgeben. Soll dieses Organ die Regierung sein? Sie wäre sofort unfreiheitlicher Absichten verdächtig, und würde sich rasch ihr eigenes Grab graben. Die Volksvertretung? Sie richtet ihr Wort direct nur an sich selbst, und allenfalls an ein paar hundert Individuen auf den Gallerien; zur Masse des Volkes aber bringt ihr Ruf wiederum nur durch den Mund der Zeitungen. Dieser ungeheuern Macht des täglich zur Gesammtheit des Volkes sprechenden gedruckten Wortes müßte nur wieder eine wohlgegliederte, ins ganze Volk verzweigte organisirte Macht gegenüberstehen; — die einzige Organisation dieser Art jedoch, welche factisch besteht, die katholische Kirche, befindet sich selbst in heftigem Kampfe mit dem geistig höher stehenden Theile des Volkes, dessen böseste Beule heute der von uns geschilderte Theil der Publicistik ist; auch sind die von der Kirche verfolgten Zwecke so grundverschieden und weit abführend von objectiver, uneigennütziger Aufklärung des Volkes, daß sie, trotz des verbissenen Kampfes gegen die von ihr sogenannte schlechte Presse, zur Erfüllung der genannten Aufgabe ganz untüchtig ist.

Vielleicht wendet man ein, daß der gesunde und ehrenhafte Theil der Presse jene Auswüchse des eigenen Körpers ausscheiden müsse, und wir wollen auch hoffen, daß ihm dieß in der Zukunft gelingen möge. In den letztvergangenen Jahren, von welchen wir hier sprechen, war dieß nicht der Fall. So lange diese Blätter die Initiative, das politische Gewicht, die finanzielle Macht und das Talent, und damit auch den Einfluß und das Ansehen bei den Gebildeten und den Massen für sich haben, wird jeder directe publicistische Angriff gegen sie als das Ergebniß des Brotneides erscheinen, oder doch ausgelegt werden können, und eine Witzigung des Publicums durch eigene, schmerzliche Erfahrung war eben noch nicht eingetreten.

Der Kampf von einzelnen Persönlichkeiten gegen jene furchtbare Macht war damals auch noch viel ungleicher, als vielleicht heute, wo jene bis dahin so uneinnehmbar scheinenden Festungsmauern doch etwas bröcklich zu werden beginnen und große Risse und Lücken zeigen. Für die ersten Freiwilligen schien der sociale Tod so gewiß, als es der physische Tod für die vorausgeeilten Erstürmer eines wirklichen Festungswerkes ist. Die große Mehrzahl derjenigen, welche sich in die Bahn des öffentlichen Lebens werfen, sind aber bemüht, sich eine recht sichere Stellung im Ansehen des Publicums aufzubauen, und trachten daher mit den Herolden der öffentlichen Meinung auf möglichst gutem Fuße zu leben; wer aber nicht auf dieser großen Schaubühne sein Glück versuchen will, dem fehlt dann meist entweder das Interesse oder die Begabung, oder sonst eine nothwendige Eigenschaft, diesen Kampf im Dienste der Gesamuntheit aufzunehmen; darum ist derselbe ungekämpft geblieben.

Welch' großes Arsenal steht auch einem öffentlichen Blatte gegen ein Individuum zu Gebote, welches zu verfolgen dasselbe Veranlassung hat! Entstellung von Thatsachen, Verschweigung oder Erfindung von Nebenumständen, Herausgreifen einzelner Sätze aus Rede und Schrift, deren Sinn dadurch gestört wird, Auslassung der wesentlichen Momente bei Wiedergabe der Argumentation des Gegners, Eröffnung einer Polemik gegen Ansichten und Aussprüche, welche demselben fremd sind, Unterschiebung verächtlicher Absichten, Herabziehung seiner Persönlichkeit und seiner Thätigkeit in das Gebiet des Lächerlichen, Andichtung von Handlungen und Eigenschaften, Anhetzung des Publicums, und so fort bis zur plumpen, brutalen Schmähung des ganzen Menschen, seines Characters, seiner Fähigkeiten, seiner Bestrebungen und Leistungen, und alles dieß in dem Tone des Anwalts der sonnenhellen Wahrheit, in dem Tone, als ob nur längst Gekanntes und Gewußtes im Dienste und zu Nutz und Frommen des Publicums hier noch einmal zur Constatirung und weitern Beweisführung vorgebracht würde.

Allem dem gegenüber steht der Verfolgte nahezu wehrlos da, und muß seine Züchtigung über sich ergehen lassen, wie der Sclave diejenige des Sclavenhalters. Sein Wort wird ja nicht gehört, wenigstens von der ungeheuren Mehrzahl derer nicht, denen gegenüber er herabgesetzt, verdächtigt oder verleumdet wurde, selbst wenn ein anderes Journal aus Billigkeitssinn, Mitleid oder Nebenbuhlerschaft ihm seine Spalten zur Entgegnung öffnen würde. Das angreifende Blatt nimmt aus der Entgegnung eben nur wieder dasjenige, was ihm neue Angriffspuncte bietet. Die besten Preßgesetze der Welt können diese Geißel nur in beschränkter Weise mildern, so lange das Urtheil des großen Lesepublicums nicht auf eine sehr hohe Stufe gehoben und von principiellem Mißtrauen gegen seine jetzigen Orakel von Druckerschwärze auf Löschpapier erfüllt wird.

Schweigen ist die Ehre des Sclaven; schweigen könnte und sollte man wenigstens einer Despotie gegenüber, gegen welche aller Widerstand hoffnungslos war. Aber in den jüngstvergangenen Blüthejahren dieser Herrschaft war unter demjenigen Theil des Publicums, welches die Anforderungen der Zeit begreifen, und derselben zu eigenem Vortheil gerecht werden wollte, die Speichelleckerei und die laute Lobhudelei der Journalistik gegenüber eine weitverbreitete Mode geworden. In den öffentlichen Versammlungen und Privatzirkeln wurde der Ausdruck „die Vertreter der Presse" gewöhnlich in jener devot-verzückten Betonung ausgesprochen, in welcher etwa ein Casinoredner von „den Heiligen der Kirche" oder ein Höfling von „den höchsten Herrschaften" sprechen würde. Dieselben servilen Carrièremacher, welche früher vor den Ministern krochen und die leiseste Regung des Volksgeistes verpönten, stimmen jetzt in jedes Bierhausgepolter gegen die Regierung ihrer eigenen Partei, und überbieten sich dagegen in Kratzfüßen gegen Alles, was in einem Redactionsbureau aus- und eingeht.

Das Bewußtsein ihrer Macht und die Menge des gestreuten Weihrauchs ließ auch hier die Journalistik jene Grenze überschreiten, welche sie einhalten muß, um ihren Einfluß auf die Daner zu bewahren. Dieser Einfluß ist wie bei den Priestern, an den Glauben der Menge gebunden, daß ihre ganze Berufsthätigkeit dem Dienste der Interessen der Oeffentlichkeit gewidmet ist. Wenn die Thatsachen, welche eine Zeitung bringt, erlogen, ihr Urtheil bestochen, ihre Haltung eine gemeinschädliche ist, so braucht ihr selbst dieß wenig zu schaden. Aber schon das Aufblähen jeder speciell journalistischen Angelegenheit zu einer Sache des Volkes und der Freiheit ist bedenklich; die Art vollends, wie in letzter Zeit die Blätter als solche und einzelne ihnen angehörige Individuen das Publicum mißbrauchen, um Personen, welche sich ihnen in Privatbeziehungen mißliebig gemacht haben, öffentlich „durchzuwichsen", dürfte selbst unsere österreichischen Leserkreise nach und nach noch mit Ekel erfüllen.

Wir haben im ersten Abschnitte von persönlichen Ursachen

gesprochen, welchen zum Theile die Sprünge in unsern Regierungs=
systemen zuzuschreiben sind. Eben jetzt kann man dieselben wieder
in Thätigkeit sehen, wo ein Theil der leitenden, sogenannten ver=
fassungstreuen Journalistik daran geht, das Ministerium der eigenen
Partei zu discreditiren und zu unterminiren. Der Grund dazu ist
ein dreifacher: Erstens braucht die Journalistik den Wechsel, um dem
Publicum Lesefutter zu bieten; zweitens gibt man sich beim Pöbel
das Ansehen unentwegten Freiheitsstrebens und hoher Unparteilich=
keit, wenn man die Männer der eigenen Wahl durch den Schlamm
zieht; und endlich befriedigt man in diesem Falle die Rachsucht über
eine bittere Pille, die man vor wenigen Monaten mit süßsaurer
Miene hinabzuschlucken genöthigt war.

In gewisser Hinsicht haben die Schläge des Jahres 1873 doch
schon dazu beigetragen, die Grundfesten jener so rasch entstandenen
Zwingburg zu erschüttern. Das allgemeine, dunkle Gefühl, daß die
schweren Verluste, welche der Einzelne erlitten, doch mit dem Urtheile
zusammenhängen, welches sich derselbe aus der Lectüre seines Blattes
gebildet hatte, daß dieses Blatt, auch wenn keine absichtliche Irre=
führung vorlag, doch trotz aller angemaßten Vorauswisserei ihm den
Zusammenbruch seiner Werthe so wenig angekündigt hatte, als irgend
ein anderer Freund und Rathgeber; daß aber die innige Gemeinschaft
von den modernen Geldmächten mit einzelnen Journalen sehr nahe
liege, — die Dämmerung dieser Erkenntniß macht doch weitere und
weitere Fortschritte, und der gereizte Ton, in welchem in den Blättern
das Sinken des Journalistencultus constatirt wird, kann diese Fort=
schritte nur beschleunigen.

V.

Die erste Bedingung für das zukünftige Gedeihen jedes neuen Unternehmens ist, daß dasselbe eine Lücke in der wirthschaftlichen Production des Platzes oder des Landes ausfülle, für welchen oder für welches es bestimmt ist. Je mehr und je rascher die gewerbliche, landwirthschaftliche und commercielle Thätigkeit eines Landes sich entwickelt, um so mehr neue Productions- und Verkehrsbedürfnisse werden geschaffen, um so mehr Lücken müssen durch neue Unternehmungen ausgefüllt werden. Die Hebung der Textilindustrie macht die Gründung von Maschinenfabriken nothwendig; beide zusammen rufen ein erhöhtes Bedürfniß in Kohlen hervor, und wirken auf die Entwicklung und Rentabilität des Bergbaues in Gegenden, wo derselbe früher die Kosten des Aufschlusses nicht gelohnt hätte. Bergbau und Industrie schaffen die Verkehrsbedingungen für Eisenbahnen; die Entwicklung des Eisenbahnbaues und Betriebs ruft seinerzeit wieder die Nothwendigkeit der Schienenproduction und anderer Industriezweige hervor; die Geldbeschaffung für alle diese Productionszweige verlangt Creditindustrie; stellt erhöhte Anforderungen an die Nahrungsmittelproduction, an die Bekleidungsindustrie und Baugewerbe; — und die Befriedigung aller dieser neuen Consumtionsbedürfnisse, die Ausfüllung aller dieser Productionslücken ist die legitime Aufgabe des Gründungswesens.

Es ist dieß aber nicht etwa blos ein moralisches Postulat im Interesse der Gesammtheit, sondern, wie eingangs erwähnt, die unerläßliche Grundbedingung für das dauerhafte Gedeihen der Neugründung selbst. Die Aufstellung dieses Grundsatzes bezeichnet am aller unzweideutigsten die Grenze zwischen reellem Geschäft und

Schwindel. Das Einbeziehen der Bedürfnisse der näheren Zukunft, die Ausfüllung voraussichtlich in nächster Zeit entstehender Productionslücken mag noch statthaft sein, wenngleich der Geschäftsmann meist am Besten thun wird, sich so viel wie möglich an die Gegenwart zu halten, und das Prophezeien den Hellsehern und Somnambulen von Fach zu überlassen — in jedem Fall soll das Bedürfniß lieber um zehn Schritte unterschätzt, als um einen einzigen überschritten werden. Wird, wie es so häufig geschieht, blos auf den momentanen günstigen Geschäftsgang in einem speciellen Productionszweig hin diese Production dauernd über das Maß des Bedürfnisses durch Neugründungen oder Erweiterungen ausgedehnt, so wird einerseits ein allgemein wirthschaftliches Uebel geschaffen, andererseits eine Reihe von verfehlten Capitalsanlagen gemacht, die von vorn herein der Unfruchtbarkeit, vielleicht dem Ruin geweiht sind.

Man sollte diesen hier ausgesprochenen und ausgeführten Satz für so selbstverständlich, so gemeinplätzig halten, daß es überflüssig erscheinen könnte, ihn noch eigens in's Treffen zu führen; denn mit Leuten, welchen derselbe erst klar gemacht werden muß, ist in wirthschaftlichen Dingen überhaupt nicht zu diskutiren.

Wären es nur einzelne Fälle gewesen, worin in den letztvergangenen Jahren gegen den Geist dieses Grundsatzes gefehlt worden war, oder wäre die Anwendung dieses Satzes in den meisten der Neuschöpfungen dieser Epoche mindestens eine zweifelhafte, dann könnte man diesen Punct wirklich auf sich beruhen lassen; denn wirthschaftlich untüchtig organisirte Köpfe hat es auch unter den Geschäftsleuten zu allen Zeiten gegeben, daher ist immer ein größerer oder kleinerer Procentsatz neuer Unternehmungen von vorn herein todt geboren, oder doch von der Geburt an zur Hinfälligkeit verdammt. Wenn aber die gesammte Gründungsthätigkeit einer Periode überströmender Unternehmungslust die tollsten Bocksprünge über die natürlichen Grundlagen der gedeihlichen Entwicklung ihrer Schöpfungen macht, und die krasse Verhöhnung aller Begriffe von Bedürfniß oder nur von Nützlichkeit einer Capitalsanlage der gemeinsame Standpunct derjenigen Kreise geworden ist, in welchen jene Anlagen des Publicums concrete Form gewinnen, — da verlohnt es sich wohl der Mühe, an der Hand jenes Grundsatzes die Masse der neuen Schöpfungen Revue passiren zu lassen, um aus dem Gegründeten auf die Gründer zurückzuschließen, und dem Publicum doch ein wenig zu zeigen, wie das Gebahren jener ernst und würdig thuenden Männer war, denen es seine Interessen anvertraut hatte.

Es schwirrt dem Leser vor den Augen, ein Gefühl unbeschreiblichen Ekels bemächtigt sich seiner, wenn er das Verzeichniß unseres Actienmarktes und der in jedem einzelnen Institut angelegten Capitalsbeträge Revue passiren läßt.

War es wirklich ein Bedürfniß, zur österreichischen Bodencreditanstalt mit $9^1/_2$ Millionen noch eine ungarische Bodencreditactiengesellschaft mit 10 Millionen Gulden Actiencapital, eine mährische Bodencreditanstalt, einen Credit foncier für Böhmen, eine österreichische Centralbodencreditanstalt, eine Wiener Bodencreditanstalt, eine österreichische Hypothekenbank, eine Hypotheken-, Credit- und Vorschußbank, eine Hypothekar- und Rentenbank, eine Realcreditbank, eine Wiener Hypothekencasse und noch weitere sechs bis acht Provinzhypothekeninstitute zu gründen, alles zusammen mit einem Actiencapital von 60—70 Millionen Gulden?

Waren zur anglo-österreichischen Bank die anglo-hungarische, die franco-österreichische, die franco-hungarische und die franco-austro-hungarische Bank nothwendige Ergänzungen? Hatte der Wiener Bankverein die unabweisliche Nothwendigkeit gezeigt, auch noch einen Prager, Grazer, Triester, einen schlesischen Bankverein, einen Länderbankenverein, einen Cassenverein u. s. w. zu gründen? War den österreichischen Nationalökonomen auf einmal klar geworden, daß zu einer Börsenbank noch eine Maklerbank, eine Börsen- und Arbitrage-Maklerbank, eine Börsen- und Creditbank, ein Lombardverein, ein Spar- und Lombardverein und dergleichen gehöre? Waren da wohl gewiegte, mit scharfem Blick und biederem Herzen begabte Geschäftsmänner nöthig, um zur Wiener und zur allg. österr. Baugesellschaft auch noch eine Bau- und Miethgesellschaft, eine Bau- und Verkehrsgesellschaft, noch etliche Baugesellschaften, außerdem fünfzehn bis zwanzig Baubanken, und zwei Bauvereine, ins Leben zu rufen, Gesellschaften, die sich alle untereinander gleichen, wie ein Ei dem andern?

Kenner des Coursjettels werden uns bestätigen, daß wir hier nur Stichproben gegeben haben; die Zahl der Bankengründungen in den letzten Jahren reicht ja, nach Ausschluß der Baubanken, gegen 100 hinan mit einem eingezahlten Capital von 6—700 Millionen Gulden, die nur zum geringeren Theile der Provinz allein angehören, da der Wiener Coursjettel deren allein 76 umfaßte. Das kaufmännische Wörterbuch war schon auf die unbarmherzigste Weise geplündert, um Namen für alle diese gedankenarmen Schöpfungen zu erhalten, und doch mußte man selbst da zu den plattesten Wiederholungen der Bezeichnung greifen, sowie in der Sache selbst Ein solches Institut der banale Abklatsch der andern war.

Wie konnte es auch anders sein! Die Urtypen jener Unternehmungen und der ganze Apparat, welcher zur Inscenirung derselben gehört, war in geschickter Weise von Paris hierher verpflanzt worden; alle darnach gebildeten Banken und sonstigen Gesellschaften waren blos Ableger dieses ersten Reises. Der Zweck der Gründungen war ein doppelter: erstlich Agio und Gründungsspesen herauszuschlagen, zweitens recht viele einträgliche Stellen zu schaffen. Nach diesen Gesichtspunkten wurden die einzelnen Unternehmungen ins Werk gesetzt; die Productivität der Anlage war nur in so fern maßgebend, als um so mehr Aussicht für Gründung und Verwaltung war, hohe Beträge herauszuziehen, je mehr natürliche Lebenskraft eine Unternehmung hatte.

Je mehr Schwankungen, je mehr verschiedenartigere Geschäftsresultate, desto besser. Ein Geschäft, das durch zehn Jahre nichts verdient, wirft auch keine Tantièmen ab. Ein Geschäft aber, das durch drei Jahre Gewinnste ausweisen kann, denen in den folgenden Jahren noch höhere Verluste gegenüberstehen, ein solches ist für die Verwaltung einträglich. Möge dann kommen, was kommen muß, — die Taschen der Geschäftsleiter sind gefüllt, und kein Gerichtshof der Welt kann daran etwas auszusetzen haben. Vielleicht mag, bewußt oder unbewußt, diese Rücksicht die Gründungslust hauptsächlich auf jene Felder geleitet haben, welche für Speculation und Spiel hauptsächlich geeignet erscheinen. Das, was für das Geschäftsleben als solches eine arge Calamität ist, das Auf- und Abschnellen zwischen ungemessenem Gewinn und dem entsprechendem Verluste, ist für die Verwaltung von Actiengesellschaften, welche am Gewinnste ihren Theil hat, vom Verluste aber unberührt bleibt, natürlich ein Vortheil.

Beim Auflegen neuer Actien muß man die Unverschämtheit des einen Theils ebenso anstaunen, wie die Gewinnsucht des andern Theils, des Publicums nämlich. Von Vertrauen brauchte da keine Rede zu sein. Der Gedankengang war einfach folgender: Aeltere Papiere haben mit ebensowenig Grund ein Agio von 60, 80 oder 100 Procent; folglich kann die Betheiligung an einer neuen Emission mit 50 Procent Nutzen an das auflegende Syndicat noch immer ein ausgezeichnetes Geschäft sein. Wie mußte ein Publicum präparirt sein, um in großen Massen derartig auf einen so plumpen Köder anzubeißen! Ist es da noch nöthig, sich in tiefsinnige und spitzfindige Untersuchungen über den Ursprung unserer heutigen Calamität einzulassen, wenn man nur die Augen nicht dagegen verschließen will, in welchem Geiste die Capitalsanlagen der letzten Jahre gemacht worden sind? Jedes einzelne Institut hätte bei ausgezeichnetster Leitung kranken müssen, sowohl an der unerträglich hohen Gründungssteuer, als an der erdrückenden Concurrenz unzähliger überflüssiger Schwesterinstitute. Die geheimen Details der Entstehung der einzelnen Unternehmungen, die Betheiligungen, Bestechungen, Reclamen, der Concessionsschacher und all dergleichen Dinge mögen recht pikant und selbst lehrreich sein; — man lasse aber darüber nicht das in Vergessenheit gerathen, was im Handelsregister, im Coursblatte und andern allgemein zugänglichen Documenten an Material über die Geschichte der Schwindelepoche enthalten ist. Wie sich nachträglich das Schicksal der einzelnen Actiengesellschaften gestaltet hat, ist ja bekannt; wer die seinerzeitigen Gründer, Syndicatstheilnehmer ꝛc. waren, muß auch noch zu eruiren sein. Man mache also eine saubere und übersichtliche Zusammenstellung der einzelnen Institute, ihrer Väter und ihrer Schicksale, so wird man aus den wiederkehrenden Namen der Hauptfaiseurs der Schwindelinstitute nach und nach die schönste Galgengallerie anzulegen im Stande sein, und aus der entsprechenden Excerpirung der Großthaten jedes einzelnen Helden erhält man dann eine wohlzusammenhängende Biographie desselben, und es wird schließlich keines großen Scharfsinnes bedürfen, um die Strohmänner, Drahtpuppen und Sündenböcke von den leitenden Persönlichkeiten zu unterscheiden. Aber anstatt dessen ist die Parole ausgegeben worden: „Wir haben Alle gesündigt und thuen am Besten, einen Schleier über die ganze Vergangenheit zu werfen."

Nun, diese sentimentale Phrase dürfte hier nicht am Platze sein. Gerade, weil wir selbst Alle mitgesündigt haben, ist es gar kein Act der Großmuth, sondern persönliche Schwäche, wenn wir der Untersuchung der Vergangenheit aus dem Wege gehen. Auch ist wohl diese philanthropische Parole zunächst von denen gegeben worden, welche ein besonders lebhaftes Interesse haben, daß recht bald Gras über die Vergangenheit wachsen möge. Es ist eben ein großer Unterschied zwischen denen, die gesündigt haben, indem sie sich aus Schwäche oder Gewinnsucht betrügen ließen, und jenen, die gesündigt haben, indem sie das Garn gestellt und das Publicum in dasselbe hinein gejagt haben. Es handelt sich nicht nur darum, daß diese Letzteren heute ungestört auf ihren Millionen ausruhen, und unbehelligt ihren Weg zur Baronie und Herrenhausmitgliedschaft machen können, sondern darum, daß eine Generation neuer Gauner an dem Beispiel des ungestörten Erfolges der Alten heranwächst, und daß auch den Alten die Fortsetzung ihres Handwerks bei erster günstiger Gelegenheit ermöglicht wird.

Der nächste Zweck neben dem Syndicatsgewinn war, wie gesagt, die Schaffung einer großen Anzahl einträglicher Stellen. Daher mußte an die Spitze jedes neuen Unternehmens ein vielköpfiger Verwaltungsrath gestellt werden, dem die Directoren untergeben waren. Unter den Directoren kamen dann alle die Abtheilungsvorstände, und unter diesen der übrige Beamtenkörper. Das war natürlich eine goldene Zeit für alle Stellenjäger. Man denke nur, welche Fülle von mercantilen Capacitäten man gebraucht hätte, um für die hundert Banken, vierzig Baugesellschaften, mehr als dreißig Eisenbahn- und ebensovielen großen industriellen Actienunternehmungen je sechs bis fünfzehn tüchtige Verwaltungsräthe, je drei bis fünf Directoren und den ganzen Schwarm von Bureauchefs, Disponenten, Correspondeuten und so fort herzunehmen. Da half man sich eben, wie man konnte. Was den Verwaltungsrath betraf, so war ja dem, der sein Handwerk verstand, mit einem oder auch zwei Verwaltungsrathsstellen nicht gedient; da mußte an fünf oder acht verschiedenen Orten gezogen werden. Die Regel ist es ja bei solchen vielköpfigen Körperschaften ohnedieß, daß ein bis zwei oder drei Personen darunter sind, die den ganzen Organismus des Geschäftes im Kopfe haben, ein bestimmtes Ziel anstreben und gestaltend auf die Gebahrung einwirken; der Rest hat dann eine mehr oder minder stückweise und nebenhergehende Thätigkeit, oder ist auch blos da, um einen Sessel bei den Sitzungen anzuwärmen, und dafür Präsenzmarken und Tantièmen einzustreichen.

Für die Recrutirung der Persönlichkeiten in den Verwaltungsräthen kann man fünf Hauptkategorien annehmen: Die Einen kommen durch ihren Actienbesitz oder durch den ihrer Väter, Onkel, Tanten u. s. w. hinein, dieß wird das größte Contingent liefern; die Zweiten werden ihres wohlklingenden Namens oder Titels wegen genommen, um die Gesellschaft „aufzuputzen"; eine dritte Kategorie von Männern wählt man wegen ihrer Gefügigkeit und Schweigsamkeit; sie haben die Augen zuzudrücken, zu schweigen, nach dem Willen der Hauptactionäre zu stimmen oder für sie das Mundstück abzugeben, auch im schlimmen Fall ihnen den Rücken zu decken, und für sie das Bad auszugießen; die Vierten drängen sich auf und man nimmt sie, um sie nicht zu Feinden zu haben; die Fünften endlich werden ihrer geschäftlichen Befähigung wegen genommen. Dieß wäre eine Eintheilung nach dem Zwecke oder nach der Qualification.

Eine Eintheilung der Herkunft oder dem Vorleben nach gäbe ein viel bunteres Bild. Man müßte da schon, so barock es klingen mag, eine Hauptscheidung in Geschäftsleute und Nichtgeschäftsleute vornehmen. Ja, ja, rund und einfach, Nichtgeschäftsleute! Man wird es in späterer Zeit vielleicht für unglaublich halten, daß ein sehr großer Bruchtheil jener Männer, die im Anfange der siebziger Jahre an der Spitze der Leitung jener zweihundert Erwerbsgesellschaften standen, welche den Gesammtactienbesitz der österreichisch-ungarischen Monarchie umfaßten, ihrer ganzen Schulerziehung, Lebenserfahrung und bisherigen Berufsbeschäftigung nach der Welt des Erwerbs durch kaufmännische und industrielle Arbeit völlig fremd gegenüber gestanden hatten. Wer dem geschäftlichen Leben nahe gestanden hat, der wird die Kluft zwischen den Anschauungen eines Geschäftsmannes und eines Nichtgeschäftsmannes ermessen können; der wird wissen, wie es des von Jugend, ja womöglich von Kindheit auf, und von einer Generation zur andern eingepflanzten und genährten und durch lange persönliche Erfahrung und angestrengte Uebung ausgebildeten und geläuterten geschäftlichen Urtheils und geschäftlicher Routine bedarf, um mit Aussicht auf Erfolg in die Leitung eines Erwerbsunternehmens von nur mäßigem Umfange einzugreifen. Hier aber herrschte unbegrenztes Selbstvertrauen und unbegrenztes Vertrauen in die Geschäftskenntniß und Tüchtigkeit des Nebenmannes. Das Officierscorps der k. k. Armee stellte aus allen Graden ein nicht unbedeutendes Contingent in die Reihen der Verwaltungsräthe. Auch da konnte ja zufällige persönliche Begabung, Energie, Ordnungssinn und Fleiß im einzelnen Falle den Mangel der Tradition und der Uebung ersetzen. Wo aber die Ausnahme zur Regel wird, da ist der Zustand ein abnormer und ein verderblicher. Eine Unzahl verbummelter und halbverlorener Existenzen aus allen höhern Kreisen der Gesellschaft, wenn sie nur die Protection eines maßgebenden Geldmannes oder einen wohl klingenden Namen hatten, suchten und fanden einen friedlichen Hafen im Verwaltungsrathe irgend einer Bank oder Bangesellschaft. Subalterne und höhere Staatsbeamte mit ein wenig Repräsentation und etwas äußerlichem savoir faire, denen es in ihren bisherigen Avencements- und Besoldungsaussichten nicht behagte, gingen reißend ab. Adelige, deren einzige Sorge es bisher gewesen war, das ererbte Vermögen auf eine durchaus correcte Art durchzuklopfen, und welche die glückliche Lösung dieser Aufgabe eben hinter sich hatten, wurden mit offenen Armen aufgenommen. Bei vielen Advocaten mußten so ein Paar Verwaltungsrathsstellen neben der Kanzleipraxis herlaufen; das Glück, einen „Vertreter der Presse" in seinem verwaltungsräthlichen Kreise zu haben, wurde hoch geschätzt, und Professoren machten

mit Erfolg den Salto mortale aus den abstractesten Katheder=
theorien mitten in die concreteste Gründerwirthschaft hinein.

In einem Lande, wie etwa England, wo der mercantile Geist
alle Poren des öffentlichen Lebens durchdringt, und die Interessen
des Handels und der Industrie des Landes den bewegenden Nerv
der innern und äußern Politik bilden, könnte ein derartiger Zustand
vielleicht weniger gefährlich sein; in Oesterreich aber, wo eine so bornirte Anschauung geschäftlicher Verhältnisse in den höheren Kreisen
herrscht, daß z. B. die materiellen Interessen des Landes immer Ge=
fahr laufen, als Prämien für politische Gegendienste von unserer
Diplomatie fremden Mächten in den Kauf gegeben zu werden, in
Oesterreich mußte ein solcher Massenüberfall der Leitung von Er=
werbsgesellschaften durch geschäftliche Ignoranten gerade ver=
derblich werden.

Der aus mercantilen und industriellen Kreisen entnommene
Bruchtheil der Verwaltungsräthe bestand wieder seinerseits aus Ge=
schäftsleuten und aus solchen, die es werden wollten. Auf die Plätze
in neuen Gesellschaften, welche die großen Actienpapa's wegen Ge=
schäftsüberhäufung selbst nicht mehr einnehmen konnten, setzten sie
ihre „Buben", damit dieselben dort ihre Schule machten. Unter den
eigentlichen Geschäftsleuten wieder waren alle Grade der Respectabi=
lität und Charactertüchtigkeit vertreten, denn manche bewährte Kraft
zog sich, angeekelt von dem Treiben des Tages, ganz von der Mit=
leitung von Actiengesellschaften zurück, während es andererseits erklär=
lich ist, wenn in einer Epoche tollen Schwindels die leichteren Cha=
ractere obenauf schwimmen. In dieser Hinsicht war die Mischung
zwischen Geschäftsleuten und Nichtgeschäftsleuten noch eine besonders
schädliche. Jeder Stand hat nämlich seine eigene Ehre, seine eigene
Tradition über das, was zulässig und anständig, und das, was
compromittirend und verwerflich ist, und diese Tradition der Standes=
ehre bildet sich mit innerer Nothwendigkeit aus den socialen Bedürf=
nissen jedes Standes heraus. Die Ehre des Soldaten erfordert, bei
jedem Anlaß ohne Zaudern sein Leben in die Schanze zu schlagen,
— doch wird dieselbe dadurch nicht angegriffen, daß er sich beim
Roßhandel allerlei Mittel bedient, den Käufer zu täuschen, oder daß

er einen Geldverleiher auf gute Weise um die Rückerstattung des Erborgten bringt. Einem Priester wird es wohl Niemand übelnehmen, wenn er einen persönlichen Angriff über sich ergehen läßt, und ein Cavalier findet es nicht ehrenrührig, die Frau seines Nächsten zu verführen. Die Ehre des Geschäftsmannes, das, was in seinem Stande den anständigen Mann vom Schnorrer unterscheidet, ist ein strenges Einhalten der in seinem Beruf oft schwer kenntlichen Grenzen zwischen Mein und Dein, sowie der eingegangenen finanziellen Verpflichtungen, soweit seine Mittel reichen. Das ohne Zeugen gesprochene Wort muß so viel werth sein, wie ein beim Notar ausgefertigter Contract, und die beim Kaufmann nie aufhörende Möglichkeit, sein Wort nicht einlösen zu können, soll er als ein schweres Unglück betrachten, wogegen der Verlust des Vermögens nicht in Frage kommen darf. Ein wirklicher Geschäftsmann wird die Schwere der Verantwortung, welche er mit der Leitung der pecuniären Interessen Anderer übernimmt, zu ermessen wissen und ein Urtheil dafür haben, wie weit die Fürsorge für den eigenen Vortheil gehen darf, ohne die übernommenen Verpflichtungen gegen die Gesellschaft zu verletzen, deren Verwaltung er angehört. Schon die Anschauung von Vermögenssachen überhaupt muß beim Geschäftsmann eine ganz andere sein, als bei den Mitgliedern aller andern Stände. Die Solidität, welche bei diesen eine reine Privat- oder höchstens Familiensache ist, wird beim Geschäftsmanne eine wechselseitige Standesverpflichtung; denn an seinen aufrechten Vermögensbestand sind, direct und indirect, eine große Zahl schwerwiegender fremder Interessen geknüpft. All dieß ist für den Nichtgeschäftsmann ein so fremder Boden, daß er sich leicht der nächstbesten Führung anschließt, die ihn darin zurechtweist. Er ist ja auch in die Erwerbsgesellschaft eingetreten, um zu gewinnen, und hält sich, so lange er die Klippen für seine Ehre und seine sociale Zukunft nicht kennt, am liebsten an das Beispiel Derer, die ihren Vortheil am Besten wahrzunehmen scheinen.

Solcher Art war in vielen neuen Instituten die Zusammensetzung des Verwaltungsrathes, dem, in Wirklichkeit oder dem Namen nach, die Verfügung über das geschäftliche Vorgehen der Gesellschaft mit Erfolg den Salto mortale aus den abstractesten Kathedertheorien mitten in die concreteste Gründerwirthschaft hinein.

In einem Lande, wie etwa England, wo der mercantile Geist alle Poren des öffentlichen Lebens durchdringt, und die Interessen des Handels und der Industrie des Landes den bewegenden Kern der innern und äußern Politik bilden, könnte ein derartiger Zustand vielleicht weniger gefährlich sein; in Oesterreich aber, wo eine so bornirte Anschauung geschäftlicher Verhältnisse in den höheren Kreisen herrscht, daß z. B. die materiellen Interessen des Landes immer Gefahr laufen, als Prämien für politische Gegendienste von unserer Diplomatie fremden Mächten in den Kauf gegeben zu werden, in Oesterreich mußte ein solcher Massenüberfall der Leitung von Erwerbsgesellschaften durch geschäftliche Ignoranten geradezu verderblich werden.

Der aus merkantilen und industriellen Kreisen entnommene Bruchtheil der Verwaltungsräthe bestand wieder seinerseits aus Geschäftsleuten und aus solchen, die es werden wollten. Auf die Plätze in neuen Gesellschaften, welche die großen Actienpapa's wegen Ueberanhäufung selbst nicht mehr einnehmen konnten, setzten ihre „Buben", damit dieselben dort ihre Schule machten. Unter den eigentlichen Geschäftsleuten wieder waren alle Grade der Respectabilität und Charakterfestigkeit vertreten, denn manche bewährte Kraft hielt sich angeekelt von dem Treiben des Tages, ganz von der Leitung von Actiengesellschaften zurück, während es andererseits erklärlich ist, wenn in einer Epoche tollen Schwindels die leichteren Elemente oben auf schwammen. In dieser Hinsicht war die Rücksichtnahme der älteren und Privatgeschäftsleute noch eine besondere. Jeder Geschäftsmann von Ruf hat seine eigene Ehre, seine eigene Würdigung des guten alten kaufmännischen Anstandes, und das, was man den Standpunkt oder die Traditionen der Firma nennt, bildet für ihn einen Theil der sozialen Religion, in welcher er erwachsen ist und die Söhne erwachsen sollen. Man begnügt sich daher auch in der Schule zu schärfen

in principieller Hinsicht sowohl als für einzelne Fälle von besonderer Wichtigkeit zustand, und welcher für diese seine Leistungen meist große, oft ganz maßlose Bezüge genoß. Diesem aus Männern der verschiedensten Berufshantierungen, welche dieses Geschäft nebenbei betrieben, zusammengesetzten Verwaltungsrathe, war dann eine, aus einem oder mehreren Mitgliedern bestehende Direction untergeordnet, bei welcher Amt und Beruf zusammenfielen, und welche auch meist fachmännischen Kreisen entnommen war. Der Bedarf an Directoren und andern Oberbeamten öffentlicher Gesellschaften war verhältnißmäßig stärker, als der Bedarf an Officieren in dem mörderischsten Kriege, das Avancement daher ein riesiges, und die Auswahl natürlich theilweise eine sehr ungenügende. Die jungen Subalternbeamten der ältern Banken, welche sich entweder besonders verwendbar gezeigt hatten, oder Protection besaßen, oder endlich, und das war wohl die Hauptsache, sich das Ansehen gewiegter Finanzmänner zu geben verstanden, kamen als Abtheilungschefs, und die hervorragenderen unter denselben als Directoren in die neuen Banken, während die Bureaux der Architekten und der ältern Eisenbahnen die Baugesellschaften und jungen Bahnen mit Oberbeamten und Directoren versorgten. Zugleich fand eine Transfusion aus den verschiedensten Departements der Staatsverwaltung, aus der Armee, aus den Advocatenkanzleien und so fort in die Beamtenkörper der neuen Gesellschaften statt, mehr zum Nachtheil jener Stände, welche einen Theil ihres tüchtigsten und strebsamsten Nachwuchses verloren, als zum Vortheile der neuen Gesellschaften und der betreffenden Personen selbst, nachdem deren Tauglichkeit für den neuen Beruf eine viel geringere sein mußte, und sie selbst die kurze Herrlichkeit sehr oft mit dem Verlust der einen wie der andern Stellung zu bezahlen hatten. Die Handelsschulen und Akademien, die technischen und gewerblichen Lehranstalten endlich konnten nicht genug Abiturienten liefern, um den Bedarf an neuen Unterbeamten und an Ergänzung der durch das Vorrücken der älteren Angestellten entstandenen Lücken zu decken.

Mit solchen Feldherren, einem derartigen Generalstabe und der eben geschilderten Armee sollte nun operirt werden, nicht etwa auf hergebrachte Weise, sondern unter völlig neuen Bedingungen mit neuen Mitteln zu neuen Zielen! Lag in dieser Organisation der Gesellschaften, und in den Personen, die da ins große Horn bliesen und noch blasen, nicht schon ein hinlänglicher Grund für die schmähliche Niederlage all' der scheinbaren Herrlichkeit, oder hat jene Journalweisheit recht, welche dem Reichsrathe und der Regierung die Schuld gibt, daß ihre Staatshilfe nicht im Stande sei, „die Krise zu beheben", als ob das eine so concrete Aufgabe wäre, wie etwa die Hebung eines versunkenen Schiffes?

Wir haben eingangs dieses Abschnittes zu zeigen versucht, daß nicht eine gesunde productive Thätigkeit, sondern die Gelegenheit forcirter Gewinnstmacherei die Haupttendenz war, welche der letzten Gründungsepoche zu Grunde lag. Da nun in jener Zeit nichts so großen, wenn auch durch Verlustmöglichkeiten compensirten Gewinn bot, als das Spiel und die Beschaffung der Mittel für dasselbe, so war damit auch das geschäftliche Fahrwasser angezeigt, in welches hinein nach und nach fast ausnahmslos die Masse der neuen Unternehmungen getrieben wurde. Denn nicht nur die Privaten spielten mit den Actien aller der neuen Banken, Bau- und Industriegesellschaften, und nahmen dieselben für das Spiel anderer Leute in Kost, — sondern die Banken selbst hatten nahezu keine andere Thätigkeit als die ebengenannte, und die Bau- und Industriegesellschaften vernachlässigten zum großen Theil ihren ursprünglichen Zweck, um bei der großen Ernte der Speculation nicht zu kurz zu kommen. Wie wären denn sonst jene haarsträubenden Bilanzergebnisse nur annähernd erklärbar, welche in diesem Jahre den Generalversammlungen vorgelegt werden, und welche theilweise schon im Vorjahre in roher Skizzirung vorgelegt wurden, um nur dem Publicum zu zeigen, daß noch nicht der letzte Rest des Gesellschaftscapitals verthan sei, wenn auch dreißig, fünfzig, siebzig Procent in Rauch aufgegangen waren.

Bis jetzt haben wir übrigens nur von der Leichtfertigkeit, der Selbstsucht und Spielwuth, aber nicht von der eigentlichen Unredlichkeit, von dem Mißbrauch der leitenden Stellung, von der Veruntreuung des Gesellschaftsvermögens gesprochen. Möchte heute jemand noch so kindlich und gutmüthig sein, zu glauben, daß die

Bestehlung von Actionären durch Directoren und Verwaltungsräthe nicht in bedeutende Dimensionen gegangen sei? Daß da, nach dem Witzwort eines bekannten Wiener Localsatirikers, eine große Schaar nur vom Mangel an Beweis lebte? Gaben ja doch gerade die Spiel= und Speculationsgesellschaften so wirksame Mittel an die Hand, um jede Spur des geschehenen Mißbrauchs zu verdecken und zu verwischen. Jede geschäftliche Verrichtung läßt sich leichter fremden Händen anvertrauen, als das Spiel. Die Course steigen und fallen von Viertelstunde zu Viertelstunde, von Tag zu Tag, und von Woche zu Woche. Die schließliche, genaue Bestimmung des Zeitpunctes der Ein= und Verkaufsoperationen hat nur der Spielende selbst in der Hand, auch wenn er im Auftrage Anderer spielt; der Vorstand einer Gesellschaft bestimmt aber außerdem noch die Art des Gegenstandes und die Höhe des Betrages für Ein= und Verkauf. Während der Ausführung der Transaction ist die Gunst des gewählten Zeitpunktes immer noch fraglich, und niemand kann nachträglich verantwortlich gemacht werden, einen ungünstigen Augenblick zur Operation getroffen zu haben. Die Verbuchung der Geschäfte aber geschieht nachträglich, und zwar oft erst in einer Zeit, wo das Resultat schon als ein gutes oder ein schlechtes zu Tage tritt. In diesen Thatsachen ist bei Speculationsgeschäften für eine unredliche Gebahrung eine Handhabe geboten, welche auf zehnerlei Weise zur Bereicherung der Geschäftsleitung auf Kosten der Gesellschaft benützt werden kann. Noch in horrender Weise kann dieser Uebelstand gesteigert werden, da wo die Verwaltungsräthe als Privatpersonen mit ihren Gesellschaften in Geschäftsverbindung sind; da kann die Theilung der Beute nach gewissen Procentsätzen geradezu zum bestimmten Geschäftsusus werden. Die Speculation an und für sich ist etwas unfruchtbares, und bei jedem einzelnen Speculanten wird eine sehr große Anzahl gewinnbringender Fälle durch eine sehr große Anzahl verlustbringender bis zu einem verhältnißmäßig geringen Gewinnst= oder Verlustsaldo ausgeglichen werden. Ist aber jemand im Stande, einen Theil der Gewinnstfälle aus der Reihe der Transactionen auszuscheiden, indem er dieselben zu seinem Privatvortheile verschweigt, oder sie in Verlustfälle umzuwandeln, indem er dem wirklichen Moment des Geschäftsabschlusses einen ungünstigen Moment substituirt, dann wächst natürlich jener obige Saldo im ungünstigen Sinne zu riesigen Proportionen.

Jeder Geschäftsmann weiß, wie schwierig es ist, auch in der einfachsten und geregeltsten kaufmännischen oder industriellen Unternehmung aus den Daten der Buchhaltung nachträglich die reelle Gebahrung der Geschäftsleiter anzugreifen, oder zu constatiren, obgleich hier die Analogie mit andern, ähnlichen Unternehmungen wenigstens Wahrscheinlichkeitsschlüsse gestattet, welche die Untersuchung erleichtern. Bei Geschäften, welche viele, große und complicirte Materiallieferungen und Contracte bedingen, wächst diese Schwierigkeit, besonders bei dem notorisch lagen Vorgehen, wie es bei Lieferungsgeschäften in Oesterreich Gebrauch ist. Bei Geschäftsunternehmungen, in welchen Speculation und Börsenspiel den Zweck bilden, ist eine derartige Prüfung geradezu eine Unmöglichkeit. Wer daher durchaus spielen will, der gehe lieber selbst an die Börse und versuche sein Glück, er halte aber keine Spieleractien, die fortwährend einen Theil ihres Werthes abgeben, wie ein Stück Eis abtropft, welches im Sommer der freien Luft ausgesetzt wird.

So handelte leider das große Publicum in den vergangenen Jahren nicht. Es spielte Fangball hin und her mit all den unzähligen Spielpapieren, die nicht nur zum Spiele dienten, sondern auch selbst wieder das Spiel zur Grundlage hatten. Und während die Course dieser Actien auf und nieder gingen, setzten dieselben von ihrem wahren Werthe zu und immer zu.

Auch hier verschüttete das Publicum das Kind mit dem Bade, wenn es in Folge der Resultate schließlich alles brandmarkte, was den Titel eines Verwaltungsrathes trug. Die unredlichen unter denselben waren gewiß sehr stark in der Minderzahl, und der planmäßigen Betrüger war vielleicht nur ein kleines Häuflein; aber die große Mehrzahl stand eben der eigentlichen Gebahrung der Gesellschaft sehr ferne, sie besuchte die Sitzungen, dachte und debattirte über das was ihr vorgelegt wurde, oder schwieg auch dazu, und kümmerte sich im übrigen hauptsächlich um Tantièmen und Präsenzmarken. Selbst die Besten unter den Guten konnten in den meisten

Fällen die separaten Abmachungen ihrer betrügerischen Collegen nur mit größerer oder geringerer Sicherheit muthmaßen und gehen, wenn es ihnen zu arg wurde; — den Nachweis der Schurkenstückchen zu liefern, die sich fast vor ihren Augen zutrugen, war in den wenigsten Fällen möglich.

Noch viel machtloser und wehrloser natürlich ist der Actionär in die Hände des unredlichen Theils der Leitung gegeben, und der Mangel an ökonomischer Bildung und geschäftlichem Verständnisse, wie er in unserm großen Publicum herrscht, läßt unsere General= versammlungen der Regel nach als eine Schafheerde erscheinen, die je nach Umständen entweder zur Fütterung, oder zur Schur, oder endlich unter lautem „Mäh" zur Schlachtbank getrieben wird. Ist bei diesen Versammlungen das Ergebniß des Jahres ein befriedigendes, dann nimmt man dieß schweigend hin und fragt nicht weiter nach; ist es ein schlechtes oder gar ein verderbenbringendes, so hört die dem Verwaltungsrathe persönlich nahestehende Partei dessen Mit= theilungen mit würdevoller Resignation an, und in der Opposition findet sich dann meist ein oder der andere Actionär, der seinem ge= preßten Herzen durch heftiges Poltern Luft macht, was indirect zu= gleich seinen Mitopponenten zur Gemüthserleichterung dient; — eine eingehende, sachgemäße, consequent durchgeführte Kritik, Prüfung und Anklage findet in den seltensten Fällen statt, und so bleibt nach so einer Spectakelversammlung, nach Einrede, Replik und Duplik ge= wöhnlich alles beim Alten. Tritt die Liederlichkeit und die angestellte Verheerung der Leitung gar zu grell ans Tageslicht, dann wird eben unter den harmloseren Mitgliedern derselben ein Sündenbock aus= gesucht und dem Grimme der Menge preisgegeben.

So lange beim Publicum das Verständniß über die Grund= begriffe des Geschäftslebens, über die Anforderungen, welche es an seine Angestellten und Vertrauensmänner zu machen berechtigt ist, und über die natürlichen Bedingungen des Erwerbs nicht klarer, und seine Energie zur Prüfung und Ueberwachung der Gebahrung von Actiengesellschaften nicht größer wird, ist wenig Aussicht auf gründliche Besserung dieser Zustände vorhanden.

VI.

So ungefähr war die allgemeine Gestaltung unserer ökonomischen Verhältnisse, unter welchen sich jene Revolution zunächst in den Coursen der heimischen Werthpapiere und damit zugleich im Besitzstande der mittleren und oberen Stände vollzog, welche so tiefe und traurige Spuren im ganzen Lande zurückgelassen hat.

Nachdem die Geschichte der Krise, die Darstellung der einzelnen finanziellen Ereignisse, sowie Art und Maß des Eingreifens einzelner Persönlichkeiten in dieselbe, außerhalb des Rahmens dieser Darstellung liegt, so soll der Gang der Dinge nur insofern hier kurz berührt werden, als dieß zur Aneihung der wichtigsten äußeren Momente, welche in ursächlichem Zusammenhange mit der Krise stehen, geboten erscheint.

Unmittelbar auf das Kriegsjahr 1866, welches uns die zweite große militärische Niederlage innerhalb 8 Jahren gebracht hatte, waren 1867 und 1868 zwei ausgezeichnete Ernten gefolgt. Die Leichtigkeit der nationalen Geldgebahrung und die Hoffnungen auf die Zukunft, welche durch den großen Getreideexport nach dem Auslande hervorgerufen wurden, wirkten, in Verbindung mit dem Ueberflusse an Circulationsmitteln, welcher durch Emission der Staatsnoten ins Land gekommen war, außerordentlich belebend auf den Unternehmungsgeist. Die musterhafte Sparsamkeit des Bürgerministeriums und speciell des Finanzministers zugleich mit dessen Energie in Ordnung der Staatsschuld erweckten das Vertrauen in die wirthschaftliche Zukunft des Staates. Die Projecte für den Bau der neuen Bahnen von Wien nach Böhmen gaben Aussicht auf Beschäftigung und Gewinn für Banken, Bauunternehmer, Grundspeculanten an Material lieferanten. So kam nach langer Unthätigkeit die Veranlassung zur Gründung einiger neuen Banken in der zweiten Hälfte des Jahres 1868. So günstig jene Zeit für die Speculation im Allgemeinen war, indem z. B. Creditactien vom Anfang Juni bis Ende December von 184 auf 246 Gulden, Anglo-österreichische-Bankactien von 135 auf 204 Gulden stiegen, so hielten sich die früher erwähnten Neuschöpfungen doch kaum über Pari. Die Actien der österreichischen Vereinsbank zu fl. 200, im September mit 40 Procent eingezahlt, standen am 31. December auf fl. 90; jene der Wiener Handelsbank, im October mit 30 Procent eingezahlt, auf fl. 61.

Bis dahin war also zum eigentlichen Gründungsschwindel keine Veranlassung. Die natürliche Scheu des großen Publicums vor neuen fremdartigen Unternehmungen war noch nicht gebrochen; der Löwe hatte noch kein Blut geleckt; der Stein war noch nicht ins Rollen gekommen. Die große Menge der Actienkäufer und der Börsenspieler mußte erst durch die Erfahrung lernen, was für vertrauenswürdige Männer an der Spitze der gegründeten und der zu gründenden Unternehmungen standen.

Schon der erste Monat des Jahres 1869 brachte den Geldmarkt aus seiner bisherigen Zurückhaltung heraus. Die Actien der älteren Banken, der Creditanstalt, Anglobank, Bodencreditanstalt u. s. w. gingen mit ihrem Course derart in die Höhe, daß die jungen Institute bis zu einem gewissen Grade mitgerissen werden mußten. Denn schließlich hatten doch alle dieselben Grundbedingungen des Gedeihens oder Kümmerns. Die nächste Folgerung aus diesem gemeinschaftlichen Preisaufschlage ergab sich rasch von selbst. Es war folgende: Wenn es nur nöthig ist, eine gewisse Geldmenge zusammenzubringen, um den Werth jedes einzelnen Guldens um ein Bedeutendes zu erhöhen, dann macht derjenige das beste Geschäft, welcher diese Operation am häufigsten und im großartigsten Maßstabe durchführt.

Dieser Gedanke brauchte noch nicht präcise ausgesprochen, sondern nur durch die Entwicklung der Thatsachen angedeutet zu sein, so war damit das Signal zum großen Kirchthurmrennen gegeben. Die Masse der, durch zufällige persönliche Begabung oder durch traditionelle Entwicklung mit besonderem Erwerbssinn und schnellem, scharfen Blicke für die Besonderheiten des Moments ausgestatteten Individualitäten, hatte rasch das Goldfeld entdeckt, und warf sich mit aller Macht auf seine Ausbeutung. Von Januar bis Mitte August 1869, wo die Course ihren Culminationspunct erreichten, stieg die Zahl der im Coursblatt notirten Banken von 16 auf 30, die der notirten Industriegesellschaften auf Actien von 8 auf 21, die Zahl der Eisenbahnunternehmungen vermehrte sich um sechs. Damals erblickten die ersten Baugesellschaften und Ziegeleien auf Actien das Licht der Welt, und ebenso als getreuestes Abbild der Zeit die erste Selbstbefruchtungsbank.

Das Börsenpublicum, insoweit es selbst nicht die Fähigkeit oder die Connexionen besaß, um an den Gründungen theilzunehmen, suchte sich dadurch den größtmöglichen Antheil an der Beute des Tages zu verschaffen, daß es den Gründersyndicaten die frisch ge= backenen Actien aus den Händen riß, und dieselben an der Börse zu immer größerer Höhe trieb. Dieß war damals noch nicht so ge= fährlich als später, weil die Gründer in Hinsicht der Differenz zwischen der eingezahlten Summe und dem Emmissionscours noch nicht jene Unverschämtheit entwickelten, zu welcher sie später durch die Gier des Publicums gedrängt wurden.

Die Course waren auf dem Gipfelpuncte des Jahres 1869, am 21. August, theilweise weit mehr hinaufgetrieben als vor dem letzten Sturze, Mai 1873. Damals wurden notirt: die Actien der Anglo=österr. Bank mit fl. 75, Silber eingezahlt, zu 429; des Wiener Bankvereins, 80 fl. Einz., zu 209 (am 24. Aug. 246), der österr. Bodencreditanstalt, 80 fl. Einz., zu 314, österr. Creditanstalt f. H. u. G., nach 40 fl. Rückzahlung mit 160 fl. eingezahlt, zu 311.90, Vereinsbank 80 fl. E., zu 132.50, Wiener Bank 80 fl. E., zu 262 (am 24. Aug. 280), österr. Baugesellschaft 60 fl. E., 79.50, Inner= berger Gewerkschaft 60 fl. E., 118.

Eine zu Ende August plötzlich eintretende Geldknappheit mahnte da seit dem Aufblühen des Gründungsschwindels die Börse zum ersten Mal an die Hinfälligkeit aller ihrer Lieblinge. Schwache Hände mußten realisiren, das außer der Börse stehende Publicum bekam plötzlich Mißtrauen, die Depôts wurden gekündigt, und schließlich trat unter fortwährend steigender Geldnoth eine Panik ein, welche am 7. Septbr. ihren Höhepunkt erreichte. Es fielen die Actien von der Anglo-Oesterr. Bank auf 258, Bankverein auf 130, Creditanstalt auf 232 u. s. w. Am besten wird der Coursgang von den Actien der Wiener Bank, welche am stärksten hinaufgetrieben waren, den Verlauf jener Krise, welcher sich viel acuter gestaltete als derjenige 1873, illustriren. Die Actien der Wiener Bank wurden notirt: am 1. Juli 105, am 31. Juli 167, am 16. August 207, am 24. August 280, am 26. 277, am 28. 230, am 30. 172, am 31. 125, am 3. September 97, am 4. 102, am 7. 82.

Wohl trat bald darauf wieder eine Erholung der Börse ein, die sich im Course manchen Papiers durch einen Aufschlag von 40 bis 60 Gulden manifestirte; allein der erste Schreck war der Börse zu tief in die Glieder gefahren; die Papiere fielen langsam aber andauernd, tiefer, als sie am 7. September gestanden hatten, und erreichten die niedrigste Notirung erst am 8. November (Anglo 212.50, Credit 219.50, Bankverein 108, Vereinsbank 86, Wiener Bank 56, österr. Baugesellschaft 47.50, Innerberger 74).

Der letzte Theil des Rückganges war schwächer und immer schwächer geworden; endlich glaubte man wieder festen Boden unter sich zu fühlen, das Vertrauen kehrte zurück, mit ihm die Erinnerung an die schönen und raschen Gewinnste der ersten Jahreshälfte, so hob sich nach und nach der Actienberg wieder und zum Jahresschluß hatten viele Papiere die Hälfte des Abhangs, den sie heruntergerollt waren, wieder erklommen, und nur wenige, wie Wiener Bank, Vereinsbank, österr. Baugesellschaft ꝛc. blieben dem niedrigsten Stande nahe.

Die Ereignisse des Jahres 1869 gaben den ersten Anhaltspunct, was der Wiener Markt aufzunehmen im Stande ist, und in welchen Grenzen sich die Course etwa bewegen können. Für alles dieses hatte das speculirende Publicum noch kein Präcedens. Früher hatte es sich ja immer nur entweder um politische Störungen gehandelt, um Kriegs- und Revolutionsbefürchtungen, um Erndteschätzungen und Hoffnungen auf Frieden und Wohlstand, oder aber um die speciellen Ergebnisse eines einzelnen Institutes. Nun kam als neuer allgemeiner Factor die größere oder geringere Gefahr von Ueberlastung des Marktes hinzu, die Ungewißheit des Gedeihens gänzlich neuartiger Institutionen und endlich die Mitleidenschaft, in welche jede einzelne Bank als Mitspielerin durch den allgemeinen Coursgang gezogen wurde.

Ueber die Tragweite aller dieser neuen Momente konnte erst die Erfahrung belehren, — eine Erfahrung, wie sie eben das Jahr 1869 bot. Die Speculation im Waarengeschäft ist noch bis zu einem gewissen Grade im Stande, mit bestimmten Zahlen zu rechnen, sie kennt die ungefähren Grenzen des Consums in einem Artikel, sie schätzt die Ernten und die Zufuhren zum Markte ab, sie hat hundert Analogien, um die Wirkung eines gewissen Plus oder Minus auf den Tagespreis einer Waarengattung in Anschlag zu bringen. Im Effectenmarkte sind jene materiellen und sachlichen Momente viel verhüllter in ihrer Erscheinung, viel schwieriger in der Darstellung und viel unberechenbarer und vehementer in ihrer Wirkung. Um so mehr Spielraum im täglichen Auf und Nieder der Course hat da die individuelle Anschauung und die Stimmung der Masse. Wenn A glaubt, daß B der Ansicht ist, daß ein Papier steigt, weil C diese Meinung hat, so ist dieß eben eine genügende Ursache, daß das Papier wirklich steigt, falls nur A von hinreichender finanzieller Bedeutung ist, oder hundert andere A die Meinung des ersten A theilen. Dieses Spiel kann Tage und Wochen und Monate fortgehen, und die Papiere steigen immer fort, blos auf Meinung hin, bis ein äußeres Ereigniß oder die allmählige übermäßige Verschiebung der wirklichen Werthverhältnisse, oder endlich eine eben so unklar begründete Furcht einen Rückschlag hervorbringen. Die Taxirung der wirklich maßgebenden Momente für die Werthbestimmung eines marktgängigen Papiers tritt gegen jene Taxirung der Meinung Anderer sehr in den Hintergrund.

Die ernsten Erfahrungen des Jahres 1869 wurden von vorne herein nicht beachtet. Beweis dafür, daß noch in den letzten Monaten des Jahres neue Gründungen auf den Markt geworfen wurden und dieses Spiel im Jahre 1870, wenn schon in viel geringerem Maße, fortging.

Im Ganzen verlief dieses letztere Jahr ruhig, und es hielten sich die Aufschläge einzelner Papiere ziemlich im Gleichgewichte mit den Rückgängen, welche andere Actien erlitten. Die Gefahr, daß Oesterreich in den deutsch-französischen Krieg mit hineingezogen werden könnte, lag furchtbar nahe, und gab unsern Staatspapieren und unserer Papierwährung einen Stoß, der sich abgeschwächt allen Privatpapieren mittheilte; aber bis zum Jahresschlusse war dieß Alles schon wieder ausgeglichen.

Auch das Jahr 1871 blieb dem Coursgange nach bis zum Herbste gemäßigt, nur in einzelnen Spielpapieren ging das Auf und Ab seinen tobenden Gang fort, wie z. B. Anglobankactien, welche vom April bis zum December 1870 um 150 Gulden gefallen waren, nun wieder in die Höhe getragen wurden. Die Gründung neuer Gesellschaften jedoch war stärker als im Vorjahre, ohne daß der Markt eine Ahnung zu haben schien, was er sich mit dieser andauernden Aufnahme neuer Scheinwerthe für eine Ruthe auf den Rücken band.

Inzwischen war ein Gedanke, welcher lange schon in den Köpfen Einzelner gegohren haben mochte, Gemeingut der speculirenden Masse geworden, der Gedanke, daß der Ueberfluß an Capitalien, welcher sich durch die sogenannte Kriegskostenentschädigung Frankreichs an Deutschland über dieses Letztere ergoß, zu einem Theile, und vielleicht zu einem sehr großen Theile, seine Anlage in österreichischen Werthen finden müsse.

Dieß war wohl die vorzüglichste Ursache, weßhalb vom Spätherbste 1871 zum Frühjahre 1872 ein so rapider Aufschlag in der ganzen Reihe der österreichischen Papierwerthe, namentlich in den Actien der Emissionsbanken stattfand. Anglobankactien stiegen von Anfang October bis Anfang März von 242 auf 373, Bankverein von 214 auf 343. Andere Banken, welchen die Aussicht der Multiplication in nächster Zeit nicht offen stand, sondern welche sich mit der Hoffnung auf ausgiebige Addition begnügen mußten, machten den Sprung in bescheidenerem Maße mit. Creditactien gingen in derselben Zeit von 283 auf 355, Unionbank von 252 auf 325, Handelsbank (Einzahlung 160) von 144 auf 243 (Einzahlung 200), Vereinsbank von 109 auf 128. Baubanken und Industriewerthe stiegen gleichfalls gewaltig; Wiener Baugesellschaft von (Einz. 80) 88 auf (Einz. 100) 178, österr. Baugesellschaft von 79 auf 128, ec. ec. Selbst die Actien der großen alten Bahngesellschaften, wie Nordbahn und Südbahn, ja auch die Prioritätsobligationen der Eisenbahnen wurden im allgemeinen Strome mit hinangezogen, und die Milliarden der österreichischen Staatsschuld setzten sich gleichfalls in Bewegung nach Oben, österreichische Papierrente stieg in der genannten Zeit von 56.1 auf 64.2, also um volle 14$\frac{1}{2}$ Procent, ungerechnet den Rückgang des Agios, welcher ebenfalls 5—6 Procent betrug.

Auf dieser Höhe hielt sich, geringere Schwankungen nach auf- und abwärts ungerechnet, die Masse der Papierwerthe vom Anfang des Jahres 1872 bis zum Mai 1873, trotzdem das erstgenannte Jahr die zweite geringe Ernte brachte, und trotzdem nun die Fabrication neuer Werthe, welche sämmtlich Concurrenzwerthe der Alten waren, ins Ungeheuerliche fortgetrieben wurde.

Die Wirkung einer großen oder einer kleinen Getreideernte auf den Courswerth der Actien von Banken, Baugesellschaften, Hüttenwerken und Eisenbahnen ziffermäßig abzuschätzen, ist wohl unthunlich, aber der außerordentlich innige Connex des Einen mit dem Andern in einem Agriculturstaat, wie es Oesterreich noch ist, liegt trotzdem schon in normalen Zeiten nahe genug, um so mehr in Zeiten, wo Nahrungsüberfluß, starke Nachfrage nach Industrieproducten und glatte Abwicklung der laufenden Handelsgeschäfte unbedingt nothwendig sind, um in dem überspannten Credit- und Vertrauensbedürfniß einer aus Rand und Band gerathenen Börsenspeculation keinen Riß entstehen zu lassen.

Trotz alledem hat der Papierschwindel in Oesterreich die geringe 1872er Ernte noch durch den größeren Theil des Erntejahres ausgehalten; so stark war das Vertrauen auf den französisch-deutschen Goldstrom.

Und dazu arbeiteten die Emissionsinstitute mit voller Dampfkraft. Zu den 40 Banken, 31 Eisenbahnen, 4 andern Transportunternehmungen, 5 Baugesellschaften und 19 sonstigen Industrie- und Handelsunternehmungen, welche am 31. December 1871 im Wiener Coursblatte aufgeführt sind, lauten noch:

Im Januar 1872: Austro-Ottomanische Bank, Börsenbank, Industrie- und Boden-Creditbank, Real-Creditbank, österr. Sparverein, steyrische Baubank, inländische Gasgesellschaft, Hôtel Metropole;

im Februar: Maklerbank, Prager Bankverein, Raten- und Rentenbank, österr. Sparbank, Baden-Vöslauer Baubank, Handelsgesellschaft für Realitätenverkehr und Hypothekarversicherungsgesellschaft;

im März: Austro-türkische Bank, Börsen- und Creditbank, Börsen- und Wechslerbank, österr.-ungar. Escomptebank, Municipalbank, böhmischer Sparverein, Wiener Cassenverein, Wiener Bauverein, Gas-industriegesellschaft, Actiengesellschaft für Hôtels und Badeanstalten, Kalusz-Kali, und Spinnerei und Weberei Guntramsdorf;

im April: Interventionsbank, Länderbankenverein, Cassenfabrik, Eisenbahnwaggonleihanstalt, Hohenwanger Gewerkschaft, Hôtel gold. Lamm, Miethwagengesellschaft und Steyrermühle.

Von da ab ging es langsamer in der Zunahme. Von Bankwerthen mußte das Publicum schließlich doch einmal überfättigt worden sein, dagegen stieg die Zahl der Grundspeculationsgesellschaften oder sogenannten Baubanken bis zum Jahresschluß auf 14, und die neue Wiener Tramwaygesellschaft wuchs aus der alten hervor. Auch machte der Uebergang der Industrieunternehmungen aus dem Einzelbesitz in denjenigen von Actiengesellschaften, meist zu tollen Phantasiepreisen, und die Ausbeutung zweifelhafter Funde und Erfindungen auf Actien weitere große Fortschritte.

Warum sollte auch nicht fortgegründet werden. Von Bedürfniß nach den Objecten war ja überhaupt schon seit Jahren in 9 unter 10 Fällen im Ernste nicht die Rede gewesen, — und so lange das Publicum und die Banken jedes neue Papier mit Agio entgegennahmen, hätten da die Gründer aus Philanthropie mit ihren genialen Ideen zurückhalten sollen?

Möglich wurde die Abnahme all' der neuen Actien nur durch das riesenhafte Reportgeschäft, durch die maßlose Creditgewährung von Banken und Privatpersonen an das spielende Publicum. Die

Grundlage der hohen Credite und der scheinbaren Deckung in Papier=
werthen wurde durch das fortwährende Steigen der Course geschaffen,
und anderseits war dieses Steigen wieder nur durch die Fortdauer
und durch die Vergrößerung jener Credite ermöglicht.

Die Lage des Marktes hatte, was die Höhe der Course an=
belangt, mit jener des Jahres 1869 eine äußerliche Aehnlichkeit, ja
die Course gingen damals in manchen Papieren noch um Einiges
über diejenigen des Jahres 1872 hinaus, und so wäre in letzterem
Falle denn auch die Hoffnung berechtigt gewesen, daß nach einem
gründlichen Sturze sich das Gleichgewicht, der finanzielle Friede, die
Vollwerthigkeit der Actien wieder einstellen werde. Aber mit welchem
Ballast von Papieren war seit jener frühern Krise, welche einen so
raschen Verlauf genommen hatte, der Markt beschwert worden! Welche
Masse von erborgten Capitalien war in immobilen Werthen fest=
gerannt worden, und drückte seitdem auf unsere wirthschaftliche Lage!
Welche Unzahl von Concurrenzinstituten steht sich heute in jedem
Zweige der Finanzwirthschaft gegenüber, jeden lohnenden Verdienst
von vornherein ausschließend und durch theure Verwaltung in einem
fort am Capital zehrend! All' das war 1869 nicht, oder nur in
mäßigem Grade der Fall gewesen; darum schreitet auch die Genesung
des Marktes dießmal so wenig vorwärts.

Vielleicht wäre die tolle Wirthschaft der Epoche 1871—1872
doch einer aufmerksameren und ernsteren Prüfung unterzogen worden,
wäre nicht die öffentliche Aufmerksamkeit so übermächtig durch das
bevorstehende Schauspiel der Weltausstellung in Anspruch genommen
worden, hätte die Erwartung jener Herrlichkeit, in welcher wir da
durch ein halbes Jahr angesichts aller Völker des Erdballs prangen
würden, uns nicht alle mehr oder minder in einen andauernden Rausch,
in einen Großmannsdünkel und eine stolze Sorglosigkeit versetzt, welche
den Geldmachern das Spiel so sehr erleichterte.

Aber Weltausstellung und Krise standen außerdem noch in viel
directerem Zusammenhange. Eine Anzahl Unternehmungen wurde
ganz speciell in Bezug auf das Ausstellungsjahr und den in dem=
selben in Wien erwarteten großen Menschenzustrom gegründet; außer=
dem steigerte sich eben im Hinblick darauf die Baulust im Allgemeinen;

die Ausstellungsbauten nahmen selbst eine sehr bedeutende Menge von Arbeit und Material in Anspruch, die Zurüstungen der Aussteller ebenfalls, und die Vorbereitungen aller der Gewerbsleute, welche vom Fremdenverkehr leben, auf gleiche Weise; dieß brachte einen großen Bedarf, und daher sehr gute Nachfrage in unzähligen Materialien, Industrieartikeln und Lebensmitteln hervor, und dieser überreizte Consum, dieser glänzende Verdienst des Gewerbsmannes, die hohen Löhne, alles dieses wirkte stimulirend auf den Geldmarkt zurück, erzeugte den Begriff eines fabelhaft aufblühenden, allgemeinen Wohlstandes, und ließ die Börse nicht zu nüchterner Betrachtung kommen. Schließlich hatte sich auch, nachdem schon die Aussicht eines Rückschlages mehr und mehr im speculirenden Publicum Wurzel faßte, der Glaube festgesetzt, daß ein solcher Rückschlag erst nach der Ausstellung erwartet werden dürfe, und jeder Einzelne glaubte somit Zeit zu haben, sich bis dahin seiner theuren Effecten zu entledigen.

So war die Lage am Schlusse des Jahres 1872. Die große Mehrzahl der Speculirenden trat das neue Jahr mit den frohesten Hoffnungen an, und glaubte, die Ausstellungszeit werde erst die wahre, große Goldernte bringen, Alles bisherige sei nur Vorspiel gewesen. Die vor der entfernteren Zukunft Aengstlichen waren ein sehr kleiner Bruchtheil des Gesammtpublicums. Für die Menge war das Jahr 1869 vergessen. Hatten ja doch in den zwei letzten Jahren die Unglücksprophet immer und immer Unrecht behalten, und die Wenigen, welche damals mit ihrem Vermögen auf den Zusammenbruch des Schwindels speculirt hatten, waren damit nur selbst ins Verderben gegangen.

Jetzt kam die Reihe der dummen Streiche an die ganz Soliden. Diejenigen, welche vor zwei Jahren über die Waghalsigkeit der Speculanten und über die allgemeine Demoralisation „Drei Mal Wehe" geschrieen hatten, und welche vor einem Jahre mit heimlichem Aerger den Moment zum erfolgreichen Operiren für verpaßt erkannt hatten, waren des müßigen Zusehens beim Gewinnen ihrer Freunde und Bekannten müde geworden, und trugen nun ihren Sparpfennig zum Onkel Placht. Die jeunesse dorée war in Engagements verstrickt, wie sie wenige Jahre früher kaum bei der reifen Generation vorgekommen waren; die Vereinigungspuncte der „jungen Herren", d. h. der blaublütigen Milchbärte, glichen einer Winkelbörse, und die Stückzahl der Effecten, mit welchen die Börseheroen operirten, ging ins Schrankenlose.

Ein Zeichen des Umschwungs übrigens war schon mit Beginn des Jahres 1873 eingetreten: Die neuen Gründungen, wie sie namentlich in Baubanken noch massenweise projectirt waren, hatten nicht mehr ziehen wollen; der Handel mit Concessionen hatte nach und nach aufgehört, ein selbstverständlich gutes Geschäft zu sein, und es bedurfte der verspäteten Weigerung der Regierung, neue Concessionen zu ertheilen, um den schon früher ertheilten, lange vergeblich ausgebotenen vorübergehend einen gewissen Werth zu verleihen.

Nichtsdestoweniger nahmen in den ersten Monaten des Jahres, und zwar theilweise bis hart vor Eintritt des großen Sturzes die Actien mancher Unternehmungen noch einen außerordentlichen Aufschwung. Die der Innerberger Gewerkschaft stiegen vom 2. Januar bis 25. April von 251 auf 349; jene der Tramwaygesellschaft bis 3. April von 357 auf 384. Am meisten war dieß bei den älteren Baugesellschaften der Fall, welche im letzten Jahre große und relativ billige Grundankäufe gemacht hatten; so gingen die Actien der Oestr. Baugesellschaft von 189 am 2. Januar auf 285 am 10. April, und jene der Wiener Baugesellschaft stiegen bei 100 Gulden Einzahlung von 269 am 2. Januar fort und fort bis zum 1. Mai, wo sie mit 310 ihren höchsten Cours erreichten, und am 6. Mai, dem Vorabend ihrer Couponauszahlung mit fl. 100. —, welcher zugleich der Vorabend des ersten Krisentages war, waren sie noch mit 299 notirt.

Bankactien bewegten sich träge und erreichten ihren Culminationspunct früher: Anglobank am 12. März mit 324; der Wiener Bankverein nach Auszahlung einer Dividende von fl. 60 am 5. April mit 380; östr. Creditanstalt am 24. Februar; Unionbankactien waren seit November 1872 im Weichen, und östr. Vereinsbank seit Anfang December.

Am 1. Mai wurde die Weltausstellung durch den Kaiser unter dem jubelnden Zurufe von Tausenden und aber Tausenden, welche mit Ungeduld die Vollendung des großen Werkes erwartet hatten, eröffnet. Die heimische Industrie war hier glänzender vertreten, die Macht und Neuentfaltung des durch zwei schwere Kriege gebeugten und vor Kurzem noch durch den bittersten staatsrechtlichen Hader durchwühlten Reiches in imposanterer Weise zur Geltung gebracht, als der Sinn derer zu hoffen wagte, denen in jenen bösen Zeiten das warme Gefühl für ihr Land noch nicht verloren gegangen war.

Aber die Erwartungen der Ausstellungsspeculanten, wie jener der Börse, wurden von Tag zu Tag mehr herabgedrückt. Der Fremdenzustrom blieb stark hinter den Hoffnungen der Wohnungsgeber, Wirthe und der andern betheiligten Gewerbsleute zurück, — wohl hauptsächlich durch der ersteren eigene Schuld. War nun in dieser Beziehung der Anfangsmonat nicht ausschlaggebend, — so mag er doch Anlaß geboten haben, die seit zwei Jahren im Publicum verbreiteten Schätzungen über die Geldmassen, welche durch die Ausstellung ins Land gebracht werden würden, man hatte von achtzig, hundert, zweihundert Millionen gesprochen, einer neuen Calculation zu unterziehen, und man mußte da wohl zum Schlusse gekommen sein, daß auch unter der voraussichtlich günstigsten Entwicklung des Fremdenverkehrs die niedrigste dieser Schätzungen noch stark übertrieben war und daher als Summand in der Berechnung der wirthschaftlichen Gebahrung des großen Reiches wenig ins Gewicht falle. Die Ausstellung also als scenischer Hintergrund für das große Haussetableau der Börse hatte ihre Schuldigkeit bereits gethan; — was sollte man noch weiter von ihr erwarten?

Viel ernster jedoch als die Entdeckung dieses Rechenfehlers mußten die Besorgnisse wirken, welche der Eintritt einer kalten und übermäßig nassen Witterung vom Anfang Mai an für das Ergebniß der Getraideernte hervorrief. Zwei geringe Ernten waren vorausgegangen und man schien sich, vielleicht auf den milden Winter und Vorfrühling hin, auf der Börse der Anschauung hingegeben zu haben, daß die dießmalige Ernte eine befriedigende sein müsse. War ja der Optimismus durch Jahre dort so groß gezogen worden, daß man glaubte, Wind, Wetter und Weltgeschichte müßten sich drehen, wie es der turbulenten Menge am Schottenringe am Besten bekomme. — Nun traten empfindliche Nachtfröste ein, die Blüthe des Getreides war ernstlich durch den Regen bedroht, trotz aller günstig gefärbten Saatenstandsberichte mußte die Wahrnehmung, daß die Ernte in vielen Theilen der Monarchie gefährdet sei, doch durchschlagen und das Gefühl erzeugen, daß es, bei der Gebrechlichkeit dieser Hauptsäule der Speculation, im ganzen Gebäude nicht mehr sicher sei.

Schon von Mitte April an war in der Gesammtstimmung der Börse ein Umschwung bemerkbar; die Anzahl der im Course zurückgehenden Actien gewann gegen die der steigenden mehr und mehr die Oberhand; von den Kostgebern der stark gewichenen Papiere mußten beträchtliche Nachzahlungen verlangt werden, und bei vielen schwachen Händen, welche dieselben nicht leisten konnten, wurden Executionen vollzogen, welche nicht nur den Cours der betreffenden Papiere weiter drückten, sondern durch gesteigerten Geldbedarf auch den Stand der übrigen Werthe erschütterten. Das gänzliche Fiasco der Emission einer neuen Baugesellschaft in der letzten Aprilwoche versetzte dem Actienmarkte einen neuen Stoß. Nun sprachen die Blätter und Blättchen auf einmal von bestrafter Gewinnsucht, während sie wenig gegen dieselbe einzuwenden hatten, so lange sie noch erfolgreich war.

In den ersten Tagen des Mai steigerte sich die Geldnoth. Wenn die Executionsverkäufe einen Tag nachgelassen hatten, so kamen sie am folgenden mit gesteigerter Heftigkeit wieder. Die Höhe der Beträge, mit welchen sich die Einzelnen auf das Spiel eingelassen hatten, war eben bis zum äußersten Aufwande der Mittel gegangen; eine Reserve zur Leistung von Nachzahlungen auf den gesunkenen Courswerth für die verpfändeten Spieleffecten war nicht vorhanden, und so mußten sich die zunehmenden Institute und Privaten durch rasche Zwangsverkäufe vor Schaden zu wahren suchen.

Vom 6. auf den 7. Mai endlich trat der erste allgemeine Fall der Papiere ein, der sich bis zum 17. Mai nahezu von Tag zu Tag in gleicher Stärke wiederholte. Es wurden notirt die Actien von

	Anglo öftr. Bk.	Creditanft.	Unionbk.	Bankverein	Nordbahn	Allg. öftr. Baugef.
am 6. Mai	280.25	321.50	238.50	353.—	220.50	252
„ 7. „	270.—	318.50	233.50	342.—	220.50	235
„ 8. „	262.—	316.50	228.—	336.—	219.50	220
„ 10. „	252.—	310.—	222.—	325.—	219.—	206
„ 13. „	240.—	307.—	195.—	305.—	212.—	195
„ 17. „	200.—	292.—	180.—	250.—	217.—	140

In diesem Zeitraume von elf Tagen hatten die Actien der verschiedenen Maklerbanken etwa 40 bis 70 % ihres Courswerths vom 6. Mai eingebüßt, diejenigen der großen Emissionsbanken, der Bringer alles Unheils, gegen 30 %, die der soliden Escompteinstitute zwischen 10 und 0 %, die Actien der Eisenbahnen meist gegen 2 %, deren Prioritäten aber fast gar nichts, — während sich der Rückgang der vielen kleineren Bankinstitute, der jedenfalls sehr beträchtlich war, mangels zuverlässiger Notirungen schwer im Ganzen abschätzen läßt.

So gering verhältnißmäßig der Sturz der Course in den ersten Tagen der Krise war, so bedeutend war die Verwüstung, welche derselbe hervorrief. Am 8. Mai zählte man 108 Insolvenzen an der Börse, wenn auch keine eigentliche Handelsfirma darunter war. Die Glocke, welche dort die fallit Gewordenen auszuläuten hat, kam nicht zur Ruhe. Am 9. folgte eine neue Reihe von Insolvenzen; es kam zu tumultuarischen Scenen und Wuthansbrüchen vieler der Bedrängten gegen einzelne als Bedränger angesehene Persönlichkeiten, so daß darüber die Börse geschlossen werden mußte.

Als bezeichnend für die gesammte Situation, namentlich aber für das unter der Asche fortglimmende Bewußtsein alter, immer mehr aufgehäufter Schuld mag es dienen, daß der für die Krisis des Jahres 1873 typisch gewordene Ausdruck, „der große Krach", bereits einige Tage vor dessen wirklichem Eintritt in Aller Munde war. Diesen Namen, welchen die Krise vor der Geburt erhalten, wird sie wohl fortführen, so lange sie im Munde der Leute und in den Aufzeichnungen der Geschichte leben wird.

Nachdem der drückende Geldmangel, welcher von Beginn des Actiensturzes an in der ganzen Geschäftswelt eintrat, das Weitergreifen der Zahlungseinstellungen auch in commercielle Kreise, welche der Börse ganz fern standen, und somit den Uebergang der Börsenkrisis in eine allgemeine Handelskrisis drohte, wurde am 14. Mai der § 14 der Bankacte, worin das Verhältniß der Notenausgabe zur Metallbedeckung bestimmt ist, zeitweilich für den dringendsten Bedarf des Wechselescomptes außer Kraft gesetzt.

Vom 17. zum 21. Mai trat ein Rückschlag ein, man hielt die Krisis für überwunden, das Vertrauen schien sich allgemein zu befestigen und der Cours der Papiere stieg etwa um den vierten Theil dessen, um was er in den letzten zwei Wochen gefallen war. Auch gewiegte Börsenmänner, welche sich von dem Treiben der letzten Jahre fern gehalten hatten, meinten nun, das, was kommen mußte, sei gekommen, und man gehe auf der neugewonnenen Grundlage einem gesunden Geschäftsleben entgegen. Aber die Freude war von kurzer Dauer, denn vom 21. bis Monatsschluß fielen die Papiere weit tiefer als sie am 17. gestanden hatten.

Dieser furchtbare Wellenschlag, immer mit der Neigung nach abwärts, setzte sich fort bis zum Jahresschlusse, und setzt sich theilweise noch fort bis zu dem Augenblicke, wo wir dieß niederschreiben. Auf kurze, aber theilweise sehr energische Aufschläge folgen dauernde Ermattung und langsame, aber tiefergreifende Rückgänge. Schon am 5. Juni hatten die Course wieder eine nicht unbedeutende Höhe erklommen, am 13. waren sie tiefer als je; am 17. hatten sie sich etwas erholt, um bis zum 24. Juli zu sinken, und zwar neuerdings viel tiefer als das letzte Mal.

So ging es fort. Einmal nur in dieser Zeit erreichten für wenige Tage die Course eine Tiefe, in welche sie bis heute nicht wieder hinabgeschlendert wurden; das war in der Deroute, vom 20. bis 28. October. Aber da war die Börse schon derartig gegen das Unglück abgestumpft, daß jene tiefste Tiefe bald vergessen war; und

Schlüsse wurden in jener Zeit so wenig gemacht, daß dieser Fall wohl nicht viel Spuren zurückgelassen hat.

Wie schrumpfen aber die Dimensionen der Maicoursbewegung zusammen, wenn man sie mit denen des ganzen Jahres 1873 zusammenhält! Wie ist aus der vermeintlichen plötzlichen Krise ein langandauerndes, markverzehrendes Siechthum geworden, dem wir uns noch immer vergeblich zu entwinden trachten!

Lassen wir hier noch einmal dieselben Papiere Revue passiren, welche wir bei Gelegenheit der Maikrise beispielsweise ins Auge gefaßt haben, und zwar nicht, weil sich der Sturz bei ihnen besonders stark gezeigt hätte, sondern weil sie entweder durch eigene Bedeutung oder als besonders kenntliche Typen einer zahlreichen Gattung besonders bemerkenswerth sind. Es wurden notirt die Actien von:

	Anglo östr. Bk.,	Creditanst.,	Unionbk.,	Bankverein,	Nordbahn,	Allg. östr. Baug.
am 6. Mai	280.25	321.50	238.50	353.—	220.50	252.—
	100 %	100 %	100 %	100 %	100 %	100 %
„ 17. „	200.—	292.—	180.—	250.—	217.—	140.—
	71 %	91 %	75 %	71 %	98 %	56 %
„ 31. Dec.	133.40	237.40	89.25	55.—	209.—	56.25
	48 %	74 %	37 %	16 %	95 %	22 %
eingezahlt waren darauf	120.—	160.—	200.—	80.—	200.—	160 Fl.

Actien von Banken zweiten und dritten Ranges, welche auch theilweise bis zum Mai ein sehr hohes Agio geführt hatten, sanken noch viel tiefer als die Mehrzahl der hier genannten Papiere: Böhmische Bank mit 80 Fl. Einz. auf 16—17; franco-ungarische Bank mit 200 Fl. Einz. auf 15—16; Hyp.-Rentenbank mit 100 Fl. Einz. auf 10—11; östr. allg. Bank mit 200 Fl. Einz. auf 36—36.50, östr. Vereinsbank mit 80 Fl. Einz. auf 11—11.50, und anderen Banken war gänzlich das Lebenslicht ausgeblasen worden.

Die Wiener Börsenkrisis, als solche hatte sie wenigstens angefangen, mußte natürlich auf die deutschen Börsenplätze, welche in innigem Contacte mit Wien stehen, empfindlich zurückwirken. In Berlin war, von ähnlichen Kreisen wie in Wien ausgehend, der Gründungsschwindel auch in ähnlicher Weise zur Blüthe gelangt; doch war dort aus vielen naheliegenden Ursachen der Boden dafür lange nicht so günstig wie in Wien; das Uebel konnte sich weder so weit ausbreiten, noch so tief einfressen; und so fühlten denn unsere Nachbarn im Norden und Westen die Rückwirkung der Erschütterungen, welche in Wien erfolgten, in sehr abgeschwächtem Maße.

Aber gleichzeitig mit dem Wiener Börsensturze und in innigem, aber schwer erklärlichen Zusammenhange mit demselben ging durch ganz Europa, ja wir möchten sagen, durch die ganze europäisch civilisirte Welt, eine empfindliche ökonomische Abspannung; ein Ermatten der Speculation, ein Nachlassen des Bedarfs aller commerciellen Artikel, eine Ansammlung großer unverkäuflicher Lager von Industrieproducten aller Art, im Gefolge davon Sinken der Waarenpreise bis theilweise tief unter die Erstehungskosten, Sinken der allgemeinen Erwerbsverhältnisse, Einschränkung der Production, Beschäftigungsmangel des Arbeiterstandes. Die Klagen darüber, und meist wohl tiefbegründet, tönten durch England, Frankreich, Deutschland bis aus dem fernsten Winkel Ungarns, und wir wissen nicht, ob sie an Rußlands Grenzen Halt gemacht haben. Woher es kommt, daß es manchmal den Anschein hat, als wäre die Menschheit nicht im Stande, das zu verzehren, was ihre Arbeit erzeugt hat, dieses Entstehen eines Ueberschusses, — nicht etwa Eines Verbrauchsgegenstandes gegen den Andern, — sondern sämmtlicher Verbrauchsgegenstände, — darüber hier zu grübeln, ginge über die Aufgabe, welche wir uns gestellt haben, hinaus. Kurz — auch hierin hatte Oesterreich, wohl in Folge seiner geringen Ernten, den Anfang gemacht, und ein Sinken des Productionsgewinnes, ein bedenklicher Stillstand der Nachfrage nach vielen Industrieartikeln, namentlich sogenannter Manufacturwaaren, d. h. Erzeugnisse der Textilindustrie, war der Börsenkrisis noch ein wenig vorausgegangen, und steigerte sich im Laufe des Jahres zu immer drückenderer Schwere. Der Textilindustrie folgte die Metallindustrie. Die Eisenproduction namentlich hatte einen sehr großen Aufschwung in den letzten Jahren genommen, obgleich die einheimischen Werke noch immer nicht dem Bedarfe des Reiches genügen konnten. Nun begannen sich plötzlich große Lager zu sammeln, und der Preis des Productes, welcher durch einige Jahre einen ungewöhnlichen Gewinn gelassen hatte, sank stufen weise erst bis zu den Productionskosten, dann unter dieselben. In Baumaterialien ging es ebenso, und schließlich wird es gegen Ende des Jahres 1873 kaum eine Industrie in Oesterreich gegeben haben, welche nicht empfindlich zurückgegangen wäre. Meistens wurde die Arbeit reducirt, und theilweise die Arbeiter forterhalten, theilweise entlassen. An den Löhnen, welche vom Beginn des Jahres 1872 an sehr stark gestiegen waren, konnte in den meisten Fällen schwer reducirt werden, denn die Theuerung der Lebensmittel ließ nicht nach, wenigstens nicht in allgemeiner und fühlbarer Weise. So zogen Geschäftsstillstand, Arbeitslosigkeit, Mangel und Verluste immer weitere Kreise, und die Zahl der Fallimente, namentlich in einzelnen Provinzplätzen, trug auch ihr Theil zu letzteren bei.

In den Kreisen, — und wohin hätten sie sich nicht erstreckt? — welche an der Papierspeculation theilgenommen hatten, waren die Vermögensverheerungen furchtbar. Die Anzahl Derer, welche es in den letztvorausgegangenen Jahren, oft wie im Traume, von nichts zu einem nie geahnten Wohlstande, und selbst zu hohem Reichthum gebracht hatten, war groß. Die Ehrlichen unter ihnen standen fast ohne Ausnahme wenige Wochen nach Ausbruch der Krise da, wo sie einige Jahre früher gestanden hatten. Sie müssen nun wieder zu den Beschäftigungen greifen, welche sie früher ernährt hatten, und trachten, in der Bilancirung der vergangenen Hoffnungen und Genüße, Sorgen und Enttäuschungen einen so günstigen Saldo zu ziehen als möglich. Gesteigerte Lebensansprüche, kostspieligere Lebensgewohnheiten, gebeugte Lebenskraft, geknicktes Selbstvertrauen und tiefe Verbitterung werden wohl die meisten in ihrem Bündel mit nach Hause tragen, und ein geschädigter Name kommt bei Vielen dazu. Sie sind aber noch weit weniger zu beklagen, als die viel größere Anzahl Derjenigen, welche sich nach und nach verleiten ließen, ihr väterliches Erbe, oder ihr im Laufe der Jahre rechtlich und sauer erworbenes Vermögen der Börse und ihren Auswürflingen in den Rachen zu werfen. Und wie nach einem verheerenden Kriege keine Familie ist, die nicht einen Todten zu beklagen hat, und Krüppel und Sieche das Land überschwemmen, so rissen die Folgen des Treibens der letzten Jahre klaffende Lücken in Besitz, Wohlstand und

Subsistenzmittel von ungezählten Individuen und Familien in allen Theilen unseres ausgedehnten Reiches.

Die Objecte der Gründungen der letzten Jahre, die Banken und Baugesellschaften aber fristen der Mehrzahl nach eine jämmerliche Existenz, und baumeln haltlos zwischen Leben und Tod, aus ihrem entkräfteten, ausgesogenen Körper immer noch etwas von ihrem Rest an Lebenssaft abgebend. Mit krampfhafter Zähigkeit klammert sich die Majorität der Verwaltungsräthe an die von ihnen mißleiteten und an den Rand des Verderbens gebrachten Institute fest, und vereitelt mit geschickter Hand jeden Versuch einer Rettung und Bergung der noch vorhandenen Trümmer. Die Börse jammert und heult über den immer tieferen Verfall aller ihrer Werthe, aber wenig geschieht, um den Markt von der erdrückenden Last lebensunfähiger Unternehmungen zu befreien, nichts um den Widerstand jener Bande zu brechen, deren Gliedern die Verwaltungsrathschaft an einer halbtodten Bank immer noch lieber ist, als das Aufgeben derselben.

Tausende und Zehntausende haben das Ihrige verloren, aber Diejenigen, welche ihren Börsenverpflichtungen nicht nachgekommen sind, sondern ihr Schäfchen ins Trockene und dadurch andere Existenzen zum Ruin gebracht haben, die leben nicht nur unter uns, wir spucken ihnen auch nicht ins Gesicht, wir reden mit ihnen, wir sitzen mit ihnen an einem Tische, wir drücken ihnen die Hand, sie behalten ihren Vertrauensposten und ihre Ehrenstellen, und werden es noch vielleicht so weit bringen, wie die geistigen Urheber der Gründerära.

Die Organe der sogenannten öffentlichen Meinung aber haben die Parole ausgegeben, und in öffentlichen Versammlungen betet man es ihnen nach: „Keine Recrimination, keine Inquisition und vor allem keine gesetzlichen Bestimmungen, welche von der Befangenheit des jetzigen Moments dictirt werden!" Mit andern Worten: „Lassen wir Alles beim Alten!"

VII.

Scharfsinnige Leute haben sich bemüht, den Verlust bei Heller und Pfennig herauszurechnen, welchen das österreichische Nationalvermögen durch die Krise erlitten hat. Das Recept dazu ist sehr einfach: Man nehme einen recht schwindelhaft hohen Courstag, den Tag, an welchem die Mehrzahl der Papiere ihren Zenith erreicht hat, multiplicire den Cours jedes einzelnen Papiers mit der Anzahl Stücke, welche von demselben ausgegeben sind, suche dann einen beliebig katzenjämmerlichen Börsentag nach der Krisis, oder man nehme etwa die Course des Tages, an welchem man die Berechnung anstellt und verfahre ebenso wie oben. Die Differenz zwischen jenen zwei Producten ist dann haarscharf der Größe des Unglücks gleich, welches uns betroffen hat.

Schade, daß unser liebes Vaterland an einem schönen Decembertag des Jahres 1872 nicht auf den guten Gedanken gekommen ist, den ganzen papiernen Krempel, mit welchem später theilweise die Zimmerwände tapeziert wurden, loszuschlagen und den Erlös in die Tasche zu stecken; der ganze Krach wäre uns erspart geblieben; — es ist nur die Frage, wer der Käufer hätte sein sollen, jedenfalls kein Inländer, sonst wäre dem Vaterlande wieder nicht geholfen gewesen.

Die Fiction, daß wir den Werth wirklich besessen haben, zu welchem die kräftigen Lungen der Coulisse die Papiere innerhalb dreier Jahre hinaufgeschrieen hatten, die Fiction, welcher man noch heute in unsern ersten Journalen begegnet, daß ein reeller, fortschreitender, wirthschaftlicher Aufschwung Oesterreichs durch die 73er Krise gestört und zertrümmert worden sei, diese Fiction scheint leider nicht auszurotten zu sein.

Die einfache, natürliche Auffassung, daß jede Coursnotirung ein arbiträrer Werthmesser sei, daß das Zurückgehen eines Courses von gestern auf heute um zehn Gulden viel weniger zu bedeuten habe, daß das Papier heute um zehn Gulden weniger werth sei, als vielmehr, daß die Börse heute glaube, sie habe gestern das Papier um zehn Gulden zu hoch bewerthet, — diese Auffassung, in der Praxis so selbstverständlich, gewinnt in den meisten Köpfen, welche von außenher die Sache betrachten, die Gestalt, als ob der innere Werth einer Actie alle die Bocksprünge mitmachen würde, welche wir an hitzigen Börsentagen im Coursblatte verzeichnet finden.

Zu diesem einen Irrthum in der Verlustberechnung gesellt sich aber noch ein zweiter:

Waren denn wirklich die Actien, Prioritäten und Pfandbriefe, welche im Coursblatte neben einander figurirten, lauter coordinirte Werthe? Wenn eine Bank mit einem Capitale von etlichen Millionen Gulden gegründet wurde, und es befanden sich dann zur Zeit jener Nationalvermögensbilanzen unter den Activen dieser Bank so und so viel Millionen Gulden in Actien anderer Banken, welche ihrerseits wiederum Actien anderer Banken und Baugesellschaften unter ihren Activen hatten, — wenn nun der Cours der Actien der Bank A sank, weil ihre Activen, die Actien der Banken B, C und D und die der Bau- und Industriegesellschaften E, F und G entwerthet wurden, oder weil der Ersteren Depôts zurückgelassen wurden, welche in Actien der andern Banken bestanden, — durfte man dann sagen: Das Vermögen der Bank A ist um x Millionen gefallen, jenes der Bank B um y Millionen ꝛc., macht zusammen $x + y + \ldots$ Millionen Gesammtverlust?

Abgesehen also von den fictiven Voraussetzungen jener Berechnung der Verluste von so und so viel Milliarden Gulden und einigen Kreuzern am österreichischen Nationalvermögen, ist dieselbe dem Ansatz nach ganz falsch.

Lassen wir aber diese unfruchtbaren arithmetischen Kunststückchen, und beschäftigen wir uns mit einem Rückblick auf die wirklich abzuschätzenden Verluste, welche die Ereignisse der letzten Jahre unserm Lande und unserer Gesellschaft beigebracht haben: Wir werden dabei nicht nur in erster Linie von Actien und sonstigen Werthzeichen absehen, sondern auch das flottante Capital in den Hintergrund stellen, und von den festen Capitalsanlagen als demjenigen Theil des Nationalvermögens ausgehen, an welchem begangene Mißgriffe sich am härtesten strafen. Unter die wirklichen Verluste des Treibens der letzten Jahre fassen wir nach allem früher Gesagten zusammen:

1) **Theure Herstellung fester Anlagswerthe.** Jede Ueberanspannung der Kräfte ist eine Verschwendung derselben. Die Bauthätigkeit in Oesterreich ist für die Hauptobjecte, d. i. die Eisenbahnen, in den fünf bis sechs letzten Jahren verzehnfacht worden, für den Häuserbau wird die Vervielfachung nicht viel geringer gewesen sein. Dieser Verzehnfachung der Gesammtleistung stand aber eine Verfünfzehnfachung oder Verzwanzigfachung der Gesammtkosten gegenüber; Löhne und Materialien erfuhren für die Bauthätigkeit eine Steigerung um fünfzig bis hundert Procent. Man kann einwerfen: diese Mehrkosten sind anderen Individuen zu Gute gekommen, sie sind der Gesamtheit daher nicht verloren gegangen. Für das Inland mag dieß theoretisch richtig sein, und wir sparen uns die Widerlegung dafür auf die kommenden Puncte. Nun ist aber sehr viel von den Bezügen aus dem Auslande gemacht worden. Unsere Eisenindustrie hätte an der Beschaffung der Schienen für Jahre hinaus eine regelmäßige und lohnende Beschäftigung gehabt, und die Eisenbahnen wären wohl ungleich billiger hergestellt worden. Aber alle die Zauberstücke schneller Production wollen bezahlt sein: Das Hinausziehen der Bauarbeiten in den Winter, die Transporte der Arbeiter von einem Punct der Monarchie an den andern, das gezwungene Feiern derselben in Folge Nichteinhaltung allzukurzer Materiallieferfristen, die Materialverwüstung bei forcirter Arbeit; all' das und wohl noch viel Anderes verursacht einen übermäßigen Kostenaufwand, und stellt uns in der Concurrenz mit dem Auslande zurück.

2) **Herstellung mangelhafter und schlecht ausgewählter Objecte.** Die Ursachen sind hier großentheils dieselben, wie in dem frühern Puncte, aber der Einwand, welchem wir dort eine bedingte Richtigkeit zuerkannten, fällt hier ganz weg. Das, was an dem

Werthe eines Objects bei gleichem Arbeitsaufwande mit einem andern durch übereilte, unvorbereitete und unüberlegte Ausführung verloren geht, kommt keinem andern Individuum auf Kosten des Besitzers zu Gute, um das wird die Gesammtheit so wie der Einzelne geschädigt. Fast jede feste Capitalsanlage stellt in der Ausführung einen complicirten Organismus dar, welcher zur Lebensfähigkeit nicht nur der Tüchtigkeit aller einzelnen Theile oder Glieder, sondern auch der Harmonie derselben unter einander, und der Oekonomie in Entfaltung seiner Bestimmung bedarf. Dieß setzt aber ein der Wichtigkeit des Objectes entsprechendes Durchdenken und geistiges Heranreifen voraus, wie dieß in einer solchen Heßperiode niemals stattfindet. Noch mehr aber muß die Nützlichkeit und Tüchtigkeit des Gegenstandes das ganz selbstverständlich in erster Linie stehende Ziel der Mühe und Anstrengung sein. Wie wenig war das der Fall! Bei der festen Anlage von Hunderten von Millionen Gulden hat der Gründergewinn die Ursache und die Richtschnur abgegeben, und wie die Projectirung so die Ausführung mußte sich den Modalitäten anbequemen, welche diesem Gesichtspuncte am förderlichsten waren.

3) **Uebertriebene Menge der festen Anlagen.** Die Anzahl der zu einem bestimmten Zeitpuncte zur Ausführung reifen Unternehmungen, welche eine bestehende Lücke auszufüllen, und daher auch sich zu rentiren im Stande sind, ist an und für sich eine geringe. Sie will mit außerordentlicher Sorgfalt ausgeforscht sein, und jede über dieses Maß hinausgehende Schaffung von Anlagswerthen wird mehr und mehr unrentabel, selbst wenn nicht, wie dieß oft geschehen mag, in der Hitze des Schaffungseifers manches zeitgemäße Object auf Kosten von unreifen Ideen übersehen wird. Der weitere, ungeheure Uebelstand, daß durch übermäßige Fixirung des jeweiligen Capitalsstandes eines Landes das Verhältniß zwischen Anlagewerthen und Betriebscapital gestört wird, haben wir in einem frühern Abschnitte weitläufig ausgeführt.

4) **Luxus auf eingebildeten Gewinn hin.** Dieß ist wohl einer der herbsten Verluste, welche wir erlitten haben. Wir hatten drei Jahre mit schwacher Ernte und daher mit geringen Mitteln zur Ernährung des Volkes durchzumachen gehabt, und in dieser Zeit hat

sich der Consum vielenorts erschreckend gesteigert. Die großen Börsen=
männer bauten Paläste auf die nicht realisirten, sondern durch neue
Verbindlichkeiten in Frage gestellter Coursgewinne hin; die unzäh=
ligen Eintagsfliegen der Börse, welche bis vorgestern noch durch
Generationen ein dunkles Larvenleben in einem ungekannten gali=
zischen oder mährischen Neste geführt hatten, richteten sich ihre Wohnungen mit einer Pracht ein, wie man sie zwanzig Jahre früher in
Wien außer in den ersten Familien des Landes überhaupt nicht gekannt hatte, hielten Luxuspferde und Maitressen, beluden ihre Weiber
mit Sammet, Seide, Pelzwerk, Gold und Juwelen, und verbanden
im Schlemmen die Tradition des altwiener Phäakenthums mit allen
Reizmitteln der Pariser Gourmandise. Alles auf einen zwischen
Himmel und Erde schwebenden Gewinn hin. — Die Bauunternehmer, die Materiallieferanten, die Eisenindustriellen, alle Bauhand-
werker, sowie alle Handwerker, welche für den Luxusconsum arbeiten,
erwarben wirklich in jenen Jahren, und erwarben in großem Maßstabe. Auch in allen diesen Kreisen trat in Folge dessen reichlichere
Befriedigung aller materiellen Bedürfnisse, Wohlleben, gesteigerte
Ansprüche und bei den hirnloseren Köpfen theilweise ebenfalls ein maßloser Luxus ein. Aber in jenem damaligen Ueberschuß des Erwerbs war
der regelmäßige Verdienst einer Reihe von Jahren escomptirt; das
zu stark in Anspruch genommene Capital wird Jahre der Enthaltsamkeit von größeren festen Anlagen in Bauten u. dgl. brauchen,
um sein Gleichgewicht zu finden; für Luxusauslagen wird hoffentlich
das Geld noch rarer werden, als es heute schon ist, man wird das
Plus des Gewinnstes brauchen, um den Erwerbsausfall der kommenden Jahre zu decken, — und dem gegenüber haben die genannten
Kreise das Nachsehen nach einem verjubilirten Sparpfennig, einem
vergrößerten Hausstand und meistens auf vergrößerten Betrieb eingerichtete Geschäftsanlagen. — Bei dem gesammten Arbeiterstande
sehen wir dasselbe, was bei den höhern Ständen theilweise die Folge
strafbaren Leichtsinns gewesen ist, sich mit der Nothwendigkeit eines
Naturgesetzes vollziehen. Der Arbeiterstand, der Masse nach, kann
nicht sparen, wenigstens bei uns zu Lande nicht. Seine socialen
Traditionen seit unzähligen Menschenaltern, sein Bildungsmangel

und das lange angewachsene Deficit an Mitteln, Kraft und Genüssen machen ihn gleich untauglich dazu. Der an die Zukunft denkende, und gegebenenfalls für die Zukunft sorgende Arbeiter ist eine Abnormität; der Regel nach hat derselbe so sehr den Instinct, den bisherigen Entgang hereinbringen zu müssen, daß jeder Gulden Mehrverdienst wie ein Tropfen auf einen heißen Stein fällt. Ungleich vertheilter Arbeitslohn heißt daher der Regel nach zeitweiliges Darben auf Kosten zeitweiligen Ausschreitens. Das Ausschreiten ist dagewesen, jetzt ist das Darben an der Reihe. — All' das nun, was da in den verschiedensten socialen Schichten mehr consumirt worden ist, bildet heute einen Ausfall im Volksvermögen, und es wäre ein lächerlicher Irrthum, zu meinen, daß all' dieser Mehrconsum ja doch in letzter Linie den Producenten zu Gute gekommen sein müsse. Was gestern mehr verzehrt worden ist, das ist heute weniger vorhanden sammt Zinsen und Zinseszinsen, daran ist kein Jota zu ändern.

5) **Liquidationsverluste.** Wegen des Unterschiedes zwischen Gebrauchswerth und Tauschwerth der Güter ist in den meisten Fällen die gezwungene Liquidation einer Unternehmung mit bedeutenden Capitalsverlusten verbunden. Treten nun solche Liquidationen in Folge einer Epoche sinn- und zügelloser Unternehmungslust massenweise auf, so wird der Markt mit Objecten überschwemmt, welche nur in beschränkter Anzahl und unter bestimmten Voraussetzungen den Werth darstellen, welcher den Kosten ihrer Anschaffung oder Herstellung entspricht. So wie eine Maschine, und sei sie noch so vorzüglich, leicht zu altem Eisen herabsinkt, wenn sie aus der Fabrik herausgerissen wird, zu welcher sie gehörte, so können Grundstücke, Gebäude, Einrichtungen dem Werthe nach durch nothwendig gewordene Zerstücklung und Veräußerung des Gesammtkörpers, zu welchem sie gehört haben, auf einen kleinen Bruchtheil dessen reducirt werden, was sie im Ganzen dargestellt haben.

6) **Störung der regelmäßigen Volksarbeit.** Der wirthschaftliche Organismus eines Landes, er mag noch so primitiv, noch so mangelhaft und mit was immer für Gebrechen behaftet sein, läßt sich nicht mit Vehemenz umformen, ohne daß es dabei Risse und

Brüche gibt, welche dem Ganzen mehr schaden können, als der Nutzen der Neugestaltung in Jahrzehnten hereinzubringen vermöchte. Die Theilung der Arbeit, wie sie sich in einem Lande als das historische Product des Bedürfnisses von Generationen darstellt, und sich allmählig von Jahrzehnt zu Jahrzehnt den Veränderungen im Volksleben anpaßt, ist durchaus nothwendig, um das Product der Gesammtarbeit mit dem kleinstmöglichen Kraftaufwand herzustellen. Im Kleingewerbe, noch mehr in der Landwirthschaft und am meisten in der Großindustrie ist der ungestörte Fortbetrieb, das Vorhandensein gewisser selbstverständlich erscheinender Voraussetzungen eine Nothwendigkeit des Gedeihens, ja der Existenz. Dazu gehören gewisse Grenzen der Löhne, der Materialpreise, des Zinsfußes. Nun entsteht plötzlich eine Revolution der Volkswirthschaft, in Folge deren eine große Menge Arbeitskräfte für vorübergehende Zwecke absorbirt, und die Löhne auch für alle übrigen Arbeiter innerhalb Jahresfrist um 15 bis 25 Procent hinaufgeschnellt werden. Ja in einzelnen Gegenden sind die zur Verrichtung der nothwendigen laufenden Arbeit erforderlichen Kräfte manchmal zu keinem Preise zu haben. Der Vertrieb des Products wird unterbrochen, weil der Zwischenhandel mit seinem Capital sich der Börse zugewendet hat. Ist daselbst durch irgend ein Speculationsmoment eine Geldklemme entstanden, so läuft die Industrie jedesmal Gefahr, in ihrem Wechseldiscont eine Stockung eintreten zu sehen, welche von den ernstesten Gefahren begleitet sein muß. Die Preise der zum Betriebe nöthigen Materialien folgen den Löhnen; und ziehen Industrie und Landwirthschaft die Bilanz eines derartig gestörten Betriebs, so werden sie mit Schrecken gewahr, daß sie bei Fortdauer solcher Zustände dem Untergange entgegengehen.

7) **Ungünstigerer Stand der Vermögensvertheilung.** Das Resultat der Börsenspeculation ist ein außerordentlich rascher Uebergang des Besitzes aus einer Hand in die andere. So selbstverständlich und so heilsam ein allmähliger Wechsel der materiellen Güter für die menschliche Gesellschaft ist, so hat das Gut in der Regel den höchsten Gemeinwerth in der Hand dessen, der es durch Arbeit erworben, oder das Uebertommene durch Wirthschaftlichkeit

erhalten und gemehrt hat. Bei sonst gleichen Verhältnissen hat das Gut in der Hand des human und wirthschaftlich Gebildeten einen höhern Werth für die Allgemeinheit, als in der des Ungebildeten. Der Börse wird durch Unverstand und Leichtsinn das zugebracht, was der saure Schweiß langer Jahre erworben hat, die Börse verstreut es unter den lärmenden Troß, der sich in ihren Hallen sammelt, und welchem alle Verderbtheit des professionellen Spielerthums anhaftet, und dieser Troß gibt es im Auf- und Abschwanken der Glücksumstände wieder an die, durch Gewandtheit, Verstand oder Schlechtigkeit hervorragendsten Glieder seines Körpers ab. Das Treiben der letzten Jahre hat wesentlich dazu beigetragen, die kleinen bürgerlichen Vermögen im Lande zu untergraben und Alles in der Hand weniger Spielfürsten zu vereinigen.

8) **Bereicherung der Gesellschaft mit schmutzigen Existenzen.** Es würde hier zu weit führen, alle die Arten der unreinen Gebahrung anzuführen, welche der Geldverkehr der letzten Jahre mit sich geführt hat; wir kommen zum Schlusse noch darauf zurück. Doch liegt es, bei der ungeheuren Verbreitung der Theilnehmerschaft am Actienschwindel unserer Zeit, namentlich in den leitenden Kreisen der Gesellschaft, klar am Tage, daß die reineren Charaktere und delicateren Naturen dabei am meisten zu Schaden gekommen sind, und sich vom Glanze des Tages zurückziehen mußten; die weniger skrupulösen, consequenteren und herausfordernden Persönlichkeiten blieben in viel größerer Anzahl oben schwimmen, und drücken allen Kreisen der Gesellschaft, die sich ihrer nicht erwehren kann oder will, ihren unsaubern Stempel auf.

9) **Verminderte Leistungsfähigkeit der Gesellschaft durch häufigen Standeswechsel.** Die große Mehrzahl der, oft sehr begabten und tüchtigen Individuen, welche ihre ursprüngliche Berufsbeschäftigung, zu der sie theoretisch und praktisch herangezogen waren, den glänzenden Aussichten in den neuen Actiengesellschaften zu Liebe, verlassen haben, steht heute entweder beschäftigungs- und erwerbslos da, oder verschwendet seine Thätigkeit in siechen, und auf die Dauer unhaltbaren Unternehmungen. Hier sollten Staat und Private einen Schleier über die Vergangenheit

werfen, und im eigenen Interesse, so wie in demjenigen der unzähligen unglücklichen Irregeführten den Rücktritt derselben in ihre frühere Stellung auf jede Weise erleichtern.

10) **Coursverluste an das Ausland.** Dieß sind die Einzigen, welche dem vollen Betrage nach zu zählen sind. Wie sich der internationale Spielsaldo für uns Oesterreicher stellt, darüber gibt es wohl keine Aufzeichnungen; doch operirt der Leidenschaftlichere in der Regel zum Vortheile des Anderen, und daher werden wir im Centrum des Schwindels an das Ausland die schließliche Spieldifferenz zu zahlen gehabt haben.

Wir mögen in dieser Aufzählung uns manche Auslassung haben zu Schulden kommen lassen; an dem Schwergewichte jedes einzelnen der hier aufgeführten Puncte jedoch wird schwerlich jemand etwas auszusetzen haben, und das Bild, welches hier entrollt wird, ist wohl geeignet, die Hoffnung auf rasche Besserung der Verhältnisse aus deren eigener Kraft herabzuschwächen. Und wir selbst, wir haben ja noch gar nichts gethan, um den ärgsten Unrath aus dem Wege zu räumen; im Gegentheil besteht das Streben der Einflußreichen darin, jeder Veränderung einen derartigen passiven Widerstand entgegen zu setzen, daß eine gewaltige Kraftentwicklung der Allgemeinheit dazu gehören würde, denselben zu überwinden.

Was aber vorgenommen werden müßte, um eine gründliche Besserung vorzubereiten?

Zunächst Purification in Personalsachen.

Wir haben schon in einem früheren Abschnitte darauf hingewiesen, daß allgemein zugängliches Material genug vorhanden ist, um der Hauptsache nach den Antheil festzustellen, welchen die einzelnen Persönlichkeiten an der finanziellen Action der letzten Jahre genommen haben. Vorzüglich wäre die Theilnehmerschaft der Individuen an forcirten Gründungen, an nichtsnutzigen Gründungen, an Abschüttelungen theurer aber werthloser Actienmassen auf das unwissende Publicum, an schmutzigen und liederlichen Geschäftsleitungen, an politischem Concessionsschacher, am Spiele mit den Actien des eigenen Instituts, an Einkauf von Realitäten zum Wiederverkauf an die eigene Gesellschaft, an Journalbestechung und die Nichtausgleichung von Börsendifferenzen bei wohlhabend Gebliebenen zu erheben und in Evidenz zu stellen. Das Gedächtniß des Publicums ist ja ein so kurzes, und bei der Fülle von Niederträchtigkeiten, die sich vor unsern Augen eröffnet hat, wäre es ohne die Hülfe von einem Bischen Systematik wirklich nicht möglich, den Mehrgravirten vom Mindergravirten zu unterscheiden, besonders nachdem die Devise: „Haltet den Dieb" von den Industrierittern stets mit Ostentation im Schilde geführt wird.

Ist einmal einiges Material gesammelt und gesichtet, und jeder gutgemeinte Beitrag dazu ist als eine patriotische Gabe im strengsten Sinne des Wortes zu betrachten, dann wird die Justiz zu thun bekommen, und dann fließt die Quelle weiterer Mittheilungen von Seite der Betheiligten von selbst.

Dann wird nach und nach das Publicum in den Generalversammlungen die nöthige Kenntniß der Personalfragen bekommen, so daß es nicht blind diejenigen Namen auf die Wahlzettel zu schreiben braucht, welche ihm von den Arrangeuren ins Ohr geraunt werden. Man wird nicht nur diejenigen von der Wahl in die Leitung einer Gesellschaft ausschließen, welche in dieser Gesellschaft gesündigt, sondern auch diejenigen, welche anderwärts Unheil gestiftet haben. Aber mit einem oder zwei Sündenböcken, wie dieß bisher so beliebt war, darf es dann nicht sein Bewenden haben; der Pelz muß in die Hand genommen, und die Hunderte von Motten, die ihn zerfressen haben, müssen ohne Erbarmen ausgeklopft werden. Sie haben es wahrlich nicht besser verdient.

Das Andere, was nothhut, ist Purification in Unternehmungssachen. Auch dieß muß in erster Linie vom Actionärpublicum selbst vollzogen werden, wenn auch die Regierung immerhin viel mehr dazu helfen könnte, als sie bis heute geholfen hat, ohne daß darum nach den Worten des Ministers „das Geld der Steuerträger herangezogen werden müßte, um die Verluste Einzelner zu decken".

Der allgemeine Wunsch, daß der Papiermarkt von der Last so großer entwertheter Actienmassen, daß der Geschäftsplatz von der erdrückenden Concurrenz unzähliger überflüssiger Bank- und Bauinstitute befreit werden möge, ist zwar vorhanden, aber die Erkenntniß des Actionärs, daß nicht nur das Aufhören anderer Banken, sondern auch die Auflösung des ihn betreffenden Instituts, in seinem eigenen Vortheil liege, daß bei Fortdauer desselben die noch vorhandenen Capitalsreste aller Wahrscheinlichkeit nach einer vollständigen Aufzehrung entgegengehen, — diese Erkenntniß ist nicht zu hinreichendem Durchbruche gelangt. Gehen die Actien durch einige Tage hinunter, dann treten die Liquidationswünsche und Liquidationsgerüchte in den Vordergrund; scheint die Börsensonne wieder etwas freundlicher, so meint der Actienbesitzer zum so und so vielten Male, die Krise sei überwunden, und seine Actien müßten nun mindestens ihren ursprünglichen Werth wieder erhalten. Und so, wie der Actionär der einen Bank, so denkt auch der der zehnten und zwanzigsten und siebzigsten, — und darum ist der Markt nach wie vor überlastet.

Das directe Hinderniß der Liquidirungen und Fusionirungen von Actiengesellschaften ist das Heer jener parasitischen Verwaltungsräthe, welche von einer Gesellschaft auch mit Fußtritten nicht zu vertreiben sind, so lange noch eine Präsenzmarke, eine Tantièmehoffnung oder ein Privatgeschäftchen herauszupressen ist. Diese Verwaltungsräthe bilden in vielen Unternehmungen die Majorität; die Majorität legt der Generalversammlung die vorzunehmenden Beschlüsse in den Mund, und die Generalversammlung, welche nichts versteht, von nichts weiß und nichts will, spricht aus, was ihr in den Mund gelegt wird.

Die kräftigen, lebensfähigen Banken, behaupten Einige, sollen weder das Interesse noch den Willen haben, ihre Macht zu verwenden, um aus fünf halbtodten Banken eine gesunde und ihnen concurrenzfähige zu machen. Diese Anschauung dürfte eine irrige sein, und die jetzige Spitalsluft den stärkeren Banken auf die Dauer mehr schaden, als eine gesunde und gemäßigte Concurrenz es vermöchte.

Die Regierung endlich könnte dreierlei thun: Sie könnte sich überzeugen, welche der Gesellschaften nach strenger Prüfung ihres Vermögensstandes noch dem Artikel 240 des Handelsgesetzbuches entsprechen, und die Auflösung derjenigen erzwingen, welche zum

Schaden ihrer Actionäre und des Marktes fortbestehen; sie könnte auch, unbeschadet den Interessen der Steuerträger und zum Vortheile des ganzen Reiches, welches unter den heutigen Zuständen leidet, einen Fond für vorübergehende Zeit bilden, um reelle Werthobjecte der liquidirenden Gesellschaften, deren sonstige Realisirung die allgemeine Liquidation stören würde, wenn auch unter ihrem wahren Werthe zu übernehmen, und successive zu veräußern. Eine entsprechende Prämie könnte den Fond vor Schaden wahren. Sie könnte und müßte drittens das thun, worin ihr, leider, leider, die staatsrechtliche Opposition zuvor gekommen ist: eine umfassende, ernsthaft und energisch geführte Untersuchung der Uebelstände und Verschuldungen vornehmen, welche die heutige Lage geschaffen haben, um überhaupt die Handhabe zu einer Purification zu gewinnen. Mit dem sogenannten offenen Auge und warmen Herzen, welches der Finanzminister für die Regierung in Anspruch nahm, und welches sich uns nur als vornehmes Wohlwollen zeigt, ist wenig gethan, es gehört auch eine tüchtige Hand dazu. Heute könnten Viele glauben, die Regierung habe Ursachen, Persönlichkeiten zu schonen.

Wenn endlich die Gerichte die Vorstände und Gründer der falliten Gesellschaften, für deren Gründung keine ausreichende geschäftliche Veranlassung bestand, wegen leichtsinniger oder schuldbarer Crida unnachsichtlich zur Verantwortung ziehen würden, so führe unter die Verwaltungsräthe derjenigen Gesellschaften, welche erst ihrer Insolvenz entgegengehen, ein heilsamer Schreck, so daß sie der rechtzeitigen Liquidation geneigter sein möchten.

Auch bezüglich der vorgeschlagenen Gesetzesbestimmungen für Actiengesellschaften tönt jetzt aus verwaltungsräthlichen Kreisen der Chor: „Wenn man zu jedem Gesetzesparagraphen den Galgen hinstellen will, so wird man keine anständigen Leute mehr finden, die sich dazu hergeben, Verwaltungsräthe zu sein". Diese Logik ist verkehrt. Es werden sich im Gegentheile dann weniger unanständige Elemente dort einfinden, die den Galgen zu scheuen haben. Am Besten wäre es, recht viele Gesetzesparagraphen, zu jedem einen Galgen, und an jeden Galgen einige Helden der 72er Aera. Das Schlummern in den Verwaltungsrathsfauteuils wird jedenfalls aufhören müssen, wenn die Herren wissen und verantworten müssen, was in der Gesellschaft vorgeht.

Heute aber, wo sich die totale Unfähigkeit, Rath- und Hilflosigkeit unserer Bevölkerung in Geldsachen in Hunderten von Beispielen kraß erwiesen hat, heute das Selfgovernment für Actiengesellschaften als einziges Heilmittel predigen, heißt mit Bewußtsein das Fanggarn aufstellen, um die diesmal noch entkommenen Opfer den Vogelfängern beim nächsten Treiben um so sicherer ans Messer zu liefern.

Hart und andauernd wird unser Volk zu arbeiten, viele Opfer und eine lange Enthaltsamkeit in Unternehmungssachen sich aufzuerlegen haben, um die Folgen dieser schweren wirthschaftlichen Krankheit dauernd zu überwinden. Denn schwerlich werden jene Recht behalten, welche heute schon von einer Neubelebung des Unternehmungsgeistes eine Abhülfe des Uebels erwarten. Hoffen wir, daß äußerlich günstige Umstände, vor allem eine gesegnete Ernte, unsere schwachen Kräfte unterstützen möge, hoffen wir, wie wir dieß eingangs ausgesprochen haben, daß die 1873er Krise den, wenn auch schmerzlichen und verlustreichen Uebergang aus einer niedrigern ökonomischen Lebensform in eine höhere bilden möge. Die Gefahr ist aber durchaus nicht ausgeschlossen, daß diese sogenannte Krisis der Anfang eines dauernden und fortschreitenden wirthschaftlichen Elends sein könne; daß unser Volk nicht reif ist, die bittere Lehre, welche es erhielt, zu verstehen und zu beherzigen; daß es fort und fort das immer dürftiger werdende Ergebniß von seiner Hände Arbeit zur Börse trage, und schließlich dem Helotenthum verfalle werde, in welches seine eigenen Schwächen und die neuen Machthaber es zu stürzen drohen.

Wir haben gegen diese Gefahren nur einen einzigen Schutz: Erziehung. Consequente und umfassende Erziehung und Hebung des Volkes von der Versumpfung und Verlotterung, in welche das selbe eine jahrhundertlange, wenig unterbrochene Pfaffenherrschaft gestürzt, zu wirthschaftlicher und sittlicher Tüchtigkeit.

In der Volksschule muß es dem Kinde eingeprägt werden, daß die Großmannssucht eine lächerliche Schwäche des Oesterreichers ist, dort muß es lernen, wohin Luxus und Liederlichkeit Individuen wie Nationen führen, dort muß das Sprüchwort „Ehrlich währt am Längsten" wieder zu Ehren gebracht, dort müssen Charakterfestigkeit, Energie und Gemeinsinn großgezogen, dort müssen Verlogenheit und sittliche Schlaffheit mit der Wurzel ausgerissen und der heranwachsenden Generation gelehrt werden, daß die Oeffentlichkeit kein vogelfreies Gebiet sein soll, auf welchem Bestehlung, Beraubung, Bestechung und Aussaugung der einzige Zweck, Pflichteifer, Opferwilligkeit und Gewissenhaftigkeit aber verhöhnungswürdige Narrheit sei; — dieß wird nützlicher sein als Rosenkranz und lauretanische Litanei der vergangenen Jahrzehnte und als mancher hohle Schulkram der Gegenwart.

Dort, in der Volksschule, sollen aber unsere Nachfolger auf dem Markte des Lebens auch lernen, wie sie es anzufangen haben, um als einzelne Bürger, sowie in der Gesammtheit sich eine sichere materielle Grundlage ihres Daseins und ihres Gedeihens zu schaffen, und dieselbe gegen innere und äußere Feinde zu vertheidigen, welche sie bedrohen. Je mehr es dem Einzelnen aber vergönnt ist, in allgemeiner Bildung zu steigen, desto mehr Klarheit des Denkens, Umfang und Tiefe des Wissens soll derselbe auch in wirthschaftlichen Dingen zu erwerben trachten.

Dann wird auch die Selbstverwaltung ein Segen bringendes Gut sein, und die Auswüchse der Presse werden uns nicht mehr schaden.

Register.

Actionäre, Stellung der 96.
Abel, der, und das Börsenspiel 11.
Agio, das, als Schutzoll 29.
Agriculturstaaten 31.
Ausland, das, während der Krisis 113.
Bankbeamte 92.
Bankbildung, Capitalsbedarf der 61. 62.
Banken ꝛc., Aufzählung von 84.
Bankengründung 60—63.
Bankwesens, des, factischer Wirkungskreis 93.
Bankwesens, des, legitimer Wirkungskreis 63.
Baugesellschaften 55—57.
Bauthätigkeit in Wien 50—52.
Begabung, wirthschaftliche, des Oesterreichers 6.
Berechnung, fehlerhafte der Verluste in der Krisis 116. 117.
Betriebscapital der Nation 57. 58.
Betriebscapital und Credit 58.
Börsenleute kleineren Schlages 13.
Capitalsanlagen, verfehlte 83.
Coursgang 1868 98.
Coursgang 1869 99.
Coursgang 1870—1871 102.
Coursgang 1872 103.
Coursgang zu Anfang des Jahres 1873 104. 107.
Coursgang während der Krisis 110—112.

Coursverluste an das Ausland 124.
Creditverhältnisse, österreichische 34—36.
Ehrenhafte Presse, die 78.
Eisenbahnbau, der, nach 1866 45—46.
Eisenbahnbau, der, vor 1866 42—44.
Eisenbahnbau, der, Regierungsplan für den 48. 49.
Eisenbahnbaues, Uebelstände forcirten 46—48.
Emissionsagio, Höhe des 86.
Eruirung der Hauptschuldigen 87.
Erziehung des Volkes 128.
Fallimente und Verhalten bei denselben 39.
Finanziellen Kämpfe, die, und die Journalistik 73.
Gedruckte Wort, das 66.
Generalversammlungen, die, und die Journalistik 74.
Gerichtswesen, das, in den vergangenen Decennien 2.
Geschäftsconcurrenz, demoralisirende 38.
Gesetzgebung und Verwaltung 2.
Gründerschaft, die, der Journalisten 75. 76.
Gründungswesen, das, und die Journalistik 71. 72.
Grundwerth, der, und seine Steigerung 55.
Handels- und Gewerbestand, der, und das Börsenspiel 14. 15.

Haute finance, die, und das Börsenspiel 12.
Heranwachsen, das, der Journalistik 70.
Herstellung schlechter Objecte 119.
Herstellung, theure, fester Anlagswerthe 118.
Industrie, die, während der Krisis 114.
Industrie, Verhältniß von, und Bankwesen 32.
Industrielle Etablissements als Gründungsobjecte 59—60.
Journalmacht, Sinken der 81.
Katholicismus, Einflüsse des 6.
Katheberdoctrin, die herrschende 9.
Kostgeschäft und Bankengründung 64.
Krisen in anderen Ländern 1.
Kunst- und Massenindustrie 33.
Lehren, die, des Jahres 1869 101.
Lesepublicum, das gewöhnliche 66—68.
Liquidationsverluste 121.
Lücken, Ausfüllung wirthschaftlicher 82.
Luxus auf eingebildeten Gewinn hin 120.
Menge, übertriebene, fester Anlagen 119.
Mündigkeit des Volkes 8.
Nationalitätenhetze, die 4.
Oekonomische Bedingungen der Journalistik 69.
Parallele zwischen 1869 und 1872 bis 1873 105.
Pfaffenhetze, die 5.
Politische Haltung der Presse 68.
Privatleute, Beamte rc. und das Börsenspiel 16. 17.
Preßausschreitungen, Kampf gegen 78. 79.
Purification in Personalsachen 124.
Purification in Unternehmungssachen 125—127.
Revolverpresse, die 71.
Säbelherrschaft, die 20. 25.

Speichelleckerei vor Journalisten 80.
Spiel für fremde Rechnung, Mißbrauch beim 94. 95.
Spielkrankheit, die 65.
Staatsfinanzen, die 20—22.
Staatsfinanzwirthschaft, Wirkungen der 22—24.
Staatsnotenausgabe 26.
Standeslehre, Verschiedenheiten der 91.
Standeswechsel, häufiger 123.
Stellengründung und Stellenjägerei 87. 88.
Störung der regelmäßigen Volksarbeit 122.
Systemwechsel, häufiger, und seine Wirkungen 3.
Uebergriffe, persönliche, einzelner Journalisten 80.
Ungarische Geschäftsverkehr, der 40. 41.
Unkenntniß, wirthschaftliche, in den höheren Ständen 9.
Unwissenheit, Leichtsinn, Geldgier 10.
Usancenverschlechterung im Geschäftsverkehr 37.
Valutaschwankungen u. ihre Wirkung 27.
Verheerungen der Krisis 114. 115.
Vermögensvertheilung, ungünstigere, nach der Krisis 123.
Verschlechterung der Gesellschaft 123.
Vertrauensmangel der Bevölkerung 4.
Verwaltungsräthe, Kategorien der 88—90.
Volksschule und Wirthschaftslehre 7. 8.
Vorboten der Krisis 109.
Wahrheit, die 77.
Weltausstellung, die 106. 108.
Wohnungsnoth und Bauwuth 53. 54.
Wohnungswechsel, häufiger 54.
Zwecke der Gründungen 85.

Druck von Metzger & Wittig in Leipzig.

Die

Enthusiasten des Exports.

Eine

wirthschaftliche Studie aus Oesterreich

von

Gustav v. Pacher,
(Benno Weber).

Leipzig
Verlag von Veit & Comp.
1875.

Uebersetzungsrecht vorbehalten.

Vorwort.

Am Tage der Eröffnung des ersten Congresses der österreichischen Volkswirthe, am 5. April d. J., ist der Schluß dieser Schrift an den Verleger abgegangen. Trotz des lebhaften Antheils, mit welchem ihr Verfasser den Verlauf der Hauptschlacht, derjenigen in der Zollfrage nämlich, am dritten Congreßtage verfolgte, will derselbe es absichtlich vermeiden, einige kurze Bemerkungen abgerechnet, neue Gedankenreihen in dieser Frage, welche sich ihm dort etwa gezeigt haben könnten, in den Inhalt der Schrift aufzunehmen.

Es wird im Gegentheile eher seine Sorge sein, noch nachträglich manche Härte des Ausdruckes zu mildern und hie und da eine allzuscharfe Spitze abzubrechen, umsomehr als die ritterliche und gewinnende Persönlichkeit und Kampfesweise der meisten seiner Gegner, welche er dort kennen zu lernen oder doch kämpfen zu sehen die Gelegenheit hatte, es ihm hie und da recht sauer erscheinen lassen, mit dem Schwerte dreinschlagen zu müssen. Er möchte aber ebenso bei seinen Gegnern den Verdacht vermeiden, daß irgend ein Hieb persönlich vermeint sein könnte, der im Voraus ganz generell ausgetheilt worden war, wie auch bei seinen Genossen, daß er mit ihren Pfeilen seinen Köcher nachgefüllt habe. Die Gefahr liegt hier nahe genung, und diejenigen, welche diesen Worten Glauben schenken, werden in vorliegender Schrift gar viele Merkzeichen finden, daß uns die Argumente unserer Gegner schon vorher recht geläufig waren, und daß sich in vielen Fällen die Beantwortung derselben von unserm Standpunkte aus von selbst ergibt. Trotzdem glaubt ihr Verfasser die Schrift nicht umsonst geschrieben, hie und da einen neuen Gesichtspunct aufgefunden und vieles Beherzigenswerthe dem Verständniß großer Kreise näher gelegt zu haben.

Vom Inhalte der Congreßdebatte reizt es ihn nur einen einzigen Punct der gegnerischen Ausführungen nachträglich und zwar in diesem Vorworte zu erwähnen, so unbedeutend derselbe erscheinen mag. Es reizt ihn derselbe einerseits durch seine handgreifliche Unstichhältigkeit, andererseits deßhalb, weil das vernehmliche Beifallsgemurmel der Genossen des Sprechers zeigte, daß sie dieser Ausführung eine schlagende Beweiskraft zuerkennen.

Nachdem nämlich der Redner die Thatsache zugegeben hatte, daß die letzteren Handelsverträge doch in einigen Positionen zu rasch dem angeblichen Zuge der Zeit nach dem Freihandel und dem wirthschaftlichen Fortschritte im Sinne unserer Gegner gefolgt seien und dadurch eine Schädigung der Existenzbedingungen irgend welcher Theile unserer Industrie im Gefolge gehabt haben könnten, fuhr derselbe etwa mit diesen Worten fort: „Wenn aber ein Wanderer einen steilen Berg, anstatt „der Schlangenwindungen der Straße zu folgen, geradenwegs hinan„steigt und dann augenblicklicher Erschöpfung halber inne halten „muß, — ist dieß ein Grund, daß er wieder einen Theil des Berges „hinabsteige?"

Nun, diesem armen Wanderer muß bei seinem hitzigen Bergsteigen noch ein Stein in den Stiefel gekommen sein oder er muß sich Blasen an die Füße gegangen haben, sonst könnte er in dieser Vergleichung nicht so erbärmlich hinken*). — Wenn er erschöpft ist, wird er sich an Ort und Stelle niedersetzen; wenn er unterwegs seine Geldbörse verloren hat, wird er zurückkehren müssen um sie zu suchen, — — der eine Vergleich ist gerade so äußerlich, so unzutreffend, so nichtsnutzig wie der Andere.

Etwas mehr dem Wesen der Sache entsprechend dürfte es sein, vom österreichischen Gewerbfleiße als von einem Manne zu sprechen, welchem vom Arzte (ohne daß wir für dieß Mittel einstehen) zur Stärkung seiner Kräfte empfohlen wurde, alle Tage einen ausgiebigen Spaziergang zu unternehmen, und zwar, seiner zunehmenden Uebung entsprechend, die Länge des Weges auszudehnen. Nachdem unser Patient durch einige Zeit jeden Tag vier Stunden tapfer marschirt ist, meint der Arzt, er solle nun einmal seine Kräfte besser versuchen, und von jetzt an täglich einen Weg von sieben Stunden zurücklegen. Den übernächsten Tag findet der Arzt den muthigen Wanderer krank, erschöpft und mit geschwollenen Füßen im Bette liegend. „Lieber Herr Doctor, sieben Stunden das geht nicht; sagen wir fünf!" „„Schämen Sie sich, mein Freund! daß sieben Stunden für Sie zu viel sind, das sehe ich auch; aber nun haben Sie's einmal

---

*) Ein logisch organsirter Kopf muß sofort herausfühlen, daß hier das tertium comparationis mangelt. Das Verhältniß zwischen Kraft und Last (Concurrenzfähigkeit und auszuhaltender Concurrenz; Muskelkraft und Bergesanstieg), welches nach der Absicht des Urhebers dieses Gleichnisses doch allein ein solches Gemeinschaftliches der Vergleichung hätte abgeben können, ist hier vollkommen unstatthaft, weil dieses Verhältniß in der Sache selbst genau durch die Höhe des jeweiligen Zollsatzes stufenweise gegeben ist, mit der Erniedrigung ungünstiger, mit der Erhöhung günstiger wird; während im Gleichniß weder ein Zuwachs an Kraft, noch eine Verminderung der Last entsteht, wenn der Wanderer eine bereits erklommene Höhe wieder zurückschreitet. Oder anders ausgedrückt: Der Wanderer erholt sich durch Ausruhen, die Industrie aber erholt sich durch das Forttragen einer zu schwer befundenen Last gewiß nicht.

angefangen, nun bleiben Sie dabei; an dem Princip des Fortschritts dürfen Sie sich nicht versündigen"".

Beim Anhören jener sonderbaren oratorischen Ausführung, welche aus lauter Angst, die Verwirklichung der freihändlerischen Ideale könne verzögert werden, es nicht gestatten will, einen erkannten wirthschaft= lichen Fehler zu corrigiren und das Fortwirken einer zugestandenen Ursache der Schädigung des Volkswohlstandes zu beseitigen, kam dem Schreiber dieser Zeilen eine Scene aus einem ältern französischen Lust= spiele ins Gedächtniß, in welchem ein Eisenfresser, um einen, ihn in seine Schranken verweisenden Gegner einzuschüchtern, diesem zudonnert:

„Sachez, Monsieur, que je ne recule jamais".

„„Quant à moi"" erwiderte dieser gelassen, „„c'est justement le contraire; je recule toujours lorsque je vois, que je me suis trop avancé"".

Wien, den 9. April 1875.

Der Verfasser.

I.

„Export! Export!"

„Im Export liegt das Geheimniß unserer wirthschaftlichen Wiedergeburt".

Der Bettelnarr, welcher sich für den Großmogul hält, besteckt seine Kappe mit Pfauenfedern, verbrämt sie mit Flittergold und hängt über die Löcher seiner verschlissenen Jacke blinkende Blechstückchen an schillernden Bändern. Wenn nun Regen und Schnee ihm durch die Fetzen seiner Königsgewänder auf die bloße Haut schlagen, wenn der Hunger seine Eingeweide durchwühlt, und Beides das dunkle Gefühl in ihm erweckt, daß an seiner Mogulschaft etwas nicht in Ordnung sein müsse, — dann besieht er sich, ob an seinen Attributen nichts fehle, steckt ein neues Band oder eine neue Feder zu den Uebrigen und sagt vergnügt: „So, jetzt kann's losgehen"!

Die unerfahrene, prachtliebende, junge Hausfrau, welche, selbst ohne Vermögen, einen Mann mit bescheidenem Auskommen geheirathet hat, lebt munter in den Tag hinein und schafft sich in ihre Hauswirthschaft all den bunten Plunder, der ihr als Mädchen Aug' und Sinn gefesselt hatte. Wenn nun die Gläubiger ihres Mannes sich nicht mehr mit schönen Worten und sanften Blicken abspeisen lassen, wenn Bäcker und Fleischer auf Borg nichts mehr geben wollen, wenn die Nachbarn über die liederliche Wirthschaft die Nase rümpfen, — dann sagt sie: „Siehst Du lieber Mann, so geht es nicht; die Leute haben keine gute Meinung von uns, — meine Schleppe muß mindestens um eine halbe Elle länger werden, und der Schmuck, welcher mir neulich im Schaufenster so gut gefallen hat — — Du wirst sehen, dann werden wir wieder Credit, und die Leute werden wieder Respect vor uns haben und Alles wird gut gehen".

Es ist uns recht, recht schlecht gegangen in den letzten Jahren. Wir hatten uns für reiche Leute gehalten, für wirthschaftliche Leute und namentlich für kluge Leute. Schien ja doch der Erfolg zu beweisen, was für fein und überlegen combinirende Köpfe wir waren, wo Jahr für Jahr die Bilanzen unserer Geldoperationen zeigten, daß wir wieder um so viele Tausende mehr werth geworden waren; und wir warfen uns in die Brust, und traten unser heimisches Pflaster so siegessatt, und blickten so überlegen aus den Fenstern unserer Unumschriften auf die ganze Welt, als wäre jeder von uns ein Geschäfts- und Finanz- und Wirthschaftsgenie, als hätte jeder an seiner Mutter Brust den Saft gesogen, der uns zu großen Männern macht. Da mußte der böse Feind in den Aufschwung unseres Volkswohlstandes fahren, der uns mit Actien und Coupons und Syndicaten und Cartellirungen so sicher begründet schien; unsere geistreichsten Combinationen gingen in die Brüche; wir verloren den Gewinn eines Jahres und aller Jahre und was wir vorher besessen hatten dazu und unsere großen Finanzgenies standen da, als ob sie jeden nassen Pudel um sein Selbstbewußtsein beneiden würden.

Unsere schönsten Actien sind nichtsnutzige Papierlappen, unsere gewiegtesten Bankdirectoren Zuchthauscandidaten geworden; auf den kostbaren Gründen unserer Baugesellschaften wuchern Distel und Dorn, der Kaufmann steht müssig vor seinem entwertheten Waarenlager, im Kleingewerbe stockt's, die Großindustrie arbeitet mit Schaden oder schließt ihre Arbeitsräume, und die Eisenbahnen zeigen erbärmliche Betriebsresultate. Hier Verlust, dort Mangel, da Elend und da zwischen schreitet der Steuerbüttel, der den Auftrag hat, da wo noch was zu holen ist, alles auf- und durchzustöbern, zu probiren, zu torquiren und zu chicaniren, weil im Uebrigen der Steuerausfall immer noch erschreckend hoch angewachsen ist und an der Wehrkraft des Staates doch nicht gespart werden kann.

Es geht uns recht, recht schlecht in Oesterreich in diesen Jahren.

Aber trösten wir uns; unsere nationalökonomischen Weisen sind dem Grunde des Uebels nicht allein auf der Spur, sondern wackere, gute Leute arbeiten schon mit Macht an seiner Bekämpfung. „Schaut die Schweizer, die Franzosen, und schaut vor Allen die Engländer an! Blickt hin auf ihre Wohlhabenheit, auf die Ordnung in ihrem Staats- und Privathaushalte, auf ihre colossale Capitalskraft, — und vergleicht ihre Ein- und Ausfuhrlisten mit den Unsrigen! Was ist die Ursache ihres materiellen Gedeihens? — — — —, nun, habt Ihr's denn noch nicht? — — — Ihr Export! Und was ist die Ursache unseres materiellen Elends? — — — Was sonst als unser Exportmangel!" Und dabei schweift ihr geistiges Auge über Raum und Zeit; sie denken an die Ophirfahrten der alten Phönicier; vor ihrem Blicke ziehen lustig bewimpelte Schiffe durch die salzigen Wogen; der reiche Kaufherr des Südens lehnt nachlässig an dem ausgeladenen Waarenballen, — gerade wie es auf älteren Wechselblanquetten zu sehen war, — und unsere wackern Nothhelfer gehen auch sogleich ans Werk und gründen Vereine und halten Sitzungen ab, wie man es denn machen müßte um auch unserer heimischen Production die Pforten des Südens und des Ostens und Westens zu erschließen, damit auch wir so reich, so mächtig und so glücklich werden, wie die Engländer.

O, Ihr lieben, guten, braven Kinder!

Hüten wir uns, dem Verdachte Raum zu geben, als wollten wir unsern Verkehr über die schwarzgelben und grünrothweißen Pfähle hinaus für eine Narrheit erklären, als wollten wir diejenigen kindischer Bestrebungen zeihen, die dem naturgemäßen Absatze unserer Producte an auswärtigen Märkten die Hindernisse aus dem Wege räumen wollen, welche die Indolenz der Einen, die Unsolidität der Andern unserer Fabrikanten und Händler nach und nach in den Weg gelegt oder doch dort liegen gelassen haben.

Hüten wir uns dahin verstanden zu werden, als wollten wir es läugnen, welch' hohe Blüthe einzelne durch ihre Lage bevorzugte Völker der ausschließlichen Hingabe an das eine Gewerbe danken, welches sich blos damit beschäftigt, die Erzeugnisse der übrigen Gewerbe unter den Erzeugern der verschiedenen Länder auszutauschen, — als wollten wir den großen Gewinn läugnen, welchen industriell übermächtige Staaten aus der bald mit Waffengewalt erzwungenen bald mit diplomatischer Schlauheit erschlichenen Consumtionsabhängigkeit fremder Völker ziehen.

Enthusiasten des Exports nennen wir nur diejenigen unserer heimischen Volksheilkünstler, welche, nachdem das Wundermittel der Wohlstandskraftentfaltung durch innerliche Creditaufblähung sehr zum Schaden des Patienten ausgefallen ist, diesen jetzt ins Ausland schicken wollen, damit er sich an ferne sprudelnden Goldquellen die Kraft hole, welche er an der ersten Kur verloren hat.

Enthusiasten des Exports nennen wir diejenigen, welche in dem Steigen und Fallen der alljährlich die Gränze passirenden Werthmengen einen verläßlichen Thermometer gefunden zu haben glauben, an welchem die Temperatur unserer Volksarbeit und unseres Volkswohlstandes jederzeit ohneweiteres gemessen werden kann, und welche ferner meinen, man brauche nur das Quecksilber des Thermometers steigen zu machen, so steige auch die Temperatur, — man brauche nur Ein- und Ausfuhr zu beleben, so erhöhe sich auch der Werth der Volksarbeit.

Enthusiasten des Exports nennen wir alle diejenigen, welche die rings und dicht um sie klaffenden, weiten Lücken unseres einheimischen Bedarfs getrost den Fremden zur Ausfüllung überlassen, um dem Perser, dem Hindu und dem Japanesen das anzuhängen, was er vom Engländer, Franzosen und Schweizer weit besser und billiger haben kann; welchen die Nothwendigkeit der Handelswaare, weite Entfernungen zurückzulegen, nicht auf das kleinste Maaß beschränken wollen, sondern, denen nicht wohl ist, wenn nicht der größte Theil des Werthes der Waare im Rauche der Locomotive und des Dampfschiffes aufgegangen ist.

Enthusiasten des Exports endlich die, welche gleich bei der Hand sind, den einheimischen Gewerbfleiß da, wo er zur Ausgleichung ungünstiger Concurrenzbedingungen auf dem inländischen Markte des Schutzes bedarf, als Treibhauspflanze zu verurtheilen, welche aber nicht müde werden, mit Vereinsbeiträgen zu fünf Gulden jährlich, mit populären Vorlesungen und Gratisversendung von Preiscouranten, die stolze Palme des Welthandels da großziehen zu wollen, wo ihr das ärmlichste Bischen Erdreich fehlt um darin zu wurzeln; welche endlich die kostspielige Unterhaltung goldgestickter Gesandtschafts- und Consulatsuniformen in Ländern, welche nie der Fuß eines österreichischen Kaufmanns betritt, für eine gesunde, wirthschaftliche Auslage und den Abschluß von Handelsverträgen daselbst für eine wirthschaftliche That halten.

Wir wollen den klugen und wohlmeinenden Männern gleicher Richtung gewiß mit den folgenden Worten nicht nahe treten, aber Narren, Gecken und Heuchler haben das unter sich und mit den Kindern gemein, daß es ihnen nicht um den Erfolg, sondern um den Schein desselben zu thun ist; die Ersten weil der Unterschied und Zusammenhang zwischen Mittel und Zweck ihrem Geiste abhanden gekommen ist, die Zweiten weil ihnen der Schein Selbstzweck, die Dritten weil er ihnen Mittel zu fremdem Zwecke geworden, die Vierten, die Kinder, endlich, weil die Natur sie anleitet den Gebrauch der Mittel zu üben, bevor sie noch die Kraft haben deren Zwecke zu erreichen.

Man könnte die Leute ja alle ruhig ihr Wesen treiben und ihr Lieblein singen lassen, wäre bei uns nicht die große Masse des Volkes in ökonomischen Dingen noch auf der Stufe der Kindheit, wo es mit gleicher Leichtigkeit zum Heile und zum Verderben geleitet werden kann; wäre in unsern höhern Kreisen der Geck nicht die tonangebende Figur; könnte der Heuchler den blauen Dunst nicht gar so gut brauchen und fänden die ernsthaften Narrenprediger nicht eine so gläubige Zuhörerschaft bis in die leitenden Kreise unserer Handelspolitik.

So wie es Exportenthusiasten gibt, so mag es auch Absperrungsnarren geben, welche nicht um ein Haar besser zu sein brauchen als jene. Diese Letzteren; meist plumpe, bornirte Gesellen, sind durchaus harmlos und ungefährlich, weil sie kein Publicum finden, das ihnen zuhorcht. Die Exportnarren aber sind die gemeinschädlichen aus der Sorte, von welcher einer zehn macht. Darum bekämpfen wir gerade diese.

„Wo Bewegung ist, da ist Wärme, da ist Leben" rufen unsere Männer der Phrase, „wo Stillstand ist, da ist der Tod". Also nur flott drauf los bewegt, und Hunderte von Meilen das hin- und hergeschoben, was eben so gut an Ort und Stelle hätte bleiben können. In der Mechanik verfolgt man mit Aengstlichkeit das Ziel, mit dem geringsten Arbeitsaufwand die größte Leistung zu erhalten; in der Mechanik sieht man darauf, jede unnöthige Reibung zu vermeiden, nicht aber darauf, daß die Räder recht schnurren und die Hämmer stark klappern; in der Mechanik ist man eben wirthschaftlich geworden. Unsere modernen Volkswirthe wählen das entgegengesetzte Princip; Kraftersparniß ist ihre Sache nicht, sie vergessen, was mit dem unnützen Hin- und Herrollen an wirklicher, productiver Arbeit hätte geleistet werden können; die Bewegung ist ihnen zum Selbstzwecke geworden.

Man greift sich an den Kopf, und fragt erstaunt: ist der Verkehr der Schiffe und Eisenbahnen wegen, oder sind die Schiffe und Eisenbahnen des Verkehrs wegen da; sind wir vielleicht alle nur auf der Welt, damit die Spediteure ordentlich zu thun haben; sind unsere zunftgerechten Nationalökonomen Narren, oder sind wir es?

„Der freie Handel ist nur ein Theil der großen, all-
„gemeinen Freiheit; man verstümmelt unsere Göttin, wenn man
„sie dieses einen Gliedes beraubt; es gibt kein Gebiet wo der Zwang
„der Freiheit vorzuziehen ist; jedes Streben nach Eindämmung des
„Verkehrs in engere Gränzen ist Zwang, — ist also verwerflich.
„Wird aber frei eingeführt, so wird auch viel eingeführt; so müssen
„wir auch viel ausführen, um das Eingeführte bezalen zu können.
„Wir müssen eintreten in den großen Wettkampf der europäischen
„Völker, unsere Flagge muß wehen in allen Weltmeeren, unsere
„Gewerbs- und Bodenerzeugnisse müssen in den Handelsplätzen
„aller Erdtheile prangen".

Aber die Flagge wehte nicht und die Perlmutterknöpfe und Drechslerwaaren prangten nur höchst dürftig in fernen Landen. Es wehte immer nur das windige Wort unserer heimischen Phrasendrescher, Großmäuler und Enthusiasten, und an vielen Welthandelsplätzen prangte nichts als die schöne Uniform unserer Consularvertreter, denen dann, als beliebten Sündenböcken unseres Handels- und Gewerbestandes, die Schuld in die Schuhe geschoben wurde, daß der Export mit unsern unconcurrenzfähigen Waaren nicht in Schwung kommen wollte.

Mit den Freiheitsschwärmern, welche ohne nähere Prüfung den absoluten Freihandel deßwegen auf ihre Fahne geschrieben haben, weil das Wort die Silbe „Frei" an der Spitze trägt, ist ja überhaupt nicht zu streiten. Das ist dann eine sentimentale Silbenstecherei, welche logischen Gründen gewiß nicht zugänglich ist; man könnte ihnen höchstens sagen, sie sollen nicht vergessen, auch den Freimann und den Freibeuter in ihr Freiheitsinventarium aufzunehmen. — Für uns ist die Richtung der Handelspolitik eine Frage des nationalen Interesses, und mit einer verwaschenen Gefühlsduselei wird man ihrer Lösung nicht näher kommen. Wenn zwei Individuen einen Vertrag abschließen zu gegenseitiger Abnahme ihrer Erzeugnisse, so schließt dieß allerdings eine Beschränkung der Freiheit ihrer Handlungsweise in sich — es ist aber durchaus nicht ausgemacht, daß diese Beschränkung zum Schaden der vertragschließenden Theile ausschlagen müsse.

Dieses Reis vom Freiheitsbaume wurde im Lande Oesterreich gepflanzt, nachdem die Seressaner in Wien und die Kosaken in Vilagos den Boden dazu bearbeitet hatten. Es war nebst der Freiheit der katholischen Kirche die einzige, welche in jenen Jahren uns geboten wurde; es war auch die Einzige, mit welcher Kaiser Napoleon III. Frankreich beglückt hatte, und ganz speciell ihretwegen griff der sclavenhälterische Süden der nordamerikanischen Union im Jahre 1862 zum Schwerte. Man sieht also, dieses Töchterlein der großen Mutter Freiheit hielt sich gern in anrüchiger Gesellschaft auf, welche nur zu sehr geeignet war, ihren Namen zu compromitiren. Lassen wir darum lieber überhaupt den Namen und die Phrase beiseite und halten wir uns an die Sache.

Wie bewunderungswürdig klar und richtig haben die Engländer den Weg erkannt, welchen ihr Vortheil sie zu gehen anwies, und mit welch' ruhiger Consequenz haben sie ihn verfolgt: So lange die Productionsbedingungen ihrer einheimischen Industrie ungünstigere waren, als diejenigen des Auslandes, verschlossen sie diesem ihren Markt; in der belebenden Wechselwirkung territorial verbundener Landwirthschaft und Industrie wuchs letztere rasch heran; dem in sklavenmäßiger Unterthänigkeit gehaltenen ausgedehnten Colonienbesitze wurde die Abnahme der englischen Gewerbserzeugnisse mit eiserner Härte aufgezwungen, der Betrieb eigener Industrien dagegen ebenso gewaltsam unterdrückt, — und als in Folge aller dieser „Treibhaus= mittel" die englische Fabrication die entwickeltste, die bestversorgte und somit auch die billigsterzeugende der Welt war, da öffnete man die Thore und die Zollschranken; Manchester stellte die alleinseeligmachende Lehre vom free trade auf, und seine Apostel gingen in die ganze Welt und predigten das neue Evangelium allen Völkern*):

„Wie der Wolf den Gänsen predigt" heißt die Ueberschrift eines alten Hauses in Wien.

Aber wir vergessen: „Nicht durch sondern trotz des Schutz= „zolles ist die englische Industrie groß geworden". So lautet seit einer Reihe von Jahren die stereotype Antwort auf die Anfüh= rung des Beispieles, welches uns die Entwickelung Englands gegeben hat. Natürlich! nicht weil sondern trotzdem die Katze in's Wasser gefallen ist, ist sie naß. Nicht durch die Sonnenstrahlen sondern trotz derselben ist es bei Tage licht. Einer solchen verbohrten Logik müssen sich die Jünger der „einzig=rationellen" und „einzig= berechtigten" Wirthschaftslehre bedienen, da wo diese wunderschönen Kathedertheorien mit den größten und unleugbarsten Thatsachen der Geschichte aneinandergerathen.

— —

„Nur keine Eingriffe in die freie Entwicklung des „Verkehrs; die Natur weiß besser was sie braucht, als der „kurzsichtige Mensch." Also dazu mußten alle die Gestirne am

---

*) Als im Jahre 1865 der österreichische Reichsrath die Abmachungen der Englischen Unterhändler mit der österreichischen Regierung nicht sofort in allen Einzelheiten annahm, war die englische Presse gleich fertig mit ihrem Urtheile: Die Vertretung der österreichischen Bevölkerung sei noch nicht auf jener Höhe der Bildung und Einsicht, um die Bestrebungen seiner erleuchteten Regierung würdigen zu können.

Himmel der ökonomischen Wissenschaft leuchten, um als letztes Resultat den großartigen Lehrsatz zu verkünden, daß der Mensch aller Wahrscheinlichkeit nach einen dummen Streich macht, so wie er mit seiner Hand an etwas rührt. Laissez faire et laissez passer! Jedenfalls die bequemste Weisheit, die gedacht werden kann. „Besser können wir doch nichts machen, als es von selbst durcheinanderbrodelt, also lassen wir's lieber gehen, sonst könnten wir's ruiniren". Wenn ein Patient, des Herumpfuschens der Aerzte an seinem Körper müde, seine Arzneiflaschen und Heilapparate durch's Fenster, und deren Verabreicher zur Thür hinauswirft, — wenn ein alter gewerblicher Practiker mit seiner Verachtung der technischen Wissenschaften prahlt, — so wird man dieß begreiflich finden. Wenn aber der Arzt erklären würde, die Wissenschaft verbiete, eine Blutung zu stillen, oder einen Absceß zu schneiden oder die Stärkung eines verkümmerten Gliedes zu befördern, dann würde man billigerweise erstaunen.

Ist denn der wirthschaftliche Organismus eines Landes nicht das historische Product ganz bestimmter, theils bekannter theils unbekannter Factoren? Ist es ganz ausgemacht, daß in jedem einzelnen Falle dieses Product ein vollkommenes, tadelloses oder wenigstens unverbesserliches sei? Ist es nicht denkbar, daß diese Factoren die Bildung von Difformitäten, von Verhältnißfehlern, von Einseitigkeiten und Schwächezuständen mit sich gebracht haben, welche die Functionen des ganzen Körpers und seine kräftige Weiterentwicklung zu beeinträchtigen geeignet sind? Reicht das menschliche Erkenntnißvermögen ein für alle Mal nicht so weit, um sich ein Urtheil über die Vorzüge und Nachtheile des wirthschaftlichen Organismus eines Landes zu bilden? Oder um den ursächlichen Zusammenhang zwischen jenen historischen Grundlagen und Einwirkungen und dem vorliegenden Ergebniß aufzufinden? Ist menschliche Macht ganz außer Stande, solche Einwirkungen zu verstärken, abzuschwächen, ihnen entgegenzuarbeiten oder sie zu modificiren?

Die Jünger der absoluten Freihandelslehre, der absoluten Nicht-Interventions-Theorie auf wirthschaftlichem Gebiete dürften diejenigen unter den gestellten Fragen bejahen, welche wir verneinen und umgekehrt.

Wir haben die Hoffnung auf die Möglichkeit eines förderlichen Eingreifens der menschlichen Hand in die Verkehrsgestaltung der menschlichen Gesellschaft nicht verloren. Wir glauben, der Mensch habe dazu denselben Beruf, wie zur Umgestaltung der Oberfläche der Erde zu seinen Zwecken; denselben Beruf wie dazu, den Blitz vom Dache seines Hauses abzulenken, oder Dämme zu ziehen, um das Land vor verheerenden Fluthen zu schützen. Wir muthen ihm die Fähigkeit zu, sich die Einsicht des ursächlichen Zusammenhangs im Güterleben und die Uebersicht über die Thatsachen desselben zu erwerben, ebenso wie die Kraft, auf die von ihm erkannten Ursachen der wirthschaftlichen Erscheinungen, den Gesellschaftszwecken entsprechend, lenkend einzuwirken.

Wir können in der Nicht-Interventions-Theorie auf wirthschaftlichem Gebiete, welche das Grundprincip des Freihandelssystems bildet, da, wo sie nicht wie von den Engländern und überhaupt von den gewerblich überlegenen Nationen den Andern als Köder hingeworfen wird, nur das Ergebniß zeitweiliger Abspannung und Enttäuschung des menschlichen Selbstbewußtseins erkennen, wie wir solche auch in der Medizin, in der Philosophie und gewiß auch in andern Richtungen geistiger Thätigkeit zu beobachten haben, nimmer aber als das letzte Ziel, welches der Wissenschaft gesteckt ist.

Ein großer, durchgehender Unterschied zwischen den Anhängern des Freihandelssystems und ihren Gegnern ist der, daß die Ersteren ihre Lehre der ganzen Welt aufzwingen wollen, während die Letzteren die Handelspolitik von Fall zu Fall den concreten Verhältnissen des betreffenden Staates angepaßt haben möchten. Die Ersteren werden sich größerer Consequenz rühmen; die Letzteren können ihnen vorwerfen, daß sie die Welt in ihrem Kopfe so construiren, daß sie unter allen Umständen zu ihrer Theorie paßt. Kein Anhänger des Schutzzollsystems wird es einem Engländer, Schweizer oder Belgier verübeln, daß derselbe für sein Land den Freihandel durch die ganze Welt befürwortet — aber der Freihändler ist rasch genug bei der Hand, jedermann als bornirt oder selbstsüchtig zu verurtheilen, der erst das Wohl und die Bedürfnisse seines Vaterlandes zu Rathe ziehen will, bevor er der

Fahne des Andern zu folgen geneigt ist. Wer den Erzeugnissen des Engländers seine Thore nicht angelweit öffnen will, den beschießt derselbe entweder mit Kanonenkugeln, wie die chinesischen Hafenstädte, oder er bewirft ihn mit Tr..., wie dieß unserer österreichischen Volks= vertretung gegenüber geübt wurde.

Es erscheint ganz natürlich, daß eine Parthei, ein Stand oder eine Gesellschaftsclasse, oder auch unter Umständen ein ganzes Volk einen Zustand, aus welchem die Betreffenden Nutzen ziehen, als etwas unabänderliches, als das einzig naturgemäße hinzustellen trachtet und jeden Angriff dagegen als willkührliche menschliche Störung des natürlichen Ganges der Dinge bekämpft. So haben auch die eng= lischen Nationalökonomen der Manchesterschule mit allen Gründen der Wissenschaft und vielem Talent zum Vortheile der herrschenden Classe die Naturnothwendigkeit der elenden Lage des Arbeiterstandes, die Vergeblichkeit jedes Ankämpfens dagegen in ein eben so schönes und glattes System gebracht als das Bedürfniß aller Völker, mit den Erzeugnissen der englischen Fabriksstädte bekleidet zu werden. Für die erste Behauptung wurde das Gesetz aufgestellt, daß die Summe der Nahrungsmittel sich nur in arithmetischer, das menschliche Ge= schlecht dagegen in geometrischer Progression zu vermehren strebe, und daß es in dieser Vermehrung so weit gehe, bis der factische Mangel an Nahrungsmitteln, der Hunger und das Elend es zu einer Einschränkung derselben zwinge. Der englischen Gesellschaft in den höheren Ständen paßt diese Lehre vorzüglich, welche ihr jedes Streben nach Verbesserung des Arbeiterloses von vorne herein als Sysiphusarbeit hinstellte, und es ist erklärlich, daß dieselbe daher dort rasch zu unbedingter Geltung gelangte. — Der deutsche Pro= fessor aber, der Vertreter jener stolzen deutschen Wissenschaft, welche sich so viel darauf zu Gute thut, daß an ihr alle Völker des Erdballs die ursprüngliche Milch der Weisheit und Bildung saugen, der hatte natürlich nichts Eiligeres zu thun, als vom Katheder herab diese neue Version des Machenlassens und Gehenlassens mit den nöthigen Zuthaten philosophischer Unverständlichkeit und Un= genießbarkeit den deutschen Schülern zu demonstriren und einzu= prägen, — und daß dann bei uns Oesterreichern jene Theorie gleichfalls die herrschende wurde, ist nach dem gewöhnlichen Gange der Dinge so ziemlich selbstverständlich.

Wie lange werden wir noch die Narren der Engländer bleiben, dieses alleregoistischsten Volkes, das die Sonne bescheint; dessen Mund immer von den Phrasen der Freiheit, Humanität und Tugend trieft, während seine Augen an dem Geldsack seiner Nachbarn geheftet sind, welches seine Begeisterung für alle aufständischen Bewegungen des europäischen Continents durch Abhaltung zahlloser Meetings documentirte, besonders wenn Aussicht auf commercielle Vortheile damit verbunden war, — dessen Grausamkeit aber den niedergeworfenen Indiern gegenüber alle Haynaus, Murawieffs und Napoleons als Stümper im Massenmord erscheinen läßt; dessen alberne Bibelverbreiter in der ganzen Welt herumstänkerten und Seelen retteten, — während im eigenen Lande ihre feisten Pfaffen sich vom Marke einer unterdrückten Confession nährten; das den Freiheitsdeclamationen seiner Volksredner zum Hohne die Sclavenstaaten der nordamerikanischen Union der freihändlerischen Sympathien wegen so lange unterstützte, als dieselben Aussicht auf Erfolg hatten, — dessen Gefühle sich aber dem Norden zuwendeten, als dieser die entschiedene Oberhand erlangte; dessen Mitleidsthränen dem Consumenten jedes auswärtigen Staates fließen, der einen Zoll auf englische Gewerbserzeugnisse legt, — dessen Hand aber jeden Versuch einer selbstständigen ökonomischen Regung der eigenen Colonien so lange mit Gewalt unterdrückte, bis die Gefahr einer Concurrenz überwunden war; dessen fromme Jünglinge in Armenschulen A=B=C=Unterricht ertheilen und Cigarrenabschnitzel zur Aufziehung ausgesetzter Chinesenkinder sammeln, — während seine Waffenfabrikanten auf Schleichwegen mit Don Carlos Geschäfte machen!

Wie viel könnten wir von diesem Volke lernen, das trotz aller Phrasen, die es nicht nur seinen Nachbarvölkern sondern auch seinen eigenen Kindern so lange vorsagt, bis alle davon überzeugt sind, doch sicheren Schrittes den Weg geht, den seine materiellen Interessen ihm vorschreiben. Aber von seinen Werken muß man lernen, nicht von seinen Worten; von seiner Arbeitstüchtigkeit, nicht von seiner Gleißnerei; sein Verständniß und seinen Tact müssen wir zu erwerben trachten, zu jeder Zeit dasjenige volkswirthschaftliche System in Ausführung zu bringen, welches den äußeren Verhältnissen und der Entwicklungsstufe des Landes entsprechend ist, — nicht aber ohne Rücksicht auf die eigenen Bedürfnisse dasjenige System, welches dort gerade am Ruder ist, in falschverstandener Bewunderung Strich für Strich copiren.

„Aber die allgemeine Richtung der Zeit folgt dem „Zuge des Freihandels" sagen die Freunde der größtmöglichen Steigerung des Waarentransportes, — also dürfen wir natürlich ja nicht zurückbleiben, sondern müssen mitanschieben, auf daß der Welthandel keine Stockung erleide. Dieses Argument, welches ebenfalls zu denjenigen gehört, die seit Langem mit Vorliebe ins Feuer geführt werden, kennzeichnet so recht die wirthschaftliche Auffassung, welche bei uns gang und gäbe ist. Nur nachtreten, immer nachtreten! Das ist so bequem, da kann man das mühselige Denken ersparen; besonders wenn man weiß, daß man mit den eigenen Gedanken immer daneben gegriffen hat, wie viel vortheilhafter, man thut das, was die Andern thun, die schon ihre Gründe dafür haben werden. Immer sind wir in der allgemeinen Richtung dem Zuge der Zeit gefolgt; als es darum nach 1849 mit der Freiheit nicht gehen wollte, und der Zug der Zeit reactionär war, wurden wir „gutgesinnt" und unser Herz schlug höher wenn wir einen Säbel rasseln hörten. Nach 1859 wurden wir liberal, nach 1866 sogar „intelligent" und als ein paar Jahre später der Zug der Zeit nach ungeheurem materiellen Aufschwung des Vaterlandes im Allgemeinen und des begabteren Individuums insbesondere hinging, da gaben wir uns diesem Zuge wiederum mit Wonne hin, trieben die bestehenden Papiere in die Höhe, und fabricirten neue und wurden Schwindler, wie der Zug der Zeit es verlangte.

Endlich wird doch wohl, nach all' den bittern Erfahrungen, die wir mit dem gedankenlosen Nachgeben nach einem Impulse der uns von Außen oder Innen zugetragen wird, die Zeit kommen, wo man auch bei uns in Oesterreich in Politik und Volkswirthschaft die anzustrebenden Zwecke scharf und nüchtern ins Auge fassen wird und ebenso die Mittel, welche zu ihrer Erreichung nothwendig sind. Endlich wird doch das Verständniß für unsere eigenen Interessen erwachen, wir werden uns gewöhnen, dementsprechend vorzugehen und uns dagegen entwöhnen, mit Eifer und Aengstlichkeit auf die Steuerung unserer Nachbarn zu spähen um jede kleinste Rechts- und Linkswendung nachzumachen, unbekümmert warum. Es wird dann auch diejenige Calamität verschwinden, von welcher wir Oesterreicher am ärgsten heimgesucht sind: Das häufige Umschlagen aus einem Extrem ins Andere, das in unser ganzes Staats- und Volksleben übergegangene System des unausgesetzten Experimentirens mit dem ganzen Staatskörper, der Mangel an Solidarität der sich folgenden Regierungen und Regierungsmänner in Wahrung und Hebung der Mittel und Kräfte des Landes, die rasche Consumirung der regierungsfähigen Persönlichkeiten und die furchtbare Vergeudung der Arbeitskraft und geleisteten Arbeit, welche dem unausgesetzten Wechsel in der Staats- und Volkswirthschaft eben so sicher folgt, wie in der Privatwirthschaft.

Allerdings, wenn die begabten und gebildeten Geister aller unserer Nachbarvölker, namentlich derer, die in der Kultur besonders hoch stehen, darüber einig wären, daß in der Steigerung der Ex- und Importquantitäten und Betrage ein sicheres Mittel zur Hebung der Volkswohlfahrt und des Volkswohlstandes liege, — dann wären wir zwar noch immer nicht der selbstständigen Prüfung unserer österreichischen Interessen überhoben, aber wir hätten einen wichtigen Fingerzeig, einen schätzenswerthen Prüfstein für die Ergebnisse unseres eigenen Denkresultates zur Hand; denn wir wollen dieses Letztere durchaus nicht überschätzen, so wenig als wir darauf verzichten wollen.

Daß aber die englischen Fabrikanten, die deutschen Professoren und die Spediteure aller Länder darin das Heil erblicken wollen oder zu erblicken meinen, und dieß recht laut in die Welt hinausposaunen, das halten wir zu diesem Ende noch lange nicht für hinreichend.

Jenes rührige, arbeitstüchtige Inselvolk mit seinem Capitalsreichthum, seiner Masse großer, volkreicher Handels- und Fabriksstädte auf verhältnißmäßig kleinem Territorium, mit seinen Flotten und all seinen Hülfsmitteln billiger gewerblicher Massenproduction ist

in seiner heutigen Größe von der Ausdehnung des Freihandels=
systems über die consumirende Welt abhängig; ja es würde seine
Bevölkerung zum großen Theile dem Elende verfallen, wenn sein
Absatzgebiet plötzlich bedeutend eingeengt würde. Seine 46 Millionen
Spindeln von Baumwolle, Schafwolle, Leinen und Seide, gegen
25 Millionen des gesammten übrigen Europas, und die dem ent=
sprechenden Webereien und Druckereien zwingen es, sich auswärtige
Märkte zu erkämpfen und durch die Arbeit seiner Gewerbsleute,
welche das kleine Land sonst nicht zu ernähren vermöchte, die ge=
werblichen Erzeugnisse der anderen Völker auf deren eigenem Grunde
und Boden aus dem Felde zu schlagen. Welches immense Interesse
haben da nicht die englischen Staatsmänner, Alles aufzubieten, um
der Lehre, daß eine gesteigerte internationale Handelsthätigkeit das
Glück der Völker begründe, den größtmöglichen Eingang bei allen
consumtionsfähigen Staaten zu verschaffen. Die hohe Stufe ihrer ge=
werblichen Entwicklung macht es den Engländern leicht, ihre Manu=
facte um so viel billiger herzustellen, daß der geringe Werthbruch=
theil, der auf die Verfrachtung dieser leichtwiegenden Waaren in ferne
Länder entfällt, den Gewerbserzeugnissen anderer Länder gegenüber
mehr als ausgeglichen wird. Das betreffende Land zahlt dann mit
dem schwerwiegenden, geringwerthigen Getreide, und anderen Roh=
producten, welche den englischen Fabriksarbeiter nähren, deren Werth
aber meist zum großen Theil durch die Fracht aufgefressen wird, bis
es den englischen Boden erreicht hat. Wir werden auf den Nachweis
des hier aufgestellten Verhältnisses noch eigens zurückkommen, und
es soll derselbe den eigentlichen Kern dieser Schrift ausmachen. Daß
dieser Werthabgang, welcher sich nur durch einen allgemein nied=
rigeren Stand der Bodenproducte des exportirenden Landes einem
größeren einheimischen Verbrauche gegenüber geltend macht, nicht als
solcher erkannt werde, muß die größte Sorge der Engländer
sein, aber nicht die Unsrige, sie darin zu unterstützen.

Gesichtspunkte und Triebfedern ganz anderer Natur sind es
selbstverständlich, welche die Herren vom Katheder in Deutschland
und Oesterreich jene Lehre John Bulls auf den Continent verpflanzen,
zu den herrlichsten wissenschaftlichen Systemen verarbeiten und in der

Theorie zur nahezu unbeschränkten Alleinherrschaft bringen ließen. Nicht die Rücksicht auf schnöden Gelderwerb war hier maaßgebend, auch nicht Forderungen die dem Boden der Volksthätigkeit und Landesbedürfnisse entsprossen waren. So vulgär, so kurzsichtig, so engherzig ist der Mann der deutschen Wissenschaft — und hier wird es uns vielleicht trotz Königgrätz erlaubt sein, die österreichische einzurechnen — nicht. Sein System muß die ganze Menschheit umfassen, sein System darf sich nicht der gemeinen Wirklichkeit anpassen: — wie die Ideen Plato's muß es eine höhere, unvergängliche Realität, eine unbegränzte Gültigkeit besitzen, hoch über dem Wechsel der Erscheinungen der Materie. Sein Geist wird unbewußt befruchtet mit dem Samen der Gedankenwelt des schlauen Britten — „und unter tausend heißen Thränen fühlt er sich eine Welt entsteh'n."

Die Methode der streng kritischen Forschung, welche von den Naturwissenschaften ausgehend immer weitere Gebiete des Reiches der Wissenschaft erobert, hat in der Nationalökonomie nur theilweise Eingang gefunden, und da wo es der Fall war, mußte diese Methode häufig wieder nur dazu dienen, um Illustrationen oder sonstige Hülfsmittel für ein oder das andere a priori construirte System zu liefern. Wir wollen uns kein absprechendes Urtheil über den Stand dieser Wissenschaft in Deutschland anmaßen; wir sind überzeugt, daß eine Reihe ganz hervorragend tüchtiger und begabter Männer darin thätig ist, — aber nach dem was wir in Oesterreich von dorther bezogen haben, glauben wir zur Annahme berechtigt zu sein, daß ein großer Theil dieses Gebietes noch in dichtem speculativem Nebel stecke.

Wie wenige unserer Nationalökonomen von Fach, welche sich mit Ernst und Liebe an die Aufgabe gemacht haben, den Herzschlag unseres Verkehrslebens wirklich eingehend zu prüfen, die Grundlagen zu erforschen, auf welchen die Arbeit unseres Volkes ruht und die Bedingungen, von welchen seine materielle Wohlfahrt abhängt! Die Leute kommen her, stellen sich aufs Katheder und spenden ihre mitgebrachte Weisheit aus in der selbstverständlichen Voraussetzung, daß sich das Güterleben in Oesterreich schon allgemach nach den Deductionen ihrer philosophischen Anschauungsweise regeln werde, oder vielmehr, daß die Welt von vorne herein so sein müsse, wie diese

Herren sich dieselbe innerhalb der vier Pfähle ihrer Studirstube auf=
gebaut haben. Ist es nicht eine Thatsache, welche den Gelehrten=
dünkel der Genannten ein wenig zu dämpfen geeignet sein sollte,
daß in den Jahren der Orgie, in welchen zu unserer heutigen wirth=
schaftlichen Krankheit der Grund gelegt wurde, von keinem volks=
wirthschaftlichen Lehrstuhle der österreichischen Hochschulen ein War=
nungsruf ertönte? Daß auch heute aus diesen Kreisen nicht der
kleinste Versuch ans Licht der Oeffentlichkeit tritt, uns einen Weg zu
zeigen, kurz oder lang, leicht oder beschwerlich, um aus dem Labyrinthe
von Verwüstungen der letzten Jahre einen Ausweg zu geordneten
Verhältnissen zu finden? Sie können nichts als ihr altes Stückchen
hersagen und stehen rathlos einem Zustande gegenüber, von welchem
in ihren philosophischen Manuscripten nichts enthalten ist. Vielleicht
meinen sie auch, dergleichen ginge sie nichts an, sie hätten ihre Col=
legien zu lesen und damit basta!

Und das sind die Leute, welche einzig und allein die wirth=
schaftliche Heranbildung unserer Jugend besorgen! Ganz ausschließ=
lich ihre einseitigen, unpractischen und vaterlandslosen Doctrinen sind
es, die von den Kathedern unserer sämmtlichen Hochschulen, Handels=
schulen, Gewerbeschulen und Realschulen herabtönen; sogar für die
Officiere der Kriegsschule findet sich ein Stündlein, worin sie in
der alleinseligmachenden Lehre des Freihandels unterwiesen werden.
Wir Andern, wir Ketzer, sind auf die Autobidactik angewiesen; fällt
zufällig oder durch persönlichen Anstoß ein Buch dieser, wie die
Herrschenden sagen, „von der Wissenschaft längst verurtheilten Männer"
einem oder dem andern unserer Mitbürger in die Hand, und hat
er Kopf und Herz dafür, so mag er sich daran erbauen; er steht
aber der immensen Majorität der in den öffentlichen Schulen Heran=
gebildeten gegenüber.

Die Nationalökonomie, Dank der ledernen Behandlung derselben
durch unsere Professoren, wird ja ohnedieß von der Mehrzahl der
Lernenden nur als eine Art gelehrten Ballasts betrachtet, als ein noth=
wendiges Uebel, das man aus dem Studienplan schandenhalber nicht
ganz ausmärzen kann; da sind denn die Meisten froh, wenn das
officielle Stroh ihnen fertig vorgedroschen ist, und die Wenigsten

kommen wohl dazu, dieses Studium aus Eigenem fortzusetzen. Unser ganzer Beamtenstand, einschließlich derer, denen dereinst die oberste Leitung unserer finanziellen, commerciellen und gewerblichen Interessen zufallen wird, ist in der Lehre von der Handelsfreiheit, als der politisch ungefährlichsten, sozusagen hoffähigsten Freiheit auferzogen; ihnen allen ist eingelernt worden, daß es der Consument sei, welcher gegen die Ansprüche des Producenten geschützt werden müsse; daß es ein thörichtes Beginnen sei, der heimischen Arbeitsthätigkeit, der Verwerthung dieser vorhandenen Schätze, welche in den Muskeln, Knochen, in Auge, Ohr und Gehirn seiner Bewohner bestehen, im eigenen Lande das größtmögliche Feld zu gewinnen; daß, wo der Arm des Engländers mehr leiste, der des Oesterreichers müssig zu bleiben habe, weil nur auf diese Weise der Mund des Letzteren Futter fände.

Unser Handels- und Gewerbestand hat überhaupt erst in seinem Zuwachse aus der jüngsten Generation etwas wirthschaftliche Theorie eingesogen; so weit nämlich unsere Handelsakademien und modern eingerichteten Handels- und Gewerbeschulen zurückreichen. Die Schablone ist natürlich dieselbe wie bei den Hochschulen, nur daß es hier die Schüler jener hohen Meister sind, welchen die Verbreitung der Lehre obliegt.

Mag nun diese Lehre die richtige sein, oder nicht, jedenfalls ist es leicht einzusehen, daß bei solcher umfassenden Organisation die Ausbreitung ihrer Herrschaft weder in Erstaunen setzen darf, noch einen Beweis für ihre Richtigkeit abgeben kann.

Nach dieser zweiten großen Kategorie von Vertretern der Freihandelslehre, in welcher eine mäßige Anzahl Lehrer das enorme Contingent von Schülern öffentlicher Schulen in einer ununterbrochenen Reihe von Jahrgängen als eine stattliche Armee ins Feld stellt, kommt noch der dritte Heerhaufen.

Es sind dieß die Frächter im weitesten Sinne des Wortes; alle jene Personen und Gesellschaften, welche direct und indirect von der Versendung der Güter leben; also Spediteure, Eisenbahn- und Dampfschifffahrts-Directoren, Verwaltungsräthe, Angestellte und — Actionäre mit ihrem ganzen Anhang von Besitzern und Interessenten von Hilfsgeschäften. Dessen Brod man isset, dessen Lied man singet. Da kommt also der ganze Schweif von Rhedern, Schiffbauern, Assecurabeuren und was da Alles sonst noch dran hängt. Es concentrirt sich da eine colossale Capitalsmacht und eine große Summe persönlicher Intelligenz und namentlich weitreichenden persönlichen Einflusses auf ein verhältnißmäßig geringes Gebiet, und dieß ist fast immer das ausschlaggebende Moment für Gang und Entwicklung der socialen Erscheinungen.

Unmittelbar an die Frächter und ihren Anhang schließen sich aber die Kaufleute im Waarengeschäfte. Gegenstand ihrer Thätigkeit ist zwar nicht unmittelbar die Ortsveränderung der Güter, sondern deren Besitzveränderung; aber es ist einleuchtend, daß diese Letztere mit der Ersteren durchschnittlich ziemlich proportional bleibt, und daß namentlich mit dem Import- und Exporthandel Ortsveränderung und Besitzveränderung fast immer zusammenfallen. Der Frächter hat ein lebhaftes Interesse, daß in dem zunächst vor ihm liegenden Zeitraume die Ortsbewegung der Güter eine möglichst gesteigerte sei, weil bei der gegebenen Summe der Verfrachtungsmittel sein Gewinn in noch stärkerem Verhältniß steigt, als die Güterfrequenz. Dasselbe ist beim Waarenhandel der Fall: je größer das Bedürfniß nach Besitzveränderungen, desto größer die Zahl der Geschäftsabschlüsse für den einzelnen Kaufmann und desto lucrativer jeder Einzelne dieser Abschlüsse, wohlverstanden, so lange die Zahl der Handeltreibenden und ihre Capitalskraft eine bestimmt gegebene ist. Jedes Wirthschaftssystem daher, welches die Nothwendigkeit großer Ortsveränderungen und somit häufigerer Besitzveränderungen der Güter steigert, wird dem Frächter und dem Kaufmanne willkommen sein, weil sein Erwerb dadurch für so lange Zeit gesteigert wird, bis die durch den höheren Gewinn angelockten neuen Capitalien, oder die dadurch ins Leben gerufenen neuen Verkehrsmittel*) eine Ausgleichung des Handelsgewinnes und des Frächterlohnes herbeiführen. Umgekehrt ist ein System, welches auf Verminderung der Nothwendigkeit

---

*) Der Wahlspruch der Eisenbahnen ist freilich: „Freihandel und Frachtmonopol!"

der Ortsveränderungen der Waaren und der damit verbundenen Kraftvergeudung hinausläuft, dazu angethan, einen Theil der im Waarenhandel angelegten Capitalien überflüssig zu machen, und die Arbeit der Verkehrsanstalten in so lange zu beschränken, bis die durch die Ersparniß unnützer Kosten gehobene inländische Production durch den gesteigerten Bedarf wirklich nothwendiger Gütertransporte diesen Verkehrsausfall wieder hereinbringt.

Wir werden wohl später Gelegenheit haben, zu zeigen, daß ein industriell entwickeltes Land in seinem internen Verkehr ein ungleich größeres Bedürfniß nach Verfrachtungen hat, als ein ackerbauendes Land, welches seine Industrieartikel fix und fertig aus dem Auslande bezieht und blos die Ueberschüsse seiner Ernten dahin abliefert. Die Eisenbahnstatistik von England und Belgien wird Zeugniß für die Richtigkeit dieser Behauptung ablegen. Aber zunächst stellt wohl eine erhöhte Beschränkung des Verkehrs auf die Production des eigenen Landes einen momentanen Frachtenausfall in Aussicht, und weil der Handel in seiner Leichtbeweglichkeit im Gegensatz zu den direct producirenden Gewerben immer mehr auf die Ausbeutung des Augenblicks angewiesen ist, als auf die Sorge für die weitere Zukunft, — so werden Frächter und Kaufleute immer auf Seite des ausgedehntesten Freihandels stehen. Die Prosperität des Geld- und Effectenhandels, des Bankgeschäftes, ist zwar auf die Dauer noch viel directer an diejenige einer ausgedehnten und vielseitigen einheimischen Production, und zwar speciell gewerblichen Production geknüpft; — aber die Fäden, welche die einzelnen Theile des Handels verbinden, sind so zahlreiche, die Uebergänge von einem Zweige desselben auf die andern so häufige und unmerkliche, daß die wirthschaftlichen Traditionen des Waarenhandels auch auf die übrigen Gebiete des Handels übergegangen sind.

Es ist eine allgemeine Annahme geworden, die Interessen von Handel und Gewerbe als gleichwerthig im wirthschaftlichen Organismus eines Landes neben einander zu stellen, und speciell in der corporativen, officiellen Vertretung beider Stände in Oesterreich, in den Handels- und Gewerbekammern, hat dieß darin einen concreten Ausdruck gefunden, daß die eine Hälfte der Mitglieder jeder Kammer vom

Handelsstande, die andere Hälfte vom Gewerbestande des betreffenden Kammerbezirkes gewählt wird. Wir wissen nicht, wie die Anschauung zu rechtfertigen ist, daß das Eine Gewerbe, welches sich speciell mit dem Austausche oder Vertriebe der Erzeugnisse aller Uebrigen beschäftigt, das Handelsgewerbe nämlich, so viel gelten soll, wie alle Andern zusammengenommen; warum derjenige Theil der Production, welcher blos die Orts- und Besitzveränderung des Productes zum Zweck hat, eine gleiche Bedeutung haben muß, wie sämmtliche übrige Momente der Arbeit zur Herstellung desselben.*)

Man wird uns vielleicht erwidern, daß die Vertretung der Gewerbe im engern Sinne hauptsächlich oder ausschließlich die Interessen der Producenten im Auge haben müsse, daß daher ein Gegengewicht von gleicher Schwere nöthig sei, um die Interessen der Consumenten zu wahren. Allerdings werfen sich die Handelsleute, insofern sie zugleich Freihändler sind, gern als Anwälte des Consums, den Bestrebungen der Gewerbetreibenden als Schutzzöllnern gegenüber, auf. Diese Anwaltschaft der Kaufleute und Frächter ist aber principiell durchaus unbegründet, denn es ist gar nicht einzusehen, warum der Consument darunter weniger leidet, wenn der Preis der Waare durch theure Frachten, Spesen, Commissionsgebühren und hohe Speculationsgewinne in die Höhe geschraubt wird, als wenn ihre Erzeugung durch hohe Arbeitslöhne, hohe Brennmaterialpreise, hohe Anlagskosten der Gewerbsunternehmung oder einen übermäßigen Unternehmerlohn vertheuert wird. Wohl aber erlangt durch diese gesetzliche Gleichstellung des Handelsgewerbes mit der Gesammtheit der übrigen Gewerbe dieses erstere einen officiellen Einfluß, der weit über seine natürliche Bedeutung hinausgeht.

Es kann ja kleinere Länder geben, deren Bewohnerschaft sowie diejenige einzelner Handelsstädte sozusagen den Kaufmann für ein größeres Territorium abgibt, wo dann der Handelsstand wirklich so viel und mehr zählt, als die ganze gewerbliche Production des Landes oder der Stadt zusammengenommen; dieß ist aber bei einem ausgedehnten Staatsgebiete, wie das Unsrige, nicht möglich; es ist in

---

*) Carey führt in seiner Socialwissenschaft diesen Gedanken des Näheren aus.

Oesterreich auch nicht annähernd den wirklichen Verhältnissen entsprechend, und da, wo ein Ueberwuchern des Ersteren auf Kosten der Letzteren vorkommt, gewiß immer ein Zeichen wirthschaftlichen Siechthums.

Genug, — wenn man Macht und Einfluß der drei Kategorien von Hauptstützen der Freihandelslehre in Anbetracht zieht, so kann man sehr gut die Verbreitung derselben begreifen, ohne dadurch von ihrer Richtigkeit überzeugt zu werden. Die Propaganda der Staatsmänner und Industriellen der gewerblich höchstentwickelten Länder mit dem goldenen Dietrich, welcher die Thüren zwar nicht aller, aber doch sehr vieler Redactionsbureaux öffnet; die aus den Hörsälen der Universitäten, aus den Landwirthschafts- und Handelsschulen hervorgehenden Beamten- und sonstigen Berufskreise; endlich die volle Hälfte der officiellen gewerblichen Vertretungen — fürwahr eine stattliche Armee, welcher die ungeschulten und zersplitterten Häuflein unserer unmächtigen, noch in letzterer Zeit sehr geschwächten Industrie, vereinzelte wissenschaftliche Fachmänner und ebenso vereinzelte Autodidacten und Dilettanten in verschiedenen Lebenskreisen gegenüber stehen. Da ist es freilich leicht zu sagen: „Die allgemeine Richtung der Zeit folgt dem Zuge des Freihandels."

Aber ist dieß denn wirklich in der ganzen Welt so? Ist Aufklärung, Freiheit und Fortschritt wirklich immer und überall mit Freihandel im Bunde, und der Schutzzoll dagegen stets nur im Gefolge der finsteren Mächte der Reaction, der Versumpfung, der Geistesnacht und des materiellen Elends?

Wir glauben, ein Blick um uns und ein Blick hinter uns müßte uns eines Anderen belehren, wenn unser Auge noch klar zu sehen im Stande ist. Um uns haben wir zwei hervorragende Beispiele, daß mächtige Staaten, durch schwere Kriegsleiden zu Boden gedrückt, nach dem Schutzzolle greifen, um in der Entwicklung und Steigerung der Volksarbeit die Mittel zu finden, ihre Wunden zu heilen, und die drückende Schuldenlast, welche der Krieg aufgehäuft hatte, zu verzinsen und auch — abzutragen. Diese beiden Beispiele der Gegenwart sind die Nordamerikanische Union und Frankreich).

In der Zeit der schweren Leiden, welche diese beiden Länder durchzumachen hatten, traten die Declamationen von Weltverkehr und Schrankendurchbrechung und freiem Völkerwettkampfe, welche bis dahin den öffentlichen Markt so wie bei uns beherrscht hatten, bescheiden vor der eisernen Nothwendigkeit zurück, die Kräfte zu sammeln, um die Last der Kriegsfolgen zu tragen. Die beiden hier genannten Länder sind und waren uns aber in industrieller Hinsicht weit voraus, die Unterschiede der von ihnen erreichten Stufe gegen diejenige der industriellen Entwicklung Englands daher weit kleiner als es bei unserer Industrie der Fall ist.

Welche Folgen dieser Systemwechsel in Frankreich nach sich ziehen wird, das kann erst die Zukunft lehren; daß die Reihe der letzten Jahre für die wirthschaftliche Entwicklung der nordamerikanischen Union aber ausgezeichnete waren, ist, wie wir glauben, eine allgemein anerkannte Thatsache; natürlich „nicht durch den Schutzzoll, sondern trotz des Schutzzolles" sagen in einem solchen Falle die Eingefleischten.

Für uns handelt es sich hier aber einfach darum, zu zeigen, daß die Phrase von der absolut freihändlerischen Richtung der Zeit nicht richtig ist. Italien, wenn auch nicht Republik, so doch ein Staat nach allermodernster Façon und frischgebacken, welches durch die Franzosen die Lombardei, und durch die Preußen Venetien erwarb, dreht nun seinem dritten Freunde, England, welcher dasselbe in Anhoffnung der dort zu etablirenden Freihandelspolitik immer diplomatisch und wohl auch materiell unterstützt hatte, eine Nase, und ist, wie man hört, ernstlich darauf bedacht, durch Zollschutz seine Industrie zu heben. Daß Rußland, welches ein für seine allgemeine Culturstufe auffallend rasches Aufblühen der Industrie seinem Zollsystem verdankt, an diesem festhält, ist klar; — und wenn im deutschen Reiche diese Tendenzen im Allgemeinen nicht Oberwasser gewonnen haben, so mag dieß zum großen Theile darin liegen, daß es durch die Annexion des Elsaß in wichtigen Industriezweigen eine über den Bedarf innerhalb seiner Grenzen weit hinausgehende Production ausweist, und daher mit liebendem Blicke auf unsere österreichischen Consumtionsgebiete herübersieht. Von England, Belgien und der Schweiz aber wird doch kein Mensch, der seine gesunden fünf Sinne noch besitzt, verlangen, daß auch sie, die auf den Weltmarkt angewiesen sind, die Abgrenzung nationaler Wirthschaftsgebiete befördern sollen.

Aber freilich, so lange Nordamerikaner, Franzosen und Italiener den Freihandel begünstigten, so lange wurden dieselben als deutlicher Beweis ins Treffen geführt, daß Freiheit, Fortschritt und Oeffnung der Zollschranken immer Hand in Hand gehen; ist aber das Umgekehrte der Fall, dann werden die amerikanischen Staatsmänner corrumpirte Yankees, Thiers ein unbrauchbarer und verbissener alter Zopf und die Landsleute Cavours und Garibaldis ein nichtsnutziges Räubergesindel.

II.

„Trachtet lieber, daß Ihr Euer ewig schwankendes Geld=
agio, Eure erdrückenden Steuern und die andern Hinder=
nisse industrieller Entwicklung loswerdet", wird unsern
Fabrikanten von außen zugerufen, „als nach Zollschutz zu jam=
mern", und man glaubt damit den Nagel auf den Kopf getroffen
zu haben.

Unsere Lage dieser Anforderung gegenüber erinnert an diejenige
des dicken Bürgergardisten, welchen der Officier mit ernster Miene an=
schnurrte: „Brust heraus, Bauch hinein"! und letztern Körpertheil
eigenhändig in die richtige Position drücken wollte. „Ja, wenn der
nur 'nein ging'", antwortete mit gutmüthigem Lächeln der Gardist.

„Ja, wenn das Alles nur so fort ging!" können auch wir mit
einem wehmüthigen Seufzer sagen; „Agio, Steuerüberdruck, Geld=
theuerung, wir geben es Euch Alles um den billigsten Preis, Ihr
lieben, freundlichen Rathgeber!"

Wenn sich die Folgen einer durch lange Jahre fortgesetzten hirn=
losen Staatswirthschaft, der Verschleuderung und Verwüstung der
Säfte und Kräfte eines weitausgedehnten, von der Natur reichbe=
schenkten Landes nur so abschütteln ließen, und dagegen alles das,
was in dieser Zeit an Sorge und Pflege der materiellen und gei=
stigen Interessen verabsäumt wurde, durch eine spontane Willens=
anstrassung ersetzt werden könnte, — wie schön wäre das!

Und darin liegt ja die Hauptursache der ungünstigen
Concurrenzverhältnisse unserer Production gegen die=
jenige der westlichen Industriestaaten.

Daß unser Eisen nicht bei der Kohle liegt; daß unsere Kohlenschätze nicht so reich sind wie diejenigen unserer Nachbarn; daß unsere durch tiefe Thäler und über hohe Berge führenden Schienenstraßen schwieriger zu bauen und theurer zu befahren sind, als die der Flachländer unseres Erdtheils; all' das sind Erschwerungen und zwar theilweise sehr bedeutende Erschwerungen unserer Productionsbedingungen gegen die des Auslandes, — aber ihnen mögen hie und da auch materielle Vorzüge der Lage und Bodenbeschaffenheit unseres Landes gegenüberstehen, welche die Ungleichheit wenigstens theilweise herabmindern; so könnten wir vielleicht diesen Hindernissen die Stirne bieten, ebenso wie dieß unter ähnlichen Verhältnissen die Schweizer so herrlich gezeigt haben.

Gerade der Vergleich mit der Schweiz und den Schweizern führt uns aber auf ein Hemmniß weit ernsterer Natur, auf dasjenige, welches in dem Charakter, der Ausbildung, der Anschauungsweise und den Lebensgewohnheiten unserer Bevölkerung beruht. Und dieß sind eben auch factische Verhältnisse, mit denen man bei Vergleichung der Concurrenzverhältnisse der österreichischen Industrie mit derjenigen des Auslandes rechnen muß; nicht so unabänderlich vielleicht als die Entfernung des steirischen Erzberges von den Ostrauer Kohlengruben, nicht so unverrückbar wie der Semmering und der Brenner, aber nur mit harter Arbeit von Generation zu Generation kleinweise zu beseitigen.

Wir sind gewohnt über schweizerische Knauserei, Berechnung und Engherzigkeit zu spötteln, sowie über sächsische Frugalität, und der jetzt aus der Mode gekommene Vergleich von dem Preußen, welcher beim Wirth mit Gepolter eine Flasche Wein und „sechs große Gläser" bestellt, mit dem Oesterreicher, der recht still sechs Flaschen Wein und „a ganz a klein's Glasl" verlangt, hat uns früher sehr geschmeichelt; — aber sonderbar: die Schweizer und die Sachsen sind mit ihrem meist kärglich lohnenden Boden und ihrer bespötelten Lebensart industriell und financiell in die Höhe gekommen, und wir liegen nach genossenen sechs Flaschen Wein mit einem schrecklichen Katzenjammer unter'm Tisch.

Diese Untüchtigkeit zu rationeller, erfolgreicher Arbeit, zu anhal=

tendem Sparen und zu unausgesetztem, umsichtigem Vorwärtsstreben geht in unserm Lande durch alle Berufsarten und durch alle Classen der Gesellschaft. In vielen Theilen der grünen Steiermark soll es für eine Schande gelten, wenn das, was das Jahr auf einem Landgute an Früchten bringt, nicht in der gleichen Zeit von Herr und Knecht bei Butz und Stingel aufgefressen wird, — und was dort klar bewußter Grundsatz ist, das herrscht der Hauptsache nach als unbewußte Lebensgewohnheit in unserm ganzen weiten Vaterlande. Solange etwas vorhanden ist wird d'rauf los gelebt, wenn nichts mehr da ist, wird gehungert. Das kostet am wenigsten Kopfzerbrechen.

Wo aber der Sinn zum Sparen fehlt, da fehlt auch der richtige Geist zu industriellem Arbeiten. Es ist eine andere Arbeit, diejenige um Erlangung der Mittel zur Befriedigung der täglichen Lebensbedürfnisse und diejenige zur Sicherung und Verbesserung der Lebensstellung; und die erstere dieser beiden Arten von Arbeit ist es, welche in unserm Lande den Grundton angibt. Und wie die Arbeit, so auch die Leistung. Für den möglichst hohen, augenblicklichen Entgelt die möglichst geringe und bequeme Arbeit verrichten, darin liegt, ehrenvolle Ausnahmen abgerechnet, das Streben unserer arbeitenden Bevölkerung von den höchsten Spitzen unserer Gesellschaft angefangen bis zu den geringsten Tagelöhnern. Mit dem Lesen- und Schreibenlernen wird da noch lange nicht alles gethan sein; das steckt tiefer und kommt von der Verwilderung unseres Volkes und der Ausrottung seines Pflicht-, Wahrheits- und Ehrgefühls von oben her vor langen Jahren und von dem beständigen Contact mit uncultivirten und theilweise wenig culturfähigen Völkern. Gehen wir beim englischen Arbeiter um zwei oder drei Generationen zurück, so wird es wohl ein sehr geringer Bruchtheil seines Standes gewesen sein, der auch nur einen nothdürftigen Schulunterricht genossen hat. Aber ein tüchtiger Mann „der es im innern Herzen spüret, was er erschafft mit seiner Hand" das war der englische Arbeiter gewiß schon damals; und seine Tüchtigkeit, gehoben und gepflegt durch eine auf Sittenstrenge und Werkthätigkeit gerichtete religiöse Schulung, hat sich vom Vater auf den Sohn vererbt und in steigender Progression den heutigen englischen Arbeiter zum Gegenstande der Bewunderung und des Neides für die übrigen Völker Europas gemacht.

Auch bei uns, glauben wir, war es nicht immer so schlimm, als es in den jetzigen Zeiten ist. War doch unser Wien schon unter den späteren Babenbergern wie unter den frühern Habsburgern einer der Brennpunkte der Cultur und des geistigen Lebens von Mitteleuropa; Böhmen hatte unter dem Luxemburger Karl IV. eine Blüthe erreicht, wie keines der Länder in weitem Umkreise und tausend Zeugnisse der Geschichte geben Kunde von der damaligen Tüchtigkeit unseres Volkes und seiner Arbeit. Da mußte erst der Wortbruch Sigismunds mit seinen entsetzlichen Folgen, da mußten die Ferdinande, unseligen Angedenkens, kommen mit ihren Henkersknechten und ihrem Jesuitenpack; mußten das dem Papismus entwachsene Volk mit Rad und Galgen wieder unter die geistliche Knechtschaft zurückbeugen, Ueberzeugungstreue und Mannesmuth aus seinem Herzen reißen, und Heuchelei, Lüge und Sittenschlaffheit hinein säen. Da mußte unser alter österreichischer Adel, der so wie Städter und Landvolk lutherisch geworden war, ausgerottet, und seine Güter den frömmelnden Schranzen und raubenden Kriegsknechten jener unwürdigen Kaiser ausgeliefert werden. Da mußten in den verödeten Fluren und den verbrannten Städten, aus denen mit dem Wohlstande auch die Betriebsamkeit, die Intelligenz und Bildung flohen, eine auf Müßiggang, Bigotterie und Aberglauben gestützte Pfaffenherrschaft ihren Einzug halten. Da mußten noch die Salzburger Erzbischöfe ihre fleißigen und ehrlichen protestantischen Unterthanen zwingen im fernen Norden eine neue Heimath zu suchen; — alles das mußte geschehen, um Charakter und Leistungsfähigkeit unseres Volkes auf den niedrigen Stand herunterzudrücken, über welchen die Riesenanstrengungen des zweiten Josef und die Bestrebungen der Gegenwart es nur langsam zu erheben vermochten.

Die sittliche Zucht, die Pflichttreue und Charactertüchtigkeit im Volke zu fördern, ist schon in frühern Generationen vom katholischen Priesterstande sehr auf die leichte Achsel oder auch blos in den Mund genommen worden; — Bittgänge, Gnadenspenden und Gebetsandachten ließen zu diesen Kleinigkeiten keine Zeit. Die aus den Priesterseminarien der 50er Jahre losgelassene geistliche Soldateska aber ist ganz speciell zu dem Zwecke herangedrillt, um mit allen Mitteln des Kampfes die Seelenunterjochung unter dem römischen Absolutismus im ausgedehntesten Maaßstabe zu betreiben, und ihr muß daher eine indolente, unwissende, abergläubische, laxe und somit auch „gnadenbedürftige", fügsame und fanatisirbare Bevölkerung lieber sein als das Gegentheil.

So wuchert denn auch wirklich Aberglaube, Trägheit und Leichtsinn in den niedern Ständen unserer Bevölkerung unbehindert fort, — während in den höhern die Frivolität an Stelle des Aberglaubens tritt. So dürfen wir uns auch nicht wundern, wenn unsere österreichisch-deutsche Arbeiterbevölkerung an Tüchtigkeit und Leistungsfähigkeit gegen jene unserer westlichen Nachbarländer weit zurücksteht.

Aber während uns Deutschösterreichern der geistige Zusammenhang mit unsern Stammesgenossen jenseits der Reichsgränze stets ein gewisses Gegengewicht gegen das immer tiefere Sinken durch den Druck der Pfaffenherrschaft bot, wirkte bei unseren slavischen Landsleuten durch den niedrigen Bildungszustand ihrer östlichen Nachbarn gleicher oder ähnlicher Zunge dieser Druck ganz uneingeschränkt. An natürlicher Begabung und namentlich an Arbeitstüchtigkeit stehen die Slaven unserer nordwestlichen Kronländer hinter den Deutschen gewiß nicht zurück. Die Czechen kämpften den Kampf der geistigen Freiheit ein Jahrhundert bevor die Deutschen für diese Idee reif waren, — und eine lange und blutige Reaction von deutscher Seite war nothwendig, um das Andenken an ihren großen Apostel, Johannes Huß, aus dem Herzen des czechischen Volkes zu reißen und den stupiden Cultus des dafür erfundenen Johann von Nepomuk hinein zu verpflanzen. Die Befähigung zu hoher Cultur wird diesem Volke wohl niemand einsichtiger absprechen; aber es ist tief, tief heruntergebracht worden.

Die südlichen Slaven der Monarchie haben noch nicht Gelegenheit gehabt, ihre Tüchtigkeit zu ernster, bürgerlicher Arbeit in größerem Maßstabe zu erweisen, und die nordöstlichen auch nicht viel mehr. Diese Völker stehen zum Theile noch in ihrer Kindheit, wenn sie auch nicht die Reinheit und Harmlosigkeit der Kinder besitzen; zum Theil haben sie am Beginne des Mannesalters sich zu verlottern angefangen und sind verlottert geblieben bis auf den heutigen Tag. Möglich, daß bei sorgfältigster Behandlung und energischer Zucht aus den Enkeln der heutigen Bevölkerung brauchbare Arbeiter werden, solche die man dem deutschen, französischen oder englischen Arbeiter an die Seite stellen kann, — heute wird der Hauptsache nach der Schnaps das Ziel und die langen Finger das Mittel dazu sein.

In der Osthälfte der Monarchie aber sind die Slaven des Nordens von den Slaven des Südens durch ein Volk getrennt, welchem bei allen möglichen sonstigen Anlagen und Strebungen die Arbeit in modernem Sinne bis heute etwas fremdartiges geblieben ist und vielleicht ewig bleiben wird. Weil aber alle höhere Cultur auf einer harmonisch durchgebildeten Arbeitsthätigkeit der Völker beruht, so hat bei unsern Nachbarn jenseits der Leitha die Herbeischaffung und Aufstellung des ganzen äußerlichen Civilisationsapparates den Wohlstand des Landes nicht gehoben, sondern zerrüttet.

Die innige, tausendfältige Berührung, in welcher die verschiedenen Nationalitäten der österreichisch-ungarischen Monarchie leben, läßt natürlich die Lebens- und Arbeitsgewohnheiten der Einen unter denselben in diejenigen der Andern mehr oder weniger übergehen. Wenn wir uns daher in der Characteristik der Leistungsfähigkeit der einzelnen Völkerschaften nicht allzusehr geirrt haben, so ist es auch klar, daß die Qualität des österreichischen Durchschnittsarbeiters viel zu wünschen übrig läßt. Und nicht etwa blos von der Handarbeit, oder der Arbeit in den untersten Schichten der Bevölkerung wollen wir hier gesprochen haben, sondern von der Gesammtheit der materiellen und geistigen Thätigkeit, welche zu industriellen Leistungen erforderlich sind.

Die unnütz gehäuften, katholischen Feiertage rauben nicht nur an und für sich der Industrie und dem Einzelarbeiter einen Theil der Zeit, deren der Letztere zur Bestreitung seiner Lebensbedürfnisse, die Erstere zur Verzinsung ihrer Capitalien bedarf, — nein, sie verlocken den Arbeiter zu höheren Auslagen, der Müssiggang treibt ihn in's Wirthshaus, und während er Sonntags schon einen Theil dessen vertrinkt, was zu seiner bessern Ernährung in der Woche hätte dienen sollen, steigert sich dieß an Feiertagen noch mehr, und macht ihn häufig noch darüber hinaus arbeitsuntüchtig.

Es fällt uns nicht ein zu bestreiten, daß Beispiele angeborenen Fleißes, zäher Ausdauer, großer Geschicklichkeit, Anstelligkeit und Verläßlichkeit sowohl in unserm deutschen als in unserm czechischen Arbeiterstande sehr häufig vorkommen; auch wäre ja ohne diese Eigenschaften jede Industrie im Lande unmöglich. Aber ebenso unläugbar ist es, daß diejenige Eigenschaft, welche wir als Arbeitsintelligenz am verständlichsten zu bezeichnen glauben, welche aber durch jahrhundertelange Uebung von Generation zu Generation herangezogen und entwickelt werden muß, in unserer Bevölkerung im Durchschnitte auf viel tieferer Stufe geblieben oder auf eine solche zurückgesunken ist, als auf diejenige, auf welcher sich der Nord- und Westdeutsche, der Franzose, Engländer und Italiener befinden. Ebenso unleugbar ist es ferner, daß das Streben des Einzelnen, soviel Arbeit als möglich von sich abzuwälzen, die Hochhaltung des Müssigganges als schätzenswerthes Gut, die Augendienerei vor dem Vorgesetzten und dem Arbeitsgeber, die Scheinarbeit und Scheinleistung, die gewissenlose Verletzung der Interessen des Letzteren, mit einem Worte die Potemkin'schen Dörfer als Tradition und Contagium vom Osten her tief in unsere ganze Arbeiterbevölkerung eingedrungen sind.

Eben so unläugbar ist es endlich, daß bei einem gewissen Theile unserer Arbeiterschaft das kleinweise aber fortgesetzte Entwenden von Hilfsmateriale, Rohstoff und Fabricat, das systematische Fälschen der Controlmittel über Arbeitsleistungen den Industriellen oft schwere Lasten auferlegt; daß das Eigenthum des Arbeitgebers da, wo es nicht hinter Schloß und Riegel, nicht niet- und nagelfest ist, als herrenloses Gut angesehen wird; daß die Provisionen und Douceure von Lieferanten an Angestellte, welche doch nur als Bestechung dieser Letzteren zu pflichtwidriger Handlungsweise gegen den Unternehmer oder die Unternehmung einen Sinn haben, von den Höchstangestellten großer Actiengesellschaften bis zum Laufburschen des Handwerkers herab geng und gäbe sind*); daß Angestellte, welche dergleichen nicht nehmen, verlacht und verspottet werden, daß es aber

---

*) Diese altbekannte Wahrnehmung wurde vor Verhandlung des letzten großen Sensationsprocesses in obigem Wortlaute hier niedergelegt.

von Hunderten und Tausenden bekannt ist, daß nur nach Entrichtung eines solchen Zolles an den Diener die Waare in das Gebiet des Herrn eingelassen wird; daß die Unternehmer selber theils aus Mitleid oder Gutmüthigkeit, theils aus Bequemlichkeit, aus Furcht und häufig aus Mangel des eigenen sittlichen Gefühls unter zehn Dieben und Veruntreuern neun laufen lassen, oder gar im Hause behalten.

Wie schwer diese ungünstigen Arbeiterverhältnisse auf unserer gewerblichen Production lasten müssen und wie wenig der einzelne Unternehmer es in seiner Hand hat, daran auch nur für den Bereich der eigenen Unternehmung zu ändern und zu bessern, liegt auf der Hand. Auch der directe Gegendruck der auswärtigen Concurrenz wird dieses Uebel nicht kleiner machen; ja dieß voraussetzen hieße geradezu an das Solidaritätsgefühl und das Erkenntnißvermögen des österreichischen Arbeiters eine Anforderung stellen, der kaum die ausgebildetste intellectuelle und moralische Schulung der Besten des Volkes zu entsprechen im Stande wäre.

Falls ein Gewerbsinhaber zu seinen Arbeitern sprechen würde: „Wenn ihr nicht so ehrlich, so fleißig, so strebsam und so nüchtern „sein wollt, wie die Norddeutschen und die Engländer, dann gehe „ich zu Grunde, und ihr verliert in Folge dessen die Arbeit!" so müßten diese Letzteren dem Ersteren unter die Nase lachen; ihr Verstand könnte seinen Worten nicht folgen, aber jedem Einzelnen würde sein Instinct mit beißender Logik sagen: „Wenn ich, Hanns, „Peter oder Paul, stehle und faullenze, so habe ich den ganzen Vor„theil davon für mich; wenn ich mir dagegen die Lehren meines Herrn „zu Herzen nehme, die Andern aber nicht, so geht er doch zu Grunde „und ich habe umsonst gedarbt und mich geplagt; nein, dieses Ge„schäft ist mir zu riskant!"

Was daher den Freihandel als Erziehungsmittel des Volkes zur Industrie anbelangt, so scheint es dem Fernerstehenden auf den ersten Anblick recht plausibel, einem Individuum auf solche Weise schwimmen zu lehren, daß man es ohne lange zu fragen in recht tiefes Wasser wirft und dann darin strampeln läßt. Unsere Herren von der Feder, welche ihre Professorengehalte und Artikelhonorare zunächst noch fortbeziehen, ob die Industrie zu Grunde geht oder nicht, können es gar nicht erwarten, daß dieses Experiment, welches bisher immer in so lauer Weise ausgeführt worden ist, daß nur Betäubung oder Siechthum die Folge war, endlich einmal gründlich vorgenommen werde, damit man doch bestimmt sagen kann: „sie schwimmt", oder: „sie ist ertrunken".

Wir bitten aber um eine etwas väterlichere Lehrmethode. Wir bitten, daß diejenigen, welche uns regieren, bedenken mögen, daß die Fehler und Mängel, welche wir heute an uns tragen, und welche uns hindern, so gut und so ausgiebig zu arbeiten, als unsere Nach= barn, die Folgen der schlechten Erziehung sind, welche ihre Vorgänger durch viele Generationen uns haben angedeihen lassen. Wir bitten eine hohe Obrigkeit, daß, bevor man uns in den Strom wirft, man wohl sehen möge ob wir unsere Glieder schon gebrauchen können, und unsere Kräfte ermißt, ob wir denn im Stande sind das Ufer zu erreichen, — — denn das Ertrinken soll recht, recht unangenehm sein und wer einmal ertrunken ist, wird nicht mehr lebendig, — nicht einmal ein Professor der Nationalökonomie, geschweige denn ein ge= wöhnlicher Sterblicher.

Wir sind aber mit der Reihe der persönlichen Hindernisse, welche der freien Entwicklung unserer Industrie derjenigen des Auslandes gegenüber entgegenstehen, noch nicht zu Ende.

In welcher Zeit erwartet man denn, daß der gewerbliche Unter= richt reichlichere Früchte tragen soll? Mit den Realschulen wurde in den Fünfziger=Jahren bei uns begonnen, mit den Gewerbeschulen in den Sechziger=Jahren, mit den gewerblichen Fachschulen in den Siebziger=Jahren. Ein Decennium braucht es, bis eine solche Insti= tution sich bei der Bevölkerung eingelebt hat, bis die brauchbaren Lehrkräfte gefunden und gesichtet sind, bis das Institut mit einem Worte seine Kinderschuhe ausgetreten hat; ein halbes Decennium und darüber dauert es, bis der einzelne Schüler seine Lehrzeit durch= gemacht hat und ein weiteres Decennium, bis er soviel practische Erfahrungen erworben hat, um seine Schulzeit fruchtbar zu machen. Ein Vierteljahrhundert also währt es im Ganzen bis eine neue Schule, oder eine neue Art von Schulen anfängt Früchte zu tragen; dann müssen erst nach und nach die Alten absterben und die Jungen

nachrücken, bevor die Wirkung eine durchgreifende wird. Die Real=
schulen können demnach bald anfangen Früchte zu tragen; daß die
Gewerbschulen aber bei uns heute noch stark in den Kinderschuhen
stecken, wird wohl niemand bestreiten.

Wir sind nun weit entfernt zu behaupten, daß der ausgebildete
gewerbliche Unterricht der einzige Weg zur gewerblichen Heranbil=
dung eines Volkes sei. Es ist dieß, namentlich in seiner jetzigen
Ausdehnung, speciell ein Hilfsmittel der Neuzeit und an all' den
Stätten hoher industrieller Betriebsamkeit des Mittelalters hat man
eine schulmäßige Organisation des gewerblichen Unterrichtes schwerlich
nur dem Begriffe nach gekannt. Aber die zünftigen Einrichtungen
mit ihrer streng durchgeführten Gliederung vom Lehrling zum Meister,
die aus den Bedürfnissen jedes einzelnen Gewerbes herausgebildeten
Anforderungen an die ihm angehörigen Individuen, die Lehrzeit
und Wanderzeit, die geschlossenen Innungen, und hundert andere
Gebräuche, Satzungen und Institutionen gaben eine sehr sichere Ge=
währ solider Schulung des Gewerbestandes. Eine wissenschaftliche
Grundlage dieses Unterrichts, wie sie nur eine von Fachlehrern ge=
leitete Schule zu bieten im Stande ist, war überflüssig, so lange
das Gewerbe selbst der Wissenschaft fremd gegenüberstehend und nur
aus dem Boden der Empirie, der manuellen und intellectuellen Be=
gabung des Individuums, und der treuen Pflege der Tradition,
dem es entsprossen war, auch die Kräfte zu weiterer Entfaltung sog.

Selbst die englische Industrie, welche, begünstigt durch die mari=
time Stellung des Staates und die eminente technische Begabung
des Volkes, aus diesem selben Boden empirischer, gewerblicher Tra=
dition herausgewachsen ist, konnte sich begnügen, die Wissenschaft erst
nachträglich zu Hilfe zu nehmen, nachdem die Entwicklung der
mechanischen Einrichtungen und des fabriksmäßigen Betriebes bereits
eine sehr hohe Stufe und eine außerordentliche Vielseitigkeit erlangt
hatte. Auch hatte England dabei den Vortheil, daß es die Organi=
sirung der technischen Lehranstalten genau nach den Erfordernissen
einer längst bestehenden technischen Praxis einrichten und somit von
deren unmittelbarer unterstützender Wirksamkeit überzeugt sein konnte.

Wer da überhaupt einmal einen mächtigen Vorsprung gewonnen

hat, und denselben benutzen kann, alle unterwegs sich bietenden Hilfsquellen im Voraus auszubeuten und den Nachkommenden den Weg zu verrammeln, der ist schwer einzuholen, und bei gleicher Anstrengung wird der Unterschied in den Fortschritten beider bis zu einer gewissen Gränze immer größer und größer.

Ganz anders war der Gang der Dinge in Frankreich und im deutschen Zollvereine. Speciell in dem Gebiete dieses Letzteren war die allgemeine Volksbildung schon eine sehr hohe, als die industrielle Bedeutung desselben noch fast null und seine Abhängigkeit von den Gewerbserzeugnissen Englands eine nahezu vollständige war. Da packte Deutschland bei der Organisirung des Zollvereins die Emancipation der heimischen Arbeit von derjenigen Seite an, welche dem Genius seines Volkes am meisten entsprach. Es entwickelte die technische Theorie und gestaltete den technisch-wissenschaftlichen wie den rein gewerblichen Unterricht in so hervorragender, umfassender und gründlicher Weise; es wußte den experimentiellen Errungenschaften der Engländer und Franzosen so gut die allgemein-theoretische Bedeutung abzugewinnen und sofort didactisch zu verwerthen, daß nach Verlauf von kaum zwei Generationen unter dem Schutze eines Zollsystems, welches den erdrückenden Einfluß der englischen Concurrenz aufhob oder milderte und das Capital zu industriellen Unternehmungen im eigenen Lande heranzog, das deutsche Volk in einer Weise gewerblich erzogen und durchgebildet war, daß seine Industrie nicht nur eine achtunggebietende Macht repräsentirt, und dem Wohlstande der einzelnen Länder wie des ganzen Reiches einen hohen Aufschwung gab, sondern daß es von seinem Ueberflusse an technischen Kräften der Lehre und Leitung sogar bereits dem Mangel anderer Länder etwas abgeben kann.

Auch bei uns in Oesterreich wurden schon vor einer Reihe von Decennien, weil man es ja in der ganzen übrigen Welt so that, zwei technische Hochschulen gegründet, sie wurden sogar mit sehr reichen Mitteln botirt, und ihre Zahl ist ebenfalls in späterer Zeit noch vermehrt worden. Weil es aber im Lande der Beichtzettel, der Polizeispitzel und der Backhändel an Verständniß für die technisch-wissenschaftlichen Bedürfnisse in den leitenden, wie in den bürgerlichen

Kreisen fehlte, so war die Organisation und Wirksamkeit dieser polytechnischen Institute eine so fehler- und mangelhafte, ihre wissenschaftlichen und didactischen Leistungen blieben so weit hinter den Anforderungen der Zeit zurück, daß bis weit in die Sechziger-Jahre hinein die intelligenteren Industriellen fast ausnahmslos ihre Söhne zu tüchtiger technischer Ausbildung an ausländische Anstalten schickten, daß die Directoren und Werkführer österreichischer Fabriken bis zum heutigen Tage der Mehrzahl nach Ausländer sind, während die beiden glänzendsten Sterne am Himmel der deutschen technischen Wissenschaft Oesterreicher waren, denen es im eigenen Vaterlande nicht gelang zur Geltung zu kommen.

Dieß Alles soll zwar in neuster Zeit viel, viel besser geworden, und die leitenden Kräfte sollen namentlich in den Geist tiefer eingedrungen sein, in welchem der polytechnische Unterricht ertheilt werden muß, um Früchte zu tragen. Aber zum größten Theil ist dieß denjenigen Zweigen zu Gute gekommen, welche nicht direct die industrielle Thätigkeit des Volkes darstellen; diese Zweige sind die Architectur und der Eisenbahnbau. Die glänzenden Aussichten in diesen zwei Fächern, namentlich dem Letzteren, haben den ganzen Strom der Studirenden in dieses Bett gelenkt, und wenn derselbe einmal eine bestimmte Richtung eingeschlagen hat, so rinnt er noch längere Zeit darin fort, auch wenn die bestimmende Ursache zu existiren aufgehört hat. So haben wir denn, nach den colossalen Excessen im Bauwesen im Allgemeinen, und im Eisenbahnbau insbesondere, die unerfreuliche Aussicht, in kurzer Zeit ein Proletariat von beschäftigungslosen Ingenieuren und Architekten zu bekommen, und dagegen die Directoren, Werkführer, Zeichner und Monteure unserer Fabriken nach wie vor aus der Schweiz, aus Deutschland, Frankreich u. s. w. beziehen zu müssen.

Man unterschätze ja nicht die Wichtigkeit jenes geistigen Imports, weder als Thatsache an und für sich, noch als Symptom allgemeinen geistigen Mangels. Wie soll sich da der industrielle Sinn im Lande entwickeln, verbreiten und das Volk selbst durchdringen, wenn seine Träger eine zerstreute Schaar dem Lande und ihren eigenen Berufsgenossen fremder, von allen Winden dahergetragener

Individuen sind? Wie theuer muß diese geistige Kraft bezahlt werden, wenn jedem Einzelnen außer dem directen Entgelt seiner Leistungen noch eine eigene Prämie für seine Expatriirung geboten werden muß? Wie gering wird das Wahlvermögen des Arbeitgebers bei Besetzung der Stellen seiner technischen Beamten sein, wenn er hundert Meilen weit zu greifen hat, um eine brauchbare Kraft zu erhalten? Wie oft wird die zur Leitung eines speciellen Unternehmens nöthige Persönlichkeit überhaupt nicht zu finden sein?

Andererseits ist, wie gesagt, die Nothwendigkeit der Heranziehung technischer Beamten aus dem Auslande ein Symptom, wie gering das industrielle Verständniß in unserem Lande noch entwickelt ist. Denn es findet nicht etwa ein Austausch von Kräften mit unsern westlichen Nachbarn statt, sondern unsere Bilanz darin ist entschieden passiv, und so wie an technischen Beamten, leiden wir überhaupt an industriellen Capacitäten Mangel. Dieß ist aber ein schweres Hinderniß der Industrie, ein tiefliegender Uebelstand, der weder durch irgendwelche rasch improvisirten Maaßregeln hinwegdecretirt, noch durch ein bischen guten Willen der Industriellen selbst überwunden, noch endlich durch das so beliebte Höherhängen des Brotkorbes behoben werden kann. Die Industrien gehen auf letztere Weise einfach zu Grunde, es ist ein Schwergewicht mehr, das an ihren Füßen hängt; die Industriellen jammern, wehren sich, strampeln mit allen Gliedern, zerren an ihren Ketten, fluchen und zetern über ihre Regierung — aber mit allem dem kommen sie nicht in die Höhe.

Auch hier fehlt nicht die individuelle Begabung. Es ist gar kein Grund vorhanden, anzunehmen, daß der Oesterreicher, welcher sich durch leichte und rasche Auffassung, durch gesunden Hausverstand und practischen Sinn auszeichnet und auch Fleiß und Ausdauer entwickeln kann, nicht für industrielle Thätigkeit ebenfalls brauchbar sein sollte. Hat er doch in hundert Beispielen gezeigt, daß seine Anlagen es ihm möglich machen, auf jedem Felde, auf dessen Bearbeitung er sich mit Ernst wirft, bei richtiger Anleitung schöne Früchte zu erzielen. Aber als Industrieller ist er durch die Ungunst der Verhältnisse und die unerforschlichen Wege einer in Personen und Systemen ewig wechselnden Regierung gründlich demoralisirt und stützig gemacht worden. Er hat Haltung und Arbeitsfreudigkeit, Treu' und Glauben, Selbstbewußtsein und Kampfesmuth verloren, und arbeitet so fort, stumpf und verdrossen, in der Tretmühle, in der er nun einmal eingeschirrt ist.

Von Gemeinsinn, von Solidarität, von Verständniß und Interesse für die gemeinsamen Standesangelegenheiten ist in manchen Industriezweigen kaum hie und da eine Spur aufzufinden. Die Wenigen, welche sich damit beschäftigen, werden von ihren Genossen mit einer Art stummer Verwunderung angeblickt, als sonderbare Schwärmer, die an so unnützen Sachen Vergnügen finden; man läßt sie gewähren, weil sie mit ihrem harmlosen Treiben niemandem etwas zu Leide thun und sieht es selbst recht gerne, wenn sie für die Andern doch hie und da eine gebratene Kastanie aus dem Feuer holen. Nur soll man nicht verlangen, daß sie, die Andern, die große Mehrzahl, sich durch dergleichen aus ihrer gewöhnlichen Ruhe stören lassen, daß sie mit für ihr Interesse einstehen oder einen lebhaften Antheil daran bekunden sollen: „Es nützt ja doch Alles zu nichts".

Ebenso fehlt es an Hebung und Pflege des eigentlich industriellen Sinnes und Verständnisses, der sich dem ganzen Stande mittheilt, der vom Vater auf den Sohn übergeht und von diesem mit Zinsen und Zinseszinsen wieder dem Enkel überliefert wird. Die moderne Industrie ist in beständiger Transformation, in ununterbrochenem Fortschritt begriffen, und durch den häufigen persönlichen Contact unter den Industriellen eines Landes müssen sich die Impulse zu Veränderungen der Gesammtheit der Standesgenossen mittheilen, damit dieselbe auf der Höhe der Zeit bleibe. Jener industrielle Sinn, schon gehemmt durch die spärliche Verbreitung der Industrie, dürfte aber bei uns eher im Abnehmen als im Wachsen begriffen sein.

So sehr wir uns vor dem österreichischen Nationalfehler hüten wollen, alles der Regierung zu überlassen, und für alles was uns nicht behagt, die Regierung anzuklagen, — so können wir hier doch nicht umhin, die Hauptursachen jener Fehler, welche wir eben aufgezählt haben, auf die Acte und die Gesammthaltung jener Reihe von Regierungen zurückzuführen, welche in den letzteren Decennien bei uns die Zügel geführt haben.

Eines festen Bodens bedarf die Industrie um sich entfalten zu können; Vertrauen muß der Industrielle haben auf die stätige Entwicklung der wirthschaftlichen Verhältnisse, Vertrauen auf eine feste Richtschnur der Regierung in der Leitung unserer öffentlichen Angelegenheiten; Vertrauen, daß die gegebene Zusicherung nicht durch den endlosen Personen= und Systemwechsel immer wieder in Frage gestellt werde, also auf die Solidarität der sich folgenden Regierungen; Vertrauen auf das Verständniß und die sachliche Tüchtigkeit derer, die unsere Geschicke lenken sollen; auf daß nicht mit unserm Wohl und Weh heute so, morgen so experimentirt werde; daß dasselbe keinen Gegenstand des Handels bilden dürfe, um dafür politische und diplomatische Vortheile einzutauschen, oder die Gunst eines mächtigen Nachbars zu erkaufen!!!

Dieses Vertrauen, die Lebensluft der Industrie, die erste und nothwendigste Voraussetzung ihrer Ausbreitung und Fortentwicklung ist Faser für Faser aus der Brust des Oesterreichers und speciell des österreichischen Industriellen herausgerissen worden. Wir sind es nach und nach gewöhnt worden, daß aus unserer Haut die Riemen geschnitten werden, um die Freundschaftsbande mit den Deutschen, mit den Engländern und mit, wer weiß wem noch zu knüpfen. Wir getrauen uns nicht die Abstellung von diesem oder jenem Uebelstande unserer wirthschaftlichen Verhältnisse von unserer Regierung zu erbitten, weil es Bismark nicht erlauben würde, noch die Gewährung dieses oder jenes Wunsches, weil dadurch diese oder jene Persönlichkeit in Pest zum Nießen gebracht, und somit das Fundament des Ausgleichs mit Ungarn erschüttert werden könnte. Und dabei schwankt bei uns selbst zu Hause alles nach aufwärts und abwärts, nach vorwärts und rückwärts, nach rechts und links, daß niemand weiß, ob die heutigen Grundlagen einer Industrie morgen noch vorhanden sein werden, ob das, was heute noch Gewinn verspricht, nicht morgen schon Verderben bringen wird.

Man verfolge doch nur einmal den Wellenschlag, welchen unsere Währung in den letzten 27 Jahren gemacht hat, und wie bei jeder solchen Wendung in unserm wirthschaftlichen Leben alles von Unterst zu Oberst gekehrt worden ist, multiplicire diesen Effect mit all den

Wandlungen, welche während dieser Zeit im Barbarastift und in der Johannesgasse vorgegangen sind — und frage sich dann, ob die Industriellen nicht Ursache hatten, taumelig, betäubt und krank von diesem Geschaukel zu werden. Und die Minister, die immer nur mit einem Auge auf ihre Ressortangelegenheiten blicken konnten, weil ihre Hauptaufgabe darin bestand, die Säulen des Verfassungsbaues zu halten, damit dieser nicht über Nacht umstürze, und dabei ihr Portefeuille im Auge zu behalten, auf daß es ihnen nicht unvermuthet aus der Tasche falle. Und der Admiral und Weltumsegler, welcher dagegen, vielleicht zu seinem eigenen Erstaunen, Handelsminister wurde und als solcher mit der Energie eines Seemanns in den Eingeweiden der Industriellen wühlte, daß ihnen grün und blau vor den Augen wurde; — und alle die Provisorien, welche da unterliefen, und alle die Enqueten, welche man mit ernster Miene noch abhielt, als die Verträge in merito bereits geschlossen waren — — war alles das geeignet den Industriellen zu erziehen, den Glauben an die gedeihliche Zukunft seines Standes, den Muth in ihm zu erwecken und zu heben, an der Besserung der heimischen Verhältnisse mitzuarbeiten?

Wir haben bis jetzt diejenigen Hindernisse einer freien Concurrenz der heimischen Arbeit mit der des Auslandes besprochen, welche in der Bevölkerung selbst liegen, in der eigentlichen Arbeiterbevölkerung sowohl, als in den Kräften der Aufsicht und Administration, als endlich auch in den Kreisen der Unternehmer. Eine Industrie ohne Arbeiter und Industrielle ist eben nicht denkbar und die Folgen einer mehrhundertjährigen Mißerziehung lassen sich nicht mit den Schwamme hinwegwischen, wie Kreidestriche von einer Schiefertafel. Man muß mit diesen Verhältnissen ebensogut rechnen, wie mit den sachlichen und ziffermäßig festzustellenden Ursachen unserer Unconcurrenzfähigkeit, sonst wird das Facit des Calcüls immer durch den wirklichen Gang der Dinge Lügen gestraft werden.

Diese sachlichen und ziffermäßig festzustellenden Ursachen unserer industriellen Unconcurrenzfähigkeit lassen sich der großen Hauptsache nach wieder auf ein Moment zurückführen: Die liederliche Geldwirthschaft des Staates hervorgerufen durch seine mili=

tärischen Excesse. Daher eine erdrückende noch immer im Wachsen befindliche Steuerlast; daher ein unerschwinglicher Capitalzins; daher theure Eisenbahnen, durch die theuren Eisenbahnen theure Frachten, durch die theuren Frachten theure Brenn= und Hilfsstoffe; daher eine ewig schwankende Werthscala; daher das übermäßige Schwanken der Erwerbsverhältnisse selbst; daher die vielen aus den mißlichen Erwerbsverhältnissen resultirenden Fallimentsverluste, und die Un= sicherheit des Verborgens; daher endlich die Vernachläßigung aller jener staatlichen Institutionen, welche der Industrie und dem Handel die Bahnen ebnen.

Man vergleiche doch einmal die lächerlich geringen Steuern, wie sie die industrielle Production unserer westlichen Nachbarn zahlt mit dem was unsern Industriellen dagegen aufgebürdet ist und zwar aufgebürdet in einer Art, die geradezu lähmend auf die industrielle Entwicklung wirkt. Der österreichische Fabrikant darf beispielsweise nicht die bescheidenste Amortisation seiner Maschinen von dem zu versteuernden Bruttogewinn, sondern höchstens nachträgliche Neuan= schaffungen, sofern sie zur Ersetzung des abgenutzten Materials dienen, in Abrechnung bringen. Bei dem ewigen Schwanken aller Erwerbs= verhältnisse weiß er aber durchaus nicht, ob eine derartige Ersetzung in seiner Convenienz liegen wird. Er weiß dagegen, daß der ganze kostspielige Maschinenpark, welchen er mit großem Capitalsaufwand in seine Fabrik investirt, in 10, oder bei außerordentlich günstigen Verhältnissen in 20 Jahren altes Eisen sein wird, daß er deren Werth abverdient haben muß, bevor er auf seine Kosten kommt; er weiß beispielsweise bei Modeindustrieen, daß in 3 oder 5 Jahren seine Maschinen keinen Werth mehr haben, oder er kann in Erfahrung bringen, daß durch Veränderung der Zollsätze seine Industrie auf den Aussterbestaat gesetzt ist, daß dieselbe in einer bestimmten Gegend durch Veränderungen der Lohn= und sonstigen Productionsverhält= nisse ihre Lebensfähigkeit eingebüßt habe, muß aber die Quote, welche zur Abtragung des, seiner Zeit eingezahlten Geldes dienen soll, mit versteuern, wie gewonnenes Geld. — Die Zinsen der aus= geborgten Capitalien dürfen gleichfalls aus dem Gewinne der Unternehmer nicht ausgeschieden werden.

Der auf solche Weise ermittelte Gewinn wurde ursprünglich zu dem, an und für sich nicht unmäßigen Satze von 5 Procent versteuert, diese Steuer aber nach und nach durch Zuschläge, welche aus provisorischen bald zu definitiven sich gestalteten, im Laufe der drei letzten Decennien auf das dreifache und darüber erhöht. Soweit das Jahr Gewinn ausweist, wird derselbe auf obiger Grundlage als Einkommen versteuert; wo dieser eine bestimmte Höhe nicht erreicht, wird ein der Größe der Unternehmung entsprechender Minimalsatz als Erwerbsteuer aufgestellt, welche unter allen Umständen gezahlt werden muß. Jemehr nun im Wechsel anhaltender, auf- und absteigender Geschäftsconjuncturen, welche bei uns durch das Hinzutreten der Agioschwankungen noch intensiver sich gestalten als anderwärts, auch die Geschäftsresultate längerer Perioden als Gewinn und Verlust einander gegenüberstehen, — um so drückender und aussaugender wirkt der hohe Steuersatz.

Bei den schwankenden Erwerbsverhältnissen sind Realitätenübertragungen in Oesterreich häufiger als anderwärts; diese Uebertragungen sind aber derart vom Staate besteuert, daß in jedem einzelnen Falle das Erträgniß für einige Zeit dadurch aufgezehrt wird. Wechselstempel, Couponsteuer, Frachtbrief- und Facturenstempel, so complicirte Gebührengesetze, daß der Industrielle und Kaufmann bei bestem Willen gar nie aus den Stempelstrafen herauskommt, — all' dieß saugt und pumpt und zieht an der österreichischen Production, aber nichtsdestoweniger soll diese mannhaft mit ihren Nachbarn kämpfen oder auf Abschaffung dieser hohen Steuern dringen, als ob sie sich dieselben aus Uebermuth auf den Hals geladen hätte; als ob wir nicht mit unserm Blute alle die Streiche zahlen müßten, welche unsere militärischen Gewalthaber seit fünfundzwanzig Jahren gemacht haben und noch heute fortmachen, weil sie nicht rechnen können oder wollen.

Daß unser ganzer Landeszinsfuß durch den größten Geldsucher, den Staat, welcher lange Jahre hindurch 8 bis 9% Zinsen gezalt hatte, auf ein viel höheres Niveau gehoben worden ist; daß ein Zinsfuß von 8 bis 9% kein wirthschaftlich zu rechtfertigender ist, weil in productiven Unternehmungen im großen Durchschnitte das Capital nicht annähernd soviel Zinsen trägt; daß also eine Staatswirthschaft, welche das Schuldenmachen auf dieser Skala zum System erhebt, damit eine sich fortwährend steigernde Brandschatzung der Steuerträger ins Werk setzt, welche auf das allgemeine Elend oder den schließlichen Zusammenbruch hinarbeitet, — wird von denjenigen, welche „die Hebung der Wehrkraft des Staates" zur einzigen Richtschnur ihres Denkens und Handelns genommen haben, kaum bestritten werden können.

Aber auch wir, die misera contribuens plebs, müssen das Capital, welches uns die Steuern verdienen helfen soll, für die Industrie mit 6—8% bezahlen, weil der Staat 8—9% zahlt. Unsere Nachbarn jedoch bekommen zu gleichem Zwecke das Capital um 3 bis 5%, — wir sollen aber mit ihnen frei concurriren.

Den Actionären unserer österreichischen Eisenbahnen ist meistens eine Verzinsung ihres Actiencapitals mit 5% vom Staate garantirt; der Emissionscours mußte dagegen, um das Capital, immer wieder in Concurrenz mit dem Staate, anzuziehen, so tief gegriffen werden, daß nicht 100 Gulden, sondern etwa 70 Gulden mit 5 Gulden jährlich zu verzinsen sind; außerdem kommen aber durch, im Ganzen ungünstige, Terrainverhältnisse, Bau und Betrieb der Eisenbahnen in Oesterreich natürlich theurer zu stehen als bei unsern Nachbarn. Die möglichst niedrige Bemessung der Frachten zur Steigerung des Verkehrs ist immer eine Maaßregel, welche sich erst in langer, langer Zeit bezahlt machen kann. Bei uns muß der Staat die Tendenz haben, den Eisenbahnen recht hohe Frachtsätze zu erlauben, damit er so rasch wie möglich aus der Verpflichtung komme, große Subventionen für Zinsengarantie zu zahlen. Dieß trägt aber in letzter Linie zum großen Theil die Industrie des Landes, welche zu ihrer regelmäßigen Versorgung mit Roh- und Hilfsstoffen, wie zur Versendung ihrer Producte weit mehr als irgend ein anderer Erwerbszweig auf billige Communication angewiesen ist. Jemehr und je schwererer Hilfsstoffe der Fabrikant bedarf, und aus je größerer Entfernung er sie beziehen muß, um eine Einheit seines Fabrikats herzustellen, desto mehr hat er unter theuren Frachten zu leiden. Ganz speciell die Kohle ist es, deren billige Beschaffung für die Industrie Lebensfrage ist. — Nun vergleiche man einmal die

Kohlenpreise an unsern Industrieplätzen mit denen des Auslandes. Wir sollen aber mit den Ausländern frei concurriren.

Wir haben in einer früheren Arbeit*) ausführlich den Nachweis zu geben versucht, daß das ewig schwankende Agio der österreichischen Industrie unmöglich einen dauernden Schutz zu geben geeignet war; daß dasselbe wohl während des Steigens und unmittelbar nachher, bis sich die Lebensmittelpreise sowie die Löhne der Verschlechterung der Währung accommodirt hatten, dem Gewinne des Fabrikanten das zulegte, um was es den Lohn des Arbeiters beeinträchtigte; daß sich aber während des Fallens des Agio's und unmittelbar nachher mit Naturnothwendigkeit das umgekehrte Verhältniß herausstellte, das heißt, daß dem Fabrikanten das entzogen wurde, um was sich der Arbeiter durch das Wachsen des Geldwerthes nun besser stand; daß sich also nach einer Reihe von Jahren, wo die Papierwährung wiederum al pari angekommen ist, die Summe der Vor- und Nachtheile für den Fabrikanten, ebenso wie diejenige der Nach- und Vortheile für den Arbeiter auf Null reducirt haben muß, und ebenso auch der eingebildete Schutzzoll des Agios. Denn in letzter Linie regulirt sich doch der Preis der Arbeit ebenso nach Nachfrage und Angebot wie alle übrigen Preise, wenn auch der auf- und abtanzende Werth des bedruckten Papierstückchens noch so große zeitweilige Störungen hervorbringt, und es ist gar kein Grund vorhanden anzunehmen, daß der österreichische Arbeiter durch ein volles Vierteljahrhundert aus dem Grunde seine Arbeit gegen ein geringeres Entgelt von Lebensmitteln, Kleidern u. s. w. verkauft haben sollte, weil das Tauschmedium in einem Werthzeichen bestand, welches einen Gulden an der Stirne trug, in Wirklichkeit aber bald 80, bald 70, bald wieder 90 Hundertstel eines Silberguldens werth war.

Waren wirklich, auf Silberwerth umgerechnet, in den letzten 26 Jahren die Summen der Tagesbezüge von bestimmten Arbeitercategorien in Oesterreich geringer als bei unsern westlichen Nachbarn, dann muß man erst den Nachweis führen, daß in dem Zeitraume vor 1848, wo noch kein Silberagio bestand, das Verhältniß zwischen

---
*) „Einige Ursachen der Wiener Krisis vom Jahre 1873" von Benno Weber. Leipzig, Veit & Co. 1874.

Inland und Ausland sich für den österreichischen Arbeiter günstiger gestellt habe, um, wenn auch keinen Beweis so doch einen Anhaltspunkt dafür zu haben, daß das Agio in Oesterreich den Preis der Arbeit nicht etwa blos in einzelnen Jahren sondern dauernd gedrückt habe. Wie sich aber heute das absolute Verhältniß zwischen **Arbeitsleistung** und **Arbeitslohn** in Oesterreich gegen das Ausland stellt, und ob das Minus an täglichen Bezügen bei Arbeitern gleicher Categorien nicht durch den durchschnittlichen Minderwerth der Arbeit in der gleichen Zeit weit mehr als ausgeglichen wird, dieß zu constatiren fehlen uns die statistischen und sonstigen Behelfe. Aber Eine Folge hat das Silberagio für die Concurrenzfähigkeit der österreichischen Industrie dem Auslande gegenüber allerdings gehabt, wenn auch keine günstige.

Durch das ewige Schwanken aller Werthe nämlich, durch die Unberechenbarkeit aller Gewinnst- und Verlustwahrscheinlichkeiten, durch die Bodenlosigkeit jeder industriellen Calculation, durch den furchtbaren Wechsel der Geschäftsconjuncturen ist die österreichische Industrie der ausländischen gegenüber zum Glücksspiel geworden. Nun ist aber ein wesentlicher Unterschied zwischen Industrie und Handel der, daß der Letztere sein Zelt überall aufschlagen kann, wo es im Augenblick etwas abzuweiden gibt, um dasselbe wiederum abzuschlagen, wenn an dem jeweiligen Standort nichts mehr zu holen ist, oder Gefahr droht, oder wenn anderswo fettere Weideplätze sich zeigen; — während die Industrie da stehen und fallen muß, wo sie einmal Fuß gefaßt hat.

Je größer da die Wahrscheinlichkeit ist, daß der Industrielle einen **mäßigen aber sichern** Nutzen durch Fleiß, Redlichkeit und Intelligenz aus seiner Unternehmung ziehen kann, um so günstiger wird unter sonst gleichen Verhältnissen der Boden für industrielle Anlagen sein. — Ein größeres industrielles Werk erfordert einen durchdachten Plan für die allmählige Regeneration seiner einzelnen Theile, um immer völlig wirthschaftlich ausgenutzt werden zu können und auf der Höhe der Zeit zu bleiben; dazu ist aber die gleichmäßige Flüssigmachung der entsprechenden finanziellen Mittel erforderlich. Der Betrieb eines Geschäftes mit kleinem und mit großem Capital ist ein ganz verschiedener; jedem Geschäfte aber sind Grenzen für seinen Capitalsbedarf gezogen, über welche hinaus nach der einen Seite, d. h. im Falle des Mangels, jedes unsbringende Arbeiten in sein Gegentheil verwandelt wird, während nach der andern Seite der Ueberschuß eine Verwendung außerhalb des Industriebetriebs suchen muß.

Nun ist allerdings nicht zu läugnen, daß die Industrie in der ganzen Welt bedeutende Conjunctursveränderungen auszuhalten hat, aber in Oesterreich kommen zu diesen Schwankungen, welche wir mit unsern auswärtigen Concurrenten theilen, noch diejenigen hinzu, welche dem Wechsel des Agios ihren Ursprung verdanken. Die Industrie ist auf Werkfortsetzung begründet, auf continuirlicher Arbeitsausnützung eines industriellen Objects durch eine lange Reihe von Jahren; wenn nun der eine Industrielle in die Höhe gehoben, der andere aber zu Boden geschmettert wird, so ist das Gesammtresultat doch schlechter, als wenn, bei gleichem Durchschnitte ihrer Resultate, beide bescheiden durchkommen. Das wäre aber, wenn wir von den andern ungünstigen Vergleichungspunkten absehen, das Verhältniß der österreichischen Industrie zu derjenigen des Auslandes. Gesteigert wird dieser Uebelstand noch dadurch, daß aus gleichen Ursachen die Vermögenssicherheit des ganzen inländischen Handelsstandes und somit die Solidität und Creditfähigkeit der regelmäßigen Kundschaft der österreichischen Industrie bedeutend beeinträchtigt werden. Von dem an Reichthum zunehmenden Schuldner hat der Gläubiger doch immer nur den Betrag der Schuld, und nicht mehr, zu erwarten; durch die Verarmung desselben wird er aber leicht um sein dargeliehenes Geld gebracht. Der Fremde, welcher im Falle einer Ueberproduction oder einer wie immer gearteten Absatzstockung im eigenen Lande den unverkäuflichen Ueberschuß seiner Erzeugung auf unsern Markt wirft, kann sich recht leicht wenige sichere Häuser zum Verkauf aussuchen, oder auch die einmalige Gefahr des Verborgens tragen, welche der inländische Producent Jahr aus Jahr ein trägt.

Unsere Maschinenindustrie war nie sehr stark noch sehr vorzüglich; sie wartet wahrscheinlich auf die Segnungen des absoluten Freihandels, um sich zu entfalten; kurz, — sehr viele Industrien sind bis heute gezwungen ihren Maschinenbedarf aus England zu beziehen. Die geringe Entwicklung und große Zersplitterung unserer übrigen maschinenbedürftigen Industriezweige läßt aber eine derartige Theilung der Arbeit, wie sie eine vorzügliche und umfassende Maschineninduftrie braucht, bei uns nicht zu. Gegen den englischen Textilindustriellen nun, welcher in Manchester selbst, wo er arbeitet, auch seine Maschinen kauft, hat der Oesterreicher folgende Mehrkosten:

Verpackung,	durchschnittlich etwa	12 %
Fracht	„ „	20 „
Zoll	„ „	12 „
Agentenprovision 5—10 „	„	6 „
	zusammen	50 %

Dieses Plus von 50% muß von dem Oesterreicher verzinst und amortisirt werden, zur Strafe daß er es gewagt hat, auf einem unter einem andern System von der Regierung gewährten Schutz hin, fern vom Centrum des industriellen Lebens im eigenen Lande eine Industrie zu begründen. Nichtsdestoweniger aber soll er mit dem Engländer frei concurriren.

Sollen wir noch darauf hinweisen, daß, wer an Ort und Stelle des Centrums einer hochentwickelten Industrie lebt und wirkt, bei Neuerrichtung oder Regenerirung einer Fabrik ganz andere Erfahrungen zu Gebote hat, als derjenige, welcher Idee und Ausführung aus einem fremden Lande importirt? Sollen wir auf die immensen Vorzüge von Weltmärkten in Rohmaterial für die englische Textilindustrie hinweisen, welche dem Industriellen vor der Thüre liegen, eine unbegränzte Auswahl bieten und ihn des Nachdenkens, der Mühe und der Hindernisse für die ununterbrochene Rohstoffversorgung seiner Fabriken gänzlich überheben. Sollen wir beispielsweise noch anführen, daß die Textilstoffe aus Ostindien, und wahrscheinlich ebenso aus Australien trotz des Canals von Suez durch die Entwicklung der englischen Schifffahrt nach Liverpool weit billiger gelegt werden, als nach Triest? Sollen wir anführen, daß die öffentlichen Lagerhäuser in England, Frankreich und Holland eine lange und billige Einlagerung für Rohstoffe und Producte der Industrie und ebenso die leichte Belehnbarkeit derselben mit fremdem, zinsensuchendem Capital gestatten, während Lagerspesen und Lagerzinsen bei uns die Productionskosten ungleich mehr vertheuern?

Alle diese Hindernisse der Concurrenz lassen sich immer nur im einzelnen Falle und auch da nur theilweise bei Heller und Pfennig nachweisen, — und jeder einzelnen Industrie muß es auch überlassen bleiben für sich diesen Nachweis zu führen. Aber das allgemeine Schwergewicht der verschiedenen hier angeführten Momente wird wohl von niemandem ernstlich bestritten werden, der Augen und Ohren nnbequemen Thatsachen nicht absichtlich verschließen will.

„Aber warum sollen denn die armen Consumenten „darunter leiden, daß die österreichische Industrie theuer „zu produciren gezwungen ist, als diejenigen anderer „Länder?"

Geduld, meine Herren Katheberphilanthropen! Die Antwort auf diese Frage soll Euch nicht vorenthalten bleiben; einstweilen wollten wir nur constatiren, daß eine offene Concurrenz auf eigenem Boden, wenn man überhaupt eine österreichische Industrie will, nicht möglich ist; dann kommt die Behandlung der Frage, ob die Existenz dieser Industrie unter Voraussetzung der nöthigen Opfer im Interesse der Gesammtheit liegt oder nicht·

Aber vorher richten wir noch die höfliche Frage an diejenigen, welche den Industriellen den Rath gegeben haben, lieber die Hindernisse der Concurrenzfähigkeit zu beseitigen, anstatt nach Schutz zu schreien, — welches Hinderniß diese denn zuerst beseitigen sollen, und wie sie das anzufangen haben? — Wollen vielleicht die Herren Ideologen den Steuerausfall, welcher den Staat durch Entlastung der Industrie treffen würde, aus ihrer Tasche bezalen, soll derselbe gar auf ihre Schützlinge, die „armen Consumenten" überwälzt werden? — — U. A. w. g.

Des Oesterreichers Ach und Weh ist eben auch nur von einem Punkte aus zu curiren: Aus unserer Staatsfinanzmisere kommen fast ausnahmslos alle die genannten Uebel her, soweit sie materieller Natur sind; und je mehr sich beim Einzelnen diese Ueberzeugung Bahn bricht, desto kleinlauter, gedrückter und hoffnungsärmer muß seine Anschauungsweise unserer heimischen Zustände werden. Halte

Dich in Oesterreich von öffentlichen Dingen fern, so wirst Du leichter der Gefahr entgehen dem Trübsinne zu verfallen!

Während mit Beginn der constitutionellen Zustände die Hoffnung wieder etwas aufzuflackern begann, daß der Kampf um die Zukunft des Landes mit jenem Aftergebilde des Patriotismus, welches die Kriegspartei genannt wird, aufgenommen werden soll, und wenigstens mit Anspannung der äußersten Kräfte in Jahrzehnten jene Wunden geheilt werden könnten, welche deren Stupidität und Leichtsinn uns geschlagen, — — ist nun von anderer Seite dafür gesorgt, daß die Lotterwirthschaft nicht zu Ende gehe.

Kennt Ihr die Geschichte vom verlorenen Sohne? Von dem wilden, störrigen Burschen, welcher vom Vater sein Erbtheil begehrte, damit hinauszog aus dem väterlichen Hause, sein Gut vergeudete und verpraßte, und dann, als er von Stufe zu Stufe heruntergestiegen war, und die Treber aus dem Futter der Schweine, die er zu hüten hatte, seinen nagenden Hunger nicht mehr zu stillen vermochten, reuig wieder zurückkehrte und um die bescheidenste Unterkunft bat, — — doch halt! hier hört die Geschichte auf zutreffend zu werden: Wir hatten auch einen Bruder der trotzig fortzog nach Theilung des gemeinschaftlichen Erbes, gleich und gleich die Rechte, dreißig und siebzig die Pflichten; der dann in Saus und Braus das Seinige verthat, bis der letzte Jude den letzten Heller zu leihen verweigerte, — jetzt aber schickt er sich an, mit geballter Faust an unsere Thür zu schlagen:

„Bruder, ich hab' nichts mehr. Wir wollen von Neuem theilen."

Was wir herüben für ein nothwendiges, oder auch in diesem Umfange nicht nothwendiges Uebel angesehen hatten, die Unterhaltung eines großen Heeres, das machte unserm Bruder jenseits des kleinen Wässerchens einen solchen Spaß, daß er gleich zu der gemeinsamen noch eine eigene Luxus-Armee aufstellte; er nahm zur Herstellung großer kostspieliger Bauten riesige Summen auf, von denen er so viel verspielte und verjubilirte als seinem Herzen behagen mochte, setzte seine unfähigsten Freunde in alle öffentlichen Aemter ein, und jagte dagegen jene aus dem Lande die etwas gelernt hatten; heute*)

---
*) Neujahr 1875.

aber macht er Miene mit heiserer Stimme herüberzurufen: „Bruder, bei der ersten Theilung bin ich zu schlecht weggekommen. Morgen theilen wir wieder!"

Hüben: sehr wenig Patriotismus aber doch einiges Pflichtgefühl; drüben: sehr viel Patriotismus, sehr schöne lange Parlamentsdeclamationen, aber darüber hinaus — sieht man in einer Wolke von pechschwarzen Raben einige weiße flattern; die schwarzen sollen es sehr gut verstehen, von den Früchten des Landes fett zu werden.

Ach! könnte da doch noch der Schnitt, der im Jahre 1867 gemacht worden ist, etwas vertieft werden bis auf die reine Personalunion. Ungarn soll dann den ganzen Großmachtsplunder auf eigene Rechnung übernehmen; es hat ja so viel Talent zur Großmacht, und wir wünschen ihm herzlich Glück dazu. Nur soll es uns nicht in seine Bahnen ziehen; nur sollen wir nicht verdammt sein, in alle Ewigkeit das auszuessen, was es uns einbrockt. Wir werden dann ein einfacher und bescheidener Mittelstaat, aber ein geordneter Culturstaat und können mit einiger Seelenruhe den sonderbaren Purzelbäumen der Asiaten, immer näher zum Abgrunde hin, zusehen. Wie schnell ist doch jener Ruhm von der politischen Reife unserer Nachbarn verblichen! Wie hat der feste Halt ihrer ersten selbstständigen Regierung, den wir beneideten, einem fieberhaften Hexentanze ewig wechselnder Cabinete Platz gemacht, während wir es gelernt haben, durch drei volle Jahre ohne Systemwechsel auszuhalten!

Wir gratuliren unsern Nachbarn zu einer eigenen Nationalbank. Da haben sie dann wieder eine neue Kuh im Stalle, der einige feine Herren in Kurzem den letzten Milchtropfen ausgepreßt haben werden, die dann von hundert unwissenden Kurschmieden behandelt und mißhandelt werden wird, bis sie alle Viere mit dem letzten Seufzer von sich streckt,..... und das Land wird den Kaufpreis für sie noch schuldig sein.

Je mehr der gerühmte „jungfräuliche Credit Ungarn's" von dem unsrigen getrennt, je weniger ihre Thaten mit den unsrigen vermischt werden, um so besser für uns. Sie werden ritterlich bleiben, — wir werden bürgerlich werden; aber so weit sind wir leider noch lange nicht. Bei den Großmachtsansprüchen, welche von dem Doppelstaat der österreichisch-ungarischen Monarchie seiner Ausdehnung und

Gesammtvolkszahl wegen erhoben werden, liegt immer die Gefahr wie ein Alp auf uns, daß — wenn unsere theure Osthälfte in ihrer vollkommen autonomen Wirthschaft das Bißchen gemeinsame Verpflichtungen nicht mehr wird einhalten können, welches sie die Gnade hatte auf sich zu nehmen — dann an unsern breiten und geduldigen Rücken von mancher Seite der Anspruch herantreten wird, auch dieses Plus noch aufzunehmen.

Während nun im Laufe des letzten Decenniums diese Gefahr mit jedem Jahre näher herantritt, ist der ältere Feind der financiellen Regeneration und damit auch der staatlichen Fortexistenz unseres Vaterlandes, die Kriegspartei, noch durchaus nicht dauernd überwunden; sie grollt indessen schweigend wie Achilles als ihm die Briseis geraubt wurde, sie grollt, daß es Schreier gibt, welche ihre hohen Verdienste um unser armes Vaterland durchaus herabsetzen wollen; daß diese Volksvertreter, welche von militärischen Erfordernissen gar nichts verstehen, welche gar keine militärische Bildung genossen haben, in ihre Projecte zur immer großartigeren Entwicklung der Wehrkraft Oesterreichs hineinreden wollen, blos des elenden Geldes wegen, welches das dumme Volk zu zahlen hat. Es stehen nicht nur die alten Säulen dieser Partei; die alten Meister machen auch Schule unter der jüngern Generation, wie dieß eine neue literarische Erscheinung beweist, welche, mit voller Wärme der Ueberzeugnug und großer jugendlicher Frische abgefaßt, wie eine Petarde auf den Markt geschleudert wurde zum Schrecken der harmlosen Passanten. Gern hätte man sich wohl officiellerseits alle Mühe gegeben, die Brandspuren rasch zu vertilgen, wenn es dazu nicht zu spät gewesen wäre.

Ein höchst bezeichnender Ausdruck, den jene Partei erfunden hat, ist „das Sparsystem". Als es nämlich mit der alten Wirthschaft der Fünfzigerjahre gar nicht mehr fortgehen wollte, als kein Fremder mehr borgte, und kein Einheimischer mehr höher taxirt werden konnte, als der Bankrott vor der Thüre stand und in Folge alles dessen den bisher vollkommen unumschränkten militärischen Projectenmachern zum ersten Mal ein Zügel angelegt wurde, erfanden diese zum Hohn den Ausdruck „Sparsystem", ein Wort, das immer nur in Begleitung von verächtlichem Achselzucken und einer

4*

gräulichen Verzerrung des Gesichts ausgesprochen wird. Als ob es überhaupt ein System des Sparens geben könnte, dem sich ein vernünftiges System des Nichtsparens gegenüber stellen ließe; als ob nicht jeder Mensch, der seine Auslagen ohne Rücksicht darauf einrichtet ob auch die Einnahmen dazu ausreichen, ganz einfach ein — Lump, und hierin die Analogie zwischen Individuen und Staaten völlig zutreffend wäre. Dabei wird mit fromm verdrehten Augen über die Menge Geld geklagt, welche der Reichsrath dem Lande koste, — während ein einziges Uebungslager zur Instruction einiger Stabsofficiere mehr Geld verschlingt als für den Reichsrath im ganzen Jahre ausgegeben wird.

Ein fundamentaler Irrthum der heute allgemein gültigen militärischen Anschauungen scheint uns darin zu liegen, daß als selbstverständlich vorausgesetzt wird, die militärische Machtentfaltung eines Staates müsse nothwendig in genauer geometrischer Proportion (die Kriegspartei sagt: mindestens in Proportion) zur territorialen Ausdehnung des Landes und vor allem zu seiner Bevölkerungszahl stehen. Sind die Schweiz, Belgien, Holland, die Fürstenthümer, deßwegen weil sie einen kleineren Umfang haben, weniger bedroht als die großen Staaten, oder ist ihre Bedrohung für den Bürger dieser Staaten von weniger Bedeutung als in Ländern, welche die vierfache, oder sechs- oder zehnfache Bevölkerungszahl haben? — „Ja," wird man uns erwidern, „diese kleinen Länder können eben „nicht eine so große Macht zu ihrer Sicherheit stellen und bezahlen, „darum müssen sie Frieden halten und sich an Stärkere anlehnen." — So! sagen wir darauf, also um's Können handelt es sich? Wer wagt aber zu sagen, daß wir ein, zu unserer Volkszahl im selben Verhältniß stehendes Heer erhalten können, wie unsere reichen, wirthschaftlichen, in geordneten Verhältnissen lebenden Nachbarn, große und kleine? Daß das Opfer, welches für sie ein erträgliches sein mag, uns nicht von Schritt zu Schritt mehr zu Boden drückt? Repräsentiren die militärischen Extravaganzen der vergangenen Decennien mit ihren Zinsen und Zinseszinsen zu 7, 8 und 9 Procent nicht heute eine Summe, welche schwindeln macht, wenn man sie überblickt; sind wir durch diesen Ausfall nicht wirthschaftlich schwach und elend geworden, und geht uns dieses Geld nicht ab, um die militärische Proportion mit unsern Nachbarn aufrechtzuerhalten? Haben wir nicht sogar ein Recht zu verlangen, daß durch doppelte Restriction des kriegerischen Aufwandes dem Volke wieder ein Theil von dem erstattet werde, dessen Beraubung es arm gemacht hat?

Die militärische Tactik den Parlamenten gegenüber ist immer dieselbe und unsere Generale haben sie den Fremden sehr rasch abgeguckt: Ohne viel zu fragen wird der **äußere Rahmen** der **militärischen Entfaltung in Regimentern und Mannschaftsstand so groß angelegt, als die Umstände es nur immer gestatten, und auf Grund dieses Rahmens wird ein reichliches Budget aufgestellt.** Nun kommen die Volksvertreter, schlagen die Hände über dem Kopfe zusammen, und verlangen ausgiebige Abstriche. Ihnen erwidern die Vertreter des Militärärars mit eisiger Kühle: „Meine Herren Volksvertreter, es steht ganz bei Ihrem Patriotismus, ob Sie wegen ein paar Millionen Gulden, die Sie da allenfalls herunterschinden können, die so und sovielmal hunderttausend Mann, die Sie nun doch einmal nähren und kleiden und bewaffnen müssen, kriegsuntüchtig machen oder kriegstüchtig erhalten wollen. In dem einen Falle bringt das Land ein fast eben so großes aber ganz unnöthiges Opfer, im andern Falle wird es Ihre höhere Einsicht preisen. Sie sind die Herren über Gut und Blut des Landes, Sie trifft aber auch die Verantwortung, wenn wir unserm nächsten Feinde derartig gegenüberstehen, daß auch die größten Wunder von Organisation und Führung des Heeres einen Erfolg nicht ermöglichen werden." Die armen Volksvertreter drehen ihre Daumen, kratzen sich hinter den Ohren, endlich werden ihnen die Positionen vor Augen gebracht, welche eigens dicker angelegt wurden, um einer harmlosen constitutionellen Streichung zum Opfer zu fallen; der Minister widersteht, der Abgeordnete beharrt, der Minister gibt nach, man reicht sich die Hände, der Abgeordnete stößt einen Schlußseufzer aus, welcher so viel heißt als: „Meine Mandanten werden's zwar kaum erschwingen können, aber ich habe ihnen doch 'was erspart," der Minister hat was er will und alle gehen beruhigt nach Hause.

Als in den Delegationen von 1871 auf 1872, wo unsere dießseitigen Volksvertreter die Wahlreform mit dem sogenannten Normalbudget ablaufen mußten, diese alte Comödie mit Virtuosität abgespielt wurde, die österreichischen Delegirten im ersten Acte aber nahe daran waren, sich gegen die große Mehrbelastung durch die neue Organisation ernstlich zu widersetzen, schleuderte ihnen der Kriegsminister das Wort zu: Ob sie etwa läugnen könnten, daß der enorme wirthschaftliche Aufschwung des Landes diesem auch größere Lasten als bisher zu tragen erlaube? Die armen Delegirten glaubten damals nicht läugnen zu können, kratzten sich hinter den Ohren 2c. 2c. und bewilligten was verlangt wurde. Heute ist das damalige Wort des Kriegsministers vergessen; der enorme wirthschaftliche Aufschwung hat sich als der Anfang eines enormen wirthschaftlichen Elends entpuppt, das Normalkriegsbudget aber ist fest auf unsern Nacken geschnallt.

Sollen wir dazu noch die Geschichte von den 3, sage drei, ungarisch-galizischen Hochgebirgsbahnen erzählen, welche, ohne auf eine ungezählte Reihe von Jahren auch nur die Aussicht zu bieten, ihre Betriebskosten zu decken, ohne jedwede volkswirthschaftliche Berechtigung zu rein militärischen Zwecken, durch Landstreifen von nur mäßiger Breite getrennt, den beiden Reichshälften wieder Zahlungsverpflichtungen für die Zinsen eines Capitals von 70 bis 90 Millionen Gulden aufladen, welche nicht, wie sie sollten, im Kriegsbudget erscheinen!*)

Aber während wir unter diesen Lasten keuchen, während durch die nun schon bald ins dritte Jahr dauernde wirthschaftliche Deroute unser Land aus hundert Wunden blutet, während das kaum verscheuchte alljährliche Deficit sich wieder häuslich bei uns einrichtet, ertönt da mit dem ganzen Feuer der Jugend eine energische Stimme: „Zwei neue Feldartillerieregimenter! Tausend Positionsgeschütze hier, zweitausend dort, zweitausend da! Dreißig neue Forts auf dieser strategischen Linie, dreißig auf jener! Strategische Front verkehrt! Rußland natürlicher Alliirter, alles Bisherige blos Mißverständniß,

---

*) „Wir können gegen die russische Gränze zu gar nicht genug Eisenbahnen haben" erklärte uns einmal auf die gesprächsweise Erwähnung dieses kostspieligen Luxus hin mit überlegener Miene ein Generalstabsofficier.

Deutschland dagegen Erzfeind! Nehmt alle Kraft zusammen zum letzten großen Kampfe der doch kommen muß — — —"

Wie frisch und lustig wäre dieses Heldenthum, wenn es für die Aussichten auf unsere Zukunft nicht so tieftraurig wäre! Immer der nächste Krieg der letzte, so heißt es nun schon seit fünfundzwanzig Jahren, aber das Spielen mit dem Feuer nimmt nie ein Ende. Die Herzensgeheimnisse einer immer noch allzumächtigen Partei sind durch die rasche Jugend den profanen Augen der Welt preisgegeben worden. Wir haben von jungen Lippen gehört, wie das graubärtige Alter denkt und was für Kämpfe uns noch bevorstehen. Das ist die Bedeutung jener Schrift.

Oh! könnten doch diejenigen Glieder dieser Partei, welche heute noch im guten Glauben leben, Patrioten zu sein, — könnten sie doch einsehen, daß das schnellste Mittel um Oesterreich zu zerstückeln und zur Beute seiner Nachbarn im Westen wie im Osten zu machen, das Fortschreiten auf dem Wege ist, auf welchem diese Herren seit einem guten Vierteljahrhundert unser armes, unglückliches Vaterland gedrängt haben; daß ein Volk noch zu etwas anderm auf der Welt ist, als die Mittel zu liefern für die Exercierkünste von Protections= generalen; daß ein creditloses, ausgesaugtes, materiell ohnmächtiges Land, zu dem sie das Unsere machen wollen, so weit sie es nicht schon dazu gemacht haben, auch in staatlicher Beziehung keine Wider= standskraft gegen äußern Druck üben kann; daß, wenn der Patrio= tismus bei uns zu Lande eine seltene Pflanze geworden ist, sie und ihre Thaten es gewesen sind, die ihn Halm für Halm aus dem Herzen des Volkes ausgerodet haben.

Wir halten inne. Sind wir doch schon etwas weit von der Zoll= und Exportfrage abgelenkt worden. Doch haben wir den Faden nicht verloren: wir haben die Grundursache unserer industriellen Un= concurrenzfähigkeit in den Lasten und Uebelständen gefunden, welche die finanzielle Mißwirthschaft des Staates uns aufbürdet; so hatten wir wohl Anlaß, uns auch bei den Ursachen dieses letzteren Haupt= übels etwas länger aufzuhalten.

Bei dieser Lage der Dinge fanden es unsere Staatsmänner an der Zeit, mit der Herabsetzung der Schranken für fremde Fabricate immer von Neuem einen Schritt weiterzugehen. „Es kommt nur „auf die Gewöhnung an; die österreichischen Fabrikanten „müssen consequent für den Freihandel erzogen werden. „Da, wo vorgestern 20 Gulden Zoll waren, haben wir gestern 16 ge= „setzt; morgen setzen wir 12, in 8 Tagen 8 Gulden und so wird die „österreichische Industrie in kurzem zu ihrer Freude gewahr werden, „daß sie sich nur geirrt hatte, daß sie den Schutzzoll gar nicht braucht."

Dort, wo wirklich ein Irrthum zu Grunde liegt, oder dort, wo die Fortschritte im eigenen Lande größer sind als gleichzeitig in den Concurrenzländern, ist diese Theorie sehr schön. Hingegen da, wo gewichtige materielle Ursachen der Concurrenzunfähigkeit vorliegen, Ursachen, welche im Laufe der Jahre nicht nur nicht zu bestehen auf= gehört haben, sondern in beständiger Steigerung begriffen sind, da erinnert diese Theorie verzweifelt an die Schlauheit jenes Bauers, welcher nach und nach seinem Pferde das Fressen abgewöhnen wollte. „Am fünften Tage hatte es schon ganz gut begriffen und war nur etwas wacklig auf den Füßen, da plötzlich am sechsten Tage wird die Bestie boshaft und verreckt."

Ob ein ähnlicher Ideengang der des Grafen Beust war, als er ohne noch die österreichischen Productionsverhältnisse zu kennen, und ohne diejenigen, die sie kannten, ernstlich zu fragen, hinter dem Rücken der Industriellen durch die Hand des damaligen Admiral=Handels= ministers mit den Engländern jenen verderblichen Pact abschloß, wissen wir nicht; vielleicht hat uns auch inzwischen die dadurch erkaufte Freundschaft der Engländer so große heimliche Vortheile gebracht, daß dagegen die kleine materielle Einbuße unseres Landes an einigen zu Boden gedrückten Industrien gar nicht in Betracht kommt.

Mit alledem aber, daß wir uns im eigenen Hause nicht auf den Füßen halten können, werden wir von unsern guten Freunden auf die Wanderschaft geschickt. Während die herabgesetzten, aber immerhin noch bestehenden Zölle auf viele Artikel industrieller Production uns auf unserm eigenen Markte gegen das erdrückende Eindringen fremder Waare nicht mehr zu schützen vermögen, und zwar aus Ursachen, welche mehr oder minder für alle Zweige der österreichischen Industrie dieselben sind, — sollen wir mit unsern Erzeugnissen auf fremden Märkten mit den Engländern, Franzosen, Deutschen und Schweizern concurriren, wo wir noch die Fracht ins Ausland zu tragen haben, wo wir selbst noch zu allem Andern einen Eingangszoll zu entrichten haben.

„Export! Export! Nur in der Eröffnung neuer Absatzwege, nur „im muthigen Kampfe auf dem Weltmarkt kann die österreichische Industrie „gesunden!" . . . . sonst aber befehlen Sie gar nichts, meine Herren?

Unsere guten Exportenthusiasten lassen aber nicht nach. Direct nach Manchester, Elberfeld oder Mühlhausen mit unsern unter der Aegide des österreichischen Steuerbogens angefertigten Baumwoll- und Schaafwollwaaren zu gehen, verlangen sie allerdings nicht. Aber damit ist die Welt ja noch nicht abgeschlossen.

„Unser Feld ist der Osten. Mit Rußland, der Türkei, „den Fürstenthümern und Egypten, welche in der Industrie „noch unter uns stehen, soll unsere Regierung Verträge „abschließen, welche unsern Producten einen lohnenden „Absatz sichern."

Sehr schön gedacht. Aber erstens ist Rußland der Staat nicht, uns auf den Leim zu gehen, weil wir den Engländern auf den Leim gegangen sind. Dann aber, wenn Rußland sich gedrungen fühlen sollte, den Fremden für ihre Producte Thür und Thor zu öffnen, wird für uns gewiß nicht extra abgekocht werden, sondern wir concurriren dann in Rußland ebenso mit unsern überlegenen Gegnern aus dem Westen, wie dieß schon heute der Fall ist. Nach Petersburg und Odessa wird die englische Waare durch den Seetransport noch immer eine billigere Fracht haben als die österreichische, und nach Alexandrien und Constantinopel ebenso, auch nach Vollendung der türkischen Bahnen. Bleiben also noch die Fürstenthümer, nach welchen wir allerdings nur um diejenige Quote schlechter verkaufen als im eigenen Lande, welche sich durch den einheimischen Zoll und die Differenz der Frachten ergibt.

Seien wir also minder kühn in unseren Industrieexport-Projecten. Solange unsere Productionsverhältnisse denen des Auslands gegenüber sich nicht günstiger gestalten, müssen wir uns mit den Abfällen vom Tische unserer reichen Nachbarn begnügen. Die Zündhölzchen und Ledertaschen sind uns ohnedieß schon weggenommen worden, — exportiren wir also wie bisher Perlmutterknöpfe, — die Perlmutterknöpfe zu den Hemden, welche die Engländer liefern und überlassen wir diesen die Röcke und Hosen ganz sammt allem Zubehör.

Wir können diesen Abschnitt über die Lasten und Mißstände unserer industriellen Production und somit über die Hindernisse unseres industriellen Exports nicht schließen, ohne noch eines Krebsschadens zu gedenken, welcher, im eigenen Fleische unseres gewerblichen Lebens wuchernd, weiter und weiter um sich greift und endlich den ganzen Körper zu vergiften droht — wir meinen die Pinkelindustrie aller Confessionen. Immer weiter gehende Fälschung der Qualität der Waare, immer größer werdende Correcturen an Maaß, Gewicht und Stückzahl derselben, fortschreitende Verlotterung der Geschäfts= usanzen, Nichteinhaltung der eingegangenen geschäftlichen Verpflichtungen, das rasche Herausfinden aller derjenigen schwachen Puncte, von wo aus die Demoralisation eines Geschäftszweiges zum Vortheil für die eigene Tasche in Angriff genommen werden kann, und bei aller inneren Schmutzigkeit die Formen großer kaufmännischer Coulance und anspruchsvollster Repräsentation, — das ist es, was die Pinkelindustrie characterisirt.

Der inländische Verkehr leidet in so fern darunter, als der ehrliche Producent die Prämie für das durchschnittliche Betrugsrisico mit dem Unehrlichen in gleicher oder doch ähnlicher Weise vom Preise seines Productes tragen muß. Denn bis die Menge der Käufer den Unterschied zwischen dem reellen und dem unreellen Lieferanten kennen und taxiren gelernt hat, ist der Pinkelindustrielle längst ein reicher Mann geworden. — Im Verkehr mit dem Auslande hat das Liefern von fehlerhafter, unmaaßhältiger Waare auf schöne Muster und verlockende Probesendungen hin die einfache Wirkung, daß nach einer größeren Anzahl eclatanter Fälle der industrielle Name des betreffenden exportirenden Landes in Verruf geräth; die commerciellen Beziehungen werden abgeschnitten, und hundert ehrliche Leute bringen in einem Jahrzehnt das nicht wieder herein, was zehn Spitzbuben in einem Jahre verbrochen haben.

III.

Diejenigen meiner geehrten Leser, welche der alleinseligmachenden Lehre vom freien Handel anhängen, werden, falls sie diese Schrift nicht schon längst mit aller Kraft eines edlen Zornes in den entferntesten Winkel des Zimmers geschleudert, doch jedenfalls bereits einen großen Vorrath von Ungeduld in sich aufgehäuft haben, daß hier immer nur von Production, von Productionsbedingungen und Producenten gesprochen worden ist, als ob die Consumenten ganz von der Welt verschwunden wären.

„Die Production bleibt doch immerhin blos Mittel, „die Consumtion ist der Zweck; die Interessen des Consu= „menten müssen daher vor allem Andern gewahrt werden". So lautet ein Fundamentalsatz der Alleinseliggemachten oder zu machenden, der freilich etwas in Opposition ist mit dem uralten Volkssprichwort: „Du lebst nicht um zu essen, sondern Du issest um zu leben"; in Opposition auch mit der noch viel älteren biblischen Berufsdefinition des Mannes: „Du sollst arbeiten im Schweiße Deines Angesichtes"; in Opposition endlich mit unserer täglichen Lebenserfahrung, welche dahin geht, daß das Produciren sehr mühsam und schwierig, das Consumiren dagegen recht leicht und vergnüglich sei.

Die Production Mittel, die Consumtion Zweck. In gewisser Beziehung ist dieß immerhin ganz richtig: wir arbeiten um unsere Lebensbedürfnisse von dem Ertrage der Arbeit bestreiten zu können. Es ist nur die Frage, ob dieser Satz unsere wirthschaftliche Erkenntniß wesentlich fördert. Wie kann man überhaupt Mittel und Zweck in einen Gegensatz bringen wollen? Wenn eben die Production die Mittel nicht liefert, oder nur in ungenügender Weise liefert, deren die Consumtion zu ihrer Befriedigung bedarf, so kann man diese letztere zu befördern oder zu erleichtern suchen, wie man will, man wird seinen Zweck nicht erreichen.

Die große zu lösende Frage ist aber die: Hat die Gesammtheit der Producenten unseres Landes, welche mit der Gesammtheit der Consumenten in letzter Linie doch zusammenfallen muß, an dem Schutze eines bestimmten Theils der Production, an dem Schutze der gewerblichen oder industriellen Production nämlich, ein deutlich erkennbares und schwerwiegendes Interesse, ein solches, dessen solidarische Wahrung anzustreben ist, oder nicht?

Einer der hervorragendsten, und gewiß in vieler Hinsicht auch einer der verdienstvollsten deutschen Nationalökonomen, stellt einmal ungefähr folgenden Satz auf:

„Der Schutzzoll ist immer nur die Besteuerung eines „Theils der Production zu Gunsten eines Anderen. Ein „Schutzzoll, welcher sich auf die gesammte Production eines „Landes erstrecken würde, ist ein Widersinn".

Das klingt in Wahrheit sehr glatt und bestechend. Der Schutzzoll könnte also höchstens als Erziehungsmittel einen Werth besitzen, um in irgend einer Richtung das Eis zu brechen, um gegenüber den anderen entwickelteren Productionszweigen das Kapital auf einen neuen Zweig wirthschaftlicher Thätigkeit hinzulocken, und auf Kosten der Gesammtheit eine zeitweilige Prämie für eine neuartige Production auszusetzen, etwa wie man direct zur Hebung der Rindvieh- oder Pferdezucht Preise votirt, oder bei Industrieausstellungen Medaillen vertheilt — aber immerhin müßte dieß mit dem Bewußtsein geschehen, daß der Landwirthschaft genau die Anzahl Gulden entzogen werden, welche die Industrie gewinnt, abzüglich dessen etwa, was die Grenzbewachung und Zollmanipulation kostet.

Das klingt, wie gesagt, außerordentlich glatt und bestechend; man meint, wer das einmal höre, für den sei der Stab über die Schutzzolltheorie ein= für allemal gebrochen.

Solch' ein Satz in Lapidarstyl, der muß aber dann auch eine ganz ausnahmslose Geltung besitzen. Zweimal zwei ist vier, nicht nur 99 Mal unter hundert, sondern es ist immer vier gewesen und wird immer vier bleiben. Gelingt es uns nur einmal zu zeigen,

daß die obige Behauptung nicht immer richtig zu sein braucht, so
ist es uns dann vielleicht gestattet unsere Leser zu überzeugen, daß
der Satz für unsere Verhältnisse nicht richtig ist, und daß eine volks=
wirthschaftliche Gebarung, welche auf Grund dieses Satzes in unserem
Lande angestrebt wird, demselben nicht zum Heile, sondern zum
Schaden zu gereichen geeignet ist.

Wir wenden uns zu diesem Behufe an den Nothhelfer aller
Nationalökonomen, an den schiffbrüchigen Inselbewohner Robinson.
Robinson soll bei Ankunft des englischen Schiffes seinen langjährigen
Aufenthalt auf einer Insel des stillen Oceans nicht verlassen, sondern
dieses Schiff oder ein anderes soll ihm ein Weib gebracht haben, mit
welchem er zwei Söhne zeugte, von denen er den einen unterrichtete, die
Pflugschaar zu führen, Geflügel und Rinder zu züchten, den andern
aber, Lein und Wolle zu spinnen und zu verweben. Bei seinem
Tode ermahnte er sie, sich in ihren Bedürfnissen gegenseitig zu unter=
stützen; die Söhne führten Frauen benachbarter bewohnter Inseln
heim, gründeten jeder einen eigenen Hausstand und während der
Eine die Familie des Andern mit Feldfrüchten, Milch und Fleisch
versorgte, lieferte dieser seinem Bruder und dessen Angehörigen die
Kleider, Schuhe und Geräthe, welche sie benöthigten. Die Abrechnung
wurde in den Münzen der ebengenannten nächstliegenden bewohnten
Inseln vorgenommen, woher beide Brüder auch die übrigen Gegen=
stände ihres Bedarfs, Waffen, Schießpulver u. dergl. bezogen.

Dieß ging seinen ruhigen, gleichmäßigen Gang fort, jahraus,
jahrein. Da erschien eines Tages auf derjenigen Seite der Insel, welche
der ackerbauende Bruder bewohnte, ein englischer Handelsdampfer, um
Wasser einzunehmen. Robinson der Jüngste, der Ackersmann, trat
mit dem Aufseher der Ladung in Verkehr, besichtigte die Waaren, be=
wunderte die schöne und vollkommene Anfertigung der Stoffe, erstaunte
über deren billigen Preis und ließ sich leicht bestimmen, seinen Bedarf
für das kommende Jahr an Leinwand und Tuch aus den Vorräthen
des Schiffes gegen die Geldsumme in Inselwährung, welche er zurück=
gelegt hatte, anzuschaffen. Als Bruder Weber das nächste Mal mit
seinen ärmlichen Erzeugnissen angerückt kam, wies Bruder Landwirth
mit vielem Stolz und etwas Hohn auf seine bereits gemachten Einkäufe

hin, die um mindestens 10 Procent besser und außerdem um ebensoviel billiger wären, als die Waaren des Bruders. Traurig erwiderte dieser, daß er nun, wo er für seine Gewebe kein Geld lösen könne, auch nicht in der Lage sei, Landwirthschaftsproducte zu kaufen, er müsse nun seinen Webstuhl stille stehen lassen, und trachten, bis zum Winter selbst soviel Vorräthe an Lebensmitteln zu gewinnen, um sein und der Seinigen Leben fristen zu können. Bruder Landwirth machte zu dieser Eröffnung zwar anfangs ein etwas langes Gesicht, tröstete sich aber rasch; der Engländer hatte ihm ja versprochen wieder zu kommen; wollte ihm derselbe dann abermals etwas verkaufen, so müßte er ihm dagegen auch seine Erzeugnisse an Getreide abnehmen. Der Engländer hielt Wort. Er brachte Waaren, womöglich noch schöner und billiger als das erste Mal und bot sie Robinson, dem Landwirth, zum Kaufe an. „Hört zuvor ein vernünftiges Wort;" sagte dieser, „wollt ihr mir, bevor wir den Handel schließen, nicht erst mein Getreide ablaufen? Ich habe Euch mein Baargeld voriges Jahr gegeben; nun muß ich erst Neues lösen, bevor ich Eure schönen Stoffe bezahlen kann".

„„Von Herzen gern"", antwortete der Britte, „„was kostet Euer Getreide?"" Robinson nannte den Preis, wie ihn der Bruder bei guter Erndte bezahlt hatte. „„Hm!"" sagte der Engländer, „„das geht wohl nicht. Bedenkt, bis ich Euer schweres Getreide, das mir den ganzen Raum meines Dampfers einnimmt, nach London gebracht habe, ist zwei Drittel seines Werthes im Rauch der verbrannten Steinkohle aufgegangen; meine Leute wollen nebstbei ernährt und gekleidet sein und ich kann doch auch das Geschäft nicht um Eurer schönen Augen willen machen, so gut ihr mir sonst gefallt . . . Ihr habt so was von einem strammen Freihändler, wie ich sie liebe, mein guter Freund; aber das Geschäft, Ihr werdet wohl selbst einsehen..."" Der freihandelnde Landwirth sah wohl selbst ein; er biß sich in den Finger, allein da war nichts zu machen. „Ja, wie könnt Ihr denn Eure verdammten Gewebe so billig geben, wenn die Kohlen und Eure Leute und Ihr selbst soviel davon auf Fracht verzehrt?" — „„Das will ich Euch sagen, mein lieber Freund"", erwiederte der rechenfertige Britte, „„von meiner Waare ist das Pfund soviel werth, wie von Eurem Getreide der Viertelzentner. Die Tonne Fracht von England hierher oder zurück, kommt mir aber gleich hoch, ob ich Brüsseler Spitzen oder Roßkastanien für Hirschfutter geladen habe. So kann ich Euch meine Waare mit einem Zuschlage von nur 5 bis 8 Procent auf den englischen Fabricationspreis geben und mache immer noch meinen hübschen kleinen Nutzen daran; ihr aber erspart dabei 20 Procent an Preis und Güte gegen die schlechten Lappen Eures Bruders"". „Nun und mein Getreide zu welchem Preise wollt Ihr es schließlich nehmen?" „„Wenn ich die Umständlichkeiten in Betracht ziehe, welche mir der Verkauf auf einem englischen Markte bereitet, die Spesen, welche darauf liegen, die Gefahren, welche ich laufe, und den Profit den ich dabei haben muß — — — alles in Allem 25 Procent von Eurer ersten Forderung"". Robinson der Jüngste war ein schlechter Rechner, aber das war ihm denn doch zu arg; für einen Werth von 100 Gulden nur 25 Gulden zu bekommen, um dann mit diesen 25 Gulden das kaufen zu können, was zu Hause 30 Gulden gekostet hätte .... die Zornesader schwoll ihm: „Scheert Euch zum Teufel mit Euern verdammten, billigen Fetzen und sucht Euch unter den Wilden, die das Einmaleins nicht kennen, die Narren, welche auf Euern Köder anbeißen".

Der Engländer hielt noch eine lange schöne Rede über die, den ganzen Erdkreis umfassende Philanthropie Manchesters, über die unbesiegbare Macht der Idee des free trade, über die Verblendung aller derjenigen, welche die alleinseeligmachende Lehre noch zurückweisen. — — — Robinson, der Landwirth, hatte ihm längst den Rücken gekehrt und war dem Wohnsitze Robinsons, des Webers, zugeschritten, so daß der Redner endlich um sich blickend mit seinen verzückten Gesticulationen inne hielt, ein resignirtes „never mind" sagte, seinen Kram einpackte und um eine Insel weiter fortdampfte.

Robinson der Jüngste war inzwischen bei der Hütte seines Bruders angelangt; recht kleinlaut und betrübt pochte er an die Thüre, trat ein und sah sich verlegen um: „Bruder, kann ich wieder bei Dir meine Kleider und Schuhe kaufen"? Erstaunt blickte dieser, dem es inzwischen hart genug gegangen war, auf; er glaubte, der Jüngste wolle ihn in seiner Noth zum Besten halten und antwortete nicht. „Bruder, Geld habe ich kein's, das hat mir der fromme Britte schon voriges Jahr abgenommen; hätte ich das Geschäft diesmal wiederholt, so müßte ich zu Dir betteln kommen; aber kaufe mir erst mein Getreide ab, ich laß' Dir's billig, dann will ich Dir so viel Kleider ablaufen, als meine schlechten Umstände gestatten". Der ältere Bruder glaubte zu träumen; ein schlechter Rechenmeister war auch er, darum hatte er die Dinge nicht so kommen gesehen; jetzt aber zeigte ihm die niedergeschlagene Miene des Jüngsten, daß es diesem mit seinen Worten bitterer Ernst sei. Sie verglichen sich bald über Waare und Preis, schüttelten sich froh die Hände, und nahmen sich vor, durch Fleiß und Sparsamkeit die Störungen und Einbußen des letzten Jahres wieder hereinzubringen, und jedem Engländer höflich aber bestimmt die Thüre zu weisen, der mit ähnlich gearteten Handels= vorschlägen an sie herantreten würde.

Sie hielten Wort und ihr gutes Einvernehmen wurde nicht mehr gestört.

Vierzig Jahre später wandelten beide, die Stammväter zahl= reicher Familien als hochbetagte Greise am Ufer auf und ab, alter Zeiten gedenkend. „Unsere Enkel werden wackere Männer" sprach der jüngere Bruder, „aber ihre Zukunft macht mir Sorge". „"Was fällt Dir ein"", erwiederte der Aeltere, „"haben wir ihnen nicht die Wege geebnet; kann nicht der eine die Wolle scheeren, der zweite sie spinnen, der dritte sie verweben, der vierte Kleider daraus machen, während andere das Korn ernten und den Wein keltern. Wir mußten zu Zweien alles das verrichten, und als Du gar noch dem Engländer in's Garn gingst, da war ich ganz auf mich angewiesen..."" „Sprechen wir nicht weiter davon; nur lasse mich eine Lehre aus der Vergangenheit ziehen. Ich konnte es damals bald merken, daß ich mir bei jenem freien Handel einen Gewinn in die Tasche gelogen hatte, dem ein weit größerer Verlust gegenüberstand. Wir beide aber gehen dem Grabe zu, unsere Enkel und Urenkel werden immer zahl= reicher und so wird ihnen, wenn ein ähnliches Anbot von Fremden an sie herantritt, die Auffindung des Pferdefußes in der Rechnung immer schwerer und schwerer werden. Sie haben sich zwar in der Herstellung ihrer Producte gegen unsere Zeit wesentlich vervollkommnet, aber die Engländer sind gewiß auch nicht stehen geblieben; so werden unsere Enkel oder Enkelsenkel den Fremden früher oder später zum Opfer fallen." „„Warum sollten sie ihren wahren Vortheil länger verkennen als Du ihn verkannt hast? Sehen hundert Augen weniger als vier?"" „Das nicht; aber der Zusammenhang von Ursache und Wirkung entzieht sich umsomehr dem Auge, jemehr das Individuum in der Gesellschaft verschwindet; der Einkaufsvortheil des Einzelnen wird nicht mehr in vollem Umfange sein eigener Verkaufsnachtheil, sondern dieser letztere vertheilt sich auf die ganze Gesellschaft. Denke Dir, der Urenkel jenes Engländers käme nach fünfzig Jahren hierher, und würde einem unserer Urenkel, welcher Ackerbau treibt, seine billigen Manufacte anbieten. Unser Urenkel müßte sich sagen: „Das Bischen Waare welches ich kaufe, beträgt kaum den fünfzigsten Theil dessen, was unsere einheimischen Weber erzeugen; es braucht also auch nur ein Fünfzigstel des sonst von unsern Webern consumirten Getreides dafür in's Ausland zu gehen; nur von einem Fünfzigstel der Gesammtmasse gehen drei Viertel für Fracht verloren; das drückt also den Preis meines Getreides nur um $1\frac{1}{2}$ Procent, an den englischen Manufacturen erspare ich aber 20 Procent, folglich habe ich $18\frac{1}{2}$ Procent gewonnen". Macht dieß aber der erste Urenkel so, so werden ihm der zweite und dritte bald folgen, endlich kann der Letzte nicht zurückbleiben, er muß vom Fremden kaufen, will er nicht ein nutzloses Opfer bringen. Mit jedem einzelnen der fünfzig ackerbauenden Urenkel aber, welcher dem Beispiele des ersten folgt, wird der Preis des Getreides um weitere $1\frac{1}{2}$ Procent gedrückt, und mit Schrecken sieht zuletzt dieser Erste, daß er den Anstoß zu einer Bewegung gegeben hat, welche sein Erzeugniß auf dieses selbe Viertel seines Werthes reducirt hat, um welches mir vor vierzig Jahren der Engländer mein Korn abkaufen wollte. Er sieht es oder er sieht es vielleicht auch nicht, oder er versteht den Zusammenhang nicht, sondern wird nur allmählig ärmer; keinenfalls liegt es aber in seiner eigenen Hand das Uebel wieder zu beschwören, zu dem er den Anstoß gegeben hatte".

Beide Brüder dachten hin und her, wie wohl dieß Unheil abgewendet werden könnte. Endlich kam ihnen der Einfall einen allgemeinen Familientag ihrer ganzen großen Nachkommenschaft einzuberufen. Hier sollte festgesetzt werden, daß zum Schutze des Ackerbauers wie des Gewerbsmannes auf fremde Industrieerzeugnisse eine Abgabe gelegt werden solle zur Ausgleichung der Erzeugungsbedingungen der Insel mit jenen der hochentwickelten Industriestaaten Europas..... Ob die Nachkommen diesen Vorschlag angenommen, ob sie dieß Gesetz lange beibehalten haben, oder ob es dem Urenkel des Engländers gelungen ist, die Weisen des Landes zu seiner Lehre zu bekehren, durch klingende Argumente Organe der öffentlichen Meinung zu gewinnen und durch deren Mithülfe dann nicht nur seinen Worten sondern auch seinen Werken allgemeinen Eingang zu verschaffen, darüber schweigt die Geschichte.

———

Verzeihe lieber Leser, daß wir Dich mit solch einer Kinderfabel belästigen mußten! Aber vielleicht ist es uns durch Zurückführung der Gesellschaft auf ihre einfachste Form, auf das Zusammenwirken von zwei Individuen doch gelungen, die Frage der bedingungsweisen, das heißt der nach Ort, Zeit und Verhältnissen möglichen Berechtigung des Schutzzolles darzulegen und ein kleines Loch in die Allgemeingültigkeit der Lehre unserer Gegner zu reißen; denn das fiel uns ja nie ein, die Andern auf ihrem Territorium zu Anhängern der Anschauungsweise zu machen, welche wir für unsere Verhältnisse zur Richtschnur genommen haben. Der Engländer muß der ganzen Welt gegenüber Freihändler sein, sowie der Franzose, der Teutsche und Schweizer es dem Italiener, dem Spanier, dem Oesterreicher und dem Russen gegenüber sein müssen; der Stärkere ringe nach Herrschaft, — aber man verarge es dem Schwachen nicht, wenn er sich zu vertheidigen, zu schützen sucht.

Unsere kindliche, wir hoffen nicht kindische, Fabel sollte der vorher citirten, im Lapidarstyle gehaltenen theoretischen Verurtheilung des Schutzzoll-Principes gegenüber unserer bescheidenen und, wie gesagt, nur bedingungsweise gültigen Definition dieses Principes vorarbeiten:

„Der Schutzzoll ist eine solidarische Garantie für die

Producenten eines bestimmt abgegränzten Territoriums zu wechselseitiger, möglichst hoher Verwerthung der einheimischen Gesammtproduction".

Wir fügen zur Erläuterung dieser Definition noch folgende Sätze hinzu:

„Die Hauptgefahr für die Verwerthung der Gesammtproduction eines gewerblich minder entwickelten und dabei ungeschützten Landes besteht in den, aus der Werthverschiedenheit der gewerblichen und landwirthschaftlichen Handelsartikel hervorgehenden Unterschieden der Quote des auf den Werth dieser Artikel entfallenden Frachtbetrages bei Versendungen in große Entfernung" —
und ferner:

„Das einzige Mittel in Ländern von minderer industrieller Entwicklung es jedem einzelnen Consumenten gewerblicher Artikel zu ermöglichen, durch Verwendung einheimischer Industrieerzeugnisse auch die möglichst hohe Verwerthung der einheimischen landwirthschaftlichen und aller sonstigen Producte und Leistungen zu erzielen, ist die Schaffung einer solidarischen Verpflichtung zur Bevorzugung der Abnahme einheimischer Producte in bestimmten Gränzen, wie sie practisch nur durch den Schutzzoll durchgeführt werden kann."

Wir warnen da nochmals vor der Täuschung, als ob hier immer nur der Industrie gegeben werden könnte, was der landwirthschaftlichen und sonstigen Production entzogen wird, oder selbst, als ob die sonstige Gesammtproduction höchstens denjenigen Betrag durch Schutz der Industrie wieder im Mehrwerth ihrer Producte zurückerhalten könnte, welchen sie als Aufzahlung auf den Werth der fremden Industrieproducte bereits ausgelegt hatte. Solange die Landwirthe, die Aerzte, Beamten, Lehrer, Ingenieure u. s. w. nicht einsehen, daß sie sich selbst, und ganz speciell ihre Tasche schützen, indem sie auf fremde Industrieerzeugnisse sich einen Zoll auferlegen, daß sie ihre Einnahmsquellen durch Untergrabung der industriellen Erzeugungsgrundlagen weit mehr schädigen, als die wenigen

Procente betragen, welche sie durch gesteigerte Einfuhr fremder Industrieartikel ersparen können, solange man an ihren Patriotismus appelliren will, anstatt an ihr Interesse, — solange werden die Industriellen umsonst plaidiren, denn sie sind in der Minderzahl und durch den Patriotismus werden keine volkswirthschaftlichen Fragen gelöst — in der übrigen Welt nicht und in Oesterreich auch nicht.

Es handelt sich vielmehr darum, zu zeigen, daß durch das Anbeißen an den Köder billiger und an Gewicht leichter, fremder Manufactur- und sonstiger Industrieartikel bezüglich der Rückzahlung an den Fremden und der Consumtionsunfähigkeit des einheimischen Industriellen eine Zwangslage vorbereitet wird; daß in den Modalitäten dieser Rückzahlung ein weit größerer Verlust liegt, als der Vortheil des Einkaufs gewesen war; ja daß selbst dieser Vortheil des heimischen Einkäufers zugerechnet zum Vortheile des ausländischen Verkäufers und Producenten jene wirthschaftliche Vergeudung nicht aufzuwiegen im Stande ist, — welche aus der jenem Geschäfte entwachsenden Nothwendigkeit weiter Versendung von schweren und geringwerthigen Bodenproducten entsteht, — daß somit nicht blos der auf nationalem, sondern selbst der auf cosmopolitischem Standpuncte stehende Oeconom in der unbedingten Befürwortung der Freihandelstheorie Unrecht haben kann und Unrecht hat.

—

Wir haben während dieser Worte den Gedankenflug vom Robinsoneiland im stillen Ocean nach unserm Vaterlande zurückgelegt, und wollen nun sehen, inwiefern auf die Verhältnisse desselben jene Grundsätze anwendbar sind, welche wir eben entwickelt, und denen wir wenigstens eine bedingte Geltung zugesprochen haben.

Ueber den Mehrdruck, welcher auf der österreichischen Production im Vergleiche zu der des Auslandes lastet und daher über unsere industrielle Inferiorität unsern westlichen Nachbarn gegenüber, haben wir uns in dem frühern Abschnitt so ausführlich geäußert, daß wir diese Letztere wohl als gegeben voraussetzen können. Der Schwerpunkt unserer Untersuchung legt sich somit auf unsere geographische Lage.

Je weiter wir in Europa von Westen und Nordwesten nach Osten und Südosten vorrücken, um so mehr kommen wir aus dem Gebiete hochentwickelter und dichtbevölkerter Industrieländer in dasjenige geldarmer, menschenarmer und schlechtcultivirter Ackerbaustaaten.

Von England, dem capitalsreichen Mittelpuncte der Weltindustrie und des Welthandels, ausgehend, gelangen wir in den ersten Gürtel von Staaten mit entwickelter Industrie und von hoher Cultur, und zwar über den Canal nach Süden in das mit dem Ameisenfleiß und der Sparsamkeit eines betriebsamen und intelligenten Volkes trotz aller Zerstörungen und Fehlgriffe immer wieder nach oben strebende Frankreich und die gewerbstüchtige Schweiz; nach Osten durch Belgien, das industrielle Schatzkästlein, in das deutsche Reich, dem die Errichtung des Zollvereins zu einer immer mehr sich entfaltenden gewerblichen Blüthe verholfen hat; im Nordosten nach Schweden, wo menschliche Kraft und Ausdauer der starren winterlichen Natur die schönsten Frühlingsgaben materieller und geistiger Hochcultur abzuringen verstanden hat.

Nach jenem ersten, an den industriellen Mittelpunct sich anschließenden Ländergürtel nimmt die gewerbliche Entwicklung und Bedeutung der nun folgenden Gebiete in rapider Weise ab. Werfen wir auf diesen zweiten Ring auch noch einen Blick, wieder von Südwesten im Bogen nach Nordosten vorgehend: Wir gelangen da von Portugal, welches englische Habgier und englische Handelsschlauheit durch lange Jahre bis auf's Mark ausgesogen haben, nach Spanien, das, nachdem es im Laufe des Mittelalters sich an die Spitze der Civilisation aufzuschwingen verstanden hatte, nun durch die letzten Jahrhunderte an Land und Leuten derartig geschädigt und geschändet wurde, daß es aus seiner materiellen Entkräftung und den unaufhörlichen, krampfhaften Zuckungen einer halt- und disciplinlosen Bewohnerschaft sich nicht herauszureißen vermochte und erst in letzter Zeit wieder einige Bemühungen gewerblicher Regeneration macht.

Nach Osten weiter über das tyrrhenische Meer kommen wir nach Italien, in neuester Zeit dem Boden erbitterter Kämpfe zwischen den Verfechtern einer sittlich unwürdigen und wirthschaftlich ohnmächtigen Vergangenheit und den Kämpfern für die hochfliegenden Ideen einer schöneren Zukunft, welche mit jugendlicher Begeisterung ins Werk gesetzt noch die Probe ihrer dauernden Lebensfähigkeit abzulegen haben. Während in Deutschland das Streben nach wirthschaftlicher Emancipation der politischen Wiedergeburt vorausging, ist in Italien das Erstere dem Letzteren, zum Schmerz der Freihändler, die dort eine unbestrittene Domaine zu haben meinten, rasch nachgefolgt. Auch dieses Land fügt sich in den zweiten Ring, denjenigen der Länder alter aber gesunkener Cultur und wirthschaftlicher Machtlosigkeit, vollkommen ein, wenn sein Fall auch kein so tiefer gewesen sein mag, als derjenige von Spanien oder Portugal.

Das nächste in der Reihe ist unser Oesterreich, ebenfalls ein Land mühseligen, harten Kampfes mit den Folgeübeln vergangener Erschütterungen und begangener Sünden. Durch ein paar Jahrhunderte haben wir und noch mehr [unsere östliche Vorhut, die Ungarn, das Bollwerk abgeben müssen, um das Anstürmen der türkischen Barbarei gegen das westliche Europa aufzufangen und abzuwehren. Auch dieß hat, neben der katholischen Reaction, ohne Zweifel dazu beigetragen unsere materielle Entwicklung aufzuhalten; aber jene Letztere hat uns bei Europa noch um den Dank für unsere Verdienste in ersterer Hinsicht gebracht. Nicht so tiefgehend waren bei uns die Veränderungen wie in Spanien, nicht so bleiern unser langer Cultur-Schlaf wie in Italien, — aber über eine gewisse behäbige Mittelmäßigkeit in der Civilisation sind wir seit vielen Generationen nicht hinausgekommen, und während im westlichen Europa aus den Verwüstungen der Religionskriege sowohl geistig als materiell rings ein neues Leben sproßte, blieb mit Ausnahme der theresianisch-josephinischen Epoche ein dumpfer geistiger Druck auf uns lasten, welcher auch unsere ökonomische Entwicklung niederhielt; daß aber bei allgemeinem Vorwärtsschreiten der Genossen der eigene Stillstand einen empfindlichen Rückschritt bedeutet, ist eine alte Geschichte. Die schärfste Gränze zwischen relativ hoher und niedriger Cultur geht aber von Norden nach Süden durch die Mitte unserer Monarchie längs der Leitha, den kleinen Karpathen und dem Flüßchen Biala an der schlesisch-galizischen Kronlandsgränze.

Während der zweite Ländergürtel, den wir eben geschildert haben, zwischen Preußen und Polen sehr schmal wird und endlich in den russischen Ostseeprovinzen sein Ende erreicht, fallen Dalmatien, der ungarische Staat und Galizien schon in den dritten Gürtel, welcher von der Türkei und Griechenland ausgehend über unsere eben genannten Reichstheile hinweg sich in der Hauptmasse des russischen Gebietes gegen Norden ebenso ausbreitet als der vorige sich verengt hatte. Westösterreich kann noch immer als schwaches Mittelding zwischen Industriestaat und Agriculturstaat gelten; es ist immer noch der immensen Majorität seiner Bevölkerung nach ein gründlich civilisirtes Land, — aber jenseits der von uns bezeichneten Gränze ist das Gewerbe so dünn gesät wie die Bildung und diejenigen Güter, welche nicht unmittelbar und alljährlich durch der Hände Arbeit dem Boden abgerungen werden, zählen wenig bei der Ernährung und Bereicherung des Volkes.

Dieser letzte Gürtel ist der längste und bei weitem der ausgedehnteste von Allen, und unsere östliche Reichshälfte liegt in demselben mitten eingebettet, nur an einer einzigen Stelle durch einen schmalen Gebietstheil bei Fiume das Meer erreichend, sonst aber von demjenigen Becken desselben, nach welchem seine große Wasserader zieht, vom schwarzen Meere nämlich, durch weite Agriculturgebiete anderer Länder getrennt.

Greifen wir also nochmals unsere Monarchie aus der Masse der eben besprochenen europäischen Länder heraus, so finden wir in ihr den raschen Uebergang aus dem industriereichen und hochcivilisirten Nordwesten unseres Erdtheils in den blos ackerbautreibenden, culturarmen Südosten. Wir finden ferner, daß der Handelsverkehr unserer östlichen, an Bodenproducten reichen, an Gewerbserzeugnissen armen Reichshälfte mit dem industriellen Centrum Europas nur zwei Wege hat: den längeren aber relativ billigeren Weg durch die Donau oder durch das Fiumaner Gebiet an's Meer und von da weiter zu Schiff nach England, Belgien u. s. w., — oder direct zu Lande durch die westliche Reichshälfte oder durch das preußische Gebiet. Während also die Producte Ungarns im Osten vor Erreichung der billigen Seestraße erst die Länder seiner günstiger situirten Nachbarn durchwandern müssen und im Südosten nur den einen, wenig bequemen Ausgang in die Adria haben, legen sich vor die österreichische Reichshälfte eine Anzahl von industriellen Ländercomplexen, deren Bedeutung schrittweise mit ihrer Entfernung von Ungarn zunimmt.

Bei einem ausschließlich, oder nahezu ausschließlich ackerbautreibenden Volke, welches noch außerdem auf niedriger Bildungsstufe steht, sind natürlicherweise die Hauptartikel des Consums, welche nicht durch die Production des Landes gedeckt werden, die Bekleidungsstoffe, und der Import dieser Artikel kann doch der Hauptsache nach mit nichts Anderem bezahlt werden, als mit dem Ueberschusse seiner Bodenerzeugnisse über den einheimischen Verbrauch. Die große Frage ist nun, in welchem Verhältnisse die Gesammtmenge der erhaltenen Bekleidungsstoffe zur Gesammtmenge der dafür gegebenen Landwirthschaftsproducte steht und ob in dieser Beziehung bei einem oder dem andern handelspolitischen System sich nicht eine schadenbringende Zwangslage herausstellt, wenn man die ganze Zwischenabrechnung des Geldes oder der Geldzeichen aus dem Spiele läßt, welche der Importeur an den ausländischen Erzeuger von Manufacten bezahlt, welche andererseits der inländische Consument für seinen Bedarf an diesen Manufacten auslegt, welche weiter der inländische Landwirth für gelieferte Bodenfrüchte vom inländischen Getreidehändler und dieser wieder von seinem ausländischen Committenten erhält.

Diese große Frage, welche ebenfalls für die Landwirthschaft unserer westlichen Reichshälfte von einschneidendem Interesse ist, muß in seiner ganzen Schärfe und Bestimmtheit für das ungarische Staatsgebiet gestellt werden, denn hier ist von Textilindustrie, mit Ausnahme einer ziemlich primitiven Hausweberei des Bauernstandes, überhaupt keine Rede. — Die Landwirthschaft ist somit heute noch die unumschränkt maßgebende Erwerbsquelle des Volkes; alle andern Stände gruppiren sich dort um den Landwirth als ihren Ernährer, Arbeitgeber und Herrn, und ganz speciell vom Standpuncte des Landwirths muß daselbst die ökonomische Frage gelöst werden.

Das Gebiet der ungarischen Krone ist heute mit $15^1/_2$ Millionen Menschen bevölkert. Wie stark der jährliche Consum dieser Bevölkerung in Bekleidungserfordernissen ist, und welche Quote dabei speciell auf Gewebe aller Art entfällt, darüber fehlen leider alle statistischen Anhaltspunkte. Wir wollen nun beispielsweise den Fall der Einführung des absoluten Freihandelssystems in Ungarn setzen. Nehmen wir dabei den Werth der möglicherweise aus dem Auslande beziehbaren Webwaaren auch nur mit jährlich 16 Gulden auf den Kopf an,*) und runden wir der Einfachheit halber die Bevölkerungsziffern auf 15 Millionen ab, so ergibt sich uns schon der große Betrag von 240 Millionen Gulden.

Wenn wir nun in unserer Voraussetzung eines ausschließlichen Bezugs der Webwaaren aus dem Auslande für den ungarischen Consum weitergehen, so ist es klar, daß die obige Summe von 240 Millionen Gulden (oder eine höhere oder geringere Summe, aber jedenfalls diejenige, welche dem Kaufwerthe der fremden Textilwaaren nach Ungarn gelegt, entspricht) in baarem Gelde oder geldwerthiger Abrechnung an das Ausland bezahlt werden muß; daß ferner der ungarische Webwaarenconsument, und dies ist doch wohl jeder Ungar, sich das Zahlmittel zur Bestreitung seines Kleidungsstoffbedarfes durch den Erlös aus seiner Production schaffen

---

*) Der einzige Anhaltspunct, welchen wir für obige, nur beispielsweise Aufstellung in Ermanglung einer Consumtionsstatistik für Textilstoffe erhalten konnten, ist der Verbrauch von Geweben in der k. k. Armee. Derselbe ergab

  1,092 m. Ellen Tuch,
  2,193 m.   „ Leinwand,
  3,263 m.   „ Callicot,
    520 m.   „ Zwilch.

7,068 m. Ellen Webwaaren im Gesammtbetrage v. Oe.-W. fl. 5,312,000 bei einer Friedenspräsenzstärke von 233,000 Mann. Dieß würde auf den Mann genau ein Consum an Webwaaren von 22,8 Gulden ergeben. Stellt man nun einander gegenüber einerseits die bessere Qualität der militärischen Monturen gegen die Alltagskleidung der großen Masse der Bevölkerung in Ungarn, andererseits die geringere Arbeits-Abnützung und größere Pflege jener gegen diese, endlich einerseits den Luxus im Sonntagsstaat bei der Bauernbevölkerung, andererseits die Herabminderung an Kleidungsbedarf pr. Kopf, welche auf die Kategorien der Weiber, Kinder und Greise entfällt, — so wird es einleuchten, daß die, wir wiederholen es, beispielsweise Annahme eines Webwaarenconsums von 16 Gulden auf den Kopf, doch immerhin ein mögliches Bild zu bieten im Stande ist, und eben so leicht zu tief als zu hoch gegriffen sein kann.

muß, und daß, nachdem dort der Handwerksmann, der Beamte, der Arzt u. s. w. ganz speciell für die weitere Befriedigung des localen Bedarfes des ungarischen Ackerbauers arbeiten, in letzter Linie der Gesammtconsum fremder Textilwaaren nur mit ungarischen Landwirthschaftsproducten bezahlt werden kann. Eben so sicher ist aber unter diesen Voraussetzungen, daß die westliche Reichshälfte der österreichische Staat, welcher, ökonomisch von Ungarn getrennt, nicht in der Lage ist, die freie Concurrenz der westeuropäischen Industriestaaten auf dem ungarischen Markte auszuhalten, andererseits aber noch weniger mit seinen Gewerbserzeugnissen nach andern Ländern exportiren kann, dann nur die Wahl hätte, entweder im eigenen Gebiet eine bescheidene Industrie für den Bedarf der heimischen Landwirthschaft arbeiten zu lassen, oder nach Wunsch unserer Professoren dem hier beispielsweise vorausgesetzten Vorgange der Ungarn zu folgen, ebenfalls die Zollschranken fallen und seine Industrie über die Klinge springen zu lassen und ebenfalls ein reiner Agriculturstaat, aber mit durchschnittlich weit ungünstigern Bodenbedingungen und mit der Zugabe eines riesigen Proletariats aus der bisherigen, nun überzählig gewordenen Industriebevölkerung zu werden. In dem einen wie in dem andern Falle kann natürlich Oesterreich der Consument dieser ungarischen zu exportirenden Getreidemasse, welche einen Geldwerth von 240 Millionen Gulden für jedes Jahr repräsentirt, nicht sein.

Die übrigen unmittelbaren Nachbarn Ungarns auch nicht. Im Süden haben wir die Türkei mit den Fürstenthümern, im Osten und Nordosten Rußland. Die Türkei ist ein armes ausgesogenes Land, dessen dünne Bevölkerung in Ermanglung eigener Industrie seinen Bedarf an Gewerbsproducten mit oder ohne Zoll aus dem Auslande beziehen muß, und mit nichts Anderem zahlen kann, als mit seinen Bodenproducten; das daran angränzende Griechenland ebenso. Die rumänischen Fürstenthümer sind bei sonst niedriger Cultur reich an Getreide und legen sich zwischen Ungarn und das schwarze Meer, haben also zum Export selbst eine günstigere Lage als dieses letztere Land. Rußland, welches seit dem Krimkriege in materieller und socialer Beziehung tiefgehende Reformen ein- und durchgeführt hat, klimmt mit Hülfe ausgiebigen Schutzes die Leiter industrieller Entwicklung rasch hinan; es scheint sich bei seinen hohen Zöllen ganz wohl zu befinden, und ist, begünstigt durch seine ausgedehnten Küsten im Süden und Nordwesten, selbst in der Lage, Getreide in großer Menge zu exportiren. Es bleibt also für den ungarischen Getreideexport nur das westliche Europa entweder auf dem Wege zu Lande durch das ganze österreichische Gebiet oder zu Wasser durch die Donau ins schwarze, oder endlich über Fiume durch das adriatische Meer. Der Seeweg muß wohl seine großen Hindernisse haben, weil man in den Jahren, in welchen Ungarn wirklich einen Ueberschuß von Getreide an's Ausland abgab, von einem bedeutenden Seeschifffahrtsverkehr in diesen Richtungen wenig gehört hat. Ein solches ausschlaggebendes Hinderniß mag der Mangel an Rückfracht für die Schiffe sein, welche ungarisches Getreide nach England verladen sollen. Auch wird speciell der englische Markt, seit der großartigen Organisation des Geschäfts in amerikanischer Körnerfrucht, für die Besitzer osteuropäischer Provenienzen immer gedrückter und weniger lohnend.

Der nächste Nachbar im Westen Oesterreichs, Baiern, wird gewiß höchstens in Jahren localer Mißernte auf ungarische Waare greifen können — so sehen wir den möglichen Markt für unsern, oder besser unserer Nachbarn, Export sich immer verkleinern und es bleibt als regelmäßiger Abnehmer für continentale Kornausfuhr nur die kleine Schweiz, welche bis jetzt für gewöhnlich von Frankreich her den Ausfall ihrer landwirthschaftlichen Production gegenüber dem Consum seiner gewerbreichen Bevölkerung gedeckt hat. — Freilich, wenn man verkaufen muß, so findet man zuletzt einen Käufer; es frägt sich nur zu welchen Preisen, — und so spricht auch alle Wahrscheinlichkeit dafür, daß dasjenige Land, welches die industriellen Producte liefert, noch durch sein relatives Ueberwiegen der gewerblichen Bevölkerung über die landwirthschaftliche am ehesten in der Lage sein wird, den Gegenwerth der verkauften Textilwaaren in Cerealien aufzunehmen. Bei der hier vorausgesetzten Lösung des wirthschaftlichen Bundes zwischen Oesterreich und Ungarn und der daraus folgenden Unfähigkeit des Ersteren, den Getreideüberschuß des Letzteren aufzunehmen, würde dieses sein Exportquantum so gut es geht auf die Schweiz, die industrielle Westgränze Deutschlands, Elsaß und die Rheinprovinz, ferner Frankreich, Belgien und Großbritannien, endlich von Fall zu Fall auf diejenigen andern Länder vertheilen müssen in welchen eben eine relative Mißernbte stärkere Nachfrage geschaffen hat.

Es wird hier nothwendig sein, das Verhältniß der Preise des Getreides zu den Frachtsätzen desselben Artikels nach den hier in Frage kommenden Verkehrszielen einer genauen Vergleichung zu unterziehen, um die Quote der zu verfrachtenden Artikel abschätzen zu können, welche von der Fracht in dem einen und in dem andern Falle aufgezehrt wird. Denn darüber darf sich der Besitzer einer Waare keiner Täuschung hingeben, daß diese Letztere ihren Fahrpreis mit einem Stücke ihres eigenen Körpers bezahlen muß. — Es fällt uns bei diesen Reflexionen immer die lustige Geschichte von jenen javanischen Lastträgern ein, welche einen eben zu Schiffe angekommenen centnerschweren Eiswürfel, säuberlich in Matten eingepackt vom Hafen durch die glühende Tropensonne nach dem meilenweit entfernten Landhause des Gouverneurs zu tragen hatten; wie nach kurzer Zeit nicht nur die braunen Dienstmänner, sondern zu deren Befremden auch der verhüllte Kristallblock mehr und mehr zu schwitzen anfing; wie ihr Befremden sich in Besorgniß verwandelte, als sie sahen, daß, während sie selbst doch trotz alles Schwitzens so groß blieben als sie immer waren, ihr gleichfalls schwitzender durchsichtiger Passagier kleiner zu werden anfing; wie ihre Besorgniß sich zum panischen Schrecken steigerte, als trotz aller Versuche, die verderbenbringende Transspiration zu stillen, aus dem Klotz ein Klötzchen und aus dem Klötzchen ein Stückchen wurde; wie sie endlich nach athemlosem Rennen angstgepeitscht und staubbedeckt auf dem Landsitze des Gouverneurs anlangten, eben als ihr Frachtstück mit dem letzten Schweißtropfen sein letztes Bißchen Existenz hergegeben hatte — — ganz so arg ist es nun hier wohl nicht; doch ist sich der Getreideexporteur oft kaum bewußt, daß Körnchen für Körnchen aus seinen wohlverschlossenen Wagenladungen durch geheimnißvolle Spalten den Weg herausfindet, theilweise in den Feuerraum der Locomotive wandert, theilweise der Bahnstrecke kostbares Beschotterungsmaterial zuführt und sogar in die Couponsbogen der Eisenbahnactionäre bringt, um daselbst den bunten Papierschnitzeln die Kraft zu verleihen, sich in gewichtige Silberstücke zu verwandeln; daß jedenfalls der übrigbleibende Werth des verfrachteten Getreidequantums mit jeder Verlängerung des Weges kleiner und kleiner wird bis zur Gränze, wo das Frachtstück von den Frachtkosten aufgefressen ist.

Andererseits freilich kann die Ortsveränderung dem Gegenstande noch mehr an Werth zusetzen, als die Fracht ihm genommen, und sie muß ihm mehr nützen, wenn die Versendung wirthschaftlich zu rechtfertigen sein soll; ein Scheffel Weizen in einer einsamen Banater Bauernscheune und ein Scheffel Weizen in den Vorrathskammern eines westeuropäischen Industrialortes sind zwei verschiedene Dinge. Aber unwirthschaftlich in hohem Grade muß es erscheinen, wenn durch irgend welche Maßnahmen die Consumtionsfähigkeit eines Gegenstandes in naher Nachbarschaft, damit die Nachfrage nach demselben, und mit der Nachfrage sein Werth daselbst derartig gedrückt werden, daß dieser Gegenstand nun unverhältnißmäßig große Wege zurücklegen und unverhältnißmäßig große Transportkosten tragen muß, um überhaupt an den Ort der Consumtion zu gelangen.

Zur Beurtheilung des Werthes der Cerealien, um auf unsere Vergleichung zurückzukommen, wird es am besten sein, den durch seine Masse wie durch seine Vorzüglichkeit maßgebendsten Artikel, Weizen, herauszugreifen, denn was für ihn gilt, gilt in mindestens eben so hohem Grade für die andern Gattungen von Feldfrüchten; ja in vielen Fällen wird Weizen noch recht gut versendbar erscheinen, wo eine große Menge geringwerthigerer Landwirthschaftsproducte ihre Fracht nicht mehr zu bezahlen im Stande sind.

Die Weizenpreise*) also stellten sich in Oesterreich-Ungarn per n. ö. Metzen in fl. Oe.-W. Silber wie folgt:

---

*) Diese Zusammenstellung ist der Schrift des Dr. F. X. Neumann „Die Ernten und der Wohlstand in Oesterreich-Ungarn" entnommen, welcher die diesbezüglichen Daten den Arbeiten von M. Leinkauf, Dr. Schebeck, und der Pester Handelskammer verdankt.

	Weizenpreise			Differenz gegen Pest	
	Pest	Wien	Prag	Wien	Prag
1862	3,62	3,90	4,59	28	97
1863	4,19	4,17	4,29	02	10
1864	3,71	3,96	3,83	25	12
1865	2,77	3,16	3,74	39	97
1866	3,76	4,17	4,46	41	70
1867	4,95	5,04	5,66	09	71
1868	4,43	5,22	5,94	79	1,51
1869	3,51	4,13	4,44	62	93
1870	4,09	4,67	4,80	58	71
1871	4,86	5,48	5,38	60	52
1862—1871	3,99	4,39	4,71	40	72

Allerdings sind in den letzten Jahren, 1872—1874, die Getreidepreise ganz abnorm hohe gewesen; wir haben sie hier nicht mit einbezogen, erstens weil uns zur weitern Vergleichung aus diesen letzten Jahren theilweise die statistischen Daten fehlen, dann aber auch, weil die Combination von zwei Mißernbten mit der Schwindelepoche von 1872—1873, in welcher fast alle Löhne hinaufgeschraubt wurden, und daher die Nachfrage nach Lebensmitteln außerordentlich wuchs, als etwas abnormes angesehen werden darf und daher besser aus der Vergleichung wegbleibt.

Wir sehen aus dieser Tabelle den außerordentlich innigen Zusammenhang der Preise der hauptsächlichsten österreichisch-ungarischen Plätze; wir sehen daraus, daß die Platzpreise in Wien durchschnittlich um mehr als den Frachtbetrag (dieser ist circa 29 Kr. Silber) theurer sind als diejenigen in Pest; daß auch die größere Entfernung Prags von Pest sich in einer bedeutenderen Erhöhung des Preises ausspricht, der jedoch in seinem Durchschnitte (72 Kr. Silber), eben wegen der größeren Entfernung und daher auch der größeren Selbstständigkeit des Marktes, der Eisenbahnfracht (circa 81 Kr. Silber) nicht mehr gleichkommt.

Je mehr nun diese Entfernung wächst, um so mehr muß naturgemäßer Weise der Einfluß der localen Production am Consumtionsplatze, sowie die Versorgung von andern Gegenden den directen Zusammenhang der Preise des einen Productionslandes, von welchem wir sprechen, mit denen des betreffenden Consumtionsplatzes stören;

das Verhältniß der Steigerung des Verkaufspreises wird dann im Durchschnitt der Conjuncturen zu der Steigerung der Frachten in einem immer ungünstigeren Verhältnisse stehen, bis schließlich die Annäherung an, jenseits des Consumtionsplatzes gelegene neue Productionsgebiete sogar eine Erniedrigung der dießbezüglichen Platz= preise bewirkt, während natürlich die Fracht von unserm Ausgangs= puncte noch immer mit der Entfernung steigt.

Wir erinnern wieder daran, daß das Beispiel, welches wir hier ausführen, die Einführung eines vollkommen selbstständigen Frei= handelssystems in Ungarn zum Gegenstande hat.

Aber auch jetzt schon, wo wir in Oesterreich=Ungarn nur einen bestimmten Bruchtheil unserer Gesammtconsumtion an Gewerbser= zeugnissen mit unsern Bodenproducten bezahlen müssen, wenn wir sie nicht in Ewigkeit schuldig bleiben wollen, ist der Getreidepreis in unserm Lande wesentlich niedriger als im industriellen Westen Europas. Es kann dieß auch gar nicht anders sein, denn sonst wäre eben ein Export von hier dorthin unmöglich. Die absolute Nothwendigkeit des Verkaufs nach Außen drückt unsere Preise so lange, bis sie, wenigstens in bestimmten und wiederkehrenden Geschäftsconjuncturen, um den ganzen Frachtbetrag mehr den Kosten und Gewinnstansprüchen des Exporteurs niedriger stehen, als auf dem relativ günstigsten Markte des Auslandes.

Greifen wir nun wieder auf unsere Voraussetzung der Noth= wendigkeit eines Exports von 240 Millionen Gulden für ungarische Bodenproducte (Getreide, Mehl, Gartengewächse, Oel= und Kleesaat, Wein und namentlich Holz) zurück und sehen wir, welchen Betrag die Transportsteuer auf das den obigen Betrag repräsentirende Quan= tum ausmacht und wie sie sich etwa zu der Prämie verhält, welche das Land an den inländischen Industriellen zahlen müßte, um diesem die Abnahme jenes Quantums von Bodenproducten zu ermöglichen.

Die frühere Zusammenstellung der Weizenpreise hat uns gezeigt, daß diese Getreidegattung in Pest im Durchschnitte der Jahre 1862—1871 ziemlich genau 4 Gulden pr. Metzen im Gewicht eines Zollcentners gekostet hat. Berücksichtigen wir nun, daß der Werth der übrigen Getreidegattungen auf dieselbe Gewichtsbasis reducirt um nahezu ein Viertel kleiner ist; daß Mehl, wahrscheinlich aus den verschiedensten Ursachen der Verkehrspraxis, doch immer nur einen gewissen mäßigen Bruchtheil des Gesammtexports bildet; daß der gerühmte ungarische Weinexport zusammt dem österreichischen in keinem der letztverflossenen 9 Jahre den Werth von 3,100000 Gulden überstieg, während Getreide und Mehl im Jahre 1867 im Werth von 79 Millionen, 1868 von 103 Millionen Gulden ausgeführt wurden; daß endlich der Export von Brenn- und Werkholz jährlich zwischen 20 und 46 Millionen betrug, — so werden wir wohl nicht zu niedrig greifen, wenn wir den durchschnittlichen, annähernden Werth eines Zollcentners ungarischer zum Export kommender Bodenproducte mit $3\frac{1}{2}$ Gulden beispielsweise hier einsetzen.

Es könnte nun die Frage aufgeworfen werden, ob das Exportquantum zuzüglich der Fracht zum inländischen Werthe oder ohne denselben den Betrag von 240 Millionen Gulden darzustellen habe, und nachdem jener Betrag im Auslande zu zahlen ist, sollte dem ersten Eindrucke nach das Erstere der Fall sein. Dem ist jedoch nicht so. Die 240 Millionen hat der ungarische Consument zu zahlen; der ungarische Consument bekommt aber nur $3\frac{1}{2}$ Gulden für seinen Zollcentner Producte; er muß folglich so viel Centnermetzen zum Export verkaufen, als der Werth von $3\frac{1}{2}$ Gulden in 240 Millionen Gulden enthalten ist, also über 68 Millionen Metzen zu 1 Zollcentner Gewicht.

Denn wäre beispielsweise der Werth des Centners Getreide im Auslande, also einschließlich der Fracht von Ungarn dahin, 5 Gulden, so würde schon ein Quantum von 48 Millionen Centner genügen um jene Gesammtschuld von 240 Millionen Gulden zu zahlen. Aber von diesem Betrage käme ja dann 48 Millionen mal $1\frac{1}{2}$ Gulden in Abzug, welche entweder die Absender oder die Empfänger für Fracht an die Eisenbahngesellschaften zu zahlen hätten, und es bliebe sonach nur der ungenügende Betrag von 168 Millionen Gulden zur Bezahlung des importirten Quantums von Bekleidungsstoffen übrig.

Daß dieser beispielsweise gewählte Frachtsatz von $1\frac{1}{2}$ Gulden für den Centner zu exportirender Rohproducte nicht aus der Luft gegriffen ist, wollen wir nun in wenig Worten erweisen.

Wie bekannt, haben die Frachtsätze durch die letzten Jahrzehnte eine zwar langsame aber continuirliche Ermäßigung erfahren. Mit der allmähligen Ausbreitung und Vollendung des Eisenbahnnetzes in Central- und Westeuropa ist auch die technisch-ökonomische Wissenschaft des Transportwesens auf eine derartige Höhe gehoben worden, daß bis zu einer etwaigen künftigen, umwälzenden Erfindung nur an den Details geändert werden dürfte, die materiellen Grundlagen und ökonomischen Hauptverhältnisse der Güterbeförderungen aber als feststehend betrachtet werden können. Gerade in diesen letzten Jahren aber macht sich sowohl in Oesterreich-Ungarn als im deutschen Reiche eine entschiedene Reaction gegen die bisherige Herabdrückung der Frachtsätze geltend. Der blinde Eifer einer theilweise sinnlosen Concurrenz auf der einen Seite, die Ueberschätzung des Transportbedürfnisses durch den verführerischen Hinblick auf die letzten Jahre schwindelhafter Ueberproduction auf der andern, haben vielen großen Transportunternehmungen schwere Wunden geschlagen, und zwingen die Gesammtheit derselben wirthschaftliche Veranstaltungen und Vereinbarungen zu treffen, um Anlageverzinsung und Betriebskosten mit den Eingängen für Personen- und Güterbeförderung in ein günstigeres Verhältniß zu setzen. Auch die Regierungen in Oesterreich und Ungarn, welche durch Uebernahme riesiger Zinsengarantie-Verpflichtungen an dem materiellen Gedeihen der meisten Eisenbahnunternehmungen ein hohes Interesse haben, sind gezwungen, diese Tendenz, so lange sie in den Gränzen der Billigkeit bleibt, zu unterstützen.

Wenn wir somit die heute gültigen directen Frachtsätze für Getreide bei unserer Vergleichung in Anwendung bringen, so werden wir darin eher zu tief, also ebenfalls zu ungünstig in unserm Sinne, als zu hoch gegriffen haben.

Nach dem Herzen Süddeutschlands, oder nach der großen norddeutschen Tiefebene werden die Ungarn wohl keine nennenswerthen Mengen von Getreide und dgl. exportiren wollen; sondern es bleibt ihnen da, wie gesagt, als regelmäßiger Consument nur die Schweiz, etwa der westlichste industriereiche Streifen Teutschlands, und Großbritannien.

Die directe Getreidefracht beträgt:

von Pest nach Basel Fcs. 3.63 Cnt. = Fl. 1.45 Kr. in Gold .. heute Fl. 1.52 Silber
„   „   „ Hamburg 24 Sgr. ⎫
„ Hamb. „ England 5—7 „ ⎬ = Fl. 1.50 Kr. in Gold .. „ Fl. 1.57 Silber
„ Pest   „ Wien   32 Kr. Banknoten............. „ Fl. —.30 Silber

Die 68 Millionen Centner ungarischer Bodenproducte, welche nach unserm Beispiele dem Werthe der zu zahlenden 240 Millionen Gulden entsprechen sollen, würden demnach eine Gesammtfrachtsumme von

68,000,000 × $1^1/_2$ Gulden = 102,000,000 Gulden Silber

zu ihrer Ausfuhr erfordern.

Nun kommt es auf ein ähnliches Resultat heraus, ob wir annehmen, durch den gezwungenen Massenexport ungarischer Bodenproducte nach dem Rheinthale und nach England würde dort der Getreidepreis wesentlich gedrückt, was wieder auf die ungarischen Platzpreise zurückfiele, — oder ob wir annehmen, durch die Steigerung des Bedarfs in Oesterreich würde hier der Getreidepreis gehoben, was ebenso wieder den ungarischen Märkten zu Gute, wie der erstere Fall ihm zu Schaden käme. Die obere Voraussetzung ist sogar die richtigere und die für uns vortheilhaftere, denn bei einer Erniedrigung des Preises in arithmetischem Verhältnisse wächst die Gütermasse, welche nöthig ist einen bestimmten Geldbetrag darzustellen in geometrischem Verhältnisse. Wir wollen aber der einfachen Rechnung halber den zweiten Fall annehmen, d. h. anstatt zu sagen: bei gezwungenem Totalexport muss der Weizenpreis in Pest von Fl. 4.— auf Fl. $2^1/_2$ fallen; sagen wir: bei gänzlichem Aufhören der Exportnothwendigkeit soll dieser Preis in Pest von 4 auf $5^1/_2$ Gulden steigen, oder der Durchschnittspreis der exportfähigen Bodenproducte überhaupt von Fl. $3^1/_2$ auf Fl. 5.

Nachdem aber die Fracht von Pest nach Wien 30 Kr. Silber beträgt, und dem Export nach Westeuropa nur die Getreideversorgung Oesterreichs aus Ungarn substituirt würde, so müsste die Erhöhung des Preises von Fl. 3.50 auf 350 + 150 − 30 = Fl. 4.70 angenommen werden

240,000,000 : 4.70 = circa 51,000,000.

Es wäre somit im Falle der Ersetzung des Exports nach der Schweiz ɔc. durch den nach Oesterreich anstatt eines Productenquantums

von 68 Millionen Centner nur ein solches von 51 Millionen Centner nothwendig und dieses letztere würde eine Summe von
$$51{,}000{,}000 \times 30 \text{ Kr.} = 15 \text{ Millionen Gulden}$$
erfordern. Die Ersparniß an Transportsteuer betrüge demnach im zweiten Falle gegen den ersten

$$\begin{array}{r} 102 \text{ Millionen} \\ \text{weniger } \underline{15} \text{ ,,} \\ 87 \text{ Millionen Gulden.} \end{array}$$

Das gleiche Resultat wird man erhalten, wenn man sagt:

im ersten Falle sind zu expediren 68($^1/_2$) Millionen Centner
„ zweiten „ „ „ „ 51
folglich werden im zweiten Falle erspart 17($^1/_2$) Millionen Centner.

$17^1/_2$ Millionen $\times$ 5 Fl. = $87^1/_2$ Millionen Gulden.

Hier muß man wohl den Preis von Fl. 5 als denjenigen annehmen, welcher Platz greifen würde, wenn die Ausfuhrsnothwendigkeit selbst nach der östreichischen Reichshälfte gänzlich wegfallen würde. Die Ungenauigkeit im Resultate entspringt natürlich den im Laufe dieser Millionenrechnung vorgenommenen Abkürzungen.

Schätzen wir nun die aus der Ungleichheit der Productionsbedingungen entspringende Vertheuerung österreichisch-ungarischer Industrieproducte gegen diejenigen unserer westlichen Concurrenzstaaten auf 10—15 durchschnittlich $12^1/_2\%$ vom Werth der Waare, eine Vertheuerung, welche durch einen durchschnittlichen Zoll von 15% ausgeglichen werden könnte, so würde der Gesammtbetrag der Mehrkosten für österreichische Gewerbserzeugnisse

$$\frac{240{,}000{,}000 \times 12^1/_2}{100} = 30 \text{ Millionen Gulden}$$

betragen.

Es steht demnach ein Mehrbetrag der Transportsteuer von
Fl. 87 Millionen
ein Gesammtbetrag der Schutzsteuer entgegen von „ 30 „
die Differenz von . . . . Fl. 57 Millionen
bliebe somit im Falle des Schutzes nach den Voraussetzungen unseres Beispiels dem Lande erspart.

Auch ist gar kein Grund vorhanden, ~~warum die~~ Industrie trotz fortschreitender Bildung der Bevölkerung gerade an der Leitha für alle Zeiten Halt machen sollte. Schon jetzt ist eine sehr bedeutende Anzahl slovakischer Arbeiter aus Ungarn in den zahlreichen, hart an der ungarischen Grenze gelegenen österreichischen Fabriksanlagen beschäftigt. Es kann wohl, wenn die äußeren Bedingungen zur Errichtung von Industrien in Oesterreich-Ungarn günstiger werden, auch das Entstehen derselben in Ungarn nur eine Frage der Zeit sein; und wer kann dagegen seine Augen verschließen, wie sehr mitten im Gebiete der Landwirthschaft errichtete Industrien derselben eine vielseitige, directe und somit erhöhte Verwerthung ihrer Producte bieten müssen.

Ohne Zweifel wird an den beispielsweisen Ziffer-Ansätzen, welche wir hier gemacht haben, viel zu verbessern sein, und vielleicht auch viel gemäkelt werden. Daß aber der ganzen Aufstellung ein entschiedener Denkfehler zu Grunde liege, welcher das Resultat vollkommen umstürzen oder gar in sein Gegentheil verkehren kann, das müssen wir wohl so lange bezweifeln bis es uns bewiesen wird.

Trotzdem dürften unsere Ausführungen, den Schutzzoll nicht als ein ausschließliches Sonderinteresse des Fabricanten, sondern ganz speciell in unsern östreichisch-ungarischen Wirthschaftsverhältnissen als allerwirksamstes Förderungsmittel der Ersparniß und des Wohlstandes der Gesammtbevölkerung in allen Classen hochzuhalten, der großen Menge und unsern leitenden Kreisen so befremdlich erscheinen, — daß wir uns nicht wundern werden, wenn diese Anschauungen mit Hohngelächter aufgenommen, oder in wegwerfender Geringschätzung mit dem Ausspruche abgethan werden sollten: „Es ist das Kennzeichen jedes Narren, daß er die gewöhnlichen, vernünftigen Menschen für närrisch hält".

Vielleicht wird durch diese Schrift doch ein oder der andere selbstständig denkende Mensch, und mancher, der, von einem Sonderinteresse ausgehend, wünscht, daß diese Worte wahr sein möchten, — veranlaßt, den Bleistift in die Hand zu nehmen, um die hier aufgestellten Ziffern zu prüfen und unsere Rechnung nachzurechnen; vielleicht werden dann noch andere Leute auf ähnliche Resultate kommen, diese festhalten und verbreiten; vielleicht wird später in größeren Kreisen die Anschauung Platz greifen, daß hier nicht blos leeres, hundertmal durchgedroschenes Stroh zum hunderteinten Male von einem müßigen Dreschflegel verarbeitet wurde, daß hie und da ein kräftiges, gesundes Körnchen heraussprang, welches werth ist, aufgelesen zu werden; vielleicht wird endlich an maßgebenden Orten dieses Korn besehen, geprüft, gewogen und 17½ Millionen Centner, oder etwas mehr oder weniger schwer befunden werden, aber doch nicht so leicht, um es den Winden preis zu geben — — — — — — —.

Vielleicht! ist die Hoffnung auch gering, wir wollen uns die Mühe nicht verdrießen, und durch die Gefahr des Spottes nicht erschrecken lassen.

Zwei Punkte müssen wir hier noch erwähnen.

Es könnte uns zuvörderst eingeworfen werden, daß jene so und soviel Millionen an ersparter Fracht keinen Zuwachs zum Nationalvermögen bilden können, da ja nur derjenige Betrag den Landwirthen oder vielmehr der Gesammtheit der Consumenten erspart würde, um welchen die armen Eisenbahngesellschaften dann weniger verdienen. Nun, das wäre wohl kein ernster Einwurf.

Jede Verminderung unnützer Bewegung, unnützer Reibung, unnützer Arbeit ist eine wirkliche, in Gulden und Kreuzern zur Geltung kommende Ersparniß; die Eisenbahngesellschaften erhalten den Frachtbetrag gewiß nicht für nichts und wieder nichts, sondern sie haben dagegen eine entsprechende Leistung in Menschenarbeit, Brennmaterialverbrauch, Abnützung der Bahnanlage und des Fahrparks u. s. w. zu entrichten, die dann zu wirklich productiven Zwecken verwendet werden könnte. Auch entfällt der größere Theil der Differenz zwischen Exportfracht und rein interner Fracht auf die auswärtigen Bahnen, um deren Frequenz wir uns wohl nicht zu kümmern brauchen.

An die inländischen Bahnverwaltungen aber, falls auch sie, wie wahrscheinlich, das Heil ihrer Zukunft in dem Siege der Freihandelsprincipien suchen sollten, richten wir die Bitte, ihre Blicke auf die vielen schönen Karten des europäischen Eisenbahnnetzes zu richten, welche in ihren Bureaux hangen. Ohne sich viel mit statistischem Apparate über die Verhältnisse von Bodenfläche und Eisenbahnmeilen zu plagen, werden sie rasch die Wahrnehmung machen, falls sie dieselbe nicht schon gemacht haben, daß die notorisch industriellsten Länder und Landstriche Europas: England, Belgien, die preußische Rheinprovinz, die Schweiz, Nordfrankreich, Sachsen und Nordböhmen sich, dem Verkehrsbedürfnisse entsprechend, mit einem dichten Eisenbahnnetze überzogen haben, während die blos oder vorwiegend ackerbautreibenden Länder aus Mangel ausgiebigen Massenverkehrs nur wenige weit von einander abliegende Linien ausweisen. Vielleicht wird dann ein noch genaueres statistisches Eingehen in die Sache zu dem Resultate führen, daß im Durchschnitte auf den vielen einander nahebenachbarten Bahnen am Rhein, an der Schelde und jenseits des Canals die Betriebsdeficite seltener und die fetten Dividenden häufiger sind, als auf den ungarischen, polnischen und rumänischen Linien. Sollten andererseits die Herren Fachmänner im Eisenbahnwesen wirklich der Anschauung sein, daß das Frachtquantum, welches als Import durch die wenigen englischen Hafenstädte seinen Einzug ins Land hält, oder dasjenige, welches auf dem gleichen Wege als fertige Waare zum Export das Land verläßt, daß dieses Frachtquantum im Stande wäre, nur annähernd der Masse des dortigen Eisenbahnnetzes Beschäftigung zu geben?

Im Ackerbaustaate ist die ganze interne Frachtbewegung: die Versorgung der Stadt mit den Bodenproducten der nächstumliegenden Dörfer, die Versorgung der Dörfer mit Krämerwaare aus der nächstgelegenen Stadt; die externe Frachtbewegung: der Import von (je nach der Größe des Landes) wenigen Millionen Centnern Textil- und sonstigen Industrieerzeugnissen, der Export von einer entsprechend vervielfachten Anzahl Millionen Centner Bodenproducte. Jener interne Verkehr entfällt seiner Natur nach dem Eisenbahntransporte fast gänzlich, weil er sich in gleichmäßiger Dünnheit über die ganze Fläche des Landes verbreitet; dem auswärtigen Verkehr fehlt, dem Hauptquantum nach, gegen den Export die Rückfracht und der Transport der Producte vom Erzeugungsorte zu den wenigen financiell möglichen Eisenbahnsammellinien des Landes legt diesem letzteren eine neue hohe Transportsteuer auf, die zu der früher auseinandergesetzten noch hinzugerechnet werden muß.

Die gleiche Landfläche trägt eben, abgesehen von den Unterschieden, welche durch Boden und Klima bedingt sind, ein wenigstens ähnliches Maaß an Früchten von Gibraltar bis Moskau, von der Krim bis nach den irischen Küsten; im Osten wie im Westen Europas haben der Hauptsache nach Feld, Wald, Wiese und Garten sich in den culturfähigen Boden getheilt und das verhältnißmäßige Vorwiegen der einen oder der andern Culturart, sowie die Art der Bewirthschaftung wird in den verschiedenen Ländern nur innerhalb mäßiger Gränzen das factische Ergebniß an Früchten steigern oder herabdrücken. Diese Unterschiede können aber keineswegs die enorme Verschiedenheit des Verkehrsbedürfnisses erklären, wie sie in dem Contraste zwischen den weiten bahnarmen Gebieten der Agriculturstaaten und dem engmaschigen Eisenbahnnetze der früher erwähnten Industriegegenden sozusagen zum graphischen Ausdrucke kommt.

So nahe aneinander in letzteren Ländern verhältnißmäßig Fabriksarbeiter und Bauer auch wohnen mögen, so groß das Bestreben auch sein mag, die industriellen Unternehmungen mit den Productionsplätzen der Hilfsstoffe in allerengsten örtlichen Contact zu bringen, so wächst doch in solchen Gegenden die Größe der Gütermassen, welche zu ihrer Verzehrung oder Weiterverarbeitung der Ortsveränderung bedürfen, in riesigem Maaße. Das Korn, die Milch, das Fleisch und alle andern Erzeugnisse der Landwirthschaft müssen auf tausend Wegen den größern Sammeladern und von diesen den Märkten zugeführt werden, von denen aus die Vertheilung an die Plätze mit gewerblicher Bevölkerung erfolgt. Auf gleiche Weise wandert die Kohle in gewichtiger Masse von der Grube nach den Feuerungen der Dampfkessel der Fabriken; wandern Stein, Holz, Cement, Eisentheile, Maschinen von den Plätzen ihrer Gewinnung oder Erzeugung nach den, einem raschen Stoffwechsel unterworfenen Arbeitsstätten des Gewerbes; wandert das Rohmaterial zu seiner Verwandlung in Halbfabrikat, und dieses zu seiner Verarbeitung in fertige Waare des täglichen Verbrauches; wandert endlich das Fabricat auf den heimischen Markt oder nach denen des Auslandes. Je vollkommener und vielseitiger die Industrie eines Landes ausgebildet ist, je dichter das Bahnnetz, desto kleiner werden durchschnittlich die Entfernungen, welche die einzelnen der aufgezählten und nichtaufgezählten Güter-

categorien zurückzulegen haben. Schon bei gleicher Höhe der Fracht=
sätze erwächst daraus der Industrie hochcultivirter Länder eine Erspar=
niß der Productionskosten, welche nicht unterschätzt werden darf.

All das kann jede einzelne Bahnverwaltung aus ihren bücher=
lichen Aufzeichnungen und statistischen Zusammenstellungen viel schöner
und gründlicher nachweisen, als wir dieß zu thun in der Lage sind.
Aber freilich, die Industrie will gepflanzt und gepflegt sein, sie braucht
Zeit, bis sie dem Lande die Frucht des regelmäßigen Massenverkehrs
schenkt. Die Bahnverwaltung denkt aber an den Dividendencoupon
des nächsten Jahres, und wenn die Zollschranke heute fällt, oder ein
wenig leichter auf die Seite geschoben werden kann, dann wird der
diesjährige Geschäftsgang und somit die nächstjährige Dividende
aufgebessert; bis aber dadurch die bestehende Industrie gänzlich todt=
gemacht ist, das dauert mindestens noch drei bis fünf Jahre, — und
ob dann der Verkehr stärker oder schwächer wird, darüber sollen
sich doch heute die Bahnverwaltungen nicht auch noch die Köpfe
zerbrechen? Also nieder mit den Schranken.

Der zweite Punct, welchen wir hier am Schlusse dieses Ab=
schnittes noch erwähnen wollen, ist an unsere Brüder jenseits der Leitha
gerichtet. Wir gehen sie nicht darum an, daß sie unseren schönen
Augen das Geringste zu Liebe thun sollen. Nur das möchten wir
ihnen zu Gemüthe führen, daß sie nicht, blos um uns zu ärgern,
sich selbst allzutief in's Fleisch schneiden möchten. Mit der Fracht=
ersparniß an ungarischen Bodenproducten auf der einen, der Fracht=
vergeudung auf der andern Seite ist übrigens die Sache für sie noch
durchaus nicht abgethan.

Wir haben die Mehrkosten der industriellen Erzeugnisse in
Oesterreich gegen die des Auslandes auf durchschnittlich $12^{1}/_{2}\%$
vom Werthe des Fabricats, etwa innerhalb der Gränzen von 10
und 15% geschätzt und diese Schätzung weder aus der Luft gegrif=
fen, noch etwa aus einer vagen Annahme und Summirung der
einzelnen ungünstigen Momente deducirt. Die Erfahrung zeigt uns
bei der heutigen Höhe der vertragsmäßigen Zollsätze (wir haben
bekanntlich durchgängig Gewichtszölle), bis zu welchem Feinheitsgrade
des Fabricats dieses noch die Concurrenz des Auslandes auszuhalten

im Stande ist, und über welche hinaus der Inländer ganz einfach das Feld räumen muß. Je gröber nämlich die Qualität der Waare, desto geringer ist natürlich der auf eine bestimmte Gewichtseinheit entfallende Betrag an Erzeugungskosten, desto höher also der Schutz, welchen ein und derselbe Zollsatz der inländischen Production gewährt. Jene Gränze war bis vor wenigen Jahren, wo der englische Handelsvertrag und dessen selbstverständliche Ausdehnung auf alle meistbegünstigten Staaten die Sätze des allgemeinen österreichischen Zolltarifs über den Haufen warf und unsere Industrie auf ihren heutigen beklagenswerthen Stand brachte, wesentlich höher als heute, wo wir in vielen Artikeln auf die allergröbste, wenig Verdienst in's Land bringende Fabrication angewiesen sind. Jene doppelte Grenze der Concurrenzfähigkeit, wie sie einerseits nach dem allgemeinen Zolltarife vom Jahre 1853, andererseits später nach den Verträgen der Sechzigerjahre sich herausgebildet hatte, ist ein deutlicher Zeiger des Schutzbedürfnisses für die verschiedenen Feinheits= oder Werthabstufungen des Fabricats, und sie hat auch zu dem ganz erfahrungsmäßigen Resultate der durchschnittlichen zehn bis fünfzehn Procent Mehrkosten geführt, welche sich vermindern, wenn der Rohstoff im Fabricat gegen die darin enthaltene industrielle Arbeit ungewöhnlich vorwiegt, und sich erhöhen, wenn das Umgekehrte der Fall ist.

Diese Mehrkosten der österreichischen Production sind aber, wie wir längst früher gezeigt haben, die Wirkung unserer ungünstigen staatsfinanziellen Zustände und ein großer Theil derselben besteht in der höheren Steuerbelastung, welche die inländische Industrie gegen diejenige des Auslandes zu tragen hat. Wäre doch manches ausländische Etablissement froh, hie und da soviel zu verdienen, als eine entsprechende österreichische Unternehmung an directen und indirecten Steuern zu zahlen hat. Eine Maßregel, welche die österreichische Industrie hebt, hebt auch die Steuerkraft der diesseitigen Reichshälfte; was dagegen jene untergräbt, schädigt auch diese. Zu den gemeinschaftlichen Staatsausgaben zahlt die diesseitige Reichshälfte bekanntlich 70 Procent, die jenseitige 30; bis zu hohem Grade liefern also wir den Ungarn die materiellen Mittel zu ihrer staatlichen Existenz.

Nicht nur der, aus der Mehrbesteuerung unserer Industrie gegen diejenige der Concurrenzstaaten sich ergebende Betrag, sondern die ganze Steuersumme, welche sie an den Staat abliefert, würde entfallen, sobald ihr der Lebensfaden abgeschnitten würde, und da eine Mehrbelastung der übrigen Steuerträger wohl nicht denkbar ist, so müßte eben unsere finanzielle Misere, oder deutlich gesagt, das Deficit unserer Staatseinnahmen gegen die Staatsausgaben mindestens um den Betrag größer werden, welcher momentan den Taschen der Consumenten von Industrieerzeugnissen (hier ganz abgesehen von den Frachtverlusten) erspart wäre.

Zieht man aber nun jene, für den Fall absoluten Freihandels vorausgesetzte riesenhafte Frachtvergeudung, deren Darstellung den Hauptinhalt dieser Schrift bildet, neuerdings in Rechnung, so können wir nun nicht mehr sagen: der Verlust ist gleich der Differenz zwischen dem Gesammtfrachtbetrag des Exports ins Ausland und demjenigen des Transports nach den österreichischen Industriegebieten weniger der Ersparniß an dem freien Bezuge ausländischer Industrieproducte gegen inländische; sondern wir müssen nun des Steuerausfalles wegen diesen Nachsatz gänzlich weglassen*) und daher trocken und einfach aussprechen:

Der Verlust des ungarischen Volksvermögens im Falle des Bezugs der Industrieproducte aus dem Auslande gegen den Bezug derselben aus Oesterreich ist mindestens gleich der Differenz zwischen dem Gesammtfrachtbetrage der zur Bezahlung jenes Imports nöthigen Landesproducte nach dem Auslande und demjenigen nach der österreichischen Reichshälfte.

Möge diese unsere Rechnung und Folgerung ernsthaft, gründlich und allseitig geprüft werden.

---

*) In die Ziffern unseres frühern Beispiels übersetzt hieße dieß: Der Verlust ꝛc. wäre nicht = 87 — 30 = 57 Millionen, sondern mindestens = den ganzen 87 Millionen.

IV.

Wir haben in dem vorhergehenden Abschnitte die Consequenzen zu ziehen versucht, welche die Einführung der freihändlerischen Ideale in die Wirklichkeit unseres Wirthschaftslebens zunächst für Ungarn haben müßte, wo heute die industriellen Interessen so gering sind, daß wir sie füglich ganz übergehen konnten. Das Beispiel und die möglichen Nutzanwendungen schienen uns nur an Werth zu gewinnen, wenn es uns gelang den Nachweis zu führen, daß sogar ein reiner Agriculturstaat, welcher durch einen weiten Complex von Vorländern mittelmäßiger industrieller Entwicklung von den Hauptcentren der Weltindustrie getrennt ist, das schwerwiegendste volkswirthschaftliche Interesse daran hat, ein möglichst nahegelegenes Land mit industrieller Production in sein volkswirthschaftliches Gebiet einzubeziehen zur Gewährleistung gegenseitiger directen Abnahme der industriellen und landwirthschaftlichen Producte; mag nun das eine Land mit dem andern zugleich durch staatliche Bande verknüpft sein oder nicht.

Wenn nun dieser vorausgesetzte reine Agriculturstaat in Wirklichkeit doch einzelne berücksichtigungswerthe Industrien besitzt, so kann die Statthaftigkeit der Aufstellung des Schutzzollprincips für das betreffende Land dadurch höchstens gewinnen, keinenfalls aber verlieren. Andererseits ist aber der Schluß erlaubt, daß, wenn schon für den Agriculturstaat Ungarn das Mitleid der Engländer und ihrer hiesigen Gesinnungsgenossen über die Bedrückung des armen Consumenten durch den Egoismus der österreichischen Fabrikantenclique sich als höchst überflüssig herausstellt, dieß um so viel mehr bei der westlichen Reichshälfte der Fall sein muß, wo es sich nicht nur um die Ersparniß einer allerdings sehr großen Frachtdifferenz, sondern um die der gesammten Exportfracht für den Gegenwerth fremder Industrieproducte handelt.

Aber vergessen wir nicht, daß wir die beispielsweise Aufstellung des reinen Freihandelsprincipes nur deßhalb vorgenommen haben, um die Nutzanwendung für die gegenwärtige wirthschaftliche Lage von Oesterreich-Ungarn und für den Widerstreit der Meinungen zu ziehen, welche der bevorstehende Ablauf der ersten Periode des ungarischen Zollbündnisses und der wichtigsten Handelsverträge mit fremden Industriestaaten hervorgerufen hat und ohne Zweifel noch mehr hervorrufen wird; um den Kern der Frage etwas von der zähen Umhüllung der Kathedertheorien, der abgedroschenen Schlagworte und der unfruchtbaren Aufzählung von Autoritäten beider Parteien loszuschälen; um hie und da einen Enthusiasten aus den Wolken auf den festen Boden unserer heimathlichen Erde herabzuziehen, und die große Menge derer, die, heute noch indifferent, in nächster Zeit von dem aus großen Journalen blasenden Phrasenwinde erfaßt zu werden drohen, noch theilweise auf diesem Boden festzuhalten.

Um die radicale Ausmärzung jedes Zollsatzes, der noch einer Industrie eine Spur von Schutz gewährt, handelt es sich in den nächsten zwei Jahren wohl noch nicht; obgleich Gedanken und Handlungsweise unserer lieben Osthälfte unerforschlich und die Nachgiebigkeit unserer Regierung ihr gegenüber unermeßlich ist. Der Druck unserer wirthschaftlichen Gesammtlage macht sich nun einmal heute mit so gewaltigem Ernste fühlbar, die Gefahren der nächsten Zukunft sprechen zu uns in so drohenden Anzeichen, daß unsere einheimischen Freihändler einstweilen ihre Ideale in den Schrein ihrer Brust verschließen, den Rock darüber zuknöpfen und warten bis der Sturm vorüber ist. Die Bestrebungen derselben und der aus der Fremde zugereisten Menschheitsbeglücker im Unterrock und im Frack werden sich aller Wahrscheinlichkeit nach darauf beschränken, das Werk des Jahres 1867 mit dem Muthe der Löwin, welcher ihr Junges geraubt werden soll, zu vertheidigen, dem Stricke, der damals der Schafwoll- und Baumwollfabrikation und andern Industrien um den Hals geschnürt wurde, vielleicht noch ein paar Drehungen zu geben, damit das überflüssige

Athemholen noch mehr vermieden werde und das Uebrige der Zu=
kunft zu überlassen, auf welche ja bekanntermaßen die Freihändler
ein k. u. k. ausschließliches Privilegium besitzen.

Wenn wir die Ein= und Ausfuhrlisten des österr.=ungar. Zoll=
gebietes, wie sich dasselbe seit der Abtretung Venetiens im Jahre
1866 abgegränzt hat, einer Durchsicht unterziehen, so wird sich uns
die Wahrnehmung aufdrängen, daß es unserer Volkswirthschaft sehr
schwer wird, den Import an fremden Producten in der Ausfuhr zu
bezahlen. Nur in den Jahren starker Getreideerndten und in den
unmittelbar auf ein gutes Erndtejahr folgenden zeigt sich ein
Ueberschuß des Werthes der Gesammtausfuhr über den der Gesammt=
einfuhr. In den letzten fünf aufeinanderfolgenden Jahren haben wir
Jahr für Jahr unsern Bezug an fremden Waaren nicht vollständig
bezahlt; ja in den letzten drei Jahren hat der Ausfall jedes Jahr über
100 Millionen Gulden betragen; wir sind da mehr als ein Viertel
von dem, was wir vom Auslande gekauft haben, schuldig geblieben.

Es betrug nämlich nach den Zusammenstellungen des Rechnungs=
Departements des k. u. k. Finanzministeriums der Calculationswerth*)

im Jahre	1867	1868	1869	1870	1871	1872	1873	1874	
der Einfuhr	276	366	398	416	526	592	571	566	
der Ausfuhr	401	424	428	389	499	382	424	452	
Differenz	+ 125	+ 58	+ 30	− 27	− 27	− 210	− 147	− 114	Millionen fl.

Speciell von Getreide und Mehl war in den gleichen Jahren
der Ueberschuß der Ausfuhr über die Einfuhr:

72	94	67	39	57	− 4	− 20	− 20 Millionen fl.

---

*) Diese Werthsummen, welche nach den Zusammenstellungen des Finanz=
ministeriums nicht etwa auf runde Millionen oder Tausende, sondern auf den
letzten Gulden ausgerechnet sind, müssen trotzdem nur als ein ganz approximativer
Nachweis in Ermanglung eines Bessern aufgefaßt werden. Amtlich aufgenommen
wird nämlich nur das Gewicht resp. die Stückzahl der die Grenze passirenden
Güter. Diese Quantitäten werden multiplicirt mit Preisen, welche von einer ge=
mischten Commission im Jahre 1864, sage achtzehnhundertvierundsechzig, aufgestellt
worden sind. Die Preise vieler Artikel mögen inzwischen allerdings nur um so
und so viel Procente geschwankt haben; die von andern aber dafür um ein Mehr=
faches des Minimalpreises. Dieses schwer erklärbare Vorgehen soll allerdings
mit diesem Jahre durch jährliche Preisconstatirungen sein Ende finden; es gibt
aber einen köstlichen Beleg für das Verständniß, mit welchem volkswirthschaft=
liche Angelegenheiten bei uns vom grünen Tische aus behandelt worden sind.

In den Jahren 1870—1873 mögen es allerdings die aus dem Auslande kommenden, zur festen Anlage in Oesterreich bestimmten Capitalien gewesen sein, welche in dieser Form ihren Einzug in's Land gehalten haben, aber das große Ausfuhrdeficit des Jahres 1874 läßt sich schon schwerer auf diese Weise erklären. Sei dem wie ihm wolle: womit sollen denn die Zinsen dieser Capitalien bezahlt werden als mit einem schließlichen Ueberschuß des Exports? Und in was kann dieser Ueberschuß bestehen, als in Bodenproducten, wenn die einheimische Gewerbsproduction mehr und mehr von der ausländischen verdrängt werden soll?

Das, was in unserm frühern Abschnitte vom Getreideexport im Extrem gesagt wurde, gilt in bescheidenerem Maßstabe auch von unsern heutigen Verhältnissen. Einen großen Theil unseres Imports, welcher sich einerseits aus Producten zusammensetzt, welche das Inland nicht hervorbringen kann, andererseits aus Fabrikaten, welche wir sehr gut hier erzeugen könnten, müssen wir schon alle die Jahre her mit schwerwiegenden oder, was hier dasselbe ist, geringwerthigen Gütern der Land- und Forstwirthschaft bezahlen, oder auf so gute Erndten warten, bis wir sie überhaupt damit bezahlen können. Der Verlust darauf steht wohl im selben Verhältnisse hinter dem im vorigen Abschnitte von uns ausgerechneten zurück, als die heutige Summe unseres Exports an Bodenproducten gegen unsere früher angenommenen 240 Millionen. Außer Mehl und Getreide ist hier namentlich Holz (Brennholz und noch mehr Werkholz) zu rechnen, wovon jedes Jahr um den Betrag von etlichen 20 Millionen Gulden ausgeführt wird.

Wir halten es aber für wahrscheinlich, daß die Zwangslage bezüglich des Exports zur Bezahlung des vorausgegangenen Imports sich auch auf andere, weniger schwerwiegende Artikel zum Schaden der Gesammtheit erstrecken kann, wenn auch vielleicht nicht in so hohem Maaße; und daß auf gleiche Weise schwerwiegende Importartikel eine solche Zwangslage hervorrufen können.

Sobald der Import irgend welcher Artikel für den Importeur einen Nutzen ausweist, muß derselbe mit Nothwendigkeit erfolgen. Es werde nun z. B. ein beliebiger Artikel in England um 10 Gulden pro

Centner billiger erzeugt als in Oesterreich. Der Zoll darauf betrage 6 Gulden, die Fracht 3½ Gulden. Der Consument des Landes macht also zusammen mit dem Importeur an der Einfuhr einen Gewinn von einem halben Gulden im Vergleich zur Versorgung mit einheimischen Waaren. Früher oder später muß jeder Import wieder durch den Export irgend welcher Waaren aufgewogen werden, wie wir dieß schon früher ausgeführt haben. Ist nun aber kein Artikel in genügender Menge vorhanden, welcher im Vergleiche mit auswärtigen Märkten die zum Export entsprechende Billigkeit besitzt, — so müssen die herannahende Zahlungsverpflichtung, das Ausströmen des baaren Geldes, die daraus sich ergebenden Stockungen des Geldverkehrs und die Herabminderung der inländischen Kaufkraft einen allgemeinen Druck auf die Preise des einheimischen Marktes ausüben, auf diesen Artikel stärker, auf jenen schwächer, je nachdem der eine oder der andere mehr oder weniger auf die rasche und reichliche Circulation des Geldes angewiesen ist. Dieser Druck wird nicht aufhören, bis irgend welche Artikel in genügender Menge exportfähig geworden, das heißt also im Preise so gedrückt worden sind, daß sie trotz der Fracht und des fremden Zolles auf dem ausländischen Markte noch gekauft werden können. Da ist es denn leicht möglich, daß jener halbe Gulden Importnutzen, von welchem wir oben gesprochen haben, vom Schaden an dem Exporte aufgefressen werden könne und ein Theil des Werthes der importirten Waare dazu, auch wenn dieselbe im Verhältniß zu ihrem Werthe eben so schwer oder schwerer war, als die zum Export gelangende.

Diejenigen unserer Industrien, deren Rohmaterial im eigenen Lande producirt wird, sind besser daran als jene welche es aus der Ferne holen müssen, und auch sonst können Verhältnisse der verschiedensten Art einwirken, um in einem Lande die Concurrenzfähigkeit der verschiedenen Industrien nach Außen sehr verschieden zu gestalten.

Nachdem es in Zeiten mangelnden Absatzes in der Großindustrie oft vortheilhafter erscheint, viel zu produciren und den sonst unverkäuflichen Ueberschuß zu Schleuderpreisen abzugeben, als reducirt zu arbeiten; zu einem solchen Ausverkauf aber lieber ein entfernter Markt gewählt wird, als der eigene, um sich nicht die Preise für den Gesammtverkauf zu verderben, so hat sich der Gebrauch eingebürgert, diesen Ueberschuß in ein fremdes Land zu schleudern. Dieß mag manche Erscheinung unserer Ausfuhrstatistik erklären. So wie aber die Noth viele **unserer Industriellen** dem Auslande gegenüber zu handeln treibt, so wird es uns auch vom Auslande zurückgegeben. Der Schwächere hat schließlich dabei das Bad auszugießen.

„**Wenn die Industrie nicht von selbst kommt, so ist
„dieß ein Beweis, daß nicht einmal für die Landwirthschaft
„die nöthigen Arbeitskräfte vorhanden sind**", so sagen unsere Gegner.
Gekleidet muß aber der Bauer doch werden, und die Gesammtheit der Industrie eines Landes arbeitet eben für die Gesammtheit der übrigen Stände. Für **das Gewerbe** also wären in Agriculturstaaten keine Hände da, und dem Consumenten des Getreides darf nicht Gelegenheit geboten werden, sich dicht neben den Producenten dieser Güter anzusiedeln, aber für alle die Mäuler, die den dritten Theil des Getreides auffressen, indem sie es zwei- bis dreihundert Meilen weit fortschleppen, muß gesorgt werden, und an deren Armen ist niemals Mangel. Wir bitten unsere Herren Gegner, doch in einen Fabriksdistrict in unserm Lande zu kommen, wo wegen Ungunst der Geschäftsverhältnisse, durch Unglück oder Verschulden der Unternehmer, oder durch das Gelingen der Bemühungen brittischer Regierungsagenten und Agentinnen die Fabriken zum Schließen, die Hochöfen zum Auslöschen und die Arbeiter zum Frieren und Hungern gebracht worden sind. Sie werden sich nicht weit zu bemühen haben, um einen solchen zu finden. — Oder wären die Herren in den Jahren 1862 und 1863, das ist zur Zeit des amerikanischen Krieges, in die Gegenden der Baumwollindustrie gegangen, wo die durch den Mangel an Rohstoff hervorgerufene dürftigste Notharbeit und Arbeitsnoth durch Jahre die große Masse der Arbeiter nicht von den Stätten ihrer bisherigen Thätigkeit vertreiben konnte, — so würde die überlegene Sicherheit ihrer Behauptungen vielleicht etwas gedämpft worden sein. Ob schließlich eine Bevölkerungsmasse von gegebener Größe auf einem Territorium von ebenfalls gegebener Größe nicht besser fährt, wenn

ein Bruchtheil der Ersteren der Cultur des Bodens entzogen wird und dagegen die Früchte dieses Bodens in ihrem vollen Consumtionswerth zur Geltung kommen, als wenn Alle den Acker bearbeiten und dafür den dritten Theil seines Ertrages als Transportsteuer an den Frächter ihres Productes abzugeben haben, — steht noch dahin auch für den Fall, als wirklich zu einer intensiven Bearbeitung des Bodens neben dem industriellen Betriebe nicht genug Hände vorhanden wären, was uns für unsere Verhältnisse noch durchaus nicht bewiesen scheint. Wir glauben im Gegentheile, daß die Arbeitskraft der Gesammtbevölkerung unseres Vaterlandes auch in normalen Zeiten noch durchaus nicht voll verwerthet wird, ganz abgesehen von der um sich greifenden Arbeitsnoth, welche heute als drohende Landescalamität an unsere Thüren pocht.

„Im Falle vollständigen Freihandels würde sich die „Unternehmungslust von den nur durch Zollschutz zu „haltenden Industrien auf solche werfen, die von selbst „einen lohnenden Erfolg versprechen."

Ja wohl, nur flott umgesprungen und das gestern Begründete heute ruinirt, um morgen wieder etwas Neues experimentiren zu können. Und das nennt sich Nationalökonomen! Als ob nicht alle Oekonomie in der sorgfältigen Schonung des Bestehenden zu größtmöglicher Ausnützung und allmähliger Transformation aus unvollkommenem Zustande in einen vollkommeneren unter Ersparung alles unnützen Bruches, aller unnützen Verwüstung und alles unnützen Abfalles wäre. Aber was wissen diese Herren, deren sterblicher Leib sich immer nur zwischen Hörsaal und Studirstube hin und herbewegt hat, während ihre unsterbliche Seele die Gränzen des Weltalls ausmaß, von den Erfordernissen der gemeinen Wirthschaft? Und wenn nun eben bei der Ungunst unserer Verhältnisse für industrielle Production gar keine neue Industrie über den Rahmen der heute schon Bestehenden hinaus von selbst einen lohnenden Erfolg versprechen würde? Wer zaubert dann alle die Millionen zurück, welche früher in industrielle Unternehmungen verbaut worden waren, denen man heute die Existenzberechtigung abspricht und die man leichtfertig dem Untergange weihen möchte? Hart nahe beisammen sind bei Fabriksanlagen die

Gränzen der Betriebsverhältnisse, unter denen dieselben dem vollen Bau- und Einrichtungswerthe oder sogar einem weit höhern Werthe entsprechen, und diejenigen, wo es am klügsten erscheint, die Mauern auf Abbruch und die Maschinen als altes Eisen zu verkaufen: meint man es daher gut mit dem Nationalvermögen, so hüte man sich, an den Lebensbedingungen seiner Anlagen zu rütteln, um Raum für Neubildungen zu schaffen, die blos als vage Möglichkeiten in den Köpfen von Leuten spuken, welche dem geschäftlichen Leben fremd gegenüberstehen.

„Die Theilung der Arbeit, wie sie die heutige „Industrie verlangt, ist nur im Welthandel möglich. Der „beschränkte Raum eines einzigen Landes ist gar nicht im „Stande, alle Gewerbserzeugnisse in hinreichender Voll-„kommenheit mit Vortheil zu produciren!"

Das klingt sehr schön. Wir brauchen aber gar nicht nach England zu gehen, um die Unrichtigkeit dieser Behauptung zu erweisen, wo nicht nur jeder Industrieartikel überhaupt erzeugt, sondern in solchen Massen erzeugt wird, um den halben Erdkreis zu versorgen. Sehen wir nur das kleine Belgien an, welches auf einem Territorium, nicht grösser als das eines der mittleren unserer vielen Kronländer, alles hervorbringt, was das Herz des Consumenten von Gewerbsproducten nur ersehnen kann und zwar alles in ausgezeichneter Qualität und in billigster Weise. Und wenn wir wirklich noch einen langen Weg haben, um zu diesem Ziele zu gelangen, so behelfen wir uns eben inzwischen, beziehen das Nothwendigste, im Inlande noch nicht zur Erzeugung kommende, aus dem Auslande, trachten die Bedingungen zu schaffen, welche zur selbstständigen Production nöthig sind und wahren und vervollkommnen vor allem das, was wir in unserer heimischen Arbeit bereits besitzen.

„Die Nationen sind darauf angewiesen, ihre Er-„zeugungsüberschüsse auszutauschen."

Das sollen sie auch. Wir wollen den Caffee, die Baumwolle den Tabak und die Früchte der Tropen, den Thee und die Seide Chinas, das Petroleum Nordamerikas und die Häute Südamerikas, den Reis Italiens, alle die Arznei-, Farb- und Gerbestoffe und die

Metalle, die wir nicht besitzen, eintauschen gegen unsere Wolle, unser Glas, unsere Kurzwaaren und, wo es noch angeht, gegen unsern Rübenzucker und unser Bier. Wir wollen aber nicht in die Zwangslage versetzt sein, das nach Außen zu verschleudern, was wir im eigenen Lande voll hätten verwerthen können, um die Arbeit der Schweizer und Engländer zu bezahlen, welche einer verhältnißmäßig geringfügigen Differenz wegen dem eigenen Lande entzogen wurde. Diese Ueberschüsse der Production unseres Zollgebietes über den Bedarf desselben werden sich wechselnd gestalten, je nach dem Ausfalle der Ernsten und allen Schwankungen des einheimischen Marktes. Sie sind ein nothwendiges Uebel. Je kleiner sie aber ausfallen, je mehr diese stolze Stirnziffer der Hunderte von Millionen Gulden zusammenschrumpft, welche unter dem Summirungsstriche der Zusammenstellung unserer jährlichen Einfuhr und Ausfuhr prangt, — je mehr sich die Nothwendigkeit verringert, dasjenige hunderte von Meilen weit in die Ferne schicken zu müssen, was man an Ort und Stelle abgeben und aufbrauchen kann, — um so günstiger wird, unter sonst gleichen äußeren Bedingungen, das Ergebniß unserer Gesammtwirthschaft sich gestalten.

Wächst dann durch die Ersparung unnöthiger Transportsteuer und durch die rationelle Ausnützung der Arbeitskraft des Volkes der Reichthum des Landes, — dann steigt damit auch neuerdings das Bedürfniß nach dem Luxus fremder Producte; dann mag auch das Wachsen unserer Import- und Exportziffern einen Thermometer unseres Wohlstandes und unserer wirthschaftlichen Bedeutung abgeben, aber — wir wiederholen, was wir Eingangs gesagt haben — dadurch, daß man den Thermometer zum Ofen bringt, wird die Temperatur des Zimmers nicht wärmer und dadurch, daß man Import und Export steigert, wird der Volkswohlstand nicht größer.

Man sagt uns, wir müssen den regelmäßigen Export pflegen und befördern, um in Zeiten, in denen eine einheimische Stagnation uns auf einen fremden Markt treibt, daselbst nicht als Fremdlinge zu erscheinen, denn die Neuanknüpfung von Handelsverhältnissen, die Neugewinnung des Vertrauens als Verkäufer müssen immer mit einer bedeutenden Prämie bezahlt werden.

Nun, für alle diejenigen Industrien, welche entschieden theurer produciren als ihre ausländischen Concurrenten, dürfte es doch etwas schwer fallen, ohne zwingende Noth jahraus jahrein mit Verlust den auswärtigen Markt zu behaupten, um endlich bei einer außerordentlichen Stockung im Inlande mit etwas mehr Leichtigkeit auf dem Weltmarkte losschlagen zu können; auch werden Vorräthe, die für den Bedarf eines bestimmten Landes gearbeitet sind, in den meisten Industrien nach außen so wie so dem Consum nicht entsprechen. Es darf ferner nicht übersehen werden, daß, um den immerhin sehr bedeutenden Import an Waaren zu bezahlen, welche das Inland überhaupt nicht zu erzeugen im Stande ist, ein Export von gleicher Stärke sich mit Naturnothwendigkeit von selbst ergibt. Da bleibt also zur Unterhaltung kaufmännischer Beziehungen immerhin Gelegenheit genug, und diese Beziehungen in vortheilhaftester Weise zu gestalten, wird eine der schönsten aber auch der schwierigsten Aufgaben unserer Volkswirthschaft sein. Leider ertönen von vielen Seiten laute Klagen, welche darauf hinweisen, daß ein nicht unbeträchtlicher Theil der gerade für den Export arbeitenden österreichischen Kleinindustrie sich in den schlechtesten Händen befindet, welche ihren Vortheil im Abschluße von möglichst vielen Probegeschäften mit Aussicht auf Nimmerwiedersehen des Käufers sucht und findet.

Der Verzicht auf einen Theil der Gewinnst- und Verlustmöglichkeiten des Welthandels, deren günstiger Schlußsaldo für uns ohnedieß mehr als problematisch ist, wird aber außerdem noch durch die leichtere Uebersicht dessen aufgewogen, was das Geschäftsjahr im bekannten Rahmen der inländischen Volkswirthschaft zu bieten im Stande ist, gegenüber der Unberechenbarkeit der Conjuncturen eines unbegränzten Marktes. Der Bedarf an Industrieproducten für Oesterreich-Ungarn ist ein erfahrungsmäßig bekannter; die Versorgung des Marktes durch die inländische Industrie ist ebenfalls bekannt; gute oder schlechte Erndten in allen möglichen Bodenproducten werden jenen Bedarf in abschätzbaren Gränzen steigern oder reduciren; nach alledem kann die Industrie sich einrichten, und so lückenhaft unsere Consumtions- und Productionsstatistik auch immerhin sein mag, sie wird doch durch die Erfahrung zu dem Zwecke geschäftsmännischen Raisonnements und geschäftsmännischer Voraussicht einigermaßen ergänzt oder ersetzt. Auf dem Weltmarkte sind schon für den im Centrum desselben Befindlichen die Strömungen des Bedarfs einerseits, die der Production andererseits kaum übersehbar und noch weniger im Voraus abzuschätzen. Wie müßten erst wir armen Landratten dabei ins Blaue arbeiten und rechts und links überall zu spät und zu kurz kommen!

„Wo aber soll die Gränze für den Schutz der Indu=
„strie sein? Soll man vielleicht die Einfuhr von Kaffee
„und Orangen auch mit hohen Zöllen belegen, damit
„sie im Inlande in Treibhäusern herangezogen werden
„können?"

Fürchten Sie nichts, meine Herren! Der Schutz soll erst über jener Gränze anfangen, wo die Vortheile der Einfuhr durch die Verluste der Ausfuhr für die Allgemeinheit aufgewogen werden. Soweit die principielle Antwort auf diese Frage. Im einzelnen Falle wird die Antwort immer Sache der Erwägung, der Abschätzung, des Maaßes und des Tactes sein. Aber Euer Beispiel von den Südfrüchten und den Treibhäusern wird dadurch hinfällig; denn hier und in hundert andern, viel weniger crassen Fällen liegt es eben auf der Hand, daß selbst eine mit starken Verlusten verbundene Ausfuhr immer noch lange nicht jene Preisdifferenz aufzuwiegen im Stande ist, welche zwischen dem Import jener Artikel aus den Ländern ihrer natürlichen Production und ihrer Hervorbringung im Inlande liegen muß.

Wir fahren mit der Aufzählung der landesüblichsten Argumente unserer Gegner fort, und nachdem wir diejenigen besprochen haben, welche mehr allgemeiner und principieller Natur sind, kommen wir nun auf jene, welche sich specieller auf unser Land oder die heutigen Verhältnisse beziehen und schließen dann mit denjenigen, welche den Industriellen direct auf den Leib rücken.

„Wenn wir den fremden Waaren die Thüre ver=
„schließen, so wird man Repressalien gegen unsern Wein=
„export ergreifen."

Das wäre entsetzlich. Bevor wir uns aber unserm Schrecken

rückhaltslos hingeben, wollen wir einmal nachsehen, was die Statistik über unsern bisherigen Weinexport uns mitzutheilen hat.

Bei einem durchschnittlichen Gesammtexport im Werthe von jährlich 425 Millionen Gulden in den letzten 8 Jahren hat die östreichisch-ungarische Weinausfuhr zwischen 3,100,000 und 1,900,000 Gulden geschwankt. Der Durchschnitt derselben betrug im Werthe 2.8 Millionen gegen eine Einfuhr von 1.9 Millionen Gulden. Außerdem hat sich in den späteren unter diesen 8 Jahren die Ausfuhr schon vermindert und die Einfuhr vermehrt, so daß sie in den 4 letzten Jahren durchschnittlich 2.2 gegen 2.4 Millionen gestanden sind. Ob hier auch schon Repressalien im Spiele waren, etwa wegen des englischen Handelsvertrags, das wissen wir nicht. Aber man sieht, daß unser Land ruinirt wäre, wenn es wegen Mangel an Export diese 100—200,000 Eimer Wein selbst vertrinken, und dafür etwas von dem fremden den Franzosen und Deutschen überlassen müßte. — Warum von allen östreichischen Exportartikeln, auf die Unwissenheit des Publikums bauend, die Freihändler gerade immer unsere winzige Weinausfuhr im Munde führen, ist schwer zu sagen. Wahrscheinlich ist dieses Stichwort bestimmt, im Lande der gewichsten Schnurbärte seine erschütternde Wirkung zu üben.

Die Drohung mit Repressalien braucht uns überhaupt nicht zu schrecken, mit so gewichtiger Miene sie auch stets von unsern Gegnern in den Mund genommen wird. Wir müssen es denselben überlassen, uns diejenigen Artikel zu nennen, oder wenigstens drastische Beispiele anzuführen, bei welchen und wie Repressalien überhaupt durchführbar sind und zu gleicher Zeit uns gefährlich werden könnten. Vorläufig müssen wir unsere Unwissenheit dahin eingestehen, daß uns solche Artikel nicht bekannt sind — — — höchstens gezogene Kanonen oder etwa ungezogene Noten.

„Es geht den Industriellen in diesen Jahren in andern „Ländern auch schlecht; es herrscht eben eine allgemeine in=„dustrielle Ueberproduction; dagegen hilft kein Schutz=„zoll," so heißt es in neuester Zeit."

Haben denn wir in Oesterreich Alles in Allem genommen, auch eine industrielle Ueberproduction; ist denn bei uns die Industrie gar so stark entwickelt? Wenn aber die Herren Engländer, Belgier, Schweizer und Deutschen ein tolles Kirchthurmrennen auf dem Weltmarkte mit ihren Industrien in Scene setzen und mehr Fetzenwerk und sonstige Erzeugnisse menschlicher Handfertigkeit aus ihren Maschinen hervorgehen lassen, als die ganze Menschheit auf gewöhnlichem Wege zu ruiniren im Stande ist, — müssen wir armen Oesterreicher zu allem Uebrigen darunter auch noch leiden?

Es ist das Streben jedes industriellen Volkes, von der Gesammtsumme der gewerblichen Arbeit, welche zur Befriedigung der dießbezüglichen Bedürfnisse des menschlichen Geschlechts in allen Ländern des Erdkreises erfordert wird, einen möglichst großen Bruchtheil für sich zu erobern und, da diese Summe consumtionsfähiger Waare doch in jedem einzelnen Augenblicke eine begränzte ist, dem Markte der Andern ein so großes Stück als möglich zu entreißen. Speciell bei den Engländern ist dieß der Gesichtspunct, nach welchem seit ein paar Jahrhunderten die gesammte Handelspolitik geleitet wird, und der Zug dieser Handelspolitik ist so stark, daß ihre ganze übrige Politik davon ins Schlepptau genommen ist.

Bei dem Stärkeren nun, der auf industrielle Eroberungen ausgeht, äußert sich diese Tendenz in der Niederreißung aller Schranken, bei dem Schwächeren im Aufrichten derselben, um wenigstens den Markt des eigenen Landes sich zu erhalten. Das Ziel der Bestrebungen also ist bei den englischen und belgischen Freihändlern und bei den italienischen, österreichischen oder russischen Schutzzöllnern ganz dasselbe, und die einen wie die andern haben den Weg erkannt und gewählt, der zu diesem nationalen Ziele führt. Ein österreichischer Freihändler würde daher ein eben so interessantes psychologisches Phänomen sein, als heutzutage ein englischer Schutzzöllner im allgemeinen Sinne*), wenn wir gegen die erstere Erscheinung nicht ihrer Gewöhnlichkeit halber abgestumpft wären.

---

*) Daß übrigens die Engländer da, wo ihr Interesse tangirt wird, die Consequenz ihrer Lehre ohneweiteres preiszugeben verstanden, dafür diene als

Ueberstürzt sich nun die industrielle Production der erobernden und herrschenden industriellen Mächte derart, daß große Industriezweige (wie etwa heute zum Exceß die Jutemanufactur in Schottland) mit dauerndem Schaden produciren müssen, so haben sich dieß einerseits die betreffenden Industriellen selbst zuzuschreiben, wenn sie in blinder Gewinnsucht die Gränzen der Consumtionsfähigkeit ihres Artikels übersprungen haben, andererseits ist da meistens ein derartiger Gewinn derselben Industrie vorangegangen, daß wir uns über die Calamität der Fremden wahrlich keine grauen Haare wachsen zu lassen brauchen. — Unsere Industrie hat aber an dem Gewinn der Andern keinen proportionalen Antheil gehabt; sie ist bei neuen Industriezweigen auch vielleicht ein oder das andere Mal so spät gekommen wie der Poet in Schillers „Theilung der Erde"; ihre Gesammtlage ist der ernstesten Erwägungen unserer handelspolitischen Leiter würdig, und jener hier bekämpfte Ausspruch scheint die ganze Sache denn doch zu sehr auf die leichte Achsel zu nehmen.

Beispiel eine kleine Anecdote, die wir dem zuckersüßen Idealismus unserer Freihandelsapostel nicht genug zur Beachtung empfehlen können:

Wie die österreichische Industrie sich stets in Specialitäten hervorgethan hat, bei welchen Erfindungsgeist und persönliche Tüchtigkeit des Unternehmers in engen Gränzen die Ungunst der äußeren Verhältnisse zu besiegen im Stande war, — so gelang es zu Anfang der Fünfzigerjahre einem Wiener Stahlfabrikanten, Herrn Martin Miller, Klaviersaiten von so vorzüglicher Qualität zu erzeugen, daß, während solche bisher von England nach Oesterreich ausgeführt worden waren, nun österreichische Saiten von englischen Klavierfabrikanten bezogen wurden. — Auf das Bekanntwerden dieser Thatsache hin, erhoben die Stahlwaarenerzeuger in Sheffield u. a. O. einen solchen Lärm, daß die Landsleute der Enkel Adam Smith's eine eigene Bill im Parlamente durchbrachten, welche auf diesen winzigen Artikel einen bedeutenden Zoll legte.

So wurde die Thatsache dem Verfasser dieser Zeilen von den Söhnen des obengenannten Mannes mitgetheilt und es ändert wenig an der Sache, daß dieser Zoll, welcher den Declamationen der Engländer mehr schaden mußte, als er ihrer Industrie nützen konnte, bald wieder fiel und jenes Wiener Haus auch heute wieder dem ersten Klavierfabrikanten Londons die Saiten liefert.

Free trade for ever!!!

„Der Zoll ist auch ein sehr unpractisches Mittel zur
„wirksamen und entsprechenden Ausgleichung ungünstiger
„Verhältnisse der Industrie; in guten Zeiten ist er nicht
„nöthig; in schlechten verhindert er die Invasion des un=
„verkäuflichen Ueberschusses fremder Märkte doch nicht."

Wenn ein Billardspieler heute 10 Gulden gewinnt, morgen
10 Gulden verliert und so fort, so wird am Schlusse des Jahres,
falls der Spieler auf Gewinn und nicht auf Zerstreuung ausgegangen
war, das Spiel jedenfalls nicht der Kerzen werth gewesen sein, welche
dabei verbrannt wurden. Steigert sich aber durch irgend einen Vor=
theil, erhöhte Fertigkeit oder das Vorgeben einiger Ballen von Seite
des Gegners, die Gewinnstwahrscheinlichkeit des Spielers derart, daß
er an einem Tage 11 Gulden gewinnt, am nächsten aber nur 9 Gulden
verliert, so wird, so wenig maßgebend der Unterschied im einzelnen
Falle scheint, das Gesammtresultat ein von dem früheren gründlich
verschiedenes sein.

Die Industrie, und namentlich die Großindustrie, ist aber wirk=
lich im Falle dieses Billardspielers. Je mehr in einer Erwerbs=
unternehmung die Arbeit des Individuums vor der Bedeutung des
Capitals, der hiebei beschäftigten Gesammtarbeit, und der äußern
Einflüsse der Geschäftsconjuncturen zurücktritt, um so stärker und
unvermittelter werden in dieser Unternehmung Ebbe und Fluth von
Gewinnstjahren und Verlustjahren einander die Hände reichen. Auf
den Schlußsaldo einer längeren Reihe von Jahren kommt es in
diesem Falle an, um über die Lebensfähigkeit einer Unternehmung,
oder einer Gruppe von Unternehmungen, welche ein Geschäftszweig
in einem Lande umschließt, ein Urtheil abgeben zu können. Der
Arbeiter in einer Fabrik erhält seinen Lohn, ob in dem Unternehmen
gewonnen oder verloren wird und nur allmählig bringt ein andauernd
guter oder andauernd schlechter Geschäftsgang eine Steigerung oder
Reduction der Löhne zuwege. Der Handwerker, welcher mit wenigen
Gesellen für den directen persönlichen und häuslichen Bedarf des
großen Publikums arbeitet, wird in Zeiten von Arbeitsüberhäufung
einen größeren Nutzen nehmen und sich bei spärlich fließenden Auf=
trägen mit einem kleinen begnügen; bei dauernder Stockung müssen

vielleicht seine Gesellen anderswo Erwerb suchen; weil aber auch in den schlechtesten Zeiten Brod und Fleisch gegessen wird, Kleider und Stiefel zerrissen, Möbel ruinirt und Fenster zerschlagen werden, — und er für seine Arbeit immer bezahlt wird, so geht der Verdienst nie ganz aus. Der **Großindustrielle** dagegen arbeitet gleichmäßig fort für einen Consum, welcher der Zeit nach von der Production weit entfernt sein kann: drei Viertel seines Unternehmens müssen tagein tagaus in Arbeit sein, um die **Tageskosten** herauszuschlagen, erst das vierte Viertel bringt in guten Zeiten Gewinn; eine Verminderung seiner Normalerzeugung ist aber für ihn ein bestimmter, ziffermäßig auszurechnender Verlust; nimmt nun durch irgend welche Ereignisse des Marktes sein Absatz zeitweise derartig ab, daß das vierte Viertel seiner Erzeugung unverkäuflich wird, so ist das Gesammtresultat Verlust; und wächst dagegen die Nachfrage über das Normale, so verwandelt sich dann bei gesunden Unternehmungen dieser Verlust rasch in einen noch größeren Gewinn.

Sobald also, bei sonst ungenügenden Durchschnittsergebnissen eines Industriezweiges in einer größern Anzahl Jahren, durch einen entsprechenden Zollschutz das Zünglein der Wage etwas häufiger und stärker nach der Gewinnstseite schwankt, als nach der Verlustseite, so können die Industriellen damit ganz zufrieden sein und die Gesammtheit der Interessenten am Wohlstande des Landes ebenfalls.

— —

Nun rücken uns unsere Gegner näher auf den Leib, ziehen die Thatsachen ins Gefecht und sprechen;

„Müßte man nicht blind sein, um nicht zu sehen, „welche Fortschritte die österreichische Industrie in den „zwei letzten Decennien, also seit dem Bruche mit dem „Systeme der Prohibition, gemacht hat."

Es ist schwer, hierauf „ja" oder „nein" zu sagen, denn die

österreichische Productionsstatistik, namentlich die der früheren Decennien, ist äußerst lückenhaft und dürftig. Die Zusammenstellungen aus den Ein- und Ausfuhrlisten geben nur hie und da indirecten Aufschluß, namentlich weil die inländische Consumtion noch viel weniger ziffermäßig festgestellt ist als die Production. Die Vermehrung der Einfuhr in einem Artikel kann ebensoleicht vom Wachsen des Verbrauchs als von der Abnahme der Erzeugung herrühren, die Vermehrung der Ausfuhr umgekehrt von der Zunahme der Erzeugung oder der Einschränkung des inländischen Verbrauchs. Im Großen und Ganzen lehren uns diese Listen nichts, als daß Ein- und Ausfuhr im Laufe der Jahre stark gewachsen sind, und dieß ist doch wohl natürlich, denn während noch vor einer kurzen Reihe von Jahren nicht mehr als vier bis fünf Schienenbänder uns mit dem Auslande verbanden, und das österreichisch-ungarische Eisenbahnnetz der Hauptsache nach aus einem einzigen großen Kreuz bestand, dessen vier Balken von Wien ausgehend nur hie und da einen Zweig ansetzten, — fährt die Locomotive heute durch 25 Pforten nach Oesterreich herein und wieder hinaus und ist ein Netz von Schienenstraßen über das Land gespannt, derart, daß jetzt fast jedes Kronland von mehr Linien durchzogen wird, als früher die Monarchie.

Wir können nun einmal in den Steigerungen von Ex- und Import, wie sie ja doch die Herabsetzung der Zölle zur Folge haben muß, kein Zeichen des Wachsthums der Industrie erblicken; übrigens müßte es mit den wirthschaftlichen Verhältnissen eines Landes noch trauriger als bei uns bestellt sein, wenn eine derartige Veränderung des Communicationswesens, wie oben geschildert, eine ganz bedeutende Ausbreitung der Industrie nicht zur Folge gehabt hätte. Eine solche Ausbreitung muß aber erst nachgewiesen und dann ihrer Natur nach untersucht werden.

Die Redensart von dem ungeheuren Fortschritte unserer Industrie stammt wohl hauptsächlich aus den Jahren des sogenannten wirthschaftlichen Aufschwungs 1871 und 1872, auch Schwindelepoche genannt. Um der Börsenspeculation einen schönen decorativen Hintergrund zu geben und auch den Glanz der Weltausstellung zu erhöhen, wurde da ein allgemeiner industrieller Fortschritt auf dem Papiere improvisirt.

Daß natürlich alle Industrien, welche mit dem Eisenbahn- und sonstigen Bauwesen in Verbindung stehen, in jenen Jahren trotz vergrößerten Imports stark beschäftigt waren und auch bedacht sein mußten, so rasch als möglich ihre Etablissements zu vergrößern, liegt wohl auf der Hand und hat mit Schutzzoll und Freihandel blutwenig zu schaffen. Die Armen haben auch heute an ihren Vergrößerungen schwer genug zu tragen; die neuen Hochöfen stehen da, aber mancher alte ist zugleich mit ihnen ausgeblasen worden.

In der Textilindustrie, Schafwolle wenigstens wie Baumwolle, ist die Calamität eine allgemeine. Der Zollschutz ist eine Frage des Maaßes und dieses hier statthafte Maaß ist, von Vertrag zu Vertrage entschieden überhäuft worden — man hat dem Pferde das Fressen zu rasch abgewöhnen wollen.

Wir bitten also unsere Herren Gegner um Auskunft: Wann hat sich die österreichische Industrie so stark entwickelt, wie stark haben die einzelnen Zweige im Vergleich zu den ersten Fünfzigerjahre sich entwickelt und inwiefern soll dieß mit den Zollerniedrigungen zusammenhängen?

Vielleicht wird sich dann bei näherer Betrachtung herausstellen, daß, sowie die englische Industrie nach dem abgedroschenen Freihändlerstichworte trotz des Schutzzolles groß geworden ist, auch mancher österreichische Industriezweig in ihrem Sinne trotz der freihändlerischen Richtung einen schweren Stoß erhalten hat.

„Der Schutzzoll macht die Industriellen träge. Nur „in der frischen Strömung freier Concurrenz werden die „Fähigkeiten entwickelt, wird die Kraft der Industrie „gestählt."

Diese oft wiederholte Behauptung, deren Berechtigung wir bei richtiger Anwendung durchaus nicht leugnen wollen, wird gleichwohl nicht auf viele volkswirthschaftliche Situationen passen; ja sie enthält sogar in dieser Hinsicht einen gewissen Widerspruch, der nur in einzelnen Fällen in der Wirklichkeit behoben erscheint. Entweder die wirthschaftliche Stufe, welche ein Volk erklommen hat, ist noch so niedrig, daß eine kräftige Concurrenz im Innern des Wirthschafts= gebietes nicht entsteht; dann ist diese Bevölkerung gewiß fast aus= nahmslos außer Stande, die freie Concurrenz des Auslandes zu ertragen; dann fallen sofort der Eröffnung der Zollschranken die industriellen Versuche des Volkes zum Opfer und das Land sinkt auf das Niveau eines reinen Ackerbaustaates zurück; — oder die Industrie des Landes ist für den Freihandel reif, dann ist die gewerb= liche Intelligenz gewiß auch so sehr entwickelt, das Capital so sehr mobili= sirt, um sofort, wenn es einzelnen Industriellen in ihrem Geschäftszweige zu gut geht, durch kräftige innere Concurrenz den Geschäftsgewinn des betreffenden Industriezweiges wieder auf das gewöhnliche bürgerliche Maaß herabzudrücken. Irgend welche Fabricationsmonopole innerhalb der Zollschranken existiren ja, wenigstens bei uns zu Lande, nicht.

Zwischen unserm frühern „Entweder" und unserm „Oder" liegen aber in Wirklichkeit noch eine Reihe von Entwicklungsstufen. Diejenigen nämlich, auf welchen das industrielle Erkennen und Wollen bereits in bescheidenerem oder ausgedehnterem Maaße vor= handen ist, das industrielle Können aber durch die Macht ungünstiger äußerer Verhältnisse zu Boden gehalten wird, und auf einer dieser Stufen befinden wir uns in Oesterreich und haben bis jetzt wenig Aussicht, bald höher zu steigen.

Nichtsdestoweniger fällt es uns nicht ein, bestreiten zu wollen, daß das Ideal des Schutzzolles der Ausgleichungszoll*) ist, ein Zoll nämlich, von derartiger Höhe, daß die Concurrenz der inländischen Industrie gerade auf das Niveau derjenigen des Auslandes gestellt, durch welchen also das in den heimischen Productionsverhältnissen

---

*) Es ist ein geradezu nichtswürdiges Spiel mit Worten und mit den allerdings sehr dehnbaren Begriffen von Hoch und Niedrig, wenn einige unserer Gegner, den in den Handelskammern zum Ausdrucke gekommenen Forderungen unserer Industriellen gegenüber, welche sich bezüglich der Zollsätze zwischen 5 und 15 Procent des Werthes bewegen und nur ausnahmsweise darüber hinausgreifen, das Wort Hochschutzzölle in den Mund nehmen. Wie solche beschaffen sind, das mögen sie sich von den Nordamerikanern, welche fremde Industrieartikel mit einer Steuer von 50, 60 oder 70 Procent des Werthes belegen, erklären lassen.

liegende Mehrgewicht genau ausgeglichen wird. Nur ist eine genaue Ausgleichung des Unterschiedes practisch nicht möglich, erstlich weil viele Momente, welche auf die Höhe der Productionskosten einwirken, nicht ausgerechnet, sondern nur ungefähr abgeschätzt werden können; sodann weil diese Unterschiede bei den verschiedenen Industrieerzeugnissen durchaus nicht gleichmäßig, sondern in Tausenden von Combinationen vorkommen, ein Zolltarif aber immer nur eine begränzte Anzahl von Positionen haben kann; endlich weil ein Zolltarif für eine bestimmte, womöglich lange, Zeitperiode gegeben wird, während die Productionsunterschiede jeden Tag wechseln können.

Ein etwas zu hoher Zoll, die freie inländische Concurrenz vorausgesetzt, schadet wenig oder nichts; — ein etwas zu niedriger Zoll dagegen nützt zu gar nichts.

Dieser nach unsern Voraussetzungen unbestreitbare Satz gibt wohl den besten Fingerzeig, nach welcher Seite hin, von der möglichst richtigen Berechnung der Ausgleichszollsätze ausgehend, die einzelnen Tarifsclassen begränzt und die Positionen abgerundet werden müssen. Zerfiele z. B. eine Waarengattung in drei Unterabtheilungen, welche alle geschützt werden sollen; würde ferner die Ausgleichung der Productionskosten bei der ersten Unterabtheilung 3 Gulden, bei der zweiten 4 und bei der dritten 5 Gulden betragen; und will man endlich nur Einen Zollsatz für die ganze Gattung annehmen, — so kann dieß nur geschehen, indem für denselben 5 Gulden angesetzt werden, nicht aber etwa indem auf den mittleren Durchschnitt gegriffen würde.

Sehr zu beachten in dieser Hinsicht ist auch das früher erwähnte Herüberwerfen der Erzeugungsüberschüsse fremder Länder über den Bedarf ihres Marktes namentlich zu Zeiten ungewöhnlicher Geschäftsstagnation. Bei Fabricationsartikeln, in welchen dieß erfahrungsgemäß häufig vorkommt, muß dem für gewöhnliche Zeiten berechneten Ausgleichungssatze noch eine Quote zugelegt werden; die inländische Concurrenz richtet sich dann von selbst darnach ein, diese Gefahr der ungünstigen Ausnahmsconjuncturen bei den gewöhnlichen Verkaufscalculationen mit in Rechnung zu ziehen. Der Durchschnittsgewinn derselben kann darum doch um keinen Pfennig über das landesübliche Maaß hinausgehen, ohne wieder von selbst in's Gleichgewicht zu kommen.

Wir sprechen, wie früher gesagt, dem Argumente der Gegner, bezüglich der Trägheit vieler Industriellen, durchaus nicht principiell die Berechtigung ab. Es kann aber nur förmlich der Prohibition gleichkommenden Zollsätzen gegenüber Geltung haben, und auch nur da, wo eine kräftige innere Concurrenz nicht vorauszusetzen ist, welche sich auf jeden Industriezweig wirft, dessen Gewinn durch die Gunst der Umstände über das Normale steigt. Gehen aber unsere Gegner von der Anschauung aus, daß die auswärtige Concurrenz nicht blos ein mögliches Uebermaß des Gewinnes verhindern, sondern dazu dienen solle, die schon bestehenden Industrieunternehmungen, die nun doch fortarbeiten müssen, ob mit Nutzen oder mit Schaden, in ihren Betriebsresultaten so tief als möglich unter das gewöhnliche Niveau zu drücken, — so wäre dieß nicht sehr edel gedacht und würde sich auch durch die Abschreckung jedes industriellen Unternehmungsgeistes rasch genug an dem ganzen Lande rächen.

Alle diese Einwürfe, Rede und Gegenrede, sind ernst genug. Aber wirklich komisch wirkt es, wenn wir in den publicistischen Organen unserer Katheberwirthschafter practische Rathschläge an die österreichischen Industriellen, über Einführung neuer Maschinen, Einrichtung von Dampfbetrieb an Stelle der Wassermotoren ꝛc. ꝛc. etwa nach folgendem Muster lesen:

„— — So beruht beispielsweise die Ueberlegenheit „der ausländischen Schafwollweberei vielleicht zum weitaus „größten Theile auf dem mechanischen Stuhle; die allgemeine „Einführung desselben in Brünn ist ein unabweisliches „Gebot. Nur der mechanische Stuhl macht den Fabrikanten „bei den meisten Artikeln von der Walke unabhängig „und setzt ihn in den Stand eine egale Waare zu liefern. „Die schon begonnene Einführung desselben in Brünn „würde aber bei einer bedeutenden Erhöhung des Zolltarifs „gewiß unterbleiben."

Auf derartige Lectionen im practischen Geschäftsbetrieb von literarischer Seite möchten wir erwiedern:

„Meine Herren Professoren! Meine Herren Journalisten!
„Es mag ihnen vielleicht sehr anmaßend erscheinen, wenn ein Mann, welcher keine Facherziehung für den literarischen Beruf erhalten hat, mitten aus dem Markte des geschäftlichen Lebens heraus, sich unterfängt an dem Federkriege der beiden großen volkswirthschaftlichen Parteien thätigen Antheil nehmen zu wollen. Immerhin werden die Erfahrungen und Anschauungen der geschäftlichen Praxis vielleicht hie und da eine Lücke auszufüllen im Stande sein, welche die theoretische Argumentation offen gelassen hat und es kann den Freiwilligen aus denjenigen Classen der Bevölkerung, welche schließlich den Kampfpreis in erster Linie zu zahlen haben, nicht verwehrt sein, neben den regulären Truppen zu kämpfen, in ihre Lücken einzutreten und ihre schwachen Positionen zu verstärken. Nur muß sich ein solcher Freiwilliger auf dem Felde der Literatur wohl hüten, den Fachsoldaten Unterricht in der Federkriegskunst und in den literarischen Handgriffen geben zu wollen."

„Um wie viel es nun bei Voraussetzung entsprechender allgemeiner Bildung für den Geschäftsmann leichter ist, sich in theoretischen Fragen zurechtzufinden, als für den Schriftsteller oder den Mann der Wissenschaft, sich auf dem Boden der geschäftlichen Praxis zu bewegen, wollen wir hier nicht festzustellen suchen, — — schwieriger dürfte es keinenfalls sein."

„Wir erlauben uns daher, Ihnen dringend anzurathen, es den Industriellen und ihren Fabriksingenieuren zur Bestimmung zu überlassen, welche Art des technischen Betriebes für ihre Unternehmungen die entsprechendste und vortheilhafteste sei. Die Fabrikanten sowohl als ihre technischen Beamten werden darin unzweifelhaft sehr oft irren, werden wahrscheinlich sehr Vieles übersehen, und auch vielleicht durch Mangel an Rührigkeit Manches unterlassen, was an Verbesserungen in ihrer Macht gestanden wäre. Aber, wenn denselben auch zuweilen eine nützliche Detailmittheilung aus Dinglers polytechnischem Journal entgehen sollte, — so unzurechnungsfähig sind sie doch nicht, daß sie von noch so schätzenswerthen Personen, welche aber vom practischen Geschäftsbetriebe nichts verstehen, erst über die technischen Grundlagen der Prosperität ihrer Unternehmungen aufgeklärt werden müßten."

„Während z. B. an einem Orte der Dampfbetrieb eine Nothwendigkeit ist, würde er an einem andern ein Unternehmen in wenig Jahren zu Grunde richten. Stehen Ihnen denn, meine Herren, für die verschiedenen Möglichkeiten technischer Einrichtungen in den Fabriken die Daten über Anschaffungspreis der Maschinen, Amortisationsquote, Kraftverbrauch und Arbeitsersparungen, sowie die Kenntniß der technischen und commerciellen Consequenzen der Systemänderungen zu Gebote? — Und wenn Ihnen dieselben zu Gebote stehen, können Sie die richtige mathematische Calculation damit aufstellen und können Sie diese mathematische Calculation durch das Urtheil practischer Geschäftserfahrung controliren und rectificiren? — Oder meinen Sie, all' das sei zu gedeihlicher Behandlung solcher Fragen nicht nothwendig?" —

„Halten Sie es wirklich für möglich, daß der einzelne Fabrikant, der hundert dem seinigen gleichartige Unternehmen im Lande an seiner Seite hat, eine so einfache und glatt auf der Hand liegende Maaßregel, durch welche er sich dem Auslande gegenüber concurrenzfähig machen würde, und daher auch im Inlande an und für sich einen viel höhern Geschäftsertrag erzielen müßte, blos deßhalb nichts ins Werk setzt, weil ihm dieß der Herr Doctor Soundso, der es eben erst im Conversationslexicon gelesen hat, mitzutheilen und eindringlich anzuempfehlen noch nicht in der Lage war."

„Gesetzt den Fall, die Maaßregel wäre wirklich so einfach, so practisch und so wirksam, als Sie behaupten, sie unterbleibt aber dennoch, — — soll ich Ihnen, meine geehrten Herren, im Vertrauen auf Ihre Verschwiegenheit das Geheimniß mittheilen, warum dann die betreffenden Industriellen sich gegen die Einführung einer solchen großartigen Neuerung ablehnend verhalten?"

„Aber, bitte, verrathen Sie mich nicht!"

„Weil sie dann kein Geld dazu haben. Nehmen Sie Gift darauf."

Export! Export!

All' diesen Jammer, diese Schwächen, diese Unzulänglichkeiten und diesen Buckel voll Lasten sollen wir, weil er uns zu Hause zu schwer wurde, nun recht, recht weit ins Ausland tragen!

Export, Export! Dieß ist der Köder, der unserm gewerblichen Publicum von unsern schlauen Gegnern im Lande und außer dem Lande hingeworfen wird und nach welchem dieses Publicum mit Begier beißt, weil das gewöhnliche Futter nicht reicht. Die Logik der Gegner ist scharf und richtig und wird allen denen bald klar gemacht werden, welche in das Geschrei nach Export eingestimmt haben:

„Wenn Ihr da, wo die natürlichen Bedingungen dazu nicht „vorhanden sind, mit künstlichen Mitteln einen industriellen Export „erzwingen wollt, so sind nur zwei Fälle denkbar. Entweder ihr „schenkt das, was ihr ausführt den Fremden und das werdet ihr „schwerlich wollen; oder ihr wollt, daß man Euch den Gegenwerth „dafür hereinschickt, dann habt ihr den Import und zwar, da ihr „Bodenproducte im Lande genug habt, den Import von Industrie= „producten. Ihr, exportirende Schutzzöllner, und wir, importirende „Freihändler, wollen also ganz das Gleiche."

Export, Export! auch einer von diesen Phrasenballons, die so von Zeit zu Zeit losgelassen werden, um die Augen des Publicums vom reellen Boden der Arbeit und Sparsamkeit abzuziehen und ins Blaue zu lenken. Um den Gaffern Gelegenheit zum Gaffen und den Schwätzern zum Schwätzen zu geben. Da war erst der Ballon vom wirthschaftlichen Aufschwung — er ist geplatzt und hat ungeheuern Gestank zurückgelassen. Dann kam der Ballon vom Kleingewerbe, der wollte gar nicht fliegen und schrumpft jetzt in irgend einer vergessenen Ecke auf der sanften Unterlage einiger Ballen Expertisenberichte träge in sich zusammen: Was wird dieses neuesten, lustigen Wesens Schicksal sein?

Der volkswirthschaftliche Nothstand des Kleingewerbes fällt in hohem Grade mit demjenigen der Großindustrie zusammen. Ist jener bisher für das Individuum theilweise drückender gewesen, so wird dieser nach und nach in's Fleisch des Volkes viel tiefer einschneiden und den Gesammtkörper weit fühlbarer ergreifen, wenn erst der allmähliche Blutverlust der Unternehmer diese der Kraft nach und nach berauben wird, den Betrieb ihrer Werke und damit die Beschäftigung und Ernährung der Arbeitermassen ihren ungestörten Fortgang nehmen zu lassen. — Nachdem sich Wohlthätigkeitsanstalten wohl für eine größere oder geringere Anzahl von Individuen einer Classe, nicht aber für eine nach Hunderttausenden oder in die Millionen von Individuen zählenden Gesellschaftsklasse selbst errichten lassen, — so wird sich der Hauptsache nach die Fürsorge, welche man dem Kleingewerbe als solchem angedeihen lassen kann, darauf beschränken, zu erforschen und unter den Massen zu verbreiten, welche Zweige der Gewerbsthätigkeit heute noch mit Erfolg vom Kleingewerbe betrieben werden können, und welche derselben in Folge technischer oder ökonomischer Fortschritte und Umwälzungen der Großindustrie zugefallen sind.*)

Aber ob klein, ob groß, das Gewerbe in Oesterreich leidet, und zwar um so mehr, je weniger es für den unmittelbaren und localen Bedarf des großen Publicums arbeitet, und je mehr es auf einen

---

*) Unsere Gegner werden uns der gröbsten Inconsequenz zeihen, daß wir zu gleicher Zeit für gewerblichen Fortschritt und für wirthschaftlichen Rückschritt eintreten; daß, während wir auf der einen Seite für die Freiheit sprechen, wir auf der andern den Zwang vertheidigen. — Unsere Rechtfertigung liegt eben darin, daß ihre Anschauung über wirthschaftlichen Fort- und Rückschritt der unsern recht gründlich entgegengesetzt ist; daß bei den Fragen von Gewerbefreiheit und Zollschutz nicht die Begriffe von Freiheit und Unfreiheit uns leiten, sondern blos das Interesse der wirthschaftlichen Gesammtentfaltung des Reiches. Zoll- und Gewerbegesetzgebung sind uns Mittel zu diesem Zwecke. Wir stehen erstens auf dem Standpuncte der Arbeitsökonomie, von welchem aus wir die Frachtvergeudung bei Trennung der Agricultur vom Gewerbe ebenso verurtheilen, wie die Arbeitsvergeudung eines mangelhaften technischen oder commerciellen Betriebes. Zweitens bewegen wir uns im Namen der nationalen Oekonomie, und überlassen es unsern Nachbarn für das materielle Gedeihen ihrer Länder zu sorgen, — sowie den Herren Professoren und Idealisten, die Principien der kosmischen Harmonie auf die Lehre vom Güterverkehr der gesammten Menschheit zu übertragen.

complicirten technischen Betrieb im Großen angewiesen ist, je mehr endlich die manuelle Arbeitsthätigkeit des Einzelnen gegen die Summe der übrigen Momente der Erzeugung zurücktritt. Bei denjenigen Gewerben, welche durch das Unternehmungsfieber zu Anfang dieses Decenniums sehr in Athem gehalten wurden, trat die Nothlage erst längere Zeit nach Ausbruch der Speculationskrisis ein. Bei den davon unberührten Industrien aber war die böse Geschäftszeit dieser Krisis schon ein gutes Stück vorausgegangen, und zwar diejenigen unter denselben, welche durch die Nachtragsconvention mit England vom Jahre 1869 am meisten berührt worden waren und welche die westeuropäische Concurrenz am unmittelbarsten auszuhalten haben, sind am empfindlichsten betroffen worden und heute noch am härtesten niedergedrückt. — Ein merkwürdiger Zufall, nicht wahr, meine Herren Aerzte, daß gerade zur Zeit, wo Ihre Kräftigungsarznei dem an Trägheit des Blutes leidenden Patienten auf ihre Anordnung so reichlich eingegeben wurde, dieser die gallopirende Schwindsucht bekommt! Wirklich recht fatal!

— — — — Wir haben dieses Büchlein zunächst nicht geschrieben, um ein in's Einzelne ausgearbeitetes Programm darin aufzustellen, noch weniger um ein Wunder- und Universalmittel für unsere wirthschaftlichen Leiden auszukramen und anzupreisen; sondern um in dem ernsten Zeitpuncte, wo im Kampfe der entgegengesetzten Anschauungen die Richtung für unsere wirthschaftliche Zukunft auf lange hinaus gegeben werden kann, für ein Princip einzutreten, welchem nicht, wie unsere gemäßigten Gegner sagen, den Consequenzen vergangener wirthschaftlichen Irrthümer zu Liebe einige Opfer gebracht werden müssen, sondern welches wir aus voller Ueberzeugung für das unsern allgemeinen wirthschaftlichen Lebensbedingungen einzig entsprechende halten. Diese Blätter wurden geschrieben, um vom speciell österreichischen Standpuncte aus das ganze Rüstzeug unserer Gegner, wie es auch hier wieder ohne viel neue Zuthaten aufgefahren wird, einer scharfen Besichtigung zu unterziehen und auf diese altbekannten Waffen- und Monturstücke etwas scharf zu klopfen, damit wir sehen, was davon Widerstand leisten mag. Wir überlassen es dem Leser, zu beurtheilen, ob sich da mehr oder weniger

Material unverwendbar oder doch ungefährlich gezeigt hat; vielleicht wird er uns beistimmen, wenn wir uns dahin äußern, daß uns das Arsenal der Interessen unserer Gegner, speciell der auswärtigen, sehr gefährlich dünkt, daß wir aber all die glänzenden Stücke, die da als allgemein wissenschaftliche, philanthropische oder gar patriotische Gründe in's Feld geführt werden, der Hauptsache nach als Theaterwaffen ansehen, mit denen das Vaterland nicht gerettet werden kann.

Trotz dieser hauptsächlich polemisch=kritischen Aufgabe unserer Schrift, wollen wir es nicht unterlassen, die practischen Ergebnisse unserer hier geäußerten Anschauungen zum Schlusse zu sammeln, und wenn dieß dann doch einem Programm oder dem Bruchstücke eines Programms gleichsieht, so wird der etwaige Werth dieser Arbeit nicht darunter leiden.

Unser Verlangen bezüglich der wirthschaftlichen Politik Oesterreichs geht nach allseitiger Hebung und Förderung der gewerblichen Production im Rahmen des inländischen Bedarfes bis zur möglichst vollständigen Emancipation desselben von den Gewerbserzeugnissen des Auslandes, und zur Reduction der Nothwendigkeit unseres Exports an Rohmaterialien und Fabricaten auf den Gegenwerth für den Bedarf an Gütern, welche das Inland mit Vortheil für die Allgemeinheit nicht hervorzubringen im Stande ist.

Wir verlangen ferner, nachdem die Productionsbedingungen für gewerbliche Werthe im Inlande meistens wesentlich ungünstiger sind als in den westlichen Industriestaaten, — zur Erreichung dieses Zieles die Aufstellung eines **Zolltarifes**, welcher der **Differenz der Erzeugungskosten** zwischen Oesterreich und den vorgeschrittensten Industriegebieten Europas einschließlich der wahrscheinlichen Gefahr des Imports der Productionsüberschüsse fremder Länder in vollem Maaße Rechnung trägt.

Wir verlangen speciell für die wichtigsten Industrieartikel, welche einer fremden Concurrenz unterliegen, einen gesteigerten Zollschutz für die Gewichtseinheit der **höheren Feinheitsgrade**, nachdem bei denselben die Summe der in einer solchen Einheit enthaltenen Erzeugungskosten und mit diesen letzteren auch die **Differenz derselben** gegen diejenigen des Auslandes mit der Feinheit wachsen muß; damit nicht wie bisher die österreichische Massenindustrie auf das Gebiet der allergröbsten und uneinträglichsten gewerblichen Production beschränkt bleibe.

Wir verlangen dringend die Rettung für alle die großen Capitalien, welche in den bestehenden Industrien angelegt sind, und deren Werth durch die geschäftliche Unwissenheit, mit welcher österreichischerseits dem pfiffigen Verlangen der Engländer bezüglich des Zusammenwerfens von Tarifspositionen bei Abschluß des englischen Handelsvertrages und der Nachtragsconvention zu demselben willfahrt wurde, auf das gefährlichste bedroht oder selbst theilweise empfindlich geschädigt ist.

Wir flehen im Interesse der Wiederkehr des öffentlichen Vertrauens und des gesunden gewerblichen Unternehmungsgeistes um Sicherheit für die Zukunft, um das endliche Aufhören der Experimente geschäftsunkundiger Theoretiker mit dem Wohlstande und den Existenzbedingungen großer und wichtiger Classen des Nährstandes, um Schutz gegen die unaufhörlichen Systemänderungen, heimlichen Abmachungen und verhängnißvollen Ueberraschungen; damit das Capital sich berechtigterweise wieder herauswagen darf zu gewerblichen Unternehmungen, damit die Calculationen, welche heute die Rentabilität eines Geschäftsunternehmens erwiesen haben, nicht umgestürzt sind, bevor das Haus unter Dach und die Maschinen in Gang gebracht sind.

Wir bitten um gesetzliche Gewährleistung dafür, daß ein neuer, durch Compromiß aller berechtigten Interessenten in rationeller Weise zu Stande gebrachter Zolltarif für eine entsprechende Anzahl Jahre als unverrückbares Minimum der Zollpositionen zu gelten habe, damit dieser Tarif nicht wieder durch Specialverträge mit fremden Staaten durchlöchert und schließlich illusorisch gemacht werde, wie dieß bei dem Tarife von 1853 der Fall war.

Wir wünschen, daß das aus den Bedürfnissen des localen Grenzverkehrs entsprungene mit der Zeit übermäßig ausgedehnte Appreturverfahren, nachdem seine sofortige Aufhebung in Rücksicht auf die durch dasselbe hervorgerufenen Consequenzen unmöglich erscheint, doch nach Thunlichkeit eingeschränkt, womöglich mäßig besteuert und nach einer jetzt zu bestimmenden kurzen Anzahl Jahre gänzlich aufgehoben werde.

Wir befürworten die rationelle und zeitgemäße Reorganisation des ganzen Verzollungsverfahrens zur Vermeidung von Zolldefraudationen im Sinne des protectionistischen Princips und die Durchführung desselben auf so energische und sachgemäße Weise, wie etwa die Bemessung, Einhebung und Controle der directen Steuern vorgenommen wird. Nordamerika und Frankreich würden dabei sicherlich ausgezeichnete Vorbilder abgeben.

Wir bringen endlich auf die Regelung des Eisenbahntarifwesens in der Art, daß der interne Verkehr gegen denjenigen mit dem Auslande nicht in ungebührlicher Weise verkürzt und auf diese Weise der Zollschutz für die österreichische Industrie zum Theile reducirt, zum Theile auch ganz seiner Wirkung beraubt wird, wie dieß heute eine Reihe von unglaublich crassen Beispielen darthut. Wir ersuchen zugleich um principielle Regelung, um Vereinfachung und Popularisirung des Eisenbahntarifwesens, damit dasselbe, was heute unmöglich ist, von der Geschäftswelt verstanden, beurtheilt und dieses Urtheil zugleich practisch verwerthet werden könne.

Noch einen Wunsch möchten wir in aller Bescheidenheit aussprechen. Wir wünschen den Ungarn die Einsicht, daß es nicht in ihrem Vortheile liege, die Durchführung des österreichisch-ungarischen Zoll- und Handelsbündnisses und die Einhaltung des gemeinschaftlichen Zolltarifes durch laxe Handhabung dieses Letzteren an ihren Reichsgrenzen illusorisch zu machen. Aber wir haben schon genug gewünscht. Man muß sich bescheiden und nicht das Unmögliche verlangen. Sind doch schon in das österreichische Gewerbspublicum Befürchtungen gedrungen, daß unsere Brüder in ihrer Geldnoth bei Gelegenheit einer Anleihe in England eine Zusage machen könnten, welche lebhaft an ein vor etlichen tausend Jahren abgeschlossenes Geschäft erinnert, worin das Erstgeburtsrecht eines künftigen Volkes um ein Linsengericht hintangegeben wurde — mit knurrendem Magen wie mit leerer Tasche versteht man sich eben zu Manchem, was man nachher nicht rechtfertigen kann.

Was uns die Zukunft noch Alles für Bescheerungen bringen wird, wir wissen es nicht; aber machen wir uns auf viel Schlimmes gefaßt! Unsere Gegner, das heißt die Auswärtigen, sind klug, sind energisch, sind consequent; sie haben ein starkes Interesse an der Durchführung ihrer Absichten und es stehen ihnen zur Förderung derselben große materielle Mittel zu Gebote.

Das Recht des Stärkeren ist aber in der Gegenwart als Recht des Reicheren wieder auferstanden.

Die allerjüngste Vergangenheit hat uns in nächster Nähe gezeigt, mit welcher widerlichen Frechheit die Organe der Corruptionäre, groß und klein, den Dienst ihrer Herren und Meister oder auch ihrer jeweiligen Miether dem Publicum gegenüber versehen. Sie werden immer das Lied dessen singen, dessen Brod sie essen und keinen Unterschied machen, ob ihnen dasselbe vom Innlande oder vom Auslande gereicht wird.

Dem Gelde der Fremden und dem Mangel an Einsicht unserer östlichen Genossen über ihre eigenen Interessen, droht auch jetzt wieder die wirthschaftliche Zukunft beider Reichshälften geopfert zu werden. Schon sind die würdigen Federn in Thätigkeit, welche, des Rückhalts an der Bevölkerung des eigenen Landes entbehrend, das wirthschaftliche Unverständniß der Ungarn als Bundesgenossen anrufen und durch Brandartikel hiesiger Blätter drüben eine künstliche Opposition schüren und anfachen, damit von dort aus der Schild erhoben werde, um das gloriose Vertragswerk der Jahre 1865 bis 1869 zu schützen, damit Saft und Kraft unseres Landes nach wie vor ins Ausland rinne, damit wir nach wie vor zur Füllung des englischen Säckels im Schweiße unseres Angesichts die Pflugschaar führen und die Halme schneiden, damit wir nach wie vor arm, schwach und mißachtet bleiben.

Und nebenbei Theilnahmslosigkeit und wirthschaftliche Unkenntniß unserer sogenannten gebildeten Kreise; Egoismus, Spaltung und Befehdung unter den Industriellen der verschiedenen Gruppen; die Glieder der Einen legen die Hände in den Schoß; die der Anderen trachten, für sich die möglichsten Vortheile zu erreichen, ohne Rücksicht oder sogar auf Kosten der Genossen in den anderen Zweigen der Industrie. — Wann wird sich endlich das mächtige, unumstößliche Bewußtsein der Solidarität aller Classen des Nährstandes vom letzten Ackerknecht bis zum ersten Großindustriellen, vom mächtigsten Majoratsherren des großen Landbesitzes bis zum Lehrjungen in der Werkstatt in unserer Heimath Geltung verschaffen? Wann wird insbesondere im Gewerbe die Einsicht durchdringen, daß ein einzelner Zweig der Industrie nicht blühen kann, wenn nicht alle auf gesundem Boden stehen? Daß nicht nur der Maschinenfabrikant vom Textilindustriellen, der Spinner vom Weber, der Weber vom Drucker abhängt, sondern daß dieß auch umgekehrt der Fall ist! Daß die Producenten von Zucker, Papier, Glas, Metallen und allen anderen Erzeugnissen menschlicher Betriebsamkeit in ihrem eigenem Fleische wühlen, wenn sie auf Kosten ihrer Genossen ihren Vortheil zu wahren meinen! Daß der Werth von Grund und Boden und der Werth der ländlichen Arbeit nur dann auf sichere Weise gesteigert werden kann, wenn Landwirthschaft und Gewerbe sich zu Schutz und Trutz die Hände reichen, um der Gesammtentfaltung der heimischen Arbeit eine sichere Grundlage zu bereiten.

Dann aber wird auch der Wohlstand in großem Maaße wachsen. Mit jeder neuen Unternehmung eines Zweiges der Arbeitsthätigkeit wird diejenige aller andern Zweige erfolgreicher und lohnender werden. Dann birgt die Errichtung jeder neuen Fabrik durch Schaffung des Bodens für die Hülfsgewerbe den Keim zu zehn neuen Unternehmungen in sich. Dann werden die bestehenden Industrien dadurch, daß sie jene Hilfsgewerbe an der Seite haben, billiger und concurrenzfähiger produciren. Dann werden, mit dem Wachsthum von Zahl und Bedeutung der industriellen Werke, die Steuereingänge reichlicher werden und der Steuersatz wird eine Ermäßigung erfahren können. Dann wird es möglich sein, durch die Steigerung des Verkehrs auch die Frachtsätze der Eisenbahnen zu ermäßigen; wir werden somit billigere Hilfs- und Brennstoffe haben. Dann wird mit dem Anwachsen der Capitalien auch der Capitalzins von der drückenden Höhe, welche derselbe in Oesterreich erreicht hat, sich demjenigen unserer westlichen Concurrenzländer nähern. Dann können alle jene Anstalten zur intellectuellen, sittlichen und physischen Heranbildung unseres Arbeiterstaubes getroffen werden, welche nöthig sind, um es zu erreichen, daß wir nicht zu einer industriellen Arbeitsverrichtung vier Hände hinstellen müssen, zu welcher in England deren zwei ausreichen. Dann endlich wird in der Vervielfältigung des industriellen Lebens auch der industrielle Geist im Lande wachsen, wir werden unsere Aufseher, Monteure, Techniker und Directoren nicht mehr aus dem Auslande holen müssen; unsere Fabriken werden besser und billiger angelegt und geleitet werden, sich selbst und dem Lande zum Heile — — dann werden mit einem Worte alle jene Bedingungen der Concurrenzfähigkeit unserer Industrie sich ergeben, — nicht im Fluge zwar und auch nicht mühelos vom Himmel fallend, sondern nach langjähriger, harter, mühseliger Arbeit des ganzen Volkes — von welcher uns die Freihändler mit wohlfeiler Weisheit oder platter Ironie immer zurufen, wir sollten lieber durch deren Gewinnung unsere Industrie zu schützen suchen als durch das widernatürliche Mittel der Zölle.

Allen denjenigen aber, welche in gutem Glauben zum Heile des österreichischen Volkswohlstandes im Allgemeinen, und der kranken österreichischen Industrien insbesondere, in Wirklichkeit aber zur innerlichen Freude unserer freihändlerischen Gegner blind der Hebung unseres Exports als dem wünschenswerthesten Gute nachjagen und nachschreien, anstatt im eigenen Lande mit dem Aufgebote aller Zähigkeit und Thatkraft das Gebiet wieder zu erobern, welches die Verschlagenheit der Fremden dem Unverstande der Uns'rigen entrissen hat, rufen wir zum Abschiede noch Göthe's bekannte Worte zu:

„Willst Du immer weiter schweifen,
„Sieh, das Gute liegt so nah" — — — — —.

Gegenanträge

der

Gruppe der Baumwollspinner,

gegen das

Gutachten zu den Artikeln:

Baumwollgarn und Baumwollgewebe,

an den

Ausschuß des industriellen Clubs.

Wien.

Druck und Commissionsverlag von Carl Gerold's Sohn.

1875.

Der Gedanke, welcher der Bildung des „Industriellen Clubs" zu Grunde gelegen hatte und zu Grunde liegen mußte, war die Anbahnung eines solidarischen Eintretens der Vertreter sämmtlicher Industriegruppen für die berechtigten Anforderungen jeder einzelnen dieser Gruppen und zwar zunächst in der die industriellen Interessen so mächtig berührenden Zollfrage.

Es liegt in der Natur der Sache, daß jeder einzelne Industriezweig für sich einen so kräftigen Schutz als möglich zu erlangen strebt, daß aber die Wünsche der einzelnen Zweige da oft mit einander in Collision kommen müssen und daß ferner das Eintreten für ein Uebermaß der Forderungen eines Gewerbszweiges von Seite des Industriellen Clubs den Bestrebungen nach anderer Seite nur hinderlich im Wege stehen kann, weil nur die nach außen hin sich manifestirende Ueberzeugung von der Billigkeit der vom Club aufgestellten Forderungen denselben das nöthige Gewicht zu verleihen im Stande ist.

Es genügt also durchaus nicht, daß die Vertreter jeder einzelnen Gruppe willkürlich hohe Zollansätze machen, welche dann der Club in Bausch und Bogen zu acceptiren hätte, denn die Folge davon wäre nur, daß jeder Industriezweig, in der Voraussicht, daß doch nur ein kleiner Theil der geäußerten Wünsche Berücksichtigung fände, den andern zu überbieten geneigt wäre.

Es geht aber noch viel weniger an, daß ein Industriezweig von ganz speciellen Productionsbedingungen sich zum Wortführer verwandter Zweige, welche aber ganz entgegengesetzte Interessen haben können, mache, oder daß eine locale Abtheilung eines solchen Industriezweiges, welches durch bevorzugte Lage sich in günstigeren Concurrenzverhältnissen gegen das Ausland befindet als die große Masse der Fabrication, durch ein auf ganz speciellen oder persönlichen Voraussetzungen fußendes Votum der Zukunft einer großen Industriegruppe präjudicire. Es liegt auf der Hand, daß eine Regierung, welche die wirklichen oder vermeintlichen Interessen der allerverschiedensten Classen der Bevölkerung gegen einander abzuwägen hat, soweit sie überhaupt den Industriellen entgegenzukommen gewillt ist, in jedem einzelnen Falle auf dasjenige Votum von industrieller Seite greifen wird, welches die niedrigsten Forderungen stellt, ohne Rücksicht, ob diese Forderungen den berechtigten Interessen der Gesammtheit entsprechen oder nicht. Von je einflußreicherer und höhergestellter Seite ein solches Votum abgegeben wird, um so leichter ist es natürlich der Regierung, sich auf dasselbe zu stützen.

Will daher der industrielle Club seiner Bestimmung entsprechen, so kann er sich einer gründlichen Erforschung der Productions- und Concurrenzverhältnisse der einzelnen Zweige der Industrie nicht entschlagen; er muß in seiner Gesammtheit die Forderungen dieser einzelnen Zweige einer strengen und sachgemäßen Prüfung unterziehen; er muß zwischen den divergirenden Interessen der verschiedenen Gruppen ein den thatsächlichen Verhältnissen entsprechendes billiges Compromiß treffen. Er muß mit einem Worte volkswirthschaftliche Arbeit verrichten und zwar wird der Schwerpunkt dieser Arbeit in die einzelnen Gruppen hineinfallen und erst das Resultat derselben zu weiterer Behandlung an das Plenum gehen.

Die österreichische Baumwollspinnerei, seit Jahrzehnten das notorische Stiefkind unter allen österreichischen Industrien, ist vertrauensvoll und dabei gänzlich unvorbereitet in den industriellen Club eingetreten, um daselbst erst mit Muße und Gründlichkeit das für ihre Fortexistenz und Weiterentwicklung nothwendige Maß des Zollschutzes zu erörtern und demgemäß in Harmonie mit den übrigen im Club vertretenen Industriegruppen ihre Forderungen zu stellen. Sie hat die beabsichtigte Gründung eines eigenen Vereins zu gleichem Zwecke unterlassen und sich an den allgemeinen Vorarbeiten des Clubs mit

Eifer betheiligt, die specielle Berathung über ihre Forderungen so lange hinausschiebend.

Inzwischen ist als Vorlage zu den Discussionen über die Artikel Baumwollgarn und Baumwollgewebe unter den Auspicien des Herrn Club-Vicepräsidenten, Baron Leitenberger, ein „Gutachten" an den Club gelangt und auch sofort von einer kleinen Anzahl Textilindustrieller nach Art einer Enquête in zwanglose Berathung gezogen worden.

Wir müssen es mit aller Entschiedenheit aussprechen, daß das in seiner Art ganz ausgezeichnet gearbeitete Gutachten, bezüglich des Artikels Baumwollgarne wenigstens, den von uns oben aufgestellten Grundsätzen der Solidarität der Gesammtindustrie, der gegenseitigen Billigkeit, des Schutzes der Meistbedrängten, der gründlichen Erörterung der in Frage kommenden Interessen — in keiner Weise entspricht und wir haben es höchlich zu beklagen, daß, scheinbar mit aus dem Schoße der Baumwollspinnerei heraus, ein die Interessen derselben so schwer schädigendes Schriftstück den Weg in die Oeffentlichkeit gefunden hat.

Das genannte Gutachten stellt für rohe Baumwollgarne ganz einfach zwei Sätze auf; nämlich:
bis zur englischen Nummer 50 den bisherigen Satz von fl. 4.—,
über die „ „ 50 eine Erhöhung auf...... „ 7.—.

Mit anderen Worten: für die gesammte österreichische Baumwollspinnerei wird der bisherige Zoll von fl. 4 für genügend erklärt; denn über Nummer 50 hinaus ist seit langer Zeit in Niederösterreich gar nicht, in der übrigen Monarchie nur in verschwindend kleinem Maßstabe gesponnen worden.

Wir erlauben uns keine Kritik darüber, inwieferne der Zoll von fl. 4.— den Bedürfnissen des Reichenberger Kammerbezirkes entspricht; eine gewichtige Stimme von dorther stellt gleichwohl ganz andere Forderungen auf. Aus dem Votum der Reichenberger Handelskammer, welches mit dem „Gutachten" übereinstimmt, geht hervor, daß bei seiner Abgabe der Standpunkt der Spinner nicht maßgebend war, sondern daß dabei die Weberei und Druckerei den Ausschlag gegeben haben. Auch scheint es uns gar keinem Zweifel unterworfen, daß die Productionsbedingungen des nördlichen Böhmens, wie wir später darlegen wollen, bedeutend günstiger sind, als diejenigen der übrigen Monarchie, und dies mag die dortige Spinnerei mit bestimmen, gegen das Votum der dort besonders mächtigen Weber und Drucker, von denen sie doch abhängig sind, keine schärfere Opposition zu führen.

In der Baumwollspinnerei Niederösterreichs ist aber durch die heutigen Zollpositionen und die denselben unmittelbar vorausgehenden ein nicht wegzuleugnender, sehr empfindlicher Nothstand geschaffen worden, welcher der Abhilfe dringend bedarf und nachdem dieses Kronland fast den dritten Theil der Gesammtspindelzahl in Oesterreich besitzt und die hier herrschenden Verhältnisse auch bei einem großen Theile der übrigen Spinnereibezirke der Hauptsache nach bestehen, so ist gar kein Grund vorhanden, warum dieser Theil der Industrie anderen weit besser situirten Geschäftszweigen zu Liebe auf die eigene Zukunft verzichten sollte.

Das statistische Material zur Erhärtung der Thatsache, daß die niederösterreichische Baumwollspinnerei schrittweise mit der Herabsetzung der Zölle extensiv und intensiv zurückgegangen ist, ist leider ein sehr geringes, so bekannt diese Thatsache allen denjenigen ist, welche in den letzten Jahrzehnten diesem Industriezweige näher gestanden sind; doch mag unsere Behauptung damit illustrirt werden, daß in dem ganzen Zeitraume von 1853 bis heute in Niederösterreich nicht eine einzige Baumwollspinnerei neu gebaut worden ist, während allein in der Periode von 1864 auf 1870 von der niederösterreichischen Gesammtbaumwollspinnerei mit 581.000 Spindeln in 47 Etablissements zwei Fabriken mit 26.000 Spindeln aus finanziellen Nöthen zur Lohnspinnerei übergehen mußten, 5 Fabriken mit 59.000 Spindeln zum mehrjährigen oder dauernden Stillstande kamen und 12 Fabriken mit 71.000 Spindeln definitiv aufgelöst und anderen Zwecken zugeführt wurden.

Man muß das Elend der Lohnspinnerei in der Nähe gesehen haben, bei welcher sich der Eigenthümer begnügt, um den größeren Schaden des Stillstandes zu vermeiden, für den Ersatz eines Theiles der Gesammterzeugungskosten die Baumwolle fremder Besitzer in Garn zu verwandeln; man muß wissen, was es heißt, große und industrielle Etablissements geschlossen, das ganze darin liegende Capital unverzinst und unamortisirt und die Maschinen dem Verderben überantwortet zu lassen, oder vielleicht auch noch durch Jahre daneben die Spesen für Forterhaltung des Beamtenpersonals, Comptoirmiethen ꝛc. ꝛc. zu tragen; man muß die Verwüstung ermessen können, welche darin liegt, bei Umwandlung eines Industrie-Etablissements zu einem gänzlich fremden Zwecke sämmtliche Arbeitsmaschinen als altes Eisen hinauszuwerfen, um für die vier Mauern und die vorhandenen Motoren wenigstens eine nothdürftige Verwendung zu finden; — Alles das muß man kennen, um die Segnungen des Freihandels im Allgemeinen und der letzten Handelsverträge insbesondere für unsere Industrie richtig zu beurtheilen.

Mit jeder neuen Zollherabsetzung ist die Höhe des durchschnittlichen Feinheitsgrades der gesammtösterreichischen und speciell der niederösterreichischen Fabrication, sowie die Feinheitsgrenze, innerhalb deren noch fortgearbeitet werden konnte, ebenfalls herabgedrückt worden. So ist heute, wo die wichtige Erzeugung von Nr. 30 Garnen alle Convenienz verloren hat, die gesammte niederösterreichische Baumwollspinnerei, welche früher das Gebiet von Nr. 6 bis Nr. 50 beherrscht hatte, auf den engen Raum von Nr. 6 bis 24 zusammengepfercht, wobei in Nr. 20 die Concurrenz des Auslandes sich bereits mit starkem Drucke fühlbar macht; und da die Erzeugung bei einer gegebenen Anzahl von Maschinen an Massenhaftigkeit zunimmt, wie sie an Feinheit abnimmt, so hat sich innerhalb jener groben Nummern unter den hiesigen Spinnereien eine Concurrenz herausgebildet, welche an der Grenze, wo der Nutzen aufhört und der Schaden anfängt, durchaus nicht stehen geblieben ist. Außerdem ist aber die Fabrication in einem viel niedrigeren Feinheitsgrade, als jene, für welche die Fabriken ursprünglich errichtet waren, eine viel theuerere als die normale und alle niederösterreichischen Fabriken sind heute mangelnden Schutzes wegen gezwungen, unter ihrer normalen Durchschnittsfeinheit zu spinnen.

Auch die, von der groben Unkenntniß der factischen Verhältnisse Zeugniß gebende Argumentation unserer Freihandelsschwärmer, welche aus dem gesteigerten Consum von Rohbaumwolle in Oesterreich auf die Prosperität der Baumwollspinnerei schließen, findet durch obige Worte ihre Beleuchtung: Unsere Spindeln müssen, soweit sie überhaupt nicht zum Stillstand gekommen sind, grobe Garne spinnen, in welchen auf eine große Menge Rohmaterial und zwar aus den geringsten und unreinsten Sorten nur ein kleines Quantum Arbeit entfällt.

Das Bedürfniß des Schutzes bleibt eben proportional mit den zur Herstellung einer bestimmten Gewichtseinheit Waare nöthigen Kosten. Diese letzteren steigen aber natürlich mit der Feinheit des Fabricats.

Ein solcher Zustand, wie der eben geschilderte, kann durch eine kürzere oder längere Anzahl Jahre ertragen werden; auf die Dauer aber muß er die Existenz eines derart mißhandelten Industriezweiges untergraben. Und während bis zum Jahre 1853 der Zollschutz weit über die Grenzen des Nothwendigen hinausging, wurde von da an mit Einführung eines einheitlichen Gewichtszolles, der nur dem groben Fabricat Schutz gewährte, und mit der wiederholten späteren Herabdrückung dieses Satzes die Ursache des heutigen unhaltbaren Zustandes geschaffen.

Die natürliche Tendenz der Zollpolitik der österreichischen Baumwollspinnerei muß daher darauf gerichtet sein, das Terrain wiederzugewinnen, aus welchem sie zunächst verdrängt worden ist, und diejenigen Garne wieder zu erzeugen, auf welche die Fabriken eingerichtet worden sind, also unmittelbar die Nummern über 20 und 24. Nachdem das Geschäft in Bündelgarnen Nr. 30 und 40 mit der Vermehrung der mechanischen Weberei fast ganz aufgehört hat, so sind es zum größten Theil die 36/42er Cops, deren Erzeugung wir uns sichern müssen.

Anstatt dessen sollen wir, die Industriellen selbst, proponiren, daß der Zoll von fl. 4.— bis Nr. 50 fortzubestehen habe; das heißt, wir selbst sollen uns von den Nummern 24—50 ausschließen, um für eine Feinspinnerei, für welche die Einrichtung unserer Fabriken gar nicht berechnet ist, einen höheren Zoll zu erlangen. Sollen wir etwa jetzt, nach dieser langen Reihe im Durchschnitte sehr magerer Jahre, die für Mittelnummern bestimmten Maschinen cassiren, um uns für die Spinnerei über Nr. 50 neu einzurichten? Auch ist zu berücksichtigen, daß für Nr. 60 oder 80 der Zollschutz von fl. 7.— pr. Zollcentner wahrlich nicht lohnend genug ist, um unter den österreichischen Productionsverhältnissen eine neue Industrie darauf zu begründen.

Wir constatiren also auf das allerbestimmteste, daß für den größten Theil der inländischen Baumwollspinnerei die Erhöhung des jetzt bestehenden Zolles auf fl. 7.— von Nr. 50 an bei Belassung desselben unter diesen Nummern absolut werthlos ist, und nur die Nummern über 50 für die Weberei etwas vertheuert, ohne dieselben für die österreichische Spinnerei zu gewinnen.

Sollte man uns aber, um uns zu widerlegen, auf die günstigeren Verhältnisse der nordböhmischen Spinnerei verweisen, so möchten wir darauf aufmerksam machen, daß die Nordböhmen:

1) ganz exceptionell niedrige Arbeitslöhne besitzen, die übrigen Baumwollspinner aber nun einmal auf dem Boden ausharren müssen, auf welchem ihre Etablissements stehen;

2) daß die Verhältnisse der Frachten sich seit der Ausbildung des Eisenbahnnetzes ganz entschieden zum Nachtheile unseres Kronlandes gestaltet haben, indem selbst von Triest die Baumwolle nahezu ebenso billig nach Reichenberg als nach Wien gestellt wird, während die Garne von Niederösterreich nach dem Norden der Monarchie eine bedeutende Fracht zu bezahlen haben;

3. daß die nordböhmische Spinnerei sich von reichen Kohlenrevieren umgeben befindet, während die meisten übrigen Spinnereien weit genug davon entfernt sind;

4. daß es endlich für den directen lohnenden Absatz der landwirthschaftlichen Producte des ganzen Reiches nicht genügend ist, wenn ein kleines, fern vom Centrum des Landes abgelegenes Gebiet die Eignung für industrielle Production besitzt, sondern daß die industrielle Thätigkeit zum Frommen der Allgemeinheit über das ganze Reich ausgebreitet sein soll.

Die Motivirung des im „Gutachten" vorgeschlagenen Garnzolles findet sich auf Seite 19, und zwar wird die Bestimmung der Nummer 50 als Feinheitsgrenze angenommen:

„Weil die aus Garnen bis Nr. 50 erzeugten Gewebe die"
„hauptsächlichsten Artikel des großen Consums repräsentiren, und weil"
„die Annahme einer niedrigeren Nummer als 50 für die Feinheits-"
„gränze unvermeidlich eine Erhöhung des Zolles für die gewöhnlichen"
„Baumwollgewebe im Gefolge haben müßte, was nicht durchführbar"
„erscheint; und endlich weil der Ausspruch hervorragender Fachmänner"
„dahin geht, daß entsprechend situirte und gut eingerichtete Spinnereien"
„bei dem bisherigen Zollsatze in der Erzeugung von Garnen bis Nr. 50"
„noch concurrenzfähig sind. Der Zollzuschlag von 75% für die feineren"
„Gespinnste bietet allerdings der Erzeugung der hochfeinen Garne"
„keinen Schutz, wohl aber macht er die Feingarnspinnerei, soweit sie"
„in Oesterreich noch besteht, und soweit sie entwicklungsfähig und den"
„Anforderungen der inländischen Consumtion entsprechend ist, wieder"
„lebensfähig."

Daß die Garne bis Nr. 50 zur Erzeugung der hauptsächlichsten Artikel des großen Consums dienen, das ist eben der Grund, warum wir sie für unsere österreichische Spinnerei reclamiren, während jetzt von den in Oesterreich zum Verweben kommenden 36/42 Cops etwa drei Viertel aus dem Auslande kommen sollen.

Warum eine Erhöhung des Zolles für Baumwollgewebe, welche aus gröberen als Nr. 50er Garnen erzeugt werden, nicht durchführbar erscheint, wird in dem „Gutachten" leider verschwiegen. Es wird eben den Industriellen aus der Weberei, nachdem sie an und für sich durch den heutigen Zoll auf gröbere Gewebe hinlänglich geschützt sind, bequemer und sicherer erscheinen, nach oben nichts verlangen zu müssen und nach unten nichts zu gewähren, als mit für die Bedürfnisse der Spinnerei einzutreten und sich dann den Regreß dafür erst in der eigenen Tarifregulirung zu holen. Auch ist das von ihnen für die gesammte Weberei vorgeschlagene System so einfach, glatt und systematisch, daß sie es nicht durch Rücksichten auf die Spinnerei compliciren wollen.

Was endlich von hervorragenden Fachmännern angeführt wird, welche die Concurrenzfähigkeit der österreichischen Spinnerei bis Nr. 50 behaupten sollen, so mag dies vielleicht für ganz bevorzugt situirte Etablissements eine ausnahmsweise Geltung besitzen; für die österreichische Spinnerei im Großen und Ganzen ist es entschieden unrichtig. Vielleicht ist hier auch mehr von hervorragenden Fachmännern der Weberei und Druckerei, als von solchen der Spinnerei die Rede.

Es hat hier durchaus den Anschein, als ob die Baumwollweberei, um wenigstens für die gröberen Gewebe nicht das Odium einer erhöhten Zollforderung auf sich zu laden, ja um selbst vornehmer Weise noch einen Gulden des bestehenden Zolles nachlassen zu können, dem Nothstande eines großen Theils der Spinnerei gegenüber die Augen absichtlich verschließen, oder dieselbe mit Gewalt concurrenzfähig und hinreichend geschützt erklären wollte. Es könnte aber unter diesen Umständen der Baumwollspinnerei nicht zugemuthet werden, für die Bestrebungen der übrigen meist weit weniger gefährdeten Industrien einzutreten und blos ihren Rücken dazu herzuleihen, um der Weberei und Druckerei einen Staffel zur Erreichung ihrer Ziele abzugeben.

In die angestrebte Solidarität der verschiedenen Industriezweige zu wechselseitiger Unterstützung der berechtigten Zollforderungen wäre damit das erste Loch gerissen.

Wenn sonst noch von anderer Seite hie und da die Behauptung gehört wird, nur eine mäßige Anzahl der österreichischen Spinnereien sei überhaupt in der Lage 36/42er Cops in genügender Qualität zu spinnen, — so genügt für den Praktiker als Antwort darauf ganz einfach der Hinweis, daß irgend eine Garnqualität, welche der Gang der Conjunctur im Verlaufe der Jahre nur hie und da durch ein Paar Monate zu spinnen erlauben würde, nie diejenige Vollendung und Gleichmäßigkeit erlangen kann, welche durch die continuirliche Pflege einer Specialität erzielt wird. Bei dem äußerst beschränkten und ganz sporadischen Consum in den verschiedenen Garnsorten, welcher durch die Ueberfluthung des Marktes mit fremden Garnen herbeigeführt ist, war die österreichische Baumwollspinnerei zum Schaden der Billigkeit ihrer Production wie der Güte ihrer Waare seit Jahren darauf angewiesen, mit den Garnnummern und Garnqualitäten ihrer Erzeugung in den einzelnen Fabriken herumzuspringen, — sie ist in ihrer Noth aus den Experimenten und Kunststückchen nicht herausgekommen.

Den Anträgen des Gutachtens gegenüber erlauben wir uns die Nummerngrenzen von 24, 48 und 72 englisch zu beantragen, und zwar sowohl deßhalb, weil nach unserem Urtheil wirklich Nr. 24 für das Gros der österreichischen Baumwollspinnerei die Grenze der Concurrenzfähigkeit bildet, die wichtige Nummer 30 aber schon entschieden in den Rahmen der höhergeschätzten Garne fallen muß, als auch weil obige Nummern, auf Meter und Gramme reducirt, sehr einfache und handliche Zahlen ergeben, und daher leicht controlirbar erscheinen. Es gehen nämlich

von Nr. 24 englisch 40 Meter auf ein Gramm,
„ „ 48 „ 80 „ „ „ „
„ „ 72 „ 120 „ „ „ „

und es wird in Baumwolle wie in Schafwolle und Leinen in wenig Jahren die Zahl der Meter auf ein Gramm die alleingiltige Nummer darstellen.

Eine der größten Schwierigkeiten für die Einführung von Feinheitszöllen war bisher immer die außerordentliche Zerfahrenheit der Nummernbestimmung in den verschiedenen Gespinnstgattungen. Bei Gelegenheit des ersten internationalen Congresses für eine einheitliche Garnnumerirung wurden 24 verschiedene, jetzt in Europa in den verschiedenen Gespinnstgattungen übliche Numerirungsweisen namhaft gemacht. Sobald obiges Princip, dessen gesetzliche Durchführung für nahezu den ganzen europäischen Continent im Werke ist, der Feinheitsbestimmung zu Grunde gelegt wird, kann von einer ernstlichen Schwierigkeit in dieser Hinsicht keine Rede mehr sein. Ein einziger Normalhaspel und eine einzige Sortirwage auf jedem betreffenden Zollamte genügt für einen Zollwächter ohne jegliche weitere Waarenkenntniß die Nummer einer beliebigen Gespinnstgattung sofort zu constatiren.

Wir proponiren nun für rohes Baumwollgarn pr. Zollcentner:
bis zu 40 Meter auf ein Gramm (Nr. 24 engl.) fl. 4.—
über 40— 80 „ „ „ „ („ 24—48 „) „ 7.—
„ 80—120 „ „ „ „ („ 48—72 „) „ 10.—
„ 120 „ „ „ „ („ 72 „) „ 15.—

und ferner für zwei- und mehrdrähtigen Zwirn die Einreihung in die nächst höhere Kategorie von Garn als dasjenige ist, aus welchem er gefertigt wurde.

Bisher war zweidrähtiger Zwirn dem einfachen Baumwollgarne gleichgehalten, um das Rohmaterial der Weberei so billig als möglich zu machen. Weil nun jener Betrag der Productionskosten, welcher auf das Zwirnen des Baumwollgarns entfiel, sich auf diese Weise gar keines eigenen Schutzes erfreute, so war die Folge davon, daß die Herstellung des Webezwirns in Oesterreich mehr und mehr aufgegeben wurde. Die Manipulation bei der Zollbestimmung ist hier wieder ganz einfach. Zweidrähtiger Zwirn, welcher beispielsweise 30 Haspelumdrehungen von 1 Meter auf das Gewicht eines Grammes ergeben würde, müßte aus Garn gedreht sein, von welchem 60 Meter auf das Gramm gehen; dieses letztere ist in der Zollkategorie von 7 Gulden, der Zwirn daher in derjenigen von 10 Gulden.

Die hier vorgeschlagenen Zölle erscheinen überall dort nothwendig, wo man noch auf die Dauer die österreichische Fabrication erhalten oder neu begründen will. Eine Ermäßigung für einzelne Nummern könnte nur in dem Falle eintreten, als die Anzahl der Tarifpositionen noch vermehrt würde; denn um beispielsweise Nr. 42 noch entsprechend zu schützen, muß für Nr. 28, da es in dieselbe Position fällt, auch derselbe Schutz bestehen, obgleich letztere Nummer natürlich nur eines geringeren Ausmaßes bedarf.

Wollte man uns aber einwenden, daß die Anzahl der vorgeschlagenen Tarifpositionen (vier) zu hoch gegriffen sei, daß man nicht durch häufigere Unterabtheilung jedes einzelnen Artikels des Zolltarifes diesen in's Unendliche compliciren könne, so haben wir darauf mehrerlei zu erwidern. Erstlich dünkt uns, daß ein rationeller Zolltarif sich nach den wirklichen Bedürfnissen, nach der thatsächlichen Gestaltung der volkswirthschaftlichen Verhältnisse richten müsse; daß es aber das Pferd am Schweife aufzäumen hieße, wollte man verlangen, Industrie und Handel sollten sich derart gestalten, daß sie einer möglichst lakonischen und mühelosen Fassung des Zolltarifs entsprechen. Zweitens muß man wohl nicht nur die äußerliche Gleichartigkeit des betreffenden Tarifartikels in's Auge fassen, sondern auch seine wirthschaftliche Bedeutung; und da läßt sich doch nicht leugnen, daß unter den ungefähr tausend Positionen des Zolltarifs leicht fünfzig oder selbst hundert herausgefunden werden können, welche zusammengenommen nicht die Wichtigkeit für die gesammte Arbeitsthätigkeit des Volkes besitzen, als der eine Artikel, rohe Baumwollgarne, und daß es, abgesehen von dem directen praktischen Nutzen der Mehrbesteuerung seiner Garne für die Erkenntniß unserer industriellen Verhältnisse von hohem Vortheile wäre, statistische Daten darüber zu erhalten, wie weit die Concurrenzfähigkeit und der Consum der inländischen Fabrication in den feineren Artikeln reicht. Diese Erkenntniß allein würde das Bischen Mehrarbeit, welches das Eintragen der verzollten Quantitäten in vier Rubriken anstatt in Eine verursacht, hundertfach aufwiegen.

Will man aber durchaus die Einfachheit des Tarifes wahren, dann ziehe man auch die vernünftigen Consequenzen, die sich bei Anstrebung eines bestimmten Zweckes daran knüpfen. Baumwollgarn Nr. 36—48 englisch braucht nun einmal 7 Gulden Zoll, um in Oesterreich dauernd producirt werden zu können. Man wähle also die Abgrenzung der Zollposition wie man will, gebe aber der ganzen Position dann auch denjenigen Zollsatz, welcher nothwendig ist, um auch das feinste Product, welches noch in diese Position hineinfällt, genügend zu schützen. Nr. 6—12 wäre vielleicht mit 3 Gulden hinreichend geschützt, 12—20 mit 4, 20—28 mit 5, 28—36 mit 6, 36—48 mit 7 Gulden. Wollte man da etwa den Durchschnitt ziehen und der ganzen Nummernreihe einen mittleren Satz gewähren, so hieße dies eben ganz einfach, diejenigen Nummern wie bisher aus der österreichischen Fabrication ausschließen, welche eines höheren Schutzes als des durchschnittlichen bedürfen. Soll also Baumwollgarn bis Nr. 48 oder 50 in einen einzigen Zollsatz zusammengefaßt werden, so darf dieser kein anderer sein als 7 Gulden.

Um die Billigkeit der hier gestellten Forderungen zu illustriren wird es gut sein, dieselben mit den bestehenden und mit den in dem „Gutachten" vorgeschlagenen Zöllen auf Webwaaren in Vergleichung zu setzen.

Der Zoll auf dichte rohe Webwaaren betrug bis jetzt fl. 16.—, derjenige auf undichte fl. 30.—

Im „Gutachten" wird der Zoll vorgeschlagen:

1. für gewöhnliche Baumwollgewebe bis zu 38 Fäden auf 5 Quadratmillimeter, im Gewichte von 10 Kilogramm oder mehr pr. 100 Quadratmeter .... fl. 15.—
2. für mittelfeine über 38 Fäden auf 5 QMm. und 10 Kilogr. oder mehr pr. 100 QM. .... „ 25.—
3. für feine, undichte unter 38 Fäden auf 5 QMm. und unter 10 Kilogr. pr. 100 QM. .... „ 35.—
4. für feine, dichte über 38 Fäden auf 5 QMm. und unter 10 Kilogr. pr. 100 QM. .... „ 45.—

Der Zoll auf Baumwollgarne soll nach dem Gutachten bis Nr. 50 englisch die bisher allgemeingiltige Höhe von fl. 4.— per Zollcentner behalten, über Nr. 50 aber von nun an fl. 7.— betragen.

Hier haben wir vor Allem folgende Momente bei Beurtheilung dieser Vorschläge und ihrer Vergleichung im Auge zu behalten:

1. Der Schutzzoll soll zur Ausgleichung der zu Ungunsten der österreichischen Industrie sich ergebenden Differenz der inländischen Productionsverhältnisse gegen diejenigen des Auslandes dienen.

2. Die zu Ungunsten unserer Industrie sich gestaltenden Momente der Productionskosten sind der Hauptsache nach:
a) hohe Anlagskosten (2 bis 2½ Mal so hoch als in England); b) theures Betriebscapital; c) hohe Steuern; d) hohe Frachten für Hilfsstoffe; e) theure Assecuranz und sonstige Spesen; f) mangelhafte Auswahl im Rohmaterial; g) seltene und ungleichmäßige Frachtgelegenheit bei Bezug desselben; h) theure Fracht; i) theurer Brennstoff; k) erhöhte Conjuncturschwankungen gegen das Ausland und unsichere Calculation in Folge der Fluctuationen des Geldagio's; l) hohe Magazinage; m) Unsicherheit der regelmäßigen Kundschaft; n) theilweiser oder vollständiger Mangel einzelner wichtiger Hilfsindustriezweige; o) weite Entfernungen des Hafenplatzes für Baumwolle von der Fabrication der Garne und dieser von der Fabrication der Gewebe; p) ungeschulte und wenig leistungsfähige Arbeitskräfte; q) Mangel an inländischen Fabriksingenieuren, Monteuren, Werkführern ꝛc.; r) eine beträchtliche Zahl unnützer Feiertage ꝛc. ꝛc.

3. Durchschnittlich nicht zu Ungunsten unserer Industrie gegen die des Auslandes gestalten sich in Oesterreich die Arbeitslöhne an

und für sich betrachtet, d. h. ohne Rücksicht auf die dafür geleistete Arbeit.

4. Ganz speciell zu Gunsten der nordböhmischen Textilindustrie im Gegensatze zu jener in Niederösterreich und theilweise auch in den übrigen Kronländern dienen ausnahmsweise billige Löhne, ferner günstige Lage in Hinsicht der Baumwoll- und Garnfrachten und des Brennstoffs, wie früher dargestellt; während die Lasten speciell der niederösterreichischen Textilindustrie noch dadurch vermehrt werden, daß dieselbe fast ausnahmslos für Arbeiter-Wohngebäude für den größten Theil der Arbeiterbevölkerung, welcher aus Einwanderern von anderen Kronländern oder deren Nachkommen besteht, sorgen muß. Das Resultat davon zeigt sich beispielsweise darin, daß die böhmische Baumwollspinnerei noch immer im Stande ist, bei dem heutigen Garnzolle von fl. 4.— mit relativem Vortheil 36/42 Cops zu spinnen, während dasselbe in Niederösterreich im Durchschnitte der Conjuncturen sicheren Schaden ergibt.

5. Der beiweitem größte Theil der mechanischen Weberei ist in Nordböhmen zu Hause, das Gros der Handweberei für niedere Nummern im Norden von Böhmen und Mähren sowie in Schlesien, während die Weberei in Niederösterreich einen sehr kleinen Bruchtheil der Gesammtweberei bildet.

6. Von der Gesammtspindelzahl der österreichischen Baumwollspinnerei mit 1,527.000 entfallen auf Niederösterreich 430.000 (bis zum Jahre 1864 581.000), auf Nordböhmen 684.000; der Rest von 413.000 Spindeln vertheilt sich ziemlich gleichmäßig auf den Rest der Westhälfte der Monarchie. Die niederösterreichische Baumwollspinnerei ist somit der Hauptsache nach, mit Ausnahme des sehr limitirten Bedarfs an Grobgarnen in Ungarn, von dem böhmischen Consum abhängig und nachdem die Höhe der Arbeitslöhne sowie der Mangel einer einheimischen Weberbevölkerung die Anlage von mechanischen Webereien in Niederösterreich nicht zweckmäßig erscheinen lassen, ist auch gar keine Aussicht, daß darin eine Aenderung eintreten werde.

7. Bei der mechanischen Weberei beträgt der Arbeitslohn etwa die Hälfte der Gesammtproductionskosten, während die andere Hälfte auf Verzinsung und Amortisation der Anlage, auf Assecuranz, Brenn-

stoff, Steuern, Hilfsmaterialien, Comptoirspesen ꝛc. ꝛc. entfällt. Bei der Spinnerei dagegen machen die directen Lohnauszahlungen eine viel geringere Quote der Gesammtkosten aus (zwischen 30 und 40 Percent). Namentlich die Anlagskosten, also auch deren Amortisation und Verzinsung sind bei der Weberei weit geringer als bei der Spinnerei *).

Von den hier aufgestellten Voraussetzungen ausgehend, wollen wir nun die Billigkeit des im „Gutachten" vorgeschlagenen Verhältnisses zwischen dem Schutze der Spinnerei und dem der Weberei, sowie des bis jetzt factisch bestehenden Verhältnisses prüfen.

Es kann keinem Zweifel unterworfen sein, daß in dem Schutzzoll des Ganzfabricates der des Halbfabricates mit enthalten sein muß; daß somit in dem Zoll auf einen Centner Webwaare auch der Zoll für den Centner Garn, aus welchem das Gewebe verfertigt wurde, mit begriffen sei, daß also auch der Zoll auf Gewebe entsprechend höher sein müsse als derjenige auf die Garnsorte, aus welcher diese Gewebe erzeugt werden. Andererseits wird es nicht mehr als billig sein, daß die in einem bestimmten Quantum Gewebe enthaltenen Productionskosten der Spinnerei und der Weberei in gleichem Verhältnisse geschützt werden, oder vielmehr daß dieses Verhältniß nur nach dem Maßstabe alterirt werden soll, nach welchem die Productionskosten der Einen und der Andern gegen diejenigen des Auslandes sich ungünstig gestalten.

Wir glauben im Ganzen nicht fehl zu gehen, wenn wir im Durchschnitte annehmen, daß aus einem Centner Garn auch ein

---

*) In einem Stück Webwaare mittlerer Feinheit werden sich die Gesammtkosten der Weberei durchschnittlich denen der Spinnerei ziemlich gleich stellen. Während man nun in der Arbeitsleistung 40 Spindeln = 1 Webstuhl rechnet, werden die Gesammtkosten einer Spinnfabrik in England per Spindel auf 24 £, die einer Weberei per Webstuhl auf £ 24.— veranschlagt; also stellen sich die Anlagskosten für das gleiche Quantum der Erzeugung in England bei der Spinnerei gerade doppelt so hoch als bei der Weberei, und so verschieden die Höhe der Kosten zwischen Oesterreich und England auch ist (36 Gulden per Spindel gegen 24 - 30 £), das Verhältniß der einen gegen die andern wird hier wohl dasselbe sein wie dort.

Centner Gewebe wird, das heißt, daß die Schlichte des Gewebes durch den Abfall des Garns ungefähr aufgewogen wird. Wäre dies nicht ganz der Fall, würde also zu einem Centner Webwaaren in Folge der Beschwerung mit Schlichte kein ganzer Centner Garn verwendet werden, so müßte die folgende Rechnung noch mehr zu Gunsten der Spinnerei sprechen.

Nach den Vorschlägen des „Gutachtens" kommen nun

für Gewebe aus Baumwollgarn bis zu Nr. 50 engl. pr. Zoll-
Centner .... fl. 15.—
für Baumwollgarn selbst bis Nr. 50 engl. pr. Zoll-Centner „ 4.—

zieht man nun letzteren Satz von dem Gesammtzoll der
verwebten Waare ab, so bleiben als Schutz der Productionskosten der Weberei auf den Zoll-Centner ... fl. 11.—

Die in Folge der billigen Arbeitslöhne wesentlich niedrigeren Gesammt-Productionskosten Nordböhmens gegen diejenigen Niederösterreichs stellen sich auf den Zoll-Centner 36/42 Cops, inclusive 5%iger Verzinsung des Anlagecapitals, inclusive ferner einer normalen, d. h. der wirklichen Abnützung entsprechenden, Amortisation, Steuer, Assecuranz, Niederlagsspesen 2c. auf fl. 22.— und diejenigen auf den Centner Cattun aus Nr. 36/42 gearbeitet, auf dieselbe Höhe Davon kann man bei Garn rechnen

auf Arbeitslohn .... fl. 8.—
auf sämmtliche übrigen Productionskosten, d. h. die ange-
geführten Spesen, Hilfs- und Brennmaterialien .... fl. 14.—

dagegen bei der Weberei auf Arbeitslohn .... fl. 10.—
auf sämmtliche übrigen Productionskosten .... „ 12.—

In Niederösterreich aber muß man die Gesammt-Erzeugungskosten um etwa fl. 3 — pr. Centner höher rechnen und hier werden sich stellen

bei der Spinnerei: Arbeitslohn .... fl. 11.—
             sonstige Kosten .... „ 14.—
bei der Weberei: Arbeitslohn .... fl. 13.—
            sonstige Kosten .... „ 12.—

Wir müssen es den Vertheidigern des „Gutachtens" sowie denen des bisherigen Zustandes der Dinge überlassen, uns darüber aufzuklären, warum dieser Rest der Productionskosten, der auf Verzinsung und Amortisation für theuere, vom fernen Auslande importirte Maschinen und alle die anderen Ungleichheiten der Concurrenz entfällt, welche wir im Punkt 2 unserer Voraussetzungen angeführt haben, warum, sagen wir, dieser Rest bei der Weberei mehr des Schutzes bedarf als bei der Spinnerei; wir sehen dazu absolut nicht den geringsten Grund. Wohl aber können wir dagegen nicht die Augen verschließen, daß das Gros der Weberei oder vielmehr die Gesammtheit derselben, mit Ausnahme eines kleinen Bruchtheils, sich, weil sie eine Schöpfung der Neuzeit ist, speciell in den Gegenden angesiedelt hat, in welchen heute billiger Arbeitslohn herrscht und zwar ein wesentlich billigerer als in den meisten Concurrenzländern des Auslandes, daß somit ein Theil der Vertheuerung des Restes der Productionskosten dem Auslande gegenüber durch das Minus an Arbeitslohn wieder ausgeglichen wird. Ist auch die Arbeitsleistung geringer als im Auslande, so bleibt das Resultat bezüglich der Löhne doch zu Gunsten Böhmens.

Wir glauben da sehr mäßig zu sein, wenn wir, um diesen Vortheil denn doch in Rechnung zu ziehen, die Nachtheile bezüglich der übrigen Productionskosten zu einem kleinen Bruchtheil damit aufgewogen erachten, so daß der Rest derselben anstatt mit 12 nur mehr mit 10 Gulden schutzbedürftig wäre.

Wir haben früher berechnet, daß die analogen Productionskosten bei der Spinnerei, d. h. alle mit Ausnahme der Arbeitslöhne, auf 1 Zoll-Centner 36/42 Cops in Böhmen und Niederösterreich 14 Gulden betragen. Will man nun die 400/m Spindeln dieses letzteren Kronlandes nicht überhaupt von vorne herein dem Verfalle preisgeben, so muß man deren volles Schutzbedürfniß der Berechnung zu Grunde legen, weil bei ihnen dieses Bedürfniß nicht durch billige Löhne, sowie in Böhmen, theilweise wieder ausgeglichen wird.

Diese Kosten, welche theilweise doppelt so hoch, theilweise noch höher sind, als die gleichnamigen in England, zu welchen außerdem noch das Plus im Preise des Rohmaterials ebenfalls England gegenüber geschlagen werden muß, sollen nun pr. fl. 14.— mit fl. 4.— geschützt werden, während die Weberei für ihre fl. 10.— Kosten an Schutz fl. 11.— beansprucht. Die Weberei findet es also billig, daß sie für Productionsungleichheiten ganz derselben Natur wie bei der Spinnerei 3·8 Mal, also nahezu 4 Mal so stark geschützt sein müsse als diese.

Der Billigkeit entsprechend würde sich aber bei Festhaltung des Zolles von fl. 15.— für Webwaaren die Sache so gestalten, daß die auf den Schutz der Spinnerei entfallende Quote dieser 15 Gulden sich zu der auf die Weberei entfallenden Quote ebenso verhalten würde, wie die des Schutzes bedürftigen Productionskosten der Weberei, also die 10 Gulden, zu den gleichartigen Kosten der Spinnerei, nämlich 15 Gulden, das heißt:

$$6^{1}/_{4} : 8^{3}/_{4} = 10 : 14$$

und es sollte billigerweise bei einem Schutz der Weberei von fl. 15.— der Zollsatz für die Garne, welche in dieser Weberei verarbeitet werden, $8^{3}/_{4}$ Gulden betragen. Wir begnügen uns aber bis Nr. 24 mit 4 Gulden, weil wir bis dahin bei diesem Zollsatz der auswärtigen Concurrenz so ziemlich gewachsen sind, und verlangen von Nr. 24 bis Nr. 48 anstatt der $8^{3}/_{4}$ Gulden nur 7 Gulden, wobei also der Weberei für ihre um ein Drittel kleineren Kosten immer noch ein um 1 Gulden größerer Schutz verbleibt.

Ebenso wie aber die Weberei für das feinere Fabricat, welches entsprechend höhere Productionskosten hat, die Emancipation vom Auslande durch einen höheren Schutz anstrebt, ebenso muß es das Streben der Spinnerei sein, nach und nach, über die zu seiner Fortexistenz unumgänglich nöthige Erzeugung von Mittelnummern bis 48 hinaus, auch die feinere Spinnerei in unserem Vaterlande einzubürgern.

Wir sehen hier bei der Weberei von den feinen undichten, sowie von jenen Stoffen ab, welche bei einer Garnstärke unter Nr. 50 mehr als 38 Fäden auf fünf Quadrat-Millimeter haben, und halten uns an die Forderung des „Gutachtens" für dichte Gewebe aus Garn über Nr. 50. Dieselbe wird mit fl. 45.— aufgestellt, also dreimal so hoch bemessen, als die der ordinären Gewebe.

Der Werth eines Zollcentners Percail aus Nr. 80/90 Garn erzeugt, das feinste und höchstbewerthete Gewebe, welches überhaupt in der Tabelle des „Gutachtens" aufgenommen ist, wird daselbst mit fl. 237.6 angegeben; der Werth eines Zollcentners Cattun aus 36/42 Garn mit fl. 110.6. Nachdem nun der Schutz der Weberei pr. Zollcentner bei Nr. 36/42 mit 15—4 also 11 Gulden sich ergibt, bei Nr. 80/90 aber mit 45—7=38 Gulden, so erscheint die Weberei bei Geweben aus jenen feinen Garnen im Verhältniß noch mindestens eben so hoch geschützt als bei den obengenannten Cattunen, welche nahe an der Feinheitsgrenze der groben Kategorie liegen. Für jene 80/90er Garne aber hat sich gegen 36/42 die zu schützende Quote der Productionskosten mehr als verdoppelt und da soll der Zoll von fl. 7.— noch ausreichen, während er im Verhältniß zum Webezoll etwa fl. 25.— zu betragen hätte.

Das „Gutachten" stellt auch für die Zukunft das gleiche Maaß fest, und läßt sich einfach vom Standpunkte des Webers in die Worte zusammenfassen: „Wir wollen für unsere Fabrication möglichst geschützt sein und dabei die billigsten Garne aus dem Auslande beziehen."

Nach dem „Gutachten" stellt sich der Schutzzoll in Procenten auf die verschiedenen Arten feinerer Webwaaren wie folgt:

Cattune aus ³⁶/₄₂ Werth fl. 110 Zoll in Silber fl. 15 Schutz ℀ 13·6 ohne Agio
Cöpper   „ ⁶⁰/₇₆ „   „ 125 „   „   „   „ 15 „   „ 11·9 „ „
Brillantine „ ⁷⁶/₈₀ „ „ 127 „   „   „   „ 25 „   „ 19·7 „ „
Battiste „ ⁹⁰/₉₈ „ „ 200 „   „   „   „ 35 „   „ 17·5 „ „
Musseline „ ⁸⁰/₉₀ „ „ 225 „   „   „   „ 35 „   „ 15·5 „ „
Percail   „ ⁸⁰/₉₀ „ „ 238 „   „   „   „ 45 „   „ 19   „ „

Bei Molinos aus Nr. 20, welche ebenfalls in den Satz von fl. 15 fallen, stellt sich der Schutz in Procenten natürlich höher.

Bei einem durchschnittlichen Werthzolle von 16% für das Ganzfabricat wird nun ein Schutz von durchschnittlich 8% des Werthes für das die erste Hälfte der Erzeugungskosten tragende Halbfabricat nicht unbillig erscheinen. Es wäre dies nicht einmal die Hälfte, weil sich die 8% auf eine viel kleinere Einheit beziehen als die 16%.

Nach den sehr mäßigen Durchschnittspreisen der letzten fünf

Jahre stellt sich nun der Zollcentner, Schuß und Kette in einander gerechnet, von

			Zoll n. d. Gutacht.	Zoll n. d. Gegenantr.
Nr. 10	Bndlgrn.	Werth fl. 64	fl. 4 = 6·4%	fl. 4 = 6·4%
„ 20	Cops	„ „ 72	„ 4 = 5·5%	„ 4 = 5·5%
„ 36/48	„	„ „ 93	„ 4 = 4·3%	„ 7 = 7·5%
„ 60	„	„ „ 117	„ 7 = 6·0%	„ 10 = 8·7%
„ 90	„	„ „ 150	„ 7 = 4·7%	„ 15 = 10%
„ 120	„	„ „ 180	„ 7 = 3·9%	„ 15 = 8·3%

Daß der Procentsatz bei feinem Garne etwas höher sein muß als bei grobem, hat darin seinen Grund, daß der Werth des Rohstoffes bei Letzterem einen größern Bruchtheil des Gesammtwerthes darstellt als bei Ersterem und somit die zu schützenden Productionskosten einen geringeren Bruchtheil derselben ausmachen.

Wenn nun die verschiedenen Handelskammern für Baumwollgarne geringere Zollsätze in Vorschlag bringen, als dies hier geschieht, so findet das einerseits in der Aengstlichkeit, sich von den gegenwärtigen Sätzen irgendwie weiter zu entfernen, seine Erklärung; andererseits darin, daß die Referate der Handelskammern von Seite der Regierung mit solcher Eile abverlangt wurden, daß zu einer principiellen Klärung der Fragen von Seite der Fachgenossen absolut keine Gelegenheit war.

Allerdings nimmt für die bestehenden Baumwollspinnereien die Nothwendigkeit des Schutzes mit der Erhöhung der Nummer über den Rahmen der heutigen Spinnerei hinaus ab; dasselbe ist aber bei der Weberei ebenso der Fall. Erscheint es nun für das Land vortheilhaft, ihm das Gebiet der feineren Textilindustrie zu erschließen, so ist gar kein Grund vorhanden, warum dies bei der Spinnerei nicht ebenso der Fall sein sollte, wie bei der Weberei. In den Erzeugungskosten verhält sich aber Nr. 72 zu Nr. 48 genau wie 10 zu 7, weil die Hauptmasse der Kosten mit der Feinheit proportional bleibt, während ein gewisser mäßiger Satz constant mit dem Gewicht gleichbleibender Kosten jedesmal dazugeschlagen zu werden hat.

Die Erzeugung der Nummern bis zu 80 und 90 ist in Oesterreich durchaus nichts Neues. Sie hat früher durch Jahrzehnte mit Vortheil stattgefunden und es ist ihr erst durch die allmälige Herabsetzung der Zölle nach und nach der Boden unter den Füßen weggezogen worden, bis wir endlich glücklich da angekommen sind, wo wir heute stehen, nämlich auf einer Production, die sich der Hauptsache nach zwischen Nr. 6 und Nr. 20 bewegt, welch letztere Nummer schon sehr wenig Convenienz mehr bietet.

Für den ungarischen Consum in Bündelgarn, welcher sich ausschließlich innerhalb der Grenzen von Nr. 4—20, ja sogar meistens zwischen Nr. 4 und 12 bewegt, ist die von uns proponirte Zollerhöhung ohne allen Einfluß, nachdem dieselbe erst bei Nr. 24 beginnt.

Für den Consum von 36/42 Cops ergibt die Vermehrung des Zolles um 3 Gulden per Centner nach dem „Gutachten", welches auf 1 Centner 36/42 Cattune 691 1/4 Ellen rechnet, $\frac{300}{691} = \frac{3}{7}$ Kreuzer. Dies müssen die Herren Weber eben auf den Verkaufspreis der Elle Cattun daraufschlagen und bei einem Schutzoll von fl. 15 können sie dies auch thun, ohne der fremden Concurrenz zu verfallen. Das Land aber kann diese $3/7$ Kreuzer per Elle ohne Schaden dafür mehr bezahlen, daß es den Gegenwerth für den Cattun in Getreide, anstatt ihn nach England zu schicken, in Oesterreich verkaufen kann. Es zahlt per Elle Cattun anstatt 16 Kreuzer nicht ganz 16 1/2 und erspart am Centner Getreide, das heißt an einem Werthe von 3 bis 6 Gulden, 1 1/2 Gulden an Fracht. An demselben Gesammtbetrage, an welchem es im Einkaufe 2 3/4 % verliert, gewinnt es im Verkaufe seiner Producte durchschnittlich etwa 33 %.

Nach Vergleichung der Zollsätze, welche bisher für Spinnerei sowohl als für Weberei existirt haben, und welche der Hauptsache nach das Gutachten theilweise aufrecht erhalten, theilweise verstärkt wissen will, darf uns die Thatsache nicht Wunder nehmen, daß die Baumwollspinnerei in einem Theile der Monarchie wesentlich zurückgegangen ist, während sie in der günstigst gelegenen Gegend sich nur durch Erweiterung der bestehenden großen Etablissements vergrößerte, welche auf diese Weise ihre Erzeugungskosten reduciren konnten; daß aber gleichzeitig die mechanische Weberei für Mittelwaare einen continuirlichen Aufschwung fand. Durch den vierfachen Schutz, welchen die Letztere der Ersteren gegenüber genoß, ist diese Erscheinung hinlänglich erklärt.

Es wird uns vielleicht noch gestattet sein, einen kurzen Rückblick auf jenen Zeitpunkt zu werfen, in welchem in Oesterreich und zwar speciell im Stammlande des Reiches, in der unfruchtbaren Neustädter Ebene, ganz nahe der Residenz, die Baumwollspinnerei unter specieller Fürsorge der Regierung eingeführt wurde. Kleine, ärmliche Bauerndörfer in weiten Zwischenräumen occupirten damals das weite Steinfeld zwischen der Donau und dem Schneeberge und der einzige Schatz dieser Gegend, der in dem raschen Gefälle jener Flüßchen bestand, welche von den Vorbergen der Alpen über die stark abgedachte Fläche dem nahen Strome zuliefen, war noch nicht gehoben. Nach dem Entstehen dieser mit großem Capitalsaufwande angelegten industriellen Werke, den zahlreichen stattlichen Fabriksgebäuden, den langen und kostspieligen Werkcanälen, welche die Wassermasse der Bäche die ganze Ebene entlang in ein staffelförmiges Gerinne brachten, änderte sich der äußere Anblick und der Bodenwerth jener Gegend ganz gewaltig. Aus den ärmlichen Dörfern wurden stattliche Industrialorte, die Bauernbevölkerung wuchs neben der Arbeiterbevölkerung in starker Progression und fand reichlichen und lohnenden Absatz für die Erzeugnisse des Landbaues und der Viehzucht; der Bodenwerth der mittelmäßigen Aecker stieg rasch auf ein Vielfaches seines bisherigen Betrages und die weiten Strecken Huthweide, welche oft eine kaum handhohe Humusdecke über deren Steinunterlage aufwiesen, wurden mit Vortheil von der Pflugschaar in Arbeit genommen.

Seit jenen Tagen, wo mit Hilfe eines übermäßig hohen Schutzzolles die Industrie von der Regierung in's Land gezogen worden war und zwar durchaus nicht zum Nachtheil desselben, haben sich die Concurrenzverhältnisse der österreichischen Arbeit gegen das Ausland verschlechtert. Damals hatten wir durch Jahrzehnte eine feste Metallwährung, damals hatten wir niedrige Steuern, damals hatten wir verhältnißmäßig noch niedrigere Arbeitslöhne, damals hatten die Fremden uns gegenüber noch nicht den Vorsprung weit billigerer Communicationen und auch im Uebrigen dürfte im Hinblick auf die Industrie der Fortschritt in materieller und intellectueller Beziehung in vielen unserer Concurrenzländern rascher gewesen sein als in Oesterreich.

In der Herabminderung des Zollschutzes hat man aber, in unserem Industriezweige wenigstens, die thatsächlichen Verhältnisse und Bedürfnisse außer Auge gelassen und jene Grenze weit übersprungen, bei welcher ein Gedeihen und eine normale Fortentwicklung der Industrie, dem wachsenden Consum entsprechend, noch möglich ist.

Sowie durch einige Etablissements der Anfang gemacht worden ist, so können auch noch weiter die bestehenden Fabriken der Neustädter Ebene in werthlose Ziegelhaufen, ihre kostbaren Maschinen in altes Eisen und ihre, hunderte von Pferdekräften repräsentirenden Werkcanäle in stagnirende Pfützen verwandelt werden. Die Bauern werden wieder arm, ihre Dörfer klein und entvölkert, ein großer Theil ihrer Aecker wieder steinige Halde werden.

Unseren Abnehmern und Gewerbegenossen, den Webern, welche die Spinnerei so stiefmütterlich behandelt wissen wollen, möchten wir aber wohl zu bedenken geben, daß auf die Dauer die Blüthe eines Industriezweiges ohne die aller andern nicht bestehen kann; daß Hilfsgewerbe und Hauptindustrien mit einer unsichtbaren Kette zusammenhängen, daß eine die andere hebt und trägt, daß eine jede darunter leiden muß, wenn die Schwesterindustrien leiden; daß dieselben destructiven Kräfte, welche sie heute in der Anschauung unterstützen, das Gedeihen der Baumwollspinnereien in Oesterreich sei überflüssig, morgen finden können, daß es viel förderlicher sei, die Elle Baumwollgewebe um einen oder zwei Kreuzer billiger aus dem Auslande zu beziehen, als hier dasjenige zu unterstützen, was sie Treibhausindustrie nennen.

Von freihändlerischer Seite werden wir mit unseren Wünschen nach einem Zollschutze, der einen Satz von 6 bis 8 Procent vom Werth der Waare entspricht, als Hochschutzzöllner verdammt. Dies erscheint der Wirklichkeit gegenüber als Ironie oder als ein verwerfliches Spiel mit Worten und Begriffen. In Amerika, das uns an industrieller Kraft weit überlegen ist, sind Werthzölle bis zu fünfzig und siebzig Percent eingeführt, und Industrie und Landeswohlstand entwickeln sich unter denselben in überraschender Weise.

In Zeiten, welche für die industrielle Arbeit auf der ganzen Welt lohnend und ermuthigend sind, wird die österreichische Baumwollspinnerei natürlich auch noch mitzuschwimmen im Stande sein. Aber Ebbe und Fluth, Gewinnstzeiten und Verlustzeiten reichen sich eben im industriellen Leben abwechselnd die Hand und nur das Gesammtergebniß einer längeren Anzahl Jahre kann über die Existenzfähigkeit eines Industriezweiges unter bestimmt gegebenen Verhältnissen ein Urtheil gewähren. Weil nun unsere Productionsbedingungen, wie oben gezeigt, wesentlich ungünstiger sind, als diejenigen des Auslandes, so ist das Ergebniß derselben in guten Zeiten ein geringerer Verdienst, in schlechten Zeiten ein größerer Verlust.

Das Zugrundegehen zahlreicher Unternehmungen wird immerhin über die Gesammtlage eines bestimmten Industriezweiges einen entscheidenden Fingerzeig geben und nicht das specielle Resultat der letzten, für den Geschäftsgang der halben Welt ungünstigen Jahre hat in der österreichischen Spinnerei das Bedürfniß nach erhöhtem Schutze hervorgerufen, wenn auch der Druck der Zeitlage den Schrei heute lauter ertönen läßt, als dies sonst wohl der Fall wäre.

Im ganzen Lande tönt derselbe wieder und trotz aller möglichen Sorgen und Geschäfte kann die Regierung, der es schließlich mindestens um ihre Steuern bange sein muß, ihm gegenüber nicht ihr Ohr verschließen.

Freilich wird es ihr aber sehr bequem und angenehm sein, wenn im industriellen Lager selbst Anstrengungen gemacht werden, jenen häßlichen Nothschrei, wenigstens nach einer oder der andern Seite hin, zu unterdrücken oder durch ein gutconstruirtes Sprachrohr in harmlosen Wohlklang zu verwandeln.

Will sich der industrielle Club dazu hergeben, der Regierung diesen Liebesdienst zu erweisen und wird von demjenigen Theile desselben, welcher die allgemeine Nothlage der Industrie nur aus großer und gesicherter Entfernung ansieht, der ungeschminkte Ausdruck derselben verwaschen und hintangehalten, so werden sich diejenigen Zweige, welche dadurch betroffen sind, mit Enttäuschung vom Club abwenden; derselbe wird dann ganz einfach die Aufgabe, welche er sich gestellt hat, nicht erfüllen und als Organ der maßvollen und gerechtfertigten Anforderungen der Industriellen nicht mehr angesehen werden.

Es erscheint durchaus nicht genügend in der Theorie die Nothwendigkeit des Schutzes der bedrängten Industrie herauszukehren, in den praktischen Vorschlägen aber gerade an derjenigen Stelle für Beibehaltung des gegenwärtigen Zolles einzutreten, wo eine Aenderung am nothwendigsten wäre. Solche Bestrebungen sind den Industriezweigen, denen sie zugewendet sind, viel gefährlicher als die Gegnerschaft derer, die von theoretischen und idealistischen Gesichtspunkten aus, oder auch von demjenigen eines materiellen Interesses den Freihandel oder die absolute Erhaltung des status quo offen auf ihre Fahne geschrieben haben.

Die Principienfrage für uns aber steht so:

1. Wollen wir den heute bestehenden Baumwollspinnereien die Lebensfähigkeit sichern?

2. Wollen wir uns in den feineren Spinnereien nach und nach vom Auslande emancipiren?

Der Vorschlag von Sieben Gulden für die Gespinnste zwischen Nr. 24 und Nr. 48 gibt Antwort auf die erste Frage. Die Sätze von fl. 10 für Nr. 48—72 und fl. 15 für alles Höhere stellen, wenn man sich dafür auf zwei Positionen beschränkt, das Minimum für die Bejahung der zweiten auf.

Die dem industriellen Club angehörigen Baumwollspinner haben deshalb nahezu mit Stimmeneinhelligkeit beschlossen, an dem Zollsatze von fl. 7 für die Nummer von 24 an unter allen Umständen mit Entschiedenheit festzuhalten. Dieselben haben hierin nicht vorgeschlagen, um einen Theil davon abhandeln zu lassen. Sie sehen darin das bescheidenste Maß dessen, was nothwendig ist, um die Zukunft ihrer Industrie zu sichern. Sie erwarten in diesem hier ausreichend motivirten Verlangen die kräftige Unterstützung des Clubs und wären sonst gezwungen, eine billige Vertheilung des Schutzes zwischen Garn und Gewebe durch directe Action zu suchen; die Ziffern aber, sowie alle thatsächlichen Verhältnisse sprechen so laut zu ihren Gunsten, daß ihnen um die Entscheidung nicht bange zu sein braucht.

Donauregulirung
und
Waarenhandel.

Eine volkswirthschaftliche Studie

von

Gustav von Pacher.

(Separat-Abdruck aus der „Deutschen Zeitung".)

Wien 1875.
Druck und Verlag von Alexander Eurich in Wien.

I.

Eines der großartigsten, hydrotechnischen Unternehmen unseres Jahrhunderts ist in diesen Tagen seiner Vollendung zugeführt worden. Dem Donaustrome, welcher, zunächst der Reichshauptstadt Wien bisher in unregelmäßige Arme zerspalten, einen weiten Bogen um diese Stadt beschrieb, und seiner commerciellen Verwerthung zum Nachtheile des ganzen Reiches entzogen war, ist auf die Länge einer deutschen Meile in seiner vollen Breite ein neues Bett gegraben und seine Wassermasse in regelmäßigem, einheitlichem Laufe an die Nachbarschaft der Stadt herangezogen worden. Weitausgedehnte Gründe, welche einer Bevölkerung von mehreren hunderttausend Menschen Raum zur Ansiedlung und der Stadt Wien Platz und Gelegenheit zur Erweiterung und Entfaltung als commerciellem Mittelpunct Central-Europa's bieten, sind auf diese Weise dem Inundations- und Stromgebiete entrissen worden und harren nun ihrer Benützung im Dienste jener Idee, welche dem Unternehmen zu Grunde lag.

Die Mittel, welche die Ausführung des Werkes erforderten, waren außerordentlich große; Reich, Kronland und Stadt haben sich zur Aufbringung derselben vereinigt und je ein Drittel der Gesammtsumme von 24 Millionen Gulden beigestellt, welche der Durchstich, die Quai- und Brückenbauten erforderten.

Es wird hier vielleicht von Nutzen sein, nun wo das kostspielige Unternehmen ist seinem Haupttheile vollendet und dem Verkehre übergeben ist, einen Blick auf die Gründe zurückzuwerfen, welche bei Inangriffnahme des Werkes maßgebend waren und maßgebend sein mußten; das Programm, welches von der zur Entwerfung und Durchführung der Arbeiten eingesetzten Donau-Regulirungs Commission im Jahre 1867 aufgestellt worden war, einer kurzen Durchsicht und Prüfung zu unterziehen; und schließlich das Werk selbst in seiner heutigen Gestaltung mit den Bestrebungen und Zielen, welche bei seiner Entstehung vorgewaltet haben, zusammenzuhalten, andererseits dasselbe nach dem Maßstabe des Werthes zu messen, welchen es in seinem heutigen Stande für die öffentlichen Interessen besitzt, und welchen es bei entsprechender Fortführung in Zukunft für dieselben besitzen könnte.

Dieser Maßstab, man verzeihe uns die Nüchternheit und Trockenheit des Ausdruckes, ist der rein geschäftliche. Je ausreichender und umfassender ein derartiges öffentliches Unternehmen sich in seiner Ausführung von selbst wirthschaftlich, und das heißt hier geschäftlich, rechtfertigt; je klarer es auf der Hand liegt, daß die Wohlthaten, welche das Werk den öffentlichen Interessen spendet, die Zinsen des Capitals überwiegen, welches aus öffentlichen Mitteln zu seiner Durchführung aufgebracht worden sind — um so großartiger und rühmenswerther wird das Werk selbst dastehen; umsomehr Dank wird das Reich, das Land und die Stadt allen Denen schulden, welche ihre Fähigkeit, ihr Wissen und ihre Thatkraft dafür eingesetzt haben, um der Grundidee desselben Fleisch und Blut zu verleihen und sie aus dem Gebiete der Projecte in das der vollendeten Thatsachen hinüberzuführen.

Nicht immer hat leider in unserem Vaterlande bei Planung und Ausführung öffentlicher Unternehmungen jener gesunde, geschäftliche Sinn, jenes sichere Bewußtsein der Uebereinstimmung von Zweck und Mittel zu Grunde gelegen, welche der Bevölkerung die Beruhigung gewährt, daß ihr Geld und ihre Interessen in sicheren Händen ruhen, daß aus jedem einzelnen, zu öffentlichen Werken aufgebrachten Capitalsbetrage die Summe der Vortheile herausgeschlagen wird, welche überhaupt herauszuschlagen ist: jener gesunde, geschäftliche Sinn aber auch, welcher in keiner Weise in Pfennigknickerei ausarten wird, welcher dem Fluge kühner, wirthschaftlicher Gedanken, der Ausführung wirklich großartiger Werke des Gemeingeistes, dem Aufschwunge des warmen, vaterländischen Sinnes nicht nur kein Hinderniß in den Weg legt, sondern im Gegentheile deren Erfolg sichert.

Wir müssen nun, um dem vorliegenden Werke volle Würdigung nach obigen Grundsätzen widerfahren zu lassen, einen Blick auf den bisherigen Zustand des Stromes und seiner Umgebung zurückwerfen.

Eine große Anzahl von Meilen oberhalb und unterhalb unserer Hauptstadt ist der Lauf der Donau in unregelmäßige, vielgekrümmte und ihr Bett wechselnde Arme gespalten, welche einen Landstreifen oft bis zur fünf- oder zehnfachen Breite des Stromes mit ihren Inseln, Auen und Tümpeln in Anspruch nehmen und der eigentlichen landwirthschaftlichen Verwerthung entziehen. Namentlich gegen das Frühjahr zu, wenn die Massen des zusammengefrorenen Treibeises sich in Bewegung setzen, finden in dem vielgewundenen Laufe leicht Stauungen statt, welche das Austreten des Stromes auf weite Strecken zur Folge haben, die Fluren verwüstend und die Behausungen der Menschen mit Verderben bedrohend.

Muß ein solcher Zustand schon auf dem freien Lande als ein sehr mißlicher bezeichnet werden, so steigert sich dies in außerordentlichem Maße, wenn ein ausgedehnter Theil einer Großstadt wie Wien in den Bereich jener periodischen Ueberschwemmungen fällt, und zwar derart, daß bei solchen Ereignissen der dritte Theil einer Bevölkerung von etwa hunderttausend Seelen über Nacht ausquartiert und anderwärts untergebracht werden muß, während die beiden anderen Drittel in den oberen Stockwerken der Häuser nur einen höchst nothdürftigen Verkehr mit der Außenwelt unterhalten und dabei mehr oder minder ernsten Gefahren für Gesundheit und Leben ausgesetzt sind. Die weitere Entwicklung der Stadt zum Strome hin war abgeschnitten, der Strom selbst nur von provisorischen Brücken überschritten, der Verkehr zwischen demselben und der Stadt ein weitläufiger und unbequemer.

Da ist es wohl erklärlich, daß mit jeder neuen Wassercalamität der Ruf nach gründlicher Beseitigung der Gefahr durch systematische Regulirung des Stromes sich lauter erhob, daß Project auf Project auftauchte und mehr als einmal eine Commission zusammentrat, welche eine derartige Regulirung zum Zwecke hatte. Außerdem verursachte die Erhaltung, Erhöhung und Ergänzung der ziemlich regellos aufgeführten langen Schutzdämme, welche ihrem Zwecke doch nur unvollständig entsprechen, trotzdem bedeutende Kosten, so daß auch deshalb die Ersetzung derselben durch gründliche Neugestaltung des Stromes sehr nahe lag.

Die Kosten eines solchen Unternehmens mußten aber sehr bedeutende sein. Es war immerhin nothwendig, sich zu fragen: Was wiegt schwerer, die alljährliche Gefahr der Ueberschwemmung des zweiten Bezirkes, die Instandhaltung der bisherigen Schutzbauten und provisorischen Brücken, die Verkehrsunbequemlichkeiten und der Entgang an culturfähigem Boden — oder aber die Zinsen eines Capitals, das mit 24 Millionen präliminirt wurde, das sich aber auch mit 30 oder mehr Millionen ergeben konnte?

Eine zweite Frage mußte lauten: Wenn schon das große Werk als nothwendig erkannt und seine Durchführung beschlossen werden sollte, wie muß es gestaltet werden, um das Verhältniß der ausgelegten Kosten zu der Summe der daraus erwachsenden Vortheile so günstig als möglich zu gestalten?

Bei derartigen Werken im Interesse der Allgemeinheit handelt es sich nicht um Unterschiede so geringfügiger Natur, wie dies meist bei Privatunternehmungen, falls dieselben nicht von vorneherein verfehlt sind, der Fall sein wird. Bei letzteren drückt die Concurrenz den möglichen Ertrag immer auf ein bescheidenes Maß herunter; ein Procent mehr oder weniger im Durchschnitte der Jahre macht da schon viel aus. Bei Unternehmen im Interesse der Oeffentlichkeit fällt das ausgleichende Moment der Concurrenz weg. Hier kann ein solches, wenn es richtig durchgeführt wird, wenn es eine klaffende Lücke im wirthschaftlichen Leben auszufüllen, oder ein drückendes Hinderniß des öffentlichen Verkehrs zu beseitigen im Stande ist, zu einem segenspendenden Füllhorn werden und dem Lande wenigstens in späterer Zukunft Vortheile zuwenden, welche die gewöhnlichen Zinsen des verbrauchten Capitals um ein Vielfaches übertreffen; es kann aber auch, wenn es auf eine mehr äußerliche, dem Wesen nach aber unpraktische Weise durchgeführt ist, dem Lande, der Stadt und dem Staate unverhältnißmäßige, nicht zu rechtfertigende Opfer auferlegen.

II.

Inwiefern die bisher angeführten Zwecke der Donauregulirung, also in erster Linie die Sicherung der Häuser der Leopoldstadt, eine jährliche Zinsenzahlung von 1 $\frac{1}{2}$ bis 2 Millionen Gulden werth sind, inwiefern es berechtigt erscheint, nicht nur die Gesammtheit der Großcommune Wien, sondern auch das Kronland und den Staat für diesen localen Zweck in so bedeutende Contribution zu setzen, dies zu entscheiden fehlen uns die nöthigen Anhaltspunkte und wir müssen es daher denjenigen überlassen, welche der Planung und Ausführung des Unternehmens näher stehen und welchen auch mit der Verpflichtung zu solchen Berechnungen die Mittel an die Hand gegeben sind, sie wirklich vorzunehmen.

Neben diesen nächstliegenden Zwecken tauchten aber im Schooße der Commission für die Donauregulirung, welche über kaiserliche Entschließung vom 8. Februar 1864 im Jahre 1866 zusammentrat, und welche das Programm aufstellte, nach dem die Regulirung wirklich vorgenommen wurde, noch andere Gesichtspunkte auf, und es sind dieselben für die Gestaltung des Planes sowohl, als für den Kostenbetrag der Ausführung des Werkes von außerordentlich großem Einflusse gewesen.

Diese Gesichtspunkte waren: Die Hebung und Förderung des Donauverkehrs und die Entwicklung Wiens zum Stapelplatze als künftiges Centrum des mitteleuropäischen Waarenhandels.

Es liegt auf der Hand, daß sich mit Aufsteckung solcher Ziele die Bedeutung und Tragweite des Unternehmens, die Höhe der Mittel, welche seine Durchführung in Anspruch nehmen durfte, die entgegenstehenden Rücksichten und Interessen, welche sich ihm unterzuordnen hatten, von Grund aus neugestalten mußten. Aus einem völlig localen Unternehmen, welches für Kronland und Reich nur insofern Interesse haben konnte, als ein Theil der Hauptstadt des einen und des andern durch Behebung oder Minderung einer permanenten Gefahr an Häuser- und Bodenwerth und Entwicklungsfähigkeit gewann, wuchs nun ein anderes hervor, welches einen Markstein in der ökonomischen Entwicklung unseres Vaterlandes abgeben, und für die Gestaltung der commerciellen Verhältnisse des ganzen Reiches von der höchsten und segensvollsten Bedeutung werden konnte.

Nicht von vorneherein und auch nicht mit vollständiger Klarheit rang sich der Gedanke der allgemeinen volkswirthschaftlichen Bedeutung der Donauregulirung und dessen, was sich daran knüpfen ließ, im Schooße der Commission an's Licht. Aus dem Keime einer Maßregel zur Abwendung störender Elementarereignisse und zur Gewinnung einigen Culturlandes entwickelte sich vielmehr das Project einer großartigen, auf äußerliche Pracht berechneten Stadtanlage, durch welches sich der Gedanke der Wahrung und Entwicklung eines volkswirthschaftlichen Interesses nur unvollständig, ohne klares Bewußtsein und ohne consequente Durchführung hindurchwand.

Das erste Auftauchen und spätere Wiederkommen des volkswirthschaftlichen Gedankens im Donauregulirungsprojecte läßt sich wohl am besten in dem vom Comité der ersten Commission am 23. Juli 1868 erstatteten Berichte über das in Angriff zu nehmende Werk erkennen, welcher auf die älteren Projecte dieser Art sowie auf die früher aufgeführten Wasserbauten zurückgreift und mit einer Reihe bestimmter Vorschläge zur Durchführung der Regulirung schließt.

Es heißt da (Seite 8) nach Besprechung aller früheren bis in's Jahr 1811 zurückgreifenden Regulirungspläne, welche theilweise eine große Uebereinstimmung mit der nachherigen wirklichen Ausführung zeigen, von der Commission für die Donau-regulirung vom Jahre 1850: „Oesterreich hatte im Jahre 1848 das erste Mal ein Ministerium für Handel und öffentliche Bauten erhalten und dem an die Spitze dieses Ministeriums gestellten hervorragenden Staatsmann und Nationalökonomen, Freiherrn von Bruck, konnte die Bedeutung einer gründlichen Donauregulirung für die Hebung der volkswirthschaftlichen Interessen nichts blos Wiens, sondern Oesterreichs nicht entgehen."

Es wird darauf weiter die Thätigkeit jener Commission, welche ohne Ergebniß blieb, sowie die Zusammensetzung derjenigen vom Jahre 1866 und die Aufstellung ihres Programmes besprochen, und hiebei (Seite 15) bemerkt: „Außer den im Artikel II als Hauptzweck der Donauregulirung angeführten Bestimmungen, den ganzen Strom in ein Normalbett zusammenzufassen, alle Nebenarme abzubauen, das Nebenland vor Ueberschwemmungen zu schützen und der Schiffahrt ein entsprechendes Fahrwasser zu sichern, bestehen aber noch wichtige Bedürfnisse des Handels und der Communicationsanstalten, deren Befriedigung ebenfalls als ein Hauptzweck der Donauregulirung angesehen werden muß."

Sodann erzählt uns der Bericht von der Vernehmung der Experten, wägt die Vor- und Nachtheile der Beibehaltung des bisherigen Strombettes gegen das acceptirte Project des Durchstiches ab und erwähnt dabei (Seite 30): „daß es sich hier nicht um eine gewöhnliche Regulirung eines im freien Lande fließenden Stromes handle, sondern daß dieselbe so vorzunehmen sei, daß sie dem Handel und der Industrie, welche ihren Sitz in einer so großen Stadt aufschlagen, dienstbar gemacht werde."

Gleich darauf endlich (Seite 31) werden die Aussichten auf die Zukunft in folgenden Sätzen entwickelt:

„Wien hat die glücklichste Lage für einen bedeutenden Stapelplatz der Flußschiffahrt; denn während die Donau, einer der mächtigsten Ströme Europa's, Oesterreich von Westen nach Osten durchzieht, und eine vorzügliche Wasserstraße in dieser Richtung und nach dem schwarzen Meere herstellt, laufen von Wien aus mehrere große Eisenbahnen nach Norden und Süden, welche ihren natürlichen Anknüpfungspunkt und den Umschlagsort für die gemeinsamen Frachten in Wien finden. Wenn daher die Hemmnisse von der Donauschiffahrt entfernt sein werden, wenn in Wien ein entsprechender Landungs- und Stapelplatz hergestellt sein wird, dann wird auch der Schwerpunkt des Wiener Verkehrs wieder naturgemäß an die Donau sich verlegen. Die Anlage der nöthigen Eisenbahngeleise wird die Errichtung von

Magazinen, Lagerhäusern, Speditionsbureaux ꝛc. im Gefolge haben; bald dürfte auch ein großer Theil der Auf- und Abgabe aller Arten Frachten hieher sich verlegen und ein Bahnhof entstehen, welcher den Verkehr zwischen den Bahnen untereinander und mit der Schiffahrt vermitteln würde. Diesem Verkehr würde die Ansiedlung der betheiligten Handelsleute und Industriellen folgen, und bald würde sich Wien naturgemäß in der Richtung zur Donau ausbreiten, wie dies jetzt bei der Verwilderung des Stromes eben nicht möglich ist. Zur Verwirklichung des geschilderten Verkehrslebens an der Donau ist aber viel Raum nothwendig."

III.

Heute ist das Werk der Donau-Regulirung bei Wien seinem größten Theile nach vollendet. Manche von jenen Zwecken, zu deren Erzielung das Riesenunternehmen geplant und in Angriff genommen wurde, sind heute schon mehr oder weniger erreicht. Es ist nun ernstlich an der Zeit, zu untersuchen, inwieferne die Donau-Regulirung mit ihren Ufer- und Quai-Bauten gerade jenem Zwecke zu dienen im Stande ist, welcher der Größe des in dem ganzen Werke investirten Kapitals am meisten entspricht: **der Verwandlung des Stromes in eine große Handels-Wasserstraße und der Herstellung eines bedeutenden Stapelplatzes,** wovon das Erste eine Vorbedingung des Zweiten ist.

Hier drängen sich uns nun vor Allem die Fragen auf: Welche Erfordernisse gehören dazu, um die Anlage eines bedeutenden Stapelplatzes für den Waarenhandel zu ermöglichen? Und weiter: Welche dieser Erfordernisse besitzt Wien; welche sollen ihm durch die Donau-Regulirung zu Theil werden, und welche muß es ungeachtet derselben noch entbehren?

Welches sind die Erfordernisse? — Wenn man absieht vom Kapital, das sich schließlich überall da hinzieht, wo es eine entsprechende Verzinsung findet; wenn man absieht vom Bedarf der Güter, der in Mitteleuropa gewiß nicht fehlt und in einer Großstadt wie Wien noch concentrirt auftritt; wenn man die Rechtssicherheit als selbstverständlich ansieht, an der hier glücklicherweise im Ganzen kein Mangel ist, und die Summe persönlicher Fähigkeiten, Kenntnisse und Erfahrungen zur Führung kaufmännischer Geschäfte ebenfalls als gegeben betrachtet, so bleiben vor Allem zwei Erfordernisse zur Schaffung eines Stapelplatzes für Massengüter, nämlich: **Beförderung und Obdach**, Communication und Magazinage. Je ausreichender und zweckmäßiger für diese beiden Dinge gesorgt ist, je weniger Zeit, Mühe und Nebenspesen sie verursachen, je weniger Gefahren für die Waare mit ihnen verbunden sind, und vor allem **Andern einen je billigern Preis sie bedingen**, umsomehr Aussicht ist vorhanden, an die betreffende Oertlichkeit den Waarenhandel hinzuziehen, das dauernde Lagern den Gütern darin zu ermöglichen, kurz, einen Stapelplatz aus derselben zu machen.

An Beförderungsmitteln nun, wenn wir auf das Vorhandensein dieser beiden Nothwendigkeiten in unserer Stadt übergehen, ist hier kein Mangel. Wien ist der unbestreitbare Centralpunkt des österreichischen Eisenbahnnetzes; die acht Hauptlinien des Reiches nehmen von hier ihren Ausgang und verästen sich in ihrem weitern Laufe derart, daß abgesehen von allen denen, welche im Inlande enden oder daselbst das Meer erreichen, die Locomotive durch fünfundzwanzig Pforten die österreichische Grenze passirt. An derselben Stelle aber, wo die acht Hauptbahnen durch einen kurzen Verbindungsstrang mit einander in unmittelbare Berührung gebracht werden, rauscht der stolze Strom in seinem neugegrabenen Bette vorüber.

Die Verfrachtung auf den österreichischen Communications-Anstalten ist zwar durchaus keine billige, im Gegentheil — aber die Waaren, welche innerhalb des Reiches große Entfernungen zurückzulegen oder von einem österreichischen Hafen ins Ausland befördert zu werden haben, müssen zum größten Theile den Knotenpunkt des Netzes berühren und das für Wien speciell ungünstige Verhältniß, welches durch viele Durchgangstarife geschaffen ist, läßt sich durch Ausdehnung des Systems der gebrochenen Frachtsätze bei Hauptsache nach beheben.

Alle diese Eisenbahnverbindungen bestehen nun theils seit mehreren Decennien, theils doch seit einer längern oder kürzern Reihe von Jahren, und die Donau, wenn auch durch einen um eine Viertel- oder halbe Stunde größern Zwischenraum von Wien getrennt als heute, hat auf ihren Wellen die Dampf- und Ruderschiffe seit Langem getragen, ob nun das kurze Stückchen bei Wien, ebenso schlecht und recht zu befahren war als die ganze Strecke zwischen Krems und Komorn oder etwas bequemer.

Trotz alledem ist Wien kein Waarenplatz und wird möglicherweise auch in der nächsten Zukunft kein solcher werden.

Daß in dieser Hinsicht die Regulirung der Donau an und für sich und die Summe der damit im Zusammenhange stehenden

Vorkehrungen, welche theils vollendet, theils in Ausführung begriffen, theils projectirt sind, einen wesentlichen Unterschied hervorzubringen im Stande sein werden, ist sehr zu bezweifeln. **Ein bloßer Speditionsplatz ist durchaus noch kein Platz des Waarenhandels und bietet einer Stadt auch nicht die Vortheile eines solchen; alle in das Programm der Donau-Regulirung aufgenommenen Vorkehrungen aber sind nur darauf berechnet, die Beförderung und den Umschlag der Waaren zu erleichtern und kommen daher nur der Spedition zugute.** Diese Vorkehrungen sind: die Herstellung eines gleichmäßigen Fahrwassers von entsprechender Tiefe in directester Linie; die Erbauung von Quais, Landungstreppen und Zufahrtsstraßen; die Führung einer Verbindungslinie längs des Stromes von der Staatsbahn-Brücke bis zur Nordwestbahn-Brücke, die Nordbahn durchschneidend, an die Franz Josefs-Bahn anschließend und durch die drei Linien umfassende Staatsbahn die beiden Südbahnlinien und die Westbahn in ihrem Verkehre in sich aufnehmend; endlich die Errichtung von zwei prachtvollen Fahrbrücken über den Strom.

Es soll damit durchaus nicht gesagt werden, daß das Programm der Donau-Regulirung ein unvollständiges oder unrichtiges war; es soll nur ganz objectiv constatirt werden, daß mit allen diesen Vorkehrungen **für die Entwicklung Wiens zu einem Stapelplatze** zwar nichts präjudicirt, aber auch noch nichts Positives geschaffen ist; es braucht auch keineswegs Sache der Strom-Regulirung zu sein, für dieses letztere selbst zu sorgen, aber der Anstoß dazu ist gegeben; manche Hindernisse in dieser Hinsicht sind aus dem Wege geräumt und es können sich, anschließend an jene Arbeiten von anderer Seite, die Mittel und Wege finden, um wirklich dem Waarenhandel in Wien eine Stätte zu bereiten.

Die einzig nothwendige Bedingung hiezu, welche nicht erfüllt ist, ist die **Herstellung ausreichender, zweckmäßiger und billiger Lagerräume**, und zwar ist dies eine öffentliche Angelegenheit von allerweittragendster Bedeutung, eine Angelegenheit, an welcher, wie wir zeigen werden, nicht allein der Handelsstand, sodern auch der Staat, die Stadt und das Kronland, sowie speciell die finanzielle Leitung der Donau-Regulirung und endlich alle Verkehrs-Anstalten in eminenter Weise interessirt sind.

Nach den bisher in der Oeffentlichkeit, sowie in den **maßgebenden Kreisen vorwaltenden Anschauungen** sollte die Errichtung öffentlicher Lagerhäuser vollständig dem Privat-Unternehmungsgeiste überlassen bleiben. Der Staat glaubte genug zu thun, wenn er über die Errichtung und Organisirung dieser Institutionen eine Verordnung erließ, die Donau-Regulirungs-Commission aber, wenn sie den zur Erbauung der Magazine nöthigen Raum schaffte, und zwar zu denselben Bedingungen, zu welchen Privathäuser, Privat-Magazine und andere industrielle und commercielle Privat-Unternehmungen auf ihrem Grund und Boden eine Stätte finden konnten; Stadt und Kronland haben bisher gar nichts gethan, um ihr Interesse an einer solchen Schöpfung zu documentiren, und die officielle Vertretung des Handels- und Gewerbestandes hat sich bisher vergebens bemüht, einen Umschwung in diesen Anschauungen herbeizuführen.

IV.

Das für den Consum eines Territoriums oder das für den Export bestimmte Waarenquantum geht nicht unmittelbar vom Productionsplatze an den Ort seiner endgiltigen Bestimmung ab, und ebenso liegen bei der großen Masse der Waaren der Zeitpunkt ihrer Erzeugung und derjenige ihres Verbrauches weit auseinander, und endlich wechselt dieselbe, bevor sie aus der Hand des Producenten in diejenige des Consumenten gelangt, gewöhnlich mehrmals den Besitzer. Am deutlichsten zeigt sich dies bei dem größten Artikel des Consums, bei Getreide, wo die Ernte weniger Wochen den Bedarf eines ganzen Jahres bestreiten und der Ueberschuß reichlichen Wachsthums noch über jenen Zeitpunkt hinaus den Mangel dürftiger Ernten ersetzen muß; wo der Boden der Agriculturgebiete nicht allein die ländliche und städtische Bevölkerung des eigenen Landes, sondern auch einen Theil der Bewohner fremder Industrialgebiete zu ernähren hat; wo Derjenige, welcher das Korn einheimst, Demjenigen, welcher es verzehrt, so durchaus fremd bleibt, daß es einer großen Anzahl Hände bedarf, um die verbindende Kette zwischen ihnen herzustellen. Aehnlich wie bei Getreide ist es in geringerm oder größerm Maßstabe bei allen Artikeln des Massenverbrauches, und nur bei denjenigen Erzeugnissen, welche entweder raschem Verderben unterliegen oder sich ihrer Natur nach dem individuellen Bedürfnisse oder dem individuellen Geschmacke anschmiegen müssen, liegen Erzeugung und Verbrauch in Hinsicht auf Raum, Zeit und Besitz näher beisammen, oder dieselben wandern auch auf directem Wege von dem Producenten an den Consumenten.

Die ungeheure Mehrzahl der Handelswaaren kann sich überdies, namentlich bei der heutigen Concentration des Verkehrswesens durch die Eisenbahnen, auf ihrem Wege von der Erzeugung zum Verbrauche nicht gleichmäßig über das dazwischen liegende Territorium verbreiten, sondern muß sich vorzugsweise an solchen Punkten sammeln, welche einerseits auf dem wahrscheinlichen Wege ihrer endgiltigen Bestimmung oder derartig gelegen sind, daß dieselben mit dem geringsten Aufwande von Frachtkosten nach verschiedenen Consumtionsplätzen dirigirt werden können — andererseits zugleich an solchen Punkten, an denen bei längerem Warten auf den Zeitpunkt des Verbrauches oder des Weiterverkaufes der geringste Bruchtheil des Werthes der Waaren durch Lagermiethe, Umladegebühren, Assecuranz, Taxen u. s. w. aufgezehrt wird.

Solche Plätze für die dauernde Einlagerung von Massengütern zur spätern Vertheilung an die verschiedenen Richtungen ihres Verbrauches nennt man Stapelplätze. Dieselben ziehen auch das im großem Waarenhandel angelegte Kapital an sich, wodurch ihnen ein soliderer Reichthum, ein größeres sociales und finanzielles Gewicht verliehen wird als dasjenige, welches der bloße Handel in Actien und Staatspapieren zu bieten im Stande ist.

Die natürlichsten Punkte zur Anlage oder auch zur selbstständigen Entstehung von Stapelplätzen sind erstlich die Seehafenplätze, wo ohnedies eine Umladung der ankommenden und abgehenden Waaren stattfinden muß und von wo aus sie dann nach ihrer Ankunft zu Wasser oder zu Lande, und nachdem sich durch Nachfrage von anderwärts der Ort ihrer Consumtion ergeben hat, direct an jenen letztern versendet werden können: andererseits eignen sich zu Stapelplätzen die Kreuzungspunkte der hauptsächlichsten Verkehrsrichtungen des Binnenlandes, die Knotenpunkte der Eisenbahnen und der Stromschifffahrt. Welche ganz ausgezeichnete Lage Wien in dieser Hinsicht besitzt, ist klar. Acht Eisenbahn-Hauptlinien haben in Wien ihren Ausgangspunkt und verzweigen sich radial und netzförmig nach allen Grenzen des Reiches. Ueberdies eröffnet der Local-Consum einer Stadt von einer Million Einwohnern schon an und für sich einem großen Theil der hier auf Lager gelegten Waaren die Aussicht, jede Weiterwanderung dadurch zu ersparen, daß sie früher oder später an Ort und Stelle aufgebraucht werden. Dazu kommt noch, daß Wien am Kreuzungspunkte der einzigen großen und billigen Wasserstraße Central-Europas, der Donau (zugleich der Scheidungslinie zwischen den beiden verkehrsstörenden Hochgebirgsstöcken, den Alpen und den Karpathen), mit der Hauptlinie des Verkehres von Ostindien nach dem Norden Europas liegt. Nach Vollendung der im Bau begriffenen türkischen Eisenbahnen kommt dazu noch die dritte große Kreuzungslinie von Südosten nach Nordwesten, von Constantinopel und somit von der ganzen Levante nach Paris, Brüssel, Amsterdam und London. Wien liegt ferner an der Grenze des westlichen Cultur- und östlichen Unculturgebietes, von Rechtssicherheit und Rechtsunsicherheit — ein vorgeschobener Posten der Civilisation; es liegt überdies, was in commerzieller Hinsicht noch mehr ins Gewicht fällt, an der Scheidelinie eines fast ausschließlichen Agriculturgebietes und des industriellen Lebens und hat somit eine klar zu Tage tretende Verschiedenheit der Bedürfnisse zu vermitteln.

Zu allen diesen Vorzügen der Lage besitzt Wien alle Verkehrserleichterungen, finanziellen und commerziellen Institutionen und allen Lebens-Comfort einer großen Haupt- und Residenzstadt. Es wird somit kaum einen Binnenplatz in Europa geben, welcher sich so gut wie unsere Stadt zu einem Centrum und Lagerplatz des großen Waarenverkehrs eignen würde.

Trotz alledem, wir wiederholen es, besitzt Wien keinen Waaren-Großhandel und ist weit davon entfernt, ein Stapelplatz zu sein.

V.

Die Herstellung des Stromdurchstichs zwischen der Brücke der Nordwestbahn gegenüber Döbling und der Brücke der Staatsbahn nächst dem Lusthause des Praters hat eine gründliche Verschiebung aller räumlichen Dispositionen zwischen den nördlichen und östlichen Theilen Wiens, der Brigittenau, Leopoldstadt und dem Prater einerseits und zwischen dem Marchfelde andererseits mit sich gebracht. So wie ein breiter Streifen der Insel zwischen dem Kaiserwasser und dem alten Hauptstrome und weiter der Krieau aus Land zu Wasser wurde, so ward mittelst des aus dem neuen Strombett ausgehobenen Materiale

der weitverzweigte Arm des Kaiserwassers hinter dem Nord=
bahnhofe in festes Land verwandelt. Auch die Besitzverhältnisse
jener Gegend änderten sich. Der Grundherr des obern Theiles
jenes weitläufigen Insellandes war das Stift Klosterneuburg
gewesen, der des untern Theiles das Hof=Aerar. Dieses ganze
Inselland und weite Uferstrecken des diesseitigen Festlandes
wurden von der Donau=Regulirungs=Commission eingelöst, einer=
seits um für das neue Strombett in der Breite von 1000 Fuß
und das an dessen linkes Ufer sich anlehnende Inundationsbett
mit 1400 Fuß Breite Raum zu gewinnen, andererseits um den
breiten Landstreifen zwischen dem neuen Strome und der Haupt=
stadt den Zwecken der Regulirung gemäß zu gestalten und aus
dem Verkaufe der daraus gewonnenen Baugründe das Unter=
nehmen direct bezahlt zu machen.

Wir sehen einstweilen von den weit von der Stadt gele=
genen Grundcomplexen unterhalb der Staatsbahnbrücke und von
denen jenseits des Inundationsgebietes ab, welche ihrer Ent=
fernung halber als Baugründe nur einen bescheidenen Werth
besitzen können, und wenden uns jener langgezogenen Boden=
strecke zu, welche heute, durch die Ausfüllung, Erhöhung und
Planirung mit Donauschotter als weißes Steinmeer erglänzend,
längs dem diesseitigen Ufer der neuen Donau zwischen der
Nordwestbahnbrücke und der Staatsbahnbrücke in der Länge
einer deutschen Meile sich hinzieht. Die Breite desselben beträgt
in ihrer obern Hälfte hinter der Brigittenau durchschnittlich etwa
350, in der untern, hinter dem Prater etwa 200 Klafter. Von
der Ausdehnung dieser für die Anlage der neuen Donaustadt
bestimmten Fläche von 1,160.000 Quadratklaftern wird am
besten ein Vergleich mit dem durch die Stadterweiterung
occupirten alten Glacisgrund zwischen der innern Stadt und
den Vorstädten eine Vorstellung bieten. Die erste ist nämlich
ziemlich genau doppelt so groß als der letztere, an dessen Ver=
bauung seit fünfzehn Jahren mit Eifer und ungeheuren Mitteln
gearbeitet wird und welcher doch noch für eine Reihe von Jahren
einer weitern starken Bauthätigkeit Raum bietet.

Dieses große, theilweise dem Wasser abgerungene, in seiner
ganzen Ausdehnung zum Schutze gegen Ueberschwemmungen mit
übermannshohen Lagen von Donauschotter angeschüttete Terrain
ist nun entweder Stadtgrund oder Wüste — zu
irgendwelcher Bodencultur ist es unverwendbar und würde da
auch bei ausgezeichnetstem Boden eine so geringe Rente abwerfen,
daß dieselbe den Kosten der Strom=Regulirung gegenüber gar
nicht in die Wagschale fallen könnte. Die allerhöchste, aller=

rationellste und allergeschwindeste Verwerthung des Terrains als Baugrund ist daher für das finanzielle Ergebniß der Donau-Regulirung von eminentester Wichtigkeit.

Wir erlauben uns, zur Illustration dieser freilich sehr platt klingenden, aber doch nicht hinlänglich gewürdigten Behauptung eine kurze Calculation anzustellen. Die für die Erbauung der diesseitigen Donaustadt bestimmte Fläche beträgt, wie gesagt, 1,160.000 Quadratklafter; davon entfällt etwas über die Hälfte auf Quais, Straßen, Plätze u. s. w., so daß als wirklich verkäuflicher Baugrund nur etwa 570.000 Klafter übrig bleiben. Wenn die Donaustadt nach dem Vorgange der Wiener Stadterweiterung sehr rasch aufgebaut wird, so mögen die Gründe etwa von jetzt ab allmälig in 30 Jahren verkauft sein, also durchschnittlich in 15 Jahren; wirft sich die Baulust in schwächerm Maße auf jene Gegend, so mag es doppelt so lange, ja noch viel länger währen, bis der Verkauf durchgeführt ist. Wenn es andererseits gelingt, für die Besiedlung jener Gründe ein starkes Interesse zu schaffen und die wohlhabenden Classen hinzuziehen, so wird man vielleicht die Quadratklafter Grund durchschnittlich zu hundert Gulden und höher verwerthen; gelingt dies nicht, so wird man sich vielleicht mit fünfzig Gulden und darunter begnügen müssen. Wie sich die Ziffern auch gestalten mögen — um mehr als das Doppelte kann der Gesammterlös leicht schwanken, je nach dem die Stadtanlage mit Glück und Geschick durchgeführt wird oder nicht. Die Donau-Regulirungs-Anleihe ist einschließlich der Lotterie-Gewinnste und der sonstigen Kosten mit 6 Percent zu verzinsen, ja, nach dem Durchschnittskurse der Begebung wird sich diese Verzinsung noch um $^1/_4$ Percent höher stellen. Zum Zinsfuße von 6 Percent wächst ein Capital in 15 Jahren auf den 2.4fachen Betrag an, in 30 Jahren auf den 5.7fachen Betrag. Die 570.000 Quadratklafter Baugrund ergeben zu 100 Gulden per Klafter eine Summe von 57 Millionen Gulden, zu 50 Gulden eine Summe von 28$^1/_2$ Millionen. 57 Millionen Gulden in 15 Jahren repräsentiren bei Zugrundelegung von 6 Pecent Zinsen heute den Werth von 57/2.4 = 24 Millionen Gulden. 28$^1/_2$ Millionen in 30 Jahren stellen auf gleiche Weise heute nur einen Werth von 28.5/5.7 = 5 Millionen Gulden dar. Was nun immer das sonstige Erträgniß der Donau-Regulirung bilden und wie hoch oder nieder man auch ihren indirecten Nutzen für Reich, Land und Stadt anschlagen mag, — jene Differenz zwischen raschem, theuerem und langsamem, billigem Verlauf der Gründe wird dadurch nicht verwischt.

In welchem Falle aber ist eine verhältnißmäßig rasche und hohe Verwerthung der Baugründe vorauszusetzen? — Wenn es gelingt, in der Donaustadt eine Handelsstadt zu schaffen.

Wenn nun zur Schaffung einer solchen Handelsstadt alle Bedingungen gegeben sind bis auf eine einzige, aber auch die Verwirklichung dieser letzten nicht außer dem Bereiche der Möglichkeit liegt, erscheint es da nicht im eigensten Interesse des finanziellen Erfolges der Donau-Regulirung, daß Derjenige, welchem die Ausführung des Werkes übertragen ist, also hier die Donau-Regulirungs-Commission, alle Anstrengungen mache, und selbst namhafte Geldmittel darauf verwende, um jene letzte Bedingung noch zu schaffen, auch wenn dieselbe ganz außerhalb des ursprünglichen Programmes des Unternehmens gelegen wäre? Diese Eine Bedingung aber ist, wenn wir früher nicht falsch geurtheilt haben, die Schaffung einer so billigen Gelegenheit für dauernde Einlagerung von Massengütern, daß der betreffende Platz der Concurrenz der schon bestehenden auswärtigen Stapelplätze die Spitze zu bieten im Stande ist. Welche Anstrengungen zu machen und welche momentanen Opfer zu bringen die Donau-Regulirungs-Commission gewillt und in der Lage ist, können wir nicht beurtheilen. Wir beleuchten blos das Interesse, welches sie daran hat, in dieser Hinsicht bis an die Grenze der Möglichkeit zu gehen und diese Möglichkeit zu schaffen, wenn sie heute formell noch nicht vorhanden ist. Auch hier ein kleines arithmetisches Beispiel:

Der Donau-Regulirungs-Commission stehen zum Verkaufe am rechten Ufer des Stromes 570.000 Quadratklafter zu Gebote. Die Errichtung ausreichender öffentlicher Lagerhäuser würde etwa einen Grund-Complex von 20.000 Klaftern erfordern, wovon durch Zusammenlegung der betreffenden Baugruppen und Hinausrückung an den Strom etwa die Hälfte auf projectirten Straßengrund entfiele, so daß noch ungefähr 10.000 Klafter eigentlicher Baugrund dazu nöthig wären. Diese 10.000 Klafter sind derart gelegen, daß sie dem fortlaufenden Verkauf der übrigen Gründe kein Hinderniß bereiten. Man darf die sonstige Vergebung derselbe an Private also getrost an das Ende der ganzen Verbauungs-Periode setzen. Für den ungünstigen Fall der Stadtanlage, d. h. wenn es nicht gelänge, die Donaustadt zur Handelsstadt zu machen, haben wir, richtig oder unrichtig, die Zeit bis zum Verkauf der letzten Gründe mit 60 Jahren, den durchschnittlichen Werth derselben mit 50 Gulden per Klafter angenommen. 10.000 Klafter zu 50 Gulden macht den Betrag von 500.000 Gulden; und 500.000 Gulden in 60 Jahren repräsentiren heute, da das Kapital im Laufe dieser Zeit zu 6 Pecent Zinsen und Zinseszinsen auf das 33fache seiner ursprünglichen Höhe anwächst, den Werth von nicht mehr als 15.000 Gulden.

Würde also die Donau=Regulirungs=Commission durch unentgeltliche Abtretung der Grundes zur Errichtung von öffentlichen Lagerhäusern die Anlage dieser letzteren ermöglichen, und wäre dieses letztere die nothwendige Bedingung, um die Donaustadt zu einem Stapelplatze zu machen — so möge der Leser selbst berechnen, in welchem Verhältnisse das gebrachte Opfer zu dem erreichten Nutzen steht. Die Ziffern, mit denen hier gerechnet wurde, haben keinen Anspruch auf Genauigkeit, wir überlassen es Jedermann, sie durch richtigere zu ersetzen; das Resultat wird darum doch von dem hier erzielten nicht sehr stark abweichen können.

VI.

Liegt wirklich in der Entwicklung der Donaustadt als Handelsstadt der einzige Weg zur raschen und hohen Verwerthung der dortigen Baugründe? Sollte wirklich zur entsprechenden Verbauung der Fläche die Errichtung eines, wenn auch noch so bedeutenden commerciellen Unternehmens wesentlich beitragen? Diese Fragen haben sich dem Leser gewiß schon aufgedrängt.

Wenn auch die Besiedlung dieser Fläche nicht organisirt, sondern der zufälligen Entwicklung der Baulust überlassen bleiben sollte, so muß sich der Grundverwalter doch ein Bild zu machen suchen, welchen Classen der Bevölkerung die Bewohnerschaft der Zukunftsstadt möglicherweise angehören dürfte und angehören kann. Er muß den lebhaften Wunsch haben, daß diese Ansiedlerschaft so wohlhabend und kapitalsträftig als möglich sein möge. Der langgestreckte Landstreifen der Donaustadt wird durch die Verlängerung der Praterstraße, die bisherige Schwimmschul=Allee, welche der neuen Reichsstraßenbrücke zuführt, in zwei gleich lange, im Uebrigen aber sehr verschiedenartige Hälften getheilt. Der obere, nordwestliche Streifen hat eine größere Breite, grenzt mit seinem abgelegenen Theile an die Brigittenau und ist durch die weiten, zusammenhängenden Bahnhof Complexe der Nordbahn und Nordwestbahn von der Leopoldstadt getrennt; die untere Hälfte besteht nur in einer regelmäßigen, vierfachen Reihe von Baugruppen, welche sich dem Strome entlang hinter dem Ausstellungsplatze des Praters bis zur Stadelauer Brücke der Staatsbahn hinzieht.

Zur Beurtheilung der Entfernung jener Zukunfts-Stadttheile vom bisherigen Stadtganzen müssen wir für letzteres einen idealen Mittelpunkt, einen Verkehrsmittelpunkt wählen, und als solcher dient uns wohl am besten der Stefansplatz, um den sich in concentrischen Ringen die alte Stadt, der Kranz von Neubauten auf dem frühern Glacis, die Vorstädte, der Linienwall und endlich die Vororte außerhalb jenes Walles gruppiren. Jener Punkt des langen neuen Donau-Quais nun, welcher der alten Stadt zunächst liegt, der von uns bezeichnete Trennungspunkt der obern und untern Hälfte des Quais, da, wo die verlängerte Praterstraße denselben schneidet, ist vom Stefansplatze so weit entfernt als die drei entferntesten Linienthore, die Nußdorfer, Mariahilfer und St. Marxer Linie. Von dem obern und dem untern Ende des Quais nach dem Stefansplatze ist es aber so weit wie von Heiligenstadt, Gersthof, Ottakring, Schönbrunn, den entferntesten Ansiedlungen der Himbergerstraße oder der Mitte von Simmering. Alle diese letztgenannten Orte sind aber, wenn sie eine landschaftlich bevorzugte Lage haben, Sommerfrischen, oder, wenn dies nicht der Fall ist, Arbeiterquartiere.

Nun, Sommerfrischen werden hinter den Frachtenbahnhöfen der Nordbahn und Nordwestbahn wohl niemals entstehen, und hinter der Maschinenhalle des Ausstellungsplatzes auch nur dann, wenn mindestens der unmittelbare Anschluß an einen compacten Stadttheil den neuen Ansiedlern gesichert ist. Denn was die landschaftlichen Reize betrifft, so hat der Theil der neuen Donaustadt rechts der Reichsstraßenbrücke wohl die Nachbarschaft des Praters; vom linksseitigen breitern Theile hat jedoch nur die unmittelbar am Quai liegende Häuserreihe die Aussicht ins Freie, und zwar, da der Strom selbst durch den breiten Quai mit Ausladeschoppen und Verbindungsbahn verdeckt ist, die Aussicht auf den jenseits des Stromes gelegenen Ueberschwemmungsdamm, welcher die weite Fläche des Marchfeldes dem Auge des Beschauers entrückt. Fabriks-Unternehmungen aber können nur da entstehen, wo der Bodenwerth die Anlage in keiner irgendwie fühlbaren Weise vertheuert, und wir sehen in den westlichen Vorstädten Wiens das sich in allen Großstädten wiederholende Schauspiel, daß die daselbst seit langen Jahren bestehenden industriellen Unternehmungen mit bedeutenden Opfern an Anlagewerthen ihre Uebersiedlung ins freie Land bewerkstelligen, weil die Theuerung des großstädtischen Bodens ihrem Betrieb die Existenzfähigkeit entzieht.

So lange aber nicht irgend eine neue Bevölkerungsclasse für die Besiedlung der Donaustadt gefunden wird, bleiben nur zwei Alternativen: entweder die drei Grundherren: Staat, Land und Stadt, begnügen sich für ihre Baugründe mit der magern Rente, welche eine Verwendung derselben als Fabriks- und Arbeiterquartiere abwerfen kann, und dann ist auch von dem Preise von 50 fl. per Quadratklafter wohl keine Rede mehr; oder die Donau-Regulirungs-Commission schafft einen Krystallisationspunkt von hinreichender Anziehungskraft zur Bildung einer eigenen lebenskräftigen Handels-Colonie, welche der Anlehnung an eine nächstbenachbarte Großstadt nicht entbehrend, doch in sich alle Bedingungen selbstständigen Lebens und kräftiger Weiterentwicklung bis zum endlichen Ineinanderwachsen mit der Mutterstadt besitzt. Keinerlei städtische Gebilde zeigen aber eine stärkere Kraft des Wachsthums als Handelsstädte, und zwar speciell Waaren-Stapelplätze. Eine halbe Stunde unterhalb Hamburg wurde in alten Zeiten eine Handels-Colonie gegründet, von der die Hamburger Kaufleute sagen: „Dat ist uns all' to nah'"; aber Altona gedieh kräftig, und Hamburg mit, und beide sind längst als Haupt-Waarenniederlage Norddeutschlands zu Einem Stadtkörper verwachsen. Chicago am Michigan wurde als Stapelplatz des westamerikanischen Getreidehandels in vierzig Jahren aus einem unbekannten Dorfe eine Stadt von 300.000 Einwohnern, und Melburne, der Sammelpunkt der australischen Schafwolle und des australischen Goldes, wuchs vom Jahre 1850 auf 1852 von 17.000 auf 80.000 Einwohner und wird jetzt die halbe Million wohl längst überschritten haben. Bloße Umschlags- oder Speditionsplätze bieten aber zu starkem Anwachsen keine Veranlassung. Da genügen ein größerer Frachtenbahnhof und einige hundert Lastträger, Bahnarbeiter und Frachtfuhrleute, um eine sehr bedeutende Umladung von Gütern zu bewerkstelligen. Kapital und Kaufleute werden dazu nicht erfordert.

Nachdem nun Wien am neuen Strome Alles besitzt, was nöthig ist, um es zu einem Stapelplatze zu machen: commercielle Lage, Communicationen, großstädtischen Comfort u. s. w. — so gebe man ihm noch das Eine, was den Unterschied zwischen einem Umschlagsorte und einem Stapelplatze begründet, ein den Bedürfnissen des Großhandels entsprechendes Lagerhaus-Institut. Ein solches Unternehmen in directer Berührung einerseits mit dem Strome, andererseits mit der alle Hauptbahnen des Reiches an ihren Enden direct verknüpfenden Uferbahn, nach den Erfahrungen der Gegenwart und den Bedürfnissen der nächsten Zukunft rationell angelegt und in sich selbst alle Bedingungen zur Concentration des Waarenhandels vereinigend, sollte — so denken wir — auch einen Magnet von ganz besonderer Stärke zur Herbeiziehung von Bewohnerschaft auf die langgestreckte Schotterwüste bilden, welche heute den gemeinsamen Besitz der drei Curien darstellt.

Der erste Schritt der Besiedlung wird immer der schwierigste bleiben, und dieser erfordert daher die kräftigste Nachhilfe und Erleichterung von Se'te der Grundherren nicht nur, sondern auch der Leiter aller jener öffentlichen städtischen und staatlichen Interessen, denen durch die Schaffung eines Stapelplatzes im Herzen des Reiches in mächtiger Weise gedient wird. In diesem ganz absonderlichen Falle sind aber die Grundherren und die Hüter des öffentlichen Wohles dieselben juristischen Persönlichkeiten, und wenn sie durch Ergänzung dieser Lücke für ihre finanziellen Interessen sorgen, so sorgen sie auch für die Interessen der Allgemeinheit. Um den ersten Kranz von Privatgebäuden, welcher sich um die öffentlichen Lagerhäuser zieht und die von Manipulations-Beamten, ihren Bediensteten, den Expositoren der Productenhändler und der nothdürftigsten Zugabe jener Kleingewerbeleute, die für die täglichen Bedürfnisse der commerciellen Colonisten arbeiten, werden bewohnt werden — wird sich viel rascher und leichter ein zweiter solcher Kranz ziehen, wenn die Befriedigung der ersten dringendsten Erfordernisse des städtischen Lebens Gelegenheit und Raum bietet, auch für die Annehmlichkeit und Behaglichkeit der Bewohnerschaft zu sorgen; wenn ein Gewerbe das andere nach sich zieht und jeder Zuwachs in der Kopfzahl der Bewohnerschaft ebenso die Arbeitstheilung unter den Gewerben ermöglicht, wie er für jedes einzelne derselben ein Gewähr des Gedeihens schafft; wenn ein Theil der Kaufleute im Waarenhandel das Opfer nicht mehr groß finden wird, mit denen Familien an die eigentliche Stätte ihres Berufes hinzuziehen. Ist erst einmal das Eis gebrochen, dann wird mit Macht der Handelsstand von seinem naturgemäßen Territorium Besitz ergreifen; die Brigittenau wird sich mit Arbeitern, Kleingewerbeleuten und den Haushalten der Angestellten der Kaufleute bevölkern. Durch das Verbindungsglied der Stadtanlage zwischen der Schwimmschul- und Feuerwerks-Allee wird auch die rechte Hälfte der Donaustadt hinter dem Prater, welche für Luxusquartiere am geeignetsten erscheint, als Verlängerung der dann schon bestehenden linksseitigen Colonie möglich werden, während deren Erbauung als getrennte, selbstständige Ansiedlung für Leute, welche an die Bequemlichkeit des Lebens hohe Ansprüche stellen und welche kein zwingendes Interesse nach jener Gegend hindrängt, geradezu undenkbar erscheint.

VII.

Und endlich ist es denn nothwendig, daß zur Verwirklichung dieses Unternehmens überhaupt öffentliche Fonds in Anspruch genommen werden?

In dem Comitébericht der Commission für die Donau-Regulirung vom 23. Juli 1868 heißt es (S. 60) unter den Gründen, welche für die Inangriffnahme des großen Werkes sprechen:

„Zwei Gesellschaften sind eben für die Errichtung von „Lagerhäusern in Wien in der Bildung begriffen; wo sollen „aber diese gebaut werden, so lange der Lauf des Stromes nicht „fixirt ist?"

Nun, die Rücksicht auf diese zwei, im Jahre 1868 in Bildung begriffenen Lagerhausgesellschaften hätte die Commission nicht zu beeinflussen gebraucht, denn heute im Jahre 1875, wo der Stromdurchstich als vollendete Thatsache erscheint, ist in der Oeffentlichkeit nicht einmal die Erinnerung an die beabsichtigten Gesellschaftsgründungen zurückgeblieben, und es ist wohl ein Glück, daß diese Projecte nicht zur Ausführung gekommen sind, ein Glück für die Actionäre der betreffenden Gesellschaften und ein Glück für die Allgemeinheit.

Jedes berechtigte Unternehmen muß sich direct oder indirect bezahlt machen, also auch das von uns hier so warm empfohlene. Kaum Ein großes Lagerhaus-Unternehmen der Welt aber wird seinem Zweck entsprechen, wenn es, wie das Hauptobject irgend einer Erwerbsgesellschaft, einzig und allein durch das directe Erträgniß eine entsprechende Verzinsung des darin aufgewendeten Kapitals bieten soll. Die indirecten Vortheile solcher Anstalten durch Belebung, Herbeiziehung und Verwohlfeilung des Handels sind aber für die Allgemeinheit so bedeutend, daß in anderen Ländern die Regierungen und die Communen theils ganz auf eigene Kosten, theils durch ausgiebigste finanzielle Unterstützung Lagerhäuser für den großen Waarenhandel errichtet oder zu errichten ermöglicht haben; die Millionen aber, welche zu diesem Zwecke verwendet wurden, haben im großen Durchschnitte wohl reichlichere Früchte getragen, als manche auch in unserem Lande anerkannte officielle Inventursstücke staatlicher und communaler Bauthätigkeit.

Der Lagerzins in Wien schwankt für die Hauptartikel des großen Verkehrs zwischen dem Doppelten und dem Vierfachen dessen, was er in den großen Stapelplätzen Mittel-Europas beträgt, und er kann von dieser Höhe, ohne die Unternehmer zu schädigen, nicht dauernd und wesentlich heruntergehen, so lange die Lagerhaus-Unternehmungen als rein in das Gebiet der Privat-Erwerbsthätigkeit fallend angesehen werden. Auch bei Vermeidung jedes äußeren Prunkes an den Bauherstellungen, bei rationellster Ausnützung des vorhandenen Raumes und sorgfältigster ökonomischer Gebahrung wird die selbstständige Errichtung von großen öffentlichen Lagerhäusern durch Private ein befriedigendes Resultat nicht ergeben, weil die Höhe der Baukosten eine entsprechende Verzinsung des verwendeten Kapitales bei einer Lagermiethe, welche die Concurrenz der auswärtigen Unternehmungen auszuhalten im Stande ist, nicht gestattet. Erstlich ist der Kapitalszins in Oesterreich dafür im Allgemeinen ein zu hoher, zweitens erlaubt die staatliche oder communale Unterstützung fremder Lagerhaus-Unternehmungen, bei Bemessung ihrer Lagermiethen unter den dort üblichen Landeszinsfuß hinunterzugreifen.

Es ergibt sich oft mehr nach conventionellen Begriffen als nach vorurtheilsloser Abwägung des öffentlichen Interesses, welche Gattungen von Förderungsmitteln des Verkehrs einer Unterstützung aus öffentlichen Fonds gewürdigt werden und welche nicht, und in welchem Maßstabe dies bei den verschiedenen Objecten öffentlicher Obsorge der Fall ist. In Subventionirung von Communicationsmitteln, namentlich speciell von Eisenbahnen oft sehr mangelhafter Berechtigung, ist in Oesterreich nach und nach entschieden zu weit gegangen worden. Zur Herstellung des Triester Hafens werden Millionen auf Millionen Gulden in Form von Steinmassen in den Grund des Meeres versenkt, während immer neue Stimmen auftauchen, welche diese Arbeiten zum Theil als wenig nützliche, zum Theil sogar als schädliche bezeichnen. Ueber den neuen Donau Durchstich selbst sind, wo eine Fahrbrücke den Verkehrsbedürfnissen auf lange hinaus genügt hätte, deren zwei errichtet worden, und es hätte vielleicht das zum Bau der zweiten Brücke erforderliche Kapital durch Errichtung von Lagerhäusern den drei Curien indirect in einer nicht allzu langen Reihe von Jahren das ganze zur Durchführung der Donau-Regulirung erforderliche Anlehen zurückgezahlt.

Diejenigen, welche mit den commerciellen Verhältnissen Wiens nicht vertraut sind, werden vielleicht nach dem hier Gesagten zu der Anschauung hinneigen, es sei in erster Linie Sache des Wiener Handelsstandes selbst, ein für denselben so wichtiges Unternehmen zu schaffen. Wenn man aber in maßgebenden Kreisen an diesem Gesichtspunkte festhalten würde, dann blieben eben die aus allgemeinen Gründen so äußerst wünschenswerthen öffentlichen Lagerhäuser ungebaut. In seiner officiellen Vertretung bringt der Handels- und Gewerbestand des Kronlandes nur die Mittel zur Deckung der Bureau- und sonstigen Kosten der Handelskammer auf; im Uebrigen aber ist dieselbe ohne materielle Mittel. Ein eigentlicher Waaren-Großhandel existirt aber, wie früher gesagt, in Wien bis heute nicht, durch die Errichtung eines Stapelplatzes soll ihm erst der Boden geschaffen werden. In großen Seeplätzen mag die durch denselben reich gewordene Kaufmannschaft, welche mit der betreffenden Stadtgemeinde als solcher nahezu zusammenfällt, auch für dieses Bedürfniß zum Theile selbst sorgen — in Wien aber lag der commercielle Schwerpunkt bisher unbestritten im Geld- und Effectenhandel, und dieser wird der Hebung des Waarenverkehrs keine Opfer bringen. Wohl aber hat der Staat nebst allem Anderen ein sehr bedeutendes wirthschaftliches Interesse daran, daß der Schwerpunkt des Handels aus dem Gebiete der oft sehr eingebildeten Papierwerthe in dasjenige der greifbaren Waarenwerthe verlegt werde.

Man wird daher, wenn man einen Blick auf all' das früher Gesagte zurückwirft, unschwer einsehen, daß eine Menge verschiedenartiger Interessen, die alle in das Gebiet der Oeffentlichkeit fallen, in dem Entstehen einer großen und zweckentsprechenden Lagerhaus-Unternehmung zusammentreffen und daß durch die Privatspeculation jene Idee nicht in erfolgreicher Weise zur Ausführung gebracht werden kann. Da dürfen denn die Factoren der Oeffentlichkeit sich nicht damit begnügen, etwa höchstens die Hindernisse aus dem Wege zu räumen, im Uebrigen aber der Entwicklung der Dinge zuzusehen, sondern sie müssen selbst in die Tasche greifen und selbst zur Ausführung Hand anlegen. Das unmittelbarste Interesse hieran haben wohl die in der Donau-Regulirungs-Commission repräsentirten drei Curien als Grundeigenthümer, um durch Schaffung eines entsprechenden Krystallisationspunktes der Ansiedlung die Verbauung der Gründe zu ermöglichen. Ein weiteres Interesse daran hat die

Stadt Wien als solche, um durch Entwicklung ihres Handels und durch baldige Hinzufügung eines großen und wohlhabenden Stadttheiles an ihren Körper diesen fähiger zu machen, die großen Lasten zu tragen, welche sie in den kolossalen und wenig productiven Anlagen des letzten Jahrzehnts auf sich geladen hat. Ein anderes großes Interesse hat der Staat daran, daß der österreichische Handel von unnützen Spesen befreit, dem Auslande gegenüber concurrenzfähiger gemacht und auf eine rationellere und solidere Basis gestellt werde; daß der österreichischen Industrie, welche außerdem Lasten genug zu tragen hat, die ihre Entwicklung hindern, wenigstens die Versorgung mit Rohmaterial und Unterbringung des Fabrikats erleichtert werde; daß die Producte der heimischen Landwirthschaft auf billigste und einfachste Weise für den Consum gesammelt und aufbewahrt werden können; daß durch die klare, übersichtliche Gebahrung auf einem öffentlichen Centralmarkte und durch alle die tausend kleinern und größern Ersparungen im Handel, Industrie und Landwirthschaft der Wohlstand des Landes und damit auch seine Steuerkraft gehoben werde. Ein Interesse hat auch das Kronland, weil seinem Verkehr und seiner Wirthschaft alle diese Wohlthaten in erster Linie zugute kommen; ein Interesse haben auch die großen Communications-Anstalten, weil Alles was den Verkehr vereinfacht und verbilligt, denselben auch der Masse nach zu heben geeignet ist; ein Interesse haben endlich die Geld-Institute, welchen in der Steigerung des Waarenhandels und in der Waarenbelehnung, wie solche nur in großen öffentlichen Lagerhaus-Instituten in größerem Maßstabe mit Vortheil durchgeführt werden kann, ein weites und lohnendes Feld der Thätigkeit eröffnet wird.

Der Staat müßte demnach die Angelegenheit selbst in die Hand nehmen und nach Art des Vorganges bei der Donau-Regulirung selbst in Gemeinschaft mit Land und Stadt unter Zuziehung und Mitwirkung der Communications-Anstalten und großen Geld-Institute, sowie der Vertretung des Handels- und Gewerbestandes die Lagerhäuser ins Leben rufen.

Ueber das „Wie" erlauben wir uns noch ein paar kurze Bemerkungen: Der Staat besitzt im Herzen der Stadt Wien, gerade da, wo das Zusammentreffen der Wasserläufe der Wien und des Donau-Canals den Gesammtkörper der Stadt in drei große Quartiere trennt und wo außerdem das Hinzutreten der Verbindungsbahn den Knotenpunkt für den zukünftigen Localverkehr mit bezeichnet, ein großes Grundstück, das mit ebenso weitläufigen als unpraktischen Magazinsbauten bedeckt ist; wir sprechen vom Hauptzollamt unter den Weißgärbern. Der Grundwerth jener zehntausend Klafter, welche nur etwa zur Hälfte verbaut und in dieser Hälfte kaum den dritten Theil der Waaren zu fassen im Stande sind, die daselbst Platz finden sollten, kann gewiß zwischen drei und fünf Millionen Gulden geschätzt werden. Ein großer Theil der zollamtlichen Abfertigungen geschieht heute zur großen Plage der Spediteure und des Publicums auf den verschiedenen, weit von einander abliegenden Bahnhöfen. Die Verbindung sämmtlicher großer Eisenbahnlinien durch die Uferbahn am neuen Stromdurchstich wird es, sobald dort entsprechende Lagerräume existiren, gestatten, zur allgemeinen Zeit-, Weg- und Gelderfparniß das Gros der Zollabfertigung dort zu concentriren, und nach und nach das Hauptzollamt derart entlasten, daß im Centrum der Stadt eine Zoll-Expositur für den Kleinverkehr genügen wird.

Erwacht nun bei der Regierung der ernste Wille, durch Schaffung großer öffentlicher Lagerhäuser an der regulirten Donau dem Lande alle die großen, oben aufgezählten Wohlthaten zuzuwenden — dann kann sie dies nahezu ohne alle materielle Opfer dadurch ermöglichen, daß sie für den Grunderlös aus den verschwenderisch und unpraktisch gebauten Magazinen unter den Weißgärbern neue, billige, rationelle und weit größere Magazine am großen Strome baut. Würde dagegen die Finanzverwaltung darauf rechnen, daß durch Erbauung öffentlicher Lagerhäuser von anderer Seite ihr der Erlös für das heutige Hauptzollamt als gefundenes Geld in der Tasche bliebe, so würde wahrscheinlicherweise die Erbauung der neuen Magazine überhaupt nicht zu Stande kommen.

Auf die zu Anfang des Jahres 1874 im Handelsministerium abgehaltene Enquête hin hat sich die Donau-Regulirungs-Commission entschlossen, den von den Vertretern der niederösterreichischen Handelskammer als besigeeignet bezeichneten Platz von ungefähr 20.000 Quadratklaftern Grundfläche unmittelbar längs dem neuen Strombette innerhalb des Bogens, welchen die Nordbahn in der Donaustadt beschreibt, für drei Jahre zu öffentlichen Lagerhäusern zu reserviren. Es war dies noch die Zeit, wo der Commission ein Lagerhaus-Project eher wie eine Störung als wie eine Förderung ihres Werkes erschienen ist. Diese 20.000 Klafter hätten nun keineswegs in einer Bauperiode zur Ausführung zu kommen, sondern für den Anfang würde der vierte Theil genügen, und zwar denken wir uns die Lagerhäuser nicht als monumentale Prachtbauten, sondern in jeder Hinsicht so sparsam und einfach hingestellt, wie dies dem Wesen eines Magazins entspricht. In Hamburg rechnet man die Kosten für einen Speicher, bestehend aus Keller, drei Vollböden und zwei Dachböden, auf 12 bis 15 Mark Banko, gleich 10 bis 12 Gulden auf den Quadratfuß, was einen kleinen Anhaltspunkt für die Kosten der Herstellung zu geben im Stande sein mag, wenn man in Anschlag bringt, daß jene Speicher compact sind, während hier die Hälfte des Raumes auf Höfe und Verbindungsgänge in Abschlag gebracht werden muß.

Inwiefern sich die drei Curien der Donau-Regulirung veranlaßt finden werden, sich an einem derartigen Unternehmen zu betheiligen, vermögen wir nicht zu ermessen. Zweck dieser Darstellung war nur, das Interesse, welches sie an einer solchen Institution haben, in ein recht klares Licht zu setzen und zugleich die Bedingungen zur Schaffung derselben darzulegen. Die passenden Modalitäten der Ausführung ergeben sich von selbst, sowie die Sache von den nächsten Interessenten ernsthaft angegriffen wird, und es erscheint schließlich als eine bloße Detailfrage, ob Bau und Betrieb von Staat und Stadt selbst in die Hand genommen oder unter entsprechender Hilfe zu Bedingungen, welche die Wahrung der öffentlichen Interessen vorschreibt, einer Privat-Gesellschaft übertragen werden.

Ein kleines Heer!

Oesterreichische Phantasien

von

Gustav von Pacher.

———

Zürich 1877.
Verlags-Magazin.
(J. Schabelitz.)

Vorwort.

Am Vorabende eines an unseren Gränzen ausbrechenden Krieges zweier großer Staaten über die Armeereductionsfrage zu schreiben, — welch' sonderbares Unterfangen!

Wir stehen aber nicht allein am voraussichtlichen Vorabende des russisch-türkischen Entscheidungskampfes, dessen Hintanhaltung oder Hinausschiebung noch nicht außer dem Bereiche der Möglichkeit liegt;

wir stehen auch am Vorabende eines parlamentarischen Feldzuges, in welchem der Ernst der Finanzlage und der herannahende Ablauf eines zehnjährigen Bestandes des Wehrgesetzes die Reductionsfrage in einer oder der andern Form auf die Tagesordnung bringen muß;

wir stehen auch am Vorabende einer Revision einzelner Theile des ungarischen Ausgleichs, dessen Hauptgrundlage die Bedürfnisse des gemeinsamen Heeres gebildet haben;

wir stehen endlich am Vorabende von Entscheidungen über unsere eigene Stellung zu den Kämpfenden, in welchen unsere militärischen und financiellen Verhältnisse das letzte Wort zu sprechen haben.

Möge darum immerhin die in einem friedlichen Zeitpuncte begonnene Schrift auch im Augenblicke heranziehender Kriegsstürme in die Oeffentlichkeit hinaustreten; es ist besser, daß ein Nothschrei im Lärm des Tages ungehört verhalle, als daß in der Stunde der Gefahr eine warnende Stimme schweige.

Wien, 20. October 1876.

Der Verfasser.

I.

Die Entwicklung des Militarismus in Oesterreich.

Was sich in Oesterreich zur guten Gesellschaft rechnet; was hier vornehmen Blickes das gemeine Treiben und Geschrei der Menge übersieht und überhört; was unter wallenden Federbüschen mit fliegenden Feldbinden über den Exercierplatz sprengt; was die glitzernden Ordenssterne und die glitzernden Geistesfunken correcter und hochanständiger Denkungsweise in den lichtstrahlenden Sälen unserer großen Welt leuchten läßt; was bei Hofe, in den Bureaux der Minister und den Appartements der Statthalter ein und aus geht; was die Logen unserer Oper füllt, mit der bellenden Meute der Fuchsspur folgt und den Sattelplatz der Rennen ziert, — — — alles das bekennt sich selbstverständlich zur Einsicht von der unbedingten Nothwendigkeit eines mindestens so großen Heeresaufwandes als des jetzigen; das würde mit stummem, verächtlichem Achselzucken jede Frage nach der Begründung dieser Nothwendigkeit beantworten; das wendet seinen bittern Groll gegen den Chor der unpatriotischen, selbstsüchtigen und niedriggesinnten Schreier, welche alljährlich wieder an dem zu nergeln wagen, was doch der Kriegsminister selbst, der es ja wissen muß, als das Minimum dessen erklärt hat, was Oesterreich braucht, um sein Heer kriegstüchtig zu erhalten.

Wo alle Bande der staatlichen Einheit zu reißen drohen; wo alle politischen Verhältnisse und Strömungen einem steten Wechsel unterworfen sind; wo die Nationalitäten sich in nimmer rastender Eifersucht befehden, — da steht wie aus Stahl gegossen in unerschütterlicher Einheit, in einer Disciplin, welche keinen Unterschied der Junge kennt — die Armee. Wo rings in bürgerlichen Kreisen das Vertrauen schwindet; wo Verluste und Mangel an die eine Thüre pochen und sich der andern unerbittlich nähern; wo der Erwerb spärlich und der Besitz unsicher geworden ist und die abgemagerte Hand des unbeschäftigten Arbeiters aus zerlumptem Aermel sich scheu nach einem kärglichen Almosen ausstreckt, — da folgt in strammen Bataillonen den frischen Klängen seiner Bläser mit stolzem Muthe — die Armee. Und Säbel klirren, und Kanonen rasseln, und Gewehre und Goldsorten blinken fröhlich im Sonnenlicht und wissen nichts von dreijähriger Handelskrisis und Steuerrückständen und Deficit und dem gemeinen bürgerlichen Jammer ringsum; denn an Einem darf nicht gerüttelt werden, das ist der Präsenzstand, und Eines geht Allem voraus, das ist die Armee; dann kommt lange, lange nichts und dann erst kommt die Berücksichtigung der übrigen staatlichen Interessen, soweit sie mit der Wehrkraft des Reiches nicht im Widerspruche stehen und nicht allzuviel Mühe und Gedankenarbeit in Anspruch nehmen — — — und doch ist Oesterreich seinen geschichtlichen Traditionen nach kein Militärstaat und muß als solcher mit Gewißheit zu Grunde gehen.

Zwischen dem reingermanischen Centrum Europa's, seinem reinromanischen Südwesten und seinem reinslavischen Osten liegt ein großes Ländergebiet, in welchem, so wie an der Grenze mehrerer Gesteinsarten die Brocken der einen in die andere eingesprengt erscheinen, abgerissene, oder mit den Mutterstämmen nur lose zusammenhängende Völkertrümmer in bunter Abwechslung durcheinander gemengt sind, derart, daß keine Hand eine politisch mögliche Staatengrenze zu ziehen vermöchte, welche mit der Grenze der Volkszungen übereinstimmt. In zwei langen, von Ost nach West gestreckten Streifen dehnen sich die Wohnsitze slavischer Stämme nördlich und südlich der Donau in das von reinen Germanen bewohnte Land hinein, nur im Osten an andere Slavenländer grenzend, die den Bewohnern jener ersteren Gebiete ferner stehen als ihre deutschen Nachbarn. Weiter im Osten, im Herzen der Monarchie, ist das, der ganzen indoeuropäischen Völkerfamilie fremde Volk der Magyaren in großer Ausdehnung zwischen Nord- und Südslaven eingeschoben und an dasselbe noch weiter gegen Morgen zu schließt sich das Mischvolk der Romanen an, diese Zweitheilung der

Slaven bis an die Reichsgrenze und über diese hinaus bis an die Gestade des Meeres verlängernd. Seit dem Zusammenbruche des römischen Reiches und den wilden Stürmen der Völkerwanderung im Laufe der Jahrhunderte bald zusammengewürfelt, bald auseinandergerissen, hat die Unfähigkeit der Selbsterhaltung kleinstaatlicher Gebilde und das Bedürfniß nach Abwehr gemeinsamer Feinde die hier angeführten Gebiete buntgemengter Volksstämme in immer häufigere, immer innigere und immer dauerndere politische Verbindung gebracht; indem sich aus den wechselnden Erbschaftsagglomerationen und Heirathsverbindungen der in diesen Gebieten herrschenden Fürstenfamilien und aus den kriegerischen Ländervereinigungen einzelner Glieder dieser Familien nach und nach zuerst die Personalunion unter dem Hause Habsburg und aus dieser eine immer kräftigere Realunion herausbildete, welche die räuberischen Angriffe zur Zeit des Ueberganges in die Dynastie Lothringen mehr und mehr zu dem bewußten Streben seiner Herrscher nach dem Einheitsstaate des gesammten Ländergebietes hindrängten.

Der politische Grundcharakter der Monarchie war immer ein defensiver. Das Stammland der späteren großen Ländervereinigung, die Ostmark, war dem herrlichen Geschlechte der Babenberger von den deutschen Kaisern zum Schutze des Reiches gegen die barbarischen Feinde im Osten, die Avaren und Magyaren, übergeben worden; in bewundernswerther Tüchtigkeit hat dasselbe seinen Beruf erfüllt und, in den Alpenländern immer weiter sich ausbreitend, eine Hochcultur in die Gebiete der mittleren Donau getragen, welche an wenig Punkten des damaligen Europa's übertroffen wurde. In späteren Jahrhunderten, nachdem die Habsburger das babenbergische Erbe mit dem Schwerte dem Böhmenkönig Ottokar abgenommen und seine Länder mit den Donaugebieten vereinigt hatten, trat ein neuer gefährlicher Angreifer im Osten auf, welcher den bisherigen Reichsfeind, die Magyaren, unwiderstehlich zum Anschluß an Oesterreich drängte, — die Türken. Das wechselseitige Bedürfniß des Schutzes Ungarns gegen das durch Jahrhunderte dauernde Andrängen der osmanischen Eroberer und des Schutzes des durch zahlreiche, glückliche Heirathsverbindungen zur drohenden Weltmacht angewachsenen habsburgischen Erbes gegen das rivalisirende Haus Bourbon hat die österreichische Monarchie in ihrer heutigen Hauptausdehnung geschaffen; in der kriegerischen Abwehr wurzeln ihre historischen Traditionen; dieser gemäß hat sie sich politisch entwickelt und gestaltet und diese Abwehr hat den Kitt geliefert, welcher sie heute zusammenhält. Die Unmöglichkeit dauernder Bewahrung räumlich so weit getrennter Ländermassen hat den fremden Heirathserwerb nach und nach gänzlich wieder verloren gehen lassen; der gefährliche türkische Feind hat sich in einen altersschwachen und schutzbedürftigen Nachbarn verwandelt; der alte gallische Rivale des Westens muß sich, nachdem er vor einem halben Jahrhundert noch einen mächtigen Stoß ins Herz unserer Monarchie geführt und uns vor bald zwei Jahrzehnten eine Provinz für einen dritten Staat entrissen hat, wenn er durchaus neue Kriegshändel suchen will, nach einer ganz anderen Seite wenden; — aber das Bedürfniß des wechselseitigen Schutzes von Nationalitäten, welche Gefahr laufen, der Einkörperung und dem gänzlichen Aufgehen in ein fremdes Volksthum anheimzufallen, ist nach wie vor bestehen geblieben.

Daß ein solcher Staat keine Eroberungspolitik treiben darf; daß seine Existenzberechtigung und seine Existenzfähigkeit dort aufhört, wo das compacte Gebiet großer Nationalstaaten anfängt; daß er, einzelne augenblickliche Scheinerfolge nach Außen abgerechnet, auf die Dauer immer neue Schlappen erleiden muß, sowie er sich über diese Grenze hinauswagt, das liegt wohl auf der Hand. Heerwesen und Heeresaufwand eines auf die Vertheidigung des eigenen Grundes und Bodens angewiesenen Staates muß aber wohl von denjenigen einer Macht, welche in der Ausbreitung durch kriegerische Erfolge wurzelt, verschieden sein. Eine solche Macht, wie beispielsweise Preußen, handelt ihrem Berufe, ihren ursprünglichen Traditionen entsprechend, wenn das Werkzeug ihrer Größe, der Soldat, vor allen andern Gegenständen staatlicher Fürsorge gepflegt, entwickelt, herangebildet und bevorzugt wird; denn es kann einen vernünftigerweise denkbaren Staatszweck bilden, zu erobern und sich auszudehnen, und in dieser Ausdehnung kann der betreffende Staat immer neue Mittel, nicht nur äußeren Glanzes, sondern auch der materiellen und geistigen Wohlfahrt seiner Bürger finden — es kann aber unmöglich alleiniger Staatszweck sein, sich zu vertheidigen, weil bei einem Vertheidigungskriege im günstigen Falle nichts gewonnen, im ungünstigen hingegen stark verloren werden kann; sondern ein auf die Defensive angewiesener Staat muß nicht nur im Schutze, sondern in der direkten Pflege seiner Bevölkerung seinen Beruf erfüllen, und das Mittel zu diesem Schutze, die Armee, darf nicht über jenes Maß hinauswachsen, welches ihm in der Ordnung der öffentlichen Interessen gebührt; die Erhaltung dieser Armee darf nicht zum Selbstzweck, und am wenigsten zur Ursache der Aussaugung, der Zerrüttung und des Verfalles jenes Landes werden, zu dessen Schutze sie berufen ist. Während in einem Nationalstaate oder in einem auf Eroberungspolitik begründeten Staatswesen das vaterländische Gefühl der Bevölkerung durch die Gleichheit der Zunge den Fremden gegenüber, durch nationale Eifersucht und Eitelkeit, durch den Glanz des Erfolges oder durch die Gier nach demselben von selbst mehr als ausreichende Nahrung findet, muß in vielsprachigen Staaten, welche auf die Vertheidigung gegen fremde Eroberungsgelüste angewiesen sind, dieses selbe vaterländische Gefühl, um die Massen zu beherrschen und als starkes, staatliches Band zu dienen, in sorgsamer Weise durch die leitenden Mächte im Staate gepflegt und großgezogen werden. An Stelle der Eitelkeit und der Sucht nach fremdem Gute, nach Glanz der Fahne und Ausbreitung der eigenen Herrschaft muß hier das Bewußtsein des eigenen inneren Werthes, das Bewußtsein vergleichsweise hoher Cultur, blühenden Wohlstandes, milder Gesetze, weitgehender persönlicher und politischer Freiheit, kräftigen Schutzes und väterlich waltender Fürsorge der Regierenden für die Regierten treten.

Wie weit, wie schrecklich weit haben wir uns in Oesterreich von diesem Ziele entfernt! Auf das Zeitalter eines patriarchalisch-absolutistischen Regimentes ist ein anderes gefolgt, welches, die Jahrhunderte alten Traditionen unserer Monarchie brechend und mißachtend, Länder und Völker als ein großes Fouragemagazin für eine weit über die vorhandenen Kräfte hinaus entwickelte Armee betrachtet — auf die Aera Metternich eine Aera Grünne, und diese währt, zuerst unter absolutistischer, dann einheitlich constitutioneller und schließlich dualistischer Außenform und unter andauernden, tief ins Fleisch einschneidenden Mißerfolgen bis auf den heutigen Tag. Die Nachwelt wird entscheiden, welche von beiden Aeren die für Oesterreichs Bestand verhängnißvollere gewesen sein wird. — Aber auf welche Weise ist die Leitung unserer Geschicke in dieses Fahrwasser gekommen? — —

In den Vierzigerjahren unseres Jahrhunderts, als ganz Europa noch in dem tiefen politischen Schlafe zu ruhen schien, in den es von den Mächten der heiligen Allianz nach großen Anstrengungen und mannigfachen Störungen gelullt worden war, hatte außer der tiefgehenden Freiheitssehnsucht und dem Selbstbestimmungsverlangen der Völker hauptsächlich eine Idee eine tiefgehende Bewegung der Geister hervorgerufen — die Nationalitätenidee. Der Frühling des Jahres 1848 brachte fast mit einem Schlage in allen Ländern südlich vom baltischen Meere und westlich vom Pruth diese bis dahin gebundenen politischen Strebungen und Leidenschaften in stürmischer Gährung an die Oberfläche des öffentlichen Lebens. Nahezu widerstandslos wurden die bis dahin für unerschütterlich fest angesehenen Regierungsmänner und Regierungsmaximen aus der Zeit und den Traditionen der heiligen Allianz hinweggefegt; nahezu widerstandslos bemächtigten sich die Völker der constituirenden und gesetzgebenden Gewalt; nahezu widerstandslos schien Europa das bunte Harlekinscostüm der aus den abgerissenen Resten feudaler Bildungen neu herausgeputzten Kleinstaaterei und des localen Gottesgnadenthums abstreifen und dafür das moderne Gewand großer, selbstherrlicher Volksstaaten eintauschen zu wollen.

Brachte schon in Ländern mit einheitlicher Zunge diese Bewegung, welche dahinbrauste, wie ein Südsturm über die unterhöhlte Schneedecke des Spätwinters fährt, empfindliche Verwüstungen mit sich, und trieb sie schon dort den Schmutz und Schlamm vielfach an die Oberfläche, den sie als unerläßliche Beigabe stets im Gefolge führt, — so mußte ein aus dem unentwirrbarsten Völkergemenge bestehender Staat wie Oesterreich, in welchem seit drei Jahrzehnten politisch die Ruhe eines Kirchhofs geherrscht hatte und die neuen Ideen der Lastenabschüttelung, der Volksrechte, des Nationalitätenbewußtseins und der Nationalitätenansprüche auf eine culturell zur größeren Hälfte unvorbereitete Bevölkerung eindrangen, geradezu in seinen Grundfesten auf das Tiefste erschüttert werden. So war es denn auch in der That.

Während die Vertreter der Deutsch-Oesterreicher im Frankfurter Parlamente die deutsche Einheit anstrebten, machten sich in Böhmen sowie im Wiener Reichstage die Bestrebungen der Slaven in entgegengesetzter und gleichfalls national-separatistischer Richtung geltend; war das lombardisch-venetianische Königreich in vollem Abfall begriffen;

trieben die Consequenzen einer neuerrungenen, nahezu souveränen ungarischen Landesverfassung das Volk der Magyaren zur heftigsten, blutigsten Rebellion gegen Wien und ebenso die Croaten gegen Pest, und die Reichshauptstadt hatte ihrem Kaiser und Herrn die Thore verschlossen. Damals, als Alles schwankte, und, was ein halbes Jahrtausend festgestanden hatte, in seinen geheimsten Fugen krachte und erbebte, war die einzige und — mit Ausnahme ungarischer und italienischer Regimenter — unerschütterliche Stütze des Gesammtstaates und der Dynastie die Armee. Mit bewundernswerther Hingebung, unter theilweise sehr geschickter Führung, mit einem Enthusiasmus, der sich von Erfolg zu Erfolg steigerte, wurde, nachdem in der Hauptstadt die gesetzliche Ordnung wiederhergestellt und der letzte Keim der Anarchie ausgerottet worden war, in einer Reihe ruhmvoller Schlachten der sardische Eindringling vom österreichischen Boden vertrieben, wurde der Trotz der magyarischen Empörer in heißem, blutigem Kampfe unter russischer Mithülfe gebrochen und in neuem Glanze flatterte das gelbe Banner mit dem schwarzen österreichischen Doppeladler von den Thürmen aller Städte von Mailand bis Kronstadt. Wie leicht mußte es damals gewesen sein, einem jugendlichen Gemüthe einzuprägen, daß das einzige Heil Oesterreichs nicht nur für die zwei Revolutionsjahre, sondern auch für alle Zukunft in seinem Heere liege; daß dieses Heer sich eine Forderung der Dankbarkeit an die Dynastie erworben habe, die niemals abgetragen werden könne; daß die Armee zu heben, zu pflegen und zu vergrößern zugleich Oesterreich schirmen und vergrößern hieße; daß allerwärts das Volk zu Aufruhr und Losreißung hinneige und mit eiserner Hand niedergehalten werden müsse; daß aber die Armee ein unschätzbarer und unerschöpflicher Quell der Staats- und Kaisertreue sei und daher nicht genug ausgezeichnet und hochgehalten werden könne. Und dazu der frischgrünende Zweig des Lorbeers um die eigene, jugendliche Stirne; und der fröhliche Glanz, das herzerhebende Geräusch der Waffen; und der jubelnde Zuruf aus Tausenden und aber Tausenden von Kehlen siegesfroher Waffensöhne und der Weihrauch, welcher in der Hauptstadt und rings im Lande der Armee als Hort der Ordnung und des Besitzes von den dem Throne zunächst stehenden Kreisen gestreut wurde — mußte das nicht blendend und bestechend wirken und sich zum Ideale verklären, und sind nicht die Ideale der

Jugend tief eingegraben im Herzen bis ins späteste Alter, so oft auch die rauhe und unerbittliche Wirklichkeit sie zu zerstören versucht!

Ruhe und Ordnung waren, wenn auch mit blutiger Strenge, wiederhergestellt im ganzen Lande, Ruhe und Ordnung überall, nur nicht in den Staatsfinanzen; aber sollte man sich von dieser Kleinigkeit beirren lassen? Die Führung des italienischen Krieges, die Niederdrückung der Rebellion in Ungarn hatten große Mittel in Anspruch genommen; ein außerordentlicher Kriegszuschlag von 100 %, vollen und ganzen hundert Procent der bisherigen direkten Steuern war ausgeschrieben worden und doch Deficit im Staatshaushalte. Die riesigen Summen für Ablösung der bäuerlichen Frohnlasten im ganzen Reiche flossen in die Staatskassen, während die Herrschaftsbesitzer Staatsobligationen dafür erhielten, und doch verfloß Jahr um Jahr vollen Friedens, ohne daß die außerordentliche Kriegsumlage aufgehoben oder nur herabgesetzt wurde. Man mußte ja die abgefallene und mühsam wiedereroberte Hälfte der Monarchie in Waffen starren lassen, um etwa zurückgebliebene Gluthstücke des Revolutionsbrandes sogleich durch große Reiterstiefel austreten lassen zu können. Und dann das Heer, das herrliche, große, siegreiche Heer, — stand nach den errungenen Erfolgen an seiner Spitze nicht die Welt offen? Bei Olmütz Preußen gedemüthigt, die Herstellung einer kräftigen Supremation über ganz Deutschland, vielleicht in weiterer Zukunft die Erneuerung der habsburgischen alten Kaisergewalt in frischem Glanze in Aussicht, österreichische Garnisonen in Italien bis in die päpstlichen Staaten hinein und österreichische Erzherzoge auf italienischen Thronen, im Südosten die rumänischen Fürstenthümer, welche sich so einverleibungslustig an die österreichische Grenze anzuschmiegen schienen — da sollte man sich durch pedantische Sparsamkeitsrücksichten leiten lassen; etwa das Heer wieder auf den Stand von 1847 bringen und sich um das Wohlergehen von Gevatter Schneider und Handschuhmacher kümmern?

In der That ließ sich das österreichische Ministerium, welches der Revolutionszeit gefolgt war, durch kleinliche irdische Rücksichten in seinem Sonnenfluge zur Supremation über ganz Mitteleuropa in keiner Weise beirren; überall hatte es seine Eisen im Feuer und über die Proportionalität des Zweckes mit den zu seiner Erreichung nothwendigen Mitteln, die doch in der politischen Welt so unerläßlich ist, als im gemeinen bürgerlichen Leben, sah es trotz seiner sehr realistischen Bajonnetwirthschaft mit einer Idealität hinweg, welche die Staatsmänner der übrigen europäischen Mächte sicherlich mit nicht geringem Erstaunen erfüllen mußte. Ein Staat, der sich militärisch weit über seine Kräfte anstrengte, um in zweien seiner Kronländer die geknebelte und wuthknirschende Bevölkerung im Zaume zu halten; ein Staat, dessen Regierung zuerst die eine und dann die andere von ihr selbst octroirte Repräsentativverfassung aller Heiligkeit des gegebenen Wortes zum Trotze brach, weil die Nationalitäten einander sofort in die Haare zu fahren drohten, wenn nicht die Schwere des Säbels auf allen mit niederdrückender Wucht lastete; ein Staat, der nur zur schwächeren Hälfte von Culturmenschen, zur andern aber von solchen, die es werden oder auch nicht werden wollten, bewohnt war; ein Staat, dessen Industrie in den Windeln lag, dessen Communicationssystem hinter demjenigen der Länder, deren Suprematie er anstrebte, weit zurückstand, dessen Bürger immer den frohen Lebensgenuß der harten, zweckbewußten Arbeit vorgezogen hatten; ein Staat, dem es trotz Steuerverdopplung gelungen war, innerhalb vier bis sechs Jahren seinen früher ausgezeichneten Credit derartig zu ruiniren, daß er im tiefsten Frieden nur zwangsweise oder zu Wucherzinsen Geld geborgt erhielt — ein solcher Staat, dessen leitende Minister keinen Mann aufwiesen, dessen übermächtige Hand selbst die Verhältnisse gestaltet, um sie dann zu beherrschen, wollte selbst die Leitung über ein Völkergebiet von über 100 Millionen Bewohner kühn erstreben, bloß auf das Selbstbewußtsein eines Heeres hin, dem es gelungen war, mit fremder Hülfe die Ruhe im eigenen Lande wiederherzustellen.

Schade um die auf dem glühenden italienischen Boden und auf den Schneefeldern des ungarischen Winters mit dem Blute tausender wackerer und heldenmüthiger Landessöhne errungenen Lorbeeren, die nun dazu dienten, die Augen ihrer Gewinner zu blenden, sie selbst dem Verderben zuzuführen und trotz neuer Blutströme, trotz neuen Heldenmuthes und neuer Hingebung bei Solferino und Königgrätz in beklagenswerther Weise verdorren mußten.

Einstweilen aber hing, im Gegensatze zur finanziellen Quälerei, der militärische Himmel voller Geigen. Der Generaladjutant war der am meisten gefürchtete Mann im Staate, vor welchem sich alle

Rücken beugten: der Exerzierplatz war nicht allein der Mittelpunkt, sondern so ziemlich auch Anfang und Ende aller staatlichen Fürsorge; übermüthige Offiziere durften ungestraft Bürger prügeln lassen und avancirten dann vielleicht um so rascher; für Kasernenbauten und Festungsanlagen waren die Kassen immer voll; in allen hohen Herrschaften waren mit einem Male kriegerische Passionen und kriegerische Talente erwacht, so daß das Bürgerkleid in den höchsten Kreisen nahezu als Fremdling erschien; und wer den Weg zu Rang und Einfluß im Staate suchte, der hatte ein holdseliges Lächeln für jedes goldene Porte-epée, der schwärmte für ritterliche Jünglinge und Heldengreise, zerfloß in Rührung bei den Klängen eines kriegerischen Marsches, und war glücklich, vor einem lichtgrünen Federbusch das Haupt beugen zu dürfen.

Mit der militärischen Reaction ging die kirchliche Hand in Hand. Was das Schwert des Soldaten nur äußerlich zur Ruhe gebracht hatte, das sollte nun der Krummstab mit sanfter Gewalt von innen, aus dem Gemüthe des Volkes heraus, dauernd unterwerfen und mit der göttlichen Autorität da aushelfen, wo der menschliche Arm zu kurz wurde. Die Priesterschaft ließ sich nicht lange bitten; sie kam ungerufen, um durch Bespritzung mit geweihtem Wasser die Blutspuren zu tilgen, welche an einer Revolutionsunterdrückung zu kleben pflegen. Die Aufhebung der Verfassung mußte ihr sehr gelegen kommen, um unter einem soldatischen Regimente, welchem an der Wahrung nichtmilitärischer Interessen und Rechte des Staates wenig gelegen war, rasch wie durch Ueberrumpelung das durchzusetzen, was sie unter zwei absolut regierenden Herrschern vergebens angestrebt hatte, und dann auf die Heiligkeit des neuen Vertrags des Staates mit der römischen Curie zu pochen, der doch nur durch das Zerreißen des ältern Vertrags mit dem Volke möglich geworden war.

In welch' trauriger Weise die auf einen scharfen Säbel und eine leere Tasche gestützten Allerweltsbeherrschungsgelüste gescheitert sind, dieß haben alle österreichisch fühlenden Herzen zwei Male in kränkendster Weise miterlebt. Die hohlen, nichtssagenden Phrasen von dem Glacis der lombardischen Ebene, welche Oesterreich unbedingt brauche, um seine Bergfestung, Tirol, halten zu können, und was dergleichen mehr waren, sind in alle Winde verhallt. In den durch eine unmögliche äußere Politik heraufbeschworenen Kriegen mußte man sich immer vor einzelnen Theilen des eigenen Riesenheeres fürchten und andere gewaltige Massen desselben zur Niederdrückung rebellionslustiger Reichstheile zurückbehalten. — Und die Beschaffung der Geldmittel zu solchem Aufwande? Dem wirthschaftlich Denkenden läuft es kalt über den Rücken herunter, wenn er an diese leichtfertige Hinopferung künftiger Wohlstandsmöglichkeiten zahlreicher Völker zur Sühne für einige grobe Rechenfehler in der politischen Dynamik ihrer Regierer zurückdenkt.

Unsere Feinde haben sich redlich bemüht, die eiternden Wunden an unserem Staatskörper durch Feuer und Eisen zur Heilung zu bringen und gegen unsere Strebungen nach Außen uns derartig die Flügel zu kürzen, daß wir alle Muße zur Beschäftigung mit unserer inneren Wiederherstellung gewonnen hätten. Aber weit entfernt sich dieß zu Nutze zu machen, weit entfernt eine wahrhaft conservative Politik einzuschlagen und die finanzielle und wirthschaftliche Regeneration des Vaterlandes zur einzigen Richtschnur alles staatlichen Denkens und Handelns zu machen, — klammerte man sich umsomehr an die Armee als die einzige Herzensfreude, welche unsern herrschenden Staatsmännern noch geblieben war; suchte man die einzige Heilung der allgemeinen Schäden wieder nur auf dem Exerzierplatze, in den Arsenalen und Monturscommissionen und bequemte sich sogar zur Anwendung constitutioneller Formen, weil der Absolutismus das Geld nicht mehr aufbringen konnte, um die Armee zu bezahlen.

Alle Freiheiten sollten die Völker Oesterreichs haben, alle Garantien dieser Freiheiten, und alle Beigaben, welche diese Garantien begleiten, Ministerverantwortlichkeit, Thronreden und Adressen, Abgeordnetenimmunität und Interpellationsrecht; aber nur recht, recht viele Soldaten sollten uniformirt, bewaffnet, verpflegt und bequartiert werden; nur so weit sollte der Staatscredit wieder gehoben werden, daß man zu diesem Zwecke wieder neue Schulden zu machen im Stande war. Dieß gelang denn auch ganz leidlich. Daß der ganze Constitutionalismus ein Gut von sehr zweifelhaftem Werthe war, wenn er nicht die eingerissene finanzielle Mißwirthschaft zu bessern vermochte; daß ein wirthschaftlicher, das Land zu Blüthe und Cultur führender Absolutismus, wenn er nur Garantien gegen künftigen Mißbrauch böte, einem mit allem möglichen constitutionellen Trödelkram beladenen, in ein immer tieferes Schuldenmeer versinkenden Säbelregimente bei weitem vorzuziehen wäre, — das sahen damals Wenige ein, die auf der Oberfläche des Tages schwammen, und kein Einziger hat es offen zum Ausdrucke gebracht.

Einmal freilich im Laufe unserer fünfzehnjährigen, wechselvollen constitutionellen Aera hatte es den Anschein, als ob ein besserer Geist in unsere Regierung und Reichsvertretung hineinfahren wollte. Es dürfte dieß mit der Besteuerung der Zinsen der österreichischen Staatsschuld, dem ersten, schüchternen Anfange des Staatsbankrotts, zu welchem die Ungarn durch ihre Repudiation das Signal gegeben hatten, zusammenfallen. Damals hatte die Ordnungspartei gegen die Liederlichkeitspartei durch wenige Jahre die Oberhand erhalten; das Militärbudget, das einzige, welches überhaupt bei der Ersparungsfrage als wirksam in Betracht kommen kann, wurde wesentlich reducirt und das Deficit, der stete Begleiter unserer Finanzwirthschaft, verschwand thatsächlich durch einige Jahre.

Aber so etwas war nur als ein kurzes Zwischenspiel in unserer Staatstragödie denkbar. Einige ausgezeichnete Erndtejahre mit reichlichen Steuereingängen waren der Restriction der Heeresausgaben zu Hülfe gekommen. Der Segen der Erndtejahre verwandelte sich in den Fluch der Gründerzeit; der Fluch der Gründerzeit gebar den Wahn, daß der Reichthum unseres Vaterlandes sich innerhalb weniger Jahre in's außerordentliche gesteigert habe und sich weiter in's abentheuerliche steigern werde. Mit scharfer Betonung fragte der gemeinsame Kriegsminister die widerstrebenden Delegationen in Pest, ob sie es läugnen könnten, daß der erhöhte Wohlstand der Monarchie auch eine Erhöhung der Heeresauslagen möglich mache. Mit allen Pressionen wurde der Rahmen des Heeres so ausgedehnt, daß die Ausfüllung dieses Rahmens, welche sich dann nach der einfachen Regeldetri ergibt, die Wiederkehr der alten Unordnung, das erneute Tiefersinken in den finanziellen Abgrund bedeutete. Das neue Ministerium mußte erst das caudinische Joch des Militarismus, sowie dieß bei jedem frühern der Fall gewesen war, passiren, bevor die Portefeuilles, die im übrigen alle möglichen constitutionellen Reformen in sich schlossen, in seine

Hände gegeben wurden. Die Prediger der Sparsamkeit und des finanziellen Gleichgewichts wurden wieder zu Predigern in der Wüste, und der neue Heilige, vor dem die Großen ehrfurchtsvoll in die Knie sanken, während das Volk in Angst zu ihm aufblickte, war keiner der drei Eismänner*), sondern der heilige Uchatius.

Ueber Reformen in allen möglichen Regionen des öffentlichen Lebens wurde ohne Unterlaß geschrieben und gesprochen, nur über die Eine nicht, an welcher das Wohl und der künftige Bestand unseres Vaterlandes hängt, und ohne welche alle andern Bestrebungen als Sysiphusarbeit erscheinen, denn — — — „man sieht das Oben nicht gern."

---

*) Pankraz, Servaz, Bonifaz, die drei letzten Frosttage im Mai.

II.

Die Entwicklung der österreichischen Finanzlage.

Die Schwierigkeit, sich über die Gefahren der staatsfinanciellen Zustände in Oesterreich ein klares Bild zu machen, ist eine doppelte. Es ist zunächst keine kleine Aufgabe, in dem Gewirre der diesseitigen und der ungarischen Staatsschulden und des Zusammenhanges beider durch die gesetzliche Beitragsverpflichtung des einen Theils und die Consequenzen seiner eventuellen Zahlungsunfähigkeit sich zurechtzufinden und die Summe der Schulden, sei es für die österreichische Reichshälfte, sei es für die Gesammtmonarchie, in einer einzigen bestimmten Zahl auszusprechen. Dann aber tritt die zweite große Schwierigkeit dazu, eine Vergleichung der österreichischen Finanzwirthschaft mit derjenigen der andern europäischen Staaten herzustellen; weil die Ziffern der Staatsschulden, der jährlichen Staatseinnahmen und Staatsausgaben nur in Verbindung mit denjenigen des Volksvermögens und des Volkseinkommens Werth und Bedeutung gewinnen; für unsere Monarchie aber wenigstens die Schätzungen dieser letzteren nicht annähernd in jener Verläßlichkeit vorzuliegen scheinen, welche nothwendig wäre, um daraus irgend welche Folgerungen für den vergleichsweisen Stand unserer Finanzwirthschaft abzuleiten.

Diese beiden Aufgaben, die österreichische Staatsschuld, die Gesammtheit der Zahlungsverpflichtungen des österreichischen Staates, auf eine einzige leicht verständliche Formel zu reduciren und weiters die Proportion von Staatsschuld und Staatsausgaben zu Volksvermögen und Volkseinkommen zwischen Oesterreich und den übrigen europäischen Ländern durch Feststellung der analogen Rechnungspositionen vorzubereiten und dann in bestimmten Ansatz zu bringen, — diese beiden Aufgaben sind so groß, daß sie der ausdauernden, einheitlich combinirten Arbeit bedeutender Kräfte bedürfen, daß hier nicht nebenbei ihre Lösung versucht werden kann und daß, so wichtig der Besitz dieser Resultate für die vorliegende Schrift wäre, dieselbe sich begnügen muß, anstatt derselben einzelne abgerissene statistische Daten und, so gut es geht, einige secundäre und supplementäre Erkennungszeichen für den vergleichsweisen Stand unserer Finanzwirthschaft vorzuführen und einige officiöse Aufstellungen zu beseitigen, welche als Hoftheaterdecorationen für das große Publikum angefertigt worden sind, um für den Mangel eines richtigen Bildes eine angenehme Täuschung zu substituiren.

Wer es nämlich als Gelehrter der Volkswirthschaft in Oesterreich zu Rang, Einfluß und Ansehen im Staate bringen will, der darf sich nicht damit abgeben, die Wirthschaft des Volkes, wie sie wirklich ist, zu studiren und der Welt zur Darstellung zu bringen; der muß sich aber vor allem hüten, die eine große, lebensgefährliche Wunde dieser Wirthschaft zu einem andern Zwecke zu berühren, als um ein verhüllendes Pflaster darüber zu kleben. So gering man nun von dem wirklich wirthschaftlichen Tiefblick und dem gesunden natürlichen Sinne dieser offiziellen Größen denken mag, so erscheint es doch unmöglich, daß sich Jemand der Beschäftigung mit der Nationalökonomie in Oesterreich dauernd hingeben kann, ohne diese ebenerwähnte große Wunde in ihrer Gefährlichkeit zu erkennen und würde derselbe auch noch so wenig sich aus den Kreisen der abstrakten-Definitionen zu einer lebensvollen Anschauung der wirthschaftlichen Verhältnisse erheben können. Diese Männer hüllen sich aber zur Verdeckung ihrer vielleicht nicht immer selbstlosen Bestrebungen in das Gewand der österreichischen Vaterlandsliebe, welche sie immer antreibe, von Oesterreichs Größe und Oesterreichs Kraft und seinen Reichthümern zu reden, um den Muth und das Selbstgefühl der Bevölkerung zu heben, dem Auslande Respect vor Oesterreich einzuflößen und ausländisches Capital zur Investition in österreichische Staatsanleihen heranzuziehen.

Fluch diesem Wuchergelde, welches die Mittel liefert, unser Land in immer tieferes Elend hineinzustoßen!

Da sind die Einen, die rechnen mit Hülfe von gänzlich vagen

und unbeglaubigten Annahmen ein riesengroßes jährliches Gesammteinkommen des Volkes heraus; indem sie beispielsweise bei der gewerblichen Production den Bruttoertrag in Rechnung stellen, so daß wahrscheinlich der ganze Verbrauch des Rohstoffes, sofern dieser aus der landwirthschaftlichen und montanen Production herrührt, doppelt, und sofern er noch als Halbfabricat erscheint, dreifach in Rechnung gestellt, sofern er aber aus dem Auslande bezogen wird, einfach dem Volkseinkommen hinzuaddirt wird.

Da ist ein Anderer, der weist, scheinbar ganz sachlich, mittelst tabellarischer Zusammenstellungen und der entsprechenden Brutto- und Netto-Verwechslung, nach, daß in andern europäischen Staaten derjenige Prozentsatz der gesammten Staatsausgaben, welcher zur Verzinsung und Tilgung der Staatsschuld dient, und in wiederum andern Staaten der Procentsatz, welcher auf die Militärauslagen kommt, weit größer sei, als in Oesterreich. Es ist in der Tabelle, welche jener Ausrechnung zu Grunde liegt, beispielsweise der Ausgabeposten für die Finanzverwaltung (also Steuer- und Zoll-Eintreibung und Verrechnung, vielleicht auch die Arbeitslöhne in den ärarischen Fabriken) in Oesterreich-Ungarn mit 141$^{1}/_{2}$ Millionen jährlich, in Großbritannien gar nicht angesetzt; es ist die nicht ganz unerhebliche Trennung von Verzinsung und Rückzahlung der Staatsschuld vollkommen übersehen und es sind überhaupt ganz ungleichartige Größen in Proportion mit einander gesetzt. Auf Grund dieser Ausrechnung wird nun aufgezählt, die wievielte Stelle Oesterreich unter den europäischen Staaten bezüglich der einzelnen Ressorts der Staatsausgaben einnimmt, und auf Grund der Stellung des Verfassers in der deutschen Wissenschaft wird dann die autoritative Erklärung abgegeben, daß es „sonach keinem Zweifel zu unterliegen scheine, daß am Militäretat nichts gespart werden kann, sondern daß für denselben eher höhere Anforderungen gestellt werden müssen."

Wieder ein Anderer rühmt in demselben Oesterreich, das sich seiner militärischen Passionen wegen seit einem Vierteljahrhundert in finanziellen Krämpfen windet, die Productivität der Heeresauslagen, oder läßt sich wenigstens stillschweigend gefallen, daß ihm der gemeinsame Kriegsminister auf dem höchsten parlamentarischen Forum in

Oesterreich-Ungarn eine solche Behauptung uneingeschränkt in den Mund legt.

Fühlt sich denn jenen zuversichtlichen Behauptungen „gefälliger" Autoritäten gegenüber niemand zu der Frage gedrängt, wie es wohl komme, daß es bei dem, sechsthalb Milliarden Gulden zählen sollenden Volkseinkommen, bei der angeblich verhältnißmäßigen Geringfügigkeit des Antheils der Zinsenzahlung und der Heereskosten an den Gesammtausgaben des Staates und endlich bei der wissenschaftlich-documentirten Productivität des letzteren dieser beiden Posten — doch mit allen furchtbaren Anstrengungen nicht gelinge, das nominelle Deficit von 10 bis 30 Millionen alljährlich zu bannen, noch zu verhindern, daß dieses nominelle Deficit sich nach dem definitiven Rechnungsabschlusse in eine jährliche Staatsschuldenvermehrung von 50 bis 100 Millionen Gulden verwandle?

Freilich ist auch ausgerechnet worden, daß die Steuern per Kopf der Bevölkerung in Oesterreich nur fl. 19. 21 kr., in Ungarn gar nur fl. 14. 86 kr., in Preußen dagegen fl. 19. 56 kr., in Baiern fl. 27. 29 kr., in Frankreich fl. 26. 47 kr., in Großbritannien fl. 23. 37 kr. Oest. Wrg. betrage. Oesterreich-Ungarn erscheint demnach gar nicht mit Steuern überlastet; nur ist vergessen worden hier beizufügen, durch welche Einheitssätze der Hauptsteuerkategorien jene Resultate von Gulden und Kreuzer per Kopf der Bevölkerung erzielt worden sind, um auf diese Weise annähernd zu eruiren, in welchem Verhältnisse sich der Gesammtertrag der Steuern sowohl, als die Ausgaben für Zinsen und Heer zum wirklichen Gesammteinkommen des Volkes stellen. Es erscheint wohl nicht unwahrscheinlich, daß sich in England mit seinem Capitalsreichthum, seiner Weltindustrie und seinem hohen Bodenertrage per Kopf der Bevölkerung eine wesentlich andere Durchschnittsziffer des Einkommens ergibt, als dieß in Oesterreich-Ungarn der Fall ist, und ebenso dürfte da jeder andere europäische Staat seine ganz aparte relative Einkommenshöhe besitzen, von den nordwestlichen Staaten unseres Erdtheils nach den südlichen und östlichen in rapider Progression abnehmend. Die Proportion von Volkseinkommen zu Zinsen- und Heereslasten des betreffenden Landes müßte demnach auch wohl ein ganz anderes Bild geben, als diejenige der Gesammtstaatsauslagen zu ihren einzelnen Theilen; diese erstere

Proportion ist aber für den staatswirthschaftlichen Zustand der Länder die einzig maßgebende, während die letztere völlig irrelevant ist.

Zur Beurtheilung des Schuldenstandes eines Staates muß man wohl in allererster Linie in Betracht ziehen, ob für die gemachten Schulden irgend welche bleibenden Werthe eingetauscht worden sind. Wenn ein Staat Anleihen aufnimmt, um Eisenbahnen damit zu bauen oder zu kaufen, den Besitz dieser Bahnen oder anderer werthvoller Objecte als Gegenwerth seiner Schuld in der Hand behält, und mit dem Ertrage dieser Objecte die Zinsen der dafür aufgenommenen Schulden bezahlt, dergestalt, daß ihm noch ein Rest desselben als Gewinnst übrig bleibt; wenn ein Staat Anleihen aufnimmt, um mit dem Betrage derselben die materielle und geistige Cultur des Landes zu befördern, Sümpfe auszutrocknen, Flüsse einzudämmen und schiffbar zu machen, Häfen und Docks zu bauen, öffentliche Anstalten zur Hebung von Landwirthschaft und Industrie zu errichten, Schulen zu gründen, zu unterstützen und zu unterhalten, dergestalt, daß der Arbeitsertrag des Volkes und durch diesen der Steuereingang ohne Vermehrung der relativen Lasten um einen Betrag gesteigert wird, welcher die Zinsen der aufgenommenen Anleihen deckt oder übersteigt; — so kann man diese Art des Schuldenmachens doch nicht mit derjenigen auf eine Stufe stellen und in einem Athem nennen, welche ihren Erlös in Exerzierpatronen in die Luft verknallt, in Stiefelsohlen auf Uebungsmärschen durchtritt und in Gewehradaptirungen die Gesammtmasse des alten Eisens vermehren läßt; nicht auf eine Stufe mit derjenigen Art des Schuldenmachens, welche anstatt mit Besitzvermehrung des Staates mit der Veräußerung aller leicht an Mann zu bringenden Eigenthumsstücke desselben Hand in Hand geht.

Sieht man aber auch von der Productivität oder Unproductivität der Verwendung der contrahirten Schuldbeträge ab, insofern sich diese in bestimmten Zahlen nicht ausdrücken und es sich auch sonst nicht bestimmen läßt, ob die Steuereingänge eines Landes zu Verwaltungs- und Culturzwecken und die Anlehenseingänge zu militärischen Zwecken verwendet worden sind, oder umgekehrt; so wird noch die Vergleichung des Emissionscourses und der nominellen Höhe des Zinsfußes, rücksichtlich die Vergleichung des wirklich erhaltenen Capital-Betrages mit der wirklich zu zahlenden Zinsensumme in den verschiedenen Staaten

Europas einen tieferen Einblick in die financielle Gesundheit oder Ungesundheit derselben gewähren, als die mechanische und gedankenlose tabellarische Nebeneinanderstellung von Schuldenstand und Kopfzahl ohne Rücksicht auf Staatsbesitz und Nationalvermögen zu gewähren vermag. Wenn sich der europäische Geldmarkt bei einem Staate für ihm anvertraute 100 Fr. mit einer jährlichen Verzinsung von 3 Fr. begnügt, während ein anderer geldsuchender Staat den nominellen Zinsfuß zusammengehalten mit dem Emissionscourse des Anlehens so stellen muß, daß auf diesem selben Geldmarkte ein Nehmer des letzteren Anlehens für baar ausgelegte 100 Franken etwa $10^1/_2$ Franken im Jahre an Zinsen bezieht; so bedeutet dieß nichts anderes, als daß die Gesammtheit des geldanlegenden Publikums in Europa, oder vielmehr der Durchschnitt desselben die Fähigkeit und den Willen zur Zinsenzahlung bei dem ersteren Staate um so viel höher bewerthet als bei Letzterem, daß er bei diesem $7^1/_2$ Franken, also mehr als das Doppelte der Gesammtzinsenzahlung des Andern, jährlich zurücklegen muß, um nach mittlerer Wahrscheinlichkeit das Capital wieder in der Tasche zu haben, wenn die Zinsenzahlung aufhört.

Nach Vorausschickung dieser allgemeinen Betrachtungen werden einige vereinzelte Daten genügen, um beiläufig zu erkennen, in welche finanzielle Lage der Militarismus unser armes Land gebracht hat.

Es betrug nämlich die österr. Staatsschuld Zinsenlast:

am 1. Januar 1848	1176	$47^1/_2$ Mill. Gulden	
„ 1. „ 1859	2387	110	„ „
„ 1. „ 1868	2610	125	„ „
„ 1. „ 1875	2736	$109^1/_2$ „ „ *)	

In dem letzten Zwischenraume von 1868 bis 1875 hatte aber Ungarn, welches bisher als österreichisches Kronland im Namen des Gesammtstaates an der Zinsenzahlung theilgenommen hatte, die Staatsschuld gegen einen fixen Beitrag von $30^7/_{10}$ Millionen zur Zinsenzahlung an Oesterreich allein überlassen; deßhalb erscheint in den Zahlen des Jahres 1875 die Schuld wenig vergrößert, die Zinsenlast verringert. In diesem selben Zwischenraume hat aber Ungarn nebstdem

---

*) Hofrath V. F. Klun, Statistik von Oesterreich-Ungarn. Wien 1876. buchhandlung von Wilhelm Braumüller.

seine eigene Staatsschuld von ungefähr 300 Millionen mit einer Zinsenlast von 20½ Millionen angelegt und die auf sein Territorium entfallende Grundentlastungsschuld mit einer Verzinsung von 19 Millionen auf eigene Rechnung übernommen. Der Gesammtbetrag der Zinsenzahlung für die österreichisch-ungarische Monarchie, das heißt für dasselbe Territorium, auf welches sich die drei ersten Zifferreihen von 1848, 1859 und 1868 beziehen, stellt sich daher 1875 nicht auf 109½, sondern auf etwa 170 Millionen Gulden.

Der Gesammtbetrag der Staatsschulden unseres heutigen Doppelstaates aber hat sich innerhalb der 27 Jahre, welche zwischen dem 1. Januar 1848 und dem 1. Januar 1875 liegen, um einundzwanzig bis zweiundzwanzig Hundert Millionen Gulden vermehrt, somit fast verdreifacht; das macht im Durchschnitt auf jedes Kalenderjahr ziemlich genau den Betrag von 80 Millionen Gulden. Welche Aktiven sind aber gegen diese riesige Vermehrung seiner Passiven zugewachsen? Antwort: Gar keine! Wohl wurde im Laufe der Fünfzigerjahre eine nördliche und eine südliche Staatseisenbahn gebaut; diese haben sich aber seit jener Zeit längst in k. k. priv. Staatseisenbahn-Gesellschaften verwandelt; das heißt, sie sind in Augenblicken, in denen sonst kein Geld aufzutreiben war, zu Markte getragen und ausverkauft worden. In wiefern das, was Ungarn an Staatsbahnen innerhalb der letzten 8 Jahre gebaut hat, eine wesentliche Abschwächung des Gesagten enthält; inwieferne der westlichen Reichshälfte etwa bedeutende Werthvermehrungen an ihren belasteten Domänen oder sonstigen Activen, die dem oberflächlich schauenden Auge entrückt bleiben, zugewachsen sind, — das mögen die Volkswirthe, welche auf Grund des militärischen status quo Oesterreich alle 10 bis 15 Jahre einmal „neugestalten" oder auch „wiedergebären", an den lichten Glanz des Tages bringen.

Auch sonst wird ja wohl der Versuch gemacht, dem Wachsen der Staatsschuld, der Schuldenverzinsung und der Reichsbesteuerung — den Wachsthum des Bodenwerthes und des sonstigen unbeweglichen und beweglichen Volksvermögens entgegenzusetzen. Wenn dieser letztere Zuwachs aber wirklich stattgefunden hat, warum mußte dann der einfache Steuersatz innerhalb des letzten Vierteljahrhunderts verdreifacht, d. h. auf eine Höhe hinaufgeschraubt werden, wo die Mehrkosten der

Exekution gegen einen weiteren Mehrertrag der Steuern schon bedenklich in die Wagschale fallen? Warum ist dann trotzdem das Deficit nicht zu bannen; warum tritt es dann trotz Ersparungs-Enquêten und trotz den mühevollsten Anstrengungen von Ministern, Hofräthen und Volksvertretern mit immer unabweislicherer Hartnäckigkeit in den Vordergrund?

Warum müssen denn die neuen Schulden, welche zum Verstopfen der alten Schuldenlöcher dienen, mit immer theurerem Gelde bezahlt werden?

Der Cours der österreichischen 4.2-procentigen Papierrente schwankte allerdings im Laufe des Jahres 1876 zwischen 64$^1/_2$ und 70 Gulden, was einem effectiven Zinsfuße von 6$^1/_2$ bis 6 Procent entspricht und rühmliches Zeugniß dafür ablegt, daß der europäische Geldmarkt die Hoffnung auf eine spätere Einsicht der österreichischen Staatsmänner oder auf eine spätere Aufraffung der österreichischen Volksvertreter noch nicht verloren hat. Aber dem ungarischen Staate kam seine 30 Millionen-Anleihe vom Jahre 1871 thatsächlich auf 8.47 Procent; die 54 Millionen-Anleihe vom Jahre 1872 auf 8.83 Procent; seine 153 Millionen-Anleihe vom Jahre 1873 auf 10.89 Procent zu stehen[*]. Dort also geht es, wie man sieht, in rasender Progression bergab, so daß da selbst eine Verschärfung der Ausgleichsungerechtigkeiten vom Jahre 1867 um einige Millionen Gulden diesen Lauf des Verhängnisses kaum um ein Jahr aufzuhalten vermöchte.

Wenn nun auch formell zwischen dem österreichischen Staatscredit und dem ungarischen, zwischen der österreichischen Finanzwirthschaft und der ungarischen gar kein Zusammenhang bestehen mag, nachdem der Beitrag Ungarns zur Zinsenzahlung der österreichischen Staatsschuld mit 30$^1/_2$ Millionen Gulden endgiltig fixirt ist, ebenso wie der 30-procentige Antheil an den Kosten des gemeinsamen Heeres und der Vertretung nach außen, — so tritt der materielle Zusammenhang, die, sit venia verbo, einseitige Solidarität der Finanzen doch gleich bei Nennung jener fixen Beitragsleistungen in die Augen. Solidarität in so ferne, als die Zahlungsunmöglichkeit Ungarns von selbst auf die österreichischen Schultern fällt; einseitig, nachdem eine

---

[*] Hofrath A. J. Klun, Statistik von Oesterreich-Ungarn. Wien 1876. Hofbuchhandlung von Wilhelm Braumüller.

Nichterfüllung der finanziellen Verpflichtungen von Seiten Oesterreichs Ungarn nicht berühren würde. Durch die Finanzlage Ungarns ist der erstere Fall in eben so nahe als sichere Aussicht gestellt. Ungarn braucht heute im Jahr um 50 bis 80 Millionen mehr, als es durch Steuern und Zölle aufzubringen im Stande ist, und muß, um diesen Ausfall zu decken, Anleihen aufnehmen, die ihm heute auf $10^1/_2$ Procent zu stehen kommen; ein Deficit von 60 Millionen zu $10^1/_2$ Procent weiterverzinst, würde schon in 13 Jahren eine Summe geben (219.3 M.), welche die gesammten directen und indirecten Einnahmen (1875: 216.5 M.) überstiege; sowie aber der Anlehenszinsfuß vom Jahr 1871 von 8.47 Procent bis zum Jahre 1873 auf 10.89 Procent gestiegen ist, so müßte er in verstärkter Progression steigen, wie das Jahresdeficit durch Zinsen und Zinseszinsen wächst, oder, richtiger gesagt, in umgekehrtem Verhältniß als die Zahlungsmöglichkeit abnimmt; es liegt da der Zinsfuß von 20 Procent der Zeit nach viel näher an demjenigen von 10 Procent, als der Zinsfuß von 10 Procent an dem von 5 Procent liegt. Die Mathematik hat in solchen Dingen eine Gewalt, welche man ihr kaum ansehen würde, und wenn die Finanzminister mit gewichsten und ungewichsten Schnurbärten, mit schwarzem, blondem, braunem und grauem Haar auch allmonatlich abwechseln würden, so könnten sie selbst mit den schönsten fiscalischen Erfindungen nur sehr wenig an den in den Sternen geschriebenen Gesetzen ändern.

Was aber wird Oesterreich machen, wenn kommen wird, was bald kommen muß? Werden die $30^1/_2$ Millionen Staatszinsenbeitrag oder der 30-procentige Antheil an den Kosten eines Friedensheeres von 255,000 Mann oder die Versprechungen, welche auf den ungarischen Staatsobligationen stehen, den Vorrang haben? . . . . Wer weiß es! Aber Oesterreich-Ungarn ist eine Großmacht und Ungarn ein souveräner Staat und der Dualismus das unverrückbare Grundgesetz, d. h. das Gesetz, an welchem im Bunde mit dem Militarismus Alles zu Grunde gehen muß.

Einstweilen ganz abgesehen von dem sicheren Verderben, welches von Osten auf uns heranrückt, leiden wir in Oesterreich nun schon vier volle Jahre an einer immer weiter um sich greifenden, wirthschaftlichen Krankheit, welche man im ersten Jahre „Krisis" benannt hat und diesen Namen hat sie bis heute behalten, wo derselbe schon längst nicht mehr auf sie paßt. Europa und Amerika haben im Laufe dieses Jahrhunderts eine große Anzahl Handelskrisen erlebt, d. h. Zeitpunkte der Reaction gegen ein allgemeines Speculationsfieber, in welchem sämmtliche commerciellen Güter über ihren wahren Werth hinaufgeschraubt waren. Der bisherige Verlauf dieser Krisen läßt aber eine Analogie mit unserer vierjährigen Krankheit nicht zu. „Es wird bald besser werden," sagt man uns mit treuherziger Miene, um sich der Sorge entschlagen zu können, die staatsfinanziellen Consequenzen der wirthschaftlichen Lage zu ziehen. In den Ministerialbureaux sind unablässig Federn in Thätigkeit, um schöne statistische Zusammenstellungen zu machen, wie es in Oesterreich hier vorwärts gehe und wie wir dort dem Auslande überlegen seien, und aus den Kreisen der höhern Beamten tönt allerwärts der Ruf der bittern Klage über das allgemeine Mißtrauen und die Sucht im Volke, alle staatlichen Institutionen und Zustände herabzusetzen, eine Sucht, welche alle Regierungserfolge bereits im Keime ersticke. Aber was ist der Pessimismus auf der Bierbank, jener gefährlichste Pessimismus, weil ihm die richtige Beurtheilungs- und Unterscheidungsgabe mangelt, — was ist jene gedankenlose Schmähsucht und indolente Selbstironie anderes, als die natürliche Reaction gegen den officiellen Optimismus, der nach Vogel Straußen's bekannter Manier allem innern Uebelbefinden und dem fortdauernden Zusammenbrechen aller Scheinerfolge zum Trotz seit langen Jahren von Oben gepredigt wird, der sich ebenso in dem vergnügten Lächeln unserer Excellenzen als in dem biedern Volkston wiederspiegelt, mit dem unsere officiösen Blätter gegen Heereseinschränkungen und gegen Zurückweisung der magyarischen Zumuthungen poltern.

Die wirthschaftliche Krankheit nimmt inzwischen ihren Gang unbeirrt fort; die Zahl der Insolvenzen in der Monarchie aus den Kreisen, welche nicht der Börse angehören, dürfte im Jahr 1876 größer gewesen sein, als in irgend einem Krisenjahre, und die immobilen Werthe der Landwirthschaft und des städtischen Besitzes fallen fort und fort. Bald wird man sich verstohlen in's Ohr raunen, daß die Wurzeln unseres Volkswohlstandes von langer Hand her untergraben sind, daß der wirthschaftliche Aufschwung der Jahre 1868 bis 1872 nichts war, als ein Abfressen des Getreides im grünen Halme, daß der staatliche Zinsfuß von sechs bis acht oder zehn Procent unsern einheimischen Rentnern einen Reichthum von Zinsen gelogen hat, während sie ihr Capital verzehrten. Die dreiunddreißig-procentige Steuer, welche auf unsern Wiener Häusern lastet, um die Zinsen unserer Staatsschuld zu zahlen, ist ein Zeichen, daß das, was wir um uns sehen, nicht mehr uns gehört, daß wir dem Auslande tributär geworden sind und immer tributärer werden müssen. „Volksverarmung" wird wohl eher unsere Krankheit genannt werden müssen als „Krisis", denn eine chronische Krise ist ein Unding.

Es wird nicht bald besser werden, wenn keine bessere Einsicht einzieht im Lande, sondern es wird immer schlechter werden.

III.

Der innere Widerspruch einer europäischen Abrüstung.

—

Während die Regierungen der einzelnen Staaten Europa's, jede für sich, daran arbeiten, ihrem traditionellen Streben nach Machterwerb oder nach Machterhaltung so viel als nur irgend möglich gerecht zu werden, ertönen aus dem Schooße der Bevölkerungen immer wieder, bald unterdrückter, bald lauter, die Jammerlaute über die Unerschwinglichkeit der Machtmittel und die Hülferufe gegen die Bedrückungen, die jedem Lande zur Erfüllung seiner Machtansprüche aufgeladen werden. Diese Hülferufe nehmen zeitweilig die Form von Abhülfevorschlägen und Projekten an, machen dann, wenn sie mit Talent und einer, wenigstens scheinbar neuen Gedankenzuthat erhoben werden, die Runde durch die europäischen Staaten und verklingen schließlich im Lärm des Tages, erhöhte Hoffnungslosigkeit und vielleicht manchmal vermehrte Lasten zurücklassend. Es scheint solchen Vorschlägen meistens ein Verkennen des innersten Wesens des Krieges, eine unrichtige Anschauung der menschlichen Natur und der Bedingungen staatlicher und socialer Existenz oder irgend eine Lücke des folgerichtigen Gedankenganges zu Grunde zu liegen; die schwerer enthusiasmirbare Hälfte der öffentlichen Meinung bringt ihnen ein theils dem logischen Instinkte, theils den thatsächlichen Erfahrungen entspringendes Mißtrauen entgegen und von all' den Kreisen, welche an der Machtentfaltung der Staaten activen Antheil haben oder für welche dieselbe die Quelle des Unterhaltes ist, werden sie mit kaltem Hohne übergossen oder mit einem Lächeln verachtungsvollen Mitleids abgethan.

Für Diejenigen, welche die Gewalt in Händen haben, und für Alle, welche daraus Nutzen ziehen, sind die Projectanten von Einrichtungen, welche den ewigen Frieden gänzlich oder doch theilweise und annähernd gewährleisten sollen, sogar eine sehr willkommene Stütze. Die Thatsachen widerlegen von Fall zu Fall diese geistreichen Träumereien sanftsinniger Idealisten; dieselben erweisen indirect die Nothwendigkeit, allen Möglichkeiten der Angriffe fremder Gewalt die kräftigste Entwicklung der eigenen entgegenzusetzen, und liefern den Anwälten der letzteren die willkommensten Argumente, um die Nothwendigkeit der Bewilligung der jeweilig verlangten Machtmittel darzuthun. Der brutale Casernenton, wonach das „Wie" der Aufbringung jener Mittel überhaupt gänzlich Nebensache und nur die Erreichung des jeweilig verfolgten Machtzieles allein maßgebend sei, ist ja aus hohen und höchsten Kreisen im Laufe der beiden letzten Jahrzehnte mehr und mehr gewichen und nur in den mittleren Schichten der ausführenden Werkzeuge noch theilweise zu finden. Die constitutionellen Formen, welche jetzt im größten Theile Europa's in Uebung sind, haben es zur Mode gemacht, selbst in Hof- und Militärkreisen die Nothwendigkeit der häufigen Kriege ungescheut als ein Uebel zu beklagen, über die schweren Lasten, welche die unausgesetzten Rüstungen und Umrüstungen der Bevölkerung auferlegen, einen wehmüthigen Seufzer auszustoßen und nur mit schmerzlichem Augenverdrehen die Millionen zu verlangen, welche alljährlich für Neubewaffnung, Besserbewaffnung, Besserverpflegung und Präsenzstandvermehrung in Rechnung gestellt werden. Aber verlangt wird nichtsdestoweniger mit vollem Bewußtsein mehr, als in jedem einzelnen Moment mit Steuern und neuen Schulden aufgebracht werden kann, um desto gewisser nach Streichung des unmöglichen Ueberschusses Alles, was der Augenblick ohne Rücksicht auf die Zukunft zu bieten im Stande ist, auch wirklich zu erhalten. Wie wirksam nimmt es sich da aus, wenn man sagen kann: „Ja, meine Herren, eine allgemeine Abrüstung, wie schön wäre „das, um unserer armen, vielgeprüften Bevölkerung endlich eine Er„leichterung ihrer drückenden Lasten gewähren zu können. Trachten Sie „nur ja, daß Sie dieselbe recht bald zu Stande bringen. Aber so „lange alle unsere Nachbarn in Waffen starren, werden Sie einsehen, „daß es von uns unverantwortlich wäre, wenn wir mit der raschen

„Einführung dieses Gewehres oder jener Kanone noch eine Stunde „zögern würden."

Nachdem zu Anfang der Fünfzigerjahre Friedenscongresse von mandatlosen Menschenfreunden aller europäischen Völker mit dem Aufputz einiger, eigens dazu aus den Urwäldern Amerika's verschriebener Indianerhäuptlinge abgehalten und ausgelacht worden waren; nachdem Elihu Burrit seine „Oelblätter für das Volk" vergebens auf Taubenflügeln in alle Winde entsendete; nachdem Kaiser Nicolaus von Rußland vor Beginn des Krimkrieges die eindringlichen Vorstellungen einer englischen Quäkerdeputation, den Weltfrieden nicht zu stören, in feierlicher Audienz, wahrscheinlich im Innern gähnend, mit ernster Miene angehört, und gerade in den darauf folgenden Zeiten die Militärmächte Europa's sich häufiger aufeinander stürzten und gegenseitig blutiger zerfleischten, als dieß eine Reihe von Jahrzehnten hindurch der Fall gewesen war, — da kamen diese naiven Schalmeien etwas in Mißcredit; in guter Ueberzeugung der Nothwendigkeit bewilligten die Volksvertreter die Summen, welche zu Kriegszwecken von ihnen verlangt wurden, und in stumpfsinniger Ergebung zahlten die Bevölkerungen die Zinsen der Schulden, welche zur Führung der Kriege oder zur Abwehr derselben gemacht worden waren.

Nach dieser längeren Pause, in welcher höchstens bei Toasten von Weltausstellungsbanketten unter dem Beifallsrufen der Zuhörer dem Kriege eins versetzt und ihm gegenüber der Triumph des Friedens gefeiert wurde, tritt jetzt in unsern Tagen, in allerdings viel ernsterem und würdigerem Gewande, eine Lösung jenes alten, menschenfreundlichen Problems auf, welches man im Gegensatze zu seinem nicht minder schwierigen Bruderproblem das perpetuum immobile nennen könnte. Dießmal ist es ein Oesterreicher, ein hochachtbarer, vielgeprüfter Landsmann und Patriot, welcher den Ruf nach „Reduction der continentalen Heere" ausgestoßen hat. Trotzdem dieser Vorschlag ganz auf concreten Verhältnissen ruhend und sich ihnen anschließend erscheint, erweist er sich bei näherer Anhörung doch nur als eine besonders geistreiche Variation der alten fehlerhaften Melodie vom ewigen Frieden, zeigt er sich dem aufmerksameren Blicke doch nur als ein schwächlicher Ableger des Wunderbaums, der nur im Land der Träume Wurzeln schlägt.

Nachdem der Urheber jenes Vorschlags in den zwei, nachher als Brochure erschienenen Zeitungsartikeln, in welchen er seine Gedanken entwickelt, den bis zur furchtbaren Höhe gesteigerten Druck der militärischen Lasten in allen Ländern und die Größe des Interesses einer gemeinschaftlichen Verringerung derselben für die europäische Gesammtheit beleuchtet und erklärt hat, daß, „wenn irgend eine Frage zu ihrer „raschen und glücklichen Lösung eines Gesammtorgans der öffentlichen „Meinung bedarf, dieß die Wehrfrage sei," fährt er folgendermaßen fort:

„Dieser eine Sorgfalt zu widmen, welche im Verhältniß zu ihrer „Bedeutung steht, wäre die Aufgabe eines allgemeinen Volksvertreter„tages, einer Wanderconferenz von Mitgliedern aus dem Schooße „aller europäischen Legislativkörper oder vorerst aus der Mitte der „großstaatlichen Volksvertretungen unseres Festlandes, da eine Heeres„reduction der continentalen Großmächte zunächst geboten erscheint. „Eine Versammlung dieser Art, und bestünde sie auch nur aus „Parlamentsmitgliedern, die ohne jedes Mandat sich hier zusammen„fänden, hätte ein nicht geringes politisches Gewicht; noch um Vieles „bedeutungsvoller wäre sie jedoch, wenn ihre Theilnehmer von den „Volksrepräsentanten eines jeden Landes in außerparlamentarischer „Zusammentretung als Mandatare designirt würden.*) In diesem „Fall gewänne die internationale Conferenz, obgleich sie jedes officiellen „Charakters und jeder legislativen Befugniß entbehrte, doch autoritativ „eine Bedeutung, wie sie kaum je eine Versammlung besaß, und die „Prosperität von dreihundert Millionen Menschen wäre an ihr Votum „geknüpft. Was der Wirksamkeit der Einzelparlamente fast entrückt „ist, das vollzöge sich leicht und rasch bei gemeinsamer Action. Die „Conferenz allein vermöchte durch ihren Appell an die Regierungen „eine Heeresreduction zu erzielen, welche, wenn von allen Staaten des „Continents zu gleicher Zeit und in gleicher Proportion zu ihrem jetzigen „Friedensstande bewerkstelligt, das gegenseitige Machtverhältniß nicht im „Mindesten alterirte.

„Dieses Machtverhältniß resultirt ja nicht aus der absoluten, „sondern aus der relativen Größe der continentalen Heere, aus der „Proportion, in welcher bei entsprechendem Vorhandensein der sonstigen

---

*) „In parlamentarischer Sitzung wäre die Vornahme einer solchen Wahl nicht thunlich."

"Machtbedingungen die Armee und die Ausrüstung eines jeden Landes "zu jener aller übrigen Länder stehen. Man bemesse überall auf dem "Continente die Heeresziffer so hoch oder so niedrig, als dieß nur "belieben mag, das Züuglein in der Waage der Macht bleibt un-"verrückt, so lange diese Proportion keine Aenderung erfährt. Wer "hundertarmig mit einem Briareus ringt, hat nicht mehr Chancen "des Erfolges, als wer nur mit zwei Armen gegen einen Zweiarmigen "kämpft. Wozu somit der riesige Heeresaufwand, der, von Allen "gleichmäßig betrieben, für Alle gleich nutzlos ist? Wozu diese un-"ersättliche Gier nach Kriegen und Waffen, diese Ueberspannung der "Kräfte, die schließlich nur zur Erschöpfung führt? Ist es etwa staats-"klug, die Vorsicht jenes Soldaten nachzuahmen, der aus Furcht, im "Kriege getödtet zu werden, im Frieden sich den Todesstoß gab?

"Vernunft und Menschlichkeit rufen den Regierungen zu, fortan "um die Wette abzurüsten, wie sie bisher um die Wette gerüstet . . .

"Einen kräftigen Impuls zu so löblichem Wetteifer gäbe die "Conferenz durch zwei Beschlüsse, von denen der eine die Quote des "gegenwärtigen Friedensstandes bezeichnete, um welche nach ihrer An-"sicht die Heeresmacht der Continentalstaaten (resp. Großstaaten) zu "verringern sei, während durch den zweiten Beschluß die Conferenz-"mitglieder sich verpflichteten, schon im Laufe der nächsten Session in "ihren betreffenden Parlamenten etwa folgende Kundgebung zu be-"antragen: „„Das Haus erwartet mit Zuversicht, daß die Regierung „„in kürzester Frist allen Continentalmächten oder zuvörderst allen Groß-„„mächten des Continents die Bereitwilligkeit kund gebe, den Friedens-„„stand ihres Heeres um die von der Conferenz angegebene Quote zu „„verringern, falls diese gleichzeitig ein Gleiches thäten"" . . . . ."

Es ist hier nach bestem Glauben und Gewissen in umfangreicher Weise jene Stelle aus der Schrift: „Zur Reduction der continentalen Heere" wiedergegeben worden, welche den Kernpunkt der Gedanken ihres Verfassers enthält. Es treten uns darin zwei verschiedene Vor-schläge entgegen: Der erste, der eines Volksvertretertages, enthält möglicherweise den Keim zur Verwirklichung der alten Idee der euro-päischen Conföderation, welche durch das Einleben des Constitutionalis-mus in fast allen Staaten Europa's uns wesentlich näher gerückt ist, und in letzterem Falle wohl geeignet wäre, die Häufigkeit der Kriege in unserem Erdtheil und die Nothwendigkeit der heutigen Höhe der Militäretats in den verschiedenen Ländern bedeutend herabzumindern. Der zweite, directe Vorschlag aber, dem der andere nur als Mittel zur Ausführung dienen soll, geht auf ein Mittelding zwischen der heutigen andauernden Kriegsbereitschaft und dem garantirten ewigen Frieden hinaus, welches undurchführbar erscheint, so lange dieser letztere eine Unmöglichkeit bleibt, dagegen zur unnützen Verschwendung wird, sobald und soweit wir diesen als möglich annehmen.

Der Krieg ist doch immer der letzte Appell, der an die brutale Gewalt, sobald im Verkehre der Fürsten, Staaten und Völker die Gründe des Rechtes oder auch die der friedlichen Ueberredung und Uebervortheilung schweigen. Der Mensch hat nun einmal neben den edelsten und schönsten Fähigkeiten, Neigungen und Strebungen in uralter Tradition seines Geschlechtes die Anlagen und Gewohnheiten einer gewaltthätigen und blutdürstigen Bestie; sie schlummern trotz Civilisation, Christenthum und Humanismus in der großen Mehrzahl der Glieder seines Stammes und liegen verborgen in seinen socialen und staatlichen Herkommen und Einrichtungen; sie treten immer wieder im tiefsten Frieden bei einzelnen Individuen mit erschreckender Ursprünglichkeit zu Tage und werden im Falle eines Krieges von den Machthabern auch bei den Massen mit großer Leichtigkeit geweckt.

Im Laufe der jüngsten Zeiten ist es den Anstrengungen edler Menschenfreunde und der Verbreitung milderer Sitten im Gebiete der europäischen Cultur zu danken, daß gewisse Grundsätze zur Linderung des Elends, welches der Krieg mit sich bringt, und zur Abwendung einzelner Grausamkeiten der Kriegführung Geltung erlangt haben, soweit dieselben die Geltendmachung der thatsächlich vorhandenen Gewalt nicht wesentlich hindern. Aber der Vorschlag zur proportionalen Reduction der continentalen Heere will etwas Anderes. Er will an die Stelle der Aufbietung der gesammten materiellen Gewalt eines Staates zur Bedrohung oder Niederwerfung eines oder mehrerer bestimmter staatlichen Gegner eine Art Schachspiel nach bestimmten Regeln setzen, über welche keine der beiden spielenden, das heißt kriegführenden Theile hinaus darf. Und wenn sie dann doch darüber hinausgehen — —? dann gilt wahrscheinlich das ganze Spiel nicht und beide Theile müssen von vorne anfangen!?

Wenn die eben erwähnten Bedenken unbegründet und die Vorschläge des Verfassers durchführbar sein sollten, dann werden die Herren Mitglieder des Volksvertretertages doch hoffentlich ihre Aufgabe mit kräftiger Faust und nicht mit Sammtpfötchen anfassen. Wenn da kein Denkfehler bei der Rechnung zu Grunde liegt, so muß ja die umfassendste Reduction so gut durchführbar sein, wie die kleinste. Also meine Herren, die Quote nicht zu sparsam bemessen! Mit einer Compagnie im Bataillon oder einem Bataillon im Regiment ist uns da nicht gedient; das hilft den niedergeworfenen Böllern noch nicht auf die Beine; da muß die Hälfte genau denselben Dienst thun, wie bisher das Ganze, das Viertel wie die Hälfte und das Zehntel wie das Viertel; denn 4 Mann verhalten sich zu 7 genau wie 400,000 zu 700,000 Mann sich verhalten. Um aber mit den bisherigen Gewohnheiten nicht allzurasch zu brechen, gestatten wir Euch die Quote so zu bemessen, daß auch der Beherrscher eines mittelgroßen Staates noch im Stande ist, Sonntags eine anständige Parade abzunehmen und allherbstlich ein hübsches, kleines Uebungslager abzuhalten.

Aber ernst gesprochen: Gesetzt die Delegirten treten wirklich zusammen und einigen sich nach Grundsätzen, die noch im Schooße der Zukunft begraben sind, über eine bestimmte Quote der Reduction, klein oder groß; gesetzt sie kämen wieder zu den heimischen Penaten zurück und würden, getreu dem Programme, ihren Regierungen durch die Gesammtheit oder Mehrheit des Parlaments die Proposition einer bestimmten Quotenreduction unter Vorbehalt der Gegenseitigkeit machen; — müßte da nicht zunächst die Entrüstung der Schwächern über die Ungerechtigkeit, daß nicht nach dem Maaßstabe der Gefährdung, sondern nach dem Maaßstabe der zufällig vorhandenen Gewalt reducirt werden soll, ein Scheitern des Plans zur Folge haben? „Ja, Rußland „hat leicht abrüsten, das hat dann der Zahl nach ohnedieß die Gewalt „für sich;" oder „Mit Frankreich geht das nicht so; das hat eben noch „eine Extrarüstung vorgenommen; da müssen wir vor der Reduction „auch noch die entsprechende Gegenrüstung vornehmen." Welcher Rattenkönig von Schlichen, Uebervortheilungen, Verheimlichungen, Bestimmungsumgehungen, Vertragsbrüchen, Ausspürungen, wahren und falschen Denunciationen, Recriminationen, Ableugnungen und Abtrotzungen müßte die wirkliche allseitige Annahme der Quote zur Folge haben und wer sollte zum Richter darüber gestellt sein? Gesetzt aber eine internationale Commission, eine Art Allerwelts-Sicherheitsausschuß würde dieses Amt übernehmen, — so würde höchstens der Schwache sich ihm fügen müssen; der Stärkere aber nur dann, wenn er Lust hat. So hätte dann der Krieg nach altem Muster, der wirkliche Krieg im Gegensatz zum proponirten Kriegsspiele, noch immer das letzte Wort nur mit dem Unterschiede, daß zu den bisherigen Kriegsursachen eine Anzahl neue hinzugefügt würden, ohne die Wahrscheinlichkeit des Eintritts der alten wesentlich herabzumindern.

Es bleiben ja aber auch die militärischen Ausgaben eines Staates durchaus nicht mit der Kopfzahl des Heeres proportional. Je mehr der normale Friedensstand gesteigert wird, um so weniger bleibt für Neubewaffnung, für Festungsbauten, für militärische Eisenbahnlinien u. s. f. übrig und umgekehrt. Der kriegerische Sinn der Gewalthaber würde aber durch den indirecten Zwang eines Volksvertretertages nicht gebrochen, sondern noch angereizt werden, und sämmtliche Kriegsminister Europa's würden den Parlamenten ihrer Länder nach Herabminderung des Präsenzstandes dieselbe Grundmelodie in verschiedenen Variationen vorsingen: „Wenn wir die Wehrkraft unseres ge„liebten Vaterlandes nicht in unverantwortlicher Weise schädigen wollen, „so ist es bei dem bedenklich herabgesetzten Präsenzstande unseres wackern „Heeres doppelt nothwendig, alle Vorsichtsmaßregeln zu treffen, um „bei einem von irgend welcher Seite erfolgenden Angriffe auf unser „Gebiet, denselben erfolgreich zurückweisen zu können. Ich mache Sie, „m. H., darauf aufmerksam, daß es seit einer Reihe von Jahren in „den militärischen Kreisen unseres Landes als eine dringende Noth„wendigkeit erkannt worden ist, nach (dieser oder jener) Richtung eine „größere Anzahl Schienenstränge zu besitzen, um jeden Tag die benö„thigten Truppenmassen an die hauptsächlich bedrohten Puncte unserer „Reichsgränze werfen zu können. Die strategische Linie A B, deren „unbedingte Wichtigkeit dem ungebildetsten Laien, sogar Ihnen, m. H., „längst bekannt ist, harrt ebenfalls noch ihrer militärischen Ausnützung „durch einen Gürtel formidabler Befestigungen, zu denen Ihnen die „Kostenüberschläge mit aller Bereitwilligkeit, welche die Regierung dem „hohen Hause schuldig ist, demnächst vorgelegt werden sollen. Bisher „hat der hohe Präsenzstand unseres Heeres die Ausführung der zur

„Sicherheit unseres geliebten Vaterlandes unbedingt nothwendigen Maß-
„regeln, unmöglich gemacht; jetzt aber, wo Ihre Weisheit und Ihr
„Patriotismus dem Lande so große Summen erspart hat, zweifelt die
„Regierung Sr. Majestät nicht, daß Sie es uns möglich machen werden,
„das bisher Versäumte um so rascher und gründlicher nachzuholen."

Aber schließlich selbst angenommen, die Volksvertreter, und zwar
in ihren Majoritäten, würden, ganz entgegen der bisherigen Praxis,
ihre Aufgabe, die Ueberlastung des Volkes abzuwehren, in nicht blos
mechanischem Sinne und oberflächlicher Weise, sondern in dem wirklich edlen, menschenfreundlichen Geiste, in welchem der Volksvertreter-
tag gedacht ist, auffassen und mit unerschütterlicher Widerstandsfähigkeit zur Durchführung bringen; — so würden ja doch bei dem ersten
ernstlichen Kriege alle Ersparungen an Volkskraft, die inzwischen gemacht
worden sind, und aller Landescredit, der sich inzwischen angesammelt
hat, im Rauch der Schlachten und in den Vorbereitungen dazu aufgehen — — denn der wirkliche Krieg besteht eben in dem
Ringen zweier Staaten mit dem Aufgebote aller dis-
poniblen Kräfte, welche jeder der beiden Gegner für
nöthig hält, um den andern zu überwinden.

Wer diese harte Thatsache für so unerträglich hält, daß er sich
nicht mit ihr abzufinden vermag, der stürze sich in den nächstgelegenen
Fluß, welcher tief und reißend genug ist, um darin zu ertrinken.

IV.

Der wachsende Einfluß des Capitals auf die Kriegführung.

Zu den großen Ursachen, welche die Art und den Umfang der Kriegführung im Laufe der Jahrhunderte und namentlich dieses unseres Jahrhunderts so wesentlich umgestaltet haben, gehört außer den unzähligen militär-technischen Erfindungen, außer den socialen und politischen Umwälzungen, außer der systematischen Entwicklung der gesammten Kriegswissenschaft noch **eine Thatsache geschichtlicher Entwicklung von größter Tragweite, — das ungeheure Anwachsen und die zunehmende Mobilisirung des europäischen Capitals.**

Trotzdem die Grundzüge der Nationalökonomie jetzt sogar in den Studienplan der militärischen Hochschulen ihren Einzug gehalten haben, möchte es einstweilen ernstlich zu bezweifeln sein, daß diese Thatsache von den leitenden Kreisen, wenigstens bei uns in Oesterreich, ihrem vollen Gewichte nach erkannt und die Nutzanwendung, welche sie enthält, in irgend einer Weise gezogen worden sei.

Die Ausdehnung jedes Krieges nach der Zeit sowohl als nach dem Umfange der Streitkräfte findet unzweifelhaft ihre Begrenzung in dem Maße der Mittel, welche zur Führung des Krieges dem schwächeren Theile zur Verfügung stehen. Zur Aufbringung dieser Mittel hat es zu allen Zeiten und in allen Ländern doch wohl hauptsächlich drei Wege gegeben: Erstlich Contributionen an Ort und Stelle der Kriegführung oder des jeweiligen Aufenthaltes der Heere, ausgedehnt bis zu Contributionen des ganzen Landes des unterliegenden Theils; dann eine regelmäßige Besteuerung des eigenen Landes zu Kriegszwecken, einschließlich der Ersparnisse, welche etwa eine solche

Besteuerung aus früheren Zeiten zurückgelassen hat; und endlich die **Entlehnung fremder Capitalien** gegen Verpfändung des unbeweglichen Vermögens oder der zukünftigen Einkünfte des eigenen Landes auf bestimmte oder unbestimmte Zeit oder gegen Zurückerstattung aus den Contributionen, welche dem fremden Lande im Falle günstigen Kriegsglückes auferlegt werden sollen.

Auf denjenigen Culturstufen der jeweilig maßgebenden Länder, auf welchen ein ausgiebiges Besteuerungssystem noch nicht besteht, der Credit der einzelnen Staaten noch in seiner Kindheit liegt und wenig über einen mäßigen Privatcredit seiner Beherrscher hinausreicht; auf welchen ferner von den Kosten der Kriegführung die Ernährung, Bekleidung und Bequartierung des Heeres für die Kriegsdauer den weitaus größten Theil bilden, während Friedensverpflegung, Bewaffnung und Truppenbewegung als Heeresausgaben noch ganz in den Hintergrund treten und selbst theilweise wegfallen, — auf allen diesen Culturstufen, welche in Europa der Hauptsache nach bis über das Ende des Mittelalters hinausreichten, wird immer zur Bestreitung der Kriegskosten die Contribution den Hauptantheil liefern. Der Grundsatz, daß der Krieg den Krieg ernähren müsse, gilt in diesen Zeiten als vollkommen selbstverständlich. Ist dieser daher für alle Gebiete, welche im einzelnen Falle nicht von ihm berührt werden, direct sowohl als indirect wenig empfindlich, so ist er ein um so gräßlicheres Uebel für jene Gegenden, welche von ihm betroffen werden, und die ganze Härte der Ungleichheit in der Vertheilung der Lasten — Aussaugung, Verwüstung und Peinigung auf der einen Seite, gänzliche Unberührtheit dicht daneben — macht sich in einer Weise geltend, welche den Glauben an unsere als die beste der Welten in solchen Zeiten auch in den sanftesten Herzen nicht aufkommen läßt.

In der Regel kleine, für den einzelnen Kriegsfall geworbene Söldnerheere; ungleichförmige, schwerfällige und primitive Bewaffnung aus den jeweiligen Vorräthen der Rüstkammern; monatelang rückständiger Sold; Raub, Plünderung, Brandschatzung, Marodirung im Kriege; landesfürstliche Mauthschranken über die schiffbaren Flüsse und die Handelsstraßen mitten im Lande; spärliche Gelegenheitsgebühren und herkömmliche Pauschalabgaben an die fürstliche Kasse; Steuerfreiheit- und Privilegiums-Bewilligung und -Wegnahme an Private,

Corporationen, Städte und Landgebiete in bunter Folge; Verpfändung der einzelnen Mauth- und Steuerobjecte, der Krongüter und Kronjuwelen; abwechselnde Begünstigung und Bedrückung der leihenden Juden, der Hofkammerknechte, der unverdrossenen und gewandten Ansammler des dürftigen Vorraths mobiler Capitalien, — das war so ungefähr die Signatur der Zeiten, welche dem absterbenden Systeme der militärisch und administrativ durchgeführten Gliederung der großen Lehensmonarchien folgten und dabei noch vollständig die Grundzüge der ersten Entwicklungsstufe der Kriegskostenbestreitung bewahrt haben. Ueber ein gewisses Maß hinaus wuchs die Schwerfälligkeit und Schwierigkeit der Beschaffung der Mittel weit rascher als die Vergrößerung des Heeres und der voraussichtliche Erfolg, welcher mit einer solchen Vergrößerung erreicht werden konnte; andererseits waren zu gegebener Zeit an gegebenem Ort diese Mittel bald erschöpft und an regelmäßige Zufuhren aus größerer Entfernung war bei dem Mangel entsprechender Communicationsmittel nicht zu denken; — die Kriege waren somit ihrer Ausdehnung nach beschränkt und ob auch Land und Volk des einen der beiden kriegführenden Theile reich und das des andern arm war, so kam dieß dem ersteren für den Kriegszweck doch wenig zu statten, denn der Boden des Feldzugs hatte Freund und Feind zu ernähren; den Vortheil der Verpflegung hatte derjenige, welcher dem besetzten Landstriche mehr Verpflegungsmittel zu entziehen verstand, und der Krieg erlosch, wenn nicht schon vorher eine Entscheidung der Waffen stattgefunden hatte, sobald die Gegend rings umher vollständig ausgepreßt war.

Ein größeres Uebergewicht mußte der reichere Staat über den ärmeren gewinnen, als eine regelmäßige Besteuerung des ganzen eigenen Landes und die Ersparnisse, welche aus dieser Besteuerung in längeren Friedenszeiten zurückgelegt wurden, die weitaus überwiegenden Mittel zur Kriegführung zu liefern anfingen. Es ging dieß Hand in Hand mit dem Fortschreiten einer systematischen Heeresausbildung und Heeresergänzung, mit dem Uebergange von der Werbung zur Losung, mit der Vervollkommnung der Bewaffnung und der Befestigungskunst, mit der schulmäßigen Heranbildung der Offiziere, mit der Verbesserung der Communicationen und mit den ersten wissenschaftlichen Bestrebungen der Staatsmänner und Gelehrten, direct zu Steuer- und indirect zu

Kriegs- und Machtzwecken den Reichthum des eigenen Landes zu heben.

Der Summe der durch fortgesetzte Besteuerung eines ganzen Staatsgebietes angehäuften Bewaffnungs-, Verpflegungs- und Bewegungsmittel der Heere konnte die locale Aussaugung einer einzelnen, wenn auch noch so reichen Gegend nicht standhalten. Die Contribution sank mehr und mehr zum secundären Hülfsmittel der Kriegskostenbeschaffung herab, — den Ausschlag gab außer der Vorzüglichkeit der Führung die Ueberlegenheit an Größe, an Tüchtigkeit und Geübtheit, an guter umsichtiger Verpflegung und fortgeschrittener Bewaffnung des Heeres, lauter Vorzüge, welche mit der Höhe der Steuerkraft in innigem Zusammenhange stehen.

Der Hellebarde, dem Radschloßgewehre und den plumpen Feldstücken der Landsknechte hatten Sense und Dreschflegel der gemarterten Bauern noch manchmal den Weg aus dem Lande zeigen können, während nun das Heer dem Heere gegenüberstand, dem hölzernen Ladstock der eiserne, dem Feuersteinschloß das Percussionsgewehr, immer die vollkommenere Waffe, Gefechtsweise und Heeresorganisation des einen Gegners die minder vollkommene des andern verdrängend und Bürger und Bauern mehr und mehr zum regelmäßig zahlenden Zuschauer des Kriegsschauspiels machend.

So lange nun die Kosten für das stehende Heer auch in den wirthschaftlich weniger entwickelten Ländern aus den regelmäßigen Steuereingängen bestritten wurden, diese Steuern aber noch nicht durch eine ausgebildete Finanzkunst ohne Rücksicht auf die Zukunft auf jene Höhe geschraubt waren, welche im Wechsel der bessern und schlechtern Jahre über das Einkommen hinaus die Capitalien des Landes angreift und die in Zeiten außerordentlicher Kriegsanstrengungen gemachten Schulden eine selbstverständliche Herabminderung der Staatsausgaben in Friedenszeiten zur Folge hatten, — blieb die Größe der stehenden Heere in Grenzen, welche uns nach modernen Begriffen schon bescheiden vorkommen. **Es schien damals das Können der capitalsarmen Staaten der Maßstab für die militärische Machtentwicklung Aller abzugeben**, so daß den durch natürliche Hülfsquellen oder durch Betriebsamkeit und Sparsamkeit ihrer Bewohner materiell bevorzugten Ländern der Vor-

theil einer raschen Capitalsbildung, einer großen Zunahme des Volkswohlstandes und der Machtmittel für die Zukunft von selbst in die
Tasche fiel.

Auf diese Weise steigerte sich der Wohlhabenheitsunterschied der
wirthschaftlich fortgeschritteneren Völker gegen die auf niedrigerer Stufe
zurückgebliebenen in außerordentlichem Maßstabe. Die kleinen Ersparnisse der Letzteren wurden immer wieder zum großen Theil durch ihre,
wenn auch relativ mäßigen Heeresauslagen aufgezehrt, während der
geringe Bruchtheil, welcher diese Auslagen von den Ersparnissen der
entwickelten Weststaaten, England, Holland, Frankreich, in Anspruch
nahm, nicht hinderte, daß hier Zins und Zinseszins dem Capitalbesitze
zugeschlagen wurde.

Auf eine lange, fast ununterbrochen drei Decennien währende
Friedensperiode nach der Ermattung durch die napoleonischen Kriege ist
ein nun schon fast ebenso langer Zeitraum andauernder, heftiger Kriegs-
erschütterungen, der Entfesselung der Machtgier der Herrscher und der
Eifersucht der Völker, der beständigen gegenseitigen Bedrohung der
Staaten, der unaufhörlichen öffentlichen Friedensversicherungen und
heimlichen Kriegsrüstungen gefolgt. Es trat nun der umgekehrte Fall,
dem früher erwähnten gegenüber, ein. **Nicht mehr das Können
der ärmeren Länder gab den Maßstab für die Heeresauslagen Aller, sondern das Können der reicheren Länder**, jener Staaten, in denen die außerordentlich große Progression
der Capitalsansammlung stattgefunden hatte. Als vollkommen selbstverständliche, einer Erklärung gar nicht bedürftige Grundlage des Umfangs der militärischen Machtentwicklung der einzelnen Staaten in Europa gilt nämlich weder das Maß ihrer finanziellen Mittel, noch das Maß
ihrer kriegerischen Gefährdung, sondern einzig und allein die absolute
Bevölkerungszahl. Ob diese letztere mit den beiden ersterwähnten Factoren
in einzelnen Fällen auch in den allerverschiedensten Proportionen steht;
ob auch diejenigen Länder, welche capitalsarm, volkreich und weder
stark bedroht sind, noch die Nothwendigkeit der Bedrohung anderer zu
ihrer Erhaltung und ihrer Blüthe brauchen, mit mathematischer Gewißheit an der jeweilig bestehenden Verhältnißzahl zwischen Volksmenge
und Heereszisser zu Grunde gehen müssen, — so wird doch dieselbe
unverrückt eingehalten; so finden es nicht nur die Officiere aller

Armeen, sondern sogar unsere eifrigsten Friedensapostel geradezu unverständlich, wenn Jemand an der Richtigkeit jener Bemessungsgrundlage zweifeln wollte. Wenn somit der Schlüssel von einem Mann auf hundert Seelen in Europa acceptirt ist, so muß der Staat von 70 Millionen Einwohnern ein Heer von 700,000 Mann, der Staat von 40 Millionen ein solches von 400,000, einer von 30 Millionen ein Heer von 300,000, 20 Millionen 200,000 Mann u. s. w. aufstellen. Geht nun einer derselben aus Eroberungslust oder aus Furcht vor Bedrohung etwa auf den Maßstab von einem Mann auf 80, auf 70, auf 50 Seelen hinauf, so folgen ihm alle andern darin unverweilt, damit das Machtverhältniß ungestört bleibe, ohne Rücksicht, ob dieser eine Staat aus der Erhöhung seiner laufenden Einnahmen die Mehrauslagen entnimmt, während der andere den schon bestehenden Ueberschuß der Staatsausgaben über die Staatseinnahmen etwa verdoppeln muß. Selbst derjenige Mann, welcher von unserem Vaterlande aus den Anstoß zu einem Entwaffnungsversuch in Europa gegeben hat, dessen Wiederhall noch nicht ganz verklungen ist, steht nicht auf dem Standpunkte des Entwaffnungsbedürfnisses der einzelnen Staaten und insbesondere des unsrigen, sondern sein Vorschlag steht und fällt mit jenem unseligen Festhalten an der Proportionalität, welches bis heute zur fortschreitenden Verstärkung und Ueberbietung im Präsenzstand aller europäischen Heere geführt hat. Denn dazu gehört in jedem einzelnen Falle nur das Gelüste einer einzigen Macht, während zur Reduction des einmal vorhandenen Standes der gute Wille aller Mächte erforderlich ist.

Das letzte Jahrzehnt nun hat in der Steigerung des allgemeinen Rüstungswahnsinns mehr geleistet als wohl irgend eines vorher. Von den Erfolgen des preußischen Systems der allgemeinen Wehrpflicht geblendet, hat rasch ein Staat nach dem andern diese Institution bei sich eingeführt, und trotz der riesenhaften Vergrößerung der Mannschaftszahl muß die Quote der Bewaffnung an den Gesammtkosten eine weit größere sein als früher, weil die sich beständig jagenden, überbietenden und gegenseitig neutralisirenden Erfindungen auf dem Gebiete des Geschützwesens und der Bewaffnungstechnik einerseits eine fortwährende Umgestaltung der Heeresausrüstung, anderseits eine sich steigernde Vertheuerung derselben zur Folge haben, da die vollkommenere

Waffe in der Regel auch die kostspieligere ist. Zu alledem ist noch eine große Auslage getreten, welche seit Römerzeiten her wenig ins Gewicht gefallen war: diejenige der militärischen Communicationslinien. Wohl hatte schon der erste Napoleon auf Militärstraßen große Summen verwendet, und auch in den andern Ländern haben die Bedürfnisse der Truppenbewegung in mannigfacher Weise auf die Ausbildung des Straßennetzes eingewirkt; — aber was bedeuten diese Summen gegen die Kosten der Militärbahnen, wie dieselben durch den Mund der Kriegsminister von den Generalstäbern der verschiedenen Armeen verlangt, von den Parlamenten der betreffenden Länder bewilligt und von der Bevölkerung derselben getragen werden! In Gebieten gleichmäßig verbreiteter Hochcultur ist die Auslage, welche zur Erbauung und zum Betriebe derselben erforderlich ist, keine unproductive, weil die Militärbehörden gestatten, daß in Friedenszeiten auch der gewöhnliche Mensch sich derselben bedienen darf; — werden aber solche Militärbahnen, und zwar massenweise, von capitalsarmen Staaten durch verkehrsarme oder verkehrslose Landstriche über Hochgebirgspässe geführt, wo ihre Einnahmen nicht einmal die Kosten des laufenden Betriebs zu decken im Stande sind, so gestalten sie sich zu einer, vielleicht weniger auffälligen, aber um so verderblicher wirkenden und furchtbar schwer in die Waagschale fallenden Steigerung der Heereslasten, mögen die Kosten für Erbauung und Erhaltung solcher Bahnen nun in das Militärbudget eingestellt werden oder nicht.

Unter der Herrschaft dieser Zustände ist die dritte Phase der Kriegskostenbeschaffung, wenigstens für die ärmeren Länder, eingetreten. Nicht nur die Kriege, sondern auch die Heereserhaltung im Frieden, wird zum großen Theile weder aus localen Contributionen, noch aus den regelmäßigen Steuereingängen des Landes, sondern aus dem Credit desselben bestritten, mit andern Worten: aus der Verpfändung des künftigen Einkommens, des künftigen Arbeitsertrags und des gegenwärtigen Besitzes der Bevölkerung; es wird bezahlt mit der Unmöglichkeit der Zurücklegung von Einkommens- und Arbeitsersparnissen, mit der Unmöglichkeit der nationalen Capitalsbildung für die Zukunft. Und zwar alles dieses mit der zwingenden Nothwendigkeit mathematischer Gesetze nicht theilweise, nicht innerhalb gewisser Grenzen, sondern in fortwährend zunehmender Geschwindigkeit bis zum vollständigen staatlichen Ruin. Je geringer nämlich durch die Vergrößerung der Quote für die Verzinsung der Staatsschuld der Rest der Staatseinnahmen wird, welcher zur Bedeckung der Heeresauslagen und der Verwaltungskosten des Staates dient, um so mehr wächst, auch bei successiver Einschränkung der Auslagen, das Bedürfniß, alljährlich durch neue Anleihen den Ausfall zu decken. Je mehr der Credit des Staates durch die Gesammthöhe seiner bisherigen Schuld erschöpft ist, ein je unsicherer Rest des Gesammtvermögens oder Zukunftseinkommens der Nation noch einer weitern Anleihe zur Bedeckung dienen kann, — um so höher wird der Zinsfuß sein, zu dem die neue Schuld aufgenommen wird, um so rascher wächst die Schwere der Zinsenlast, welche die kommenden Jahresbudgets zu tragen haben.

Da also, wo bisher nur der Unterschied zwischen einem reicheren und einem ärmeren Staate bestanden und sich fühlbar gemacht hat, tritt nun der thatsächliche Gegensatz zwischen einem financiell gesunden und einem financiell untergrabenen Staate. Wenn man von zwei ungleich großen Körpern, welche das natürliche Bestreben haben, sich im gleichen Verhältniß zu ihrer Masse zu vermehren, in gleichen Zwischenräumen eine und dieselbe Differenz in Abzug bringt, so wird ihr gegenseitiges Verhältniß zu Ungunsten des kleineren fortwährend alterirt; wenn aber jener Abzug größer ist als der Zuwachs des kleineren und kleiner als der Zuwachs des größeren Körpers, so wird der größere absolut wachsen, während der kleinere absolut abnimmt bis zu seinem gänzlichen Verschwinden. So wie mit den Körpern geht es auch mit den Kräften und die financielle Kraft der Staaten macht von dieser Regel gewiß keine Ausnahme. Wenn aber zum Kriege, wie jeder General weiß, nach Montecuculi drei Dinge gehören, nämlich erstens Geld, zweitens Geld und drittens Geld, so steht und fällt mit der financiellen Kraft auch die militärische Widerstandskraft des Staates.

Um einen schwächeren Staat auf Grund der heute gang und gäben militärischen Anschauungen mit Sicherheit zu Falle zu bringen, braucht der reichere Staat nicht mehr zu thun, als sich selbst die Kosten einer Rüstung aufzuerlegen, deren Proportion der schwächere Staat auf die Dauer nicht zu ertragen im Stande ist. So wie man in den Tropen die Affen damit fängt, daß man ihnen in ein am Boden befestigtes Gefäß mit engem Halse Mais als Köder hinstellt und diese sich dann lieber mit Knütteln todtschlagen lassen, ehe sie die in der Flasche geschlossene, mit Mais gefüllte Hand öffnen, um sie durch den engen Hals derselben herauszuziehen, — so gehen die schwächeren Staaten lieber mit offenen Augen dem Untergange entgegen, ehe sie von der Proportionalität der Heeresziffer zur Bevölkerungszahl mit den reichen und geordneten Staaten lassen würden. Man hat Cayenne und Lambessa die trockene Guillotine genannt — man könnte dem bisherigen Blutvergießen der Schlachten gegenüber auch von der trockenen Guillotine der Staaten sprechen, welche durch das Zu-Tode-Rüsten derselben herbeigeführt wird.

V.

Der finanzielle und politische Ruin der Türkei.

Ein anschauliches Bild des Ebengesagten liefert die Türkei. Dieselbe repräsentirte vor zwei Jahrhunderten noch eine schreckenerregende Macht trotz ihrer Uncultur und trotz ihrer gewiß großen Capitalsarmuth und geringen Bevölkerungsdichtigkeit. Die Nachbarstaaten, wenigstens Oesterreich, waren verhältnißmäßig blühend, dichtbevölkert und wohlhabend. Aber die kriegerischen Schaaren der Türken sättigten sich von Contributionen und Plünderung der Landstriche, denen ihre Einfälle galten, während die kaiserlichen Truppen nicht dasselbe auf türkischem Gebiet thun konnten; die Steuern, welche die Sultane ihren Unterthanen abpreßten, reichten wahrscheinlich gerade hin, ihre Heere zu bewaffnen und ihre Schiffe zu bauen; weil aber die Besteuerung wohl nur diejenigen Objecte traf, welche ihnen zunächst in den Griff der Hand kamen, so dürfte immer etwas Capital im Lande zurückgeblieben sein, um der zukünftigen Steuerkraft wieder aufzuhelfen. Zündnadelgewehre und Gußstahlkanonen standen den türkischen Waffen noch nicht gegenüber; es hatte damals der Arm gegen den Arm noch sein Recht und Arm gegen Arm war es durch volle zweihundert Jahre den kaiserlichen Truppen nicht möglich gewesen, den Türken den Weg aus dem ungarischen Lande hinaus zu zeigen.

Aber die Zeiten änderten sich. Die türkischen Sultane lernten europäische Waffen, europäische Uniformen, europäische Paraden und europäische Staatsanleihen kennen und jedes nachfolgende von diesen Producten abendländischen Erfindungsgeistes gefiel ihnen besser als das vorhergehende. Je weiter man nämlich vom Centrum Europa's nach Osten und namentlich Südosten hin vorgeht, um so gieriger nehmen Völker und Regierungen alle Narkosen und Giftstoffe moderner Civilisation auf; um so unfähiger zeigen sie sich andererseits, ihrer angeborenen und anerzogenen Trägheit und Liederlichkeit entgegen, die ihrem Organismus wirklich förderlichen und jene Gifte und Narkosen aufwiegenden Elemente dieser Civilisation, die anstrengende, zweckbewußte Arbeit, die planmäßige Heranbildung und Ausstattung des jugendlichen Geistes, die stramm durchgeführte Ordnung in Hauswesen, Gemeinde und Staat, die pflichtbewußte Disciplin und wirksame Controle sich anzueignen. Wenn man die räumlich aufeinanderfolgenden Glieder der Länderkette in Augenschein nimmt: Deutschland, Oesterreich, Ungarn, Rumänien, Türkei, so tritt die eben besprochene Thatsache mit einer Regelmäßigkeit der Steigerung vor den Blick, welche schon dem Angehörigen des zweiten Ländergliedes das Blut in die Wangen zu treiben geeignet ist.

Das neue Wundermittel, welches den Beherrschern des Morgenlandes von den Gebieten des ungläubigen Westens aus angeboten wurde, mußte ihnen rasch ausnehmend gefallen. Ohne Geld in den Cassen und ohne die Möglichkeit weiterer Expressionen aus den Paschaliken dennoch Soldaten uniformiren, mit modernen Waffen versehen und sogar ernähren, Schiffe und Geschütze kaufen, Forts, Kasernen und Paläste erbauen, Revuen und Uebungslager abhalten und dabei noch den wechselnden Launen der Weiber fröhnen können, — welcher kurzsichtige Autokrat sollte diese Wunderlampe Alladin's zurückweisen, wenn sie ihm täglich wieder vorgehalten wird, wegen des Bischens preisgegebener Zukunft, die vielleicht erst eintritt, wenn seine Gebeine in feierlicher Weise in der Aja Sofia oder dem sonstigen Begräbnißorte vergangener Macht und Größe beigesetzt sind.

Geld findet ein seinem Verderben zueilender Staat noch immer so lange als die letzte Aussicht auf die kleinste zukünftige Einnahme noch nicht verpfändet ist, — es kommt Alles nur auf den Zinsfuß an; gerade so wie ein liederlicher junger Mensch immer noch Schulden machen kann, selbst wenn seine künftige Erbschaft schon überschuldet ist, denn die neuen Schulden theilen sich dann endlich mit den alten in das schließlich zum Vorschein kommende Vermögen und wenn das Dar=

leihen nur einen Bruchtheil der daraus erwachsenden Schuld bildet, so kann der zuletzt gekommene Gläubiger immer noch Aussicht haben, gut herauszukommen. Während aber der junge Mensch, wenn er schließlich ganz zu Grunde gerichtet ist, sich eine Kugel vor den Kopf schießen und so dem selbstverschuldeten Elende aus dem Wege gehen kann, haben die Völker ein zäheres Leben. Wie der Fuß des Sträflings die Kugel, so können sie durch lange, schwere Zeiten die Strafe für die Schuld ihrer verblendeten Herrscher in Armuth, Hunger, Schwäche, Dienstbarkeit und Verachtung mit sich herumschleppen, bis es ihnen gelingt, eine neue Cultur, einen neuen bescheidenen, ihnen selbst gehörigen Wohlstand heranzuziehen, oder bis sie, in andern Staaten aufgehend, ihre nationale Individualität verlieren und aus der Geschichte verschwinden . . . . . .

Kehren wir zu den Türken zurück. Für den wirklichen Zinsfuß bei Begebung ihrer Anleihen sind drei Momente maaßgebend: Erstens die Stärke des augenblicklichen Zwanges für die Regierung, ihr Geldbedürfniß durch Aufnahme neuer Schulden zu befriedigen; zweitens die Gefahr, welche der sogenannte Geldgeber, eigentlich Geldvermittler, der financirende Banquier, vom Augenblicke der Uebernahme bis zu demjenigen der Anbringung des Anlehens läuft; endlich drittens das Maaß der Zuneigung und des Vertrauens, welches die definitiven Käufer der Forderung auf dem großen Geldmarkte dem schuldenmachenden Lande entgegenbringen, die Abschätzung seiner jeweiligen thatsächlichen Zahlungsfähigkeit und des künftigen guten Willens seiner Regierung, ihre Zahlungsverpflichtungen einzuhalten. Je leichtsinniger bei Aufnahme neuer Staatsschulden in einem Lande vorgegangen wird, um so mehr wächst die Gefahr einer schließlichen Abschüttelung derselben. Hört man doch selbst bei uns in Oesterreich, wo ja doch noch die ungarischen und die serbisch-rumänischen Zustände zwischen den uns'rigen und den türkischen liegen, in dem Falle, als sich bei Beginn eines Feldzuges nicht gleich die nöthigen Geldmittel von den fremden Märkten auftreiben lassen, aus jedem Militärkaffeehause Rathschläge ähnlich wie die folgenden heraustönen: „Ganze Staatsschuld durch„streichen! Zu was brauchen wir fremde Wucherer mit dem Mark „unseres Landes zu nähren? Anstatt Coupon einlösen, Geld lieber „für Mobilmachung verwenden und neue Zwangsanleihe im Lande

„ausschreiben! Ein glücklicher Feldzug soll sie dann zurückzahlen." — Was aber in unserm Vaterlande in aufgeregten Zeiten minder-weitblickende Porte-épéeträger im Kaffeehause rabotiren, das drehen weiter nach Südosten zu die Machthaber selbst so lange in der Stille ihres Kopfkämmerleins herum, bis es eines sonnigen Morgens als fertige Thatsache vor den europäischen Geldmarkt hintritt.

Das geldleihende Europa kann aber nur so rechnen: „Im Westen, „wo wir unseres ausgeliehenen Capitals ganz sicher sind, verzinst sich „dasselbe durchschnittlich etwa zu 8 vom Hundert im Jahre. In der „Türkei müssen wir darauf gefaßt sein, daß nach 20 oder nach 10, „vielleicht sogar nach 5 Jahren Ereignisse eintreten, welche entweder „eine mehr oder minder bedeutende Verkürzung, oder eine gänzliche „Einstellung der Zinsenzahlung zur Folge haben. Die jetzigen Steuer- „und Zoll-Eingänge des Landes geben ein Resultat von so und so „viel Millionen; nach der Größe der Ueberbürdung und dem voraus- „sichtlichen Sinken des Nationalwohlstandes dürfte sich diese Summe „in dieser oder jener Proportion alljährlich herabmindern. Die Aus- „gaben des Staates betragen alljährlich so und so viel Millionen und „werden sich bei seinen Machtansprüchen, bei der Güte oder Schlech- „tigkeit seiner bestehenden und in Zukunft zu erwartenden Admini- „stration in späterer Zeit voraussichtlich so und so gestalten. Dieß „ergiebt ein Jahresdeficit, welches, an sich genommen, in dieser oder „jener Proportion wachsen müßte. Zur Deckung des alljährlichen „Deficits gehören aber neue Anleihen, wovon jede nachfolgende um „1 Jahr kürzere Aussicht auf Zinsenzahlung hat, folglich im Vergleich „zur vorhergehenden zu einem um so höhern Zinsfuß, rücksichtlich zu „einem um so niedrigern Emissionscourse begeben werden muß. Da- „durch wächst aber alljährlich der Bruchtheil der Staatsausgaben, „welchen die Couponeinlösung der Staatsschuld ausmacht, und somit „das Jahresdeficit in verstärkter Progression. Nach dieser Rechnung „ergibt sich eine Möglichkeit der Zinsenzahlung für die türkische Re- „gierung nur mehr für so oder so viel Jahre. Ob vor Ablauf „dieser Zeit die Zinsenzahlung gewaltsam reducirt und dadurch die „Fortdauer derselben um das entsprechende Maaß verlängert; ob die „eine oder die andere Finanzoperation vorgenommen wird — dieß „kann das schließliche Gesammtresultat dessen, was wir zu erwarten

„haben, wenig alteriren, so lange die Hauptvoraussetzungen unserer
„Rechnung aufrecht bestehen bleiben. Der Ueberschuß der Jah-
„reszinsen, welche uns die Türkei zahlt, denen gegen-
„über, welche unser Capital bei vollkommener Sicher-
„heit in Westeuropa trägt, muß daher so groß sein, daß
„er, auf Zinseszins gerechnet, in der oben erhaltenen
„Anzahl von Jahren türkischer Zinsenzahlung das dar-
„geliehene Capital ersetzt."

Angenommen der Fall, die hier ausgeführte Calculation hätte zu einem bestimmten Zeitpuncte ergeben, daß bei Fortdauer des bisherigen Steuereinnahmen- und Staatsausgaben-Verhältnisses das Deficit in der Art wachsen würde, daß bei voller Zahlung der Zinsen der Staatsschuld dieselben in 19 Jahren den ganzen ordentlichen Staatseinkünften gleichkommen würden; — so muß derjenige, welcher beabsichtigt türkischer Staatsgläubiger zu werden, seine Zinsenforderung derartig stellen, daß er von dem Ueberschusse dieser Zinsen über den, absolute Sicherheit gewährenden Zinsfuß des eigenen Landes in 19 Jahren sein ausgelegtes Capital wieder in der Casse hat. Dieser sichere Zinsfuß ist früher beispielsweise mit 3 Procent angenommen worden. 4 Geldstücke von bestimmtem Werthe, alljährlich zurückgelegt und mit 3 Procent weiter verzinst, ergeben nach 19 Jahren einen Betrag von 100 solcher Geldstücken. Das geldgebende Publicum muß also 3 + 4 = 7 Procent an Zinsen für eine türkische Anleihe in diesem Zeitpuncte verlangen und wenn eine solche nominell zu 5 Procent verzinst wird, so kann es für eine Obligation von 100 Franken nur 71$^3/_7$ Franken in baarem Gelde auslegen; nachdem aber das Bankenconsortium, welches die Anleihe zwischen dem türkischen Staate und dem europäischen Geldmarkte vermittelt, für die Arbeit dieser Vermittlung sowohl als für die Gefahren, welche dasselbe vom Zeitpunkte der Uebernahme bis zum Zeitpunkte der Bezahlung läuft, ein Entgelt beansprucht, welches um so größer wird, je mehr bösen Zufällen die gesunkene Zahlungsfähigkeit eines Staates ausgesetzt ist, so wird der Betrag, der in die türkischen Staatskassen gegen die Verpflichtung fließt, alljährlich 5 Franken zu bezahlen, wohl nur 69, vielleicht 68 oder 67 Franken, möglicherweise noch weniger sein. —

Fünf Jahre später (wenn die staatswirthschaftlichen Voraussetzungen dieselben geblieben sind und die jetzige Beurtheilung derselben durch den Geldmarkt der früher angeführten entspricht) muß der Geldgeber nach 14 Jahren aus dem Zinsenüberschuße zurückbezahlt sein, und dazu bedarf es eines jährlichen Abzuges von 6 Procent. 6 und 3 macht 9, man braucht also eine effective Verzinsung von 9 Procent oder bei demselben Nominale wie früher einen Emissionskurs von 55⁵/₉ Procent, wovon wieder für die türkische Regierung die Vermittlerprämie noch in Abzug gebracht werden muß. — In gleicher Proportion stellt sich der nothwendige Zinsenüberschuß nach weiteren vier Jahren auf 10, also die effective Verzinsung auf 13, der analoge Emissionskurs auf 38⁶/₁₃ Procent und wieder nach drei Jahren müßten die zwei ersteren Grundzahlen auf 15 und 18 gestiegen, die letztere bis auf 27¹/₉ gesunken sein, — — — wenn inzwischen nicht schon längst entweder unter allen möglichen hochtrabenden Redensarten von „schwerer Regentenpflicht" und „unermüdlicher Obsorge" und „Zukunft unseres geliebten Vaterlandes" u. s. w. der Mitwelt eines Tages verkündet worden wäre, daß die Coupons der türkischen Staatsschuldverschreibungen anstatt mit 5 nur mehr mit 3 oder mit 2 Franken eingelöst werden, oder eines andern Tages ohne Sang und Klang die Einlösung ganz eingestellt und der Staatsgläubiger mit stummem Achselzucken auf künftige bessere Tage vertröstet worden wäre.

Wie man sieht — und jeder Rechenkundige wird bei gleichen Voraussetzungen zum gleichen Resultate gelangen — nimmt die Geschwindigkeit des finanziellen Niederganges, wenn sie auch anfangs unscheinbar auftritt, zuletzt in riesigem Maßstabe zu. Man wende hier nicht ein, daß ja die Erfahrung, der oben angeführten Rechnungsweise zum Trotze, schon öfters bewiesen habe, wie sich ein in schweren financiellen Nöthen befindlicher Staat durch „Aufschließung seiner unermeßlichen Hülfsquellen", wie es im officiellen Schuldenmacherstyle heißt, wieder zur Ordnung und zum Wohlstande durchgearbeitet habe, wie es ja in den Reichen, welche an einem ständigen Deficite kranken, doch immer wechselnd bergab und wieder bergauf gehe, und wie, gerade im Gegensatz zu diesem türkischen Beispiele, Oesterreich, nachdem es zu Anfang der Sechzigerjahre am Rande des Bankrotts zu stehen schien, sich zu Ende derselben für mehrere Jahre aus dem Deficit ganz herausgearbeitet habe.

Es darf nicht übersehen werden, daß überall mit der Gewohnheit, als regelmäßiger Darleihensnehmer auf dem europäischen Geldmarkte zu erscheinen, eine höhere Entwicklung der Steuereintreibungskunst Hand in Hand geht; daß kein leichtsinniger Schuldenmacher, sowohl unter den menschlichen Individuen als unter den Staatsregierungen, von vorne herein die Absicht hat, nie von diesem Pfade bequemster Geldbeschaffung abzuweichen, sondern jeder von ihnen immer die Anleihe von heute als die **Ausnahme** zur Herstellung der Ordnung, die vermeintliche Nichtanleihe von morgen aber als die **Regel** ansieht, und nur darin irrt, daß in heutiger Fortführung der gestrigen Lebensweise die morgige Anleihe schon enthalten ist. Es darf nicht übersehen werden, daß die ersten Schuldaufnahmen meistens durch außergewöhnliche Nothstände hervorgerufen werden; daß der Eintritt besserer Zeiten, gesegneter Jahre, welche im Lebenslaufe der Völker mit den schlechteren Zeiten und Mißjahren abwechseln, für die nächste darauf folgende Zukunft den Appell an den großen Geldmarkt unnöthig macht; daß, so lange es irgend geht, die Steuern derartig hinaufgeschraubt werden, daß das schon einmal gewohnte Staats-Deficit sich möglicherweise durch eine lange Reihe von Jahren ungefähr auf gleicher Höhe erhält; ja daß vorübergehende Augenblicke der Erkenntniß eintreten, in welchen an dem einzigen Puncte, an welchem ein Staat ausgiebig und productiv-wirksam sparen kann, auch wirklich gespart wird, bis die dadurch erzielte kurze Erleichterung auch den Leichtsinn neu beflügelt und eine neu-erfundene Kanone alle guten Vorsätze über den Haufen wirft; und endlich daß die heutige Kunst der Finanzminister es zuwege gebracht hat, die Einnahmen und Ausgaben des Staates alljährlich derartig in neuer Gruppirung vorzuführen, daß ein Vergleich mit den Vorjahren, eine klare Erkenntniß des reellen Jahresdeficits dadurch nahezu unmöglich gemacht wird.

Auch nicht das Beispiel unseres österreichischen Vaterlandes ist zur Widerlegung der oben angeführten Rechnungsweise stichhaltig; denn erstlich sind auch hier mit dem Wachsen der Staatsschuldenverzinsung die Steuern noch bis in die letzten Jahre hinaufgeschraubt worden nahe bis zu dem Punkte, wo die Steuerexecutionskosten den durch die Erhöhung erzielten Mehrertrag aufzehren; zweitens fallen die ersteren deficitlosen Jahre in Oesterreich mit gesegneten Erndten, die letzteren mit den eingebildeten Gewinnsten und den außerordentlichen Steuereingängen der Börsenschwindelzeit zusammen, welche in den darauf folgenden Jahren durch den entsprechenden Sturz der Effectenkurse und erhöhte Steuerausfälle ausgeglichen wurden; drittens gelang es wirklich den Bemühungen der Volksvertretung das Militärbudget durch eine kurze Reihe von Jahren herabzudrücken, wenn dasselbe auch heute wieder ohne Noth ungefähr auf die alte Höhe geschnellt ist; endlich viertens sind nach der theilweisen ungarischen Repudiation die Zinsen unserer Staatsschuld, wirklich mit einer 16-procentigen Steuer belegt, also um etwa ein Sechstel ihres ursprünglichen Werthes reducirt worden.

Kehren wir zur Türkei zurück. Weder dort noch anderwärts ist mit der Abschüttelung der eingegangenen Verpflichtungen durch den Staatsbankrott die Ordnung in der Finanzwirthschaft wieder hergestellt. Die Ausgaben des Staates sind nun einmal durch das schleichende Gift der vorausgegangenen Anleihen auf eine Höhe gebracht worden, zu deren Bestreitung auch die stärkste Besteuerung des eigenen Landes nicht hinreicht; durch alle die gewaltsamen Zugpflaster der Steuereintreibung ist der Organismus des Landes zerrüttet worden; der liederliche Staat muß wieder an den fremden Capitalsmarkt herantreten und der neue Gläubiger läßt sich den Wortbruch, der an seinem Vorgänger begangen wurde, eben auch bezahlen. Er läßt sich ja durch Ankauf der neuen Schuldentitel auf einen gefährlichen Artikel des Geldmarktes ein; jede erhöhte Gefahr aber, auch bei gleichen Durchschnittschancen, muß in der kaufmännischen Calculation durch eine besondere Prämie aufgewogen werden und diese Extraprämie muß dann ebenfalls durch den geldsuchenden Staat bestritten werden.

Auch die Regierungen der reichen Länder machen Anleihen; und nachdem gerade das eingebildete Wohlstandsgefühl, welches aus dem Schuldenmachen entspringt, die Beherrscher der ärmeren und zerrütteten Länder abhält, sich des vollen Unterschiedes ihrer Finanzverhältnisse gegen diejenigen reicher und geordneter Staaten bewußt zu werden, so sehen sie auch in ihren Anleihen weiter nichts, als eine allerdings nicht angenehme, aber nichts weniger als gefährliche Consequenz modernen Staatslebens. Wirthschaftliches Verständniß mögen die Sultane selten besitzen, um den Gegensatz zwischen productiver und unproductiver

Verwendung der Anleihen einerseits und jene Grenzlinie der Staatswirthschaft andererseits zu erkennen, an deren einer Seite Volkswohlstand und Staatsmacht im Steigen, an deren anderer Seite dieselben im Sinken sind. „So und so viel Millionen Einwohner macht so und so viel hunderttausend Soldaten; kosten so und so viel Millionen Gulden; müssen beschafft werden." So weit und nicht weiter reicht gewöhnlich die Arithmetik orientalischer Herrscher.

So wie mit finanzieller Schleuderwirthschaft und Steuerüberdruck die Untergrabung des Volkswohlstandes Hand in Hand geht, so auch mit dieser letzteren die Unzufriedenheit und Gährung in der Bevölkerung. Nationale Unabhängigkeits- oder Herrschaftsansprüche sind der eine Grund der modernen Revolutionen des Orients aber die Unerträglichkeit materiellen Druckes bildet den andern nicht minder gewichtigen. Dieser Druck der Steuererpressungen, der fiscalischen Aussaugung und der Ausrottung jedes Keimes künftigen Wohlstandes wirkt in einem financiell zerrütteten Staate mit voller Unabänderlichkeit und Unabhängigkeit vom guten Willen seiner Regierungsmänner. Die persönliche Härte, die Ungerechtigkeit und der Eigennutz der einzelnen Pascha's kann diesen Druck stellenweise noch unerträglicher gestalten; aber auch wahre Engelsbilder von Beamten und Ministern werden ihn nicht wesentlich zu lindern im Stande sein. Was ein fruchtbares Jahr über die Ernährung der Bevölkerung bringt, wird von dem unersättlichen Munde der hauptstädtischen Cassen verschlungen zur Zahlung der Zinsen an Engländer und Franzosen; und ist die Erndte dürftig, so bleibt dem Volke der Hunger, die Vertreibung von Haus und Hof und die Verschreibung alles dessen, was ein reicheres Jahr in späterer Zukunft bringen kann, in Wucherershände.

Und bei alledem Geldnoth in allen Ministerien, Soldrückstände bei den Truppen und auswärts versperrte Thüren und zugeknöpfte Taschen; Klagen gegen die leitenden Personen; Unzufriedenheit und Rathlosigkeit in den höchsten Kreisen, die dumpfe Gährung der Verzweiflung rings im Volke; finanzielle Experimente, denen es doch nicht gelingt, aus Steinen Brod zu machen; Ministerwechsel und Personalveränderungen in den Provinzen; Schrei nach politischen Reformen; Versuche, mit dem Blendwerk liberal schillernder Gesetzentwürfe und repräsentativen Comödienspiels das Ausland zu erneuten

Darleihen zu bewegen, — — und sofort bis zufällig eines Tages ein Krieg, der Krieg mit einem unbotmäßigen Vasallen beispielsweise, vor der Thüre steht.

Nun wird an den **Patriotismus des Volkes** appellirt; an die Liebe zu dem Lande, dessen Boden es im Schweiße seines Angesichtes bebaut hat, dessen Früchte aber der Kurzsichtigkeit, dem Leichtsinne und der Verstocktheit der Machthaber dargebracht werden mußten; an die Liebe zu den Krallen, welche jahraus jahrein an seiner Gurgel gewürgt haben; an die Liebe zur Peitsche, welche nicht müde wurde, seinen Rücken blutig zu schlagen. — Und daneben steht der Nachbar, dessen Goldstücke mit leichter Mühe das Werk vollenden, welches die Thaten der eigenen Regierung begonnen, und reibt, seine Zukunftsbeute erwartend, in behaglicher Ruhe die Hände. Wozu blutige, mühselige, unsichere Eroberungen? Die trockene Staaten-Guillotine hat ihr Werk gethan; die unausgesetzte Forterhaltung der eigenen kostspieligen Friedensarmee hat dem reicheren und daher widerstandsfähigeren Nachbar das Land überantwortet.

So geht es jetzt mit der Türkei.

VI.

Die Vertheidigungsmittel der capitalsarmen Staaten.

Muß denn der relativ capitalsarme Staat unabänderlich seinem Untergange entgegenarbeiten? Ist ihm denn unwiderruflich keine andere Wahl gestellt, als, entweder dem Impulse seiner reicheren Nachbarn folgend, sich zu Tode zu rüsten, — oder dem ersten Angriffe des nächstbesten Gegners ungerüstet zum Opfer zu fallen?

Nach der stummen und doch so beredten Antwort, welche das alljährliche Deficit und die, nach jedem Versuche sie einzudämmen, wieder mächtiger anschwellenden Heeresauslagen in Oesterreich ertheilen, scheint man sich in unserem Lande mit der traurigen Bejahung dieser Frage abgefunden und sich von den beiden Todesarten, zwischen denen uns dann die Wahl bleibt, mit aller Festigkeit für die erstere entschieden zu haben.

Man sagt sonst der österreichischen Bevölkerung nach, daß sie am Pessimismus kranke, und wirklich knickt der Geist des Zweifels, des Mißvergnügens und der Selbstironie immer wie ein eisiger Frost die bunten Kränze harmlosen Frohsinns, welche die obrigkeitlichen Lobredner in manchen öffentlichen Blättern um alle unsere politischen, militärischen, wirthschaftlichen und financiellen Zustände winden. Aber hier in der Hauptfrage unserer Zukunft erweisen sich die höheren und maßgebenderen Kreise als die Träger des eingefleischtesten Pessimismus. — Denn nachdem ihnen wohl genug Einsicht zuzutrauen ist, um klaren Blickes zu schauen, wohin unser Weg führt; nachdem die Verblendung, welche eben an dem Beispiele barbarischer Serailwirthschaft gezeigt wurde, doch bei den denkenden Männern in dem Staate, der ja den traditionellen Beruf hat, die Cultur nach Osten zu tragen, nicht vorausgesetzt werden kann; — so muß man wohl annehmen, daß sie der Hoffnung auf wirthschaftliche und damit auch auf politische Erhaltung des Staates entsagt und von den Wegen des Unterganges entschlossenen und großen Sinnes denjenigen gewählt haben, welcher ihnen der ehrenvollere dünkt. Die Blüthenkränze der Officiösen erscheinen dann in einem anderen Lichte. Sie zeigen sich als der milde und menschenfreundliche Versuch, dem zur Opferung bestimmten Volke die Zeit seines Scheidens vom Dasein zu verschönern und seinen Muth zum letzten, schweren Gange ungebrochen aufrecht zu erhalten.

In der Bevölkerung aber, welcher von oben der Pessimismus vorgeworfen wird, tauchen immer wieder von Zeit zu Zeit hoffnungsselige Schwärmer auf, welche meinen, daß unser armes, tiefgebeugtes Oesterreich noch nicht unabänderlich dem staatlichen Untergange geweiht sei; daß heute noch ein Einhalt in der tollen Verwüstung seiner Lebenskräfte möglich; daß es noch auf lange, ungemessene Zeiträume — nach Ewigkeiten zählen staatliche Gebilde überhaupt nicht — in die Reihe der wohlhabenden, der glücklichen, der selbstständigen und lebenskräftigen Staaten zurückzuführen sei.

Auch die Worte dieser Schrift hier sind der Ausfluß einer Anschauungs- und Empfindungsweise, die das Hoffen und Lieben nicht lassen kann trotz Allem und Allem; einer Anschauungs- und Empfindungsweise, die da glaubt, es müsse noch zwischen den beiden obgenannten breiten und offenen Straßen zum Untergange einen engen, verborgenen, wenn auch mühseligen Pfad geben, der zur Rettung führt. Hat doch die kleine Schweiz das Fest ihrer halbtausendjährigen staatlichen Selbstständigkeit schon hinter sich; ist dieselbe doch von Natur ein armes Land, geringen Umfangs und von geringer Bevölkerungsmenge und hat trotzdem mit ihren kleinen Mitteln allen Anfechtungen der Mächtigen siegreich widerstanden, und von all' den großen Nationalstaaten, welche sich rings um ihre Grenze gebildet haben, wagt heute keiner begehrlich die Finger nach dem gleichsprachigen Eckchen Landes auszustrecken, welches dieser kleinen, wackern Schweiz angehört, deren betriebsames Volk auf dem armen Boden einen Wohlstand geschaffen und zusammengespart hat, um welchen die fruchtbaren Nachbarländer des Ostens sie zu beneiden allen Grund haben. War die kleine Schweiz im Stande, der Ländergier der angrenzenden Staaten Trotz zu bieten, so wird es das große Oesterreich wohl auch noch zu Wege bringen, ohne daran zu Grunde gehen zu müssen — — wenn es nur will.

Die Existenzfrage unseres Landes muß eben der wirklichen Lage entsprechend folgendermaßen gestellt werden:

Will Oesterreich dem äußeren Scheine der Großmacht zuliebe, die es nach seinen thatsächlichen Machtverhältnissen nicht mehr ist, sich in alljährlicher Steigerung entkräften, bis es als willkommene Beute widerstandslos den beiden Nationalgroßstaaten im Nordwesten und im Nordosten zur Theilung von Bielitz bis Fiume anheimfällt — oder will es dem Wahne der Proportionalität von Bevölkerungsziffer und Machtentfaltung, dem Wahne eines, in Wirklichkeit gänzlich dahingeschwundenen Einflusses auf die thätliche Mitgestaltung der Geschicke unseres Welttheiles entsagen und sich ganz und ausschließlich auf die Festigung seines inneren staatlichen Haltes, auf die Herstellung und weitere Entwicklung seines jetzt tief zerrütteten wirthschaftlichen und financiellen Organismus, auf die Erwerbung einer neuen, dauerhaften Grundlage jetzigen Fortbestandes und zukünftiger Macht und Größe beschränken?

Die Thatsache unserer tiefen, financiellen Zerrüttung, unserer Capitalsarmuth und daraus entspringenden politischen Unmacht den andern europäischen Großstaaten gegenüber als gegeben vorausgesetzt, knüpft sich dann an die eben gestellte die weitere Frage:

Welche Mittel augenblicklicher Vertheidigung und dauernden Widerstandes sind dem capitalsarmen, in nationale Gegensätze zersplitterten Staate gegenüber der militärischen und politischen Aggression seiner reichen, mächtigen und national-geeinigten Nachbarn geboten?

Unsere militärischen Heißsporne sind mit der Antwort zwar immer sehr rasch bei der Hand, sie erwidern in jedem einzelnen Momente: „Auf die Dauer kann das Land diese furchtbar schwere Rüstung aller„dings nicht tragen. Aber alle die bisher aufgebrauchten Millionen sind „unnütz verschwendet, wenn wir es jetzt durch unzeitige Sparsamkeit „an dem Nöthigen fehlen lassen. Lieber noch einmal eine colossale „Rüstung, eine letzte ungeheure Kraftanstrengung, um uns unserer „Gegner definitiv zu entledigen — — — und dann abrüsten."

Das war das Lied vor Magenta und Solferino, das war das Lied vor Königgrätz und dieses Lied wird heute nicht etwa von einzelnen verrückten Musikanten zu eigener, stiller Erheiterung im traulichen Stübchen hinter dem Gitter des Narrenthurms gesungen, sondern es wagt sich fast alljährlich in Form einer anonymen Flugschrift, von großen Blättern rühmend eingeführt, keck und weit in die Welt hinaus, Zeugniß davon ablegend, daß es sich hier nicht um die gestörte Thätigkeit eines Einzelgehirnes, sondern um eine ansteckende Entartung der Denkorgane in weiteren Kreisen handelt. Daß die wirthschaftliche Krankheit der letzten Jahre unsern, financiell schon lange untergrabenen Staatskörper in einen Zustand der Schwäche gebracht hat, welcher es schwierig machen wird, bei Fortdauer der größten Ruhe und Schonung ihn am Leben zu erhalten; daß der Aufwand der äußersten Kraftentfaltung österreichischerseits von unsern starken Nachbarn zur Rechten und zur Linken, gegen welche sie gerichtet sein soll, sofort mit der Entwicklung einer unverhältnißmäßig größern Kriegsmacht erwidert werden müßte; daß wir gegen einen eventuellen slavischen Feind mit Sicherheit nur die nichtslavischen Bevölkerungstheile, gegen einen germanischen ebenso die nichtgermanischen ausspielen könnten; daß aber unser kriegerisches Auftreten nach der einen Seite außer dessen direkter Erwiderung sofort unsere kriegerische Bedrohung auch von der andern Seite zur Folge haben müßte; daß, mit einem Worte, der leiseste practische Versuch eines solchen verzweifelten Vorgehens Oesterreichs das Signal zu seiner augenblicklichen und unwiderruflichen staatlichen Vernichtung geben müßte, — davon ahnen diese wackern Patrioten nichts.

Man kann daher füglich von solchen Roßkuren absehen, wenn von den Mitteln der Selbsterhaltung die Rede ist, welche capitalsarmen Staaten zu Gebote stehen. Es drängt sich da zur Lösung der beiden früher gestellten Fragen noch eine dritte auf, die da lautet:

Wächst die Gefährdung eines Staates und daher das Bedürfniß nach Ausdehnung seiner Vertheidigungsmittel in gerader Proportion mit seiner Bevölkerungszahl oder seiner Flächenausdehnung? — Und hierauf muß wohl die Antwort jedes Unbefangenen lauten: Nein, nein und dreimal nein! es wächst mit der Größe eines Landes weder seine Gefährdung, noch sein Bedürfniß nach Ausdehnung der Machtmittel; es wächst damit nur die Sucht nach Einfluß und Machtentfaltung. Das große Oesterreich und das ausgedehnte Scandinavien sind nicht mehr gefährdet als die kleine Schweiz und das kleine Belgien. Aber weil Oesterreich-Ungarn eine Bevölkerung von 36 Millionen Seelen hat, so will es eine Großmacht sein; weil es eine Großmacht sein will, so braucht es im Frieden ein Heeresbudget von 100 Millionen Gulden und muß zur Verzinsung seiner Schuld für die bisherigen Großmachtbedürfnisse weitere 160 Millionen Gulden jährlich bestreiten; um eben diese jetzigen Heereserhaltungskosten außer den Zinsen der Staatsschulden bestreiten zu können, muß die Steuerbemessung eine derartige sein, daß über die Ersparungen an dem Arbeitsertragnisse und an den Zinsen des Gesammtvermögens der Nation hinaus auch noch der Stamm dieses letzteren angegriffen werden, und außerdem alljährlich ein bedeutender Ueberschuß der Ausgaben über die Einnahmen durch neue Schulden gedeckt werden muß; weil auf diese Weise in Oesterreich im Durchschnitte der fetten und der mageren Jahre das Nationalvermögen abnimmt, während die Staatsschuld zunimmt, so geht das Reich einem Zustande der Schwäche entgegen, welcher es mit voller Sicherheit dem Untergange in die Arme treibt. — — — Alles das nicht aus innerer Nothwendigkeit, sondern einem Denkfehler zu Liebe, und dieser Denkfehler heißt: Proportionalität von Bevölkerungszahl und Heeresauslagen, oder .... Militarismus.

Für den Gegensatz von gesundem und krankem Staatsleben, von Widerstandsfähigkeit und Widerstandsunfähigkeit kann wohl kein treffenderes Beispiel gewählt werden, als die Vergleichung der Schweiz und Polens. Das erstere ein kleines, bodenarmes, in drei verschiedene Zungen zerspaltenes Land — das andere ein national geeinigtes, von lauter fremdsprachigen Völkern umgebenes, weites, volkreiches Gebiet; das erstere trotz seiner Kleinheit im Kreise der Staaten geachtet, beneidet und in der Zufriedenheit und in dem Stolz seiner Bürger aller Ländergier seiner mächtigen gleichsprachigen Nachbarn Trotz bietend — das andere nach langem, mühseligem Todeskampfe und nach allen Erniedrigungen, die mit seinem Untergange verbunden waren, in drei Stücke zerrissen und jedes Stück einem andern, ihm gänzlich ungleichartigen Staatskörper eingefügt.

Jenes ermuthigende Beispiel, welches die Schweiz, und jenes abschreckende, welches Polen liefert, soll der nachfolgenden Aufzählung der Widerstands- und Erhaltungsmittel eines capitalsarmen Staates zum stäten Prüfstein dienen. Diese Mittel sind: Gute Wirthschaft; Einschränkung auf politische Ziele, welche den eigenen Kräften entsprechen; Erweckung des Interesses seiner Bürger an der Erhaltung seiner Unabhängigkeit; Erweckung des gleichen Interesses bei den neutralen Staaten; Vermeidung einer innern Politik, welche ihn zu einem dankbaren Objecte der Ländergier seiner Nachbarn zu machen geeignet ist.

Gute Wirthschaft. Reichthum und Armuth sind höchst relative Begriffe; und die Armuth eines Volkes, welche durch Arbeitsamkeit, Rechtssicherheit und Bedürfnißlosigkeit gemildert und theilweise aufgewogen wird, schadet ihm weit weniger als Unordnung, einseitiger Druck, Verschwendung und Willkür von Oben einem verhältnißmäßig reichen Volke schaden. Ein Volk aber, welches zugleich verarmt und verlottert ist, wird käuflich und ein käufliches Volk ist unrettbar dem Untergange geweiht. Von der Bevölkerung jedoch wirthschaftliche Ordnung, Herabminderung der Bedürfnisse und Luxusansprüche und Hochschätzung der geistigen und sittlichen Güter des Lebens in einem Lande zu verlangen, in welchem auf wallende Federbüsche, Goldkragen, rasselnde Säbel, glitzernde Sterne, Tschinbadra und Bumbadra asteiniger Werth gelegt wird, Bürgerfleiß, Bürgertugend und Bürgerehre dagegen so gering, so gar gering geachtet werden; in welchem die Habgier des niedrigen Volkes für fiscalische Zwecke durch die kleine Lotterie planmäßig gereizt wird, während diejenige der oberen Klassen durch die starken Werthfluctuationen, welche ein erschütterter Staatscredit im Gefolge hat, von selbst in Spannung erhalten bleibt; in einem Lande, in welchem das ganze Volk angeleitet wird, durch die bequeme Anlage seines Vermögens in Staatspapieren, welche ihm einen scheinbaren Zinsengenuß von 6 bis 9 Procent gewähren, alljährlich in Zinsenform einen Theil seines Vermögens mitzuverspeisen und daneben die mühsame, ehrliche, gewerbliche Arbeit, die in der ganzen Welt (Ausnahmen abgerechnet) das angelegte Capital nicht so hoch verzinst, zu verachten, — dieß wäre nicht nur unbillig, dieß wäre absurd.

Einschränkung auf politische Ziele, welche den eigenen Kräften entsprechen. Wie wenig kostspielig sind einem

Lande alle Einrichtungen, welche auf die Hebung seiner Cultur, auf Herstellung von Rechtssicherheit und guter staatlicher Ordnung, auf sparsame Ausnützung und lohnende Verwerthung der Arbeitskraft des Volkes und auf Förderung des Wohlstandes seiner Bürger gerichtet sind, und wie reichliche, weit über den landesüblichen Zinsfuß hinausgehende Früchte tragen dieselben! Wie furchtbar theuer kommen dagegen den Staaten die Auslagen für die geringste Geltendmachung von Machtansprüchen und von Erhaltung eines oft ganz erlogenen äußerlichen Glanzes zu stehen! „Seht her! wenn die Gefahr naht, sind wir nicht gerüstet!" rufen mit leidenschaftlicher Stimme und funkelnden Blicken allerwärts die Kriegsminister den Parlamenten zu, und dieses Nicht-gerüstet-sein kostet uns beispielsweise jährlich hundert Millionen. Damit ein Minister des Auswärtigen mit etwas stolzer gewölbter Brust bei einer Kanzler-Conferenz auftreten könne, werden rasch vorher die schwierigsten Zukunftsfragen des eigenen Reiches über's Knie zu brechen versucht, was die Kanzler der fremden Reiche doch nicht hindert, hinter dem Rücken, welcher diese stolz gehobene Brust deckt, sonderbare, komisch-ernste Blicke zu tauschen. Bloß um selbstbewußt mit der Faust auf den Säbelgriff schlagen zu können und auszurufen: „Wir sind auch da!", ohne aber irgendwie in der Lage zu sein, ungestraft diesen Säbel aus der Scheide zu ziehen, — setzt man sich allen Zufällen einer Politik der Abentheuer aus, die nur den Zwecken der Andern, nie aber den eigenen Interessen dienen kann. Gefahren für die Gegenwart werden an die Wand gemalt; Gefahren und sicheres Verderben für die Zukunft werden heraufbeschworen, bloß um in der Wonne der Regimenter, Brigaden und Divisionen schwelgen zu können. Ein Staat, welcher auf eine aggressive Politik mit Hülfe der Waffen angewiesen ist, oder wenigstens zu Macht- und Glanzvermehrung durch letztere gelangen kann, mag die Verlegung seines ganzen Schwergewichts auf die Pflege des Werkzeugs kriegerischer Erfolge begreiflich erscheinen lassen; von einem andern Staate aber, dem jeder Weg zu diesen letzteren durch die Uebermacht unverrückbarer, thatsächlicher Verhältnisse gänzlich versperrt ist, muß das Beharren auf der Unterordnung aller andern Staatszwecke unter die Rücksicht auf größtmögliche Heeresausdehnung als ein Act langsamen politischen Selbstmordes erscheinen.

Erweckung des Interesses seiner Bürger an der Erhaltung seiner Unabhängigkeit. Wieder drängt sich hier das Beispiel der Schweiz und Polens auf. Der Schweizer, der berechnetste und am schärfsten auf die Wahrung seines irdischen Vortheils erpichte Mann unter allen indogermanischen Männern Europa's, ist zugleich der beste Patriot; er hält trotz Nationalität und trotz des verschrieenen Cantönligeistes mit Stolz und Hingebung an seinem Vaterlande fest und läßt sich weder durch die frühere prunkvolle Gloire des Frankenreiches, noch durch den Glanz der mit schweren Opfern an Gut und Blut, an menschlicher und bürgerlicher Freiheit erkauften Herrlichkeit des jungen deutschen Reiches, noch durch die Anziehungskraft des neuerstandenen einigen Italiens in seiner treuen, kindlichen Liebe zu demselben, in seiner wirklich werkthätigen Dankbarkeit für dasselbe irre machen. Wie dessen Stromquellen, durch großer Herren Länder weithin ziehend, in ferne Meeresbecken hin nach allen Seiten sich ergießen, so ziehen seine Söhne rings in alle Welt hinaus, wohlausgerüstet mit dem väterlichen Erbe der Thatkraft, des Fleißes, der zähen Unermüdlichkeit, des wachen Blickes, der häuslich guten Wirthschaft; doch wie die Alpenketten alle von West und Ost, von Nord und Süd zu einer Riesengruppe aufwärts strebend am Gotthard sich die Felsenhände reichen, so strebt auch jedes Schweizers Herz mit Macht zur alten Bergesheimath hin und ist mit Stolz bereit, wo sie ihn braucht, in selbstvergessener Treue ihr zu dienen. Diese Art Patriotismus ist uns Oesterreichern, deren Regierung die Machtansprüche des Staates mehr als das Wohl ihrer Bürger Leitstern und Staatszweck war, in arger Weise abhanden gekommen, weit weniger in Solferino und Königgrätz als in den jahrzehntelangen Vorbereitungen, die unser Staat gebraucht hat, um zu dem traurigen Ergebnisse jener beiden Tage zu gelangen, und in den eifrigen Bestrebungen, mit welchen seither einem dritten, vielleicht letzten Entscheidungstage zugearbeitet wird. Unser Patriotismus ist einerseits derjenige der Offiziere und Beamten, der Patriotismus der Standespflicht, wenn man so sagen darf, von denen der erstere dem Lande sehr schädlich ist, weil er trotz aller Erfahrungen immer wieder mit Todesverachtung Lorbeeren auf Unkosten der Gesammtbevölkerung pflücken will; ferner der Patriotismus derer, die um öffentliche Ehrenstellen oder in denselben um die öffentliche Gunst

werden; der Patriotismus ferner der Nationalitäten, welcher aus Eifersucht, Streitsucht, aus der Lust, Andere zu unterdrücken oder aus Furcht
von Andern unterdrückt zu werden, entspringt und alle schlechten Leidenschaften nährt; endlich jene Art von nicht näher erklärbarer Erregungs-
fähigkeit der Massen, welche heute dem Radetzkimarsche, morgen der
„Wacht am Rhein", übermorgen dem Fischerliede oder einem andern
Gassenhauer nachjubelt, wenn ein Einzelner mit gehörig starker Stimme
voranjubelt; und all' dem gegenüber nur bei einigen Unverbesserlichen
eine unausrottbare Liebe zu ihrem Lande trotz Steuerexecutionen und
Staatsnotenpresse, trotz Corporalsübermuth und Generalsprätensionen.
— Als Gegensatz der Schweiz erweist sich hier wiederum das unglück-
liche Polen zu der Zeit, die seinem Untergange voranging. Die Großen
lebten in Zwietracht, das Volk in tiefster Bedrückung und die Regierung
war zu schwach, dem Bürger Ordnung, Rechtssicherheit, die Möglichkeit
zu geistiger und sittlicher Erhebung und zu ehrlichem Erwerb und friedlichem Besitz zu gewähren; was sollte da den Opfermuth zur Abwehr
der Fremdlinge erwecken? So wurde denn das Land verrathen, verkauft, in Stücke zerschnitten und viele, viele polnische Hände müssen
dabei mitgeholfen, gar wenige aber einen solchen Widerstand geleistet
haben, wie ein tüchtiges, selbstbewußtes Volk aus eigenstem Antriebe ihn
leistet. Zu spät haben dann die Härte der russischen Fremdherrschaft und
der preußische Sprachenzwang die Polen zum Bewußtsein des verlorenen
Vaterlandes gebracht, während in Galizien noch immer der Bauer gegen die
Willkühr der Grundherren bei den österreichischen Behörden Schutz suchte;
zu spät haben sie einen Patriotismus des gemeinsamen Elends erzeugt,
dessen verzweiflungsvolle Ausbrüche zu einer immer weitergehenden Vernichtung der Spuren früheren nationalen Eigenlebens führten. — Und die
Nutzanwendung für Oesterreich, das keine eigene Sprache, Nationalität und
Religion zu vertheidigen hat? Glauben österreichische Staatsmänner denn
wirklich, man wird durch Bataillone, Batterien und Escadronen die durch
künstlich genährte Nationalitäteneifersucht gelockerten Bande der staatlichen
Zusammengehörigkeit wieder fester fügen? Während keine Mühe versäumt
werden sollte, um der furchtbar starken und gefährlichen Anziehungskraft des national-geeinigten Deutschlands auf die germanischen Stämme
der Monarchie und des national-geeinigten Rußlands auf die österreichischen Slaven die Anziehung eines freien, wohlhabenden, geistig

und materiell gepflegten österreichischen Staatsbürgerthums, einer Hebung des österreichischen Volksgeistes und Verwerthung der herrlichen Anlagen seiner Stämme entgegenzusetzen, — ist es als ob an dem Puncte, wo Deutsche, Slaven, Magyaren und Rumänen aneinanderstoßen, ein Riesenhammer unabläſſig geschwungen würde, um drei große Keile zwischen die Oesterreicher verschiedener Zunge einzutreiben und dieſe ihren ausländischen Stammesgenoſſen zuzudrängen; dieſe drei Keile heißen: Heeresüberbürdung, Steueraussaugung, Landesverarmung.

Erweckung des Intereſſes der Neutralen. Nur ein gesunder, lebenskräftiger Staat kann als Freund und Bundesgenoſſe einem andern Staate von Werth sein; nur wenn die Exiſtenz eines Staates einem andern von wirklichem Werthe iſt, wird die Regierung des letzteren es vor seinen Bürgern verantworten können, im Augenblicke der Gefahr für den ersteren werkthätig einzugreifen. Vor dreizehn Jahren haben die beiden Westmächte Europa's zum Schutze der Türkei gegen Rußland einen blutigen Krieg geführt, weil die Exiſtenz derselben als Bollwerk gegen die Ausdehnung der rusſiſchen Herrschaft bis ins Mittelmeerbecken hinein für das übrige Europa von hohem Werthe ist, und weil es noch möglich schien, dieſen Staat auf die Dauer zu erhalten. Heute bildet die Schwierigkeit einer Theilung unter die andern Mächte das einzige schwache Hinderniß einer staatlichen Vernichtung der Türkei; aber schwerlich würden weder England noch Frankreich der etwas längeren Scheinerhaltung dieses verwesenden Leichnams zu Liebe heute so wie damals Riesenopfer an Gut und Blut ihrer Kinder bringen. — Man wirft es stets der österreichischen Diplomatie vor, daß unser Staat in jedem Kriege ohne Alliirten dagestanden sei. Ja, laſſen ſich denn Alliirte aus dem Aermel schütteln, oder laſſen sie ſich erbitten, so wie ein Einzelner seinen guten Freund im Falle der Noth bittet, ihm hundert Gulden zu leihen? Hatte denn irgend ein Staat ein Intereſſe daran, Oesterreich im Jahre 1859 gegen die Franzosen, im Jahre 1866 gegen die Preußen zu unterſtützen; und würde der geschickteſte Diplomat der Welt einen andern Staat vermocht haben, für Oeſterreich das Schwert zu ziehen, wenn Oeſterreich ihm nichts dafür zu bieten im Stande iſt? — Gegen die zukünftige Gefahr einer Auftheilung Oeſterreichs zwischen seinen beiden mächtigen Nachbarn im Nordosten und Nordwesten hätte das übrige Europa allen Grund, Oesterreich zu schützen, wenn dieses letztere sich selbst lebensfähig erhalten wollte. Dieser Wille ist aber nicht zu erkennen. Man sieht nur die Forterhaltung einer Friedensarmee von solchem Umfange, daß das Land die Wege gehen muß, welche uns die Türkei gezeigt hat; was sollen sich da andere Staaten ohne Nutzen uns zu Liebe blutig schlagen, nachdem sich doch ziemlich genau berechnen läßt, wie lange es auf diese Weise noch dauern kann, bis wir ohne Schwertstreich am Ende unserer Mittel angekommen sind!

All' das, was hier bekämpft wurde und was immer auf den einen Grundfehler, den Militarismus eines auf Erfolge des Friedens angewiesenen Staates, zurückzuführen ist, macht Oesterreich zu einem dankbaren Gegenstande der Ländergier seiner Nachbarn. Die kleine Schweiz dreht die Spindel und führt den Pflug und fürchtet sich weder vor den Rüstungen der Franzosen, noch vor den Waffen der Italiener, noch vor der allgemeinen Wehrpflicht der Deutschen. Und das große Oesterreich starrt jahraus, jahrein bis an die Zähne in Waffen, windet sich in financiellen Krämpfen und während der eine seiner militärischen Heißsporne es vor Rußland bis ins Mark erzittern läßt, will der andere dem Russen die Freundeshand drücken, weil ihm vor Deutschland so sehr graut, daß er ihm lieber gleich zu Leibe gehen möchte. Der dritte aber räth, sich aller gegenwärtigen und zukünftigen Feinde Oesterreichs zugleich zu entledigen, schreibt eine Offertverhandlung nach einem Staatsmanne und einem Feldherrn aus (Geld scheint er nicht zu brauchen), nimmt zwei Revolver in die Rechte, zwei Revolver in die Linke und den Säbel zwischen die Zähne, schreit „Jetzt oder nie" und stürzt sich mit Todesverachtung mitten unter seine Feinde.

Von allen militärischen Rettern unseres armen Oesterreichs ist dieser letztere, welcher durch einige Wochen in schlagbaumfärbigem Gewande von allen Straßenecken uns entgegenfunkelte, noch der erheiterndste und ungefährlichste.

VII.

Die beiden Alliirten Oesterreichs im Dreikaiserbunde.

Oesterreich ist seiner wahren Natur und richtigen Tradition nach kein Militärstaat.

Es liegt eine ganz eigenthümlich boshafte Ironie des Schicksals darin, daß unser Vaterland gerade mit denjenigen beiden Großstaaten, welche seiner Regierung den einzigen Vorwand zum Bedürfnisse nach Rüstungen bieten, im Dreikaiserbunde vereinigt ist.

Denn daß Oesterreich deßwegen alljährlich ein Deficit von 20 bis 80 Millionen haben muß; daß deßwegen seine armen Bauern und Gewerbsleute vom Steuerexecutor gepfändet werden, und deßwegen so vielen Unternehmungen, welche dem Lande wieder Wohlstand zuführen könnten, das Mark aus den Knochen gepreßt wird, — blos um bei Gelegenheit der Theilung der Türkei einige financiell passive Provinzen mehr unserer Monarchie noch einzufügen; das wird ja weder vom Kriegsminister, noch vom Minister des Auswärtigen, noch von irgend Jemandem, der es wissen könnte, zugestanden. Nur mit dem angeblichen Bedürfnisse der Selbsterhaltung wird den Abgeordneten alljährlich die Unmöglichkeit einer Reduction der Heeresauslagen dargestellt; nur dieser einen scheinbar unabweislichen Pression folgend, bewilligen sie, was sie ihrer patriotischen Pflicht nach längst hätten versagen müssen.

Oder wäre es etwa denkbar, daß Oesterreich im Laufe des nächsten Vierteljahrhunderts von Frankreich, von England, von der Türkei, von Nordamerika, oder von irgend einer anderen Macht der Welt, Rußland und Deutschland ausgeschlossen, eine derartige Gefahr drohen könnte, welche ihm schon seit zehn Jahren ein Militär-Friedensbudget von hundert Millionen Gulden, ohne Aussicht auf Erleichterung in den kommenden Jahren, auferlegen könnte; welche seine Strategen immer wieder auf die Befestigung der Ennslinie, auf die der Hauptstadt, auf die der Nordostgrenze, auf die schleunige Einführung der Uchatius-Kanonen, auf Berittenmachung der Hauptleute, auf Ausbau der militärischen Eisenbahnlinien nach Galizien u. s. w. u. s. w. dringen ließe?

Also entweder Eroberungsgelüste oder Furcht vor unsern Alliirten oder die Leidenschaft für Uniformen, Paraden und Uebungslager — — etwas anderes ist hier absolut ausgeschlossen.

Nur mit dem einen abgebrauchten Schlagworte beleidige man nicht länger die öffentliche Meinung, daß Oesterreich gleich bereit wäre, abzurüsten, wenn nur die anderen Mächte damit beginnen wollen. Ob Frankreich heute fünfzigtausend Mann oder deren eine Million auf den Beinen hat, das kann für Oesterreich vollkommen gleichgültig sein, denn weder die einen, noch die anderen werden sich gegen uns kehren. Eben so kalt kann es uns lassen, ob England neue Panzerschiffe erbaut, oder die alten zurückstellt; ob irgend ein anderer, nicht an unserer Nordost- oder Nordwestgrenze gelegener Staat sich mit Rüstungen schwächt oder mit Abrüstungen kräftigt. Immer bleiben daher nur unsere beiden theuern Verbündeten übrig, die es uns verwehren könnten, das Schwert in die Scheide zu stecken. Ist dem aber auch wirklich so?

Es kann wohl keinem Zweifel unterliegen, daß, wenn Oesterreich fortfährt, sich financiell und somit staatlich zu untergraben, wie es dieß im letzten Vierteljahrhundert gethan, es nach nicht langer Zeit nur eines kräftigen einheitlichen Entschlusses von Seiten Preußen-Deutschlands und Rußlands bedürfen wird, um ohne harten Kampf die Abrundung und Ergänzung ihrer Nationalstaaten durch die Deutschen und Slaven Oesterreichs zu bewerkstelligen. Der Deutsch-Oesterreicher hängt seiner ursprünglichen Natur nach mit zäher Treue und Liebe an der Herrlichkeit seiner alten Heimath; an der Eigenart seines Stammes, der sich im Laufe eines Jahrtausends immer mehr zu staatlicher Selbstständigkeit und zu politischer Bedeutung durchgearbeitet und in immer loseren Verband mit den Stammesbrüdern jenseits des Inn, des Böhmerwaldes und Erzgebirges getreten ist; an der Dynastie, welche mit seinen großen geschichtlichen Erinnerungen so innig verwebt und verwachsen ist. Aber die materielle Noth des Landes, welche aus seiner staatsfinanciellen Zerrüttung mehr und mehr hervorgehen muß, wird schließlich auch den Deutschösterreicher mürbe machen, sowie das Bewußtsein des Mißbrauchs, welcher mit seiner Lebenskraft militärischer Liebhabereien wegen getrieben wird, in den letzten Jahrzehnten diese Bande schon bedenklich gelockert hat. Bis heute sträubt sich noch jedem Oesterreicher von rechtem Schrot und Korn der Kamm bei dem Gedanken an die Möglichkeit, jemals unter die Botmäßigkeit des alten Stammfeindes und Nebenbuhlers zu kommen, sowie er sich dem Hunde sträubt, wenn er der Katze gegenübersteht; aber wenn er den Glanz des Erfolgs, die Einheit und die Ordnung von drüben, welche für viel Druck und Schroffheit entschädigen, mit einem allmähligen materiellen Verkommen herüben in einen immer unerträglicheren Gegensatz kommen sieht; wenn er mit seiner Armuth immer noch die Trägheit und den Leichtsinn des herrschenden Volkes jenseits der Leitha füttern muß, — dann mag nach und nach der Haß in Neid, der Neid in Sehnsucht übergehen und dann wird auch eine weitere Vermehrung der Bataillone im Kriegsfalle nur eine weitere Vermehrung der Gefahr für Oesterreich sein.

So weit sind wir glücklicherweise heute noch nicht. Die Verstärkung des Gewichtes der süddeutschen Stämme in der Vertretung des Reiches kann, bevor diese nicht gründlicher borussificirt sind, durchaus nicht im Wunsche der herrschenden Männer in Deutschland liegen. Ein paar Decennien, oder wenigstens eines, müssen wohl darüber noch hingehen, — und inzwischen läßt man Oesterreich sich arm und schwach ritzen nach Herzenslust, bis auch seine besten Söhne der jetzigen Wirthschaft müde werden. Man stört uns nicht. Im Gegentheile, man macht im Vereine mit Rußland unsern leitenden Kreisen die Zähne länger und den Mund wässerig nach Annexionen in den nördlichen slavischen Provinzen der Türkei. Hier, sagt man uns, solle unserm Reiche Ersatz geboten werden für den Verlust an Land und Leuten in Italien, Ersatz für die Einbuße unserer Stellung in Deutschland; ein neues glänzendes Feld stünde uns offen, um, unserer europäischen Mission entsprechend, die Cultur nach Osten zu tragen; in etwaigen Kämpfen gegen den schwachen Widerstand der Türkei sei unserm Heere Gelegenheit geboten, das alte Selbstgefühl und die alte Siegeszuversicht wieder zu erlangen; unsere Industriellen und Kaufleute sogar würden dort einen neuen Markt, unser Land ungeahnte Quellen neuen Wohlstandes finden. Solche Früchte winken zu verlockend, um nicht die Herzen sofort in erhöhten, hoffnungsseligen und wünsche-trunkenen Schlag zu versetzen. Wozu hat man denn eine große Armee auf den Beinen und wozu gibt man denn (auf Borg) alljährlich hundert Millionen für sie aus, wenn man sie nicht auch einmal bei so schöner Gelegenheit gebrauchen sollte? — — — Und die schließlichen Resultate bei Erreichung dieses Zieles?

Oesterreich sanctionirt dadurch nicht allein alles, was an ihm in den Jahren 1859 und 1866 an Untreue, Hinterlist und Gewaltthat verübt wurde — es sanctionirt auch im Voraus, was dann in zwanzig Jahren an ihm verübt werden wird und nimmt seinen letzten Vertheidigungsanstrengungen den letzten Verbündeten, der ihm übrig bleibt: das empörte Rechtsgefühl seiner Völker, das sich dann mit den farbenprächtigsten Kriegsmanifesten nicht wieder wird herbeizaubern lassen. — Noch mehr: eine Annexion von türkischen Provinzen fügt Oesterreich Gebietstheile und Bevölkerungsmengen zu, welche seine Machtansprüche vermehren, während sie seine Machtmittel vermindern. Es hat dann ein oder einige passive Kronländer mehr gewonnen, auf deren Einwohner erst eine Reihe von Jahren mühseliger und kostspieliger Pflege verwendet werden muß, um sie zu culturfähigen Menschen zu bilden, bevor man daran denken kann, sie zu guten Oesterreichern zu machen. — Noch mehr: die slavischen Nationalitäten erhalten dann in Oesterreich-Ungarn ein noch stärkeres numerisches Uebergewicht, als jetzt. Daß in unserer Monarchie die Deutschen das reichsbildende, das reichszusammenhaltende und reichserhaltende Element sind, darüber wird wohl kein Staatsmann, welcher klar sehen will, sich täuschen können. Schon durch Schaffung der künstlichen Majorität der Magyaren in den Delegationen um vorübergehender Vortheile der Geldbewilligung willen ist dieses Element auf gefährliche Weise geschädigt und hintangesetzt worden. Sollte aber financielle Leistung im Staate, allgemeine Bildung und Cultur und zugleich Staatstreue ihren Einfluß noch mehr als bisher verlieren gegen die Kopfzahl zum Theil sehr tüchtiger und ehrenwerther, zum Theil aber ganz roher, leistungsunfähiger und staatlich unzuverlässiger Stämme, — dann werden die Deutschösterreicher sich mehr und mehr als Fremdlinge in der alten Heimath fühlen und die sogenannte deutsch-nationale Parthei, die Parthei der Anbeter der neuen Sonne des Nordens, welche keine österreichische Parthei mehr ist und heute noch eines tieferen Einflusses entbehrt, wird die herrschende unter den Deutschen in Oesterreich werden.

Heute aber, wie früher erwähnt, wäre der Zuwachs der deutsch-österreichischen Provinzen zum deutschen Reiche für die nordische Führerschaft zweifellos ein sehr unerwünschter Hemmschuh, eine sehr lästige Vermehrung der Opposition gegen die eingedrillte eckige Strammheit des preußischen Paradeschrittes, welche als unauslöschliches Merkmal jeder Einrichtung und Maßregel der deutschen Nordmacht aufgeprägt ist, und welche dem süddeutschen Gemüthe noch lange, lange widerwärtig und abstoßend erscheinen wird, so wie sie ihm vor der Reichsbildung komisch erschienen ist. Heute und noch voraussichtlich für eine längere Reihe von Jahren hat Oesterreich keine Annexionsgelüste zu fürchten; heute besteht das einzige Interesse Preußens an Beförderung der inneren Zerrüttung, an Einleitung eines möglichst unmerklichen staatlichen Auflösungsprozesses in Oesterreich — — — und dieser Gefahr will man hier mit Uchatiuskanonen, hohem Präsenzstand und alljährlichen Deficiten begegnen?

Sollte es Oesterreich dagegen gelingen, den mühsamen und schwierigen Pfad financieller Regeneration aufzufinden, die Ordnung im Staatshaushalte herzustellen und sollte es sich den Muth aneignen, der schweren und drückenden Rüstung des heutigen Alliirten und künftigen Gegners gegenüber, seinem eigenen Volke ausgiebige und ernstgemeinte Erleichterungen der Heereslast zu gewähren, und seinen militärischen Aufwand in einer Weise zu reduciren, welche es in einen für das gewöhnliche Auge ersichtlichen Contrast mit Preußen-Deutschland, Rußland und Frankreich brächte, — dann hätte keine preußische Regierung die Kühnheit, als offenbarer Friedensbrecher hinzutreten und deutsche Soldaten gegen die Deutschen Oesterreichs in's Feld zu schicken. Dann träte aber auch jener Fall finanzieller Ohnmacht nicht ein, dem wir bei Einhaltung des jetzigen Weges unfehlbar entgegengehen, und die österreichische Bevölkerung, neugekräftigt in der Hoffnung auf die eigene Zukunft und in der Anhänglichkeit an die alte Heimath, wird dann der preußischen Führung des deutschen Reiches ein noch weniger schmackhafter Bissen erscheinen, als dieß heute der Fall ist. Nicht nur keine Anziehungskraft auf die Deutschösterreicher von Seiten des Reiches wird platzgreifen; manchmal wird vielleicht sogar der Süddeutsche, wenn ihn die preußische Corporalsfaust gar zu sehr unter den Kinnladen oder zwischen den Schulterblättern schmerzt, wehmüthigen Blickes donauabwärts nach den saftig-grünen Gefilden des schönen Oesterreich schauen, wo die freie, menschliche Entwicklung zwischen Pickelhauben, Achselklappen und Kosakenmützen noch eine verhältnißmäßig ruhige und heimische Stätte gefunden haben wird. Während Frankreich nicht nachlassen dürfte, dafür zu sorgen, daß Deutschland sich arm rüste, wird Oesterreich, wenn auch langsam und unter großen Entbehrungen, anfangen können, sich zu erholen, wird Ordnung im Staatshaushalte herstellen; dieser Ordnung wird der Wohlstand des Landes folgen, wird . . . .

doch halt! Die schönen Phantasien schicken sich an, mit der traurigen Wirklichkeit in einem solchen Tempo durchzugehen, daß der nüchterne Verstand ihnen kaum mehr mit dem Blicke zu folgen vermag.

Wenden wir uns nun von unseren verbündeten Nachbarn im Nordwesten ab und beschäftigen wir uns dagegen mit der Frage, in wiefern uns das hohe Armeebudget der Gegenwart gegen die Umarmungen unseres andern verbündeten Nachbars im Nordosten zu schützen vermag.

Da erscheint es denn auch nicht unwahrscheinlich, sondern fast gewiß, daß irgend eine spätere, der jetzigen russischen Regierung folgende die Osthälfte unserer Monarchie erst vom Süden her umklammern möchte, um sie dann zu verschlingen. Ueber die consequenten, durch keine zeitweiligen Mißerfolge dauernd zu beeinträchtigenden Strebungen Rußlands nach dem Besitze der slavischen Gebiete der Türkei, sowie nach demjenigen der heutigen türkischen Hauptstadt gibt sich heute wohl kein Staatsmann mehr einem Zweifel hin. Noch vor zwei Jahren hat Oesterreich es selbst unternommen, entweder den Anreizungen eines der südslavischen Nationalität angehörigen Generals oder den Verführungen Rußlands und Preußens folgend, mit der brennenden Lunte um das Pulverfaß der orientalischen Frage, welches dicht vor unserer Thüre steht, herumzufuchteln; als ob wir in jenen Gegenden nach den that=

sächlichen Machtverhältnissen jemals etwas anderes sein könnten, als die Pionniere der Russen, als ob irgend eine zeitweilige Landesvergrößerung an unserer dalmatinisch-croatischen Grenze einen Ersatz zu bieten vermöchte gegen das erste Fußfassen der Russen an unserer Südgrenze, — denn so hoffnungsselig wird wohl kein österreichischer Staatsmann gewesen sein, um vorauszusetzen, daß Oesterreich allein, ohne Rußland, mit türkischem Gebiete sich vergrößern würde. — Ist aber dieses Reich einmal im Besitze der serbischen und croatischen Länder jenseits der Donau, der Save und der Unna, dann braucht es als slavische Großmacht in einem von materiellen Lasten niedergedrückten, von Nationalitätenhader zerrissenen Oesterreich-Ungarn nur die Gesetze der natürlichen Attraction mit ein wenig klingender Nachhülfe walten zu lassen, um die ungarischen Nord- und Südslaven mit unwiderstehlicher Gewalt zu sich herüberzuziehen.

Die Grenze russischer Aspirationen werden dann zweifellos die kleinen Karpathen und die Leitha bilden, denn die Ländertheile der Slaven der österreichischen Reichshälfte sind sägeförmig zwischen den Ländertheilen, welche von Teutschen bewohnt werden, in langen Streifen eingezackt, derartig, daß sich eine mit der Nationalität zusammenfallende Staatengrenze nicht ziehen läßt und in der Gesammtheit dieser Gebiete sind die Deutschen den Slaven so stark überlegen, daß an eine Slavisirung der Ersteren weder durch Gewalt noch durch den lebhaften Contact des modernen Verkehrs und die Verallgemeinerung der Schulbildung jemals zu denken wäre. Den möglichst weitgehenden Erfolgen einer russischen Eroberungspolitik in unserer Monarchie kann also immer nur die Osthälfte derselben, der ungarische Staat und Galizien, zum Opfer fallen und in dieser Hälfte sind es drei Völkerschaften, die Magyaren, die Polen und die Rumänen, welche unter die Ruthe einer unbarmherzigen, einheitlich organisirten und einheitlich organisirenden Fremdherrschaft zu stehen kämen, welche keine Spur unrussischen Volkslebens auf die Dauer zu ertragen im Stande ist.

Während nun die letztgenannte dieser Nationalitäten auf österreichisch-ungarischem Gebiete sich der Hauptsache nach politisch ziemlich indifferent und vielleicht, einzelne Ausnahmen abgerechnet, sogar österreichisch-freundlich verhält, waren die beiden andern bisher stets auf successive Lockerung bis zur völligen Trennung von Oesterreich bedacht und haben keinen Funken von Anhänglichkeit für, wohl aber heftige Gefühle der Eifersucht, der Abneigung und der Mißbrauchung gegen das Land, welches allein ihnen gegen das, von blutigen und jammervollen Kämpfen begleitete Aufgehen in den russischen Staatskörper Anhalt und Schutz bieten könnte. Wie kommt nun die westliche Reichshälfte dazu, der Polen und Magyaren halber verdammt zu sein, sich erst financiell, dann wirthschaftlich und zuletzt staatlich zu Grunde zu richten? Nicht genug daran, daß der ungarische Ausgleich vom Jahre 1867 für die österreichische Reichshälfte den Ungarn gegenüber ein Faustschlag in's Antlitz der Gerechtigkeit war mit seinem Quoten- und Stimmenverhältniß; nicht genug daran, daß innerhalb unseres engeren staatlichen Verbands gerade Galizien, das autonomistisch bevorzugte Galizien das stark passive Kronland darstellt, welches immer mit der Milch der andern Länder mühselig aufgefüttert werden muß, — so sollen die deutschen und westslavischen Gebiete des Reichs auch gezwungen sein, den halsstarrigen und übelwollenden Polen und Magyaren zu Liebe, eine Heeresmacht aufrecht zu erhalten, welche diese politisch-lebensfähigen, zum Wohlstande und zu hoher Culturblüthe bestimmten Länder dahin bringen muß, zu einer Wüste der Verkommenheit und der Armuth zu werden, wie Galizien dieß heute ist, und Ungarn im Begriffe steht, es fortan zu sein?

Die politische Hauptlage Oesterreich gegenüber ist in Galizien dieselbe, wie in Ungarn. Weil aber das letztere Land es staatlich fast zur vollkommenen Selbstständigkeit gebracht hat, so sind die bezeichnendsten Merkmale dieser Lage hier schärfer zum Ausdruck gekommen als dort, und es sollen dieselben, so bekannt sie bereits sind, hier in Kürze wieder aufgezählt werden, um die Unerträglichkeit und Unhaltbarkeit derselben im Zusammenhalte mit dem Drucke der Kriegsmacht klar darzuthun.

Ein der Gesammtbevölkerung gegenüber in starker Minorität befindlicher Volksstamm, welcher an Bildung und Fähigkeit zu tüchtiger, ernster Culturarbeit den andern Stämmen des eigenen Landes theils wenig überlegen ist, theils sogar noch etwas nachsteht, während er sowohl der deutschen als der slavischen Bevölkerung der westlichen Reichshälfte gegenüber auf einer ganz unvergleichlich niedrigeren Stufe der Kulturentwickelung sich befindet, schließt den ganzen Adel des Landes in sich und verbindet unbändige Herrschsucht mit großer Selbstüberschätzung; derselbe übt durch das Mittel des gesetzlich normirten und folgerichtig durchgeführten Sprachenzwanges, welcher seinen Angehörigen die unbestrittene und ununterbrochene Majorität in der Volksvertretung, eine sichere und reichliche Personalversorgung in sämmtlichen Stellen der Richter, der Municipal- und Landesverwaltungsbeamten, sowie des Eisenbahn-, Post- und Telegraphendienstes gewährt, die Abvocatur und die Journalistik, kurz alle Sicherheitsventile, durch welche sich ein gepreßter Volksgeist Luft machen könnte, in seine Hände legt, — einen derartigen Druck aus, daß die übrigen Stämme des Landes, welche zusammengenommen sich in großer Mehrheit der Kopfzahl befinden, zu einem dauernden, unabwendbaren Helotenthum, bei vollkommener Beobachtung constitutioneller Formen der westlichen Kulturstaaten, herabsinken. Diese Sicherheit der Herrschaft im Vereine mit der mühelosen Versorgung seiner Stammesglieder, — welche fast dem unfähigsten derselben sein ruhiges Auskommen gewährt, dem schlaueren und begabteren aber bei der Unordnung der öffentlichen Zustände die Mittel zu rascher Bereicherung auf Kosten des Landes an die Hand gibt, während sie in den unterdrückten Stämmen jedes Streben nach ehrlichem Hinaufarbeiten zu einem würdigeren Dasein als hoffnungslos erstickt, oder vielmehr gar nicht aufkommen läßt — wirkt natürlich das Gesammtergebniß des Landes an productiver Arbeit auf ein sehr geringes Maß zurück; befördert Faulheit und Liederlichkeit unter dem herrschenden Stamm zu erschreckender Höhe; läßt unter den Gliedern desselben die Kameraderie zu Schutz und Trutz gegen Beaufsichtigung, Verantwortung und strenge Rechnungslegung zu einem undurchdringlichen Bollwerk der Corruption heranwachsen; macht die Eingänge der öffentlichen Cassen in hohem Grade zu Mitteln der Bereicherung derjenigen, welche sie für die Bedürfnisse des Staates verwalten sollen; gibt Veranlassung zur Begründung kostspieliger öffentlicher Unternehmungen, welche für das Land von geringem Nutzen sind, dagegen Gelegenheit zur Schaffung von Sinecuren und zu Profitabfällen für Projectenmacher, Geldvermittler und Lieferanten bieten, — und stürzt das Land mit großer Schnelligkeit in einen Abgrund finanziellen Verderbens, wie es die ärgste Mißwirthschaft eines einzelnen Despoten nur bei langer Dauer seiner Herrschaft zu thun im Stande ist.

Mit dem Lande, welches in eben beschriebener Weise einer Stammes-
minorität zum eigenen Verderben willenlos überantwortet ist, steht nun
Oesterreich in einem Vertragsverhältnisse, welches sein eigenes Schicksal in innigster Weise mit dem des anderen Landes verknüpft,
ohne daß es auf die Entwicklung des letzteren zum Guten oder zum
Bösen den geringsten Einfluß zu nehmen im Stande wäre. Nach
langwierigen vergeblichen Versuchen, den frühern, absolut-monarchischen
Einheitsstaat in constitutioneller Weise mit Bewahrung seiner Einheit
umzugestalten, Versuchen, welche eben an der starren Negation dieses
einen Stammes gescheitert waren, wurde die staatsrechtliche Zweitheilung unter Abschluß eines Vertrages bewerkstelligt, welche bekanuter-
maßen der Hauptsache nach nur das Heer, die Vertretung nach Außen,
das Zollwesen und die Bezahlung der Zinsen der bisherigen Staatsschuld als gemeinsam erklärte, während Verwaltung, Rechtspflege,
Communicationswesen und directe Besteuerung getrennt wurden, —
und dabei bestimmte, daß zu den gemeinsamen Lasten die österreichische
Staatshälfte 70, die andere 30 Procent beizutragen hätte, während
zur Fixirung der Beitragssumme und zur Bestimmung über die Verwendung derselben beide Hälften in gleicher Stimmenzahl berufen
waren. Durch die früher dargestellte unbeschränkte Stammesherrschaft
jenseits der österreichischen Staatsgränze war aber die ihr angehörige
Stimmenhälfte stets in einheitlicher Weise organisirt und nach einem
bestimmten Ziele gerichtet, während die Stimmen der österreichischen
Hälfte in jeder Weise zersplittert und ganz verschiedenen Interessen
zugewandt waren; und speciell derjenige österreichische Stamm, welcher in
Anlage und Neigungen dem herrschenden der östlichen Hälfte so analog
ist, und in seinem Kronlande eine ganz ähnliche Stellung wie dieser
sich zu erringen gewußt hat, hat sich auch im Votiren der Gelder,
welche zum größten Theile von den westlichen Ländern der Monarchie
beigesteuert werden, als dessen bester Alliirter erwiesen.

Aber mit diesem schimpflichen und brutalen Mißverhältnisse, wie
es die formellen Bestimmungen des 1867er Ausgleiches getroffen, ist
es noch lange nicht abgethan. Die Gemeinsamkeit der beiden, bei
weitem überwiegenden Staatsausgaben, der Heereserhaltung und der
Zinsenzahlung für die Staatsschuld, schafft in Wirklichkeit eine Solidarität der Verpflichtungen, wornach für das Unvermögen

der Erfüllung derselben durch den einen Theil der andere zwar nicht rechtlich, aber doch thatsächlich mehr oder minder in erhöhtem Grade wird einspringen müssen. — Die neunjährige Probezeit, welche der österreichisch-ungarische Ausgleich und die selbstständige Führung des ungarischen Staatswesens bisher bestanden haben, hat nun ergeben, daß dieses selbe Ungarn, welches stolz seinen Beitritt zur Gemeinsamkeit der Heeres- und Zinslasten an die Parität der Stimmenzahl knüpfte, trotz seiner nur 30procentigen Beisteuer mit einem durchschnittlichen Jahresdeficite von 50 Millionen Gulden in 9 Friedensjahren heute am Ende seines Credites und an der Erschöpfung seiner Steuerkraft angelangt ist. So wie vor neun Jahren die Kinder des magyarischen Stammes die Pensionäre und Pfründeninhaber der ungarischen Staatshälfte geworden sind, so ist heute durch ihre Wirthschaft ganz Ungarn der Pensionär oder Pfründner der österreichisch-ungarischen Monarchie geworden — — — aber kein Soldat darf deßhalb weniger gehalten, keine Kugel deshalb weniger gegossen werden.

Wenn ein solches Verhältniß heute noch nicht an der endlichen Aufraffung der Deutschen und Slaven Westösterreichs scheitert, wenn die Majorität unserer Reichsvertretung wirklich zu kurzsichtig, zu servil oder zu schwach ist, das Joch zu brechen, welches sie vor neun Jahren sich aufladen ließ, — dann geht es in Kurzem an seiner physischen Unmöglichkeit von selbst zu Grunde. Welche Verwüstungen aber dieser Zusammenbruch dann im Gefolge haben müßte, das kann jeder der heutigen Mitschuldigen an der Fortdauer des unseligen Zustandes sich selbst ausmalen.

Für die Ungarn gibt es vom correct-österreichischen Standpunkte aus nur drei Alternativen:

e n t w e d e r sie sind wirklich stark genug, ein selbstständiges Staatswesen zu erhalten und sich ihrer Feinde allein zu erwehren — dann soll auch die ungarische Armee von den Ungarn selbst aufgestellt, nach ungarischem Commando geführt, und mit grünrothweißen Schnüren von oben bis unten vernäht, aber auch a u s s c h l i e ß l i c h m i t u n g a r i s c h e m G e l d e b e z a h l t werden; Ungarn soll sein eigenes Zollgebiet, seine eigene Vertretung nach außen haben, aber eine Politik treiben, für welche wir Oesterreicher nicht einzustehen haben;

o d e r Ungarn erkennt, daß es zu schwach ist, allein den ganzen Aufwand einer europäischen Macht zu führen, und der früheren oder späteren Incorporirung seines größtentheils slavischen Gebietes in das russische Reich zu widerstehen; dann entsage es dem hochmüthigen Souveränitätsdünkel, dem es vor neun Jahren zum Opfer gefallen ist, und bitte Oesterreich, eine ehrliche Realunion, eine völlige staatliche Verschmelzung mit ihm unter verhältnißmäßig-richtiger Vertheilung der Rechte und Pflichten mit Wahrung der berechtigten Ansprüche nach Schutz der Nationalitäten mit ihm einzugehen, trotz der herabgekommenen Umstände, in welche seine neunjährige Eigenwirthschaft es gebracht hat;

oder Ungarn ist zur Selbsterhaltung zu schwach und erkennt dies nicht, — dann gehe es an seiner Blindheit und seinem Hochmuthe zu Grunde, wie schon andere Völker vor ihm zu Grunde gegangen sind, und andere nach ihm zu Grunde gehen werden.

Aber uns ziehe es nicht mit in den Abgrund. Von Oesterreich verlange man nicht ferner, daß es die Pensionäre der Gesammtmonarchie erhalte und mit seinem Leibe eine fremde Nationalität, die keine weitere Gemeinsamkeit mit ihm verlangt, gegen fremde Feinde decke. Uns Westösterreichern thut Rußland nichts zu leide; blos um die Magyaren und Polen handelt es sich — sie mögen die völlig freie Wahl haben, unter Wahrung ihrer Sprache und ihres berechtigten Einflusses im Gesammtstaate Oesterreicher zu werden (denn sie sind es heute noch nicht), oder unter Aufgabe dieser beiden Güter unter die russische Faust gebeugt zu werden — oder sich aus eigener Kraft derselben zu erwehren.

Hätten, was nicht der Fall ist, diese beiden Volksstämme die Einsicht, sich für das erstere zu entscheiden; würde Gesammtösterreich aus freier Ueberzeugung seiner eigenen Völker zum Einheitsstaate zurückkehren, dann hörte es auf, ein Gegenstand der Zukunftspläne für Rußland zu sein und würde indirect der größte Hemmschuh für eine aggressive Politik dieses Reiches in der Türkei.

Innerliche Stärkung, innerliche Sammlung, wirtschaftliche und financielle Regeneration sind auch hier unsere besten Vertheidigungsmittel. Aber vom Kopfe bis zu Füßen in Waffen starrend, wird es Oesterreich auf die Dauer gewiß eben so wenig gelingen, die gepeinigte und entmuthigte Westhälfte gegen Deutschland, als die physisch und moralisch gebrochene Osthälfte gegen Rußland zu schützen.

VIII.

Das Armeebudget in den Delegationen.

Die Eifersüchtelei und die Herrschsucht der verschiedenen Nationalitäten hat in der österreichisch-ungarischen Monarchie eine ganz sonderbare Folge mit sich gebracht, die vielleicht nirgends und niemals auf unserer Mutter Erde in ähnlicher Weise zu Tage getreten ist, wie hier. Je weniger Interesse nämlich eine Nationalität an dem Gedeihen der Gesammtheit nimmt, je weniger materielle Leistungsfähigkeit für das Staatserforderniß ihr innewohnt, um so mehr ist sie bestrebt, sich die Gunst der Krone durch Soldaten- und Geldbewilligungen auf Kosten der Gesammtheit zu erkaufen. In dem Gewirre der politischen Strömungen der letzten sechzehn Jahre ist auf diese Weise ein wahrer Wettlauf der Votirungen entstanden und von Seite des gemeinsamen Ministeriums brauchte nichts zu geschehen, als abwechselnd bald in die eine, bald in die andere der nationalen Waagschalen ein größeres Gewicht gelegt zu werden; bald die eine Nationalitätencombination, bald die andere ein wenig begünstigt oder auseinander gehalten zu werden, um eine wahrhaft selbstmörderische Opferwuth in den Völkern zu entflammen.

Der heftige Streit zwischen Centralismus, Dualismus und Föderalismus ist der Hauptsache nach nichts anderes, als der Streit um staatsrechtliche Territorialabgränzungen, welche der einen oder andern einzelnen Nationalität, oder der Verbindung zweier Nationalitäten die größtmögliche Herrschaft über andere gewähren.

Die relative Majorität der Kopfzahl in der ganzen Monarchie hat die Combination sämmtlicher slavischen Stämme (zusammen 16

Millionen), welche aber, als Gesammtheit betrachtet, räumlich am meisten zerrissen sind, und deren einzelne Stämme kein anderes gemeinschaftliches Band besitzen als dasjenige der Aehnlichkeit der Grundlaute ihrer Sprache, eine Aehnlichkeit, welche nicht hinreicht, um der einen Hälfte den Sinn der Rede der andern verständlich zu machen, während sogar zwei dieser Slavenstämme als Unterdrücker und Unterdrückte einander in bewußter Feindseligkeit gegenüber stehen. In weit compacterer Einheit des Territoriums und der Sprache, in gleichmäßig entwickelter Höhe der Cultur und der Leistungsfähigkeit im Reiche stehen die Deutschen da (9 Millionen), ihnen folgen noch einheitlicher, aber durch eine tiefe Kluft der materiellen und geistigen Entwicklung von den Vorigen getrennt, die (5$^1/_2$ Millionen) Magyaren; diesen die (3$^1/_2$ Millionen) Romanen; diesen ein Rest von Italienern ($^1/_2$ Million); während sich die (1$^1/_2$ Millionen) Israeliten und die versprengten kleinen Trümmer anderer Völkerschaften im Reiche vertheilen, ohne durch eigene nationale Ansprüche das bestehende Gewirre noch zu vermehren.

In der Westhälfte der Monarchie haben die Deutschen das unbestrittene Uebergewicht; in der Vereinigung der nordwestlichen Kronländer die tschechischen Slaven; in den südlichsten Theilen der Westhälfte wiederum die Slaven; in der Osthälfte mit Ausschluß Galiziens und der Bukowina, also in den Ländern der ungarischen Krone, behalten, wenn man Nord- und Südslaven als verschiedene Nationalitäten betrachtet, die Magyaren die relative Majorität; die südlichen partes adnexae Ungarn's sind rein slavisch; in Galizien halten sich Polen und Ruthenen so ziemlich die Waage. Nun kommen dazu noch die Verschiedenheiten des Einflusses der Bildung, der Steuerkraft und des politischen Talentes.

Entweder herrschen oder doch so wenig als möglich beherrscht und unterdrückt werden, dieß ist das politische Streben, welches bei jeder Nationalität in den Vordergrund drängt, und indem in der Nebenbuhlerschaft Aller gegen Alle der Nationalitätengedanke immer mehr zugespitzt wird, hat er sich nach und nach zum Schaden der Gesammtheit als die Axe des politischen Volkslebens in Oesterreich herausgebildet; gerade so wie das Heer die Axe des Staatslebens in den regierenden Kreisen geworden ist.

Nach der eben entworfenen Configuration sind die Magyaren ausschließlich Anhänger der dualistischen Staatsform, weil ihnen bei einer staatsrechtlichen Zweitheilung der Monarchie in deren Osthälfte die selbstverständliche und unbeschränkte Herrschaft zufällt, durch welche sie auch die Westhälfte dominiren und tributär machen, während im Gesammtstaate ihre Rolle trotz ihrer großen politischen Begabung eine bescheidenere wäre. Die Deutschen halten in erster Linie zum Gesammtstaate, in welchem ihnen die relative Mehrheit der Kopfzahl, zusammengehalten mit ihrem weiten Vorsprunge an Bildung und mit dem Gewichte ihrer Steuerleistung, den ersten Rang anweist, wenn auch die, als die starrsten Centralisten unter ihnen verschrieenen Staats- oder Parteimänner niemals annähernd eine solche Vergewaltigung der Schwesternationalitäten angestrebt haben, wie sie in Ungarn durch die Magyaren thatsächlich durchgeführt worden ist. In die böse Wahl zwischen Föderalismus und Dualismus getrieben, haben sich vor neun Jahren die Deutschen allerdings für letzteren entschieden, weil dabei doch nur einzelne versprengte Partikel deutscher Nationalität fremdem Drucke überantwortet werden, und weil damals noch nicht zu ahnen war, in welch furchtbar verhängnißvoller Weise für sich und für die andern die Ungarn ihre Freiheit, sich finanziell ruiniren zu dürfen, gebrauchen würden. Die Slaven endlich, die vielfach zerrissene Völkerfamilie, streben auch einen vielfach zerrissenen Staat an; sie wünschen die Zerlegung Oesterreichs in derartig staatsrechtlich getrennte Ländercomplexe, daß durch die Ausscheidung des rein deutschen und des vorzugsweise magyarischen Gebietes im Reste der Monarchie das slavische Element zu um so sichererer Herrschaft gelangen möge.

Nachdem im Laufe der Jahrhunderte die allerverschiedensten politischen Alternativen und Combinationen auf dem Boden der Monarchie entweder thatsächlich bestanden hatten, oder doch im Keime vorhanden gewesen sind, — so ist auch keine nationale Partei im Reiche darum verlegen, die historische Grundlage für ihre Wünsche in Anspruch zu nehmen; wenn auch nicht nur diese historisch begründeten Aspirationen der Hauptpartheien in absolutem Widerspruche unter einander stehen, sondern auch die Theile einer und derselben nationalen Hauptparthei sich auf historische oder unhistorische Grundlagen stützen, welche einander ausschließen.

Der bewegende Gedanke aber ist nie das historische Recht, sondern der nationale Vortheil, die nationale Herrschsucht, die nationale Eitelkeit. Da ist keine politische Phrase zu überschwänglich oder zu abgebraucht, da ist keine politische Niederträchtigkeit zu verworfen, da ist kein materielles Opfer zu unerschwinglich, um in diesem Hader der Volksglieder eines Reiches nicht als willkommenes Kampfesmittel zu dienen; wenn auch das Ziel der wirklichen, größtmöglichen Hebung der einzelnen Nationalität in diesem, die Geister umnachtenden Kampfe in immer weitere Ferne rückt; wenn auch an die Unterdrückung der andersprachigen Bevölkerung diejenige der eigenen Zunge ihre besten Kräfte verschwenden muß.

Was unter dieser Befehdung der nationalen Leidenschaften natürlicherweise zunächst leiden muß, das sind die Bande staatlicher Zusammengehörigkeit, das ist der österreichische Reichsgedanke. Man hätte daher glauben sollen, daß von derjenigen Seite, welche an der Festigkeit der Grundlagen des Staatsbaues das allernächste und allergrößte Interesse hat, von derjenigen Seite, auf welcher man die berufensten Träger und Schirmer des Reichsgedankens zu suchen berechtigt ist, ganz selbstverständlich und ununterbrochen das Streben seinen Ausgang nehmen müßte, jene nationalen Gegensätze, da, wo es angeht, auszugleichen, herabzumildern und zu versöhnen; da aber, wo dieß nicht angeht, sie mit unerschütterlicher Festigkeit niederzuhalten und ihre Ausschreitungen nach allen Seiten hin mit gleicher Unerbittlichkeit zurückzuweisen und zu züchtigen. Das hätte den Namen einer conservativen Politik verdient.

Anstatt dessen ist die Begünstigung einzelner Nationalitäten, die Gewährung ihrer billigen oder unbilligen Ansprüche zu einem Objecte des Handels gegen die Bewilligung von Soldaten und von Heereserhaltungskosten geworden.

Es scheint eine traurige Beigabe des repräsentativen Systems in der ganzen Welt zu sein, daß — allen hochklingenden Redensarten zum Trotze und der Theilung der Gewalten zwischen Regierung und Volk einerseits und zwischen den Parteien des Letzteren andererseits entsprechend — ein Schachspiel von Concessionen und Gegenconcessionen, ein Tauschhandel um materielle und ideale Güter entsteht, welche weder dem hohen Werthe dieser Güter, noch den Grundsätzen der Gerechtigkeit, noch endlich der Würde der dieses Spiel treibenden Machtelementen entspricht. Wenn es aber wenigstens wirkliche Vortheile und wohlverstandene eigene Interessen sind, um derentwillen die Mitspielenden ihre parlamentarischen Talente in Anwendung bringen, so mag dieß nach den thatsächlichen Verhältnissen begreiflich erscheinen. Unbegreiflich jedoch wird es, wenn ein derartiger Aufwand von Scharfsinn getrieben wird, um die Grundlagen dessen zu zerstören, zu dessen Aufbau sechs Jahrhunderte ihre beste Kraft eingesetzt haben.

Der erste Fall, auf welchen sich das Ebengesagte bezieht, ist die Durchbringung des Wehrgesetzes; der zweite der des sogenannten Normalbudgets; der dritte ist das Schauspiel, welches in den seither verflossenen Jahren die Votirung des außerordentlichen Heereserfordernisses in den österreichisch-ungarischen Delegationen der ganzen politischen Welt bietet. Ob schon bei Schaffung des Delegationsinstitutes der Gedanke einer ausgiebigen und nimmer versagenden Soldatenbewilligungsmaschine vorgewaltet hat, ist wohl schwer zu bestimmen; thatsächlich hat sich aber das Erstere zu Letzterer gestaltet. Sobald nämlich die Stimmgebung und der moralische Einfluß der in einer Repräsentativkörperschaft vertretenen Theile der Gesammtheit nicht mehr wenigstens annähernd proportional sind mit den Leistungen, welche durch Bewilligung dieser Körperschaft auf die von ihr vertretenen Bevölkerungstheile entfallen; so wird es um so leichter sein, die Vertreter der weniger beitragenden Hälfte durch Zuweisung von Separatvortheilen zur Bewilligung unmäßiger Forderungen zu bestimmen, je weniger Interesse für das vertretene Ganze vorhanden ist. In den Delegationen wiegen die Stimmen der ungarischen Hälfte so schwer wie diejenigen der österreichischen; von den zu bewilligenden Geldleistungen entfällt aber auf die Mandanten der Letzteren mehr als doppelt so viel als auf diejenigen der Ersteren. Ein Interesse der Ungarn für den Gesammtstaat war aber nicht nur thatsächlich nicht vorhanden, sondern wurde auch von ihrer Seite, namentlich in früheren Jahren, principiell in demonstrativer Weise in Abrede gestellt. In der ungarischen Delegation war aber der Hauptsache nach nur der magyarische Stamm vertreten, das heißt etwa ein Drittel der ungarischen Bevölkerung, und dieses eine Drittel stand im Besitze nicht nur aller Staatsanstellungen, sondern auch aller sonstigen öffentlichen Aemter im Lande. Alle Eisenbahn- und Bankenconcessionsbewilligungen, die ersteren unter Staatsgarantie, kamen nicht nur überhaupt Gliedern des magyarischen Stammes, sondern wohl auch meist den vorzüglich im ungarischen Reichstage vertretenen Cliquen zu gute, — — und der ungestörte Besitz aller dieser schönen Dinge hing nur an einer Bedingung: an der kräftigen Unterstützung des gemeinsamen Kriegsministers in der Durchbringung der von ihm gestellten Heereserhaltungsanforderungen. Die eine Hälfte der Stimmen war somit sichergestellt.

Die andere Hälfte war zersplittert und die Wünsche und Anschauungen der Anhänger des Militarismus hatte in derselben ein weites Feld. Da waren zunächst die Polen, an Geringfügigkeit der Leistungen gegen die Stimmenzahl mit den Magyaren wetteifernd und jeden Augenblick bereit, das Schwert Gesammtösterreichs ihrer nationalen Strebungen halber gegen Rußland zu ziehen; da waren die von der Krone ernannten und ihr verpflichteten Pairs aus Beamten- und Generals-Kreisen; da waren die Vertreter der adeligen Geschlechter, deren Tradition in kriegerischem Ruhme und kriegerischer Beschäftigung wie im Gehorsam unter die Willensmeinung der jeweilig ernannten Regierung beruht; da waren endlich die Vertreter der klerikalen Interessen, stets beflissen, nach oben ein schönes Männchen zu machen und durch Geldbewilligungen auf Kosten des Volkes die Berücksichtigungswürdigkeit ihrer himmlischen und irdischen Bestrebungen in das schönste Licht zu setzen.

Aber all' das war noch lange nicht genug. Kein österreichisches Ministerium war regierungsfähig, bevor es nicht, oft im schreiendsten Widerspruche mit der politischen Vergangenheit seiner Mitglieder, in der Heeresfrage seine Unterordnung unter das herrschende System des Verlangens des Unmöglichen documentirt hatte; und ein jedes mußte sich bequemen, im Falle der Renitenz der Volksvertretung gegen Mehrbewilligungen seinen höchsten Trumpf, die Gesammtdemission, zu jeder Minute, in der es verlangt wurde, auszuspielen. — Es mag ein eigenthümlicher Zufall sein, daß zu beiden Malen, als eine Erhöhung der Heereslast der Bevölkerung auf verfassungsmäßigem Wege dauernd auf den Rücken geschnallt wurde, es jedesmal ein verfassungstreues, und nicht etwa ein Sistirungsministerium war, welches dazu den Handlanger abgeben mußte. Im Jahre 1868, bei Gelegenheit der Durchbringung des Wehrgesetzes, war dieß das sogenannte Bürgerministerium; im Jahre 1872 bei Aufzwängung des Normalheeresbudgets das heutige Ministerium Auersperg II.

Höchst lehrreich ist die Nachlesung der Debatten, der Commissionsberichte und der Ministeraussprüche, welche sich an den ersten Fall in den Parlamenten beider Reichshälften, namentlich im österreichischen Reichsrathe, an den zweiten in den beiderseitigen Delegationen knüpften. Das auf zehn Jahre votirte Wehrgesetz bildet dem Wesen nach einen Hauptbestandtheil des dualistischen Ausgleichs; die Festhaltung der Einheit des Heeres, die allgemeine Wehr- und dreijährige Dienstpflicht, die Schaffung der getrennten Landwehren als Concession an den ungarischen Separatismus, die Festsetzung des Friedenspräsenzstandes mit 255,000, der Kriegsstärke mit 800,000 Mann und des ordentlichen Armeefriedensbudgets mit 80 Millionen Gulden waren die hervortretendsten Momente in diesem Gesetze und diese sind der Hauptsache nach wohl mit den Führern der Magyaren bei Eingehung des Ausgleichs im vorhinein sichergestellt worden. Für die Ungarn war somit die endliche Erlangung der Selbstständigkeit in allen Fragen der innern Politik, die schrankenlose Magyarisirung ihres Landes, die Fähigkeit, auf eigene Faust Schulden machen zu dürfen, an die Nachgiebigkeit bezüglich der Einheit des Heeres und der Aufstellung eines möglichst großen und unverrückbaren Rahmens für dasselbe geknüpft und ihre ministeriellen Blätter stellten dem Chauvinismus der Bevölkerung ganz ungescheut in Aussicht, daß nach der Schöpfung der ungarischen Landwehr beim nächsten Kriege die volle Selbstständigkeit des ungarischen Heeres ihm als reife Frucht von selbst in den Schooß fallen würde. Wie hätten sie trotz allen erprobten Starrsinns und aller Ueberschwänglichkeit ihres Selbstvertrauens nicht mit Freuden zugreifen sollen? — Für die Deutschösterreicher bedeutete die Annahme des Wehrgesetzes die Fortdauer des Bürgerministeriums, welches eben dem Sistirungsministerium gefolgt war, die Befestigung verfassungsmäßiger Zustände, die Erhaltung Wiens als Hauptstadt wenigstens der einen Reichshälfte, die Abschaffung des tiefverhaßten Concordates mit dem römischen Stuhle und die Bewahrung der Deutschen in Böhmen, Mähren und Schlesien vor Auslieferung an die rachsüchtige und unduldsame slavische Majorität eines Gruppenparlamentes der Länder der böhmischen Krone. So leichten Herzens wie ihre magyarischen Bundesgenossen gingen sie zwar nicht an's Votirungswerk; hatten sie doch der Hauptsache nach im Sinne, das, was sie bewilligten, auch wirklich mit eigenem Gelde zu bezahlen, eine Sorge, welche den Transleithaniern gewiß sehr ferne lag — aber die Angst vor der Wiederkehr eines slavischen Cavaliersministeriums und seiner rechtlosen Wirthschaft ließ schließlich den verlangten Preis erschwinglich erscheinen.

Aus dem Majoritätsberichte des Ausschusses des österreichischen Abgeordnetenhauses (die Majorität war für die uneingeschränkte Bewilligung) soll folgender Satz, als Denkmal mangelnder Prophetengabe, hier seine Stelle finden:

„Es hat sich sonach der Ausschuß in seiner Gesammtheit für „das von der Regierung gewählte gemischte System, welches in seinen „volkswirthschaftlichen Wirkungen dem Milizsysteme am nächsten steht „und den Uebergang zu einem solchen vorbereitet, erklärt, von der „Ueberzeugung ausgehend, daß die gegenwärtige Anspannung der „Wehrkräfte nicht von langer Dauer sein könne, sondern entweder in „einer auf friedlichem Wege erzielten allgemeinen Entwaffnung, oder „in nicht sehr entfernter Zeit durch einen heftigen Krieg und die „dann eintretende, allgemeine Erschöpfung ihre Lösung finden müßte, „weil kein Staat den gegenwärtigen bewaffneten Frieden für lange „Dauer zu ertragen in der Lage ist, ohne volkswirthschaftlich dem „gänzlichen Ruin zu verfallen."

So ertönte es im November 1868 von der Berichterstattertribühne des österreichischen Abgeordnetenhauses und heute im Jahre 1876, nach Anfang und Beendigung des Riesenkrieges zwischen Deutschland und Frankreich steht Europa wo möglich noch schwerer gerüstet da, als damals. **Der alte Wahn, als ob erst ein neuer Krieg den gesunden, wahren Frieden bringen könne!** Der Unterliegende findet aber jedesmal den Frieden ungesund und faul, und der Sieger, falls er noch etwas zu rauben und zu plündern übrig gelassen hat, meist ebenso; — so wühlt Europa seit bald dreißig Jahren in den Eingeweiden seiner Kinder und in jedem Zwischenraume zwischen zwei Kriegen wird der Friede für faul erklärt. Und mußte denn die Majorität des österreichischen Heeresausschusses gar so genau, daß das geschwächte und verschuldete eigene Vaterland den Wettlauf in der schweren Rüstung auch so lange würde aushalten können, als das wirthschaftlich geordnete Deutschland, das kapitalskräftige Frankreich und das reichthumstrotzende England? Schien es dieser Majorität denn wirklich so viel klarer und unumstößlicher, daß Oesterreich genau eine Kriegsstärke des Heeres von 800,000 und eine Friedensstärke von 255,000 Mann brauche, um über alle möglichen und unmöglichen Feinde mit Sicherheit als Sieger hervorzugehen, als daß eine Summe von 20 Millionen Gulden alljährlich, sei es als Ausgabe, als Einnahme oder als Deficit in Rechnung gebracht und zu 8 Prozent, einem mäßigen Durchschnittszinsfuße für österreichische Staatsschulden, weiterverzinst, bereits nach 21 Jahren die Summe von 1000 Mill. Gulden, von einer runden und wohlgezählten Guldenmilliarde, ergiebt und daß bei einem finanziell überbürdeten Staate jede weitere Milliarde mehr als doppelt und mehr als dreifach so schwer drückt als die letztvorhergehende? — Aber das Versprechen der confessionellen Reformen wirkte als das anlockende Bündel Heu und die Furcht vor Rieger und Clam-Martinitz als die treibende Peitsche und so läßt sich mit Heu und Peitsche das im Herzensgrunde gutmüthige Zugthier das schwere Joch auflegen und wenn es unterwegs darunter zusammenbrechen sollte, so kann es immerhin noch darauf rechnen, daß nicht seinen Führern, sondern ihm selbst die Schuld davon beigemessen wird.

Das Ordinarium des Heeres war für das Jahr 1869 mit 68 Millionen; für 1870 mit 70.4; für 1871 mit 76.4; für 1872 mit 79.2 Millionen eingestellt gewesen, wahrscheinlich nach Maßgabe der thatsächlichen Durchführung der allgemeinen Wehrpflicht. In den Delegationsverhandlungen des Jahres 1872 wurde für das folgende Jahr eine Summe von gegen 86 Millionen, also um über 5 Millionen mehr verlangt, als bei Einführung des Wehrgesetzes den Abgeordneten mit Zuversicht in Aussicht gestellt worden war. Die Delegirten erhielten dagegen die tröstliche Versicherung, daß künftig eine Steigerung in ähnlicher Progression wie bisher nicht stattfinden, sondern daß das dießmalige als Normalbudget des Ordinariums angesehen werden solle; von einem Wiederzurückgehen war selbstverständlich keine Rede. Die deutschösterreichischen Delegirten wehrten sich mit Macht und die Führer der Verfassungspartei, Herbst und Giskra, welche vor vier Jahren als Minister selbst zur Durchbringung des Wehrgesetzes ihre Person hatten einsetzen müssen, und welche seitdem mit der bald darauf dennoch erfolgten Abnahme ihrer Portefeuilles die Freiheit ihrer Hände wiedererhalten hatten, standen an der Spitze der Opposition gegen die Ansprüche des Kriegsministers. — Durch eine, natürlicherweise zufällige, aber nichtsdestoweniger höchst merkwürdige Verkettung der Umstände war damals im österreichischen Reichsrathe gerade die Wahlreform, die Loslösung der Reichsvertretung von dem guten Willen der manchmal sehr verfassungsfeindlich gesinnten Landtagsmajoritäten im Zuge, eine Reform, deren Nennung zum Zauberworte für die deutschösterreichische Partei geworden war, und deren Durchführung an das neue verfassungstreue Ministerium Auersperg-Lasser geknüpft war. Auf Auersperg den älteren war nämlich in den verflossenen vier Jahren Hasner, auf Hasner Potocki, auf Potocki Hohenwart, auf Hohenwart Auersperg der Jüngere als Ministerpräsident gefolgt mit nahezu eben so vielen Systemwechseln; und so wie sich die Verfassungstreuen unter Bruder Carlos vor der Wiederkehr Belcredi's gefürchtet hatten, so fürchteten sie sich jetzt unter Bruder Adolf vor der Wiederkehr Hohenwarts und Jireczeks; diesen Männern aber und ihrem Gefolge sollte die Wahlreform den kräftigsten Riegel vorschieben.

Wieder das alte Spiel, — wieder der alte Handel. Wollten die Deutschösterreicher die directen Wahlen in den Reichsrath, welche bereits in der letzten Thronrede als Regierungsprogramm feierlich verkündet worden waren, wirklich zum Gesetze erhoben sehen, so mußten ihre Delegirten in den sauern Apfel des nach den großen Phrasen der Wehrgesetzdebatte neuerdings erhöhten Militärbudgets (mit dem „Versprechen", daß diese Erhöhung bleibend sein sollte) beißen; denn merkwürdigerweise waren die neuen österreichischen Minister, welche doch derselben Partei wie Herbst, Giskra, Brestel und Kaiserfeld angehörten, nun auf einmal so von der unumgänglichen Nothwendigkeit der Mehrbewilligung überzeugt, daß sie ihre Demission in sicherste Aussicht stellen ließen, für den Fall als das vorgelegte Budget in den Delegationen nicht angenommen werden sollte. In gewisser Hinsicht war diese Nothwendigkeit allerdings vorhanden: In weiser Voraussicht, daß zur Durchbringung des Wehrgesetzes die sofortige Nennung der richtigen Budgetziffer, welche dem damals aufgestellten Rahmen entsprach, ein gefährliches Hinderniß bilden könnte, gab man mit ernster Miene eine geringere Summe als voraussichtlich sicheren künftigen Durchschnitt der ordentlichen Heereskosten an, wobei man zu gleicher Zeit die eigene Sparfähigkeit und Wirthschaftlichkeit, mit beschränkten Mitteln so großes zu leisten, in das schönste Licht stellte. Die 255,000 Mann dann als den gesetzlich auf 10 Jahre unverrückbar festgestellten Rahmen in der Hand haltend, war es bei gestiegenen Einheitspreisen dem Kriegsminister ein Leichtes, die Unmöglichkeit nachzuweisen, das Heer mit den vor vier Jahren in Aussicht genommenen Mitteln entsprechend zu verpflegen und kriegstüchtig zu erhalten; es war ihm ein Leichtes, den Delegirten die Alternative zu stellen, entweder 80 Millionen ganz umsonst auszugeben, oder für 85 Millionen ein Heer zu haben, welches den an dasselbe gestellten Anforderungen auch wirklich zu entsprechen im Stande ist. Nicht einmal die Nationalökonomie wurde in Ruhe gelassen. Der Kriegsminister berief sich darauf, daß von den bedeutendsten Männern dieser Wissenschaft, wie z. B. Professor Stein, zugegeben werde, daß man die Ausgaben für die Armee als unproductiv nicht betrachten dürfe. Ob damals hoch oben im Olymp der Genius der Volkswirthschaft sein von Zorn und Scham geröthetes Antlitz verhüllt habe, — darüber verlautet nichts Bestimmtes; auch darüber nicht, ob einer der Delegirten in Pest auf den Gedanken gekommen ist, den Vorschlag zu machen, die Heeresziffer dergestalt zu reduciren, daß sie sich nun so zu 80 verhält, wie 255,000 zu 85. Auch der Hinweis auf den wirthschaftlichen Aufschwung und die unläugbar hoch gewachsene Steuerkraft des Volkes wurde im November 1872 6 Monate vor dem Mai 1873 nicht gespart, und Graf Andrassy, der Minister des Auswärtigen, leistete seinem Collegen vom Kriege oratorische Assistenz mit einer Gluth, daß man hätte glauben sollen, die Schwärmerei für die österreichische Armee wäre seine erste Jugendleidenschaft gewesen.

Selbst die damals einflußreichsten der österreichischen verfassungstreuen Blätter, auf welche im entscheidenden Momente die Regierung eine gewaltige Pression ausüben kann, eiferten gegen die Opposition ihrer Führer und warnten davor, daß man nicht um schnöden Geldes willen die zu gewinnenden idealen Güter des Volkes (die Wahlreform) preisgeben solle. Um eine schöne Phrase für eine schlechte Sache ist ja ein richtiges Journal nie verlegen; und so wurde denn auch schließlich das sogenannte Normalbudget durchgebracht, wie vier Jahre früher das Wehrgesetz.

In den beiden besprochenen Fällen handelte es sich um das sogenannte Ordinarium. Trotzdem nämlich die Bewaffnung der Heere seit einer Reihe von Jahren sich in so fortlaufender Umformung befindet, daß eine Waffe, welche vor zehn Jahren erzeugt wurde, heute schon fast ausnahmslos als altes Eisen betrachtet werden kann, — so drücken die Heeresverwaltungen bei Einbringung des ordentlichen Budgets über diesen regelmäßigen Posten doch gerne die Augen zu, um ihn sprungweise als etwas Außerordentliches und nie Wiederkehrendes den Volksvertretern zur Darstellung zu bringen und zwar am liebsten zu einem Zeitpunkte, in welchem die Votirung des ordentlichen Erfordernisses auf lange Zeit hinaus bereits erfolgt ist.

Sechs Jahre nachdem das Wehrgesetz votirt war, und zwei Jahre nach der tröstlichen Versicherung, daß die Mehrforderung von 5 Millionen jährlich über das erstere Präliminar auch für alle Zukunft n o r m a l sein sollte, erfuhren unsere Delegirten zu ihrem größten Erstaunen, daß es eine seit längster Zeit allen Fachmännern bekannte Thatsache sei, daß sich unsere Artillerie durchaus nicht auf der Höhe der Zeit befinde. Es wurde ihnen weiter bedeutet, daß man in den maßgebenden Kreisen mit dem Ernste der wirthschaftlichen Lage wohl vertraut sei und sich daher zunächst mit dem allernothwendigsten — es handle sich nur um 24 Millionen Gulden — begnügen würde. Die Zwangslage, das Hauptmittel scheinconstitutioneller Regierungen, war wieder mit Geschick und Schlauheit in Scene gesetzt worden; entweder neue Kanonen oder die ganzen 85 Millionen sind unnöthig hinausgeworfenes Geld; wiederum das vergebliche Ringen derjenigen Delegirten, welche den Untergang des Staates durch seine Kraftvergeudung für den Militarismus voraussehen; wiederum die Stimmen der am wenigsten österreichisch gesinnten Delegationstheile, welche am sichersten für die Regierungsvorlage eintreten; wiederum das, wie auf Commando erfolgte Wackeln sämmtlicher cisleithanischen Minister auf ihren Fauteuils, um die ängstlichen Verfassungsfreunde in günstigem Sinne votiren zu machen; schließlich wiederum Bewilligung des Verlangten gegen die bessere Ueberzeugung der tiefer blickenden Delegirten und Geschützprobe mit blauem Dunst und kriegsministerieller Courtoisie den Delegationen zu Ehren auf dem Steinfelde bei Solenau, um den ungünstigen Eindruck zu verwischen und die nächste außerordentliche Durchbringung anzubahnen. — — —

Es zeigt sich da unläugbar ein großer Aufwand von **Regierungsschlauheit**, welcher mit Hülfe des militärischen Fachmannes, der das ganze Jahr hindurch Zeit hat, für die Laien in den Delegationen neue Schlageisen, Wolfsgruben und Selbstschüsse auszusinnen, alljährlich producirt wird, um den höchstmöglichen Betrag von Leistungen für Militärzwecke aus dem Reiche herauszuziehen; — **Regierungsweisheit** wird der unbefangene Beobachter solchen Vorgehens dagegen schwerlich in demselben zu entdecken im Stande sein. Die materiellen Mittel werden erschöpft; das Vertrauen derer, welche sich die Wahrung der Wohlfahrt und des Gedeihens des Reiches zur Lebensaufgabe gemacht haben, wird von einem dieser gelungenen Streiche zum andern tiefer untergraben und die Liebe der Bevölkerung zum Lande wird über Stock und Stein gehetzt wie ein Stück Wild von der losgelassenen Meute. Wenn das Jahrzehnt von 1849 bis 1859 in der ganzen Welt den Glauben erwecken konnte, daß Gewehrläufe und Bajonette die sicherste Stütze der Throne seien; so konnte doch der seither verflossene Zeitraum, wo Kronen so billig wurden wie Brombeeren, Königsschlösser so unsicher wie Diebshöhlen und Purpurmäntel so gefährlich wie Nessushemden, einigermaßen zu dem veralteten Glauben zurückführen, daß die Interessengleichheit zwischen Volk und Dynastie der beste Hort der letzteren sei.

Diese Interessengleichheit zu entwickeln und zu pflegen sollte daher die Aufgabe jeder österreichischen und gemeinsamen Regierung sein und da der Berg nicht zum Profeten kommen kann, so sollte sie dahin trachten, daß der Profet zum Berge komme.

IX.

Ein kleines Heer!

Unsere tapfere und pflichttreue Armee hat wahrlich nicht das Schicksal verdient, daß die Fehler und Ausschreitungen, welche um ihretwillen begangen worden sind, für das Land, dem aus tausend Wunden ihr Blut geflossen, so verhängnißvoll werden sollten; daß einst in Aller Mund als Ursache des Unterganges eines tausendjährigen, aus kleinen Anfängen zu gewaltiger Höhe emporgewachsenen Staatswesens sie, die Armee, in der Wucht ihrer unmäßigen und unerträglichen Ausdehnung genannt werde; daß sie als die überwuchernde Schlingpflanze erscheine, welche alle Zweige am Lebensbaume unseres Volkes umstrickt und ihm die letzten Kräfte entzieht, bis an seinem Verdorren sie mit zu Grunde geht; daß der Groll und die Verwünschung von Millionen zur Wohlhabenheit, zu heiterem Lebensgenusse und zu fortschreitender Gesittung bestimmter Familien sich an ihren Namen kette . . . .

Sie hat es um ihrer Thaten willen nicht verdient.

Sie hat in unerschütterlicher Hingebung an Kaiser und Reich gehangen, den österreichischen Staatsgedanken hoch gehalten und ihn gerettet, als alle andern Bande der Zusammengehörigkeit gerissen schienen; sie hat Ströme Blutes vergossen und in jedem Kampfe die herrlichsten Proben des Heldenmuthes und der Todesverachtung geliefert; sie hat den ritterlichen Sinn und die Ehre ihres Standes gepflegt, und für bescheidenen Sold das Beispiel strenger allseitiger Pflichterfüllung geliefert; sie steht mit dem Bürgerthume, aus dem sie hervorgegangen, auf herzlicherem, brüderlicherem Fuße, als dieß in den meisten europäischen Ländern der Fall zu sein pflegt, und verhältnißmäßig selten sind in Oesterreich die Ausschreitungen soldatischer Brutalität, welche sich höhnend über Recht, Gesetz und Menschlichkeit hinwegsetzt. All das hindert aber doch nicht, daß in aller Gutmüthigkeit und Rechtschaffenheit die wuchtige Masse der bewaffneten Macht das Land erdrückt, welches sie zu schützen bestimmt ist; das hindert doch nicht, daß der im Schweiße seines Angesichts arbeitende Bürger und Bauer und die von kärglichem Einkommen lebende Wittwe in allen Ländern unserer Monarchie in harten Zeiten, wie die jetzigen es sind, gepfändet und in Schulden und Noth getrieben werden, um die Steuern aufzubringen, welche zur Erhaltung des Großmachtsheeres benöthigt werden, sowie zur Zahlung der Zinsen von den Schulden, welche in früheren Jahren für eben dieses Großmachtsheer gemacht worden sind; all das hindert nicht, daß die Unmöglichkeit wirthschaftlicher Erholung die jetzt herrschenden schlechten Zeiten zu keinem Ende kommen läßt, weil die Zerrüttung des Wohlstandes der Individuen durch kein entsprechendes Emporkommen anderer Individuen ausgeglichen wird, sondern die heimlich herangeschlichene, aber unwiderrufliche Verarmung des Landes darstellt.

Militär ist eben nicht Militarismus und so wacker und ehrenwerth das Eine sein kann, so unselig und fluchwürdig ist der Andere.

„Wir haben aber ja in Oesterreich gar nicht so schrecklich viel Militär im
„Verhältnisse zu andern Staaten."

Im Verhältniß? In welchem Verhältnisse? In demjenigen der Kopfzahl oder in demjenigen des Landeswohlstandes oder in demjenigen der Landesgefährdung? Doch höchstens in dem ersteren; denn das dritte läßt sich überhaupt nicht in bestimmte Zahlen fassen und nach dem zweiten, wie es sich in unserm Reichsbudget ausdrückt, müßte man einen gewaltigen Divisor für die Heeresstärke annehmen, um mit den andern Ländern in Proportion zu kommen. Das Verhältniß der Kopfzahl aber ist das Verhältniß der gedankenlosen, mechanischen Schematisirung.

„Warum nergelt man immer an der Armee; warum will man nicht Er-
„sparungen in andern Zweigen des Staatshaushaltes machen?"

Ersparungen in anderen Zweigen! Als ob nicht jede Kerze und jeder Fingerhut voll Tinte, welche in den Bureaux unserer Verwaltung und Justiz abgeknappert werden konnten, auch längst schon abgeknappert wären; als ob nicht jetzt schon die Beamten auf so grobem Papiere schreiben müßten, daß die Federn drinnen stecken bleiben; als ob nicht so kärgliche Gehalte bezahlt würden, daß man sich theilweise mit mittelmäßigen geistigen Arbeitskräften begnügen muß, — ohne daß das Deficit sich dadurch hätte bannen oder überhaupt nur merklich verringern lassen. Schaut doch hin, ihr Pfennigfuchser und Millionenvergeuder, nach den einzelnen Posten unseres Staatsausgabenetats, wie sie wirklich sind, und nicht wie sie die Buchhaltungskunst der Brutto- und Nettoverwechslung herausstaffirt hat, und redet dann noch mit ernstem Gesichte und erhobenem Blicke über Ersparungen in anderen Zweigen. Ob man so und so viel tausend Finanzwächter und Beamte mehr bezahlt und dafür einige Millionen mehr Zoll und Steuern herauszieht, oder ob man diese Angestellten entläßt und dafür auf einige Millionen verzichtet, — das kommt wahrlich staatsfinanciell auf ein sehr ähnliches Resultat heraus; ob die Bezahlung der Arbeiter in den kaiserlichen Tabakfabriken und Salinen in den Staatsausgaben, und der Gesammterlös ihrer Production in den Staatseinnahmen steht, oder ob blos der Reingewinn in den letzteren figurirt, — das wird wohl keinen wesentlichen Unterschied im Staatshaushalte machen. Aber vielleicht hielt man sich hier deßhalb lieber an die erstere Art, um der Welt weißzumachen, daß der Bruchtheil der Heereskosten an den Gesammtauslagen des Staates kein übermäßig großer sei. Rechnet man aber, da doch das Heer eine gemeinsame Ausgabe von Oesterreich und Ungarn darstellt, und die Staatsschulden zum größten Theil einen gemeinsamen Ursprung haben, das Budget beider Staaten zusammen, zieht jedoch die Einnahmen der einzelnen Ressorts von den Ausgaben derselben ab, — so bleiben zwei Riesenposten stehen: die Kosten für die jetzige Armee (stehendes Heer, Kriegsmarine und Landwehr, Ordinarium und Extraordinarium) mit 115 Millionen und die Kosten für die früheren Armeen, d. h. die Zinsen der Staatsschuld mit 160 Millionen, während die Nettoauslagen*) aller andern Zweige, Justiz, Verwaltung, Cultus, Unterricht, Aeußeres, Hofstaat, Pensionsetat,

---

*) D. h. die Auslagen abzüglich der eigenen Einnahmen der betreffenden Ressorts. Das Finanzwesen entfällt hier daher ganz.

Reichsvertretung u. s. w. zusammen nur 105 Millionen Gulden betragen.

„*Oesterreich muß trachten, ein gesuchter Alliirter zu werden, und das kann es nur mit einem achtunggebietenden Heere.*"

Wie ein Fieberkranker, der im Delirium von Schlachten und dabei verrichteten Heldenthaten träumt, während ihm beim Erwachen das Trinkglas von fremder Hand zum Munde geführt werden muß, — so gebärdet sich in Oesterreich der Apologet des Militarismus. Das einzige Mal, wo unser Staat als anscheinend gesuchter Alliirter eines andern zu den Waffen griff, in Schleswig-Holstein, ist derselbe jämmerlich gefoppt worden; in allen Fällen aber, wo es sich um unsere Haut handelte, sind wir allein geblieben. Der Grund davon ist leicht einzusehen: Wenn ein Staat einen andern überfallen, und ihn an Land, Machtstellung oder Geld berauben will, so verbündet er sich zur sicheren Erreichung seines Zieles mit einem andern Staate, dem er einen Theil der zu erlangenden Vortheile verspricht; es gehen dann zwei über einen, und kein Vierter hat für diesen Letzteren ein so warmes Interesse, daß er sich seinethalben in die Kosten und Gefahren eines Krieges stürzen würde. So hat sich 1859 Italien mit Frankreich gegen Oesterreich verbündet und dieses hat sich Savoyen und Nizza als Preis der Theilnahme bedungen; so hat sich Preußen 1866 mit Italien verbündet und ihm Venetien dafür versprochen. Wirksame Offensivallianzen sind daher ebenso häufig, als wirksame Defensivallianzen selten sind. Für Oesterreich gibt es aber auf dieser runden Erde kein Entgelt, welches ihm bei seiner jetzigen Finanzlage die Kosten eines Feldzuges werth wäre, und noch viel weniger ein künftiges Entgelt, welches ihm die bis dahin summirten Kosten der Erhaltung seines großen Heeres ersetzen würde. Der von einer schweren, todbedrohenden Krankheit Heimgesuchte und Geschwächte soll erst trachten, ob er überhaupt wieder gesund werden kann, bevor er darnach ausgeht, Schätze zu sammeln, die doch wohl nur seinen Erben zu Gute kämen.

„*Es wäre ein Frevel, die Wehrkraft Oesterreichs um der Ersparungen weniger „Jahre willen unwiderruflich zu schädigen. Wenn unser Vaterland eines Tages „sein Heer braucht, wird dasselbe mit allen ersparten Millionen nicht herzustellen „sein.*"

Es ist merkwürdig, daß man in Oesterreich, wo man im Desorganisiren, Umorganisiren und Neuorganisiren so stark ist; wo man für jede staatliche Institution das Geld so gerne drei Mal ausgibt, weil der Amtsnachfolger immer geneigt ist, die Aussaat seines Vorgängers umzuackern, um nach seinem neuen Systeme auch neu wieder anzubauen, daß man in diesem selben Oesterreich an der einzigen Stelle, wo eine Umkehr die Lösung der Frage über Sein und Nichtsein enthält, wo diese Umkehr sich vom ersten Monate an in baaren, blanken Millionen bezahlt macht, einen Erhaltungssinn bethätigt, der mit dem Einreißen und Wiederaufbauen rings im Lande in auffallendem Widerspruche steht. Ist die Gefahr einer Reduction denn wirklich so riesengroß? Und wird durch das große Heer die Bedrohung des Landes nicht öfter heraufbeschworen als verhindert? Welches Unheil hat denn dasselbe seit 25 Jahren von Oesterreich abgewendet? Wären die Lombardei und Venetien ohne die riesige Truppenentwicklung etwa doppelt verloren worden? Konnten wir mehr als einmal aus Deutschland hinausgeworfen werden? Ist uns Ungarn mit der Besatzung in jeder Stadt und der Einquartierung in jedem Dorfe volle 15 Jahre hindurch darum heute etwa staatlich erhalten geblieben; oder ist es nicht vielmehr so gekommen, daß wir auch den noch übrigen Verband mit diesem staatsrechtlich getrennten Lande heute als eine schwere Last betrachten müssen? Wohl aber war die Existenz der großen Truppenmacht eine beständige Anreizung zu abentheuernder Politik für unsere Staatsmänner; wohl aber hat unserer Kriegsparthei immer der Säbel in der Scheide gejuckt und die bittersten und eindringlichsten Lehren der Vergangenheit sind nicht so weit eingedrungen, daß sie das unglückselige Heldenspielen einmal lassen konnte.

„Was sollte man denn bei einer Reduction an dem Rahmen der Armee mit „den überzählig werdenden Officieren anfangen? Würde man nicht die Armee, „bisher der festeste Hort des österreichischen Patriotismus, geradezu in eine Quelle „der Unzufriedenheit und Gefahren umwandeln, wenn man dem Officier die Aus„sicht auf gesichertes Fortkommen in dem Körper benehmen wollte, dem er seine „Kräfte gewidmet hat?"

Der Patriotismus des braven österreichischen Officiers sitzt ihm wohl tiefer in der Brust, als daß er bei klarer Einsicht (die er eben erst erlangen müßte) von der absoluten Unverträglichkeit des dauernden Bestandes Oesterreichs mit der Fortführung des dermaligen Armeestandes seinen Gage- und Avancementsrücksichten sein Vaterland opfern könnte. Es heißt das Pflichtgefühl der österreichischen Armee zu einem gesinnungslosen und feilen Prätorianerthum erniedrigen, wenn man voraussetzt, sie würde zu einer Quelle der Gefahr für die Sicherheit des Landes werden, sobald ihre Masse dasselbe nicht mehr aussaugen darf. Eine große Mehrbelastung des Pensionsetats wäre allerdings nicht zu vermeiden, — aber sollte es wirklich nothwendig sein, jedem activen Officier zuliebe den zu ihm gehörigen Mannschaftsstand zu verpflegen, blos um ihm das Feld seiner Thätigkeit zu erhalten? Es muß Raum geschafft werden und man wird Raum finden, um für diejenigen, welche im Schweiße ihres Angesichts im Abrichten, im Exerciren, Inspiciren, Manövriren, Controlliren, Rapportiren eine absolut unfruchtbare Thätigkeit geführt haben, eine andere zu finden, welche für ihren Aufwand an Kraft, Mühe und Kenntniß ein greifbareres und schätzbareres Ergebniß liefert. Eine derartige Reform vollzieht sich nicht von heute auf morgen; die directe Ersparniß aber an den Staatsausgaben wird in vervielfachtem Maße productiven Unternehmungen des Reiches zu Gute kommen, welche einer weit größeren Menge intelligenter und gebildeter Männer bedürfen werden, und diesen auch eine reichlichere Entlohnung für ihre Arbeit zu bieten im Stande sind.

„**Die Armee ist aber eine Schule für das Volk. Die für sie gemachten Aus-**
„**lagen sind auch in wirthschaftlicher Beziehung unverloren.**"

In sehr starker Einschränkung und höchst bedingungsweise ausgesprochen, mag diesem Satze eine gewisse Berechtigung innewohnen, — auf unsern heutigen Militarismus angewendet, ist es eines denkenden Menschen unwürdig, eine solche Redensart in den Mund zu nehmen. Es soll also an und für sich einen materiellen Vortheil für ein Volk bieten, wenn die ganze vollkräftige und arbeitsfähige Jugend des Landes durch drei Jahre ihrer Berufsthätigkeit entrissen wird, um „eins, zwei! eins, zwei! halbrechts, halblinks" in taktmäßigem Schritte den Boden zu stampfen, sich Blasen an die Füße zu gehen, Staub zu schlucken, ihre Menage zu verzehren und sich für den Rest des Tages das Lungern anzugewöhnen? Es soll ein wirthschaftlicher Vortheil für das Land sein, wenn die übrige meist weniger arbeitsfähige Bevölkerung sich abplagen muß, um für dieses riesige Contingent von Menschen und Pferden das Futter aufzubringen, sie zu kleiden und zu bewaffnen? Es soll eine Schule für das Volk sein, wenn Tausende und aber Tausende von jungen

Männern in dem Momente, wo sie dasjenige ausüben sollen, was sie bisher gelernt haben, vom Amboß, vom Webstuhle, vom Schreibpulte weggerissen werden, um das in drei Jahren recht gründlich zu vergessen, was sie in fünf oder zehn Jahren sich angeeignet haben? Für das Bischen Ordnung und Pünktlichkeit tauschen sie Störrigkeit, Unlust zur Arbeit, eine plumpe Hand und einen Kopf ein, der es verlernt hat, für sich selbst, an seine Zukunft und an productive Beschäftigung zu denken. Dasjenige aber, was vorher im Schulunterricht versäumt wurde, wird vielleicht bei Einzelnen, nicht aber bei den Massen unter den Fahnen nachgeholt. Würde man einen mäßigen Bruchtheil des Geldes, zu dessen Vergeudung die Volkserziehung auch noch als Mitvorwand dienen muß, der Schule selbst zuwenden, so könnten alle die wirklichen und angeblichen guten Erziehungsresultate des „Volkes in Waffen", wie der volltönende Schönredner-Ausdruck lautet, erzielt werden, ohne daß die volkscorrumpirenden Einflüsse mit in Kauf genommen werden müßten.

Ein kleines Heer! Ein mäßiger, gegen den jetzigen verschwindend kleinen Friedenspräsenzstand von geworbenen oder geloosten gut gezahlten, genährten, bewaffneten und gründlich geschulten Berufssoldaten, stark genug, die Autorität des Staates im Innern gegen jeden Angriff aufrecht zu erhalten und im Kriege einer allgemeinen Landesvertheidigung als Kernpunct und Rahmen zu dienen; ein Heer, welches zu einem Angriffskriege von vornherein als unverwendbar angesehen werden müßte; welches keinem fremden Staate den Vorwand der Bedrohung zu bieten im Stande wäre, und welches im Inlande keine Gelüste nach fremden Händeln, nach Gebietserweiterungen, Heldenthaten und Lorbeersammlungen auf Landesunkosten aufkommen ließe; ein Heer, welches mindestens um so viel weniger dem bisherigen gegenüber im Jahre kosten würde, als das durchschnittliche effective Gesammtdeficit der Monarchie in den letzten 25 Jahren betragen hat!

Ein Staat, dessen Regierung den moralischen Muth hat, dem Vorurtheile der Proportionalität der Heereszifser zum Trotze in solcher Weise abzurüsten, wird unangreifbar sein; mit Neid, Sehnsucht und Bewunderung würden die Nachbarvölker auf einen solchen Staat blicken, und keine Regierung der Welt hätte die Kühnheit, in der Volksvertretung ihres Landes die Kriegsgelüste gegen ihn zu schüren, denn sie würde mit

Hohn und Verachtung heimgezahlt werden; keine Regierung würde es wagen, ihre Truppen gegen einen solchen Staat in's Feld zu führen, denn die Soldaten würden die Waffen wegwerfen, oder sie zum Schutze ihres angeblichen Feindes erheben; Europa aber würde Denjenigen segnen, der die preußische Pest der allgemeinen Wehrpflicht von ihm genommen; denn der Steigerung des allgemeinen Rüstungswahnsinns gegenüber, wie unser Welttheil sie seit drei Jahrzehnten durchgemacht, würde die erste entschiedene Entwaffnung eines Staates der Anfang einer rückgängigen Bewegung des Heeresstandes aller andern Staaten sein, deren Bevölkerungen nicht auf sich warten lassen würden, dem unnatürlichen Drucke, dem sie bisher erlegen sind, einen weit kräftigeren Gegendruck entgegenzusetzen.

Die Völkerschaften des Staates aber, welcher im eigenen Gebiete diese Bewegung einleitete, möchten sie auch noch so verschiedenen Stammes und verschiedener Zunge sein, würden mit Liebe und Dankbarkeit an ihrem Vaterlande hängen und ein Streben und Bewußtsein der Zusammengehörigkeit erlangen, stärker und dauerhafter als es in einheitlichen Nationalstaaten der Fall sein kann, deren Völker gepreßt und ausgesogen werden, um die Kosten ihrer kriegerischen Triumphe und ihrer ehrgeizigen Ansprüche zu bezahlen. Die Sorgen der Regierung, nicht mehr in erster Linie durch das finanzielle Elend des Staates in Anspruch genommen, und nicht mehr in zweiter Linie darauf gerichtet, den soldatischen Gelüsten der Großen im Lande die Hindernisse aus dem Wege zu räumen, welche die Opposition der Kleinen immer wieder aufzurichten sucht, könnte sich zum ersten Male mit Ernst dem Wohle des Landes zuwenden und die Wiederherstellung seiner, jetzt in unheilbarer Zerrüttung erscheinenden wirthschaftlichen Gesundheit würde auf Jahrzehnte hinaus zur unabänderlichen Richtschnur der Regierungsthätigkeit dienen. Die nationalökonomischen Quacksalber, welche bisher im Lande das große Wort geführt haben, und die Schaar der bureaukratischen Schimmelreiter, Scheinarbeiter und Wohldiener, welche ihre Gehalte verzehren, damit sie dergleichen thun, als ob sie die materiellen Interessen des Staates und Volkes verwalteten, würden von selbst hinweggefegt; der Ernst der sachgemäßen energischen Arbeit würde seinen Einzug halten und an die Stelle der spielenden und tastenden Thätigkeit der Dilettanten würde die zweckbewußte Organisation und das sichere productive Vorschreiten der Fachleute treten. Nicht mehr die Habgier und der Leichtsinn des Volkes würden von Regierungswegen durch Anleihen mit Wucherzinsen, durch Lotterien und durch das Beispiel einer bodenlosen Finanzwirthschaft genährt, — sondern sein argvernachläßigter Sparsinn, seine Lust und Fähigkeit zu wirklich productiver, mühevoller, aber ehrlich lohnender Arbeit würde geweckt und entwickelt werden, und sobald das Ziel der Herstellung der staatlichen Ordnung und Kraft, das Ziel einer künftigen Erleichterung der jetzigen, schier erdrückenden Steuerlast vor den Augen des gebildeten und urtheilsfähigen Theiles der Bevölkerung stünde, würde die Gesammtheit gewiß die Opfer mit aller Anstrengung und ohne Murren bringen, welche zur Erreichung dieses Zieles nothwendig sind.

Auf der einen Seite der Bruch mit den Traditionen des Militarismus, aber die Möglichkeit, ja die Wahrscheinlichkeit der wirthschaftlichen und staatlichen Regeneration, des dauernden Bestandes und der künftigen Blüthe — auf der andern Seite das Festhalten an unerreichbaren Ansprüchen, an dem blinkenden Flitter kriegerischen Gepränges an der Entfaltung eingebildeter Macht und schrittweises, unaufhaltsames Hinabgleiten auf jener Bahn, welche unser türkischer Nachbar uns weist, welche über die Verarmung des Landes zur Auflösung des Staates führt. Ist es möglich, daß bei der so klar zu Tage tretenden Nothwendigkeit eines Entschlusses nach einer oder der andern Seite noch ein Zaudern zur Wahl übrig bleibe? Also Muth mein Oesterreich, Muth, — — — — — und

Kaiser, Deines Sohnes Reich hängt d'ran!

Inhalt.

	Seite
I. Die Entwicklung des Militarismus in Oesterreich	1
II. Die Entwicklung der österreichischen Finanzlage	14
III. Der innere Widerspruch einer europäischen Abrüstung	25
IV. Der wachsende Einfluß des Kapitals auf die Kriegführung	34
V. Der finanzielle und politische Ruin der Türkei	43
VI. Die Vertheidigungsmittel der capitalsarmen Staaten	53
VII. Die beiden Alliirten Oesterreichs im Dreikaiserbunde	64
VIII. Das Armeebudget in den Delegationen	76
IX. Ein kleines Heer!	89

Berichtigung.
Seite 78, Zeile 10 von unten, lies „Bollwerk der Selbstsucht" statt Bollwerk der Korruption.

www.ingramcontent.com/pod-product-compliance
Lightning Source LLC
Chambersburg PA
CBHW051237300426
44114CB00011B/769